JN441516

광통신공학

광통신공학

Joseph C. Palais 지음
김영권 · 강영진 · 정진호 옮김

■ 옮긴이 ■

김영권
몽고 울란바토르 후레(Huree) ICT 학장

강영진
원광대학교 전기전자 및 정보공학부 명예교수

정진호
호서대학교 전자디스플레이공학부 교수

광통신공학 5판

Fiber Optic Communications

발행일 | 2019년 12월 22일

지은이 | Joseph C. Palais
옮긴이 | 김영권 · 강영진 · 정진호
발행인 | 강태용
발행처 | 프로텍미디어
등　록 | 제25100-2017-000067호

전　화 | (02)6166-8235(주문 및 고객지원)
팩　스 | (02)6020-8235
이메일 | proteckang@gmail.com

ISBN 979-11-87985-04-4　　93560

정가 32,000원

조슈아와 로간에게 바칩니다

옮긴이 머리말

오늘날 광통신은 광전자, 광자 공학분야와 광파이버 기술의 급속한 발달로 현대의 주요 통신 수단이 되었고, 이제는 집집마다 광통신망을 도입하여 이용하는 계획이 실천되고 있습니다. 앞으로 요구되는 정보 전송량의 지속적인 증대와 인터넷 망의 고속화 및 확장에 따라, 광통신 기술은 이제 고속 장거리 통신망을 구현하고 운용하기 위해 반드시 필요한 기술로 정착되었고, 광통신공학 관련 기술의 보급은 더욱 필요하고 활성화되리라 예상됩니다.

이러한 시대에 광통신공학을 제대로 배우기 위해서는 고도의 수학을 기초로 하는 광파의 물리적 특성, 광전 소자들의 동작원리, 이러한 소자들로 구성되는 전체 시스템의 이해를 위한 광범위한 분야에서의 지식과 이해가 필요합니다. 따라서 초심자나 전기전자공학분야의 전공자가 이 분야에 접근하는 데 많은 어려움이 있는 게 현실입니다.

이러한 교과목의 특성으로 광통신공학 교과목을 수년간 학부 및 대학원에서 강의하면서 전기전자공학분야의 전공자가 쉽게 접할 수 있는 교재가 마땅치 않음을 실감하고, Joseph C. Palais의 『광통신공학』 4판을 번역하여 교재로 사용하던 중 최근의 기술적인 동향이 보완된 5판이 2004년에 출간되어 이렇게 한글판으로 출간하게 되었습니다.

이 책의 특징은 첫째, 기초개념부터 어려운 물리적 이론까지 수식 전개 없이 조직적이고 반복적으로 쉽게 설명하고 있어 초심자나 전기전자공학분야의 전공자가 접근하기 쉽게 구성되어 있다는 점입니다. 두 번째는 많은 예제와 문제들이 광통신시스템의 실제적인 이해를 돕기 위한 가정된 문제가 아니라 바로 현장에서 적용하고 응용할 수 있는 실제적인 문제들로 현장감을 익힐 수 있다는 점입니다. 따라서 학부생이나 현장 실무자들의 광통신공학에 대한 이해 및 적용, 응용에 큰 도움이 될 것입니다.

여러 가지 면에서 부족한 점이 있으리라 생각됩니다. 앞으로 독자들의 조언과 가르침을 받아들여 계속 수정 보완할 것을 약속합니다. 이 책이 광통신분야의 발전에 작은 도움이 되기를 바랍니다.

역자 일동

머리말

1970년에 처음으로 저손실 파이버가 제작된 후, 파이버 광통신 시스템이 매우 빠른 속도로 발전되었다. 현재 파이버 시스템은 보편적으로 운용 중이며, 새로운 설비분야와 실용분야가 계속해서 나타나고 있다. 파이버를 이용한 통신은 이전의 동선을 이용한 시스템에서 동작되던 대부분의 기능을 수행할 뿐만 아니라, 시스템을 더욱 향상시켰다. 파이버는 우리가 살고 있는 정보사회에서 특별한 기술이 되었고, 향상된 통신 수요에 직면하게 되는 기존의 동선 응용과 증가 중인 무선 인프라 구조에 함께 다루어지고 있다.

파이버 기술은 이미 충분히 성숙되어 이에 관한 많은 책들이 쓰여졌다. 이들 서적들 중 몇몇은 이론적, 수학적으로 아주 상세히 기술되어 있어 초심자에게는 그 내용이 어려울 수도 있다.

본 책은 그러한 어려움을 덜어주는 동시에, 독자들에게 파이버 시스템의 설계, 동작, 그리고 성능을 이해하기 위해 필요한 지식을 제공하는 데 그 목적이 있다. 중요한 이론적이고, 수학적인 결과들은 그에 관한 장황한 증명 없이 나타내었다. 그러나 가능하고 적절한 때에 물리적 용어로 그 결과들을 설명하였고, 다방면에 걸친 표와 그림들을 사용하여 그 결과들을 손쉽게 사용할 수 있도록 하였다. 또한, 현실적인 관점을 제공하기 위하여 대표적인 소자 파라미터들의 사용범위를 수치값으로 나타내었다.

1984년에 이 책의 1판이 나왔을 때, 파이버는 주 교환기 사이의 전화 메시지를 전달하기 위해 미국 내 대부분과 여러 나라에 이미 가설되어 있었다. 2판이 출간된 1988년에는 육지에 기반을 둔 장거리 파이버 전화망이 거의 가설되었고, 해저 파이버 전화 케이블이 주요 해양에 설치되어 있었다. 이와 더불어, 파이버 광 근거리통신망(LAN)이 개발 중에 있었다. 3판이 인쇄 중이었던 1992년에는 천만 킬로미터가 넘는 파이버가 전 세계에 설치되었으며, 해저 파이버 케이블이 가설 중이었고, 파이버 LAN의 설치가 늘어나고 있었다. 4판이 출판되었던 1998년까지 대서양과 태평양 그리고 기타 수많은 작은 바다들에 상당수의 해저 파이버 케이블이 운용되고 있었다. 또한, 파이버를 직접 모든 가정에 설치하기 위한 수많은 시험들이 완료되어 개인 가입자들에게 폭넓은 서비스를 제공하고 있었다. 5판과 더불어 여러 가지 새로운 개발에 주목한다. 더 많은 전송 대역폭(특히, 인터넷 및 사업 분야에 응용하기 위해)에 대한 요구가 Tb/s의 전송률로 장거리에 정보를 전송하는 파이버 시스템의 설계를 필요로 하였다. 도시통신망(MAN)은 파이버 산업에서 중요한 부분이 되었다. 가정으로의 파이버 연결이 아직도 목표이나 여전히 어려운 목표이다. 경제적 고려사항들이 이러한 방향으로의 발전을 더디게 하고 있다.

더 넓은 대역폭에 대한 만족할 줄 모르는 요구가 5판을 필요로 하게 하였다. 기본적인 것은 변하지 않았으나, 새로운 기술적 진척과 향상이 이러한 요구를 만족하게 하였다. 가능한 한 적은 혼란으로 이전 판에 이 새로운 개념들을 첨가하려고 시도하였다.

이 책은 광통신을 소개하는 책이다. 파이버 광학이나 광통신에 대한 예비지식이 없는 사람들을 대상으로 하였다. 단지 대수와 삼각법의 가장 간단한 개념이 파이버 시스템의 특성을 설명하는 데 채택되었다. 광학, 전자공학, 그리고 통신공학에 관한 기본 지식들을 필요할 때마다 이 책에 소개하였다.

이 책은 원래 파이버 광통신에 대한 수많은 단기과정용으로 사용하고 개발한 일련의 노트에 기초를 두고 있다. 이들 과정에서는 2년제 기술학교로부터 박사학위 수준의 수강자들을 대상으로 교육을 하였다. 그들의 직업은 설계자로부터 이사장까지 다양하며, 참가자들은 산업체, 정부, 그리고 교육기관 등의 직원들도 포함되어 있다. 이들의 개인적 학문적 전공은 화학, 물리학, 그리고 여러 공학분야였다. 단기과정 수료 이외에, 이 내용으로 대학 4년생과 대학원 1년 과정에 있는 1500여 명의 전기, 전자공학도들도 가르쳤다. 20년이 넘도록 이 과정에서 텔레비전에 대해서도 가르쳤고, 또한 최근 수년 동안은 인터넷 강의도 하였다.

이 책에서 도움을 받은 전문가에는 부품의 선정과 응용 그리고 시스템의 설계와 평가에 관해 개업 중인 설계공학자도 포함된다. 또한, 전체 시스템에 관한 지식은 소자 설계자에게도 유용하다. 기타 파이버 광학에 관계 있는 사람들, 예를 들면 고수준의 공학적 의사 결정권자, 프로젝트 관리자, 기술자, 마케팅과 판매직원, 그리고 선생님들도 역시 소개된 자료에서 유용한 지식을 얻을 수 있다.

이 책의 구성은 다음과 같다. 전체 파이버 광학시스템의 블록선도가 1장에 제시된다. 이것은 파이버시스템의 구성장치들을 파악함으로써, 이어지는 장들에서 개별적인 연구 동기를 부여하기 위한 것이다. 2장과 3장은 광 전자계와 전자파 진행에 관한 중요한 결과들에 대한 고찰을 포함한다. 이 기본적인 지식은 파이버 광학소자와 시스템의 이해에 필요하다. 4장은 집적광학에 관한 것으로 광소자를 단일 기판에 결합시키는 기술을 소개한다. 집적 광도파로는 파이버에서 전파하는 광을 위해 우수하고 간단한 모델을 제시한다. 5~9장은 파이버 광학시스템에서 접하게 되는 주요 소자들을 제시한다. 여기에는 파이버, 광원, 광 검출기, 결합기, 분산망 등이 포함된다. 시스템의 고려사항은 10~12장에 나타나 있으며, 변조 형식, 통화품질에 대한 잡음의 영향, 그리고 시스템 설계가 망라되어 있다. 마지막 장에는 현재 운용 중인 시스템들에 대한 예들이 있다. 이 장에서는 책 전체에 걸쳐 전개된 설계지식이 실제적인 문제 해결을 위해 사용된다.

이 책에 정통한 사람이면 시스템을 설계하고 규정하며, 또한 파이버, 광원, 검출기, 그리고 결합기와 같은 시스템 소자들을 평가할 수 있으리라 기대한다. 이를테면, 완비된 송신기와 수신기 같이 상용 중인 부시스템을 이 책에서 소개한 기술로 평가할 수 있다.

파이버 광통신에 대한 새롭고 전면 개편된 개정판에는 4판 출간 후 파이버 산업에서 있었던 중요한 진전이 반영되었다. 기본적인 기술은 여전히 같기 때문에, 내용의 변화는 그리 크지 않다. 그럼에도 불구하고, 이러한 변화와 추가 내용은 중요하다. 부가되고 확장된 주제들에는 라만 증폭기, 에르븀 첨가된 도파로 증폭기, 도파로 배열 격자, 전기흡수 변조기, 광 MEMs(micro-electro-mechanical) 소자, 분산 보상, 파장 가변 광원, 파장 가변 필터, 광 시분할 방식, 과밀 및 소밀 파장 분할 방식, 증가된 광 스펙트럼의 사용, 그리고 외부 변조기의 중요성들이 포함된다. 전류 스펙트럼 대역 분류 구조를 나타내는 새로운 도표가 첨가되었다. 소형 커넥터와 비접착성 스플라이스도 기술되었다. 더구나, 많은 절에서 명확한 설명을 위해 논의의 일부가 수정되었다.

수많은 대학의 학부과정에서 파이버 광학을 위한 첫 교재로 이 책을 채택하기 때문에, 2판에 많은 연습문제들이 있었다. 이 신판에서는 새로운 문제들이 추가되었으며, 오래된 문제들 중의 일부는 새롭게 개정되어 수업에 이 교재를 사용하기가 더욱 바람직스럽게 되도록 하였다. 어떤 문제들은 "고난도"의 질문들로, 단지 학생들에게 이들을 연습시켜 소개된 내용을 이해하는 데 자신감을 주려는 것도 있다. 또한, 어떤 문제들은 보다 더 생각하고, 다른 자료를 출처로 그 내용을 찾고 고찰하도록 하였다. 대부분의 문제들에 대한 해답이 이 책의 끝부분에 주어져 있으며, 새로운 해답집을 강사들이 사용할 수 있을 것이다.

많은 새로운 참고문헌들이 첨가되었다. 이 책의 끝에 참고서 목록과 간행물 목록이 더 많은 연구를 위한 자료로 제공되었다. 참고서는 이 책의 최근판에 나타낸 오래된 "고전" 파이버 광 소개서뿐만 아니라, 여러 새로운 소개서도 포함한다.

이 책의 1~7장은 1학기 과정이면 마칠 수 있다고 생각한다. 이 부분은 학생들에게 주요 시스템 부품을 전부 소개하며, 이 부분을 완전히 이해한 사람이면 파이버 관련 산업체에서 바로 생산적으로 활동할 수 있을 것이다. 더욱 심화된 주제를 다루는 마지막 8～12장은 2학기에 다룰 수 있다. 수학적 내용을 간소화하고 보다 폭넓은 독자층을 형성하기 위하여, 이 책에 소개된 많은 결과들을 완전히 유도하지는 않았다. 그렇지만 전기, 전자공학 4년생 정도의 잘 준비된 학생들을 가르치는 강사들은 학생들의 심도 깊은 이해를 위해 완벽한 안내를 해 줄 필요가 있다.

파이버 광 소프트웨어

오늘날 모든 기술자들과 학생들은 개인용 컴퓨터와 인터넷으로 쉽게 접속할 수 있다. 이러한 이유로 많은 연구진들이 파이버와 관련된 현상을 설명하고, 그 설계와 분석에 도움을 주는 소프트웨어를 개발하였다.

온라인 과정 이용

대학 학점, 연계 교육 학점 또는 자기 학습을 위해, 두 학기에 걸쳐 온라인(CD 또는 DVD로)으로 이 교재 내용을 마칠 수 있다. 온라인 버전은 저자, 실연, 숙제 그리고 시험에 의한 강의를 포함하며, 더 자세한 정보를 알기 원하면 저자(joseph.palais@asu.edu)에게 연락하기 바란다.

JOSEPH C. PALAIS
애리조나주립대학교

차례

Chapter 01

파이버 광통신시스템

이 장에서는 파이버 광통신시스템의 주제를 정의하고, 접근방법에 대하여 설명한다. 여러 가지 비슷한 기술 방식들을 서로 비교하고 장단점 및 중요한 응용 예에 관해서 논의한다. 파이버에 대해 전혀 지식이 없는 독자들을 위해 이 책에서는 기술의 기본적인 주제들에 대한 기초지식들, 즉 파이버, 광학, 통신, 광통신 그리고 끝으로 광파이버 통신시스템 전체를 다룬다. 여기서는 먼저 전체 시스템의 개요를 살피고, 후에 각 부분들의 특성과 각 부분들 간의 관계를 기술한다. 끝으로, 실제적인 시스템들의 설계에 대한 세부사항을 설명한다.

1.1 역사적 고찰

광은 우리와 항상 함께 있어 왔다. 광을 이용한 통신은 인류가 수신호로 처음 통신을 하던 때에 시작되어 인류의 발전과정에 따라 일찍이 시작되었다. 이것도 어둠 속에서는 불가능하기 때문에 분명히 광통신의 형태이다. 낮 동안에는 태양이 광통신시스템의 광원이 된다. 정보(메시지)는 태양의 복사에 의해 송신자로부터 수신자에게 전달되는데 손의 움직임이 이 광을 변형 또는 변조한다. 눈은 메시지 검출장치이며, 두뇌는 이 메시지를 처리한다. 이런 시스템은 정보 전달이 느리고 통신거리가 한정되며 오류가 일어날 가능성이 높다.

그 후의 광 시스템은 보다 더 장거리 통신이 가능한 연기 신호를 이용한 것이었다. 이것은 메시지를 불에서 일어나는 여러 가지 연기 패턴으로 변화시켜 전달하는 방식이다. 이 패턴은 다시 반사된 태양광에 의해 수신 쪽에 전달된다. 이 시스템은 메시지 송신자와 수신자에 의해 코딩 방식을 개발하고 익혀야 할 필요가 있다. 이 코딩 방식은 펄스 코드를 이용하는 현대 디지털 시스템과 유사하다.

1880년 알렉산더 그래험 벨(Alexander Graham Bell)은 광통신시스템, 즉 광전화(photophone)를 발명했다[1]. 그는 통화를 하기 위해 얇은 음성 변조된 반사경에서 반사되는 태양광을 이용하였다. 변조된 태양광이 광전도체 셀레늄 전지 표면에 닿을 때 수신기에서는 메시지를 전류로 변환시켰다. 전화수신기가 이 시스템을 완성시켰다. 광전화는 잘 동작하였으나 상업적으로는 성공하지 못했다.

전구의 출현으로 새로운 간단한 광통신시스템이 구성되었는데, 예를 들면 깜빡이는 불빛을 이용한 선박 상호간과 선박과 해안 간의 교신, 자동차의 회전 신호 그리고 교통 신호 등을 들 수 있다. 사실상 지시등의 모든 형태는 기본적으로 광통신시스템이다.

지금까지 살펴본 모든 시스템들은 낮은 정보 용량을 갖는다. 1960년 레이저를 발명함으로써 고용량 광통신을 이끌어 갈 중요한 전환이 일어났다. 레이저는 정보의 전달자로서 적합한 광 파장을 갖는 협대역 광원의 역할을 한다. 레이저는 보통 전자통신에 쓰이는 무선-주파수 전원과는 구별된다. 레이저 발견 직후에 도파되지 않는(파이버가 아닌) 광통신시스템이 개발되어 대기 속으로 진행하는 광 빔을 이용한 통신이 쉽게 되었다. 이러한 시스템들은 대기의 청정에 의존하고, 송신기와 수신기 간의 가시경로를 필요로 하며, 그리고 부지중에 광 빔을 쳐다본 경우 눈에 손상을 줄 수 있다는 단점들을 갖고 있다. 이 시스템들의 용도는 다소 제한적이었으나, 초기에 이들을 이용하여 광속을 도파하는 광 시스템에 대한 관심을 불러일으켜 위의 단점들을 극복할 수 있게 되었다. 더욱이 도파된 광 빔은 모퉁이를 따라 구부릴 수가 있고 매설이 가능하게 되었다. 초기의 대기 레이저 시스템에서는 파이버 광통신에 필요한 많은 기초 지식과 실질적인 부품들을 준비하는 것이다. 역설적으로 모든 광파이버시스템들에 모두 레이저가 필요한 것은 아니고, 대부분의 경우 비교적 광대역의 LED(발광 다이오드)가 적합하다는 것을 알게 되었다(적당한 광원을 선택하는 것은 이 책에서 검토하는 주제이다).

1960년대에는 실제적인 광파이버시스템에서 중요한 요소, 즉 효율적인 파이버가 없었다. 비록 파이버에 의해 광이 도파되기는 하지만 멀어질수록 파이버에서 너무 많은 양의 광 감쇠가 일어났다.

고대 이집트인들이 만든 유리는 불투명한 것이었으나 중세의 베니스 기술공들은 더욱 순수한 유리를 만들어 낼 수 있었다. 베니스인들의 유리는 어느 정도는 투명했지만 현대의 장거리 통신용으로 쓰기에는 너무 손실이 심했다. 1970년 최초로 진정한 저손실 파이버가 개발됨으로써, 파이버 광통신이 실제로 가능하게 되었다[2]. 이것은 영국의 물리학자 존 틴들(John Tyndall)이 영국 학술원에서 광이 굽이치는 물줄기를 따라 도파될 수 있다는 사실을 입증해 보인 지 꼭 100년이 지난 후의 일로서 파이버에 의한 광의 도파와 물줄기에 의한 광의 도파는 같은 현상(내부 전반사)의 증거이다.

1.2 기본적인 통신시스템

송신기, 수신기 그리고 정보 채널로 구성된 기본적인 통신시스템은 그림 1.1과 같이 배열된다. 송신기에서 메시지가 발생되고 전송에 적당한 형태로 바뀌어 정보 채널을 통해 전달된다. 정보는 이 채널을 통해 송신기로부터 수신기까지 이동한다. 정보 채널은 일반적으로 두 가지 범주: 비도파 채널과 도파 채널로 분류할 수 있다. 비도파 채널의 한 예로, 대기를 통한 전파를 들 수 있으며 이 대기 채널을 이용한 시스템들에는 상용라디오, 텔레비전 방송, 마이크로웨이브 중계 링크들이 있다. 도파 채널들은 여러 가지 도체 전송들을 포함한다. 이들 중 몇 가지는 2선식 선로, 동축케이블, 그리고 구형 도파관이며, 그림 1.2에 나타나 있다. 도파 선로는 대기 채널보다 제작과 설치 그리고 서비스에 많은 비용이 든다. 도파 채널은 비밀 보장, 기상 상태에 대한 무의존성, 그리고 물리적 구조의 내부, 그리고 주변으로 메시지를 전송할 수 있다는 장점이 있다. 파이버도파관은 이러한 장점들과 그 이외 것들도 가지고 있다. 이 장의 후반부에서 그것들에 관해 설명할 것이다. 수신기에서 정보 채널을 통하여 전달된 메시지가 검출되고 최종 형태로 바뀐다.

좀더 상세하지만 아직도 매우 일반적인 블록선도가 그림 1.3에 나타나 있다. 이 그림의 각 블록에 대한 간략한 설명은 통신시스템의 주요 요소들에 대한 이해를 쉽게 해 준다. 이러한 요소들은 파이버시스템에 적합하도록 역점을 두어 설명한다. 이 절에서는 대부분 간

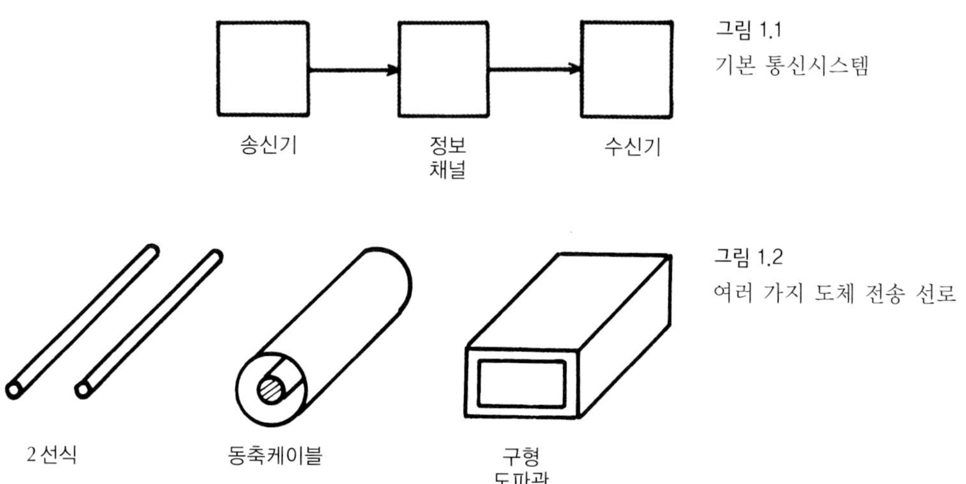

그림 1.1
기본 통신시스템

그림 1.2
여러 가지 도체 전송 선로

그림 1.3
일반적인 파이버 광통신시스템

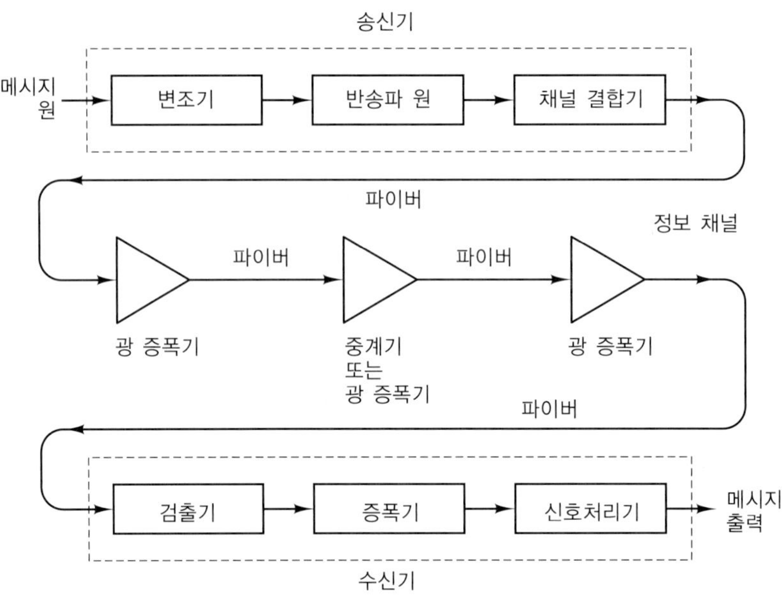

결하게 설명할 것이며, 좀더 자세한 설명은 후에 더 자세하게 다루기로 하고, 여기서는 주제를 포괄적으로 다루어 나중에 자세히 다룰 논의의 기초가 되고자 한다.

1.2.1 메시지 원

메시지 원은 여러 가지 물리적인 형태를 갖는다. 그것은 주로 비전기적 메시지를 전기적 신호로 바꾸는 변환기이다. 이들 변환기의 일반 예는 음파를 전류로 바꾸는 마이크로폰이나 영상을 전류로 변환하는 비디오 (TV) 카메라들을 들 수 있다. 예를 들어, 컴퓨터 간이나 컴퓨터 내 각부분 간의 데이터 전송과 같은 경우에는 메시지가 이미 전기적 형태를 띠고 있다. 또한, 이런 상황은 파이버 링크가 좀 큰 시스템의 한 부분을 구성하는 경우에도 일어난다. 예를 들면, 위성통신시스템의 지상국에 쓰이는 파이버와 중계 케이블 텔레비전용 파이버이다. 어떤 경우든 전자통신 또는 광통신으로 전송되기 전의 정보는 반드시 전기적 형태를 띠고 있어야 한다.

1.2.2 변조기

변조기는 두 가지 주된 기능을 갖는다. 첫 번째는 전기적 메시지를 적합한 형태로 변환하는 것이고, 두 번째는 이 신호를 반송파 원에 의해 발생된 전파에 실어 주는 것이다. 변조 형태는 아날로그(analog)와 디지털(digital)의 두 가지 범주로 나뉜다. 아날로그 신호는 연속적이며, 원래의 메시지 형태를 거의 똑같이 재생한다. 예를 들어, 단일 톤의 음향파를 전송한다고 가정한다. 마이크로폰이 이 파형을 감지했을 때 발생되는 전류는 본래의 음향파 자체와 똑같은 형태를 취하게 된다. 이러한 관계는 그림 1.4에 나타나 있다. 이러한 경우, 변조기는 신호의 형태를 바꿀 필요는 없다. 그러나 이 신호를 적당히 증폭시켜 반송파 원을 구동하기에 충분히 강한 신호가 되도록 해야 한다.

디지털 변조는 그림 1.5와 같이 이산 형태로 정보를 전송한다. 신호는 온(on)이나 오프(off) 둘 중 하나가 된다. 온 상태는 이진의 1이며 오프 상태는 이진의 0을 나타낸다. 상태들이 디지털 시스템의 이진수[binary digit, 또는 비트(bits)]이다. 데이터율은 1초당 전송되는 비트의 수(b/s)이다. 온이나 오프의 펄스열은 아날로그 메시지의 코드화된 형태이다. 아날로그-디지털 변환기는 아날로그 메시지로부터 디지털 펄스열을 발생시키며, 수신기에서는 그 역과정으로 디지털 신호를 원래의 아날로그 형태로 환원시킨다. 디지털 신호를 반송파에 싣기 위해서는 변조기는 단지 적당한 시간에 소스를 켜고 끄기만 하면 된다. 디지털 변조기 구성의 용이함 때문에 디지털 변조 형태가 파이버시스템에서 매우 흥미를 끈다.

어떤 변조 형태를 취할 것인가는 시스템 설계 초기 단계에서 결정되어야 한다. 아날로그

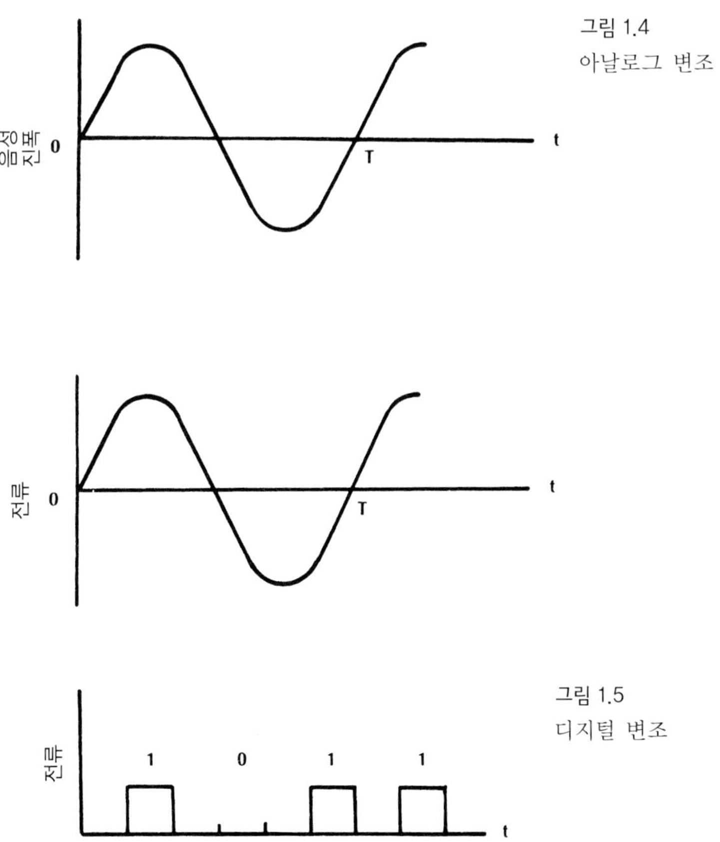

그림 1.4
아날로그 변조

그림 1.5
디지털 변조

와 디지털 시스템 간의 서로 고려할 점들과 비교할 점들은 이 장과 이후의 장들에서 더 자세히 다룰 것이다.

이 장의 마지막 부분에서 전체 시스템을 구성할 때 설계자가 직면하게 되는 결정사항들을 열거한다. 이 표에 실린 사항들은 이 책 전체에 걸쳐 설명한다. 후에, 유용한 선택에 대한 보다 구체적인 설명과 각 선택에 대한 장·단점 및 주요 응용분야를 덧붙일 것이다.

1.2.3 반송파 원

반송파 원은 정보를 전송하는 파를 발생한다. 이 파를 **반송파**(carrier)라고 한다. 라디오 주파수 통신시스템에서 반송파는 전자발진기에 의해 만들어진다. 광파이버시스템에서는 **레이저 다이오드**(laser diode: LD)나 **발광 다이오드**(light-emitting diode: LED)가 사용된다. 이 두 장치들을 정확히 광 발진기라고 한다. 이상적으로는 이들 광원은 장거리를 전파하는 데 충분한 전력을 가진 안정된 단일 주파수의 파를 발생한다. 실제 레이저 다이오드와 발광 다이오드는 이러한 이상적인 것과는 달리 단일 주파수가 아닌 여러 대역의 주파수를 가지며, 단지 수 밀리와트의 평균 전력을 방출한다. 하지만 이 전력은 수신기가 매우 민감하기 때문에 대부분의 경우에 충분하다. 그러나 전송 손실은 파이버를 따라 계속적으로 전력이 감소되므로 불충분한 소스전력은 통신 링크의 거리를 제한한다. 단일 주파수의 광원이 아니라는 점도 시스템의 성능을 저하시키고 주어진 전송거리에 따라 운반되는 정보의 양도 제한된다.

LED와 레이저 다이오드는 작고 경량이며 적은 양의 전력만을 소비하고, 비교적 변조시키기도 쉽다 — 즉, 광의 복사에 정보를 싣기가 쉽다. 두 장치 모두 통과하는 전류에 의해 동작되며 복사 전력의 양은 이 전류에 비례한다. 이 방법으로 광 출력 전력은 변조기로부터 입력 전류의 형태를 갖는다. 반송파의 아날로그 및 디지털 변조의 결과를 그림 1.6에 나타내었다. 전송되는 정보가 광 전력의 변화에 포함되어 있는 것을 강조한다. 이것을 **강도 변조**(intensity modulation: IM)라고 한다. 그림 1.4에서 나타낸 신호 전류는 정과 부의 부분 모두를 갖고 있지만 발광소자의 출력 전력은 항상 정이다. 이러한 특성은 그림 1.6에서 주목해야 할 특성이다. 선형성을 얻기 위해서는 아날로그 시스템에서 실제 변조 전류가 전적으로 정이어야 한다. 그림 1.6에 그려진 대로, 원하는 정보 신호에 DC 바이어스 전류를 가하면 정전류가 된다. 이와 마찬가지로 디지털 시스템용의 변조 전류도 항상 정이다. 레이저 다이오드는 약간의 임계전류가 인가되기까지는 동작되지 않기(즉, 광을 방출하지 않기) 때문에 변조 전류는 이 임계값과 같은 DC 오프셋을 포함할 것이다. 이진 1이 나타나면 임계값을 넘는 구동 전류로 다이오드를 발광시킨다. 이진 0에서는 전류가 임계값에 도달하지 못하고, 이때는 방출이 일어나지 않는다. 이에 반해 LED는 임계값이 없으며, 정의 전류가

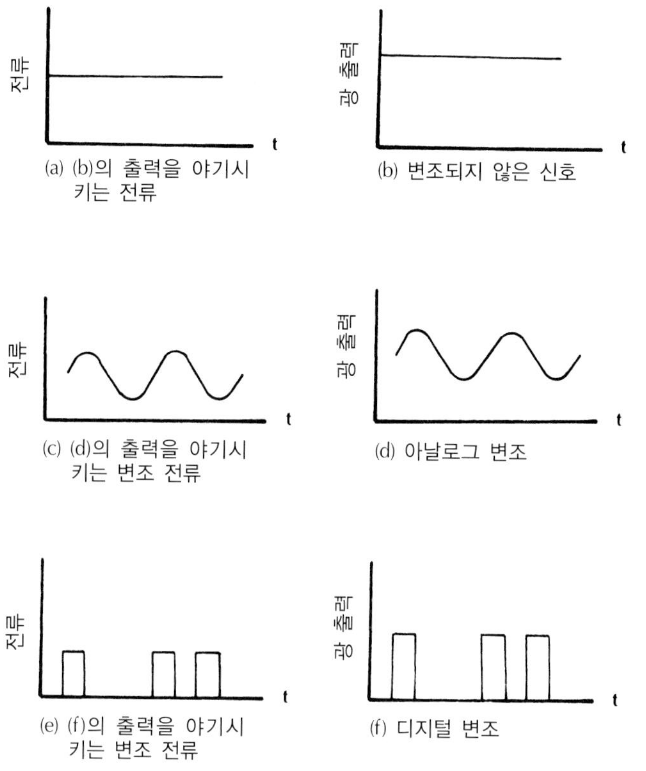

그림 1.6
광 반송파의 아날로그 및 디지털 변조

통과할 때마다 켜지게 된다.

레이저 다이오드와 LED는 유리 파이버들이 효율적인 광 송신기가 되는, 즉 파이버의 감쇠가 적은 주파수를 복사하도록 만들어졌다. 임의의 주파수로 복사하는 알맞은 광원을 얻기가 어려우므로 이것은 정말로 운이 좋은 것이다. 이러한 광원의 주파수와 파이버 저손실 영역의 정합이 없었다면 파이버 광통신은 존재하지 못했을 것이다.

1.2.4 채널 결합기

다음에는 정보 채널에 전력을 공급하는 결합기에 대해 고찰한다. 라디오나 TV 방송시스템의 경우, 이 구성요소는 안테나이다. 안테나는 신호를 송신기에서 정보 채널로 전달한다 — 이 경우에 정보 채널은 대기이다. 전화링크와 같이 전기줄을 사용하는 도파 시스템에서 결합기는 정보 채널로 사용되는 전송 선로에 송신기를 부착시키기 위한 단순한 커넥터이다. 대기 광 시스템에서 채널 결합기는 광원에서 복사되는 광을 조준하고 광의 방향을 수신기로 향하여 평행하도록 한 렌즈이다. 광파이버시스템의 결합기도 광원으로부터의 변조

그림 1.7
파이버와의 광 결합

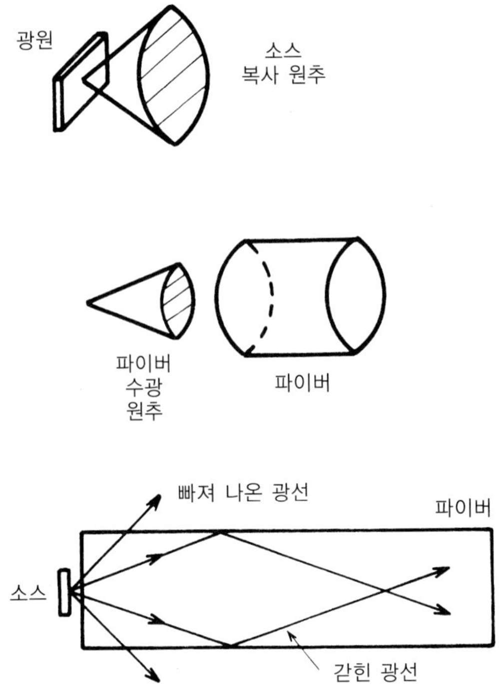

된 광 빔을 파이버에 효과적으로 전달해야 한다. 불행히도 이러한 전송에는 상당한 전력 감쇠가 있으므로 다소 복잡한 결합기 설계를 하지 않고는 쉽지 않다. 이것을 곤란하게 하는 이유 중 하나는 종래의 파이버 직경은 50 μm 정도로 작기 때문이다. 그러나 광원은 큰 각으로 퍼지면서 방출되기 때문에 기본적으로 커다란 손실이 발생한다. 파이버는 단지 더욱 제한된 각도 내의 광만을 받아들인다. 이러한 문제가 그림 1.7에 그려져 있다. 이것은 광 방출기가 단지 파이버와 인접해 있는 가장 간단한 형태의 결합기이다. 그림에서 보는 바와 같이 파이버가 광원에서 나오는 모든 광선들을 수신하기에 충분할 만큼 크다 할지라도 복사와 수신 원추각과의 차이 때문에 광을 모두 모을 수는 없다. 이보다 복잡하기는 하지만 더 효율적인 결합기가 만들어질 수 있다. 채널 결합기는 높은 손실의 가능성 때문에 파이버시스템 설계에 있어 아주 중요한 부분이다.

기대 효율의 수치해석과 개선된 결합기 설계에 관해서는 이 책의 뒷부분에서 다룬다.

1.2.5 정보 채널

정보 채널이란 송신기와 수신기 사이의 경로를 말한다. 파이버 광통신에서는 유리섬유(또는 플라스틱 섬유)가 채널이다. 정보 채널의 바람직한 특성은 저감쇠와 큰 수광-원추각을 포함한다. 저감쇠와 효율적 광 집속은 원거리 전송에 특히 필요하다. 일반적으로 고감도의 수신기를 쓴다 하더라도 수신기에 도달하는 전력은 적절한 명료성을 갖는 바람직한 메시지를 전달하기 위해 반드시 임의의 제한값 이상이어야 한다.

광 증폭기(optical amplifier)들은 약한 신호의 레벨을 강화한다. 증폭기들은 수신기에 충분한 전력을 보내기 위해서 매우 먼 거리의 링크(수백 수천 km)에 필요하다. **중계기**[repeater, 또는 **재생기**(regenerator)]들은 약하고 찌그러진 광 신호를 전기 신호를 변환하고, 더 멀리 전송하기 위해서 원래의 디지털 펄스열을 재발생한다. 중계기는 디지털 시스템에서만 사용된다; 광 증폭기는 아날로그와 디지털 신호 모두에 적합하다. 광 증폭기는 단지 신호 감쇠만을 보상하나, 중계기는 디지털 신호의 진폭과 파형 모두를 재구성한다. 장거리 시스템에서, 다수의 증폭기와 소수의 중계기가 사용될 수도 있다. 매우 복잡한 시스템이 되면, 중계기가 증폭기보다 더 비싸진다.

정보 채널의 또 다른 중요한 특성은 그것을 따라 흐르는 파의 전파시간이다. 일반적으로, 진행시간은 광의 주파수와 그 광선이 택한 경로에 의존한다. 파이버를 따라 전파된 신호는정상적으로(광원이 여러 주파수 영역으로 방출되기 때문에) 광 주파수 영역과 여러 광선 경로로 나뉘어진 전력을 포함한다. 이것이 전파되는 신호의 찌그러짐을 일으킨다. 디지털 시스템에서 이러한 찌그러짐은 그림 1.8에 나타낸 대로 온(on) 펄스의 퍼짐과 변형으로 나타난다. 퍼짐은 전파거리에 따라 증가하고, 사실상 퍼짐이 너무 커지면 인접 펄스들과 서로 겹치게 되어(그림 1.8에 나타난 대로) 분리된 정보 비트로 정보를 분간할 수 없게 된다. 그 결과 전송상에 오류가 발생한다. 이것을 방지하기 위해, 펄스를 너무 빠른 주기로 전송해서는 안 된다. 물론 이것은 펄스의 전송률을 제한된다. 주파수와 경로에 의존하는 파의 속도는 디지털 또는 아날로그 변조에 관계 없이 정보율을 제한하는 결과를 초래한다.

큰 수광각과 낮은 신호 찌그러짐의 요구조건은 상호모순이다. 실제 파이버들은 이 두 가지가 타협된 설계가 나타난다. 중간 정도의 경로길이와 정보율을 갖는 시스템에서는 적절한 수광각 값과 적절한 신호 찌그러짐 값을 가진 파이버들을 사용할 수 있다. 파이버의 다른 흥미로운 특징들은 이 장의 뒷부분에서 다룬다.

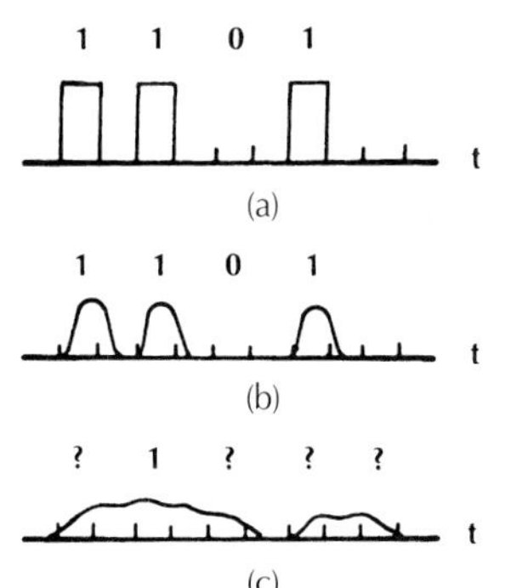

그림 1.8
광 펄스의 퍼짐 (a) 원래의 펄스열 (b) 약간의 거리를 진행한 뒤에 펄스는 퍼진다. (c) 더 멀리 진행함에 따라 인접한 펄스들은 서로 중첩을 하게 되어 0이 되는 시간 슬롯으로 겹쳐진다. 이렇게 되면 신호의 검출과정에서 많은 오류가 발생한다.

그림 1.9
파이버와 광 검출기의 결합은 매우 효율적이다. 검출기는 파이버에서 복사되는 광의 대부분을 받아들일 수 있다.

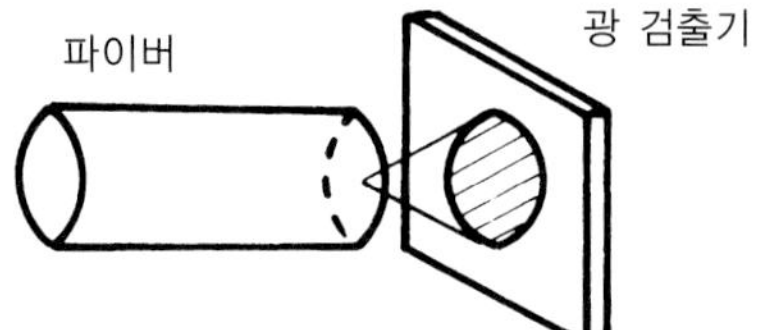

대기 전자통신시스템에서 안테나는 정보 채널로부터 오는 신호를 모아서 수신기로 보낸다. 파이버시스템에서는 출력 결합기만이 파이버에서 나오는 광을 광 검출기로 보낸다. 이 광은 파이버의 수광 원뿔과 똑같은 패턴으로 복사된다. 보통 광 검출기는 표면적이 넓고 허용수광각이 크기 때문에 그림 1.9에 나타낸 것처럼 간단한 접촉연결로 파이버에서 출력되는 광을 효율적으로 결합할 수 있다.

1.2.6 검출기

이제 전송된 정보를 반송파로부터 추출해야 한다. 전자시스템에서, 이것은 신호를 **복조**(demodulating)하는 과정이고, 적당한 전자회로에 의해 수행된다. 파이버시스템에서는 광 검출기에 의해 광파를 전류로 변환한다. 여러 가지 다양한 형태로 설계된 반도체 광 검출기가 널리 사용된다. 광 검출기가 출력하는 전류는 입사 광파 전력에 비례한다. 정보는 광 전력 변화에 포함되어 있으므로 검출기 출력 전류가 이 정보를 포함하고 있다. 이 전류는 반송파 광원을 동작하게 하는 데 사용된 전류와 같은 형태이다.

그림 1.10은 이 시스템의 여러 지점에서 아날로그 신호들 간의 상호관계를 보여주고 있다. 먼저 그림 1.10(a)는 메시지 원에서 변환기에 의해 발생된 전류를 보여준다. 이것이 전송하고자 하는 정보 신호이다. 변조기는 이 전류에 일정한 바이어스를 추가하고[그림 1.10(b)] 그 결과를 광 반송파에 공급한다. 이제 그림 1.10(c)의 반송파 전력 파형은 원래 정보를 포함한다. 이 신호는 파이버를 따라 전파되는 동안 감쇠되므로 그림 1.10(d)에서는 감쇠된 광 전력을 보이게 된다. 이 그림은 파이버를 통해 진행되는 동안 파형 찌그러짐은 없는 것으로 가정하였다. 검출기는 광파의 형태를 전기적 형태로 변환시킨다. 이것을 그림 1.10(e)에 보였다. 완전한 전송이 되려면, 검출기 출력 전류는 필터링하여 일정한 바이어스를 제거한다(그리고, 필요하면 증폭한다). 지금 언급한 두 가지 기능은 시스템의 신호처리 블록에서 발생한다. 그림 1.10(f)는 원래의 정보 파형이다. 디지털 시스템에서도 유사한 형태의 그림을 그릴 수 있다. 결과적으로 검출기 출력에서 입력 펄스열의 재생을 보일 수 있다.

광 검출기들의 중요한 성질은 작은 크기, 경제성, 긴 수명, 적은 전력소모, 광 신호에 대한 높은 민감도, 그리고 광 전력의 빠른 변화에 대한 신속한 응답성이다. 다행히 이러한 특성들을 지닌 광 검출기들은 쉽게 구할 수 있다.

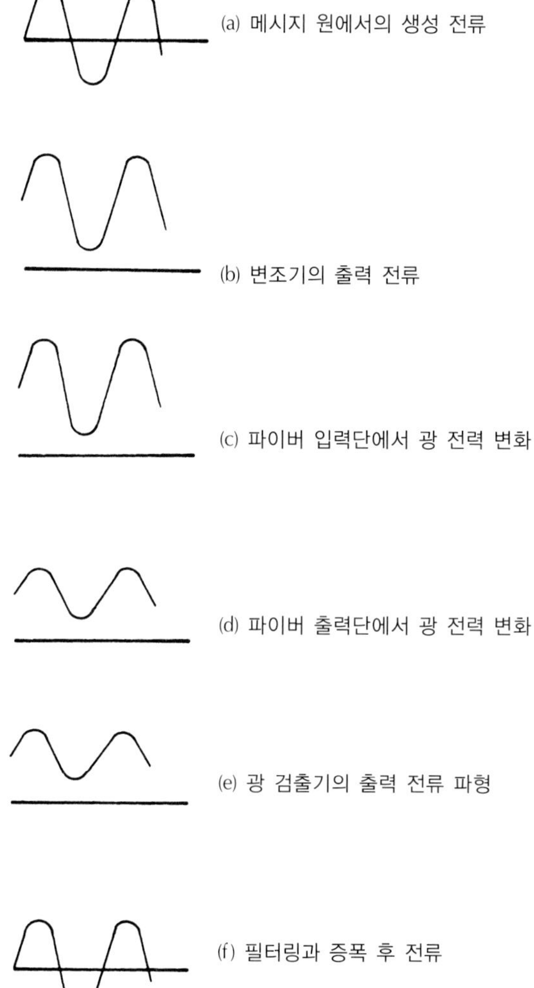

그림 1.10
아날로그 시스템에서 신호

1.2.7 신호처리기

아날로그 전송을 위해서 신호처리기는 신호를 증폭하고 필터링하는 기능을 수행한다. 필터링은 바이어스는 물론 원치 않은 주파수도 더 멀리 통과하지 않도록 차단시킨다. 이상적인 필터라면 전송된 정보 속에 있는 모든 주파수를 통과시키고 그렇지 않은 것들은 제거하여 본래 의도했던 전송의 투명성을 갖도록 한다. 적당한 필터링은 신호 전력 대 원치 않는 전력의 비를 극대화시킬 수 있다. 수신된 신호 속에 들어 있는 불규칙한 변동은 **잡음** (noise)이라고 한다. 잡음은 모든 통신시스템에서 나타난다. 앞으로 파이버시스템 속에 들어 있는 잡음 양을 어떻게 판단하고, 주어진 응용분야의 **신호 대 잡음비**(signal-to-noise ratio:

SNR) 요구조건을 맞추기 위해 시스템을 어떻게 설계할지에 관해 배우게 될 것이다.

디지털 시스템에서 신호처리기는 증폭기와 필터 외에 결정회로를 포함한다. 결정회로는 어떤 개별 비트의 시간 슬롯 동안에 이진 1 또는 0이 수신되었는지를 결정한다. 이러한 과정에서 불가피한 잡음 때문에 항상 오류가 발생할 확률이 있다. 양질의 통신이 되려면 비트오류율(bit-error rate: BER)이 아주 작아야 한다. 만일 원래의 메시지가 아날로그였다면, 디지털 신호처리기는 들어오는 1과 0의 열을 디코드해야만 한다. 이것은 전기 형태의 정보를 재생하는 디지털-아날로그 변환기에 의해 이루어진다. 만일 통신이 기계들 사이에서 이루어진다면, 디지털 형태는 디지털-아날로그 변환 없이 사용하기에 적합할지도 모른다.

1.2.8 메시지 출력

이 시점에서 두 가지 다른 상황에 관심을 가져보자. 그 중의 하나는 메시지가 사람에게 전달되어서 그 사람이 정보를 듣거나 보는 경우로, 그렇게 하기 위해서는 전기 신호가 음파나 영상으로 변환되어야만 한다. 이 정보를 형성하기에 적당한 변환기는 음성 메시지의 경우 스피커이고, 영상의 경우는 음극선관(텔레비전에 쓰이는 것과 유사한)이다.

두 번째 경우는, 신호처리기로부터 들어오는 메시지의 전기적인 형태를 직접 이용하는 것이다. 예를 들면, 이 상황은 컴퓨터 또는 다른 기계들이 연결된 파이버시스템에서 일어난다. 또한, 파이버시스템이 여러 가지 텔레비전 프로그램을 전달하는 파이버 중계선로 또는 전화교환기 사이의 파이버 링크와 같은 큰 회로망의 한 부분일 때 역시 일어난다. 이 마지막 두 시스템에서 처리는 전기 신호들을 적당한 목적지까지 분배하는 것도 포함한다. 메시지 출력 장치는 신호처리기로부터 다음 시스템까지 단순한 전기적 결합기이다.

이 책에서는 단지 신호처리 회로들과 메시지 출력 장치들에 대해서 다루지 않는데, 이것들은 파이버를 사용하지 않는 시스템을 위해 이미 개발된 장치들과 동일하기 때문이다.

1.2.9 몇 가지 수치들

지금까지는 검토하는 과정에서 단위와 수량들에 관해서는 관심을 갖지 않았다. 그러나 통신시스템을 이해하고 설계하기 위해서는 이들을 소홀히 해서는 안 된다.

이 책에서 종종 나오는 단위들은 편리하게 참조할 수 있도록 표 1.1에 열거했다. 이 책은 가능한 한 MKSC(미터-킬로그램-초-쿨롱) 시스템을 사용하였다. 실제로 파이버 길이들과 지름들은 거의 미터법으로 표기한다. 표 1.2에는 광파이버 공학에 중요한 물리상수들을 요약했다.

주파수 단위는 헤르츠(hertz)인데 초당 1회의 발진 사이클과 같다. 진동의 연속 첨두치 간의 시간 간격을 주기(period)라고 하고, 이것은 주파수의 역수이다. 즉, 한 사이클당 걸리는

표 1.1 단위

단위	기호	척도
meter	m	길이
kilogram	kg	질량
second	s	시간
coulomb	C	전하
joule	J	에너지
watt	W	전력
hertz	Hz	주파수
bit per second	b/s	데이터율
newton	N	힘
ampere	A	전류
kalvin	K	온도
degree celsius	℃	온도
farad	F	커패시턴스
ohm	Ω	저항
volt	V	전압
radian	rad	각도

표 1.2 물리상수

항목	값	기호
광속	3×10^{8} m/s	c
플랑크(Planck) 상수	6.626×10^{-34} J × s	h
전자 전하량	-1.6×10^{-19} C	$-e$
전자볼트	1 eV = 1.6×10^{-19} J	eV
볼츠만(Boltzmann) 상수	1.38×10^{-23} J/K	k

시간(seconds per cycle)은 1초당 사이클 수(cycles per second)의 역수이다. 주파수를 f, 주기를 T라고 하면, $T = 1/f$이다. 그림 1.11은 이것을 나타내었다. 파이버 광통신에서는 수 Hz에서 10^{14} Hz 이상의 주파수를 접하게 된다. 또한, 길이는 수 μm(10^{-6} m)에서 수십 km까지 다룬다. 따라서, 매우 큰 양과 매우 작은 양을 위한 표준 접두어들을 알아 두는 것이 편리하므로 자주 쓰는 것들을 표 1.3에 나타냈다.

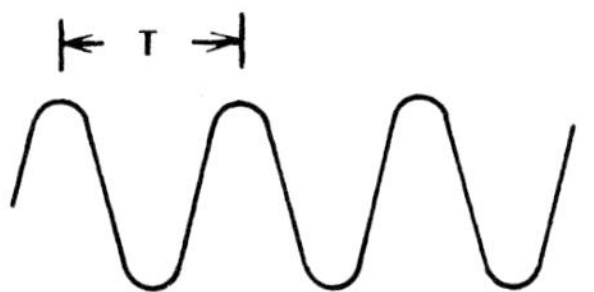

그림 1.11
주기가 1초인 파형. 대응 주파수는 $f = 1/T$이다.

표 1.3 접두어

접두어	기호	배율
tera	T	10^{12}
giga	G	10^{9}
mega	M	10^{6}
killo	k	10^{3}
centi	c	10^{-2}
milli	m	10^{-3}
micro	μ	10^{-6}
nano	n	10^{-9}
pico	p	10^{-12}
femto	f	10^{-15}

표 1.4 일반적인 아날로그 시스템

메시지 형태	대역폭	설명
음성	4 kHz	단일 전화 채널
음악	10 kHz	AM 라디오방송국
음악	200 kHz	FM 라디오방송국
텔레비전	6 MHz	TV 방송국

광의 파장은 $10^{-6}\,\text{m} = 1\,\mu\text{m}$ 정도이다. 이 길이는 마이크로미터이다. 이보다 작은 단위는 $10^{-9}\,\text{m}$인 나노미터(nanometer)이며, 따라서 1000 nm는 $1\,\mu\text{m}$이다.

다음은 일반적인 아날로그와 디지털 시스템에서 쓰이는 중요한 수치적 특성에 대해 논의하기로 한다. 표 1.4에 아날로그 시스템에서의 소요 대역폭을 요약했다. 전화링크는 단지 4000 Hz까지의 주파수들을 가진 메시지만을 전달하는데, 정상적인 대화에서 대부분의 에너지는 이 주파수 이하에 있기 때문이다. 이 대역폭으로 메시지를 명료하게 알 수 있고 개인적 음성들도 잘 식별될 수 있다. 물론 좀더 큰 대역폭을 가진 채널은 소리를 더 좋은 질로 재생할 수 있지만, 실용적인 전화회로에서는 그럴 필요가 없다. 목소리 재생시 질이 조금 저하되는 것이 허용된다면 4 kHz 이하로 대역폭을 낮추는 것이 가능하다. 이 책에서 예를 들고 있는 대부분의 음성 전송 예는 상용 전화시스템으로 4 kHz 대역폭을 사용한다고 가정하며, 4 kHz까지의 주파수 범위를 음성 메시지의 기저대역(baseband)이라고 한다.

상용 AM(amplitude modulation) 방송국들은 100에서 5000 Hz의 메시지를 전송한다. AM 형태는 최고 변조주파수의 2배가 되는 대역폭이 필요하므로, AM 방송국은 10 kHz의 대역폭을 가지고, 이들 반송파 주파수는 10 kHz 간격으로 분리된다. 고품질의 음악을 재생하려면 15 kHz(특히 민감한 청취자의 귀는 20 kHz에 달하는 더 빠른 진동도 감지할 수 있다) 이상의 변조주파수로 올려 전송할 필요가 있다. FM(frequency modulation) 방송국들은 50에서 15,000 Hz 사이의 정보를 전송하는데, 이 결과를 달성하기 위해 FM 형태는 200 kHz 대역폭이 필요하다.

비디오 신호는 음성 신호보다 많은 정보를 담고 있기 때문에 추가적으로 더 넓은 전송 대역폭이 필요하다. 상업용 TV 채널들은 화상과 음성을 포함한 6 MHz 대역폭을 갖는다. 실제 전달되는 최고 화상주파수는 거의 4.2 MHz이다. TV 신호가 점유하는 6 MHz까지의 주파수 범위가 TV 메시지 기저대역이다.

아날로그 신호가 디지털로 전송될 때, 비트율은 아날로그 신호가 표본화되는 율과 코딩 구조에 의존한다. **표본화 정리**(sampling theorem)에 의하면, 아날로그 신호를 그 신호 속에 포함된 최고 주파수보다 최소한 2배의 속도로 표본화시키면 아날로그 신호는 정확하게 전송할 수 있다. 이 이론에 의하면, 표준 4 kHz 전화 채널은 초당 8000번 표본화시켜야 한다 [3]. 이후 코딩과정에서 표본의 진폭을 8 bits를 사용하여 나타내면, 결국 64,000 b/s의 단일 전화 메지시가 전송된다. 64 kb/s보다 더 높은 속도로 펄스를 전송하면, 여러 개의 메시지를 동시에 전송할 수 있다. 송신기에서 각기 다른 메시지들의 데이터 비트를 단일 정보 내로 끼워 넣음으로써 결합[**다중화**(multiplexed)]시키게 된다. **시분할 다중화**(time-division multiplexing)라 불리는 이러한 방법은 10장에서 자세히 설명된다. 이 메시지들은 수신기에서 분리[**역다중화**(demultiplexed)]된다. 이와 같은 다중화-역다중화 기능이 그림 1.3의 블록에 추가되어야만 한다.

표 1.5는 미국에서 사용되는 비동기 디지털 전화망 방식의 계층, 그리고 정보율, 명칭 및 해당하는 음성 채널 수들을 보여준다. 예를 들면, 기본 블록은 T1(레벨 1에서 전송) 시스

표 1.5 미국 전화시스템의 디지털 전송률

전송 방식	신호 방식	데이터율(Mb/s)	음성 채널 수
	DS-0	0.064	1
T1	DS-1	1.5444	24
T1C	DS-1C	3.152	48
T2	DS-2	6.312	96
T3	DS-3	44.736	672
T3C	DS-3C	91.053	1,344
T4	DS-4	274.175	4,032
		405	6,048
		565	8,064

템이다. 이 레벨은 24개의 음성 메시지를 운반한다. 디지털 신호 방식이 사용될 때에는 DS-1 방식(레벨 1의 디지털 신호)이 적합하다. T2 레벨은 4개의 T1 시스템을 결합하여 구성하는데, 4(24) = 96개의 메시지를 전달할 수 있다. 이와 유사하게, 첫 번째 이상의 모든 레벨은 하부 레벨을 결합하여 구성한다. 각각의 레벨에 해당하는 데이터율을 자세히 보면, 메시지 자체에 필요한 것 이상의 데이터 비트가 보내짐을 발견할 수 있다. 예를 들면, T3 시스템은 672(64,000) = 43 Mb/s가 필요하다. 실제율 44.736 Mb/s는 동기와 신호 펄스를 포함하고 있다.

파이버의 용량은 이보다 훨씬 크기 때문에 표 1.5에 있는 것보다 더 큰 용량을 갖는 시스템이 일반적이다. 예를 들면, 시스템은 2.5 및 10 Gb/s의 개별 파이버 선로 율로 동작 중이다. 이 다중 기가비트 선로 율은 수만 개의 음성 채널을 전송한다. 더구나 대부분의 작업은 40 Gb/s 시스템의 개발에 집중되고 있다[4].

전 세계적으로 사용하기 위해 보다 새로운 전송 표준이 개발되어 있다. 그것은 **동기식 광통신망**(synchronous optical network)을 나타내는 SONET이다. 이 표준화된 동기 시스템은 현존하는 SONET 설비에 새로운 서비스를 첨가할 수 있는 융통성을 가지고 있다. 기본 SONET 전송률은 51.8 Mbps에서 OC-1(레벨 1에서 광 반송파)이다. 그에 상응하는 전기적 전송은 STS-1(레벨 1에서 동기 전달 신호)이다. 표 1.6에는 보다 높은 SONET 전송률을 보였다. SONET 표준의 도입으로 파이버 광 응용분야의 전송률이 증가되었다.

상업용 TV 방송을 디지털로 보내는 데 필요한 데이터율은 쉽게 결정된다. 아날로그 신호는 6 MHz의 대역폭을 갖는다. 이것을 2배로 표본화하고 하나의 표본에 대해 8비트로 인코딩시키려면 2(6)(8) = 96 Mbps의 데이터율을 필요로 한다. 만약에 여러 신호들을 하나의 파이버로 다중화시키면 데이터율은 매 초당 수백 메가비트가 될 것이다. 영상 정보는 6 MHz보다 작은 대역폭에 들어 있기 때문에 96 Mb/s 율을 줄일 수 있다. 예를 들어, 영상 대역폭을 4.5 MHz로 허용하고 이것을 2배로 표본화한 후 표본당 9비트로 인코딩하면 81

표 1.6 SONET 전송률

전기 방식	광 방식	데이터율(Mb/s)	음성 채널 수
STS-1	OC-1	51.84	672
STS-3c	OC-3	155.52	2,016
STS-12	OC-12	622.08	8,064
STS-24	OC-24	1,244.16	16,128
STS-48	OC-48	2,488.32	32,256
STS-192	OC-192	9,953.28	129,024
STS-768	OC-768	39,813.12	516,096

Mbps의 데이터율이 되며 여기에 영상 신호와 동반하는 15 kHz의 음성대역을 30 kb/s로 표본화해서 8비트로 인코드하면 240 kb/s 율이 더 필요하므로 결국 이 신호에 필요한 전체 신호율은 81.24 Mb/s일 것이다. 이 신호는 91.053 Mb/s 데이터율로 동작하는 표준 DS-3C 전화선을 통해서 쉽게 전송할 수 있다.

비록 큰 대역폭 파이버가 이용된다고 해도(다음 장들에서 논의할 실제적인 제한인), 가능한 한 많은 디지털 비디오 채널을 전송하기 위하여 이 자료를 신중히 처리해야 한다. 디지털 비디오 메시지를 보내는 데 필요한 데이터율을 줄이는 기술을 **압축된 디지털 비디오**(compressed digital video: CDV)라고 한다[5]. 기본적으로, 이 과정은 여분의 전송을 제거한다. 예를 들면, 이 장면의 배경은 프레임의 수를 변화하지 않는다. 각 프레임이 갖는 이러한 부분의 그림 전송을 제외할 수 있고, 그럼으로써 데이터 전송에 필요한 전송률이 감소된다. 압축 비디오는 보통 비디오의 데이터율을 거의 100 Mb/s에서부터 5 Mb/s 이하까지 감소시킬 수 있다. 디지털화된 **고화질 텔레비전**(high-definition television: HDTV) 신호는 보통 전송하는 데 약 1 Gb/s가 필요하다. 압축은 이것을 약 20 Mb/s로 감소시킨다.

대역폭과 메시지 형태 사이의 관계가 보통 음악, 음성, 그리고 영상통신망에 대해 설정되어 있다. 컴퓨터 또는 워크스테이션으로부터 발생하는 데이터를 포함하는 전송은 정보 전송에 필요한 속도에 따르는 대역폭이 필요하다. 아주 흔히 사용되고 있는 근거리 통신망인 이더넷(Ethernet)은 10 Mb/s로 동작한다. 동축 선로 또는 파이버 전송 선로를 이용해서 구성할 수 있다. 고속의 데이터 전송을 위해, 파이버 분배-데이터 인터페이스(fiber distributed-data interface: FDDI)는 100 Mb/s의 데이터율에서 동작하도록 규정되어 있다. 더 빠른 속도의 LAN인 고성능 병렬 인터페이스(high-performance parallel interface: HPPI)는 800 Mb/s로 동작한다. 데이터 전송이 사업과 산업에 점점 더 중요해짐에 따라 이러한 용도를 위해서는, 방대한 양의 데이터 처리 능력 때문에 파이버는 이상적인 전송 매체가 될 것으로 보인다.

지금까지 언급해 온 대역폭과 전송률들은 메시지의 특성이지, 사용된 전송 형태와는 무관하다는 것을 기억하라. 같은 메시지를 전달하기 위해서 광 및 무선주파수 시스템은 동일한 대역폭과 데이터율을 필요로 한다.

이러한 관점에서, 이제 특정한 데이터율의 광파이버시스템을 설계하고 구성하고 시험하는 데 대한 쉬운(또는 어려운) 느낌을 독자에게 줄 것이다. 예상했듯이 데이터율이 커질수록 어려움은 더해간다. 다음의 구체적인 규정은 임의적이지만 도움이 될 수 있다.

100 kb/s보다 낮은 전송률로 동작하는 파이버시스템은 낮은 전송률을 갖는다. 이러한 시스템은 쉽게 구할 수 있는 광 및 전자 부품들을 이용해서 즉시 그리고 값싸게 만들 수 있다. 100 kb/s에서 10 Mb/s 사이의 전송률로 구성하려면 약간 비싸고 어려워진다. 10 Mb/s에서 수천 Mb/s(수 Gb/s)까지의 전송률을 구현하려면 개량된 회로, 광 방출기, 그리고 광 검출

기가 사용되어야 한다. 이런 부류의 시스템 — 예를 들면, 이렇게 높은 전송률로 동작하는 대부분의 전화시스템 — 들이 보편화되어 있다. 수 Gb/s 이상의 시스템은 매우 고속이고 추가적인 비용과 관리가 필요하다. 이렇게 높은 속도로 방출하고 검출할 수 있는 광 소자는 가격이 비싸고, 그것과 연결되는 전자회로를 만드는 것도 쉬운 일은 아니다. 이렇게 매우 높은 데이터율은 단지 거대한 양의 정보가 매우 빠르게 전송되어야만 하는 매우 크고 정교한 시스템에서만 가능하다.

아날로그 링크에서 신호 전송 품질은 신호 전력 S와 잡음 전력 N의 비(S/N)로 나타낼 수 있다. 잡음은 모든 수신기에 존재하므로 신호 대 잡음비(S/N)는 무한대가 될 수 없다. 양질의 TV 화면에서 신호 대 잡음비는 10^4 이상이 되어야 한다. 이보다 낮을 경우, TV 화면은 흐려진다. 즉, 잡음 때문에 해상도와 콘트라스트의 질이 떨어진다. 역시 음악과 음성 신호도 양질의 수신을 하려면 높은 신호 대 잡음비를 필요로 한다.

디지털 시스템에서는 전송되는 1이 수신기에 의해 0으로 잘못 해석되거나, 0으로 전송된 것이 1로 잘못 감지될 수 있는데, 이러한 검출 오류는 시스템 잡음 때문이다. 디지털 시스템의 품질은 비트오류율(BER)로 주어진다. 10^{-9}의 BER은 십억 개의 비트가 보내질 때마다 단지 한 개의 비트만이 잘못 감지된다는 것을 의미한다. 10^{-9} BER 또는 더 낮은 BER율이 음성 메시지뿐만 아니라 데이터를 전송하는 표준 디지털 전화선에 적용된다. 데이터도 이 정도의 정확도가 필요하다. 음성은 10^{-9}보다 몇 차 더 큰 에러율로도 전달될 수 있지만, 그 때 청취자는 수신의 질이 떨어진 것을 검출한다.

만약에 높은 신호 대 잡음비 또는 낮은 비트오류율을 얻으려 한다면 강력한 광 신호가 수신기에 도달해야 한다. 이 절에서 살펴본 수치들은 이 책의 나머지 부분에서 설명할 소자나 시스템들을 평가하기 위해서 사용된다.

1.2.10 데시벨로 계산된 전력 레벨

시스템 설계에 있어서 중요한 부분은 통신 링크상에서 광 전력을 주의 깊게 관찰하는 것이다. 검출기의 입사파가 분명하고 정확하게 인식될 수 있도록 충분히 강해야 한다. 다른 실례로, 수신된 전력은 수신기에서 너무 클 수도 있는데 설계자는 이런 일이 일어나지 않도록 해야 한다. 데시벨(decibel: dB)은 통신시스템에서 상대적인 전력 레벨을 측정하는 데 편리한 단위이다. 만일 시스템의 한 지점에서 전력이 P_1 와트이고 그 링크를 따라 좀더 먼 지점에서 P_2 와트이면, P_2/P_1는 두 지점 사이에서 전달되는 전력비를 나타낸다. 다시 말해서, P_2/P_1는 두 지점 사이의 전송 효율이다. 이 비율을 데시벨로 표현하면,

$$\text{dB} = 10\log_{10}\frac{P_2}{P_1} \tag{1.1}$$

로 된다.

P_2와 P_1은 같은 단위여야만 하는데, 예를 들어 둘 다 와트이거나 둘 다 밀리와트 단위여야 한다. 1보다 작은 수의 로그값은 부이므로 P_2가 P_1보다 작을 때 데시벨은 부가 되며, 이 경우 시스템은 손실을 가진다. P_2가 P_1보다 클 때는 두 지점 사이에 증폭기가 설치된 경우로, 데시벨 값은 정이 된다. P_1과 P_2에 관계된 dB 값을 알면 P_2를 P_1으로 나타낼 수 있다:

$$P_2 = P_1 10^{\mathrm{dB}/10}$$

여러 개의 소자들이 종속으로 연결되어 있을 때, 전력 레벨의 전체 변화를 쉽게 알기 위해 로그 스케일을 쓰면 편리하다. 그림 1.12에 나타나 있는 세 개의 소자를 갖는 시스템에 대해 고찰해 보자. 세 개의 블록들은 각각 광원에서 파이버까지의 결합기, 파이버 자체, 그리고 커넥터를 나타낸다. 출력 전력은 다음 표현식대로 각 블록의 효율들을 곱함으로써 구해진다.

$$\frac{P_4}{P_1} = \frac{P_4}{P_3} \times \frac{P_3}{P_2} \times \frac{P_2}{P_1}$$

해당되는 손실을 데시벨로 표시하면 다음과 같다.

$$\begin{aligned} \mathrm{dB} &= 10 \log_{10}\frac{P_4}{P_1} \\ &= 10 \log_{10}\left(\frac{P_4}{P_3} \times \frac{P_3}{P_2} \times \frac{P_2}{P_1}\right) \end{aligned}$$

로그에서 각 항을 곱의 로그 특성을 이용하면, 항의 로그값을 더한 것과 같으므로

$$\begin{aligned} \mathrm{dB} = 10 \log_{10}\frac{P_4}{P_3} &+ 10 \log_{10}\frac{P_3}{P_2} \\ &+ 10 \log_{10}\frac{P_2}{P_1} \end{aligned} \tag{1.2}$$

이 된다.

즉, 전체 효율(dB 값)은, 종속연결된 각 소자들의 개별적인 효율(dB 값)의 총합과 같다. 이것이 데시벨 단위의 큰 장점이다.

식 (1.1)은 값싼 휴대용 계산기의 로그 기능을 사용해서도 계산할 수 있다. 편의를 위해 그림 1.13과 1.14에 데시벨 스케일의 그림들을 그렸다. 이들 그림은 전력 이득과 손실 모두

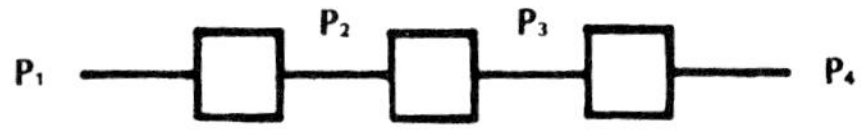

그림 1.12
종속연결된 시스템의 전력 레벨

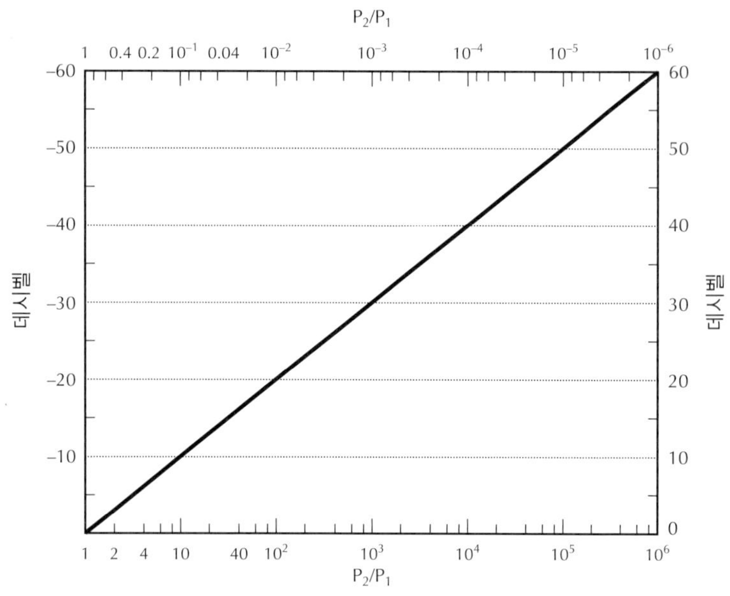

그림 1.13
데시벨 눈금. 오른쪽의 수직눈금은 아래쪽 눈금으로 읽고 왼쪽의 눈금은 위쪽 눈금으로 읽는다. 이들 규칙은 전력비가 1보다 크면 +데시벨, 1보다 작으면 −데시벨에 대응한다는 것을 기억하면 된다.

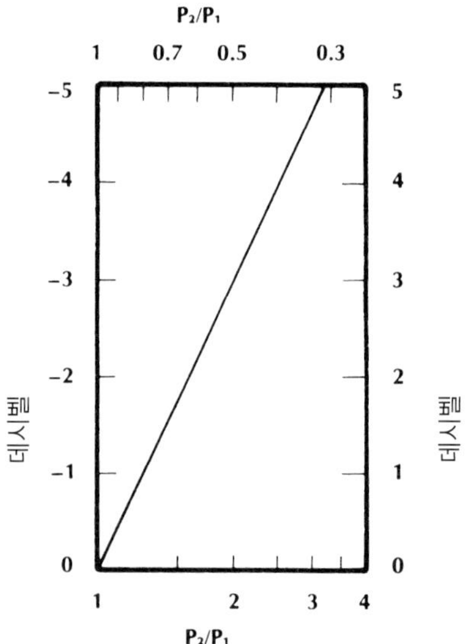

그림 1.14
확장된 데시벨 눈금. 이 그림을 해석하는 규칙은 그림 1.13과 같다.

에 대해 데시벨 등가치를 나타낸다. 전력 이득($P_2/P_1 > 1$)은 정의 데시벨 값을 읽고, 전력 손실($P_2/P_1 < 1$)은 부의 데시벨 값을 읽으면 된다. 가끔 손실을 확연히 아는 경우는 부의 부호를 생략한다. 예를 들어 −3 dB의 전력 변화를 3 dB 손실로 나타낸다. 그림 1.14는 소량의 손실이나 이득을 계산할 때 유용하도록 확대된 눈금으로 나타냈다.

예제 1.1

그림 1.12의 세 개의 소자는 각각 −11, −6, −3 dB의 손실이 있다고 가정한다. 전체 손실을 구하라. 또 입력이 5 mW일 때, 출력 전력을 구하라.

풀이: 식 (1.2)에 의해 전체 손실은 $-11-6-3=-20$ dB이다. 그림 1.13에서 −20 dB은 0.01의 전력비와 등가이다. 따라서 수신기 전력은 $5(0.01)=0.05$ mW이다.

예제 1.2

한 시스템 손실이 −23 dB이다. 그 효율을 계산하라.

풀이: 식 (1.1)을 전력비에 대해 풀면 다음 식으로 된다.

$$\frac{P_2}{P_1} = 10^{\mathrm{dB}/10}$$

정과 부의 전력의 승수를 모두 계산할 수 있는 계산기를 이용하면 편리하다. 이 문제에서

$$\frac{P_2}{P_1} = 10^{-2.3} = 0.005$$

이므로, 전력 전송의 효율은 0.5%이다. 다른 방법으로 그림 1.13에 의해 −23 dB에 해당하는 전력비를 구하면 $P_2/P_1 = 0.005$이다. 만일 그림 1.13이 충분한 해상력을 갖고 있지 않다면, 다음과 같은 방법으로 그림 1.14의 확장된 스케일을 이용할 수 있다. $-23\ \mathrm{dB} = -20\ \mathrm{dB} - 3\ \mathrm{dB}$이라는 점을 주목한다. 그림 1.13을 보면 −20 dB은 0.01의 손실에 해당된다. 그림 1.14를 보면 −3 dB에는 0.5의 손실에 해당된다. 따라서 이 두 가지를 곱한 결과가 전체 손실로서, $0.01(0.5)=0.005$가 된다.

지금까지의 상대적인 전력 레벨들을 나타내기 위해 데시벨 스케일을 사용했다. 절대 전력값을 나타낼 때도 데시벨을 사용할 수 있다. 그러기 위해서는 전력을 고정된 기준값에 비교해야 한다. 파이버시스템에 편리한 기준 레벨은 밀리와트이다. 1밀리와트의 전력값을 데시벨로 나타낸 것이 dBm라는 것으로 $P_1 = 1$ mW로 고정하고 P_2를 밀리와트로 쓰면 식 (1.1)에서 다음과 같이 구해진다 — 즉, P_2가 밀리와트일 때,

$$\mathrm{dBm} = 10 \log_{10} P_2$$

그림 1.13과 1.14를 이용하여 P_2/P_1의 P_2값을 밀리와트로 대치한 후, 세로축 값을 dBm으로 읽으면 된다.

예제 1.3

발광 다이오드가 2 mW를 복사한다. 이 복사 전력을 dBm 값으로 계산하라. 이 전력이 일련의 여러 소자들을 통과할 때 전체 결합 손실이 23 dB이다. 출력을 계산하라.

풀이: mW 단위로 방출된 전력은 2이다. 그림 1.14에서 이 전력비는 3 dBm에 해당한다. 이 전력이 23 dB 손실에 의해 감소되므로 출력은 입력보다 23 dB 적다. 따라서 $3 - 23 = -20$ dBm이다. 그림 1.13에서 -20 dBm에 해당하는 전력비는 0.01이므로 이것을 밀리와트로 표현하면 출력은 0.01 mW이다.

앞의 예에서 설명한 것처럼 전송 전력 dBm_t, 시스템 손실 dB_s, 수신기에서의 전력 레벨 dBm_r은 다음의 관계가 있다.

$$\text{dBm}_r = \text{dBm}_t + \text{dB}_s$$

dB_s에 적당한 부호를 붙이는 것이 중요하고(손실의 경우 부, 이득의 경우 정 부호), dBm 값에서도 마찬가지이다.

마이크로와트도 흔히 쓰이는 또 다른 기준 레벨이다. 1마이크로와트에 해당하는 전력값을 데시벨로 나타내면 다음과 같다.

$$\text{dB}\mu = 10 \log_{10} \text{P}_2$$

여기서, P_2의 단위는 마이크로와트이다. 몇 가지 상업적 광 전력 계측기들은 직접 dBm 또는 dBμ 값을 읽을 수 있도록 지시하고, 어떤 것은 광 전력을 직접 와트로 혹은 두 가지 단위들을 모두 사용할 수도 있도록 되어 있다.

1.3 광의 성질

비록 광이 인간 생활에 널리 침투되어 있지만 그 기본적 성질은 적어도 부분적으로는 미스터리 속에 남겨져 있다. 광의 현상을 양적으로 표시할 수 있고, 이 지식에 기초하여 예측을 할 수 있으며, 편의를 위해 광을 사용하고 조절하는 방법을 알고 있다. 그런데 서로 다른 실험과 관찰들을 설명하기 위해 광은 서로 다른 방법으로 해석해야 한다: 때로는 파동으로, 때로는 입자로 간주한다.

1.3.1 광의 파동성

광은 매우 높은 발진주파수와 매우 짧은 파장을 가진 전자파라는 사실로부터 광의 많은 현상을 설명할 수 있다. **전자파 스펙트럼**(electromagnetic spectrum)의 주파수들이 그림 1.15에 나타나 있다. 자유공간 파장과 여러 가지 주파수 범위들을 나타내는 일반적 명칭이 표시되어 있다. **광**(optic)[뿐만 아니라 **빛**(light)]이라는 용어는, 스펙트럼의 **적외선**(infrared), **가시광선**(visible), **자외선**(ultraviolet) 부분들의 주파수들을 언급할 때 사용한다. 이 범위 내에서는 너무나 많은 똑같은 해석, 기술, 장치들이 사용되기 때문이다.

여기서 주로 관심 있는 주파수(또는 파장)와 범위를 그림 1.16에 보였다. 가시광선 파장은 (푸른색의) 0.4 μm에서 (빨간색의) 0.7 μm에 걸쳐 있다. 실리카 유리 파이버들은 가시광선 영역에 대해선 썩 좋은 광 전송 매질이 아니다. 그들은 파들을 많이 약화시키므로 단지

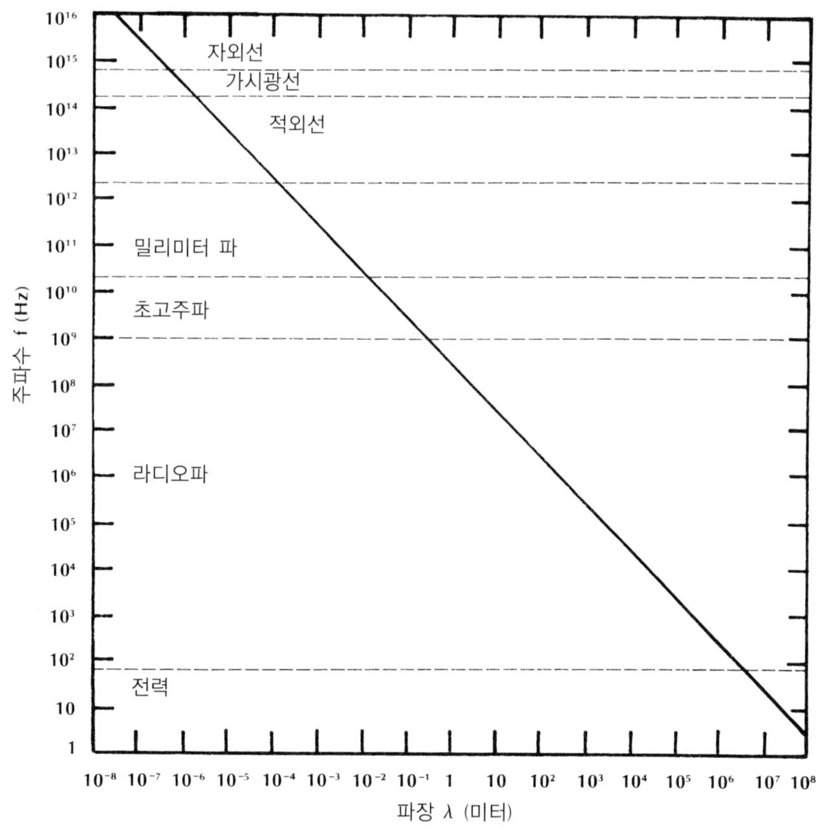

그림 1.15
전자기파 스펙트럼. 명칭은 각 주파수 영역을 나타내며 주파수와 파장의 관계는 $f = c/\lambda$이며, 여기서 $c = 3 \times 10^8$ m/s이다.

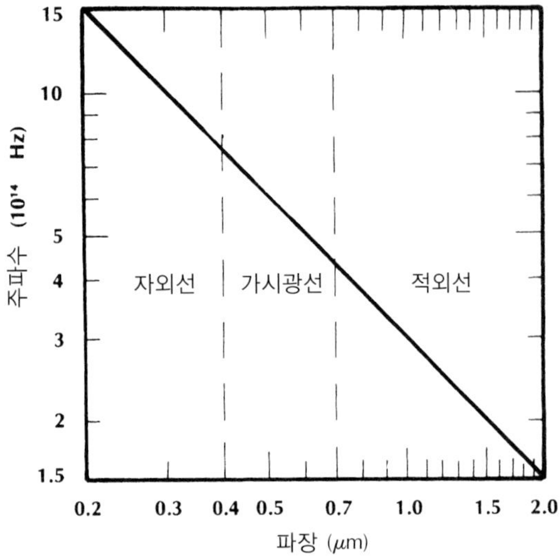

그림 1.16
광 스펙트럼 부분. 각 명칭은 지정된 파장 영역을 나타내며, 수직점선은 자외선(UV)과 적외선 사이의 가시광선 영역을 구분한다.

짧은 전송 링크만이 효과적이며 자외선에서는 손실이 더 심하다. 그러나, 유리 파이버에는 광을 효율적으로 전송하는 영역이 있는 데, 이들 영역은 대략 0.85 μm, 그리고 1.26에서 1.75 μm 사이의 파장 영역이다. 이들 파장들을 종종 파이버 **전송창**(transmission windows)이라고 한다. 파이버 손실에 대해 더 자세한 것은 5장에서 논의한다.

비록 광파가 라디오파보다 주파수가 매우 높지만 둘 다 같은 법칙을 따르는 많은 공통적 성질들을 가지고 있다. 이들을 포함한 모든 전자파들은 그들과 관계된 전기장과 자기장을 가지며 매우 빠르게 이동한다.

빈 공간[주로 **자유공간**(free space)이라 한다]에서 전자파는 3×10^8 m/s의 속도로 이동한다. c로 나타내는 이 속도는 대기를 이동하는 파에 해당한다. 이에 반해, 고체 매질에서 파의 속도는 매질과 존재하는 도파로의 기하학적 구조에 따라 다르다. 광 빔의 파장은 다음 식으로 주어진다.

$$\lambda = v/f \tag{1.3}$$

여기서 v는 빔의 속도이고, f는 빔의 주파수이다. 주파수는 발광원에 의해 결정되며 광이 한 물질에서 다른 물질로 이동할 때에도 변하지 않는다. 그 대신 속도의 변화는 식 (1.3)에 의한 파장의 변화를 초래한다. 앞으로 특별한 언급이 없는 한 이 책에서 파장을 말할 땐 자유공간 값을 말하는 것으로 한다.

한 예로 0.8 μm에서의 복사에 대해 살펴보자. 식 (1.3)을 이용하면, $v = c$일 때 주파수는 3.75×10^{14} Hz가 된다. 이는 실로 매우 빠른 발진이다. 이 발진의 주기(주파수의 역수)는 2.67×10^{-15} sec이고, 굉장히 짧은 시간 간격이다. 따라서, 광 빔의 파장이 가시광선 스펙트럼 근처에서 1 μm 정도라는 사실에 주목하면 광 파장은 너무나 작아 파이버시스템에 쓰이는 대부분의 장치는 이 파장의 여러 배가 된다. 이것은 낮은 주파수의 경우에서와는 매우 다른 점으로, 낮은 주파수에서 장치의 크기는 한 파장 또는 그 이하가 될 수 있다.

광의 파동성은 어떻게 광 빔이 파이버를 통해 이동하는지를 해석하는 데 이용된다. 이러한 해석 결과들은 파이버에 의해 광을 도파할 때 필요한 조건들을 나타낸다. 이 해석은 파동의 이동속도를 나타낸다. 뒷장에서 이러한 상황을 자세히 다룰 것이다.

1.3.2 광의 입자성

지금까지 파동으로서의 광을 기술했다. 때때로 광은 파동과는 달리 **광자(photon)**라고 불리는 매우 작은 입자로 이루어진 것처럼 행동한다. 한 개의 광자가 가진 에너지는 다음과 같다.

$$W_p = hf \tag{1.4}$$

여기서 $h = 6.625 \times 10^{-34}$ J × s이며, 이를 **플랑크 상수(Planck's constant)**라고 한다. 식 (1.4)의 에너지 단위는 **주울(Joules)**이다. 광자보다 더 작게 광파를 나눌 수는 없으며, 보통 광 빔은 대단히 많은 광자를 갖고 있다. 다음 예는 이것을 설명해 준다.

예제 1.4

광 전력이 1 μW이고 파장이 0.8 μm일 때, 1초에 검출기에 도달하는 광자 수를 구하라.

풀이: 식 (1.3)과 식 (1.4)로부터 단일 0.8 μm 광자의 에너지는 다음과 같다.

$$W_p = hf = hc/\lambda = 2.48 \times 10^{-19}\ \text{J}$$

전력은 에너지가 운반되는 비율이므로 전체 에너지는 다음과 같이 쓸 수 있다.

$$W = Pt$$

1 μW의 전력과 1초 시간 간격을 곱하면, 1 μJ의 에너지가 되므로 1 μJ의 에너지를 만들기 위해 필요한 광자의 수는 다음과 같다.

$$\frac{W}{W_p} = \frac{10^{-6}\ \text{J}}{2.48 \times 10^{-19}\ \text{J/photon}} = 4.03 \times 10^{12}\ \text{photons}$$

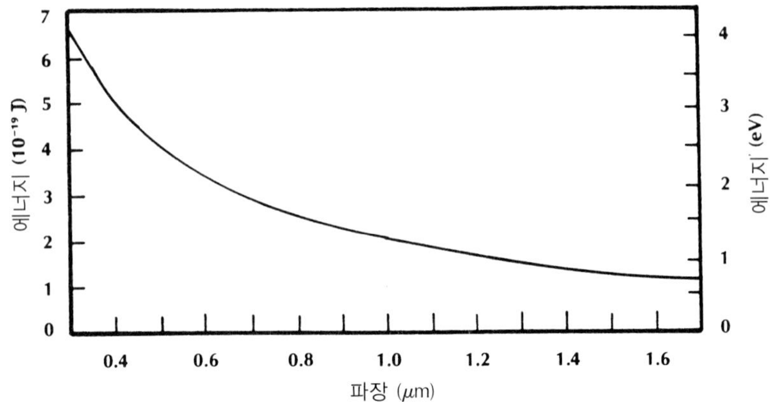

그림 1.17
광자 에너지

예제 1.4에서 관찰시간을 1 ns로 줄이더라도 4000개 이상의 광자를 수신하게 된다. 가장 민감한 수신기들은 단 몇 개의 광자가 도달하더라도 그 복사의 존재를 감지할 수 있다.

에너지의 편리한 단위는 **전자볼트**(electron volt)(eV)이다. 이것은 전위차가 1 V일 때 가속되는 전자에 의해 얻어지는 운동 에너지로 전자볼트와 주울 간의 관계는 다음과 같다.

$$1\ \text{eV} = 1.6 \times 10^{-19}\ \text{J}$$

따라서 예제 1.4의 0.8 μm 광자가 갖는 에너지를 전자볼트로 나타내면 다음과 같다.

$$\frac{2.48 \times 10^{-19}\ \text{J}}{1.6 \times 10^{-19}\ \text{J/eV}} = 1.55\ \text{eV}$$

그림 1.17에 광자 에너지(주울과 전자볼트 단위로)와 이에 대응되는 파장들을 그래프로 나타냈다.

입자성은 발광 다이오드, 레이저 그리고 레이저 다이오드와 같은 광원에 의한 빛의 생성을 설명한다. 또 복사광의 전류로의 변환에 의해 빛의 감지 현상을 설명한다.

1.4 파이버의 장점

이제 파이버의 장점들을 다룰 준비가 됐다. 그 전에, 먼저 몇 가지 주의할 점을 살펴보자. 파이버시스템은 완벽하지 않고, 기술적으로나 경제적으로 한계점이 있다. 어느 시스템이든 도파 채널 대 비도파 채널 그리고 금속 도체 대 파이버 사이의 상대적인 장점들을 모두 평가해야 한다. 다음에서 다루게 될 요구되는 파이버 성질들은 그러한 평가에 있어서 유용하다.

유리 파이버의 기본 물질은 이산화실리콘인데 이것은 비교적 풍부하다. 또한, 어떤 파이버들은 쉽게 구할 수 있는 물질과 투명한 플라스틱으로 되어 있다. 시스템에서 가장 중요한 고려사항은 비용이다. 파이버와 금속 케이블 사이의 주의 깊은 비교가 절대적으로 필요하다. 구할 수 있는 파이버 케이블들은 많으며, 몇 가지 항목에서는 전기 선로보다 값이 싸다. 비용 절감은 정보 전송 단위당 비용에 근거하여 비교할 때 더욱 명백해진다. 예를 들어 전화 링크를 비교할 때, 단지 미터당 비용만 고려할 때보다 미터당 전화 채널당 비용을 비교하면 더욱 효과적이며 파이버들이 금속 채널들보다 더 큰 정보 전송 능력을 가지고 있기 때문에 이러한 고려가 필요하다.

또한, 경제적 비교는 설치, 동작, 그리고 유지를 위한 비용들을 모두 포함해야 한다. 이러한 관점에서 몇 가지 일반화된 가치가 있다. 긴 경로인 경우에는 금속 케이블보다 파이버 케이블이 운반하는 데 비용이 덜 들고 설치가 더 용이하다. 왜냐하면 파이버가 더 작고 가볍기 때문이다. (광 도파는 가벼워야 한다. 정말인가?) 한 종류의 케이블 설계를 보면, 바깥 직경이 2.5 mm 인 플라스틱 껍질에 둘러싸인 직경 125 μm 의 파이버 케이블의 무게는 6 kg/km 이고, 그 손실은 5 dB/km 이다. 이 케이블이 100 MHz 신호를 전달할 때, 22.6 dB/km 의 감쇠를 갖는 RG-19/U 동축케이블과 비교해 본다[5]. 동축케이블의 바깥 직경은 28.4 mm 이고, 그 무게는 1110 kg/km 이다. 물론 더 작고 가벼운 동축케이블도 가능하지만 그들은 RG-19/U 보다 더 손실이 크다. 파이버 케이블의 크기와 무게의 중요한 장점을 이 예에서 볼 수 있다.

파이버나 금속시스템에 있어서 운용비는 큰 차이가 없다. 그러나 파이버 케이블의 유지는 크게 다르다. 사고나 시스템 변경으로 단선됐을 때, 땜질을 하거나 새로운 커넥터들을 부착해야만 한다. 이런 조작들은 전기 선로보다 파이버일 때 더 많은 시간과 기술을 요하게 된다. 결과적으로, 많은 변화가 예측되는 시스템을 설계할 때는 유지비를 반드시 고려해야 한다.

파이버와 파이버 케이블들은 놀라울 정도로 강하고 유연한 것으로 판명되었다. 몇몇 파이버들은 너무 가늘어서 불과 몇 센티미터 안 되는 반경의 커브 주위를 감아도 부러지지 않는다. 종종 파이버들을 이렇게 작은 곡률을 가진 실패에 빽빽하게 감아서 보관하거나 운반한다. 또한, 파이버의 유연성은 전송 경로상 회전이 많은 곳에 설치할 때 매우 유용하다. 큰 반경으로 구부릴 때에도 파이버는 거의 무시할 만큼 적은 손실로 광을 도파한다. 그러나 반경이 작게 구부릴 때는 어느 정도 손실이 있다. 파이버가 보호되어 — 예를 들어 플라스틱 외피로 둘러싸여져 있는 경우 — 있을 때, 파이버가 부러질 정도의 작은 반경으로 케이블을 구부리기가 어렵지만, 반면에 케이블 속에 싸여진 파이버는 쉽게 부러지지 않는다.

플라스틱 외피를 추가시키면 파이버 전송 선로의 인장강도를 높일 수 있다. 필요하면 철심들을 플라스틱 케이블 내에 삽입하여 강도를 더욱 높일 수 있다. 또 다른 강화용 물질인 케블라(Kevlar) 섬유는 합성 폴리머 파이버로서 인장강도가 매우 크다. 유리의 잘 부서지는 성질에도 불구하고 광파이버 케이블은 매우 튼튼하고, 서비스가 손쉽다.

매우 낮은 전송 손실을 가진 파이버 생산을 위해 여러 가지 기술들이 개발되어 있다. 여러 가지 파이버 설계가 존재하지만 전형적인 상업용 유리 파이버에서는 0.82 μm 정도의 파장에서 약 4 dB/km의 감쇠를 갖는다. 그림 1.14에 의하면 이 값은 1 km 길이에 대해 40%의 전송 효율을 나타낸다. 1970년 이전까지는 이 정도의 투명도를 얻을 수 없었지만 현재는 1.3 μm와 1.55 μm의 파장을 사용할 때 손실이 수십 분의 일 dB/km가 되는 파이버가 가능하다. 저손실 파이버의 제작 가능성 때문에 매우 긴 통신 링크들의 구성이 가능해졌다. 약한 신호들을 증폭시키기 위해 필요한 증폭기들을 먼 간격으로 놓을 수 있다. 이에 비해 RG-19/U 동축케이블은 그림 1.18에 나타낸 것과 같이 전송 선로의 손실이 주파수가 증가할수록 급격히 증가하므로[6], 높은 주파수에서는 도선 시스템이 파이버시스템보다 링크 길이와 증폭기 간격이 현저하게 줄어든다.

파이버의 가장 중요한 장점 중 하나는 다량의 정보를 운반하는 능력이고, 디지털이나 아날로그 전송 형태로 할 수 있다는 점이다. 예를 들어, 전화시설용으로 개발된 단일 파이버는 T3, 즉 44.7 Mb/s로 데이터를 전송할 수 있다. 이 파이버는 672개의 음성 채널을 전송한다. 더 큰 용량의 파이버도 사용할 수 있다. 비록 펄스 퍼짐이(그림 1.18 참조) 최고 속도를 제한하더라도 파이버의 성능은 대부분의 데이터 취급 시스템의 요구조건을 만족시키며 도체 케이블의 성능을 능가한다.

아날로그 형식에서는 수백 메가헤르츠 또는 그 이상의 변조율로 파이버를 통해 전파할 수 있다. 디지털 시스템에서는 전송률이 광 신호의 찌그러짐에 의해 제한된다. 그림 1.18은 변조주파수에 따라 신호가 어떻게 변화되는가를 보여주고 있다. 이 그림에서 변조주파수가 낮을 때 4 dB의 손실이 있음을 알 수 있다. 500 MHz에서는 손실이 3 dB 증가한다. 이 길이의 파이버는 500 MHz의 3 dB 대역폭(bandwidth)을 갖는다(기호 $f_{3\text{-dB}}$로 표기한다). 이 주파수 이상에서는 변조가 더욱 감쇠한다. 고주파 감쇠는 몇 가지로 설명이 필요하다. 이는 파이버 내의 흡수와 같은 추가 전력 손실에 의한 것이 아니며, 사실 파이버의 전송 효율은 변조율에 상관 없이 4 dB로 유지한다. 그림 1.19는 높은 변조주파수에서 일어나는 문제를 설명한다. 전송되는 정보는 광 전력의 시간 변동(variation)에 포함된다. 변조주파수가 증가함에 따라 신호 찌그러짐은 이러한 변동된 진폭에 손실을 일으킨다. 이것은 인접한 최소 부분으로 피크 전력 영역의 퍼짐을 일으키고, 그 결과 피크 전력은 더 낮아지고 최소 전력은 더 높아지게 한다. 낮은 주파수에서, 이 효과는 인접한 피크값들과 0들 간의 분리 간격에 비해 퍼짐이 작기 때문에 무시할 만하다. 이에 반해 높은 주파수에서 퍼짐은 이 분리 간격에 비해 상당히 크므로 전력 변화는 크게 감소한다. 지금 설명한 바와 같이 광 전력은 여전히 효율적으로 전달되나(이 경우 4 dB 손실) 약간의 정보가 손실된다. 그림 1.18에 보인 동

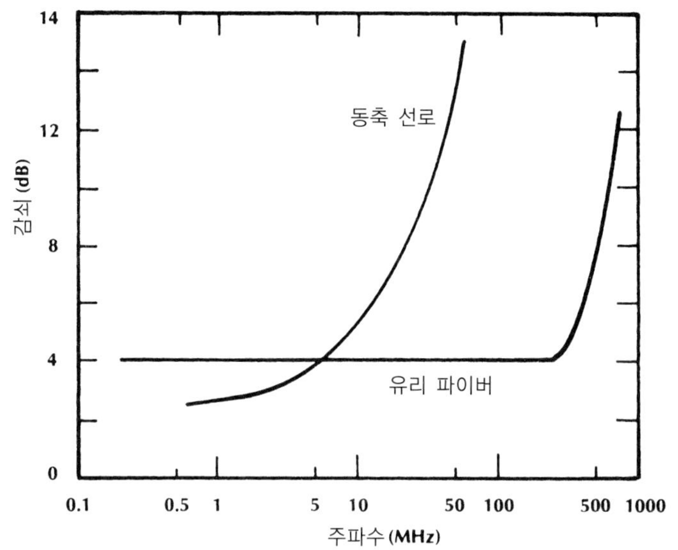

그림 1.18
1 km 길이의 동축 선로와 유리 파이버의 감쇠. 광파이버의 3 dB 대역폭은 500 MHz이다. (Coaxial line data from manufacturer's literature, Alpha Wire Corporation, Elizabeth, NJ.)

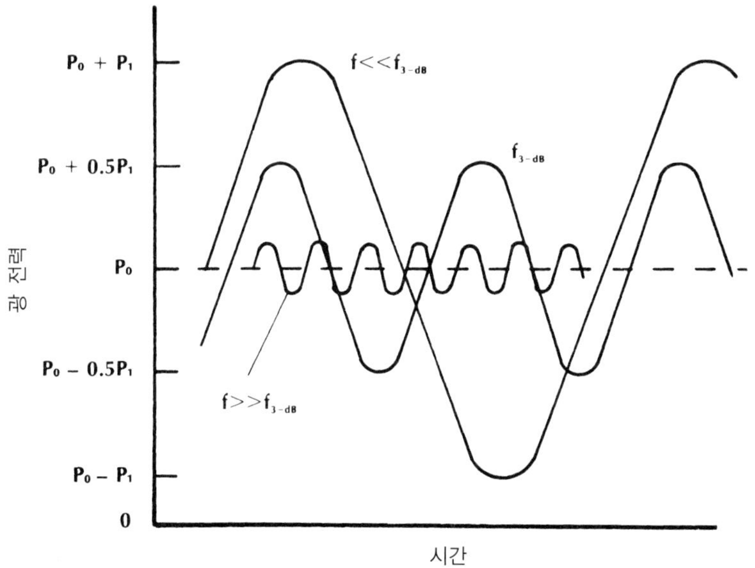

그림 1.19
여러 가지 변조주파수들에 대한 광파이버 케이블의 출력에서의 광 전력. 3 dB 대역폭은 $f_{3\text{-dB}}$이며 광 전력에서의 피크 변동은 낮은 변조주파수에서의 1/2이 된다.

축케이블에서 손실은 더 쉽게 설명된다. 이 값들은 전력 전송의 실제 효율을 나타낸다. 높은 정보율에서 유리 파이버의 상대적 우수성이 입증된다.

표준 전선 전화 케이블과 파이버 케이블 간에 극적인 비교를 할 수 있다. 금속 케이블은 900쌍의 꼬인 전선을 갖고 있으며 그 직경은 70 mm이다. 각 쌍은 24개의 음성 채널들을(T1율) 운반하므로 케이블 용량은 21,600호(呼)이다. 전화용으로 개발된 파이버 케이블은 직경이 12.7 mm이고, 144개 파이버를 가지며 각각 T3 율(672채널)로 동작하고, 이 케이블의 총 용량은 96,768호이다. 따라서 파이버 케이블은 전선 케이블의 약 4.5배의 용량을 가지면서도 단면적은 30배가 적다. 더 높은 율(2.5 Gb/s 또는 10 Gb/s)에서 동작한다고 가정할 때 더욱 뚜렷이 비교될 수 있다.

유리 또는 플라스틱, 파이버는 절연체이다. 전송된 신호, 또는 파이버에 부딪히는 외부 복사로 인한 전류의 흐름은 없다. 더욱이 파이버 내에 광파가 갇혀 있어 전송하는 동안 누설이 없으므로 다른 파이버의 신호와 간섭이 일어나지 않는다. 역으로 말하면, 파이버의 측면으로부터 파이버 속으로 빛이 결합될 수 없다. 파이버는 전기든 광이든 간에 다른 통신 채널의 간섭이나 결합으로부터 잘 보호된다고 결론지을 수 있다.

위에서 언급한 바와 같은 파이버는 무선주파수 간섭(radio-frequency interference: RFI)과 전자파 간섭(elecromagnetic interference: EMI)의 제거 특성이 우수하다. RFI란 TV 방송국이나, 라디오, 레이더 그리고 다른 전자 장비에서 나오는 신호들에 의해 생기는 간섭을 말한다. EMI는 복사원, 자연현상(번개와 같은), 사고(스파크와 같이)로 발생하는 것을 모두 포함한다. 만약 이러한 것들이 제거되지 않는다면, 바람직하지 않은 신호들에 의해 시스템 잡음이 허용치 이상으로 커질 수 있다. 파이버는 외부에서 생긴 배경 잡음을 제거하는 데 아주 좋으며 파이버 자체를 외부와 차단시킬 수 있기 때문에 여러 개의 파이버를 한 케이블 안에서 내장하여 단일 경로로 여러 채널의 정보를 보내도 혼선이 생기지 않는다.

파이버는 절연체이기 때문에 핵폭발에 의해 일어나는 전자파 펄스(EMP)를 검출하거나 전파시키지 않는 데 반해, 도체 전송선에서는 수백만 볼트가 유기될 수 있으므로 발생한 전압 펄스는 전선을 따라 긴 거리를 이동하여(그 세기 때문에) 결국에는 경로의 끝에 가서 전자 장비를 파괴한다.

파이버의 절연 특성 때문에 여러 가지 실질적인 결과를 갖는다. 고압선이 있는 환경에서, 고압전선이 전선통신 링크에 가로질러 떨어지면 그 전선들 간에 합선이 일어나 커다란 손상을 일으키게 된다. 이 과정에서 일어나는 스파크는 그 지역의 발화 가스들을 점화시킬 수 있다. 이와 같은 문제는 파이버에서는 생기지 않는다. 다른 장점은 파이버 송신기와 수신기 사이에 공동 접지가 광 결합에서는 필요 없다. 고장을 일으킬 만한 접지 루프가 형성되지 않는다. 더욱이 송신기나 수신기에 있는 전자 장비를 합선시킬 가능성이 없으므로 시스템을 켜 놓은 상태에서 파이버를 수리할 수 있는 데 반해, 금속 선로에서는 불가능하다.

파이버는 어느 정도의 보안과 프라이버시를 제공한다. 파이버는 그들 내부의 에너지를 복사하지 않기 때문에, 침입자는 전달되는 신호를 가로채기가 어렵다. 신호를 얻기 위해서는 파이버를 물리적으로 파괴해야 한다. 파이버를 절단하거나 전송 중인 파이버에 새 파이버를 융착 접속시키면 광 빔을 빼고 넣을 수 있다. 링크에 이런 변형을 주는 동안 수신기에 도달하는 전력은 떨어진다. 민감한 수신기라면 이 손실을 측정하여 도청이 일어나고 있다는 사실을 알게 해 준다. 성공적으로 검출을 잘하기 위해서는 시스템을 지속적으로 관찰해야만 한다.

전자통신시스템은 정보가 정보 채널에 보내지기 전과 그것이 수신 단말기에 도달한 후 처리하는 것을 포함한다. 광학 시스템도 이와 매우 유사한 처리를 요한다. 이러한 유사성은 원래 전선 전송을 위해 설계된 시스템을 약간 변형하여 사용할 수 있게 한다. 전화시스템의 기본적인 구조를 가진 파이버 호환성이 좋은 예이다. 사용자를 위해 명백한 광학 시스템을 만드는 것도 가능하다. 이것은 전기 신호가 광 형태로 변환된 다음 빛으로 전송되고 다시 전기 형태로 된다는 것을 사용자가 깨달을 필요가 없음을 뜻한다. 사용자는 단지 모든 전기 시스템에서처럼 전기 입력을 제공하고 전기 출력을 받는다고 생각하면 그만이다. 이처럼 전자시스템과의 밀접한 관계는 전자통신분야에서 훈련받은 사람들이 그들의 기술을 쉽게 파이버 광통신시스템으로 전환시킬 수 있음을 말해 준다.

물이나 화학성분으로 인한 부식은 동선에서 일어나는 것과 비해 유리에서는 덜 된다. 그러나 물이 유리를 통과해서는 안 되고, 물로부터 보호하기 위해서 파이버를 케이블 내에서 감싸 접촉을 피한다.

유리 파이버는 극한 온도에서도 열화되지 않고 잘 견딘다. 800°C 근처의 온도에도 유리 파이버는 영향을 받지 않는다. 시스템의 다른 성분들은 온도의 증가에 매우 민감하게 반응한다. 플라스틱으로 된 케이블 피복은 온도가 올라감에 따라 녹을 수 있고, 그렇게 되면 파이버를 보호할 수 없고, 파이버가 찌그러지게 되어 파이버 손실이 증가된다. 통상적으로 영하 25°C에서 영상 65°C 사이에서의 동작 범위를 갖는 파이버가 그리 비싸지 않은 가격으로 사용된다. 온도의 급격한 변화는 케이블 내에서 팽창과 수축을 야기시키는데 그로 말미암아 저손실 연결에 필요한 배열이 방해받을 수 있다.

파이버들은 길어서 여러 번 스플라이스할 필요를 줄여 주며, 가장 보편적인 길이는 1 km이지만 이보다 긴 파이버가 생산되기도 한다.

공평하게 말하면, 광파이버의 단점에 대해 주목해야 할 것들이 있다. 유지보수의 용이성과 관련이 있을 수도 있다. 동축 선로가 파이버보다 보수가 더 용이하다. 파이버보다는 선로 시스템을 돌보는 것을 배운 기술자들이 더 많다. 선로 시스템이 훈련하기 더 쉽고 필요한 장비도 더 싸다. 그럼에도 불구하고, 파이버 설치 장비 가격은 점점 낮아지고 유지와 보수에 필요한 지식도 해가 거듭할수록 단순화되고 있다. 더 많은 사람들이 기술적 훈련을 접하고 있다. 광 커넥터의 가격은 점점 떨어지고, 스플라이스와 연결이 더욱 쉽도록 설계는 향상되고 있다.

1.5 파이버 광통신의 응용

레이저 발견 이후 초기 몇 년 동안 응용이 너무 느리게 개발되어 레이저는 풀어야 하는 문제를 찾는 것이 한 가지 해법으로 취급되었다. 광파이버공학의 출현이 실질적 기술로 간주됨으로써 그러한 비평은 더 이상 듣지 않아도 되었다. 운용시스템에 파이버의 도입은 보통 기술적 혁신의 수용에 필요한 시간보다 빨리 진행되었다. 최초의 대규모 응용은 전화 링크용이었다. 그 후 파이버를 음성 통신에 응용할 때, 서비스 확대에 대한 압력과 파이버의 적합성이 운용전화 장비의 설계와 시험을 가속화했다. 전화실험이 파이버 통신의 신뢰성과 실용성을 입증했다. 전화실험이 다른 응용분야에서 사용될 수 있는 디바이스와 시스템 설계방법을 제공하였다.

이 절에서 몇 가지 파이버의 응용에 대해 설명한다. 여기에 열거하는 것은 단지 완전한 것이 아닌, 단순히 파이버 광학이 성공할 수 있는 분야를 지적하는 것이다. 언급한 특성은 파이버 성능의 궁극적인 제한이 아니라, 단순히 전형적인 성취사항이다. 더욱이, 여러 가지 상세한 시스템 구성과 성능은 뒷장에서 설명하기 위해 남겨 둔다. 자세한 사항들은 다음 여러 장에서 설명할 기본적인 지식들을 익힌 후에야 이해가 잘 될 것이다.

광파이버의 적은 크기와 큰 정보 전송 용량은 전화시스템에서 관례적으로 사용된 꼬인 쌍의 동축케이블을 대신해서 사용할 수 있다. 1970년대에 첫 번째로 설치된 시스템 중 하나는 시카고에 있는 전화국을 파이버 중계 선로로 연결한 것이다. 전화국들은 1 km와 2.4 km 떨어져 위치하고 있으며 T3율로 동작하여 케이블 내의 24개 파이버는 각각 672개의 음성 메시지를 전송할 수 있는 용량을 가지고 있었다.

100 km 이상 떨어진 연속 수동 링크(중계기가 없음)는 도시 간 중계 선로의 건설을 가능하게 하였다. 중계기는 약해진 신호를 증폭하고 그들의 형태를 재저장하여 허용된 경로길이를 증가시킨다. 중계기들을 사용하면, 메시지는 수천 킬로미터 파이버를 통해서 전송할 수 있다. 저감쇠 때문에 광파이버시스템에서 중계기 사이의 거리는 동축 선로 링크보다도 길다. 긴 중계기 간격이 가능할 때, 설치와 유지비의 절약이 상당히 중요하게 될 수 있다.

중계기들의 거리를 매우 멀리 떨어뜨릴 수 있으므로 수중 파이버 링크가 대양을 횡단하도록 설계할 수 있다. 첫 번째 시스템 중 하나(TAT-8)는 첫 번째 대서양 횡단 전화 동축케이블(TAT-1)이 배치된 지 32년 후인 1988년 말경에 작동되었다. TAT-8은 미국의 동부 연안과 유럽 사이의 대략 6000 km에 걸쳐 설치되었다[7]. 50 km마다 중계기를 설치함으로써, 100개의 중계기가 소요되었다. 각각 295.6 Mb/s로 동작하고 특별한 코딩 방식을 사용하면 두 개의 파이버 쌍은 거의 총 용량 40,000개의 음성 채널을 수용할 수 있다. 비교상, TAT-1은 용량이 36개의 음성 메시지였다. 더 발전한 해저 시스템은 중계기 필요를 줄일(또는 제거할) 수 있는 저손실 파이버와 저손실 광 증폭기를 사용한다. 동축선에 비하여 파이버는 매우 가벼워서 상대적으로 수송과 설치가 손쉽기 때문에 수중 케이블 응용에 뚜렷한 장점이 있다. 모든 세계의 대양과 그에 속한 작은 바다들 대부분이 고속 통신 브리지를 형성하는 광파이버로 설치된다.

"유선도시(wired city)"는 각각의 가정이 대량의 정보 서비스를 받을 수 있는 사회, 즉 지역 공동체를 의미한다. 선로가 파이버일 경우 "파이버 도시"라고 하는 것이 더 정확하다. 이와 같은 사회(지역 공동체)가 실험적인 Hi-OVIS(Higashi-Ikoma Optical Visual Information System, 광 영상 정보 시스템) 프로그램에 의해 일본에서 구성되었다. 또한, Hi-OVIS는 고화질 쌍방향 광 영상 정보 시스템(Highly Interactive Optical Visual Information System)을 의미한다. 이 시스템은 광 전송 선로로 연결된 센터, 부 센터, 그리고 가정 단말기로 구성되어 있다. 회선이 컴퓨터와 영상 장비를 연결한다. 각 가정의 단말기는 TV, 카메라, 마이크로폰과 키보드를 갖고 있다. 양방향 상호통신이 이루어진다. 단말기가 처음에는 158 가정에 연결되었는데 가입자 서비스는 전통적인 안테나 수신에 비하여 더 우수한 영상과 음향을 공급하는 TV 프로그램의 직접수신이다. 매우 지역적인 TV 프로그램이 방송된다. — 예를 들면, 지역 경찰서, 소방서, 지역 쇼핑정보 등을 방송한다. 영상 요청 서비스도 가능하다: 가입자가 중앙 저장소의 송신가능한 특정 영상카세트를 요청할 수 있다. 가정학습과정도 가능하다. 지역 이벤트, 의료설비, 기차 시간표, 그리고 그와 유사한 것들에 관한 정보를 제공하는 정지화상 등도 제공이 가능하다. 이러한 서비스는 광대역(broadband) 전송시스템의 큰 대역폭을 필요로 하는데, 파이버 광통신시스템은 충분한 대역폭을 갖고 있다.

Hi-OVIS는 다음의 두 가지 분야를 개척했다: 여러 형태의 음성과 영상 파이버 통신을 가능하게 하였고, 각 가정에 매우 확장된 서비스를 제공하도록 하였다. 전세계적으로 여러 지역 공동체들은 파이버 도시의 영역과 서비스 구역을 확장하였다. 1980년대 말과 1990년대 초에 수십 개의 새로운 공동체가 약 50에서 1000 이상의 가정을 서로 연결한 한정된 범위의 FTTH(fiber-to-the-home)를 시험 운용하였다. 실제, 이웃들 간에는 광파이버를 설치하여 더욱 경제적이었고 가정으로는 꼬인 쌍과 동축케이블로 링크를 구성하였다. 이러한 방법은 FTTC(fiber-to-the-curb)라고 한다.

전기 철도를 따라 설치된 금속 통신 링크는 전기 열차의 전자기 간섭 때문에 지장을 받는다. 파이버는 EMI를 배제하기 때문에 파이버를 이용한 신호 전송이 철도를 따라 감쇠 없이 사용가능하다. 광통신은 전기 철도와 같이 사용할 수 있으나, 도선 시스템은 그렇지 못하다. 이와 유사하게 파이버는 아무런 영향 없이 고전압 전력선 근처에 설치할 수 있다. 그러나 도선 선로에서는 잡음이 있다. 파이버는 전력이 발전되고 있는 곳 또는 변전소 등에 영향 없이 지나갈 수가 있다. 공간적인 스페이스가 있고 또 하중이 허락되면 광케이블은 전력선탑이나 전봇대에 직접 매어달 수가 있다. 이에 대한 한 가지 대안은 금속 도체 케이블 하우징 내부에 파이버를 설치, 즉 도선 케이블에 파이버를 매설하는 것이다. 벼락 방지를 위한 피뢰침은 종종 고전력 전송선의 꼭대기에 위치하는데 이러한 장소가 파이버를 매설하기에 적당한 장소이다.

주로 영상 응용분야에는 텔레비전 방송, 유선 텔레비전(cable televison: CATV), 원거리 모니터, 감시 카메라 등이 있다. 텔레비전 방송국에서는 짧은 링크에 광섬유 전송을 사용한다 — 예를 들면, 스튜디오로부터 송신기, 생방송으로부터 중계차, 또는 생방송으로부터 직접 스튜디오까지 등이다. 생방송 중계는 파이버의 경량성으로 TV 카메라와 TV 미니카메라의 이동 범위를 상당히 증가한다. 이러한 단거리 방송에서는 하나의 채널만이 필요하기 때문에 신호의 대역폭은 6 MHz로 충분하다. 아날로그 형태로 변조하고, 기저대역으로 전송한다. 중계기가 사용될지도 모르거나 또는 신호가 상업용 전화선으로 전달되는 장거리 전송에는 디지털 변조가 바람직하다.

유선 텔레비전 시스템은 수많은 칼라 채널을 수신하고 분배하는데, 송신할 범위는 수십 m부터 수십 km가 된다. CATV 시스템은 다양한 정보원으로부터 신호를 수신한다. 여기에는 위성 지구국, 마이크로웨이브 링크, 주변 송신기의 방송을 수신하는 안테나, 프로그램이 만들어지는 지역 스튜디오 등이 있으며 이와 같은 방송원들은 중앙분배장소[CATV 전파중계소(headend)]에 파이버로 연결된다. CATV 경우에는 일반적으로 약 20 MHz의 대역폭을 갖는 주파수 변조된 영상화면을 사용한다. FM은 신호 대 잡음비를 향상시키고 매우 큰 찌그러짐 내구성을 갖기 때문에 대역폭의 증가(6 MHz부터 20 MHz까지)가 허용된다. 다중채널들은 각각의 채널에 파이버를 사용하거나 **주파수 분할 다중화**(frequency-division multiplexing: FDM)를 사용하여 수용된다. FDM에서 각각의 채널은 광원에 인가되기 전 각기 다른 무선 주파수의 부반송파로 변조된다. 이러한 방법으로, 여러 개의 채널들을 단일 광파이버로 동시에 전송한다. 4채널 FM 시스템에서 부반송파는 30, 50, 70, 90 MHz에 위치하며 수신기에서는 4개의 채널이 필터로 분리되고 기저대역 신호를 재생하기 위하여 복조된다. 트렁크 용량은 여러 개의 다중화된 채널을 갖는 여러 개의 파이버를 사용하면 더욱 증가된다. 파이버는 CATV 분배시스템의 여러 부분에서 유용하다. 지금까지는 정보원으로부터 CATV 전파중계소까지의 광파이버 전송에 대해서만 기술하였다. 광파이버는 가입자의 가정으로의 마지막 링크를 포함한 영상-분배 시스템 전체에 걸쳐 사용될 수 있다.

광파이버 영상 전송은 감시와 원격 감시 시스템의 응용에서도 동축케이블과 성공적으로 경쟁하고 있다. EMI 배제와 벼락 재해에 대한 낮은 민감성은 이러한 응용분야에서 매우 중요하다. 특정한 예는 발전소, 철도 통행우선권의 임계 통제지점, 주차장, 군사시설 경계선 등의 감시등이다. 궤도열차 확인번호는 원격 판독할 수 있다. 이러한 응용분야는 보통 흑백 영상이면 된다. 비록 때때로 철도가 20 km 정도까지의 경로가 필요하더라도, 전송 선로는 5 km 이내이다. 각각의 카메라는 하나의 채널로 전송하기 때문에 기저대역 아날로그 변조로도 충분하다 — 즉, 기저대역 신호는 광 반송파 원을 직접 강도 변조한다. 보다 장거리이거나 보다 복잡한 시스템들은 신호의 향상된 신호품질을 위해서 FM을, 다중채널을 위해서는 FDM을 사용할 수도 있다. 보통 단방향 또는 **단신 방식**(simplex) 전송이면 충분하다. 그렇지 않으면, 두 번째 파이버로 카메라 위치에 메시지를 되돌려보낸다. 신호가 단일 파이버에서 양방향으로 동시에 전송할 수 있는 좀 복잡한 **양방향 동시 전송 방식**(full duplex)을 사용할 수 있다.

파이버시스템은 특히 컴퓨터에 의해서 만들어진 것과 같은 디지털 데이터의 전송에 적합하여 중앙처리장치(CPU)와 주변기기, CPU와 메모리, 그리고 CPU들끼리 상호연결할 수 있다. 좋은 예로 고층 빌딩 전체에 위치한 수백 개의 CRT(cathode-ray-tube) 단말기를 한 층에 위치한 프로세서에 연결하는 것이 있다. 경량과 작은 크기, 그리고 비복사성 전송 선로로부터 갖는 보안성은 어떤 장소의 데이터 전송에도 매력적이다.

서로 연결된 장비가 모두 한 장소에 위치하는 경우, 전송거리가 매우 가깝기 때문에 매우 적은 오류율(10^{-12} 또는 그 이상)을 얻는다. 200 Mb/s 정도의 데이터 전송률은 이러한 **실내**(intraroom) 응용에서 쉽게 달성될 수 있다. 각 **구역 간**(intersite)의 설치는 다른 사무실들과, 다른 빌딩들, 혹은 심지어 서로 다른 도시들에 위치한 장비 간의 연결이다. **근거리 통신망**(local-area network: LAN)은 한정된 범위 내에서 여러 기지국으로 정보를 분배한다(예를 들면, 같은 빌딩 또는 같은 캠퍼스 내에 위치하는 모든 기지국). 초기 광파이버를 사용한 이더넷 LAN들은 10 Mb/s로 동작하였고 수요의 증가와 광파이버 기술의 향상으로 100 Mb/s와 1 Gb/s로 속도가 증가되었다. 보다 큰 **도시권 통신망**(metropolitan area network: MAN)들은 장거리 통신망과 액세스 통신망 간의 공백을 연결하였고, 이들 역시 LAN들 간의 고속 연결을 제공할지도 모른다. 여러 가지 다양한 통신망 형태가 광파이버 전송을 사용하는 LAN과 MAN에 이용될 수 있다.

제어 데이터의 광파이버 전송은 고전압이 있는 장소에서 유용하며, 그러한 여건은 레이저 유도된 융합실험이 수행될 때 존재한다. 레이저와 레이저 증폭기의 구동 순서를 제어하는 마이크로프로세서들은 금속 도체에서 발생하는 고전압에 의한 간섭을 제거하기 위하여 파이버를 사용하여 연결한다.

파이버 광학의 군사응용 역시 풍부하다. 응용분야는 통신, 함정과 항공기에서의 지휘명령-제어 링크, 위성과 지구국 간의 데이터 링크, 전략지휘본부로의 전송 링크 등이 있다. 중요한 파이버 특성은 경량, 소형, EMI 제거 및 약한 신호 복사이다. 항공기와 함정에서, 충격의 경감, 화재와 불꽃 재해 등은 중요한 요소이다. 부식에 강한 이점이 함상 또는 해상에서 파이버 사용을 편리하게 한다. 현장 응용에서 경량의 광파이버를 신속하게 설치할 수 있다.

전술통신 영역은 근거리 링크로부터(야전 방공호 간의 연결) 장거리 링크(60 km 경로길이)까지이다. 한 가지 새로운 응용은 파이버로 유도되는 미사일이다. 파이버는 미사일이 날아가는 동안 풀어지며, 이 파이버를 통하여 미사일 센서는 영상 정보를 지상 제어차량으로 송신하고 제어 신호가 지상으로부터 미사일로 다시 송신된다.

비록 통신망이라고 직접 말할 수는 없지만, 파이버센서는 또 다른 중요한 파이버 응용분야이다. 파이버센서는 온도, 압력, 회전과 선형 위치, 액체의 레벨을 측정하기 위하여 사용된다[8]. 이들 장비 중 몇몇은 파이버가 이중 목적으로 사용된다. 센서 그 자체는 파이버의 몇 가지 특성에 의존하며, 모아진 정보는 파이버를 통해서 필요한 장소로 전송된다. 여기서는 두 가지 센서 응용에 대하여 간단히 설명하는데, 바로 파이버 자이로스코프와 파이버 하이드로폰이다.

자이로스코프는 회전 운동을 측정한다. 링-레이저 광 자이로스코프의 개발 전까지는 실제로 사용된 모든 디바이스는 기계적으로 회전하는 자이로스코프였다. 광 자이로스코프는 움직이는 부분이 없다는 장점을 갖고 있다. 레이저 링은 낮은 회전율에서 **감금**(lock-in) 현상이 일어나므로 시스템이 복잡해지지 않고는 이러한 저회전율을 검출할 수가 없는데 비해 광섬유 자이로스코프는 이러한 감금 현상이 발생하지 않는다. 기본적인 센서는 양방향으로 진행하는 광 신호(단일 광원으로부터)의 긴 파이버 코일이다[9, 10]. 이것은 반대 방향으로 전파하는 빔의 위상차를 측정한다. 만약 코일이 정지된 경우에는 이 위상차가 0이 되며, 코일이 회전하는 경우에는 위상차가 회전율을 나타낸다.

하이드로폰은 물에서의 음향교란을 측정하기 위해 사용한다. 그림 1.20은 개념적으로 간단한 설계를 나타낸 것이다. 파이버는 연결된 것이 아니라, 중간을 절단한 후 절단 띠의 한쪽은 고정시키고 다른 한쪽은 스피커 진동판에 연결한다. 음파는 진동판을 진동하고 움직일 수 있는 파이버의 위치를 변화시키며 결합 효율은 이러한 변위의 주파수와 진폭에 따라서 변화한다. 그 때 수신기에 전달된 전력은 음파의 진폭과 주파수의 측정값이다. 이 시스템에서, 파이버는 센서 및 정보의 전송 채널로도 사용된다. 여러 가지로 설계된 파이버-하이드로폰이 성공적으로 테스트되었다.

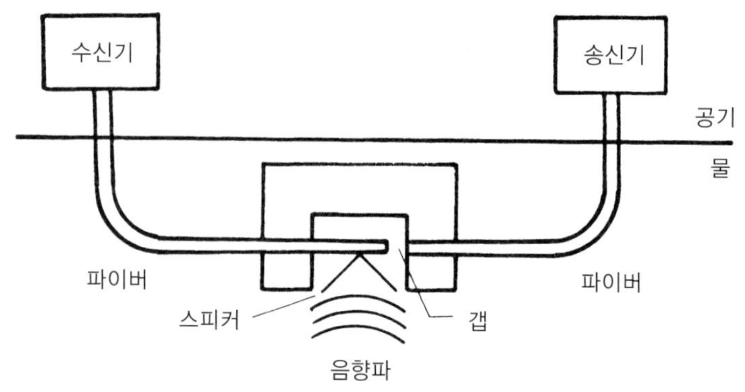

그림 1.20
파이버 하이드로폰. 왼쪽의 파이버 음향파가 존재하는 경우 위치가 변화되어 간격 사이에서 결합된 광의 양을 변화한다. 그 광의 세기 변화를 수신기로 측정한다.

표 1.7은 지금까지 설명한 파이버의 응용분야를 나타낸다. 어떤 경우에는 시스템이 한 가지 이상의 영역에 속하기도 하지만, 이들은 4가지 영역 — 음성, 영상, 데이터 그리고 센서 — 으로 나눌 수 있다. 파이버가 설치된 도시는 파이버가 음성과 영상(데이터도 가능)을 전송하는 실례이다. 그럼에도, 대부분의 시스템은 이들 영역 중 하나에 속하므로 시스템 설계자는 같은 영역에서 다른 설계를 생각해 봐야 하며 자신의 설계를 완성하는 과정에서 설계자는 이미 성공적으로 증명된 계획을 적용해야 한다.

1.6 요약 및 고찰

이 장에서는 파이버 광통신시스템이 무엇이고, 어떠한 일을 하며, 도체 전선에 비해 어떤 장점들을 가지고 있는지 등의 일반적인 사항들을 알아보았다. 여기에는 점 대 점 링크의 구조, 그리고 그 링크에 사용된 중요한 장치가 포함되어 있다. 이 책의 나머지 부분들에서는 이러한 장치들에 관한 좀더 자세한 연구(그것들에 대한 설계나 동작 특징들)와 그 장치들이 필요한 성능규격에서 어떻게 서로 잘 동작하는가 하는 문제들을 다루었다. 여기서는 아직 시스템 설계와 구성부품을 선택하기 위한 지식에 대해 언급하지는 않았지만, 시스템 설계자로서 당면하게 되는 문제들을 해결할 수 있는 위치에 있으며, 결정해야 할 몇 가지 사항들은 다음과 같다.

1. 파이버 또는 금속 케이블
2. 단신 전송, 단방향 동시 전송, 또는 양방향 동시 전송 구조
3. 변조 형태
4. 다중화 방식
5. 동작 파장
6. 광원의 선택
7. 파이버의 규격
8. 케이블 규격
9. 커넥터 선택과 스플라이싱 기술
10. 검출기의 선택

이제 이러한 주제들에 관해 간략하게 검토한다.

파이버의 장점들은 이 장의 앞에서 제시하였다. 금속 케이블들은 아직도 어떤 특별한 시스템에서는 여전히 월등할 수도 있다. 도체 선로는 대부분 중요 도시에서 공급자로부터 손쉽게 제공받을 수 있으며, 또한 스플라이스와 커넥터 부착을 용이하게 할 수 있으며 탭들

표 1.7 파이버 응용

- 음성
  - 전화 중계선
    - 사무실 간
    - 도시 간
    - 대양횡단
  - 가입자 서비스
    - 파이버로 가정까지
    - 광대역 서비스
  - 발전소 주변
  - 전력선을 따라
  - 전기 철도를 따라
  - 야외통신
- 영상
  - TV 방송
    - 생방송
    - TV 미니카메라
  - CATV
    - 소스로부터 전파중계소 중계선까지
    - 분배
    - 가입자 탭
  - 감시용
  - 원격 모니터링
  - 파이버 유도 미사일
  - 파이버로 가정까지
- 데이터
  - 컴퓨터
    - CPU와 주변기기
    - CPU와 CPU
    - 사무실 간 데이터 링크
    - 근거리 통신망(LAN)
    - 파이버로 가정까지
    - 항공기 배선
    - 선박 배선
    - 위성 지상국
- 센서들
    - 자이로스코프
    - 하이드로폰
    - 위치
    - 온도
    - 전기 및 자기장

도 비교적 단순하고 비싸지도 않다. 파이버나 금속 케이블의 가격은 필요한 응용분야에 따라 평가되어야 한다. 파이버나 금속 링크의 사용을 결정하는 것은 시스템 설계자들이 일을 배정받기 전에 결정한다. 유사하게, 시스템 설계자는 목록에서 다른 선택권이 없을지도 모른다. 예를 들면, 현재 시스템의 호환성이 특정한 광원, 파장 또는 파이버를 요구하기 때문이다.

단지 한 방향에서 점 대 점 통신은 단신 전송 링크를 필요로 한다. 양방향 통신은 단일 파이버를 따라 동시에 전송됨으로써 이루어진다(양방향 동시 전송). 이보다 더 손쉬운(그러나, 가능한 보다 싼 가격) 해결책은 케이블 속에 있는 두 개의 파이버를 사용하는 **단방향 동시 전송**(half-duplex transmission)이다. 파이버 설계는 단신 전송, 단방향 동시 전송, 그리고 양방향 동시 전송을 수용할 수 있다.

변조 형태는(아날로그 또는 디지털) 시스템을 설계할 때 일찍 결정이 되어야 한다. 정보가 이미 디지털 형태인 경우 디지털 전송이 가장 알맞은 선택이다. 그러나 정보가 아날로그 형태로 생성된다면(예를 들어, 전화 음성 메시지 또는 비디오 카메라의 사진) 결정하기가 어렵다. 짧은 경로로 전송되는 단일 채널에서 아날로그 기저대역 신호는 적당한 강도와 형태를 가지고 수신기에 도달한다. 전송으로 인해서 일어나는 신호 찌그러짐은 무시할 수 있으므로 아날로그에서 디지털로의 변환에 대한 비용이나 복잡한 문제는 없다. 반면에 긴 경로에 대해, 특히 중계기가 필요하다면 디지털로의 변환이 바람직하다. 디지털 중계기는 아날로그 중계기보다 단순하고 디지털 전송은 고품질 수신 신호를 얻는다. 디지털 형태의 단점은 전송을 위해 필요한 대역폭이 증가된다는 점이다.

한 채널 이상이 전송된다면 다중화 방식이 선택되어야 한다. 단일 파이버상에 여러 개의 채널을 동시에 전송하기 위한 다중 전송 형태는 아날로그와 디지털 변조 모두를 사용할 수 있다. 각각의 채널들은 개별적으로 분리된 파이버를 따라 교대로 전송되고 모두 단일 케이블 내에 묶어진다. 그러나 이 전략적인 일은 비용이 많이 들고, 파이버의 광대역 능력을 완전하게 사용하지 못한다. 정보의 전체 전송 능력을 사용하지 못하는 파이버 케이블의 설치는 실용적이지 못하다. 이전에 설치된 파이버 케이블을 새로운 전송 수신시설을 첨가하지 않고, 시스템을 향상시킬 수가 있다.

파장의 선택은 다음과 같이 분류될 수도 있다: 가시광선 스펙트럼(0.4 ~ 0.7 μm); 근 적외선(0.85 μm 근처)에서의 동작; 그리고 장파장(1.1 ~ 1.6 μm)에서의 동작으로 구분된다. 가시광선 스펙트럼에서 파이버 손실은 약간 높고 짧은 링크에서만 적합하다. 어떤 특별한 상황에서 정보는 가시 레이저 빔으로 직접 발생되고, 링크의 목적은 다른 파장으로 변환하지 않고 이 정보를 전송하는 것이다. 이러한 경우 필요한 파장에서 가장 낮은 손실을 갖는 파이버를 선택해야 한다. 0.85 μm 근방에서 유리 감쇠는 적당히 낮으며, 광원과 검출기도 잘 개발되어 있다. 파이버 망의 첫 세대는 이 영역에서 설계된 것이다. 비싸지 않은 파이버 링크로 개발이 계속될 것이다. 보다 나은 송신 효율성은 좀더 긴 파장들에서 일어난다. 추가적으로, 전송에 의한 신호 찌그러짐은 장파장의 영역에서 더 작다. 이런 이유 때문에 더 긴 파장은 (특히 대략 1.3 및 1.55 μm) 긴 경로와 큰 정보율을 가질 수 있으므로 매력적이다. 근 적외선용 소자가 개발된 후 1980년 초반에 이들 파장에서 광원과 광 검출기 소자가 실용화되었는데, 결과적으로 근 적외선 소자에 드는 초기 비용, 이용성, 신뢰성의 장점을 갖는다.

주 광원은 발광 다이오드와 레이저 다이오드다. LED는 더 값이 싸고 더 단순한 회로가 필요하다. 레이저 다이오드(LD)는 LED보다 더 좁은 출력 스펙트럼의 출력 반송파를 제공한다. LD 방출은 거의 단일 주파수 혹은 **가간섭성**(coherent)을 갖는다. 더 큰 정보수용 용량을 가지고 있는 장거리 시스템은 보다 좁은 스펙트럼 폭을 가진 반송파로 구성된다. 레이저 다이오드는 LED보다 더 높은 율로 변조할 수 있다. 적절한 광원을 선택할 때는 소자와 회로의 비용, 신뢰도 그리고 수명시간을 함께 고려해야 한다. 광원의 패키징 또한 중요하다. 파이버를 쉽게 접속할 수 있도록 구성하는 것이 바람직하다.

폭넓게 선택할 수 있는 파이버가 있다. 그들 간의 차이점은 크기, 재질(유리, 플라스틱 또는 플라스틱을 입힌 유리), 이들 소자와 광을 결합하는 방식, 감쇠 그리고 정보 전송 용량(신호의 전송 찌그러짐에 관계되는) 등에 있다. 구조적 변화는 **계단형**(step-index: SI), **집속형**(graded-index: GRIN) 도파로로 구분된다. 전파 특성에는 **단일모드**(single-mode)와 **다중모드**(multimode) 전파가 있는데 나중에 이러한 용어들을 규정하고 설명할 것이다. 지금은 단지 모든 파이버는 똑같이 만들어지지 않는다는 점을 강조하고자 하는데 서로 다른 파이버는 서로 다른 목적으로 사용된다.

파이버를 보호하도록 실장한 케이블은 파이버와 개별적으로 규정된다 — 적어도 원리상. 특히 나쁜 조건의 응용분야에서 견딜 수 있는 능력을 갖도록 설계할 필요가 있다. 예를 들면, 대양횡단 링크에서는 특수한 케이블이 요구된다. 좀더 단순한 상황에서는 표준 파이버를 사용하는 것이 가장 경제적이다. 케이블에는 단심 혹은 다심 그리고 가벼운 용도와 주요 용도 케이블 등이 있다. 다중 파이버 케이블은 다중채널 전송이나 단일 메시지의 여분의 전송에 유용하다. 때때로, 하나 또는 몇 개의 파이버가 동시에 필요로 할 때는 다중 파이버 케이블을 설치한다. 다른 파이버는 후에 더 많은 정보 채널이 필요로 할 때 사용될 것이다. 케이블링의 목적은 마모로부터 파이버를 보호하고 깨지지 않도록 하는 것이다. 케이블 안에는 장력으로부터 보호하기 위하여 장력 보호심을 넣는다. 이러한 보호 장치는 케이블이 관을 통해 당겨야 할 때 또는 케이블이 설치하는 동안이나 운용할 때 자체의 무게를 지탱해야만 할 때 필요하다.

앞에 논의한 커넥터는 가격이 비싸고 높은 손실을 가진다고 했다. 하나의 시스템을 설계하는 동안 요구되는 명확한 수신을 위해 사용될 수 있을 정도로 충분한 신호 강도인지 아닌지를 알기 위해 전체 링크 손실은 계산되어야 한다. 이 때문에 모든 커넥터와 스플라이싱의 손실을 알아야 한다. 이것은 설계자가 어떤 커넥터를 선택하고 스플라이싱 기술을 사용할 것인가를 의미하는 것으로 시스템 해석에서 사용된 손실값이 옳다는 것을 증명할 것이다. 저손실과 더불어 커넥터가 튼튼하고 반복된 접속과 분리에서 더 이상의 손실을 일으키지 않고, 설치하기도 쉬워야만 한다.

설계자는 광 신호를 전기 신호로 변화시키기 위하여 적절한 광 검출기를 선택해야 한다. 반도체 광 다이오드는 경량이고 낮은 동작 전력 때문에 파이버시스템에서 널리 사용된다. 넓은 선택 범위의 다이오드가 있다. 검출기가 가져야 할 가장 중요한 특성은 광원의 파장에 대해 매우 잘 반응해야 한다. 또 다른 고려사항은 응답시간, 요구되는 수신기 회로의 단순성, 잡음 특성, 파이버의 출력단과의 용이한 접촉이다. 여러 가지 패키징 방법이 이러한 접속을 용이하게 한다. 또 설계자는 검출기가 내부 증폭이 필요한가를 결정해야 한다. 애벌런치 광다이오드(avalanche photodiode)가 그러한 디바이스이다. 이 소자는 가격이 비싸고 내부 신호 이득이 없는 검출기보다 더 복잡한 회로를 필요로 하는 반면, 수신 능력을 향상시킨다.

송신기와 수신기 회로를 설계해야 한다. 만약 그것들을 구입하려면 규격이 표시되어야 한다. 몇 가지 기본적인 회로가 변조와 검출을 설명할 때 제시될 것이다. 장거리 시스템에서는 중계기가 필요할지도 모르지만 바람직하지 못하다. 왜냐하면, 그것들은 초기 시스템 경비와 복잡성이 증가하여 유지 비용을 증가시키는 문제와 원격 위치의 중계기에 전력을 공급하는 문제가 발생하기 때문이다. 따라서 중계기가 필요하다면, 그 때 시스템 설계자가 필요로 하는 개수와 거리 간격을 결정한다.

이제 이러한 요약 내에서 개략적으로 제시된 결단을 할 수 있는 여러 가지 자세한 연구로 나아갈 것이다.

문제

1.1 전송 선로 손실의 함수로서 전송된 전력의 일부를 데시벨로 계산하고 그려라. 0 ~ 50 dB의 범위에 대하여 수행하라.

1.2 1 mW의 광 전력이 파이버에 들어온다. 0 ~ 50 dB 범위의 손실을 파이버 손실의 함수로서 출력 전력을 계산하고 그려라.

1.3 두 개의 1 km 파이버가 서로 연결된다. 각각의 파이버는 5 dB의 손실을 가지며, 접속은 1 dB의 손실을 추가한다. 만약 들어오는 전력이 2 mW라면, 이렇게 접속된 전송 선로의 끝에 전달된 전력은 얼마인가?

1.4 10 mW의 입력 전력이 필요한 수신기가 있다. 만약 전체 시스템 손실이 50 dB라면,

소스는 얼마만큼의 전력이 필요한가?

1.5 1마일의 RG-19/U 동축케이블의 무게는 몇 파운드인가?

1.6 RG-19/U가 10 mW의 입력 전력과 100 MHz에서 사용된다. 수신기 감도는 1 μW이다. 통신 링크의 최대 길이를 계산하라. 만약 5 dB/km의 손실이 있는 파이버로 동축케이블을 대치하는 경우, 위의 계산을 반복하라. 파이버시스템의 입력 전력과 수신기 감도는 동축케이블과 같다.

1.7 T3 레벨에서 전화 전송률은 44.7 Mb/s이다. 각각의 전화 메시지는 64,000 b/s를 사용한다. 이 시스템에서 얼마나 많은 메시지가 동시에 전송될 수 있는가? 실제의 시스템에서는 단 672개의 메시지 채널만이 사용된다. 동기처럼 다른 기능을 갖도록 부수적인 펄스를 사용한다.

1.8 수동적으로 동작하는 신호등 시스템에서 1초당 얼마나 많은 광 펄스가 전송될 수 있는지를 평가하라. 이 수동 시스템의 정보 용량은 얼마이고, 현재의 파이버 전화 링크와 어떻게 비교되는지를 결론지을 수 있는가?

1.9 파이버 전화 케이블은 144개의 파이버로 구성되어 있고 각각은 672개의 음성 메시지를 송신할 수 있다. 일반 도체 전화 케이블은 900개의 꼬인 동선 쌍으로 구성되며 각각의 쌍은 24개의 메시지를 전송할 수 있다. 파이버의 용량과 같게 하려면 얼마나 많은 도체 케이블이 필요한가? DS-4 신호율로 동작하는 경우 위의 물음을 반복하라.

1.10 144개의 파이버 전화 케이블은 12.7 mm 직경을 갖는다. 900쌍의 동축케이블은 약 70 mm의 직경을 갖는다. 이들 두 가지 형태의 전송 선로의 단면적 비를 계산하라.

1.11 다음의 주파수를 첫 번째 열로 하여 테이블을 만든다: 10, 60, 10^3, 2×10^4, 10^6, 10^9, 10^{10} Hz. 두 번째 열에 대응하는 파장을 미터로 나타내고, 세 번째 열에 대응하는 전자기 스펙트럼의 이름을 써라.

1.12 가시광선 스펙트럼의 끝부분에서의 주파수를 계산하라. 또, 가시광선 스펙트럼의 대역폭(즉, 가장 높은 주파수와 가장 낮은 가시 주파수의 차이)을 계산하라.

1.13 0.6, 0.82와 1.3 μm에서 광자의 에너지를 계산하라. 가시광선 또는 적외선 광자 중 어느 것이 더 큰 에너지를 갖는가?

1.14 파장 0.8 μm로 광 검출기에 초당 10^{10} 광자가 들어온다. 검출기에 들어오는 전력을 구하라. 만약 검출기가 빛을 0.65 mA/mW의 비율로 전류로 변환한다면, 얼마의 전류가 발생하는가?

1.15 만약 전력이 1.3 μm에서 1 nW라면, 매 초당 얼마나 많은 광자가 수신기에 도달하

는가?

1.16 반송파 주파수의 1% 값을 갖는 데이터율로 동작되는 디지털 시스템이 있다고 가정하자. 주파수 10 kHz, 1 MHz, 100 MHz, 10 GHz, 그리고 1.0 μm의 파장을 갖는 반송파를 이용하여 허용 비트율을 계산하라. 이 문제는 반송파 주파수를 증가함에 따라 얼마나 시스템 용량이 증가할 수 있는가를 강조하는 것이다(이것이 무선주파수에서 비한 광 전송의 장점이다).

1.17 10^6 Hz 정현파의 30사이클을 그려라. 이 정현파가 반복률이 10^5 펄스/sec의 구형파에 의해서 변조되는 경우를 그려라. 반복률이 5×10^5 pps(pulses per second)일 경우도 반복하라. 펄스 반복률이 반송파 주파수에 접근하는 경우 어떠한 문제가 발생하는가?

1.18 1.06 μm의 파장인 반송파로 얼마나 많은 음성 채널이 변조될 수 있는가? 시스템 대역폭은 반송파 주파수의 1%와 같다고 가정한다.

1.19 이 책에서 이미 설명한 것 이외에 또 다른 파이버 응용분야를 제시하라. 시스템 블록선도를 그리고, 시스템의 특성과 필요조건을 나열하라 — 예를 들어, 정보대역폭 또는 데이터율, 전송길이 등등은 주어진다.

1.20 지구상의 모든 가정에 전화가 있다고 가정하자. 만약 주파수 분할 다중화 방식을 사용하여 하나의 전송선으로 동시에 전송한다고 가정하면, 필요한 최소 대역폭은 얼마인가? 단일 광 빔으로 이렇게 다중화된 신호를 전송할 수 있는가? (100억의 가정에 전송한다고 가정한다.)

1.21 문제 1.20에서 디지털 변조, 시분할 다중화 및 각각의 음성 메시지는 64,000 b/s로 가정한다. 이 경우 다중화된 신호를 전송하기 위해 필요한 데이터율을 구하라. 단일 광 빔으로 이 신호를 전송할 수 있는가?

1.22 광 검출기에 입사한 전력이 100 nW이다.

(a) 파장이 800 nm라면, 매 초당 검출기에 입사한 광자의 수를 구하라.

(b) 파장이 1550 nm인 경우 (a)를 반복하라.

(c) 100 nW의 전력을 발생하기 위해 어떠한 파장이 더 많은 광자를 필요로 하는가?

1.23 정확하게 동작하려면 파이버 수신기는 −34 dBm 전력이 필요하다. 광원으로부터 수신기까지의 전체 시스템 손실은 31 dB이다. 광원은 얼마의 전력을 방출해야 하는가 (mW로)?

1.24 T3 시스템은 10^{-9} 오류율(매 10^9비트 전송마다 하나의 오류)을 갖는다. 매 분당 오류의 수를 계산하라.

1.25 케이블은 144개의 단일모드 파이버로 구성되며, 각각은 2.3 Gb/s로 동작한다. 이 케이블로 얼마나 많은 디지털 음성 메시지가 동시에 전송될 수 있는가?

1.26 파이버 광수신기가 −38 dBm의 감도를 갖는다. 이것이 요구된 메시지 품질로 동작하기 위해 필요한 광 전력이다. 송신기는 4 dBm 수준의 전력을 생성한다. 시스템 허용 손실을 dB로 계산하라. 이 손실은 송신기로부터 파이버로의 비효율적인 결합, 커넥터와 스플라이스 손실, 그리고 파이버 자체의 손실 등에 의하여 생긴다.

1.27 −60 dBm과 60 dBm의 차이가 무엇인가(와트로)? (이 경우 −부호가 있고 없는 것이 문제이다.)

1.28 커넥터 손실이 5 dB, 파이버 손실이 25 dB, 결합 손실(광원에서 파이버로)이 15 dB, 그리고 시스템에서 단일 증폭기가 10 dB의 이득을 갖는 시스템을 고려한다. 시스템의 총 손실을 dB로 계산하라.

1.29 파이버시스템이 파장 1.55 μm에서 동작한다. 이 시스템은 광 주파수의 0.01%의 데이터율로 디지털 정보를 처리한다. 이 파이버시스템에서 얼마나 많은 HDTV 압축 비디오 채널이 다중화되겠는가?

1.30 당신의 집에서 멀리 있는 친구 집, 진척 집 또는 동료 사무실까지 전화 메시지가 전송되는 방법을 상상하여 중요한 기능을 갖는 장치로 나타낸 블록선도를 그려라. 특히, 파이버 링크가 사용되는 곳을 표시하고, 실제 위치를 사용하라.

1.31 광파이버시스템이 SONET OC-768 율로 동작한다. 시분할 다중화 방식으로 동시에 전송될 수 있는 디지털 음성 메시지의 수를 이론적으로 계산하라. 표 1.6의 값들에 의하면, 실제 OC-768 시스템에서의 최대 수는 516,096이다. 왜 이 값이 계산된 값보다 적은가?

1.32 파장이 1260과 1675 nm 사이일 때, 광자 에너지를 eV로 계산하고 그려라.

1.33 1550 nm 광 빔을 μm, mm, m, km로 파장을 계산하고, Hz, kHz, MHz, GHz, THz로 주파수를 계산하고, 주울과 eV로 에너지를 계산하라.

참고문헌

[1] Forrest M. Mims III. “Alexander Graham Bell and the Photophone: The Centennial of the Invention of Light-Wave Communications, 1880–1980.” *Opt. News* 6, no.1(1980): 8–16.

[2] I. Magaziner and M. Patinkin. *The Silent War: Inside the Global Business Battle Shaping America's Future*. NY: Vintage Books, 1989.

[3] Mischa Schwartz. *Information, Transmission, Modulation, and Noise*, 3d ed. NY: McGraw-Hill, 1980, pp. 138–40, 157–58.

[4] *J. Lightwave Technol.* 20, no. 12(Dec. 2002). Special issue on 40 Gb/s lightwave systems.

[5] T. E. Darcie. "Lightwave Technology for Video Transmission," in *The Electrical Engineering Handbook*. 2nd ed., Richard C. Dorf, ed. Boca Raton, Fl: CRC Press, 1997, pp. 1575–1584.

[6] Manufacturer's literature. Elizabeth, NJ: Alpha Wire Corporation.

[7] Peter K. Runge and Patrick R. Trischitta. "The SL Undersea Lightwave System." *J. Lightwave Technol.* 2, no. 6(Dec. 1984): 744–53.

[8] F. T. S. Yu and S. Yin. *Fiber Optic Sensors*. NY: Marcel Dekker, 2002.

[9] Thomas G. Giallorenzi, Joseph A. Bucaro, Anthony Dandridge, G. H. Sigel, Jr., James H. Cole, Scott C. Rashleigh, and Richard G. Priest. "Optical Fiber Sensor Technology." *IEEE J. Quantum Electron.* 18, no. 4(April 1982): 626–65.

[10] H. C. Lefevre. *The Fiber-Optic Gyroscope*. Norwood, MA: Artech House, 1993.

Chapter 2

광학 개론

이 장에서는 광파이버 통신에 응용하기 위한 고전적 광학의 기초 개념에 대해 설명한다. 고등학교나 대학의 물리학 과정에서 배웠던 광학에 대한 복습을 한다. 여기서는 광선, 파동, 렌즈의 몇 가지 기본적인 내용을 확실하게 한다. 고전적인 광학에 익숙하지 않은 학생들을 위해서는 몇 가지 여러 유용한 주제를 이 장에서 익히게 될 것이다. 이 장의 주제는 광선 이론(ray theory)과 광의 집속(focusing), 시준화(collimating), 결상(imaging) 그리고 끝으로 렌즈의 집광성 등이다. 이들 주제는 광원과 파이버 간의 광 결합(coupling)과 파이버들 간의 광 결합에 응용된다.

2.1 광선 이론과 응용

대다수의 광학 현상(특히 렌즈에 관계되는)은 광 에너지가 전자파로 광선(ray)이라고 하는 좁은 광로를 통하여 전달된다고 고찰됨으로써 적절히 설명된다. 광선은 기하학적으로 광학 효과를 설명하기 위하여 사용되므로, 광선 이론을 기하광학(geometrical optics)이라고 한다. 비록 광선이 단순히 기하학적인 경로라고 하더라도 실제로 빔 에너지를 운반한다면 기하광학이라고 부르는 것이 편리하다. 즉, 광선은 어떤 속도 또는 목표물에 의해 반사한다고 말하는데 이것은 파동 에너지가 어떤 속도로 움직이거나 목표물에서 반사하는 것을 의미한다.

광선은 다음과 같이 몇 가지 법칙을 따른다.

1. 진공에서 광선은 $c = 3 \times 10^8$ m/s의 속도를 가지며, 여타 다른 매질에서는 아래 식과 같이 다소 느린 속도를 가진다.

$$v = \frac{c}{n} \tag{2.1}$$

여기서, n은 매질의 **굴절률**(index of reflection 혹은 reflective index)이다. 공기나 가스에서 광선의 속도는 거의 c에 가까우므로 $n \cong 1$로 본다. 광주파수에서 물의 굴절률은 1.33이다. 유리는 많은 성분의 혼합물이므로 구성물질의 내용에 따라 약간씩 다른 광속도를 가진다. 파이버에 사용되는 실리카 유리의 굴절률은 대략 1.5이며, 보다 정확한 값은 1.45에서 1.48 사이이다. 표 2.1은 여러 물질들의 굴절률을 보여준다. 굴절률은 여러 가지 파라미터(온도와 파장과 같은)에 따라 변하므로, 표와 같이 모든 환경하에서 일정하지는 않다. 그러나 이들 수치들은 의미 있는 계산과 유용한 예측을 하는 데 있어서 실제 값에 충분히 가깝다.

2. 광선은 매질 내에서 약간의 변화에 의해 편향되지 않은 채 직선 경로로 진행한다.
3. 두 매질 사이의 경계면에서 광선은 그림 2.1과 같이 입사각과 같은 각으로 반사한다. 각들은 경계면의 법선, 즉 표면에 수직인 방향에 대해 측정하는데, 이것은 광학에서

표 2.1 여러 가지 물질들의 굴절률

물질	굴절률
Air	1.0
Carbon dioxide	1.0
Water	1.33
Ethyl alcohol	1.36
Magnesium fluoride	1.38
Fused silica	1.46
Polymethyl methacrylate	1.49
Silica glass	≅1.5
Sodium chloride	1.54
Polystyrene	1.59
Calcite	1.6
Sapphire	1.8
Lithium niobate	2.25
Zinc sulfide	2.3
Rutile	2.6
Indium phosphide	3.21
Gallium arsenide	3.35
Silicon	3.5
Indium gallium arsenide phosphide	3.51
Aluminum gallium arsenide	3.6
Germanium	4.0

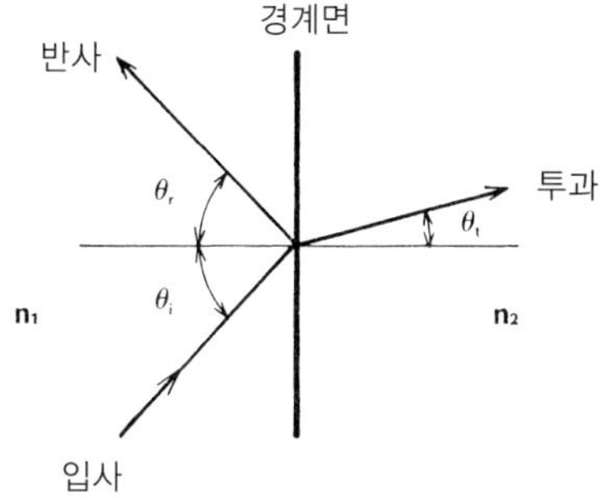

그림 2.1
두 매질의 경계면에서 입사, 반사, 그리고 투과 광선

일반적인 표기법이다. 그림에서

$$\theta_r = \theta_i \tag{2.2}$$

가 분명하다. 여기서 θ_i는 입사각, θ_r은 반사각이다.

4. 광 전력이 경계면을 통과하여 투과되는 광선 방향은 스넬의 법칙(Snell's law)에 의해 주어진다[1]:

$$\frac{\sin\theta_t}{\sin\theta_i} = \frac{n_1}{n_2} \tag{2.3}$$

여기서 θ_t는 투과각이고, n_1과 n_2는 각각 입사 영역과 투과 영역의 굴절률이다.

앞 절에서 물리적 의미를 갖는 각도는 단지 0°와 90° 사이의 값이다. 이 범위에 해당되는 사인 함수가 그림 2.2에 그려져 있다. n_1이 n_2보다 작다면, 스넬의 법칙에 의해 $\sin\theta_t <$

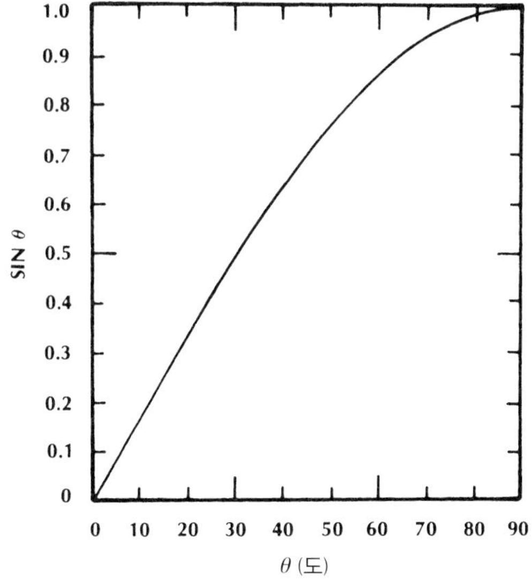

그림 2.2
사인 함수

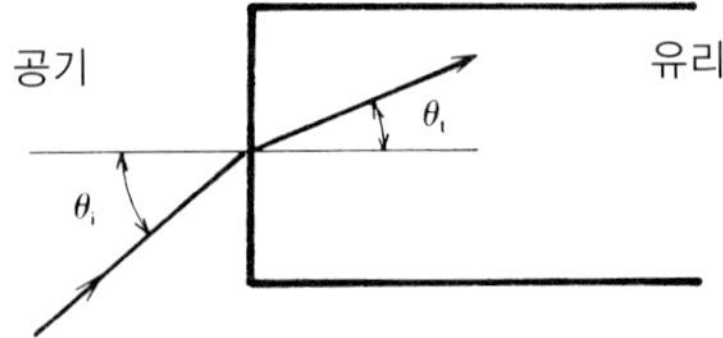

그림 2.3
유리 파이버로 입사될 때, 광선의 구부러짐

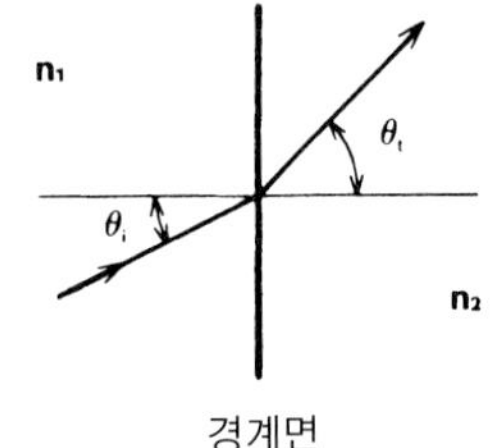

그림 2.4
$n_1 > n_2$일 때, 광선은 법선으로부터 멀리, 경계면에 가까이 구부러진다.

$\sin\theta_i$이다. 그림 2.2에서 각이 작을 때는 그 사인값이 작으므로, 이 경우에서는 $\theta_t < \theta_i$이다. 즉, 투과각은 입사각보다 적다. 이를 이용하면 한 매질에서 다른 매질로 진행하는 광선의 진로를 그릴 수 있다. 전송 광선은 낮은 굴절률을 가진 매질에서 높은 굴절률을 가진 매질로 투과될 때 법선 방향으로 구부러진다. 그림 2.3에서는 공기에서 유리 파이버 내로 진행하는 광선의 경우를 나타냈다.

만약 $n_1 > n_2$라면, 스넬의 법칙을 따라 $\sin\theta_t > \sin\theta_i$이므로 $\theta_t > \theta_i$로 되어 그림 2.4처럼 광선이 법선으로부터 멀리 꺾어진다. 결과적으로 높은 굴절률을 가진 매질에서 낮은 굴절률을 가진 매질로 전송되는 광선은 법선으로부터 멀리 꺾어진다.

예제 2.1

공기($n_1 = 1$)에서 유리($n_2 = 1.5$) 속으로 광선이 진행한다. $\theta_i = 0°$(입사 광선이 경계면에 수직인)일 때와 $\theta_t = 15°$일 때 투과각을 각각 구하라.

풀이: 입사각이 0°일 때, $\sin\theta_i = 0°$이다. 스넬의 법칙에 의해 $\sin\theta_t = 0°$이므로 $\theta_t = 0°$가 된다. 따라서 유리 내에서 광선의 진행 방향은 꺾어지지 않는다. 그러나, $\theta_t = 15°$일 때, $\sin\theta_t = (1/1.5)\sin 15° = 0.17$이므로 $\theta_t = 9.94°$이다. 예상했던 대로, 광선은 경계면에서 법선을 향해 방향을 변경한다.

예제 2.2

예제 2.1의 마지막 광선이 유리에서 다시 공기 중으로 빠져 나간다. 단, 두 번째 경계는 첫 번째에 대해 평행이다. 이 경우 그림 2.5와 같이 새로운 입사각은 9.94°이다. 투과되는 광선의 방향을 구하라.

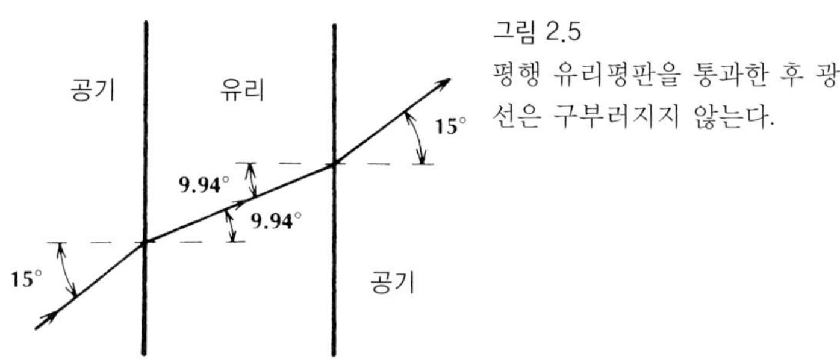

그림 2.5
평행 유리평판을 통과한 후 광선은 구부러지지 않는다.

풀이: 스넬의 법칙에서 $\sin\theta_t = 1.5\sin 9.94° = 0.259$이므로 $\theta_t = 15°$이다. 투과된 광선은 법선으로부터 멀리 꺾어진다. 더불어 앞선 두 예제의 결합 형태인 평행판에 광선이 입사하면 광선은 결국 전체 각 편향은 없어진다. 이것은 매질 속에 평행판을 둘 때 항상 성립한다. 그림 2.5에서 보듯이 15°로 유리에 들어간 광선은 수직에 대해 9.94°로 편향 진행한 다음 다시 원래의 각도인 15°에 평행하게 진행한다. 유리 두께가 얇으면 광선의 전이(측방향 이동 변위)는 무시한다.

2.2 렌즈

파이버는 가시광선(visible light) 빔을 파이버에 입사시켜 시험한다. 간단한 시험은 연속성(파이버의 파괴 검사)과 작은 손실을 내는 물리적 손상 등의 검사이다. 연속성 시험은 광파이버 끝에서 빛이 새어 나가는 여부를 관찰한다. 벗겨져 있는(케이블 내에 있지 않는) 광파이버의 갈라진 금이나 비균질성은 광의 산란을 관찰해서 알 수 있다. 가스레이저는 이들을 테스트하는 데 편리하다. 이들 레이저 출력은 파이버 직경보다 훨씬 큰 mm 정도의 직경을 갖기 때문에 렌즈로 광을 파이버 끝단에 모을 수 있다(그림 2.6). 논의를 간단히 하기 위해서 **박막 렌즈**(thin lenses)를 고찰한다. 이 렌즈는 광선이 렌즈를 통과한 후에 광선의 전이가 무시될 만큼 얇다. 다시 말하면, 광선은 렌즈 축으로부터 (거의) 같은 지점에서 입사하고 통과한다. 여기서 언급하는 렌즈는 이상적이어서 흡수나 반사 손실 및 수차(aberration)는 없는 것으로 가정한다. 만약 이들이 중요해지면, 후에 이러한 복잡한 관계를 부언할 것이다.

그림 2.6에서처럼 광의 평행 빔[시준화된 광(collimated beam)]은 한 초점에 모인다. 입사광은

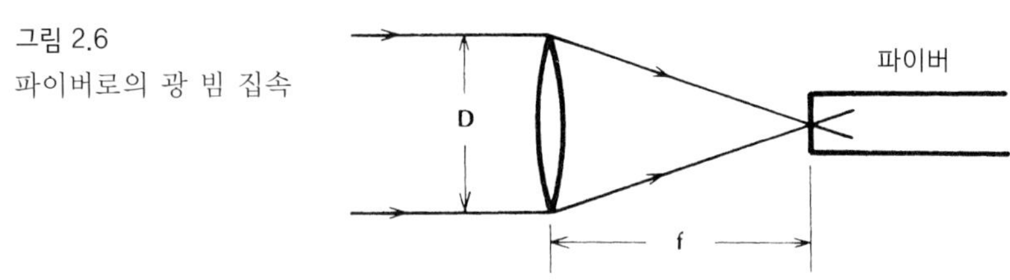

그림 2.6
파이버로의 광 빔 집속

여러 개의 평행 광선으로 만들어진다. 이 빔들은 렌즈 축에 평행으로 진행한다. 그림 2.6에서는 맨 바깥쪽 광선 두 개만 그렸다. 모든 광선은 **초점(focal point)이라고 알려진 위치에 수렴한다. 초점은 렌즈로부터 초점거리(focal length)** f에 위치한다. 초점을 통과하고 렌즈 축에 수직인 평면을 **초점면**(focal plane)이라 한다. 렌즈 자체는 두 개의 구면을 가지므로 두 개의 고체 유리구의 일부분이 합쳐져서 렌즈가 만들어졌다고 볼 수 있다. 구의 반경(또는 곡률)은 각각 R_1과 R_2이다. 렌즈의 직경 D, 굴절률 n을 가진다. 렌즈의 초점거리는 다음 식과 같다[2].

$$\frac{1}{f} = (n-1)\left(\frac{1}{R_1} + \frac{1}{R_2}\right) \tag{2.4}$$

f/D 비를 렌즈의 f-수(f-number)라 한다.

긴 초점거리는 큰 곡률(R_1과 R_2)에 의해 쉽게 얻을 수 있는데, 즉 렌즈가 거의 평평한 표면을 갖는 경우이다. 작은 초점거리를 갖는 렌즈는 곡률이 작아야 하므로 설계가 어렵고 결국 렌즈가 작아진다. 이 문제를 제한적 경우로 설명한다. 렌즈가 완전한 유리구인 경우를 생각하자. 이때 렌즈 지경을 고정하면 이 설계는 가능한 제일 작은 초점거리를 갖는다. 이 예에서 구의 반경은 렌즈의 곡률이며, 렌즈의 직경은 곡률의 두 배이다. 즉, $R_1 = R_2 = D/2$이고 이 값들은 식 (2.4)에 대입하면

$$f = \frac{D}{4(n-1)}$$

를 얻는다. $n = 1.5$인 경우 렌즈의 f 수는 $f/D = 0.5$이므로, 작은 초점거리는 작은 렌즈 직경이 필요함을 알 수 있다. 이 같은 렌즈는 심한 구면수차를 가지므로, 그림 2.6에서의 초점이 상당히 훼손된다. 대부분의 렌즈는 이러한 문제점을 완화시키기 위해 0.5 이상의 f 수를 가져야 하는데, 이는 보다 작은 초점거리를 얻는 것을 더욱 어렵게 만든다. 렌즈가 가스 레이저의 빔을 파이버에 결합시키기 위해 사용될 때, 수차는 그다지 중요하지 않을 수 있다. 이유는 파이버 직경은 작지만 무한소는 아니기 때문이다. 따라서 결합을 하기 위해 광 빔을 한 점으로 모을 필요는 없다. 단지 파이버 코어보다 크기를 작게 줄이기만 하면 된다.

렌즈 축에 대해 어떤 각을 가지고 입사하는 광의 평행 광선은 그림 2.7에 보인 것처럼

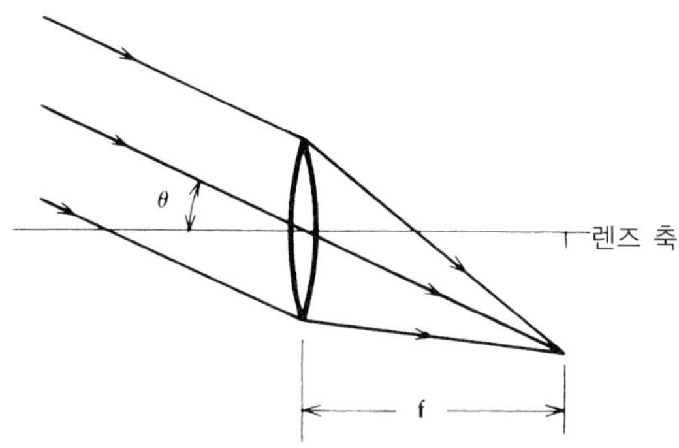

그림 2.7
축을 벗어난 빔의 집속

초점평면에 초집된다. 초점의 위치는 중심 광선과 초점평면의 교차에 의해서 결정된다. **중심 광선**(central ray, 렌즈의 중심을 향하는 광선)은 들어오고 나가는 광선이 평면과 거의 평행하기 때문에 박막 렌즈에 의해 편향되지 않는다. 2.1절에서, 평행면을 가진 유리평판에 입사한 광선은 전혀 편향되지 않음을 설명하였다.

박막 렌즈는 그림 2.8에 보인 것처럼 한 점으로부터 방출되는 빔을 평행 빔으로 만들 수 있다. 만약 광원이 초점에 있다면, 투과한 빔은 렌즈 축과 평행으로 진행한다. 만약 광원이 초점면 어디에 있든지 투과한 빔은 다시 평행이 되나 방향은 달라진다. 그림 2.9에서 보는 바와 같이, 이 빔은 광원과 렌즈의 중심을 연결하는 광선의 방향으로 진행한다. 전에 언급한 바와 같이 이 빔의 변화는 생기지 않는다.

박막 렌즈를 통과하는 광선의 궤적을 구하는 법칙이 그림 2.10에 나타나 있는데 다음과

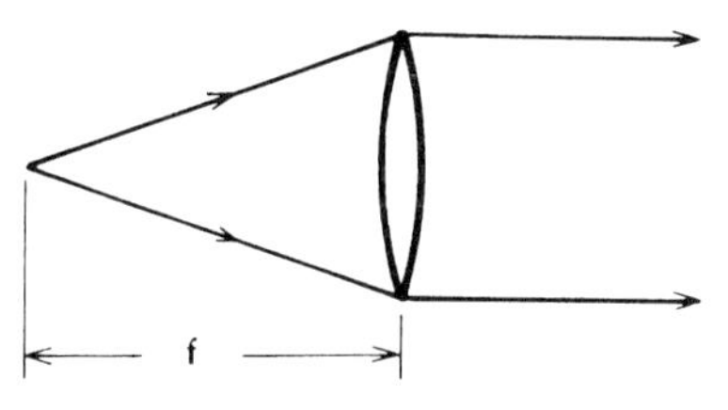

그림 2.8
발산하는 광 빔의 시준

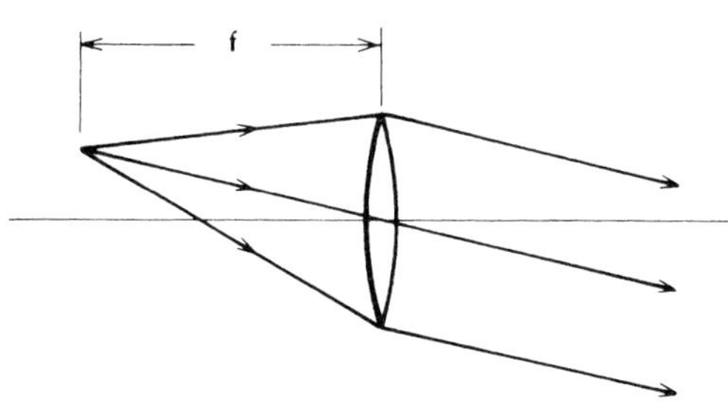

그림 2.9
광 축에서 벗어나 있는 점광원의 시준

같다.

1. 렌즈의 중심을 통과하는 광선은 편향되지 않는다.
2. 렌즈 축에 평행하게 입사한 광선은 렌즈를 통과한 후 초점을 통과한다.
3. 중심 광선과 평행하게 입사한 광선은 렌즈를 통과한 후 초점면에서 중심 광선과 교차한다.
4. 초점을 통과한 입사 광선은 렌즈를 통과한 후 렌즈 축에 평행하게 진행한다.

이 법칙들은 박막 렌즈를 이용한 광의 집속, 시준, 결상 등의 광선 궤적을 구할 수 있게 한다.

원통형 렌즈(cylindrical lenses)는 그림 2.11에 그려진 대로 부분적으로 원통표면을 가진다. 이 렌즈는 단지 한 방향으로만 광을 편향시킨다(그림 2.11의 경우는 수직 방향이다). 원통형 렌즈는 구형 렌즈의 1차원적 형태이다. 실제로 식 (2.4)는 원통형 렌즈에도 해당되며, 이때 R_1과 R_2는 원통곡면의 곡률이다. 초점거리 f는 원통면의 축에 평행하고 렌즈로부터의 거리 f에 있으며 렌즈 축을 통과하는 초점선(focal line)상에 위치한다(그림 2.11 참조). 초점선을 따라 위치한 선광원(line source)으로부터의 광은 렌즈에 의해 시준(렌즈 축에 평행)하게 된다. 광선의 경로가 그림 2.12에 나타나 있다. 마찬가지로 렌즈에 들어가서 렌즈 축에 평행하게 진행하는 평행 빔은 렌즈로부터 초점거리만큼 떨어진 선으로 집속된다.

초점선을 따라 위치한 점광원에 미치는 원통형 렌즈의 효과를 고찰하는 것은 흥미로운 일이다. 렌즈로부터 나가는 광은 수직으로 평행되지만 수평으로도 계속 확장될 것이다. 그림 2.13은 이 효과를 보여준다. 여기서 기억해야 할 점은 원통형 렌즈가 한 방향으로만 구형 렌즈처럼 작용하고, 직교 방향으로는 아무 영향이 없다는 것이다. 이 성질은 레이저 다

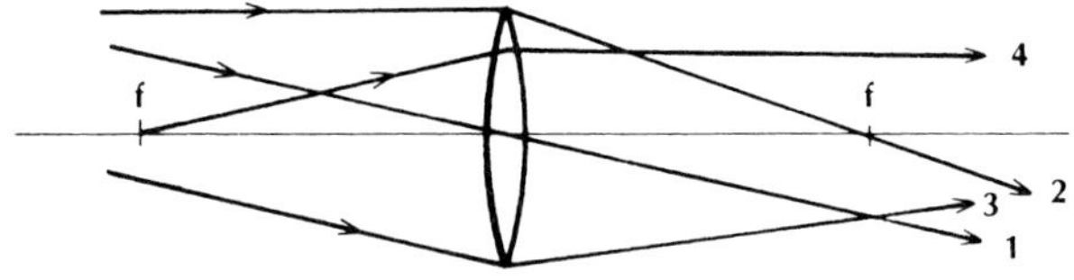

그림 2.10
박막 렌즈를 통과하는 광선 경로. 숫자는 앞서 기술된 광선의 궤적을 구하는 법칙과 연관된다.

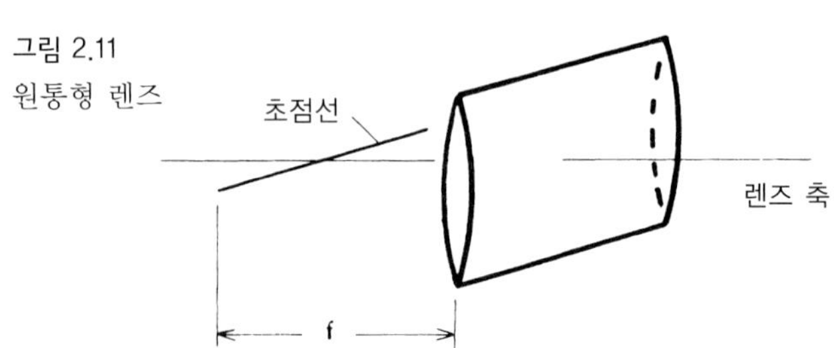

그림 2.11
원통형 렌즈

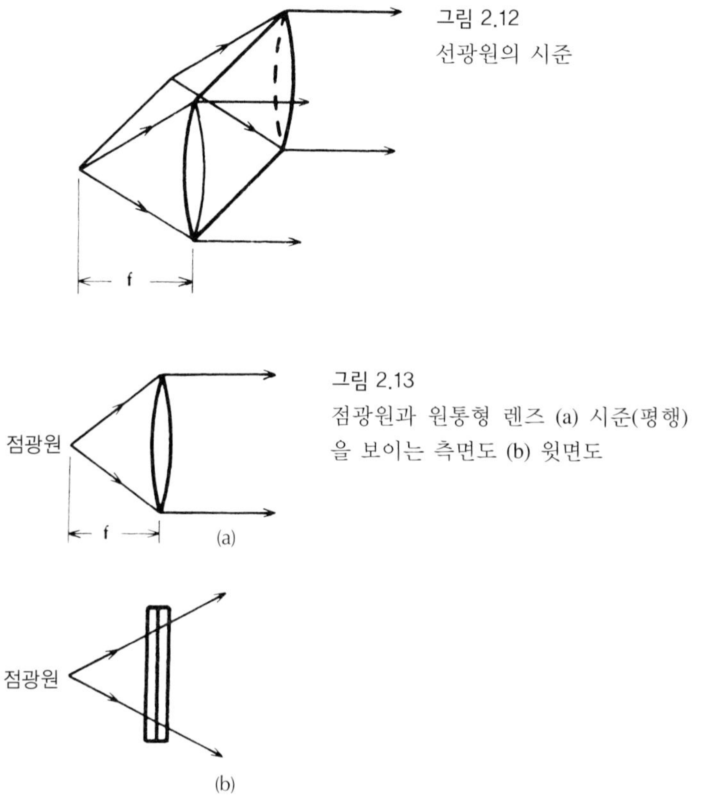

그림 2.12
선광원의 시준

그림 2.13
점광원과 원통형 렌즈 (a) 시준(평행)을 보이는 측면도 (b) 윗면도

이오드와 LED의 방출광은 보통 비대칭적으로 복사하기 때문에 파이버광학에 유용하다. 즉, 방출광은 수평 방향보다 수직 방향으로 더욱 빠르게 퍼진다. 이렇게 하면 원통형 렌즈는 둘 중에 큰 발산각을 줄임으로써 광속의 퍼짐을 대칭화시킬 수 있는데 이러한 가능성이 그림 2.14에 나타나 있다. 광원의 방출은 방향의 한쪽으로 빔 퍼짐을 무시할 수 있다.

집속형 굴절률을 갖는 봉 렌즈(graded-index rod lens) 혹은 GRIN 봉 렌즈는 파이버시스템에서 다양하게 사용되는 최근에 개발된 렌즈 형태이다[3]. 집속형 굴절률을 갖는 봉은 축으로부터의 거리에 따라 굴절률이 줄어들어 광선이 정현파 경로를 따라 진행하게 한다(그림 2.15 참조). (5.2절에서는 집속형 굴절률을 갖는 봉에서 진행하는 광선에 대해 폭넓게 논의할 것이다.) 완전한 한 주기의 길이를 렌즈 **피치**(pitch) *P*라고 한다. 봉의 길이가 **1/4 피치**로 절단되어 있을 때 어떤 현상이 일어나는지 살펴보자. 이 봉의 중앙에 위치한 점광원에서 나오는 광은 그림 2.15(b)에 보인 것처럼 평행하게 된다. 마찬가지로 렌즈에 들어간 평행광은 그림 2.15(c)에서처럼 집속된다. 결국 GRIN 봉도 구형 렌즈와 같은 집속과 시준 특성을 가지므로 결상에 사용되며, 크기를 짧게 만들 수 있는 장점이 있어 작은 초점거리를 얻을 수 있다. 예를 들어, 파이버 끝으로부터 방출되는 광은 기존의 렌즈[그림 2.16(a)] 또는 봉 렌즈[그림

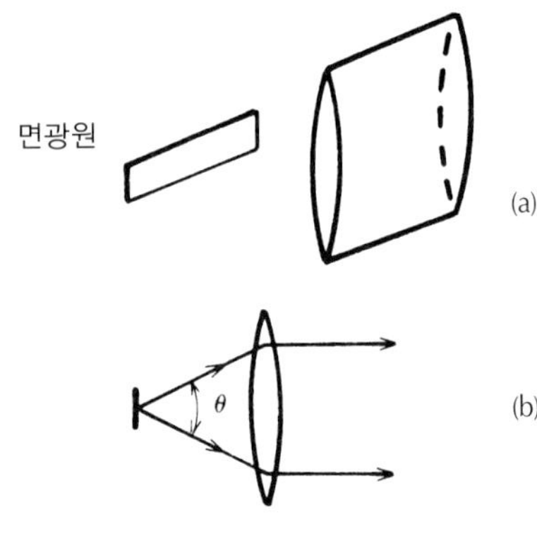

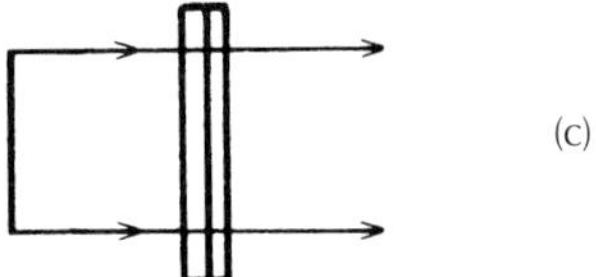

그림 2.14
(a) 비대칭 광원으로부터의 광이 원통형 렌즈에 의해 시준 (b) 측면도 (c) 윗면도

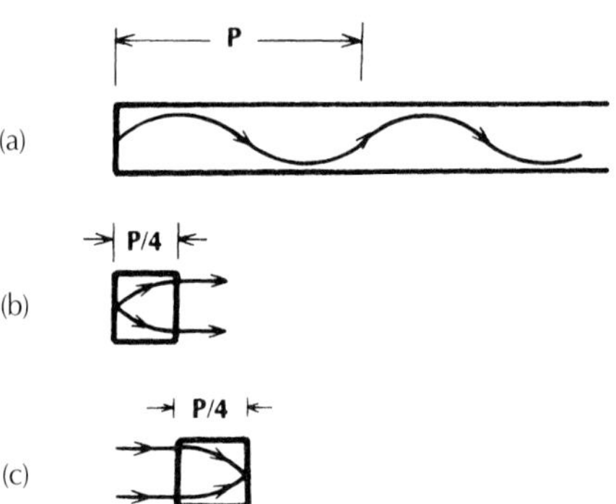

그림 2.15
집속형 봉 (a) 전형적인 광선 경로 (b) 1/4피치 렌즈는 점광원에서 나오는 광을 평행하게 한다. (c) 1/4 피치 렌즈는 평행(시준)광을 집속한다.

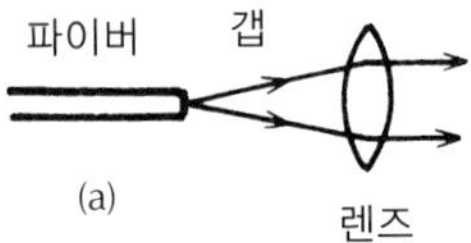

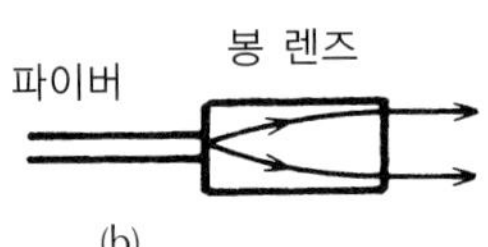

그림 2.16
(a) 구형 렌즈와 (b) GRIN 봉 렌즈를 이용한 파이버 출력광의 평행(시준)

2.16(b)]에 의해 평행하게 될 수 있다. 구형 렌즈를 사용할 때 파이버와 렌즈 사이에 공기층이 존재하지만 봉 렌즈는 어떤 갭이 필요 없다. 파이버는 봉 렌즈에 붙여서 연속적이고, 기계적인 구조를 얻는다. 봉 시준화기는 조립과 정렬, 유지면에서 구형 렌즈 시준화기에 비해 훨씬 용이하다.

2.3 결상

박막 렌즈에 의한 결상을 그림 2.17에 보였다. 물체는 렌즈로부터 d_o 떨어진 거리에 높이가 O인 화살로 표시되어 있으며, 상(image)은 렌즈로부터 d_i 떨어진 거리에 높이가 I인 화살표로 나타나 있다. 상의 위치는 물체의 끝으로부터 방출하는 광선의 궤적에 의해 구해진다. 첫 번째 광선은 렌즈의 중심을 통과한다. 궤적 법칙 1에 의하면, 편향되지 않는다. 두 번째 광선은 렌즈 축에 평행하게 진행하며, 제2법칙에 따라 렌즈로부터 나올 때 초점을 통과한다. 이들 두 광선의 교차점은 물체의 끝에 해당하는 집속된 결상점을 정의한다. 일반적으로, 같은 점으로부터 나간 두 광선의 교차점이 결상 위치를 결정한다. 단일 렌즈가 어떻게 물체의 역상을 만드는가에 주목하라.

물체와 상의 위치는 박막-렌즈 방정식(thin-lens equation)

$$\frac{1}{d_o} + \frac{1}{d_i} = \frac{1}{f} \tag{2.5}$$

에 의해 결정된다[4]. 배율(magnification) M은 물체의 크기에 대한 상의 크기의 비로 다음 식과 같다.

$$M = \frac{d_i}{d_o} \tag{2.6}$$

배율은 1보다 클 수도, 같거나 작을 수도 있다.

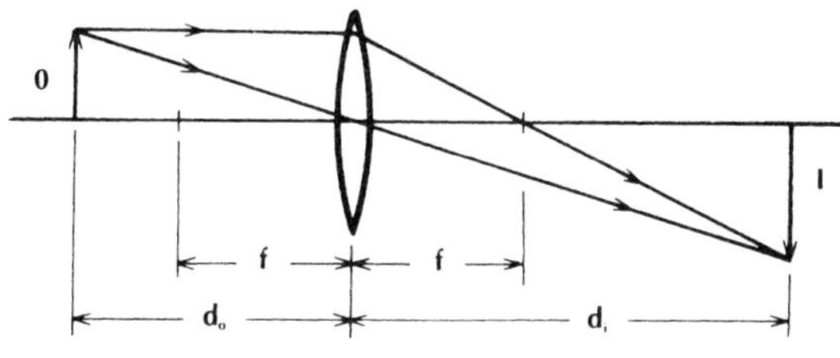

그림 2.17
박막 렌즈에 의한 상의 형성

■ 예제 2.3 ■

배율이 1일 때, 물체와 상의 거리를 구하라.

풀이: $M = 1$이면, $d_i = d_o$이다. 따라서 박막-렌즈 방정식으로부터

$$\frac{1}{d_o} + \frac{1}{d_o} = \frac{1}{f}$$

또는 $d_o = 2f$로 된다. 결국, d_i도 $2f$가 된다.

식 (2.5)와 식 (2.6)을 결합하여 배율과 물체의 거리 사이의 관계식을 직접 나타낼 수 있다.

$$M = \frac{1}{(d_o/f) - 1} \tag{2.7}$$

이 식이 그림 2.18에 그려져 있다. 배율이 1보다 큰 경우, 물체의 위치 범위는 다음 식을 만족해야 한다.

$$1 < \frac{d_o}{f} < 2 \tag{2.8}$$

광을 파이버에 결합시키기 위해 렌즈를 사용할 때, 광선이 진행하는 각도 궤적을 유지하는 것이 중요하다. 그림 2.19를 참조하면, 렌즈 축상에서 물체로부터의 광 각도 퍼짐(α_o)과 물체 지점에 대한 상에서 야기되는 각도 퍼짐(α_i)을 알 수 있다. 크기 변화가 아니라 각의 변화를 고려하고 있다는 것을 제외하면, 그림 2.19는 그림 2.17과 동일하다. 박막-렌즈 방정

그림 2.18
물체 위치에 따른 배율

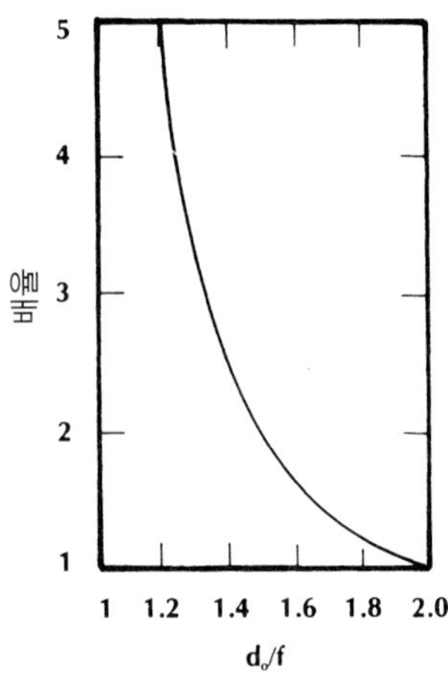

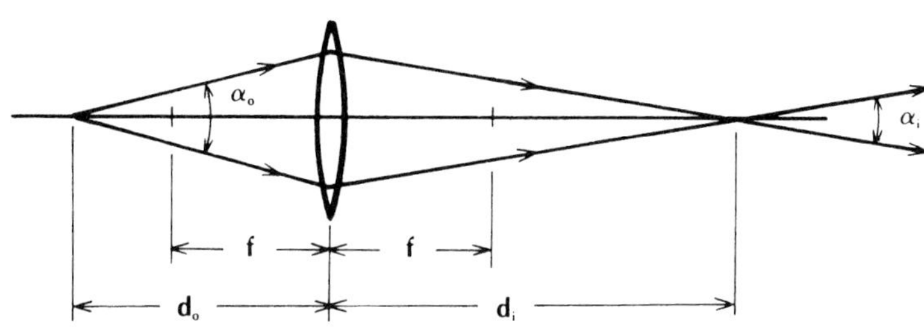

그림 2.19
결상으로 인한 각 변화

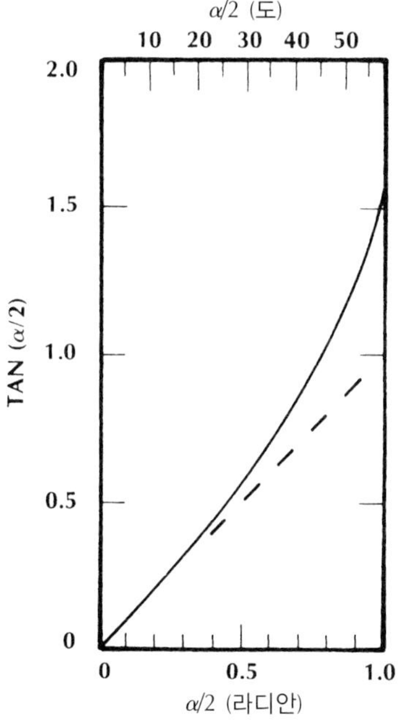

그림 2.20
직선은 탄젠트 함수이고, 점선은 $\tan(\alpha/2) = \alpha/2$로 근사시킨 값을 나타낸다.

식으로부터 물체 거리와 초점거리의 항으로 여전히 결상점을 예측할 수 있다. 삼각법에 의해 다음 식이 성립한다.

$$\frac{\tan(\alpha_i/2)}{\tan(\alpha_o/2)} = \frac{1}{M} \tag{2.9}$$

그림 2.20에 탄젠트 함수가 도시되어 있다. 각이 작고 라디안으로 표기될 때, 탄젠트 값은 각도 그 자체와 거의 같다는 것에 주목하라. 이 근사값은 각이 20°(0.35 rad)까지(오차가 4% 이내로) 비교적 정확하다. 라디안과 각도 간의 변환에는 1 rad = 57.3°의 관계를 사용하면 된다. 작은 각도로 가정하면, 식 (2.9)에서 탄젠트 함수를 각도 자체로 바뀔 수 있으며, 그 결과는 다음 식과 같다.

$$\frac{\alpha_i}{\alpha_o} = \frac{1}{M} \tag{2.10}$$

이 방정식은 원뿔의 반각이 20° 이하일 때, 즉 빔의 전체 각도 퍼짐이(α_i나 α_o) 40° 정도까지 사용할 수 있다. 비록 식 (2.10)은 α_i와 α_o가 라디안일 때 구한 식이지만, α_i와 α_o가 도(°)로 표시될 때도 역시 정확하다.

식 (2.10)으로부터 빔 퍼짐이 감소하면 배율에 의한 물체 크기의 증가를 가져온다고 결론지을 수 있다. 결상 렌즈는 물체로부터 복사하는 광의 광선을 평행하게 만드는 역할을 한다. 레이저 다이오드와 LED들은 넓은 각도로 복사하고 파이버는 단지 작은 각도 내의 광선만을 받아들이기 때문에, 렌즈는 광원과 파이버 사이의 결합 효율을 증가시킨다.

예제 2.4

40°의 전체 원뿔각(full-cone angle)을 갖는 영역으로 광원이 균일하게 광을 복사한다. 광원은 사각형 평판 복사체로 한 변의 길이가 20 μm이다. 전체 원뿔각이 10°로 감소되도록 광의 퍼짐을 줄이기 위한 렌즈 시스템을 설계하고, 상의 크기를 구하라.

풀이: 결상시스템은 그림 2.19와 똑같다. 이 예제에서, $\alpha_o = 40°$, $\alpha_i = 10°$이다. $\alpha_o/2$는 단지 20°이므로, 식 (2.10)의 근사결과를 사용할 수 있다. 배율이 4이므로 식 (2.10)으로부터 한 변이 4(20) = 80 μm인 평면상이 된다. $M = 4$이면, 식 (2.7) 또는 그림 2.18로부터 $d_o/f = 1.25$이다. 만약 초점거리 10 cm를 갖는 렌즈를 쓴다면, $d_o = 12.5$ cm이다. 끝으로, 식 (2.6)으로부터 상 거리 $d_i = Md_o = 50$ cm이다.

예제 2.4에서 훨씬 작은 초점거리를 선택한다면, 더 정밀한 배치가 가능하다. $f = 1$ mm이면, 물체와 상의 거리는 각각 1.25와 5 mm로 된다. 광원의 크기를 20에서 80 μm로 증가시켜도 100 μm 이상의 코어 직경을 갖는 파이버에 결합시킬 수 있다.

광파이버보다 큰 광원으로부터의 결합은 보다 중요한 문제가 존재한다. 만약 광원의 크기를 축소($M < 1$)시키려 한다면, 각도 퍼짐은 식 (2.10)에서 예측한 것처럼 증가한다. 파이버는 이런 확장된 범위를 넘는 광선을 받아들이지 못할 수도 있다.

2.4 개구수

광학 시스템의 중요한 특성 중 하나는 넓은 범위의 각으로 입사한 광을 모을 수 있는 능력이다. 그림 2.21은 렌즈와 광 검출기로 구성된 광 수신기를 보여주고 있다. 렌즈가 검출

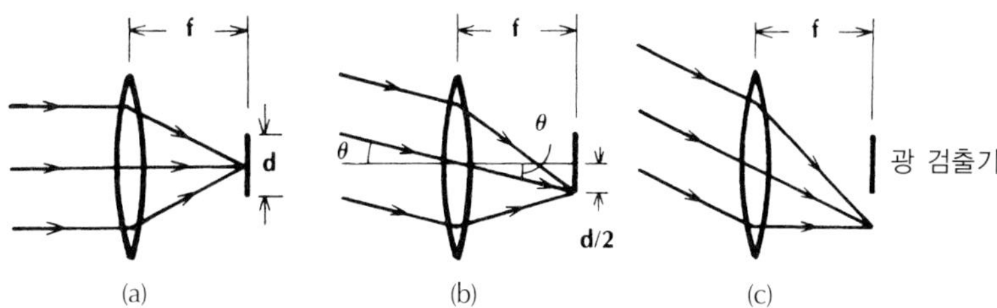

그림 2.21
렌즈 초점면에 놓여 있는 광 검출기를 갖는 광 수신기 (a) 렌즈 축에 평행하게 입사하는 광 (b) 최대 수광각으로 입사하는 광선 (c) 시스템 수광각 이상으로 입사하는 광선

기 표면보다 훨씬 크면 검출기 자체로 광선을 수광하는 것보다 많은 광선을 검출기에 모아 줄 수 있다. 이와 같이 렌즈와 검출기를 함께 쓰면 효율적인 수광 시스템을 구성할 수 있다. 광선 궤적 법칙 1에 의해 쉽게 광이 집속되는 자리에 검출기를 놓을 수 있다. 그림에서 보인 것처럼 입사 광선을 렌즈의 중앙을 통과하여 검출기에 부딪칠 때까지 단순히 연장하라. 그림 2.21에 이 법칙을 적용하면, 큰 각으로 입사한 광선은 검출기에 도달하지 않아 잃게 될 것이 분명하다.

그림을 참조하면, **최대 수광각**(maximum acceptance angle)은 다음 식으로부터 구해진다.

$$\tan\theta = \frac{d}{2f} \tag{2.11}$$

여기서 d는 원형 광 검출기 표면의 직경이고, f는 렌즈의 초점거리이다. 수신기의 원 대칭성으로 인해, 반각 θ인 원뿔 내로 입사한 광을 검출할 것이다. **개구수**(numerical aperture: NA)는 다음과 같이 정의된다[5].

$$NA = n_0 \sin\theta \tag{2.12}$$

여기서 n_0는 렌즈와 광 검출기 사이 매질의 굴절률이고, θ는 최대 수광각이다. 그림 2.21의 수신기에서, θ는 식 (2.11)로 주어진다.

예제 2.5

수신기는 10 cm의 초점거리와 1 cm의 광 검출기 직경을 가지며, 렌즈와 검출기 사이에는 공기가 있다. 수신기의 NA를 구하라.

풀이: $d/2f$는 아주 작아서 작은 각에 대한 근사식 $\sin\theta \cong \tan\theta$를 이용할 수 있다(이 오차는 θ가 20° 이하일 때 6% 이내이다). 이 문제의 경우, $n_0 = 1$이므로 식 (2.12)로부터

$NA = \sin\theta = d/2f = 0.05$이다. 이는 수광각 $\theta = 2.87°$에 해당한다. 전체 원뿔각은 이 값의 두 배인 5.74°이다.

식 (2.12)로 주어진 개구수의 정의는 광파이버를 포함한 모든 수광 시스템에 사용된다. 파이버의 수광 원뿔이 그림 2.22에 그려져 있다. 이 원뿔각 이상으로 입사한 광선은 파이버를 따라 전파하지 못하고 빨리 감쇠하게 된다. 개구수의 측정은 보통 광파이버 앞에 공기가 있는 것으로 한다. 즉, 식 (2.12)에서 $n_o = 1$이 되어

$$NA = \sin\theta \tag{2.13}$$

이다.

이 방정식이 그림 2.23에 나타나 있다. 낮은 NA는 작은 수광각을 나타낸다. 이 때문에 낮은 NA 파이버와의 결합은 더욱 어렵고(기계적 배열에 더욱 예민하다), 높은 NA의 파이버보다 결합이 덜 효율적이다(입사 광선의 일부가 수광각 밖에 존재한다). 이 경우에는 2.3절에서 설명한 것처럼 광선의 퍼짐을 줄이기 위해 렌즈를 사용하면 결합 효율을 향상시킬 수 있다. 보통의 장거리용 파이버는 대략 0.1에서 0.3 정도의 NA를 갖도록 설계된다. 이와 같이 낮은 NA는 결합 효율을 떨어뜨리나 파이버 대역폭을 향상시킨다. 유리 파이버 대신 플라스틱 파이버가 주로 단거리에 사용되는데, 이는 플라스틱이 갖는 높은 감쇠 때문이다. 플

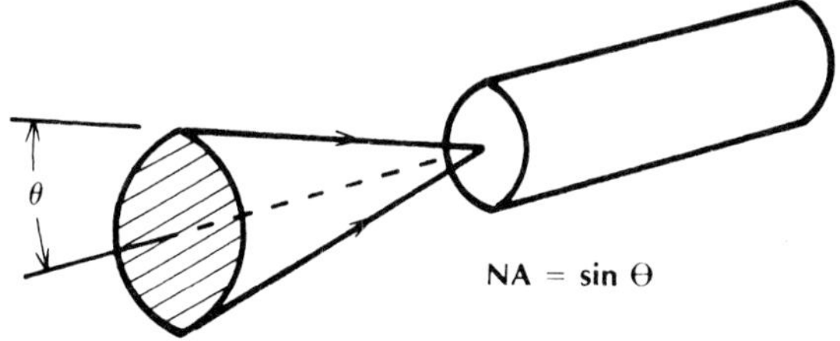

그림 2.22
광파이버는 반각이 θ인 원뿔 내로 입사한 광선만 받아들인다.

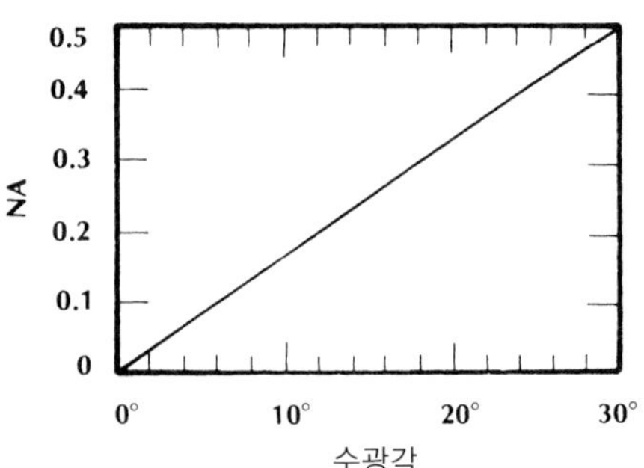

그림 2.23
개구수와 수광각. $NA = \sin\theta$.

라스틱 파이버는 결합 효율을 증가시키기 위해 유리 파이버보다 높은 개구수(0.4 ~ 0.5 정도)를 갖도록 설계함으로써 높은 전파 손실을 부분적으로 상쇄시킨다.

2.5 회절

몇몇 실험에서는 기하광학(광선 이론)은 거시적 결과를 정확하게 예측하지만 세밀한 관찰 결과와는 일치하지 않는다. 어떤 실험에서는 거시적인 동작까지도 틀리게 예측된다. 이러한 예에서는, 관측된 현상을 설명하기 위해 광의 파동성에 기초하기보다 완전한 이론이 필요하다. 이 이론을 **회절**(diffraction) 또는 **물리광학**(physical optics)이라 한다. 회절은 기하광학의 예측으로부터의 편차라고 말할 수 있다. 회절 해석에 필요한 몇 가지 중요한 예는 다음과 같다.

먼저, 몇 가지 용어를 정의한다. 파가 진행하는 방향에 수직인 평면을 **횡평면**(transverse plane)이라고 한다. 이 책에서는 광 전력이 횡평면 내에 분포하는 것으로 한다. 그렇게 함으로써, **전력**(power)과 **세기**(강도, intensity)라는 용어를 혼용한다. 횡평면의 모든 점에서 세기가 같을 때를 **균일한**(uniform) 빔이라 한다.

그림 2.6은 평행하고 균일한 광 빔을 렌즈로 집속시키는 것을 보여준다. 회절 이론과 주의 깊은 실험 결과는 광이 한 점으로 수렴하는 게 아니라 중심점의 세기가 고리 모양으로 희미하게 감소함을 보여준다. 이 고리 속의 중앙에 위치한 스폿의 직경은 다음 식과 같다[6].

$$d = 2.44\lambda f/D \tag{2.14}$$

여기서 λ는 파장, f는 초점거리, D는 렌즈 직경이다. 그림 2.24는 이런 상황을 보여준다. 보통 이 스폿은 상당히 작다. 예를 들어, 만약 $f = 2D$이고 파장이 1 μm라면 식 (2.14)에서 스폿 직경은 4.88 μm임을 예측한다. 몇몇 응용에서는 이것이 무시될 수 있는데, 이는 기하광학적 취급이 충분히 가능한 경우를 의미한다. 한편, 이 빔과 렌즈를 이용하여 4 μm 이하의 직경을 갖는 파이버(그림 2.25에서처럼)나 또는 4 μm 이하의 두께를 갖는 유리 필름에 광을

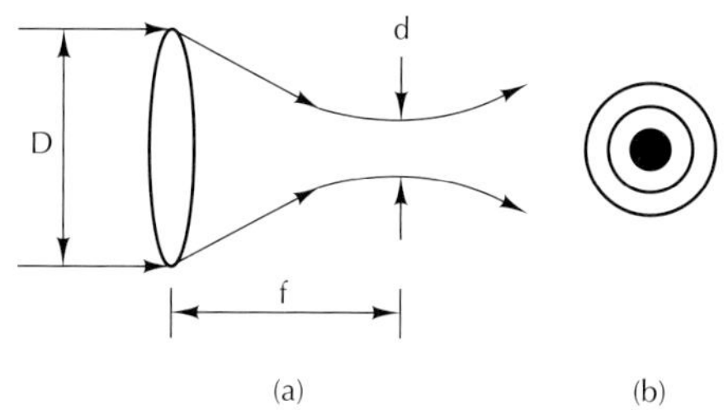

그림 2.24
(a) 회절 이론과 실험에 의거한 균일 광 빔의 집속 (b) 초점평면에서의 광 분포

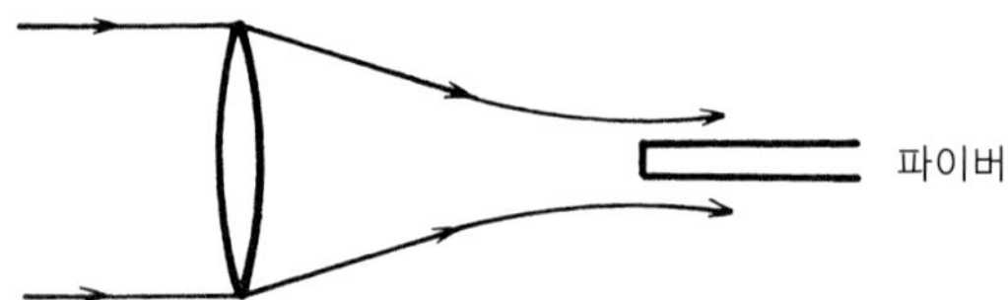

그림 2.25
비효율적인 결합으로 야기될지도 모르는 작은 광파이버 내로의 빔 집속

결합시킨다고 가정하자. 이때 집속된 스폿은 파이버(또는 필름)보다 크기 때문에, 결합 효율이 떨어지게 될 것이다. 분명히, 회절 이론은 이러한 실험 결과를 설명하는 데 필요하다.

실제의 광원은 종종 비균일한 빔을 발생시킨다. 세기는 횡평면상에서 변화한다. 특히 중요한 **횡방향 패턴**(transverse pattern)은 **가우시안 분포**(Gaussian distribution)를 가진다. 이것은 그림 2.26에 그려진 종 모양과 유사하다. 간소화를 위해, 곡선의 피크점을 1로 **정규화**(normalized)하였다. 대부분의 가스레이저와 몇몇 특별하게 설계된 레이저 다이오드는 이러한 패턴으로 복사한다. 아주 작은 파이버(수 μm의 직경을 갖는)도 역시 이러한 방법으로 분포된 광을 갖는다. 가우시안 세기 분포는 수학적으로 다음 식과 같이 주어진다.

$$I = I_o e^{-2r^2/w^2} \tag{2.15}$$

여기서, $e = 2.718$은 자연로그의 밑이다. $e^0 = 1$이므로, I_o는 빔의 중심점($r = 0$)에서의 세기이다. 눈으로 볼 때, 이러한 패턴은 한 원의 광으로 나타난다. 원의 바깥쪽이 선명하지 않고, 대신 광의 세기는 점차적으로 줄어든다. 일반적으로 스폿의 반경은 빔의 세기가 피크치 I_o의 $1/e^2 = 0.135$배로 떨어지는 지점까지의 거리로 정의한다. 이 반경을 **스폿 크기**(spot size)라 한다. 식 (2.15)로 기술된 빔의 경우, 스폿 크기는 w이다.

그림 2.27에서처럼 렌즈에 의한 가우시안 광 빔의 집속은 역시 초점면에서 가우시안 모양의 광 분포를 만든다. 균일 광 빔을 집속할 때 나타나는 주위 고리들은 없다. 초점평면에

그림 2.26
정규화된 가우시안 세기 분포

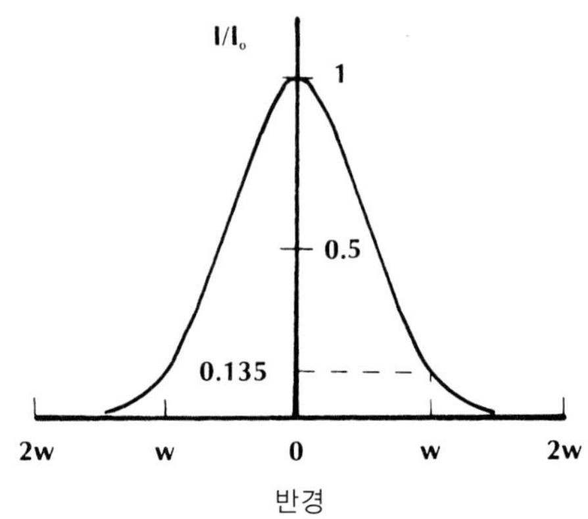

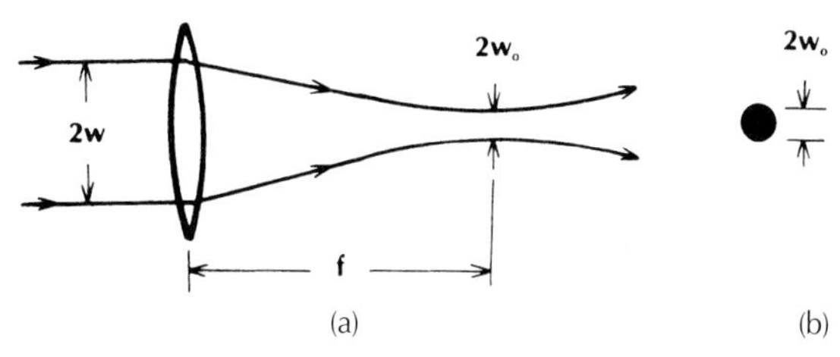

그림 2.27
(a) 가우시안 광 빔 집속 (b) 초점평면에서의 스폿

서의 스폿 크기는

$$w_o = \frac{\lambda f}{\pi w} \tag{2.16}$$

이고, 세기 분포는 $I = I_o' \exp(-2r^2/w_o^2)$이다. 집속된 가우시안 스폿 크기는 균일한 빔을 집속할 때와 그리 크게 차이가 나지 않는다. 이것은 식 (2.16)을 식 (2.14)와 동일한 형태로 써 보면 알 수 있다. 집속된 스폿 직경 $d = 2w_o$, 그리고 입사 빔의 스폿 직경 $D = 2w$로 각각 정의한 후, 식 (2.16)에 대입하면 $d = 4\lambda f/\pi D = 1.27\lambda f/D$로 식 (2.14)에 비교될 정도의 값을 가진다. 입사 빔의 모양이 광의 집속 정도를 크게 변화시키지 않음을 알 수 있다.

다음으로 빔이 평행할 때, 광선 이론에 어떤 교정이 필요한지 알아본다. 작은 광원이 렌즈의 초점에 위치하는 그림 2.28에 대해 언급한다. 광선 이론은 렌즈로부터 평행한 광 빔이 나오는 것을 예측한다. 만일 광 분포가 가우시안이라면, 렌즈 바로 오른쪽 빔은 $I = I_o \exp(-2r^2/w^2)$으로 주어진다. 관측 지점을 렌즈 근처 영역으로 제한하면, 회절 이론은 평행광에 대한 기하광학적 예측과 일치한다. 보다 먼 원거리에서 회절 이론은 빔이 다음 식과 같이 주어지는 일정한 각으로 발산함을 보인다.

$$\theta = \frac{2\lambda}{\pi w} \tag{2.17}$$

여기서 θ는 라디안이다. 실험적으로 이러한 결과는 증명된다. 복사장 패턴은 $I = I_o' \exp(-2r^2/w_o^2)$이고, 여기서 $w_o = \lambda z/\pi w$이다.

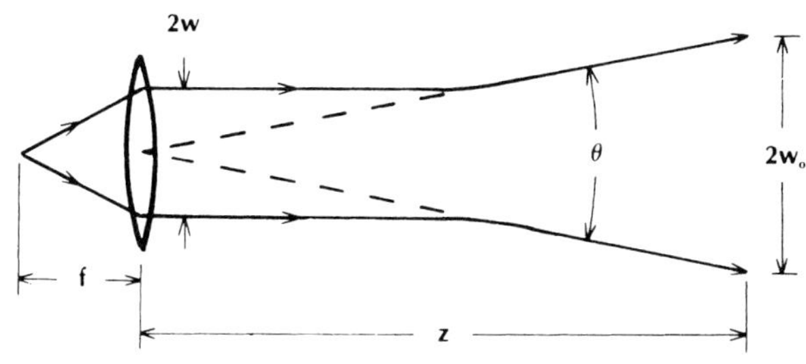

그림 2.28
가우시안 빔 평행화

예제 2.6

평행광일 때, 가우시안 빔의 스폿 크기가 1 mm이고, 파장은 0.82 μm이다. 발산각(divergence angle)을 계산하라. 또 10 m, 1 km, 그리고 10 km 지점에서 스폿 크기를 구하라.

풀이: 발산각은

$$\theta = \frac{2(0.82 \times 10^{-6})}{\pi(10^{-3})} = 0.522 \times 10^{-3} \text{ rad}$$

또는 $\theta = 0.0299°$이다. 10 m 지점에서의 스폿 크기는

$$w_o = \frac{(0.82 \times 10^{-6})10}{\pi(10^{-3})} = 2.6 \times 10^{-3} \text{ m}$$

$$= 2.6 \text{ mm}$$

1 km 지점에서의 스폿 크기는 260 mm이고, 10 km 지점에서는 2.6 m이다.

앞의 방정식과 예제 2.6은 여러 가지 흥미로운 결과를 보여준다. 식 (2.17)은 스폿 크기가 파장보다 훨씬 클 때, 매우 작은 각도로 발산한다는 것을 보여준다. 광이 갖는 파장은 매우 작아서 이 조건은 쉽게 만족된다. 그림 2.28은 무선주파수 송신 안테나의 광학적 유추이다. 사실상, 식 (2.17)은 가장 큰 크기가 $2w$ 차수 정도인 안테나에 질적으로 적용할 수 있다. 일반적으로, 임의의 파장으로 복사되는 빔의 발산은 파장 정도인 복사체의 크기에 반비례한다. 좁은 빔을 방출하는 송신기는 수 파장 정도 길다. 무선주파수에서, 이런 안테나는 매우 커야 한다. 결론적으로, 광 전송은 좁고 높은 지향성 빔을 제공한다.

그림 2.29는 대기 통신시스템을 나타낸 것이다. 장거리에 걸친 발산 때문에, 수신기에서의 입사 빔은 매우 크다 — 실제로 광 수신 렌즈보다 매우 크다. 이러한 경우에는 전송된 전력의 대부분을 잃게 된다. 비록 대기 시스템이 단거리에서는 효과적으로 수행될지라도 장거리 전송을 위해서는 보다 효과적인 전력 전송이 필요하다. 이러한 필요성은 광파이버 같은 전력 유도 방안으로 연구를 촉진시켰다. 대기 시스템에서는 날씨에 대한 손실 의존도

그림 2.29
대기 전송 링크

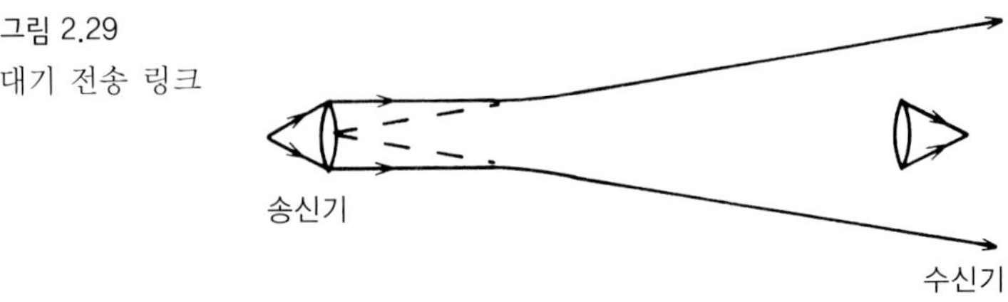

가 또 다른 문제로 존재한다. 날씨가 나쁘면 시스템 성능이 떨어지는데, 날씨 문제는 빔을 속이 빈 파이프를 통해 전송함으로써 극복될 수 있다. 이 방법은 빔이 사실상 평행하게 된다면 가능하다. 그렇지 못하면, 퍼지는 빔은 파이프의 벽면에 부딪칠 때 흡수, 산란, 불완전 반사 등을 겪어서 손실을 유발한다. 예제 2.6에서 발생한 수치를 사용하여 광이 1 km를 진행하는 동안 파이프 벽에 부딪히는 것을 방지하려면 260 mm보다 큰 파이프 반경을 가져야 한다. 이처럼 큰 파이프를 쓰는 것은 분명히 불가능하다. 그러나 매우 짧은 경로에서는 빔이 그리 많이 퍼지지 않으므로 짧은 길이의 관(수 cm)은 주변 환경으로부터 좁은 광 빔을 보호하는 데 실용적이다.

2.6 요약 및 고찰

이 장의 내용은 크게 두 가지로 요약할 수 있다. 하나는 이제까지 배운 중요한 내용을 나타내는 것이고, 다른 하나는 앞서 배운 내용이 암시하는 새로운 주제이다.

1. 매질을 통해서 진행하는 광의 속도는 굴절률 n에 의해 결정된다.
2. 광선은 경계면을 지날 때, 스넬의 법칙에 의해 편향된다.
3. 렌즈는 광을 초점에 모으거나 평행되게 한다. 또한 렌즈의 광선 각 변화에 따라 상을 확대시킬 수 있다.
4. GRIN 봉 렌즈는 고전적인 구형 렌즈와 동일한 기능을 수행할 수 있다. 간결한 구조와 작은 초점거리는 광파이버시스템에 적당하게 한다.
5. 광파이버를 포함한 광학 시스템은 단지 제한된 입사각 내의 광만 받아들일 수 있다. 이러한 특성의 척도는 개구수(NA)이다.
6. 회절 현상은 광의 무한소점 집속과 완전한 평행화가 불가능하다는 것을 말한다. 전자의 결과는 집속에 의해 매우 작은 파이버 내로 광을 결합하는 데 응용하고, 후자는 비도파 광통신시스템 구성에 응용한다.
7. 가우시안 세기 분포는 레이저와 파이버 시스템에서 자주 나타난다. 이 패턴에 대해 익숙해져야 한다.
8. 대기 광통신시스템은 실질적이다. 장애가 없는 짧은 광로에서 이것은 도파로시스템보다 좋다. 도파로를 설치할 수 없는 장거리 경로(예를 들면, 인공위성 간의 통신)에서, 이것이 유망한 시스템이다. 그러나, 일반적으로 대부분의 응용은 비도파시스템보다 파이버시스템이 더 많이 이용된다.

다음은 새로운 주제들에 대한 목록이다. 이 주제들은 이어지는 장들에서 취급한다.

- 광파이버 내에서 광 빔의 전파 특성. 식 (2.1)로 주어진 속도는 무한 매질에서의 광속에 적용한다.
- 한 경계면에서 얼마나 많은 광이 전송되고 반사되는가?
- 광원과 파이버 그리고 파이버 간의 효과적인 광 결합을 위한 렌즈 시스템의 설계방법
- GRIN 봉 렌즈의 설계방법; 이들 렌즈를 활용한 특정 장치는 무엇인가?
- 파이버가 모든 각도의 광선을 받아들이지 못하는 이유; 파이버의 개구수를 계산하는 방법; 결합 효율과 NA의 관계.

이러한 주제들은 결합기, 커넥터, 다중화기 등과 같은 소자들의 설계와 성능 평가에 중요하며, 파이버 광도파 방법의 이해에 도움을 줄 것이다.

문제

2.1 초점거리가 f인 단일 렌즈를 갖는 점광원을 결상하라. 점광원은 전각(full angle)이 α_o인 원뿔로 복사한다. 상 거리와 물체 거리, 광원의 각 퍼짐의 항으로 상에서 각 퍼짐(α_i)을 계산하라.

2.2 $0 \leq \text{NA} \leq 0.7$ 범위에서 수광각에 대한 개구수를 도시하라. 계산시 주변 매질의 굴절률을 1.0으로 간주하라.

2.3 정규화 물체 거리 d_o/f 대 배율을 도시하라.

2.4 결상 렌즈의 초점거리가 20 mm이다. 물체 거리 대 상 거리를 도시하라.

2.5 균일한 시준빔이 초점거리가 20 mm, 직경이 10 mm인 렌즈로 집속된다. 파장은 0.8 μm일 때, 집속된 스폿 크기를 계산하라.

2.6 가우시안 시준빔이 1 mm의 스폿 크기와 0.8 μm의 파장을 가진다. 빔이 초점거리가 20 mm인 렌즈로 집속될 때, 스폿 크기를 계산하라.

2.7 만약 스폿 크기가 1 mm라면, 빔 축으로부터의 거리 대 가우시안 빔의 정규화 세기를 도시하라.

2.8 파장이 0.8 μm이고, 스폿 크기가 1 mm인 가우시안 빔의 발산각을 계산하라. 이 빔을 달에 조준하면, 달 표면에서의 스폿 크기는 얼마인가? (지구와 달 사이의 거리는 3.8×10^8 m이다.) 또한, 1 km와 10 km 거리에서의 스폿 크기는 얼마인가?

2.9 6,000 km의 길이를 갖는 해저 유리 파이버 전화선로로 대서양을 횡단하여 미국과 프랑스를 연결한다.

(a) 메시지가 이 링크를 횡단하는 데 걸리는 시간은 얼마인가?

(b) 인공위성 링크를 경유하여 미국에서 프랑스로 메시지를 전송하는 데 얼마의 시간이 걸리는가? 인공위성은 미국과 프랑스 사이의 약 22,000 miles 상공에 있다.

(c) 두 가지의 다른 링크를 통해 대화를 하는 두 사람의 전송지연은 얼마나 될까?

2.10 광 빔이 두 유전체 경계면에 입사한다. 입사 광선 각도는 경계면 법선으로부터 10°이고, 투과된 빔은 12°이다. 두 매질 중 어떤 것이 높은 굴절률을 가지는가?

2.11 광 빔이 그림 2.1에서처럼 두 유전체 경계면에 입사한다. 굴절률은 각각 $n_1 = 1.46$, $n_2 = 1.48$이다. 입사각이 0°에서 90° 사이에서 변할 때, 입사각의 함수로 투과각을 그려라.

2.12 광 빔이 그림 2.1에서처럼 두 유전체 경계면에 입사한다. 굴절률은 각각 $n_1 = 1.48$, $n_2 = 1.46$이다. 입사각이 0°에서 90° 사이에서 변할 때, 입사각의 함수로 투과각을 그려라(입사각이 80.6° 근처에서 어떤 특별한 현상이 일어난다. 이러한 현상은 다음 장에서 논의될 것이다).

2.13 자유공간 파장이 800 nm, 1300 nm, 1550 nm인 광자에 대해 용융 실리카와 실리콘에서의 파장을 계산하라. 일반적으로, 광 빔이 진공에서 어떤 매질 내로 진행해 갈 때 파장은 어떻게 변하는가? 또, 광자 에너지는 어떻게 변하는가?

2.14 두 사람이 유리 파이버 전송 선로를 통해 대화 중이다. 두 통화자 간에 메시지가 전송되는 데는 1초가 걸린다. 파이버는 얼마나 긴가?

2.15 가우시안 빔의 스폿 크기가 w이다. 이 빔의 직경을 반 전력점(빔이 중심 피크치의 반으로 소멸되는 지점) 사이의 길이로 표현된 식으로 유도하라.

참고문헌

[1] George Shortley and Dudley Williams. *Elements of Physics*, 5th ed. Englewood Cliffs, NJ: Prentice-Hall, 1971, pp. 748–50.

[2] *Ibid.*, p. 778.

[3] Teji Uchida, Moatoaki Furukawa, Ichiro Kitano, Ken Koizumi, and Hiroyoshi Matsumura. “Optical Characteristics of a Light-Focusing Fiber Guide and Its Applications.” *IEEE J. Quantum Electron* 6, no. 10(Oct. 1970): 606–12.

[4] Shortley and Williams. *Elements of Physics*, p. 778.

[5] Jurgen R. Meyer-Arendt. *Introduction to Classical and Modern Optics.* Englewood Cliffs, N J: Prentice-Hall, 1972, pp. 136–37.

[6] Shortley and Williams. *Elements of Physics*, p. 813.

Chapter 03

광파의 기초

전자파의 전파는 파이버광학에서 중요하다. 이 장에서는 특히 중요한 전자파의 진행에 대한 기본적인 개념을 설명한다. 여러 가지 이유로 많은 사람들이 전자파를 공부하는 것을 두려워한다. 사실 전자기 이론의 설명은 가끔 굉장한 피로를 느끼게 한다. 다음의 검토는 가능한 한 즐겁고 쉽게 할 것이다. 중요한 결과를 설명하되 요구되는 상세한 유도과정은 생략하여 수학적인 면을 최소화시켰다. 여기에 나타나 있는 특별한 개념은 속도, 전력, 분산, 편광, 간섭, 그리고 경계면에서의 반사이다. 이들은 모두 파이버광학에 직접 관계된다.

3.1 전자파

광은 매우 높은 주파수(10^{14} Hz 정도)로 진동하는 전계와 자계로 이루어져 있다. 이들 전자계는 매우 높은 속도로 파동과 같은 모양으로 진행한다. 그림 3.1에 z방향을 따라 진행하는 전자파를 보였다[1]. 전계를 세 번 도시하여 파동이 진행하는 것을 보여준다. 고정된 위치에서 전계의 진폭은 광 주파수로 변한다. 광 진폭은 진동의 한 주기 뒤에 반복한다. 고정된 시간에 파동은 공간에서 λ의 거리가 지난 뒤에 반복한다. 이 거리가 파장(wavelength)이다. 이것의 역수인 $1/\lambda$은 파수(wave number)이다.

그림 3.1에 나타나 있는 파동의 전계는 다음 식으로 쓸 수 있다.

$$E = E_o \sin(\omega t - kz) \tag{3.1}$$

그림 3.1
z방향으로 진행하는 전계. 진행 방향으로 파의 움직임을 보여주기 위한 세 가지 다른 시점에서 전계를 도시하였다.

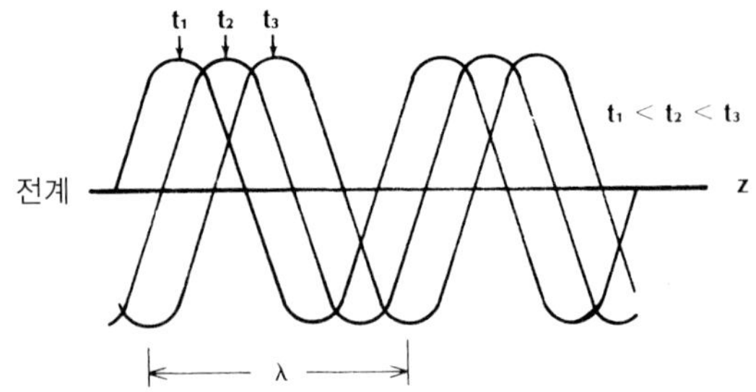

여기서 E_o는 최대 진폭, $\omega = 2\pi f$ rad/s로서 각 주파수(radian frequency), 그리고 f는 헤르츠 단위를 갖는 주파수이다. k는 **전파상수**(propagation factor)로서 다음 식으로 주어진다.

$$k = \frac{\omega}{v} \tag{3.2}$$

여기서, v는 파의 위상 속도이다. $\omega t - kz$는 파의 **위상**(phase)이고, kz는 진행한 길이 z에 의한 **위상변이**(phase shift)이다. **평면파**(plane wave)는 위상이 동일 평면 내에 있는 것이다. 이 예에서, 위상은 고정된 z 값에서 정해진 평면 내에서 같으므로 식 (3.1)은 평면파를 나타낸다. 만약 시간이 일정하게 유지된다면, 식 (3.1)은 전계의 정현적인 공간 변화를 보인다. 예를 들어 $t = 0$이면, $E = E_o \sin(-kz) = -E_o \sin kz$이다. 반면에 위치가 고정되면, 식 (3.1)은 전계의 정현적인 시간 변화를 보인다. 예를 들면, $z = 0$로 위치를 고정하면 $E = E_o \sin \omega t$가 되어 이 지점을 나타낸다.

굴절률 n의 항으로 표현하면 속도는 $v = c/n$이므로, 다음 식으로 된다.

$$k = \frac{\omega n}{c} \tag{3.3}$$

자유공간에서의 전파상수는 k_0로 표시한다. 자유공간에서는 $n = 1$이므로

$$k_0 = \frac{\omega}{c} \tag{3.4}$$

가 된다. 식 (3.3)과 식 (3.4)를 결합하면, 임의의 매질에서 전파상수는 자유공간의 전파상수로 표현할 수 있다.

$$k = k_0 n \tag{3.5}$$

식 (1.3)에 의하면 $\lambda = v/f$이므로, 이것을 식 (3.2)에 대입하면

$$k = \frac{2\pi}{\lambda} \tag{3.6}$$

이 얻어진다. 이 방정식은 매질 내에서의 전파상수와 그 매질 내에서의 파장과의 관계를 나타낸다. 자유공간에서의 파장은 $\lambda_0 = c/f$이고, 임의의 매질에서 파장은 $\lambda = v/f$이므로

$$\frac{\lambda_0}{\lambda} = \frac{c}{v} = n \tag{3.7}$$

이다. 매질 내에서의 파장은 자유공간에서 파장보다 짧은데, 그 이유는 굴절률이 1보다 크기 때문이다.

광 빔의 전력은 빛의 세기(intensity, 전계의 자승으로 정의됨)에 비례한다. 세기는 **광휘**(irradiance), 즉 전력밀도에 비례한다. 광휘의 단위는 watt/m^{2}이다. 2.5절에서 특수한 광 분포의 세기 변화를 나타내는 가우시안(Gaussian) 빔에 대해 논의했다. 가끔 세기는 파동의 전체 전력을 기술할 때 정확하지는 않지만 일반적으로 사용된다.

파동이 진행하면서 에너지를 잃지 않는다면, 식 (3.1)과 그림 3.1은 타당한 설명이다. 만약 감쇠가 중요하다면, 그 때 이 방정식과 그림은 수정되어야 한다. 정확한 방정식은

$$E = E_o e^{-\alpha z} \sin(\omega t - kz) \tag{3.8}$$

으로, ω와 k는 식 (3.1)에서와 같은 의미를 갖는다. α는 **감쇠상수**(attenuation coefficient)이다(광파이버에서는 파이버 손실을 나타낸다). 전계가 손실이 있는 매질을 통해 진행할 때, 이 값이 전계가 소멸되는 비율을 결정한다. 비록 이러한 소멸이 지수 함수적일지라도, 양질의 좋은 광파이버에서는 감쇠상수가 매우 작아 긴 경로에 대해서도 감쇠는 매우 적다(겨우 수 데시벨 정도). 손실이 있는 매질에서의 전계가 그림 3.2에 나타나 있다. 그림에서 점선이 식 (3.8)에서 손실을 나타내는 인자 $\exp(-\alpha z)$의 곡선이다.

광 빔의 세기는 전계의 제곱에 비례한다. 따라서 식 (3.8)에 해당하는 전력은 $\exp(-2\alpha z)$으로 소멸된다. 경로길이가 L일 때, 입력 전력에 대한 출력 전력의 비는 $\exp(-2\alpha L)$이다. 전력 감소를 데시벨로 나타내면 다음 식과 같다.

$$\text{dB} = 10 \log_{10} \exp(-2\alpha L)$$

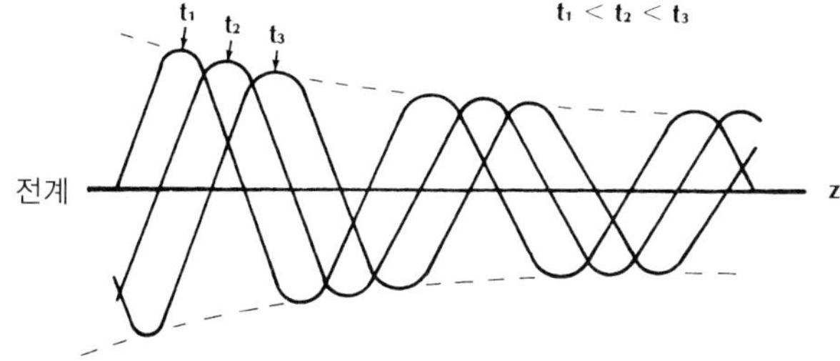

그림 3.2
진행파의 감쇠

이것은 손실을 가지는 매질을 통하여 전파할 때 부가된다. 마지막 표현식으로부터, 감쇠상수와 전력 변동(γ) 간의 관계를 dB/km 단위로 표현하면, 결과적으로

$$\gamma = -8.685\alpha, \text{dB/km}$$

이다. 여기서 α의 단위는 km^{-1}이다(이 관계식을 문제 3.14에서 구해야 할 것이다). 비어 법칙(Beer's law)으로 알려진 입출력 전력과 전송 손실 간의 관계를 나타내는 또 다른 유용한 식이 있다.

$$P_{out}/P_{in} = 10^{\gamma L/10}$$

여기서 L은 경로길이이고, γ는 dB/km로 나타나는 전력 변동이다. 일반적인 부호관례로 α는 + 값, γ는 − 값을 갖는 손실이다.

3.2 분산, 펄스 찌그러짐 및 정보율

지금까지 파이버시스템에서 광원은 단일 파장(혹은 등가적으로 단일 주파수)의 광을 방출하는 것으로 가정해 왔다. 실제로 이것은 사실이 아니다. 실제 광원은 한정된 영역에 걸쳐 복사한다. 이 영역을 광원의 **선폭**(linewidth) 또는 **스펙트럼 폭**(spectral width)이라 한다. 선폭이 작을수록 광원은 더욱더 **코히런트**(coherent)하다. 완전히 코히런트한 광원은 단일 파장의 광을 방출한다. 그러면, 광원의 선폭은 0이고 완전히 **단색광**(monochromatic light)이 된다. 일반적인 광원의 대표적인 선폭이 표 3.1에 나열되어 있다. 파장에서의 스펙트럼 폭 $\Delta\lambda$와 대역폭 Δf 사이의 변환식은 다음과 같다.

$$\frac{\Delta f}{f} = \frac{\Delta\lambda}{\lambda} \tag{3.9}$$

여기서 f는 중심주파수, λ는 중심파장, Δf는 복사주파수 범위이다. 이 변환식은 단순히 수

표 3.1 대표적인 광원의 스펙트럼 폭

광원	선폭($\Delta\lambda$) (nm)
발광 다이오드(LED)	20 ~ 100
레이저 다이오드(LD)	1 ~ 5
Nd:YAG 레이저	0.1
HeNe 레이저	0.002

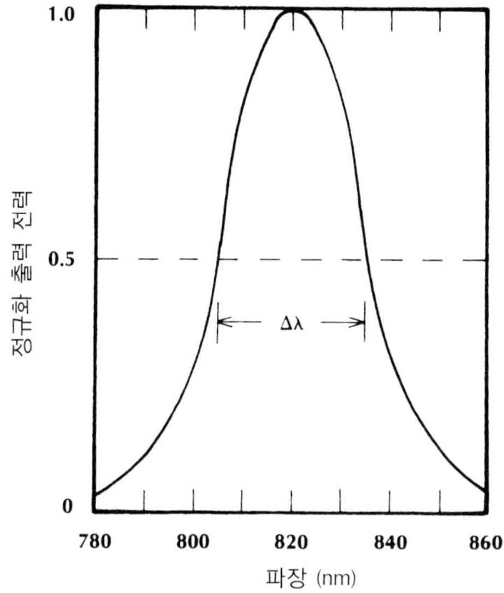

그림 3.3
발광 다이오드의 스펙트럼

학적으로 파장의 퍼짐이나 주파수의 퍼짐 어느 것을 기준으로 삼아 계산하든지 간에 그 방출 폭은 같다는 것을 의미한다.

그림 3.3은 앞서 언급한 여러 관점들에 관해서 보여주는 것이다. 대표적인 LED에 의해 복사되는 전력의 파장 분포를 도시한 것이다. 신호를 구성하고 있는 파장이나 주파수를 스펙트럼(spectrum)이라고 한다. 그림의 LED 경우, 중심 파장은 820 nm(0.82 μm)이다. 선폭은 보통 반전력점 사이의 폭이다. 이 예의 경우에는 $\Delta\lambda = 30$ nm(805 ~ 835 nm)가 된다. 분수대역폭은 30/280 = 0.037 또는 3.7%이다.

표 3.1에 의하면, 레이저 다이오드가 LED에 비해 보다 더 코히런트하다. 고체 레이저인 Nd:YAG(neodymium yttrium-aluminum-garnet) 레이저와 헬륨네온(HeNe) 가스레이저는 훨씬 성능이 좋다. 그러나 LED와 LD 광원은 다른 레이저들보다 선폭이 훨씬 크지만 크기가 작고 소비 전력이 낮아서 파이버시스템에서 가장 많이 실용된다.

이러한 관점에서 다음과 같은 자연스런 질문을 하게 된다: "광원이 무시할 정도의 대역폭을 갖는다고 볼 수 있을까(즉, 완전한 코히런트 광원으로 취급할 수 있을까)? 또는 역으로 코히런스가 떨어지는 것을 고려할 필요가 있을까?" 등이 있을 수 있다. 다음의 논의에서, 광원의 스펙트럼 폭이 어떻게 광파이버시스템의 정보 용량을 제한하는지를 알아볼 것이다. 만약 제한되는 용량이 필요로 하는 용량보다 크다면, 인코히런트(incoherent)는 무시해도 좋을 것이다.

3.2.1 재료 분산과 펄스 찌그러짐

2.1절에서 파동의 속도 v와 굴절률 n의 관계는 $v = c/n$임을 알았다. 광파이버에 사용되는 유리의 굴절률은 파장에 따라 변한다. **분산**(dispersion)은 파장에 따라 속도가 변하는 성질에 붙여진 이름이다. 이 예에서처럼 속도의 변화가 물질의 성질에 의해 발생할 때, 그 효과를 **재료 분산**(material dispersion)이라 한다. 파이버와 다른 도파로에서 분산이 도파로 구조 자체에 의해 생길 수 있다. 5.6절에서 취급하겠지만, 이러한 경우를 **도파로 분산**(wave-guide dispersion)이라 한다.

실제 광원(대역폭이 0이 아닌)이 광 펄스를 분산성 유리 파이버 내로 방출할 때 어떻게 되는가를 고찰하자. 초기의 펄스는 파장은 다르지만 동일한 모양의 펄스 합으로 이루어져 있다. 그림 3.4는 광원이 갖는 몇 가지 파장에 대해서 보여주고 있다. 각각의 펄스는 서로 다른 속도로 진행하여 약간의 시차를 가지고 파이버 끝단에 도달한다. 그러므로 파이버 끝에서 출력을 합하면, 약간씩 위치가 변동된 펄스들이 더해져서 입력 신호에 비해 길어지거나 퍼진 출력 펄스가 나온다. 이것은 분산이 어떻게 펄스의 찌그러짐을 일으키는지를 보여주는 것이다. 펄스가 더 멀리 진행할수록 퍼짐은 더 커진다.

분산은 아날로그 신호도 역시 찌그러지게 한다. 그림 3.5는 세 가지 파장으로 전파하는 아날로그 신호를 보여준다. 입력 지점에서 세 가지 파장은 각각 위상에 따라 변하고 큰 신호 변화를 일으킨다. 분산성 매질을 통하여 진행한 후 이들 파장들은 더 이상 동위상이 아니다. 이들은 함께 더한 출력 신호는 입력 신호 변화보다 진폭 변화가 더 낮은 신호로 된다. 분산은 평균 전력이나 변조주파수를 변화시키지는 않지만 신호 변동을 낮게 한다. 전송된 정보는 이 변동에 들어 있기 때문에 이러한 변동의 감쇠는 문제가 된다. 이 결과는 신호 피크를 넓혀서(진폭을 낮춰서) 골을 메우는(그 레벨을 높이는) 것으로 볼 수 있다. 초과된

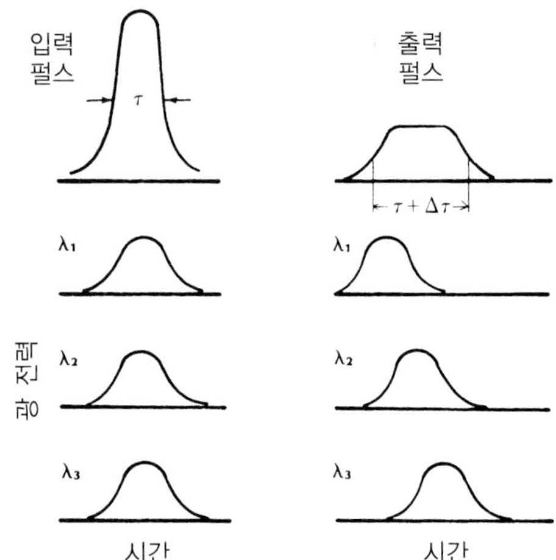

그림 3.4
분산적인 물질을 통해 전파시 일어나는 펄스 퍼짐. 완전한 펄스는 λ_1, λ_2, λ_3 파로 이루어져 있으며, 이들은 각각 서로 다른 속도로 진행한다.

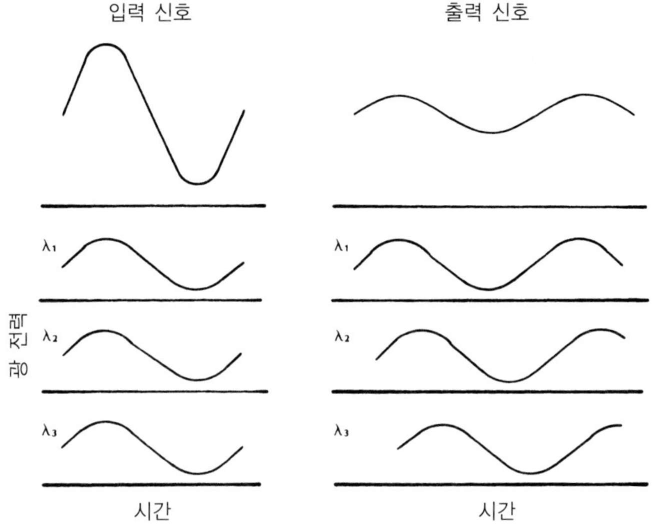

그림 3.5
아날로그 신호의 진폭 손실을 일으키는 분산

퍼짐은 신호 변화와 함께 손실을 일으킬 것이다.

재료(또는 도파로) 분산으로 인한 찌그러짐은 더 작은 대역폭(bandwidth)을 가진, 즉 보다 코히런트한 광원을 사용하면 줄어들 수 있다. 이것이 레이저 다이오드가 LED보다 우수한 점이다. 원리적으로 분산성 찌그러짐은 송신기나 수신기에서 필터링으로 감소시켜, 아주 좁은 파장대로 광 검출기에 도달할 수 있다. 그러나 이 기술은 두 가지 결점이 있다. 즉, 충분히 좁은 효과적인 통과대역 필터를 만들 수 없고, 협대역 필터는 원치 않은 파장의 광을 제거함으로써 광 전력을 크게 감소시킨다.

유리에서의 분산은 쉽게 관찰된다. 유리프리즘이 백색광을 그것이 가지고 있는 색 성분들로 분리할 때, 분산의 결과를 경험한 적이 있을 것이다. 이 실험은 유리의 굴절률이 파장에 의존한다는 것을 설명해 준다. 입력 광선은 스넬의 법칙[식 (2.3)]에 따라 꺾인다. 굴절률은 색에 따라 다르기 때문에 서로 다른 색들은 다른 각도로 꺾인다. 광파이버에 사용되는 순수 실리카(SiO_2) 유리의 굴절률은 그림 3.6에 보인 파장 의존성을 갖는다. 몇 가지 주목할 만한 특성이 있다. 굴절률은 파장이 커짐에 따라 줄어들어 그림 3.6(a)의 곡선 기울기는 부이다. 이 기울기의 크기는 파장에 따라 변한다. 한 특성 파장(그림의 파장 λ_0)에서 굴절률 곡선은 변곡점을 가지므로 그림 3.6(b)에서 보는 바와 같이 이곳에서 기울기 크기는 최소이다. 이런 이유 때문에 곡선 (b)의 기울기는 λ_0에서 0이다. 곡선 (b)의 기울기가 그림 3.6(c)에 나타나 있으며, 파장에 대한 굴절률의 이중 미분값이다. 순수 실리카는 굴절률이 1.45에 가깝고 변곡점은 1.3 μm 부근이다. 다른 물질을 소량으로, 예를 들어 소량의 산화게르마늄(GeO_2) 등을 SiO_2에 도핑시키면 굴절률 곡선이 약간 이동한다.

그림 3.6
(a) SiO_2 유리에서 굴절률의 파장 의존성 (b) (a)곡선의 미분(경사)
(c) (b)곡선의 미분(경사)

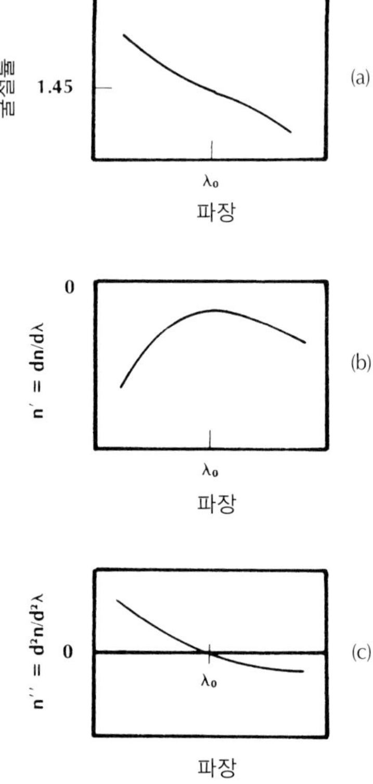

지금까지 분산이 유리를 통해 진행하는 신호를 어떻게 찌그러뜨리는지 정성적으로 결정했다. 이젠 얼마나 많은 퍼짐이 생기는지, 그리고 그것이 전달할 수 있는 정보의 양과 어떻게 관계되는지 알아본다.

펄스가 길이 L인 경로를 진행하는 데 걸리는 시간을 τ라고 하자. 그림 3.7은 파장의 함수로서 단위길이당 걸리는 시간(τ/L)을 나타낸다. 그림 3.7(a)는 비분산 매질에 대한 곡선으로, 진행시간이 파장에 관계가 없다. 그림 3.7(b)는 진행시간이 파장 의존적이고 분산성 매

그림 3.7
단위길이당 진행시간 (a) 비분산 매질 (b) 분산 매질

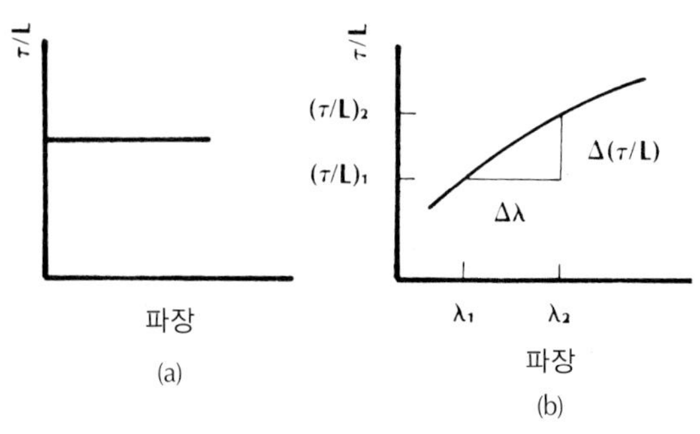

질에 해당한다. 가장 짧은 파장을 λ_1, 그리고 가장 긴 파장을 λ_2라 할 때, 이 펄스의 퍼짐을 결정한다. 이때, 두 파장은 광원이 방출하는 파장 영역의 양 끝에 있다고 볼 수 있다. 다시 말하면, $\lambda_2 - \lambda_1 = \Delta\lambda$로서 $\Delta\lambda$가 광원의 스펙트럼 폭이다. λ_1과 λ_2 사이의 모든 파장은 이들 두 파장 중 빠른 것보다는 나중에, 늦은 것보다는 일찍 도착할 것이다. 단위길이당 진행시간은 직접적으로는 중요하지 않다. 중요한 양은 두 개의 양 끝 파장에 대한 단위길이당 진행시간차이다. 이 양을 $\Delta(\tau/L)$로 표시하면,

$$\Delta(\tau/L) = (\tau/L)_2 - (\tau/L)_1 \tag{3.10}$$

이다. 여기서 $(\tau/L)_1$과 $(\tau/L)_2$는 각각 λ_1과 λ_2에 해당하는 값이다. $\Delta(\tau/L)$은 **단위길이당 펄스 퍼짐**, 혹은 종종 간단히 **펄스 퍼짐**이라고 한다. $\Delta\tau = \tau_2 - \tau_1$은 실제 펄스 퍼짐이며, 당연히 $\Delta\tau = L\Delta(\tau/L)$이다.

실제 상황에서, 펄스는 시작과 끝이 엄격하게 정의되지는 못한다. 펄스는 그림 3.4와 같이 점차적으로 피크점에 도달하며, 또한 유사하게 줄어든다. 펄스의 지속시간은 시작점과 끝점을 정의하는 데 사용된다. 보통 펄스에서 최대값을 기준으로 원하는 수준에 도달하는 시간을 정하는 데에 따라 여러 가지의 정의가 사용된다.

이 책에서는 다음과 같은 정의를 사용할 것이다. 펄스 지속시간은 광 전력이 증가하여 최대값의 반이 된 후 다시 최대값의 반으로 떨어지는 시간 간격으로 한다. 이 정의는 **전반치폭**(full-duration half-maximum: FDHM)의 펄스 지속시간을 나타내며, 그림 3.4의 펄스에 나타나 있다.

그림 3.7(b)에서 보는 바와 같이, $(\tau/L)'$로 정의되는 τ/L 곡선의 기울기는

$$(\tau/L)' = \frac{\Delta(\tau/L)}{\Delta\lambda} \tag{3.11}$$

또는

$$\Delta(\tau/L) = (\tau/L)'\Delta\lambda \tag{3.12}$$

이다. 이 식을 해석하면 다음과 같은 식을 얻을 수 있다.

$$(\tau/L)' = -\frac{\lambda}{c}\frac{d^2n}{d\lambda^2} = -\frac{\lambda}{c}n'' \tag{3.13}$$

n''를 그린 그림 3.6(c)로부터 이 식을 구체화시켜 보자. 바로 앞에 있는 두 개의 방정식을 결합하면 $\Delta(\tau/L) = -\lambda n''\Delta\lambda/c$가 되는데, 펄스 퍼짐이 굴절률에 어떻게 의존하는지 보여준다. **재료 분산**은 $M = \lambda n''/c$로 정의하는 것이 편리하다. 그러면 단위길이당 펄스 퍼짐은 다음과 같이 쓸 수 있다.

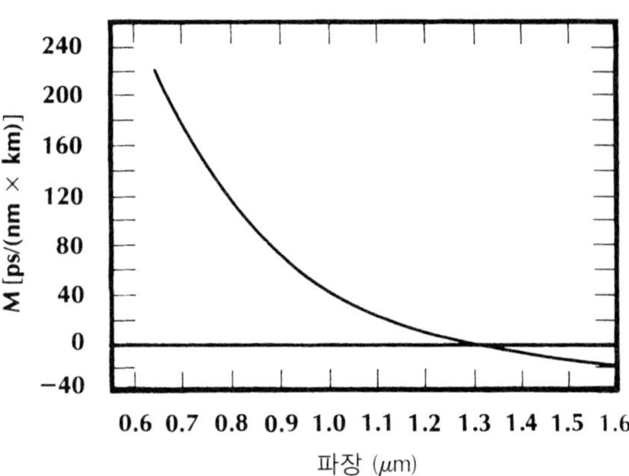

그림 3.8
순수 실리카의 재료 분산. [From S. H. Wemple, "Material Dispersion in Optical Fibers," *Applied Optics*, 18, no.1(Jan. 1979), p.33, and Corning Glass Works Product Bulletin 1519(September 1985). Adapted with permission.]

$$\Delta(\tau/L) = -\frac{\lambda}{c}n''\Delta\lambda = -M\Delta\lambda \qquad (3.14)$$

그림 3.8에 순수 실리카에 대한 재료 분산을 자유공간 파장의 함수로서 그렸다. M의 그림은 M이 n''에 비례하므로 그림 3.6(c)와 매우 유사하다. M의 단위는 ps/(nm × km)이다. 이것은 광원 스펙트럼 폭의 매 나노미터(nm)당, 경로길이의 매 km당 펄스 퍼짐의 피코초(psec)로 읽는다. 식 (3.14)에 있는 부의 부호에 대해 역시 해석한다. $\Delta\lambda$는 항상 정이므로, M이 정일 때 위 식은 펄스 퍼짐이 부가되는 것을 의미한다. 이것은 $(\tau/L)_1 > (\tau/L)_2$임을 나타내며, 즉 짧은 파장 λ_1이 진행하는 시간이 긴 파장 λ_2가 진행하는 시간보다 길다. 긴 파장이 더 빨리 진행한다. 그림 3.8에 의하면, 이 경우는 파장이 1.3 μm 이하이고 M이 정인 순수 실리카의 경우이다. M이 부이면, 펄스 퍼짐은 정이고 짧은 파장이 긴 파장보다 더 빨리 진행한다(진행시간이 적다). 이 경우는 파장이 1.3 μm 이상에서 순수 실리카의 경우이다. 어떤 계산에서는 단지 펄스 퍼짐의 크기만이 중요할 때가 있다. 이런 경우에서는, 식 (3.14)의 부호는 무시할 수 있다. 그러나, 후에 재료 분산과 도파로 분산을 합할 경우에는 펄스 퍼짐의 부호를 고려해야만 한다.

1.3 μm에서 순수 실리카의 재료 분산은 0이다. 재료 분산으로 인한 펄스 퍼짐은 이 파장에서는 나타나지 않는다. 파이버광학에 사용하는 실리카를 기본으로 하는 유리는 1.3 μm 근처에서 재료 분산값이 0이다. 도핑(doping)(다른 성분을 실리카에 첨가하는)으로 무분산 파장을 0.1 μm 정도 변경할 수 있다.

예제 3.1

0.82 μm에서 동작하고 20 nm의 스펙트럼 폭을 갖는 LED를 사용한 경우, 순수 실리카의 펄스 퍼짐을 구하라. 경로길이는 10 km이다. 또한, $\lambda = 0.5$ μm이고 $\Delta\lambda = 50$ nm인 경

우에도 펄스 퍼짐을 구하라.

풀이: 그림 3.8은 0.82 μm에서 $M = 110$ ps/(nm × km)임을 보인다. 식 (3.14)로부터,

$$\begin{aligned}\Delta(\tau/L) &= 110(20) \\ &= 2200\ \text{ps/km} = 2.2\ \text{ns/km}\end{aligned}$$

이다. 따라서 10 km 지점에서 퍼짐은 22 ns이다. 파장이 1.5 μm로 바뀌면 재료 분산은 $M = 15$ ps/(nm × km)이므로, 식 (3.14)로부터 $\Delta(\tau/L) = 750$ ps/km이다. 따라서 10 km 진행한 후, 퍼짐은 7.5 ns이다. 광원의 대역폭이 증가하더라도 장파장에서 퍼짐은 상당히 줄어들었다.

예제 3.2

광원이 스펙트럼 폭이 1 nm인 레이저 다이오드일 때, 예제 3.1을 반복하라.

풀이: 식 (3.14)에 의해 주어진 값에 대한 광원 스펙트럼 폭 감소는 같은 비율로 펄스 퍼짐을 감소시킨다. 10 km에서 펄스 퍼짐은 0.82 μm에서 22/20 = 1.1 ns, 1.5 μm에서 7.5/50 = 0.15 ns이다. 따라서 코히런트한 광원일수록 상당히 재료 분산을 줄일 수 있다.

실제로, 시스템이 무분산 파장 근처에서 동작하더라도 재료로 인한 펄스 퍼짐을 완전히 무시하는 것은 정확하지 않다. 그 이유는 광원이 무분산 파장의 광을 정확히 방출할 수 없고, 방출 파장은 온도와 구동 전류에 따라 변하므로 무분산 파장으로부터 이탈하고, 실제 광원은 단일 파장을 방출하지 않고 어느 영역 내의 파장을 방출하기 때문이다. 이러한 이유 때문에, 최대 허용 분산 펄스 퍼짐(영이 아닌)인 보통 1300 nm 근처에서 시스템을 설계한다. 예를 들면, 3 ps/km 퍼짐 최대치는 선폭이 2 nm 이하인 레이저 다이오드를 사용하면 얻을 수 있다. 분산 곡선은 1200과 1600 nm 사이에서 거의 직선이다. 이 범위 내에서 실리카 파이버의 유용한 근사적 해석은 다음 식과 같다[2].

$$M = \frac{M_0}{4}\left(\lambda - \frac{\lambda_0^4}{\lambda^3}\right)$$

여기서 기울기 M_0는 근사적으로 -0.095 ps(nm^2 × km)이고, λ_0는 영 분산 파장이며 모든 파장의 단위는 nm이다. 분산 곡선의 기울기가 부이므로 식에 (−) 부호가 붙어 있다. 어떤 책에서는 이 절 이후에 사용되는 관습적인 부호 사용과는 반대로 표시하며, 그 경우에는 분산 곡선이 정의 기울기를 가지게 되고 식 (3.14)의 (−) 부호는 삭제한다.

예제 3.3

무분산 파장이 1.3 μm라면, 1.55 μm에서 재료 분산을 계산하라.

풀이: 파장의 단위를 nm로 하여 앞의 식을 사용하는 것이 가장 쉽다. 그렇게 하지 않으려면 경사계수 M_0를 적합한 단위로 바꿔야 한다. 따라서,

$$M = \frac{-0.095}{4}\left(1550 - \frac{1300^4}{1550^3}\right)$$
$$= -18.6 \text{ ps/(nm} \times \text{km)}$$

이다. 이 값은 그림 3.8로부터 직접 얻은 값과 매우 일치한다.

예제 3.4

광원이 1320 nm를 방출하고 스펙트럼 폭이 2 nm일 때, 펄스 퍼짐을 계산하라. 무분산 파장은 1300 nm이다.

풀이: 분산 크기가 1.86 ps/(nm × km)이므로 식 (3.14)에서 $\Delta(\tau/L) = 2 \times 1.86 = 3.72$ ps/km로 되고, 따라서 10 km 길이에 대한 재료 분산 퍼짐은 37.2 ps = 0.0372 nm로 최소 분산으로부터 멀리 떨어진 파장에서 전파하는 경우 예제 3.1과 3.2에서 계산된 값보다 훨씬 작다.

3.2.2 솔리톤

펄스 퍼짐은 이 절의 뒷부분에서 설명하게 될 광통신 링크에서의 대역폭과 데이터 용량을 감소시킨다. 이 때문에 펄스 퍼짐을 줄이기 위한 많은 기술들이 개발되어 왔다. 이미 알려진 몇 가지 방법으로는 (1) 무분산 파장에서 동작시키고 (2) 매우 코히런트한(스펙트럼 폭이 좁은) 광원을 선택하는 것이다. 이 해결책이(보통 이 두 가지를 함께 사용한다) 1980년대 중반 이후 일반화되었다. 현재의 개선책으로는 파이버의 영 분산점을 낮은 파이버 감쇠 파장으로 이동시키고 더욱 좋은 코히런트 레이저를 사용하는 것이다.

펄스 퍼짐을 줄일 수 있을 것으로 기대되는 또 다른 기술은 **솔리톤**(solitons)의 발생이다 [3]. 솔리톤은 펄스 형태와 퍼짐의 변함 없이 광파이버를 통해 진행하는 펄스이다. 어떻게 이것이 일어날 수 있을까? 실제적인 실행 절차는 상당히 복잡하지만 솔리톤 전파에 대한 관찰은 쉽게 할 수 있다. 펄스 퍼짐은 광원이 내는 파장들이 분산으로 인해 다른 파장들보다 빨리 진행하기 때문이다. 속도차가 없어지도록 파이버가 가진 성질을 역으로 하면 펄스

퍼짐을 상쇄시킬 수 있음이 알려졌고, 이것은 빔의 세기에 따라 굴절률이 변하는 파이버의 비선형성 때문이다. 펄스 속도는 굴절률에 의존하므로, 빔의 세기는 파이버를 따라 전파하는 여러 파장들의 속도에 영향을 미친다는 것은 분명하다. 이러한 현상들이 상당히 영향력을 가지기 위해서는 많은 양의 광 전력을 필요로 하기 때문에, 보통은 아주 작아서 잘 관찰되지 않는다.

솔리톤을 만들려면 초기 펄스는 특유의 피크 에너지와 펄스 형태를 가져야만 한다. 특히, 펄스 에너지와 펄스폭의 곱은 일정한 값이어야 한다. 이 일정값은 분산의 크기와 비선형성에 달려 있다. 아주 작은 전력으로는 비선형성이 너무 약해서 분산을 보상하는 데 효과적이지 못하다. 광 전력이 너무 크면, 실제로 펄스는 불완전한(거리 의존성) 보상으로 인하여 진행함에 따라 폭이 계속 변한다. 더구나 유리 파이버에서 비선형 보상은 무분산 파장보다 긴 파장에서만 만들어진다. 즉, 비선형성은 짧은 파장일수록 펄스가 더욱 넓어지도록 분산과 함께 작용하고 긴 파장에서만 보상한다. 실리카 광파이버에서 솔리톤 펄스는 단지 1300에서 1600 nm 범위에서 동작할 때만 기대할 수 있다.

비록 솔리톤은 전파하는 동안 펄스폭을 유지하지만, 다른 파동과 똑같이 감쇠한다. 장거리 시스템에서 펄스 에너지가 솔리톤을 유지하기 위해 필요로 하는 에너지 이하로 떨어지지 않도록 주기적으로 광속을 증폭시켜 주는 것이 필수적이다. 증폭과정을 위한 여러 가지 광 증폭기(6.7절에서 설명한다)가 있다.

솔리톤 폭은 수 피코초로 실현할 수 있다. 이에 해당하는 최대 데이터 전송률(솔리톤 폭의 역수)은 10 Gbps 이상이다. 수십 km 간격마다 광 증폭기를 사용하여 수천 km를 커버하는 매 초당 수 기가비트 시스템은 솔리톤 펄스로 설계할 수 있다. 이러한 시스템의 데이터율과 파이버 경로길이의 곱은 종래의 파이버 기술로 달성할 수 있는 것보다 훨씬 크다.

3.2.3 정보율

펄스 퍼짐은 이후에 설명되는 방법으로 전송시스템의 정보 용량을 제한한다. 수치계산을 위해, 재료 분산에 의해 생기는 퍼짐을 이용할 것이다. 이때 나타나는 식을 찌그러짐의 원인에 관계 없이 적용시켜 아날로그와 디지털 링크 둘 모두에 관한 정보 용량의 한계를 검토하려고 한다. 길고 복잡한 유도과정 없이 정확한 결과를 얻을 수는 없으나, 합리적인 제한은 근사적인 직관적 해석에 의해서도 구할 수 있다. 이렇게 얻어진 결과는 1차적인 설계에 이용될 수 있으며, 정보 전송 파이버 링크의 성능 이해를 심화시킬 수 있다.

먼저, (그림 3.5에 나타낸 것과 같이) 정현적으로 변조된 광 빔에 대해 고찰하자. 변조주파수는 f이고, 주기 $T = 1/f$이다. 광원이 λ_1과 λ_2 사이의 광 파장을 내고 있다고 가정한다. 가장 빠른 파장과 가장 늦은 파장 사이에 얼마만큼의 지연을 허용할 수 있을까? 그림 3.9는

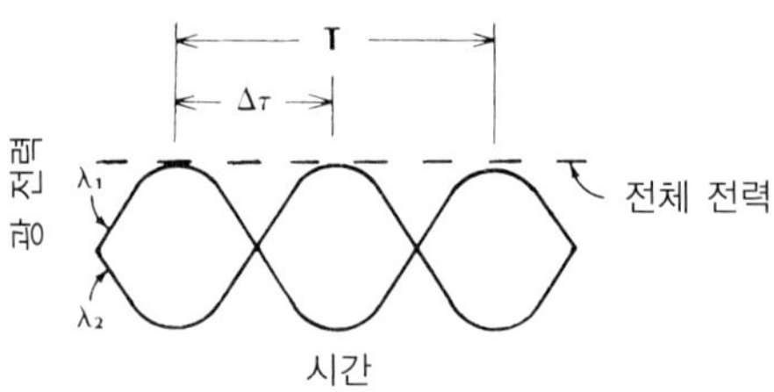

그림 3.9
두 반송파 파장이 변조주기의 반인 $\Delta\tau = T/2$만큼 지연을 가질 때, 변조의 상쇄

지연시간이 변조주기의 반일 때, λ_1과 λ_2에서의 수신 광 전력을 보여준다. 즉, 다음과 같다.

$$\Delta\tau = \frac{T}{2} \tag{3.15}$$

이 정도의 지연시간을 가지므로 두 파가 더해질 때, 변조는 완전히 상쇄된다. λ_1과 λ_2 사이의 파장에서 운반되는 변조 전력은 $T/2$보다 작게 지연되고, 부분적인 상쇄가 일어날 수 있으며, 수신기에서 작은 신호 변화를 일으킨다. 만일 식 (3.15)를 최대 허용 펄스 퍼짐으로 택하면(즉, $\Delta\tau \le T/2$로 되면), 그 때 변조주파수는 다음 식과 같이 제한된다.

$$f = \frac{1}{T} \le \frac{1}{2\Delta\tau}$$

이 표현에 의해 결정된 상위 주파수는 3 dB 대역폭(신호 전력이 반이 되는 변조주파수)으로 잘 근사된다. 더 해석적인 접근은 $f = 1/(2.27\Delta\tau) = 0.44/\Delta\tau$로 된다. 이 결과는 특별한 임펄스 응답 특성(가우시안)에 한하며, 실제 파이버의 동작에 근접한다. 초기 시스템 설계에서, 이들 유사 결과 중 어떤 것을 사용하든지 별 차이가 없다. 왜냐하면, 어느 경우든지 파이버 응답의 실제 출력과 가정한 출력 사이의 차이점을 고려하여 대역폭 마진에 포함시켜야 하기 때문이다. 3 dB 광 대역폭은 $f_{3\text{-}dB} = (2\Delta\tau)^{-1}$이고, 주파수-길이 제한은 다음 식과 같다.

$$f_{3\text{-}dB} \times L = \frac{1}{2\Delta(\tau/L)} \tag{3.16}$$

그림 3.10은 변조주파수의 함수로서 전송 매질의 감쇠를 나타낸다. 전체 손실(dB)은 $L_a + L_f$이고, 여기서 L_a는(주로 흡수와 산란으로 인한) 고정 손실이며 L_f는(펄스 퍼짐으로 인한) 변조주파수에 의존하는 손실이다. 가우시안 응답의 경우, 손실 L_f는 다음 식과 같이 모델링된다.

$$L_f = -10\log_{10}\left\{\exp\left[-0.693\left(\frac{f}{f_{3\text{-}dB}}\right)^2\right]\right\} \tag{3.17}$$

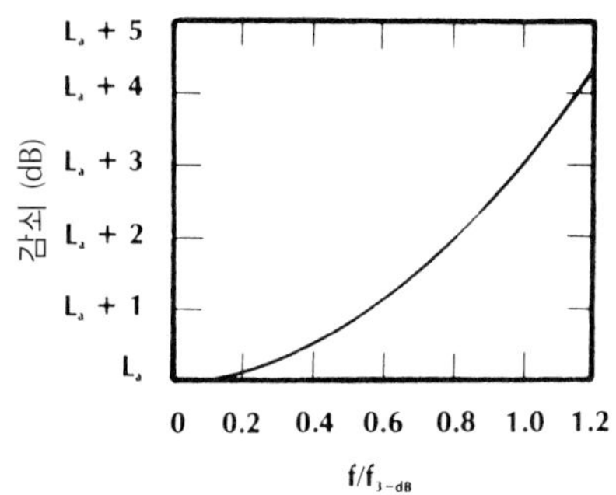

그림 3.10
변조주파수에 따른 손실 의존도. L_a는 고정 손실이다.

$f \ll f_{3\text{-}dB}$인 경우에는 L_f가 무시된다.

식 (3.17)로 계산하면, $0.71f_{3\text{-}dB}$인 주파수에서의 손실은 1.5 dB이다.

$$f_{1.5\text{-}dB} = 0.71 f_{3\text{-}dB}$$

1.5-dB 광 대역폭은 앞으로 12.1절에서 증명하겠지만, 수신기에서 전기적 전력이 반으로 줄어드는 주파수에 해당하기 때문에 중요하다. 따라서, 광 1.5-dB 대역폭은 전기 3-dB 대역폭과 같다. 식으로 표현하면, 다음과 같다.

$$\begin{aligned} f_{1.5\text{-}dB}(\text{광}) &= f_{3\text{-}dB}\,(\text{전기}) \\ &= 0.71 f_{3\text{-}dB}(\text{광}) \end{aligned} \tag{3.18}$$

$f_{3\text{-}dB}(\text{광}) = (2\Delta\tau)^{-1}$이므로, 다음 식과 같이 된다.

$$f_{3\text{-}dB}(\text{전기}) = \frac{0.35}{\Delta\tau}$$

그리고,

$$f_{3\text{-}dB}\,(\text{전기}) \times L = \frac{0.35}{\Delta(\tau/L)} \tag{3.19}$$

이다.

다음으로, 그림 3.11에 나타나 있는 RZ(return-to-zero) 디지털 신호에 대해 고찰하자. 각 비트는 시간 T에 배당되고 데이터 전송률은 $1/T$ b/s이다. 이 포맷에서 펄스는 시간 슬롯의 반을 차지한다. 펄스 지속시간은 $T/2$이다. 이러한 펄스의 주파수 스펙트럼이 그림에 표시되어 있다. RZ 신호는 신호 전력의 대부분이 이 주파수 이하에 존재하므로, $1/T$ Hz의 대역폭을 갖는 시스템에 의해 충분히 전송된다. 또는 RZ 신호를 정현파로 근사시켜도 같은 결론에 도달할 수 있다. 이 정현파가 통과하는 시스템은 신호 품질을 과도하게 악화시키지

그림 3.11
RZ 신호와 전력 스펙트럼. 점선은 근사적인 정현파이며, 빗금 친 영역은 필요한 전송 대역폭을 나타낸다.

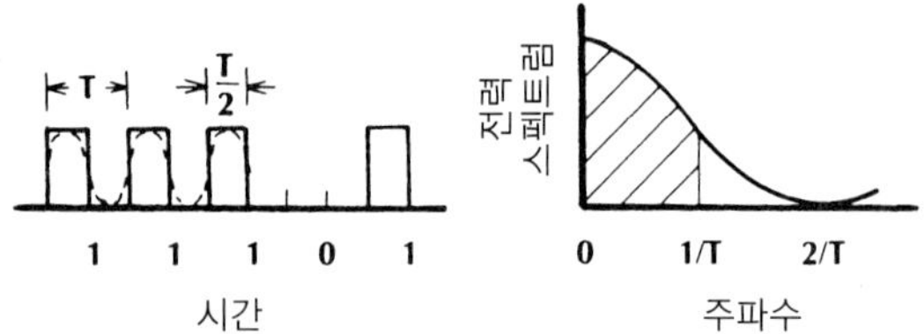

않고 실제 펄스를 통과시켜야 한다. 그림 3.11에 그려진 것처럼, 근사정현파는 주파수 $1/T$를 가지고 대역폭 요구조건을 만족한다.

에너지 보존을 위해, 시스템 대역폭에 전기 3-dB 주파수를 사용한다. 식 (3.19)를 적용하면,

$$R_{RZ} = \frac{1}{T} = f_{3\text{-}dB}\,(\text{전기}) = \frac{0.35}{\Delta\tau}$$

또는

$$R_{\mathrm{RZ}} \times L = \frac{0.35}{\Delta(\tau/L)} \tag{3.20}$$

이다.

이 마지막 결과도 역시 펄스 퍼짐을 펄스 지속시간의 70%로 가정하여 얻는다. RZ 펄스의 지속시간은 반복주기의 반이므로, 이 조건으로부터 $\Delta\tau = 0.7T/2 = 0.35T$가 되어 이전처럼 $R = 1/T = 0.35/\Delta\tau$이다. 인접한 펄스는 펄스 퍼짐이 슬롯시간의 35% 이하로 되어 잘 분리할 수 있다. 이것이 이루어지지 않을 때, 펄스의 일부분이 옆에 있는 슬롯시간으로 퍼져서 부호 간 간섭(intersymbol interference: ISI)을 일으키고 검출 오차 확률을 증가시킨다.

끝으로, 그림 3.12에 나타나 있는 NRZ(non-return-to-zero) 디지털 신호에 대해 고찰하자. 각 비트에 할당된 시간은 T이고 데이터 전송률은 $1/T$이다. 이 신호의 스펙트럼은 그림 3.12에 그려져 있다. 필요한 전송 대역폭은 $1/2T$로서 RZ 시스템의 반이다. 이것은 NRZ 펄스가 RZ 펄스에 비해 2배 길고, 펄스의 대역폭은 펄스 지속시간에 반비례하기 때문이다. NRZ

그림 3.12
NRZ와 전력 스펙트럼. 점선은 근사적인 정현파이며, 빗금 친 영역은 필요한 전송 대역폭을 나타낸다.

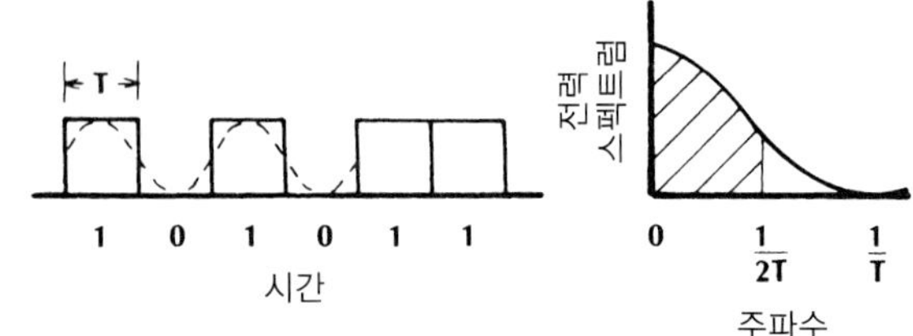

신호를 근사화한 정현파가 1과 0으로 번갈아 가면서 그림에 그려져 있다. 이 상황은 가장 빠른 변화로서, 결과적으로 가장 빠른 주파수를 만든다. 근사정현파는 주기 $2T$와 주파수 $1/2T$를 가지고, 이는 대역폭 요구조건을 입증한다. 최대 허용 데이터 전송률은 $R = 1/T = 2f$이며, 여기서 f는 시스템 대역폭이다. 식 (3.19)의 3-dB 전기 대역폭을 사용하면,

$$R_{\mathrm{NRZ}} = 2f_{3\text{-}dB}\,(\text{전기}) = \frac{0.7}{\Delta\tau}$$

또는

$$R_{\mathrm{NRZ}} \times L = \frac{0.7}{\Delta(\tau/L)} \tag{3.21}$$

이 얻어진다. NRZ 펄스열의 경우, 허용가능한 펄스 퍼짐은 펄스 지속시간 T의 70%이다.

예제 3.5

예제 3.1과 3.2의 조건하에서 데이터 전송률-길이와 주파수-길이 곱을 계산하라.

풀이: 앞의 두 예제에서의 펄스 퍼짐이 표 3.2에 요약되어 있다. 이들 데이터는 표에 있는 열의 뒷부분 결과를 만들기 위해 식 (3.16), (3.19), (3.20) 그리고 (3.21)을 사용했다.

표 3.2 정보 전송 용량의 예[a]

				광		전기	
			$\Delta(\tau/L)$	$f_{3\text{-dB}} \times L$	$R_{\mathrm{NRZ}} \times L$	$f_{3\text{-dB}} \times L$	$R_{\mathrm{RZ}} \times L$
광원	$\lambda(\mu m)$	$\Delta\lambda(nm)$	(ns/km)	(GHz × km)	(Gb/s × km)	(GHz × km)	(Gb/s × km)
LED	0.82	20	2.2	0.23	0.32	0.16	0.16
LED	1.5	50	0.75	0.67	0.94	0.47	0.47
LED	1.3	50	0.15	3.33	4.67	2.33	2.33
LD	0.82	1	0.11	4.55	6.4	3.2	3.2
LD	1.5	1	0.015	33.33	46.7	23.3	23.3

[a] 실리카에서 재료 분산으로 제한하였다.

■ **예제 3.6** ■

표 3.2에 열거된 광원의 경우, 10 km 링크에 대해 제한되는 주파수와 데이터는 얼마인가?

풀이: 표에 있는 주파수-길이와 데이터 전송률-길이 곱을 10으로 간단히 나눈다. 0.82 μm의 LED인 경우,

$$\begin{aligned} f_{3\text{-}dB} &= 23\ \text{MHz} \\ R_{\text{NRZ}} &= 32\ \text{Mbps} \\ f_{3\text{-}dB}\ (\text{전기}) &= 16\ \text{MHz} \\ R_{\text{RZ}} &= 16\ \text{Mbps} \end{aligned}$$

1.5 μm의 LED인 경우,

$$\begin{aligned} f_{3\text{-}dB} &= 67\ \text{MHz} \\ R_{\text{NRZ}} &= 94\ \text{Mbps} \\ f_{3\text{-}dB}\ (\text{전기}) &= 47\ \text{MHz} \\ R_{\text{RZ}} &= 47\ \text{Mbps} \end{aligned}$$

0.82 μm의 LD인 경우,

$$\begin{aligned} f_{3\text{-}dB} &= 455\ \text{MHz} \\ R_{\text{NRZ}} &= 637\ \text{Mbps} \\ f_{3\text{-}dB}\ (\text{전기}) &= 320\ \text{MHz} \\ R_{\text{RZ}} &= 320\ \text{Mbps} \end{aligned}$$

1.5 μm의 LD인 경우,

$$\begin{aligned} f_{3\text{-}dB} &= 3.3\ \text{GHz} \\ R_{\text{NRZ}} &= 4.7\ \text{Gbps} \\ f_{3\text{-}dB}\ (\text{전기}) &= 2.33\ \text{GHz} \\ R_{\text{RZ}} &= 2.33\ \text{Gbps} \end{aligned}$$

이다.

표 3.2(1.3 μm LED 시스템에 대한 데이터를 포함)에 열거된 결과는 장파장 동작의 장점과 높은 전송률-거리 응용에 대한 LED보다 더 코히런트한 LD의 우수성을 분명하게 보여주고

있다. 장파장 영역에서 레이저 다이오드를 사용하는 시스템은 0.8 ~ 0.9 μm 사이의 단파장 범위 LED 시스템보다 더 복잡하고 가격도 비싸므로 고성능을 필요로 하는 경우에만 사용한다. 표에 나와 있는 데이터 전송률은 상당히 높다. 이 값들은 5.6절에서 논의하게 되겠지만 어떤 시스템에서는 모드 찌그러짐으로 인한 부가적인 펄스 퍼짐 때문에 낮아진다.

식 (3.16), (3.19), (3.20) 그리고 (3.21)에 있는 정보의 제한은 펄스 퍼짐의 원인이 재료 분산이든 또는 다른 원인이든 간에 관계 없이 이용할 수 있다. 이 결과들은 구하는 데 사용된 가정 때문에 근사값이다. 그러나 이러한 근사값은 초기 시스템 설계에는 충분히 잘 들어맞으며, 또한 펄스 퍼짐과 디지털 허용 데이터율과 아날로그 변조주파수와의 관계를 보여주므로 중요하다.

3.3 편광

광 빔의 전계는 그와 관계가 있는 여러 방향을 가진다. 이들 중 하나인 진행 방향은 진행파의 위상변이, 파장, 속도, 그리고 감쇠 등에 관해 이미 논의하였다. 또 다른 방향은 전계자신의 벡터 자체의 방향이다. 그림 3.13은 전계벡터 E와 간단한 평면파의 진행 방향 사이의 관계를 나타낸다. 파는 z방향으로 진행하고 전계벡터는 x방향을 가리킨다. 이렇게 항상 한 방향만으로 향하는 전계는 **선형적으로 편광**(linearly polarized)되었다고 한다. 왜냐하면, 그것은 항상 동일한 단일 선을 따라 지시하기 때문이다.

경계가 없는 매질에서는 평면파가 진행하는 방향에 대해 전계는 항상 수직이다. 그러므로, z방향으로 진행하는 동안 그림 3.13의 전계는 y축 방향에 있을 수 있다. 편광의 실제 방향은 광원의 편광과 빔이 통과하는 편광 감응 소자에 의해 결정된다. 또한, 두 개의 파가 하나는 x방향으로 편광되고 다른 하나는 y방향으로 편광되어 동시에 z방향으로 진행하는 것이 가능하다. 이때 두 파의 편광이 서로 직교하므로 두 파는 서로 독립적이다. **모드**(mode)라는 용어는 주어진 방향으로 파가 진행하는 여러 개의 다른 방법을 말한다. 지금 설명한

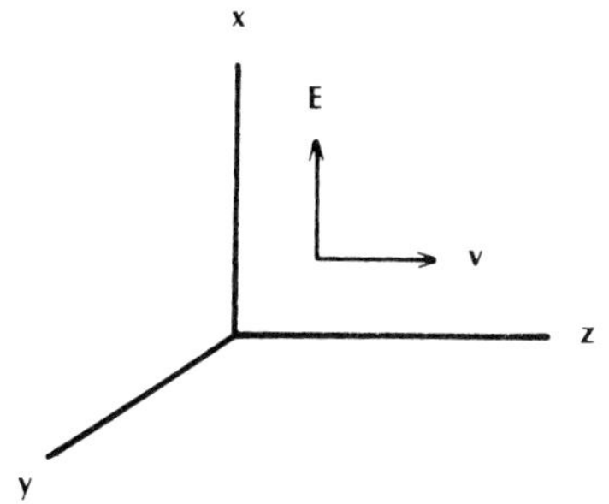

그림 3.13
z방향으로 진행하며 x방향으로 편광된 전계를 가지는 파

서로 독립적인 두 개의 파는 무한 매질에서의 두 평면파 모드이다. 또한, x축이나 y축에 대해 어떠한 각을 이루며, xy 평면상에 편광을 가지는 여러 모드가 존재할 수 있다. 어떤 전계벡터도 x와 y 성분으로 분해가 가능하므로, 이러한 전계는 이미 설명한 두 모드의 간단한 결합 형태로 볼 수 있다.

전계벡터의 방향이 랜덤하게 변하면, 이런 파는 **무편광**(unpolarized) 파이다. 대부분의 광파이버에서 전자파들은 편광되지 않았다.

광파이버와 같은 도파 구조에서는 많은 모드가 존재할 수 있다. 편광은 도파로 안의 여러 모드들 간의 차이점 중 하나이다. 모드는 4장과 5장에서 논의할 것이다. 이것은 광통신 시스템의 설계와 용량을 결정하는 데 매우 중요한 역할을 한다.

3.4 공진기

라디오주파수 발진기는 증폭기, 동조회로, 궤환 메커니즘으로 구성된다. 궤환은 증폭기 출력을 그의 입력에 연결하여 신호가 증폭기를 주기적으로 통과할 때 신호를 키워 주는 역할을 한다. 동조된 후에는 즉시 시스템 손실(발진기의 유용한 출력에다 열로 인한 손실과 같은 여러 가지 손실을 더한 출력 전력)을 증폭기를 통한 이득으로 만회되어 정상 상태에 도달하게 되며, 이후 발진기는 일정한 출력 전력을 계속 유지한다. 동조회로는 발진주파수를 결정한다.

레이저는 매우 높은 주파수 발진기이므로 **광 발진기**(optic oscillator)로 취급해도 틀린 것은 아니다. 레이저의 요소들은 저주파 발진기에서와 유사한 기능을 갖는다. 그림 3.14에 있는 레이저는 원통형의 매질과 매질의 양 끝에 부착된 거울로 구성되어 있다. 매질은 증폭을 제공한다. 광은 6장에서 설명할 메커니즘으로 매질에서 증폭된다. 매질의 특성은 또한 출력 주파수와 레이저의 스펙트럼을 결정한다.

이 절에서는 거울의 역할에 관심을 갖는다. 거울은 광이 증폭 매질을 통해 계속 증폭되도록 광을 왕복 반사시키는 광 공진기의 궤환 역할을 한다. 출력 전력은 보통 거울의 한쪽을 통해서 나오도록 부분적으로 투과하게 만든다. 어떤 레이저에서는 양쪽이 모두 출력을

그림 3.14
증폭 매질과 두 끝단 거울로 구성된 레이저

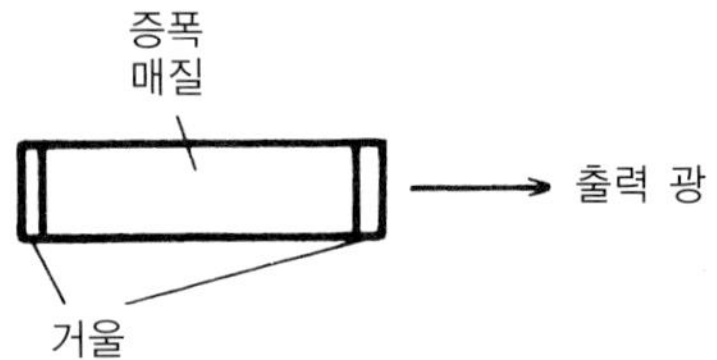

내게 하는 경우도 있다. 이러한 구성은 파이버시스템의 레이저 다이오드로 가치가 있다. 이러한 설계는 한쪽 방출단에서 나온 광은 파이버에 입사하고, 다른 한 끝의 광은 광원의 상태를 점검하기 위해 측정된다. 광원 출력의 변동을 신속히 발견하고 구동회로를 자동 교정시켜 필요할 출력 수준으로 레이저를 회복시킬 수 있다.

그림 3.14에서 두 개의 거울은 공동(cavity, Fabry-Perot 공진기라고 하는)을 형성하며, 그 안에 두 개의 파동이 존재하여 하나는 오른쪽, 나머지는 왼쪽으로 이동한다. 그림 3.15에 길이가 L인 공동 안에 있는 이들 전자파가 시간대별로 그려져 있다. 맨 위의 그림은 파가 오른쪽으로 이동하는 것을, 중간 것은 왼쪽으로 이동하는 것을 나타내고 있다. 공동 안의 전체 전계는 지정한 시간에 두 개의 움직이는 파형의 합으로 맨 아래 그림에 있다. 이들 그림으로부터 전자파가 서로간에 어떻게 간섭할 수 있는지를 알 수 있다. 파가 서로 동일 위상일 때, 그들은 **보강적으로**(constructively) 더해진다. 이것은 그림에서 시간이 t_1과 t_3일 때의 조건이다. 전체 전계는 둘 중 어느 성분보다 커진다. 파가 180° 위상차가 있을 때, 시간 t_2에서 그들은 **상쇄적으로**(destructively) 간섭한다. 같은 진폭을 가진 파는 상쇄적으로 간섭되어 전체 전계는 영이 된다. 이것은 광의 파동 형태를 나타내는 한 예이다. 만약 모든 시간에 대해 전체 전자파를 같은 그림에 그리면, 피크와 영이 반복된다. 이 결과가 그림 3.16의 **정재파 패턴**(standing-wave pattern)이다. 어떤 점에서, 전계는 항상 영이다. 그 외의 점에서 전계는 그림에 그려진 포락선 내에서 공진한다. 이 포락선 자체는 정적이며, 양쪽 끝을 고정한 줄을 튕길 때 일어나는 현상과 같다. 이 진동은 줄을 따라 피크와 영 등을 가지는 정재파 패턴을 형성한다.

정적인 정재파 패턴이 만들어지려면, 공동의 길이는 반파장의 정수배가 되어야 한다. 즉,

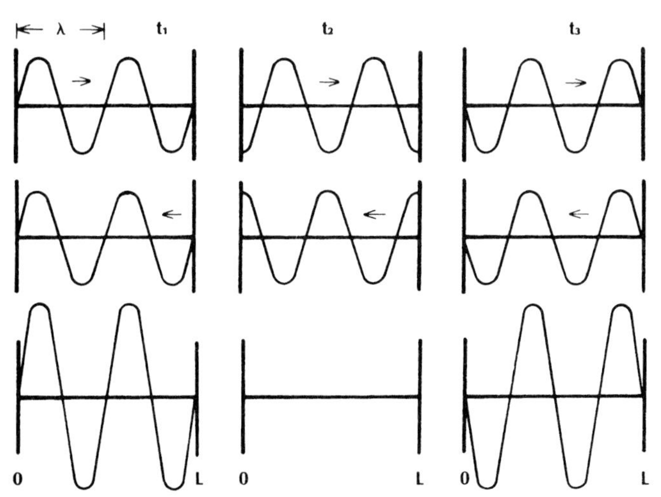

그림 3.15
여러 시간: $t_3 > t_2 > t_1$에서 길이가 L인 공동 내의 광파. 위 그림은 오른쪽으로 진행하는 파; 중간 그림은 왼쪽으로 진행하는 파; 아래 그림은 파동의 합인 합성파

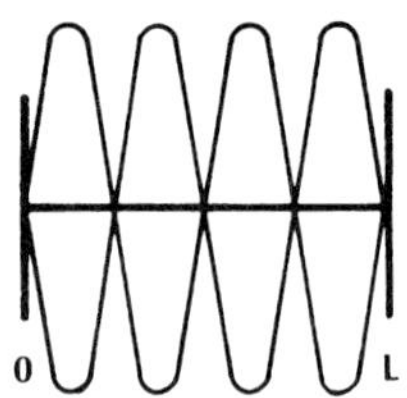

그림 3.16
공동 내의 정재파 패턴

$$L = \frac{m\lambda}{2} \tag{3.22}$$

이며, 여기서 λ는 공동 내의 매질에서 측정되는 파장이고 m은 양의 정수이다. 그림 3.15는 파장의 2배 길이를 갖는 공동 안에서 2주기의 파형을 그린 것이다. $L = 2\lambda$이기 때문에, 그때 식 (3.22)에서 $m = 4$이다. 정상 상태에서는 식 (3.22)를 만족하는 파장만이 공동 내에 존재할 수 있다. 이와 다른 파장을 가지고 공동 내로 진입한 파는 거울 사이를 왕복하면서 서로 상쇄적으로 간섭하여 매우 빠르게 감쇠한다. 식 (3.22)를 만족하는 파장에서 공동은 **공진**한다. 이들 파장은 다음과 같다.

$$\lambda = \frac{2L}{m} \tag{3.23}$$

식 (3.22)는 패턴이 반복되려면 공동을 왕복 진행한 파의 위상변이가 2π rad의 정수배로 되어야 한다는 근거에 의해 전개될 수 있다. 3.1절에서부터 위상변이는 kz이고 $k = 2\pi/\lambda$이며 z는 경로길이다. 완전히 한 왕복진행을 한 경우 공진조건은 식 (3.22)로부터 직접 유도하면 $k2L = m2\pi$가 된다.

식 (3.23)에 의하면, 공동은 수많은 파장 또는 주파수에서 공진한다. 공진주파수는 $v = c/n$의 관계식과 함께 식 (3.23)과 식 (1.3)을 결합하면 얻어진다. 그 결과는

$$f = \frac{mc}{2nL} \tag{3.24}$$

이며, 여기서 n은 공동 내에 있는 매질의 굴절률이다. 그림 3.17에 나타나 있는 여러 공진주파수는 공동의 **종모드**(longitudinal mode)들이다. 인접한 공동 종모드들 간의 간격은

그림 3.17
공동 공진주파수들

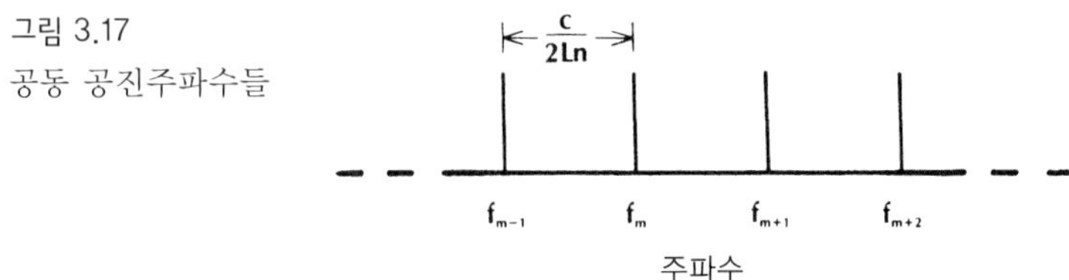

$$\Delta f_c = \frac{c}{2Ln} \tag{3.25}$$

이다. 이에 해당하는 자유공간 파장 퍼짐 $\Delta\lambda_c$가 필요할 것이다. 이는 $\Delta f_c/f = \Delta\lambda_c/\lambda_0$ 관계식을 이용하여 구해지며, 여기서 λ_0는 자유공간에서의 평균 파장이고 f는 평균 주파수이다. $f = c/\lambda_0$이므로, 다음 식이 얻어진다.

$$\Delta\lambda_c = \frac{\lambda_0^2}{c}\Delta f_c \tag{3.26}$$

예제 3.7

알루미늄 갈륨 아세나이드(AlGaAs)로 채워진, 길이가 0.3 mm인 공동의 종모드 간 주파수 퍼짐과 파장 퍼짐을 계산하라. 이 구조는 중심(평균)파장이 0.82 μm이고, 굴절률이 3.6인 AlGaAs 레이저 다이오드의 대표적인 구조이다.

풀이: 식 (3.25)로부터, 모드 간격은

$$\Delta f_c = \frac{3 \times 10^8}{2(0.3 \times 10^{-3})(3.6)} = 139 \times 10^9 \text{ Hz}$$

이고, 파장 퍼짐은 식 (3.26)으로부터

$$\Delta\lambda_c = \frac{(0.82 \times 10^{-6})^2(139 \times 10^9)}{3 \times 10^8} = 3.11 \times 10^{-10} \text{ m}$$

또는 $\Delta\lambda_c = 0.311$ nm이다.

레이저 다이오드는 1에서 5 nm의 스펙트럼 폭을 가진다고 설명한 바 있다. 예제 3.5에서는 $\Delta\lambda = 2$ nm라고 가정한다. 그림 3.18에 나타나 있는 바와 같이 AlGaAs 매질은 819에서 821 nm 사이의 레이저 발진을 위해 충분히 증폭한다는 것을 의미한다. 공동은 이 범위 내의 공진파만을 허용한다. 공진은 0.311 nm 간격이므로, 출력에 $\Delta\lambda/\lambda_c = 2/0.311 \simeq 6$개의 다른 파장들이 존재하게 될 것이다. 이 6개의 종모드들이 그림 3.18에 나타나 있다. 거울에서 완전반사가 일어난다면, 각 모드들은 0 폭을 가질 수 있다. 실제적으로 이런 경우는 존재하지 않으므로, 그림 3.18에서 모드들은 약간 퍼져서 그려져 있다. 재료 분산에 의한 펄스 찌그러짐

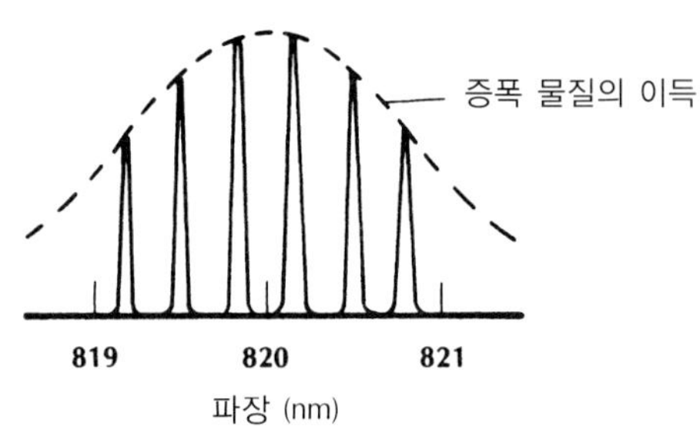

그림 3.18
6개의 종모드와 약 2 nm의 전체 스펙트럼을 나타낸 레이저 다이오드의 광 출력(실선).

은 주로 광원에서 방출되는 가장 높은 파장과 가장 낮은 파장 사이의 퍼짐에 의존하므로, 종모드들 간의 정확한 전력 분포는 중요하지 않다. 그러나 공진기가 오직 하나의 종모드를 갖도록 설계한다면, 광원의 출력 대역폭은 상당한 감소가 일어나고 감소된 펄스 퍼짐을 얻게 된다. 그러한 단일 **종모드**(single-longitudinal-mode) 레이저를 만들기 위한 방법들이 존재하지만 구조가 더욱 복잡해져 다중모드 레이저 다이오드보다 가격이 비싸다.

3.5 평면 경계면에서의 반사

두 유전체 간의 경계면에서 반사되는 광량에 관한 문제는 광학의 연구와 실제 이용에 중요한 부분이다. 이 문제는 파이버시스템의 설계와 해석에 특히 중요하다. 이러한 상황에서 발생하는 표면 반사가 그림 3.19에 그려져 있으며, 다음을 포함한다.

1. 광이 광원에서 파이버로 결합되는 공기와 유리 사이의 경계
2. 파이버 코어와 이를 둘러싼 층의 경계
3. 연결된 두 파이버 사이의 공기층으로 인한 공기와 유리 사이의 두 경계

입력단과 커넥터 갭에서 반사되는 광은 반사가 전송되는 전력을 감소시키므로 작아야만 한다. 전체적인 시스템 전력을 계산할 때, 이들 손실을 포함시켜야 한다. 반면에, 코어 경계에서의 내부반사(그림 3.19의 B점)는 파이버 내에 광을 유지하기 위해 커야만 한다. 이 절에서는 반사량을 계산하고자 한다.

반사 손실의 가장 간단한 계산은 입사 빔이 경계에 수직으로 진행하는 경우로서 그림

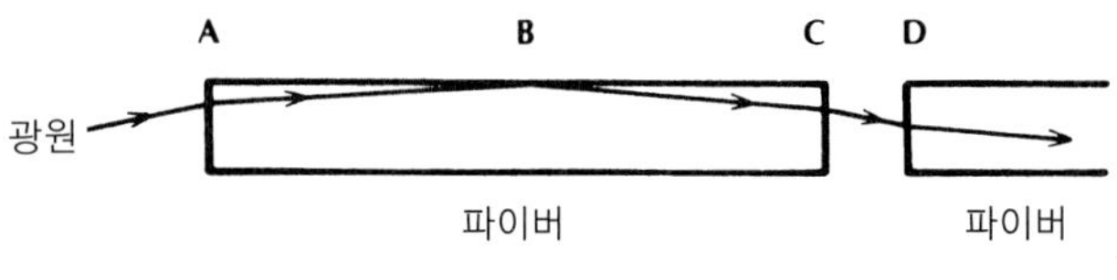

그림 3.19
파이버시스템의 반사 표면. 광선은 입력(A), 코어 경계(B), 그리고 커넥터나 스플라이스의 공기 간극 경계(C 혹은 D)에서 반사한다.

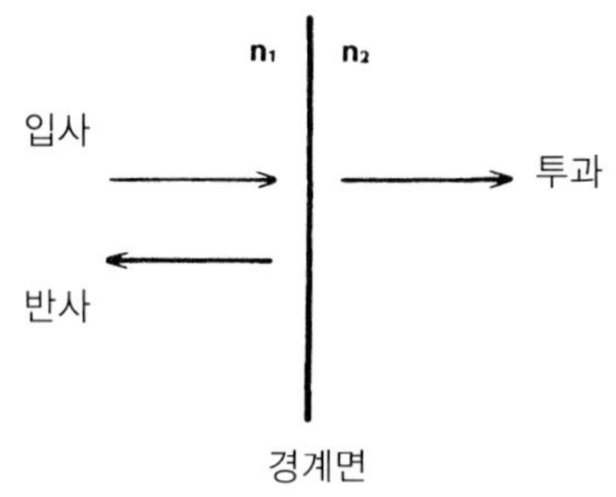

그림 3.20
굴절률이 n_1, n_2인 두 유전체 경계면에 입사하는 파는 부분적으로 투과되고 반사된다.

3.20과 같다. 반사계수(reflection coefficient) ρ는 입사전계에 대한 반사전계의 비로 정의한다. 수직입사에 대한 반사계수 ρ는

$$\rho = \frac{n_1 - n_2}{n_1 + n_2} \tag{3.27}$$

이고[4], 여기서 n_1은 입사 영역의 굴절률, n_2는 투과 영역의 굴절률이다. 만약 $n_2 > n_1$이면 반사계수는 부가 되는데, 이는 입사와 반사전계 사이에 180°의 위상변이가 있음을 말한다.

반사도(reflectance) R은 입사 빔 세기에 대한 반사 빔 세기의 비로 정의한다. 광 빔의 세기는 전계의 제곱에 비례하므로, 반사도는 반사계수의 제곱과 같다. 그러므로, 다음과 같다.

$$R = \left(\frac{n_1 - n_2}{n_1 + n_2}\right)^2 \tag{3.28}$$

예제 3.8

공기와 유리의 경계에서 반사와 투과 전력비를 계산하라. 또한, 투과 손실을 dB로 계산하라. 유리의 굴절률은 1.5를 사용하라.

풀이: 식 (3.28)로부터

$$R = \left(\frac{1 - 1.5}{1 + 1.5}\right)^2 = 0.04$$

이므로, 광의 4%가 반사되고 나머지 96%는 전송된다. 따라서 투과 손실은 $-10 \log_{10} 0.96 = 0.177$ dB이다.

적당히 말하면, 광이 공기에서 유리로 입사할 때 약 0.2 dB의 손실이 일어난다. 식 (3.28)의 대칭성 때문에 똑같은 손실이 반대 방향인 유리에서 공기로 광이 진행할 때도 일어난다.

2장에서, 광이 임의의 방향으로 입사할 때 입사각, 반사각, 그리고 투과각 사이의 관계를 알아보았다. 그림 2.1은 이들을 보여준다. 여기서는 기준을 정할 목적으로 경계에 대한 법선과 입사파의 진행 방향으로 규정한 평면을 **입사면**(plane of incidence)으로 정의한다. 그림 2.1에서 입사평면은 그림 평면 자체이다. 반사되는 광의 비는 입사각과 입사평면에 대한 전계의 편광에 달려 있다. 전계벡터는 진행 방향에 수직임을 이미 알고 있다. 반사계수는 전계의 편광이 입사평면에 대해 수직인지 수평인지에 달려 있다. 수직인 경우를 s 편광, 수평인 경우를 p 편광이라 한다. 그림 3.21은 이 두 가지 경우를 나타내고 있다. 어떤 입사전계도 p와 s 성분으로 분해가 가능하다. **프레넬의 반사법칙**(Fresnel's law of reflection)으로 알려진 p와 s 경우의 반사계수는 각각 다음과 같이 된다[5].

$$\rho_P = \frac{-n_2^2 \cos\theta_i + n_1\sqrt{(n_2^2 - n_1^2 \sin^2\theta_i)}}{n_2^2 \cos\theta_i + n_1\sqrt{(n_2^2 - n_1^2 \sin^2\theta_i)}} \text{ (평행편광)} \tag{3.29}$$

및

$$\rho_S = \frac{n_1 \cos\theta_i - \sqrt{(n_2^2 - n_1^2 \sin^2\theta_i)}}{n_1 \cos\theta_i + \sqrt{(n_2^2 - n_1^2 \sin^2\theta_i)}} \text{ (수직편광)} \tag{3.30}$$

비록 보기에는 다소 만만치 않게 보이지만, 두 영역의 굴절률, 입사각, 편광 상태를 알면 이들 식은 쉽게 계산된다. 식 (3.29)와 식 (3.30)의 중요성을 과소평가해서는 안 된다. 왜냐하면, 유전체 파이버가 광을 도파하는 현상을 예견할 수 있기 때문이다.

반사도는 반사계수의 크기를 제곱하여 얻는다. 즉, $R = |\rho|^2$이다. 공기에서 유리로의 경계면에 대한 결과가 그림 3.22에, 유리에서 공기로의 경계면에 대한 결과가 그림 3.23에 나타나 있다. 이 그림에서 보여주는 일반적인 특성은 두 개의 유전체 사이에서 반사가 있을 때 나타난다. 다소 흥미롭지만 예상치 못한 특징을 주목해야 한다. 이들이 갖는 세 가지 특징은 다음과 같다.

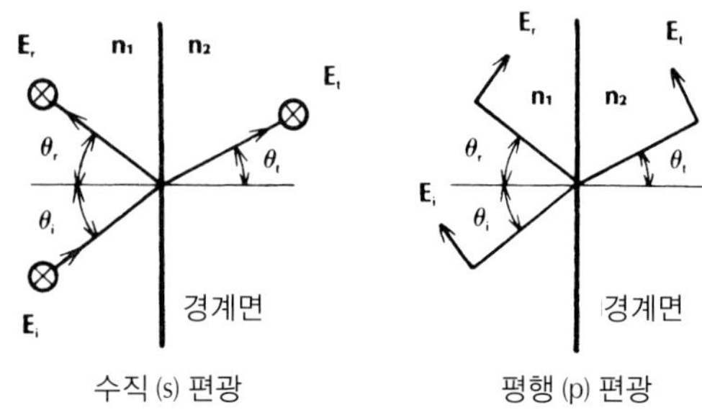

그림 3.21
경계에서 반사는 두 편광으로 나눠진다. ⊗은 지면 속으로 향하는 벡터를 나타낸다.

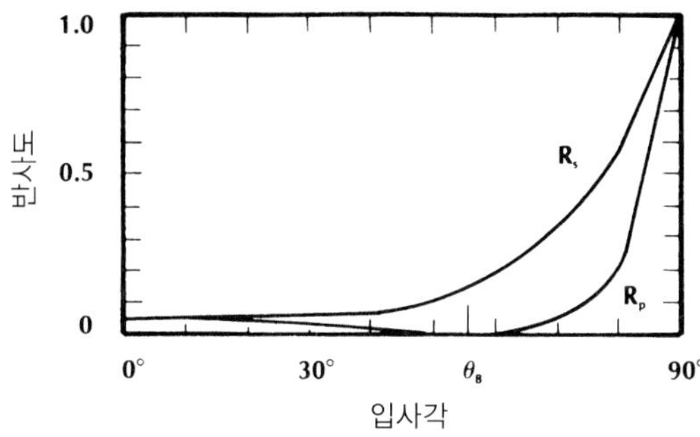

그림 3.22
$n_1 = 1.0$, $n_2 = 1.5$인 공기-유리 경계면에서의 반사도

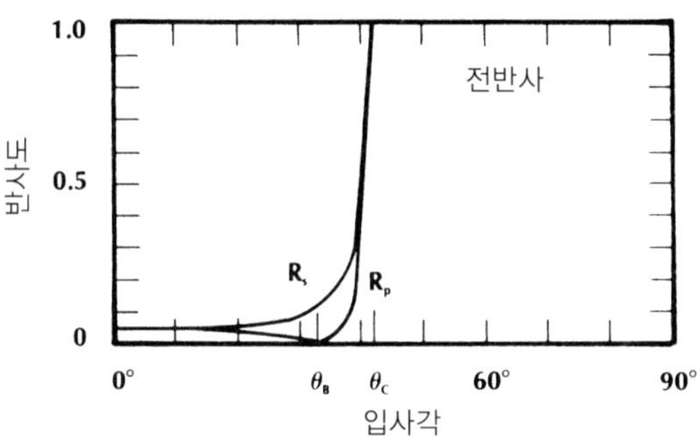

그림 3.23
$n_1 = 1.5$, $n_2 = 1.0$인 유리-공기 경계면에서의 반사도

1. 반사도는 입사각이 0 부근에서는 크게 변하지 않는다. 공기와 유리 경계면에서 수직 입사시에 계산된 4% 반사도는 20°까지는 잘 일치한다.
2. 어떤 입사각과 편광 상태에서는 반사도가 0으로 될 수 있는데, 이는 완전한 전송을 의미한다.
3. 어느 입사각 범위 내에서 반사도는 1이 되면, 전반사를 가리킨다.

먼저 무반사의 경우를 살펴보자. 그림 3.22와 그림 3.23은 평행편광에서만 일어난다는 것을 보여준다. 반사계수 ρ_p와 반사도 $|\rho_p|^2$는 식 (3.29)의 분자가 영일 때 영이다. 이것은 브루스터 각(Brewster angle)이라고 하는 입사각 θ_B에서 발생하고, 다음 식을 만족한다.

$$\tan\theta_B = \frac{n_2}{n_1} \tag{3.31}$$

식 (3.30)의 ρ_s를 영으로 만드는 입사각은 없다. 브루스터 각은 반사 손실 없이 빔을 유전체 내로(또는 유전체로부터) 전송하는 데 유용하다. 그림 3.24는 브루스터 각을 사용한 특별한 예를 보여주는데, 헬륨네온 가스레이저 관 끝의 유리창이 브루스터 각으로 되어 있다. 평행면으로 편광된 광 빔은 창에서 반사 손실 없이 거울 사이를 왕복한다.

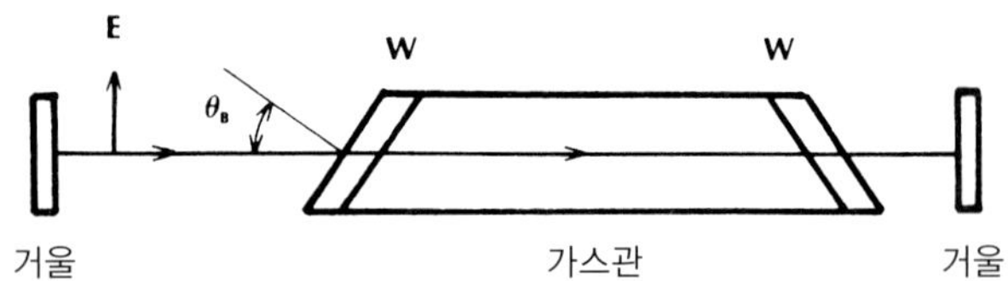

그림 3.24
He-Ne 가스레이저 관 양 끝단에 브루스터 각을 갖는 창(W)

예제 3.9

공기에서 유리로의 경계면과 유리에서 공기로의 경계면에 대한 브루스터 각을 구하라.

풀이: 공기에서 유리에 대한 식 (3.31)을 사용하면 $\tan\theta_B = 1.5$가 되어, 결국 $\theta_B = 56.3°$이다. 유리에서 공기에 대해서는 $\tan\theta_B = (1.5)^{-1}$로서 $\theta_B = 3.37°$이다.

이제 그림 3.19로 되돌아가면, 파이버 입력단에서 0.2 dB의 반사 손실이 일어남을 알 수 있다. 광원의 광 전력 결합에 대해 자세하게 취급하는 8장에서 부수적인 상당히 큰 입력 손실을 발견하게 될 것이다. 파이버 간의 결합시에 두 개의 경계에서 각각 0.2 dB의 손실이 생긴다. 따라서 전체 반사 손실은 0.4 dB이다. 커넥터의 더 자세한 해석은 8장에서 하기로 한다. 파이버 코어와 이를 둘러싼 층에서는 전반사가 일어난다. 전반사는 매우 중요하므로 다음 절 전체를 할애할 것이다.

빔이 임의의 매질에서 다른 매질로 이동할 때, 반사되는 광량은 그림 3.25와 같이 두 매질 사이에 박막 코팅층을 두면 줄일 수 있다. 코팅 두께가 파장(중간층에서 측정한 파장)의 1/4이 되게 하면, 그 때 반사도는 다음 식과 같다.

$$R = \frac{[n_1 n_3 - n_2^2]^2}{[n_1 n_3 + n_2^2]^2} \tag{3.32}$$

이 결과로부터 코팅층의 굴절률이 다음과 같다면 반사도가 0이 됨을 알 수 있다.

$$n_2 = \sqrt{n_1 n_3} \tag{3.33}$$

그림 3.25
무반사 코팅

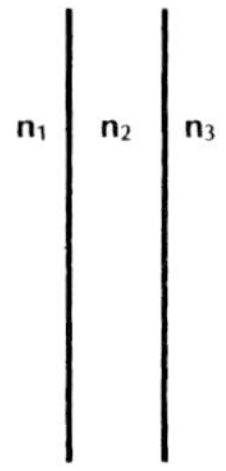

n_1 n_2 n_3

이렇게 반사를 줄이는 코팅을 **무반사 코팅**[antireflection(AR) coating]이라 한다. 불행하게도, 정확히 식 (3.33)을 만족하는 굴절률을 갖는 투명한 물질을 항상 찾을 수 있는 것은 아니지만, n_1과 n_3 사이의 굴절률을 가진 어떤 투명한 물질도 반사를 줄일 수 있다.

예제 3.10

공기에서 유리로의 경계면에서 무반사가 되도록 하기 위한 코팅의 굴절률을 계산하라. 다음, 코팅 물질을 마그네슘 불화물로 가정하고 발광 파장이 0.8 μm일 때 반사되는 광량과 코팅 두께를 계산하라.

풀이: 무반사일 경우, 식 (3.33)으로부터 $n_2 = (1.5)^{0.5} = 1.225$이다. 그러나 불행하게 이 굴절률에 맞는 물질이 없다. 표 2.1로부터 마그네슘 불화물의 굴절률은 1.38이므로, 이를 식 (3.32)의 n_2 값으로 사용하면

$$R = \frac{[1.5 - 1.38^2]^2}{[1.5 + 1.38^2]^2} = 0.014$$

가 구해진다. 그러므로 반사는 코팅이 없을 때의 4%에서 1.4%로 줄어든다. 식 (3.7)에서 계산되는 마그네슘 불화물의 파장은 0.8/1.38 = 0.5797이다. 1/4 파장층은 0.145 μm의 두께를 갖는다.

지금 설명한 해석은 경계면이 매끄러울 때에 정확하다. 매끈한 표면에서의 반사는 거울에서와 같다(specular). 표면의 평평한 정도가 입사한 광의 파장과 견주어 작을 때, 이것이 일어난다. 만약 표면이 거칠면, 입사광은 넓은 범위의 방향으로 산란된다. 이것이 **확산**(diffuse) 반사이다. 확산 반사는 스넬의 굴절 법칙이나 프레넬의 반사 법칙이 성립되지 않는다.

3.6 임계각 반사

그림 3.23에 그려진 것처럼, θ_c라는 특별한 어떤 값보다 큰 입사각에서는 전반사가 일어난다. 이 각 θ_c를 **임계각**(critical angle)이라 한다. 이것은 $n_2^2 - n_1^2 \sin^2 \theta_i = 0$일 때 $|\rho_p| = 1$과 $|\rho_s| = 1$임을 주목하여, 식 (3.29)와 식 (3.30)으로부터 쉽게 결정된다. 이 식을 만족하는 각이 임계각이고 다음 식과 같다.

$$\sin\theta_c = \frac{n_2}{n_1} \tag{3.34}$$

어떤 각의 사인값은 결코 1보다 클 수 없으므로, 임계각 반사는 $n_1 > n_2$일 때만 일어난다는 것은 분명하다. 즉, 높은 굴절률을 가진 영역에서 낮은 값을 가진 영역으로 파가 진행할 경우에만 해당된다. 이것은 그림 3.23(유리에서 공기로의 경계면)에서는 임계각이 있을 수 있고, 그림 3.22(공기에서 유리로의 경계면)에서는 임계각이 있을 수 없음을 설명한다. 식 (3.34)는 파의 편광 상태에 독립적임을 강조한다. 이것은 전계벡터의 평행과 수직 방향 모두에 대해 유효하다.

임계각보다 큰 각에 대해서 $\sin\theta_i$는 $\sin\theta_c$보다 커져 $n_1^2\sin^2\theta_i > n_2^2$이다. 식 (3.29)와 식 (3.30)의 제곱근 속의 부호는 이제 음으로 된다. 음수의 제곱근은 허수이므로, ρ_p와 ρ_s는 둘 다 다음과 같은 형태가 된다.

$$|\rho| = \frac{|A - jB|}{|A + jB|}$$

여기서 A와 B는 실수이고, j는 허수항을 나타낸다. $A - jB$와 $A + jB$의 크기는 모두 $\sqrt{(A^2 + B^2)}$이므로, ρ의 크기는 1이다. 따라서 $\theta_i \geq \theta_c$의 모든 각에 대해 반사도 $R = |\rho|^2 = 1$이 된다.

전반사에 대한 대안적이고 유익한 전개는 스넬의 법칙을 포함한다. 유리에서 공기로의 경계면에서 식 (2.3)인 $\sin\theta_t = (n_1/n_2)\sin\theta_i$를 사용하여 모든 입사각에 대한 투과각을 구한 결과가 그림 3.26에 그려져 있다. 이 그림에서 보인 것처럼, 투과각이 입사각보다 빨리 커져서 $\sin\theta_i = n_1/n_2$일 때 식 (3.34)는 정확히 임계각 조건인 90°에 도달한다. 그림 3.27을 보면, 투과각 90°의 의미를 분명하게 알 수 있다: 전송되는 파는 더 이상 두 번째 매질 속으로 진행하지 못한다. 모든 광이 첫 번째 매질로 반사되어야 한다는 결론에 도달한다. 이와 같이 유전체와 유전체 경계면에서의 전반사를 내부 전반사(total internal reflection)라고 한다.

여러 가지 물질의 조합에 대한 임계각을 식 (3.34)로부터 계산하여 표 3.3에 나타내었다. 표에서 플라스틱–플라스틱 경계면에 대한 값은 파이버 코어와 이를 둘러싼 클래딩의 매질

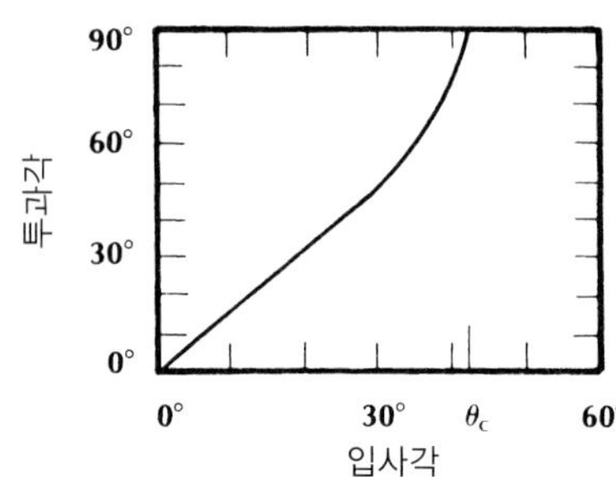

그림 3.26
유리($n_1 = 1.5$)에서 공기($n_2 = 1.0$)로의 경계면에서의 투과각

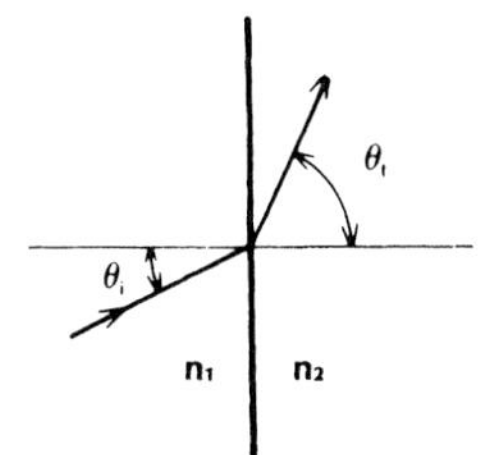

그림 3.27
$n_1 > n_2$일 때, θ_i가 커짐에 따라 θ_t는 90°에 접근한다.

표 3.3 임계각

경계	n_1	n_2	θ_c
유리-공기	1.5	1.0	41.8°
플라스틱-플라스틱	1.49	1.39	68.9°
유리-플라스틱	1.46	1.4	73.5°
유리-유리	1.48	1.46	80.6°

이 다른 굴절률을 갖는 모든 플라스틱 파이버의 보편적인 값이다. 유리-플라스틱의 경우는 플라스틱으로 둘러싸인 유리 코어를 갖는 파이버에 해당된다. 유리-유리의 경계면에 대해서는 코어와 클래딩은 조성비를 약간 달리하여 굴절률이 약간 차이가 있는 유리 파이버가 대표적이다. 이들 파이버들은 경계면에 부딪히는 광선을 전적으로 반사시켜 빛을 도파한다. 그러나 이들 광선이 손실 없이 도파되기 위해서는 임계각이나 그 이상의 각도를 가져야 한다.

입사파와 반사파 사이의 간섭은 그림 3.28에서 보듯이 입사 영역에 정재파를 만든다. 비록 모든 전력이 반사할지라도 전계는 아직도 두 번째 매질에 존재한다. 이 전계의 크기는 그림에 나타나 있듯이 경계면으로부터 멀어짐에 따라 감소한다. 이 결과는 경계면으로부터 두 번째 매질로 어떠한 전력도 전파될 수 없기는 하지만 전반사와는 일치하지 않는다. 이렇게 감쇠되어 어떠한 전력도 전달할 수 없는 전계를 **소멸한다**(evanescent)라고 한다. 소멸 전계는 $e^{-\alpha z}$에 따라 지수적으로 감소하는데, 감쇠율 α는 다음과 같은 값을 가진다.

$$\alpha = k_0\sqrt{(n_1^2 \sin^2 \theta_i - n_2^2)} \tag{3.35}$$

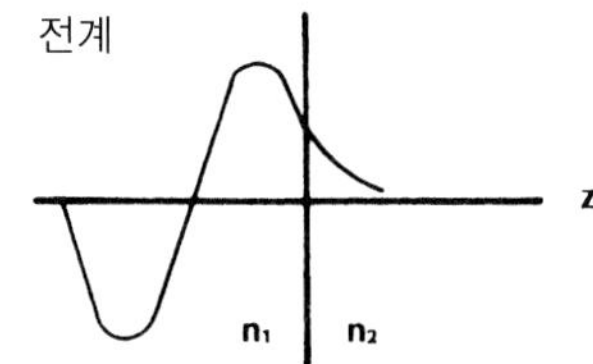

그림 3.28
정재파와 소멸되는 파는 각각 전반사 경계면 반대쪽에 존재한다.

여기서 k_0는 자유공간 전파상수이다(감쇠율은 이장 첫 절에서 검토한 감쇠계수와는 다르다 감쇠계수는 실제 전력 손실에 기인되지만, 감쇠율은 아니다). 임계각에서, $\theta_i = n_2/n_1$이므로 $\alpha = 0$이다. 감쇠에 의한 전력 손실이 없다. 감쇠율은 단지 전계가 입사 영역으로 돌아오기 전에 두 번째 매질 속으로 얼마나 멀리 확장하는가를 지적한다. θ_i가 θ_c를 넘어 증가하면, α는 커져서 전계는 더 빨리 감쇠한다. 이제 다음과 같이 중요한 결론에 도달한다. 임계각보다 크지만 여전히 임계각에 근접한 각으로 입사한 광선은 서서히 감쇠하여 깊이 침투하는 소멸파를 만들고, 임계각보다 훨씬 크게 입사하는 광선은 두 번째 매질 속으로 짧게 침투한 후에 사라져 버린다.

식 (3.29) 또는 식 (3.30)으로부터 계산된 반사계수는 $\theta_i > \theta_c$일 때 복소수로서 크기와 각도를 가진다. 전반사조건하에서 크기는 1임을 증명할 수 있다. 각도는 입사파에 대한 반사파의 위상변이를 나타내며 입사각에 따라 변한다.

3.7 요약 및 고찰

이 장에서는 파이버광학에 직접 적용되는 광파에 대한 기본적인 개념을 집중적으로 다루었다. 여러 가지 — 진폭, 위상, 파장, 편광 — 전자파의 개념들이 이제 분명해졌을 것이다. 재료 분산에 의한 펄스의 찌그러짐은 파이버의 정보 용량을 다루는 데 영향을 미치므로 광범위하게 배웠다.

펄스 찌그러짐의 다른 이유들에 관해서는 5장에서 다룬다. 정보율의 광원 스펙트럼에 대한 의존성은 발광 특성의 중요성을 지적한다. 공동의 공진은 레이저 다이오드의 출력 스펙트럼에 나타나는 종모드를 결정하므로 이에 대해서도 살펴보았다. 앞으로 4장에서 보게 되겠지만, 공진은 유전체 도파로에서의 모드 구조를 설명할 수 있도록 한다. 유전체 경계에서의 반사는 파이버광학에서 중요한 역할을 하며, 전반사는 유전체가 광선을 위한 도파로가 될 수 있도록 한다.

편리하게 참고할 수 있도록, 이 장의 중요한 결과를 다음에 요약하였다.

1. 재료 분산에 대한 펄스 퍼짐:

$$\Delta(\tau/L) = -M\Delta\lambda$$

2. 3 dB 광 대역폭–길이 곱:

$$f_{3\text{-dB}} \times L = \frac{1}{2\Delta(\tau/L)}$$

3. 3 dB 전기적 대역폭–길이 곱:

$$f_{3\text{-dB}} \times L = \frac{0.35}{\Delta(\tau/L)}$$

4. RZ인 경우, 데이터율–길이 곱:

$$R_{\mathrm{RZ}} \times L = \frac{0.35}{\Delta(\tau/L)}$$

5. NRZ인 경우, 데이터율–길이 곱:

$$R_{\mathrm{NRZ}} \times L = \frac{0.7}{\Delta(\tau/L)}$$

6. 종모드 간격:

$$\Delta f_c = \frac{c}{2Ln}$$

7. 수직 입사시 반사도:

$$R = \left(\frac{n_1 - n_2}{n_1 + n_2}\right)^2$$

8. 전반사를 위한 임계각:

$$\sin\theta_c = \frac{n_2}{n_1}$$

문제

3.1 두 개의 이산적인 광 파장으로 방출된 펄스를 고려한다. (순수 실리카에서) 장파장 펄스와 단파장 펄스 중 어느 것이 먼저 도착하는가?

3.2 광원의 파장이 0.85 μm일 때, 실리카에서 단위길이당 펄스 퍼짐의 크기를 구하라. 스펙트럼 폭은 30 nm이다. 또한, 스펙트럼 폭이 2 nm일 때도 반복하라.

3.3 1.55 μm의 파장을 갖는 광원에 대해 문제 3.2를 반복하라. 재료 분산은 $M = -20$ ps/(nm $\times$ km)이라고 가정한다.

3.4 문제 3.2와 문제 3.3의 결과를 이용하여 100 m, 1 km, 10 km의 길이 및 RZ와 NRZ 코

드에 대해 최대 데이터율과 변조주파수를 각각 구하라.

3.5 자유공간 파장이 0.82 μm일 때, 공기와 유리의 전파상수를 구하라.

3.6 1 nm와 20 nm의 스펙트럼 폭을 갖고 0.82 μm로 동작하는 광원의 분수 대역폭을 구하라. 대역폭의 단위는 Hz이다.

3.7 AlGaAs에서 공기 경계면으로 수직 입사할 때 반사도를 계산하라. 전송 손실을 dB 단위로 계산하라.

3.8 $n_1 = 1.48$, $n_2 = 1.46$일 때, s와 p 편광의 입사각에 대한 반사도를 도시하라.

3.9 식 (3.31)을 증명하라.

3.10 식 (3.35)를 이용하여 z에 대한 감쇠파 $e^{-\alpha z}$를 도시하라. 단, $n_1 = 1.48$, $n_2 = 1.46$, $\lambda = 0.82\ \mu$m, $0 < z < 4\ \mu$m이고, 입사각 $\theta_i = 82°$이다. 같은 그래프상에 입사각 $\theta_i = 84°$, 86°, 88°, 90°일 때도 도시하라.

3.11 주파수 의존 손실 표현식 (3.17)을 이용하여 $f_{1\text{-dB}} = 0.58 f_{3\text{-dB}}$임을 보여라.

3.12 두 개의 파장 λ_1과 λ_2를 방출하는 광원이 주파수 f_m으로 세기 변조된다. λ_1에서 전력 $P_1 = P_{01} + P_{11}\cos(\omega_m t + \phi_1)$이고, λ_2에서 전력 $P_2 = P_{02} + P_{22}\cos(\omega_m t + \phi_2)$이다. 전체 전력에 대한 표현식을 구하라. 이제 $f_m = 1$ kHz로 가정한다. 수신기에서 $P_{01} = P_{02} = 2\ \mu$W, $P_{11} = P_{22} = 1\ \mu$W이다. $\phi_2 - \phi_1 = 0$일 때, 시간의 함수로 P_1, P_2, 그리고 전체 전력을 도시하라. 또한, $\phi_2 - \phi_1 = 1.57$ rad, $\phi_2 - \phi_1 = 3.14$ rad일 때도 반복하라. $\phi_2 - \phi_1$에 대한 ac 전력의 피크-대-피크값을 도시하라.

3.13 입사각이 85°인 평행편광된 광선이 1.48의 굴절률을 가진 매질에서 1.465의 굴절률을 가진 매질로 입사하고 입사 파장은 1300 nm이다.

(a) 반사계수를 계산하라.

(b) 전송 매질로부터 얼마 떨어진 거리에서 소멸전계가 경계면 값의 10%로 감쇠되겠는가?

3.14 3.1절에서 알려진 바와 같이 광 빔 전력은 전계의 제곱에 비례하고, 감쇠 매질로 진행하는 빔 전계는 식 (3.8)로 주어진다. 이 식에서 감쇠계수는 손실을 결정한다. 한편, 종종 dB/km로 손실을 나타내기도 한다. dB/km 단위로 전력 변화를 나타내고, 감쇠계수 α는 $\gamma = -8.685\alpha$의 관계가 있음을 증명하라. 여기서 α의 단위는 km^{-1}이다.

3.15 식 (3.8)에서 전자파의 감쇠계수가 2×10^{-5} cm^{-1}이라면, 1 km에 대한 전력 손실을 dB로 계산하라. 또한, 1 km에 대한 부분 손실도 계산하라.

3.16 매질의 손실이 0.2 dB/km(1550 nm의 파장에서 동작하는 질 좋은 파이버의 경우)일 때,

감쇠계수를 구하라.

3.17 파이버와 변조주파수 의존 손실을 3.2절에서 논하였다. 2 GHz의 변조주파수에서 손실이 6 dB로 측정되었다면, 광파이버의 3-dB 전기적 대역폭을 구하라.

3.18 무분산 파장을 1300 nm로 가정할 때, 이보다 10 nm 낮은 파장에서 재료 분산을 계산하라.

3.19 3.2절에서 재료 분산계수 $M_0 = -0.095$ ps/(nm^2 × km)으로 주어졌다.
(a) 이것을 s/m^3 단위로 변환하라.
(b) ns/(nm^2 × km) 단위로 계산을 반복하라.

3.20 3 ps/km의 재료 분산과 2 nm의 광원 스펙트럼 폭으로 인해 최대의 펄스 퍼짐이 허용된다고 가정할 때, 동작 파장은 무분산 파장으로부터 얼마나 멀리 떨어질 수 있는가?

3.21 송신기에서 20 ps의 펄스폭을 가진 솔리톤 펄스(soliton pulse)가 1550 nm에서 어떠한 펄스 찌그러짐 없이 단일모드로 전송된다.
(a) 이들 솔리톤 펄스를 사용하여 전송할 수 있는 최대 데이터율은 얼마인가?
(b) 이 데이터를 전송할 수 있는 최대 파이버 길이는 얼마인가?

3.22 3.2절에서 1200 ~ 1600 nm 영역 내에서 재료 분산에 대한 해석적 표현식을 얻었다. 기울기 계수라고 하는 M_0가 사실상 무분산 파장에서의 분산 곡선 기울기임을 증명하라.

3.23 비어 법칙과 손실식 dB $= 10 \log_{10} \exp(-2\alpha L)$이 같음을 증명하라. 이것을 구하기 위한 한 가지 방법은 비어 법칙에 $10 \log_{10}$을 취하고, 손실을 dB로 구하면, $\gamma = -8.685\alpha$임을 확인하는 것이다.

3.24 만약 파이버가 0.5 dB/km의 손실을 갖는다면(보통 파이버는 1300 nm 파장으로 동작한다), 비어 법칙을 이용하여 1 km, 10 km, 100 km 거리에 대한 전송 효율을 계산하라.

3.25 동작 파장이 1550 nm이고 손실이 0.2 dB/km인 경우, 앞 문제를 반복하라.

3.26 실리카 파이버인 경우, 광원의 파장이 1.55 μm일 때 단위길이당 펄스 퍼짐 정도를 계산하라. 광원의 스펙트럼 폭은 2 nm이다. 분산은 (5장에서 기술된 방법으로) 감소하여 -3 ps/(nm × km)이다. 그리고, 이 결과들을 문제 3.2의 결과들과 비교하라.

3.27 앞 문제의 결과들을 이용하여 RZ와 NRZ 코드에서 100 m, 1 km, 10 km에 대한 최대 데이터율과 변조주파수를 각각 구하라. 그리고, 이 결과들과 문제 3.4의 결과들과 비교하라.

참고문헌

[1] Good introductions to electromagnetic waves appear in numerous texts. Among them are the following:
William H. Hayt, Jr. *Engineering Electromagnetics*, 4th ed. New York: McGraw-Hill, 1981.
John D. Kraus. *Electromagnetics*, 3d ed. New York: McGraw-Hill, 1984.
G. G. Skitek and S. V. Marshall, *Electromagnetic Concepts and Applications*. Englewood Cliffs, NJ: Prentice-Hall, 1982.
David K. Cheng. *Field and Wave Electromagnetics*. Reading, MA: Addison-Wesley, 1983.

[2] Felix P. Kapron. *Fiber Optics Handbook*. Frederick C. Allard, ed. New York: McGraw-Hill, 1990, pp. 4.32–4.33.

[3] Dietrich Marcuse. *Optical Fiber Telecommunications II*. Stewart E. Miller and Ivan P. Kaminow, eds. New York: Academic Press, 1988, pp. 90–98.

[4] Kraus. *Electromagnetics*, p. 457.

[5] *Ibid*., pp. 515–518.

Chapter 04

집적 광도파로

집적광학이란 기판 위에 광소자와 회로망들을 제작하는 기술이다[1]. 이는 집적 전자회로들을 제작하는 기술과 유사하다. 또한 이 분야를 언급할 때 **집적 광전자공학**(integrated optoelectronics) 또는 **집적 광자공학**(integrated photonics)이라는 표현들이 쓰인다. **광자공학**은 그 자체가 광학과 전자공학을 결합하여 구성된 전송 시스템을 나타내는 것이다. 집적광학은 기능성 시스템(functional system) 또는 부분시스템(subsystem)을 생산하기 위하여 단일 기판 위에 광학소자와 전자소자들을 함께 결합시키는 것이다. 집적소자들은 대부분 광파장 차수의 크기를 갖는다. 이 기술은 집적회로의 경우처럼 견고성, 소형화, 그리고 저가의 제품생산과 같은 많은 제작상의 이점을 제공한다. 더욱이, 광파이버를 이용한 장거리 상호통신을 위하여 필수적 광소자인 광 송신기, 수신기, 그리고 중계기를 완전하게 설계할 수 있다.

집적광학망 내에서 광은 구형 유전체 평판 도파로(dielectric-slab waveguide)를 통하여 부품 간에 전송된다. 집적 광도파로에서 전송 특성은 광파이버의 전송 특성과 유사하므로 광이 평판 도파로에서 어떻게 전송하는지를 이 장에서 알아볼 것이다. 평판 도파로에서 진행하는 파동에 관한 연구는 우리에게 광파이버의 전송 특성을 가시화하는 데 도움을 줄 것이다. 구형 도파로는 원형의 광파이버 구조보다 해석하기에 훨씬 쉬우므로 광파이버를 해석하기 이전에 먼저 구형 도파로를 다룬다.

구형 도파로의 특성 해석과 더불어, 이 장에서는 집적화된 부품과 집적회로의 결합 특성을 간단하게 취급한다. 또한, 집적광학망 설계에 관한 몇 가지 예를 제시하고자 한다.

4.1 유전체 평판 도파로

유전체 평판 도파로가 그림 4.1에 도시되어 있다. 파동은 기본적으로 굴절률 n_1인 중간층에서 진행한다. 이 층의 두께는 매우 얇고 보통 1 μm보다 작아 필름으로 간주하기도 한다. 필름은 각각 굴절률 n_2와 n_3를 가진 위층과 아래층 사이에 위치한다. 광선은 전반사에 의해 필름 내에 갇혀 진행한다. 3장에서 본 바와 같이 n_2와 n_3 모두가 n_1보다 작을 때 이와 같은 현상이 일어난다. 그 때, 식 (3.34)로부터 아래쪽 경계면에서의 임계각은

$$\sin \theta_c = \frac{n_2}{n_1} \tag{4.1}$$

인 반면, 위쪽 경계면에서의 임계각은

$$\sin \theta_c = \frac{n_3}{n_1} \tag{4.2}$$

으로 주어진다.

그림 4.1에서 광이 필름 밖에 있는 굴절률 n_2, n_3인 층으로 새어 나가지 않으려면 각 θ는 두 임계각 중 큰 값과 같거나 커야 한다. 전반사를 얻으려면 경계면은 매끈해야 한다. 그렇지 않을 경우 광의 퍼짐으로 인한 반사 때문에 광은 유도층 밖으로 산란된다. 필름의 비균일성 역시 광을 산란시켜 손실을 증가시키는 요인이다. 결국, 효과적인 전송을 위해 재료의 흡수율은 작아야 한다. 집적광학용으로 가장 흔히 쓰이는 $LiNbO_3$와 GaAs는 각각 1 dB/cm와 2 dB/cm를 약간 초과한 손실을 갖는다[2]. 이 손실값들은 짧은 길이를 갖는 집적회로망에서는 허용될 수 있는 값이다. 그러므로 장거리 통신에서 광파이버에 쓰이는 재료는 손실이 매우 작아야 한다. 앞 절의 임계각 반사에서 언급하였듯이 소멸전계는 그 반사 경계를 넘어서도 존재하므로 도파로의 상하 유전체 층에서의 흡수율 또한 작아야 한다.

n_2와 n_3가 서로 같은 대칭구조는 광파이버와 거의 유사한 전송구조를 나타내므로 특히

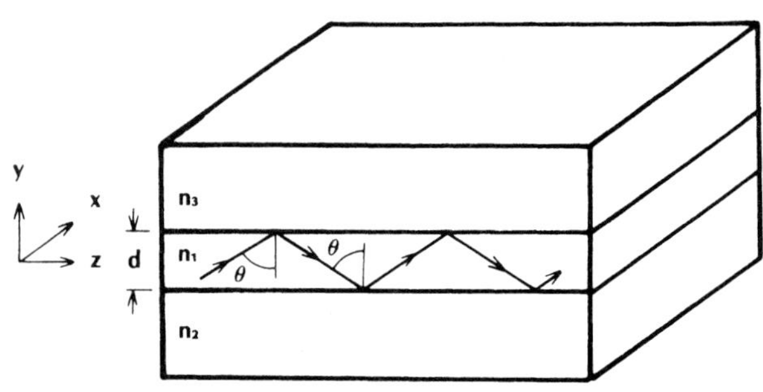

그림 4.1
유전체 평판 도파로. $n_1 > n_2$, $n_1 > n_3$.

흥미롭다. 그 광파이버에서는 굴절률이 n_1인 코어가 굴절률이 n_2인 클래딩으로 둘러싸여 있다. $n_3 = 1$인 비대칭 광도파로 역시 중요하다. 이것은 집적광회로의 필름 위층이 공기에 노출된 형태를 의미한다. 이 경우에 n_2는 기판의 굴절률이 된다. 이 장에서는 대칭과 비대칭 도파로를 분리하여 각기 다른 절에서 다루고자 한다.

4.2 대칭 평판 도파로에서의 모드

대칭형 도파로를 고려하자. 필름에서의 전계는 제3장에서 다룬 평면파로서 그림 4.1에서 보듯이 θ의 각도로 지그재그 왕복하며 진행한다. 즉, 하나는 θ의 각도로 위를 향해 진행하고 나머지 하나는 같은 각도지만 아래로 향해 진행하여 결국 두 개의 균일 평면파의 합으로 그 전체 전계가 나타나게 된다. 제3장에 나타낸 바와 같이 이들 파동의 전파상수는 $k = k_0 n_1$이다. 여기서, k_0는 자유공간에서의 전파상수이다. 두 파동에 대한 전파상수가 그림 4.2에 있다. 그림에서 보듯이, 유도되는 전송파는 실제 전파상수를 가지고 수평 방향으로 진행한다. 이 방향에서의 그 전파상수 성분은

$$\beta = k \sin\theta = k_0 n_1 \sin\theta \tag{4.3}$$

이다. 이것을 **종방향 전파상수**(longitudinal propagation factor)라고 한다. 이 전파상수에 의존하여 진행하는 전계는 위와 아래 방향으로 파동 간의 간섭을 발생시킨다. 그러므로, y방향을 따라 전계는 균일하게 변하지 않고 정현적으로 분포한다. 필름에서 전계는 $y = 0$ 평면에 대해 우함수 형태로 분포된 모드에 대하여

$$E = E_1 \cos hy \sin(\omega t - \beta z) \tag{4.4a}$$

로 주어진다. 기함수 형태로 분포된 모드 역시 존재하는데 다음과 같다.

$$E = E_1 \sin hy \sin(\omega t - \beta z) \tag{4.4b}$$

위의 식에서 E_1은 전계의 최대치를 나타내며, 그림 4.2에서 명백하듯이 전파상수 k의 수직 성분인 $h = k\cos\theta$이다. 비유도파를 나타내는 식 (3.1)과 비교하면, k를 β로 대치한 것을 제외하면 유도파는 진행 방향을 따라 같은 변화를 나타낸다. 따라서, 식 (3.2)에 이 값을 대입

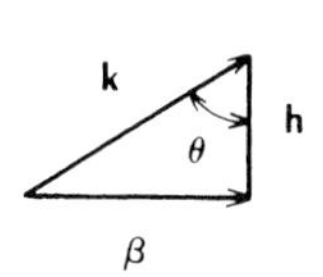

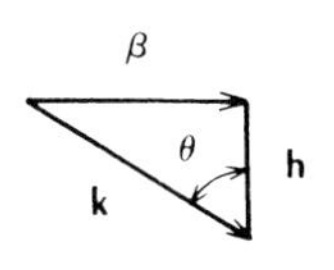

그림 4.2
평판 도파로에서 파동에 대한 전파상수.
$\beta = k\sin\theta$, $h = k\cos\theta$.

하면 도파로에서 진행하는 전계의 위상속도 v_g와 종방향 전파상수 사이의 관계를 다음과 같이 쓸 수 있다.

$$\beta = \frac{\omega}{v_g} \tag{4.5}$$

또는

$$v_g = \frac{\omega}{\beta}$$

임의의 매질에서 빛의 속도를 자유공간에서의 빛의 속도로 나눈 값을 굴절률이라고 정의한다. 그와 같은 개념으로, 자유공간 속도를 유도파의 위상속도로 나눈 값을 **유효 굴절률** (effective refractive index) n_{eff}로 정의하며, $n_{\text{eff}} = c/v_g$로 쓴다. 그리고 식 (4.5)와 $n_{\text{eff}} = c\beta/\omega$를 이용하고 식 (3.4)로부터 자유공간 전파상수 $k_0 = \omega/c$이므로 최종적으로

$$n_{\text{eff}} = \frac{\beta}{k_0} \tag{4.6}$$

이 되고, 식 (4.3)으로부터 다음과 같은 결과식을 얻을 수 있다.

$$n_{\text{eff}} = n_1 \sin\theta \tag{4.7}$$

물질의 굴절률이 비유도파 진행에 영향을 주듯이 유효 굴절률은 유도 전파 문제를 푸는 열쇠이다. 실제로, 파장의 변화에 따라 물질 자체의 굴절률이 변화하는 것과 마찬가지로 유효 굴절률도 파장에 따라 변한다. 식 (3.7)을 이용하면 도파로에서 측정된 파장은 다음과 같다.

$$\lambda_g = \lambda_0/n_{\text{eff}}$$

필름 바깥쪽의 소멸전계는 식 (3.35)에서 주어진 감쇠율로써 지수 함수적으로 감쇠한다. 그 때, $y \geq d/2$인 상부 유전체층에서 그 소멸전계는

$$E = E_2 e^{-\alpha(y-d/2)}\sin(\omega t - \beta z) \tag{4.8a}$$

이고, $y \leq -d/2$인 하부 유전체층에서는

$$E = E_2 e^{\alpha(y+d/2)}\sin(\omega t - \beta z) \tag{4.8b}$$

으로 주어진다. 여기서 E_2는 $y = d/2$인 위쪽 경계면과, $y = -d/2$인 아래쪽 경계면에서 전계의 최대치이다.

이 경우 임계각보다 큰 각에서부터 90° 사이의 모든 각에 대하여 전반사가 일어난다. 각이 90°인 광선은 그림 4.1에서 보듯이 도파로를 따라 수평으로 전파한다. 이 직선으로 전

파하는 광은 $\theta = 90°$이므로 그 유효 굴절률은 $n_{\text{eff}} = n_1$이다. 따라서 평판에 평행하게 진행하는 광선은 전송 필름에만 의존하는 유효 굴절률을 가진다. 또한, 임계각으로 진행하는 광선은 $\sin\theta = n_2/n_1$이므로 식 (4.7)은 $n_{\text{eff}} = n_2$가 된다. 그러므로, 임계각으로 전파하는 광선의 유효 굴절률은 오직 바깥 매질에만 의존한다. 결국, 임계각 광선은 다른 어떤 유도광선보다 도파로의 축(즉, xy평면)에 대해 더욱 가파르게 진행한다. 지금 우리는 유효 굴절률은 필름과 필름을 둘러싼 매질에 의해 한계값이 결정된다는 것을 알게 되었다. 전파되는 파동의 모든 광선각은 θ_c와 90° 사이에 존재하고 유효 굴절률은

$$n_2 \leq n_{\text{eff}} \leq n_1 \tag{4.9}$$

와 같은 범위에서 나타난다.

4.2.1 모드조건

임계각과 90° 사이의 방향을 갖는 모든 파동이 전반사에 의해 필름 내에 갇히는 것은 사실이다. 그러나, 이 모든 파동이 도파로 구조를 따라 전파하는 것은 아니다. 실제로 오직 특정한 광선 방향만이 전파된다. 전파가 허용된 광선 방향은 도파로 모드에 해당되며, 3.4절에 설명된 공동 공진(cavity resonance)과의 유사성을 이용하면 이들 모드의 존재를 이해할 수 있다. 3.4절에서 안정된 간섭 패턴, 즉 공동의 모드는 모든 광선이 전반사가 될지라도 왕복진행을 마친 위상변이가 2π[rad]의 정수배일 때만 존재한다. 따라서 왕복진행시 위상변이를 $\Delta\phi$로 나타내면 공동 공진조건은

$$\Delta\phi = m2\pi \tag{4.10}$$

으로 쓸 수 있다. 여기서, m은 정수이다. 고정된 공동길이에 대해 수많은 파장들이 이 식을 만족시킬 수 있다. 평판 도파로 역시 두 개의 반사경계면이 있으므로 역시 공동으로 간주할 수 있다. 단지 평판 도파로에서는 파동이 같은 경로를 따라 왕복하는 것이 아니라 축에 대한 임의의 각도로 전파한다는 것이다. 상하로 진행하는 이들 파동들은 겹치고 간섭한다. 안정된 간섭 패턴을 얻기 위해 이들 파동들은 식 (4.10)의 공진조건을 만족해야 한다. 그림 4.3에서 보듯이 위상 천이는 완전한 지그재그 1주기 경로에서 발생한다. 이 천이는 진행경로에서 일어나는 것과 두 개의 반사경계면에서 일어나는 위상 천이의 합이다. 이 중에

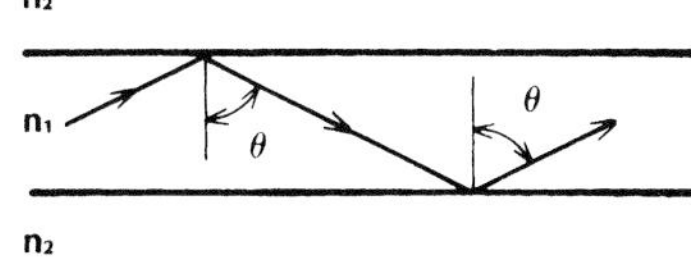

그림 4.3
전파 모드의 한 주기 지그재그 경로. 파동의 위상은 그 경로와 반사경계면에 의하여 천이된다.

두 개의 반사경계면에서 발생하는 위상변이는 반사계수식을 이용하여 결정한다. 즉, 반사로 인한 위상 천이는 식 (3.29)나 식 (3.30)으로 계산된 복소수 반사계수의 각을 의미한다.

광선 방향이 변하면 경로길이도 변하며, 이로 인해 고정된 파장에 대하여 전체 위상 천이값이 변경된다. 이것으로부터 여러 개의 이산적인 각도만이 식 (4.10)을 만족한다는 것을 알 수 있다. 이 각도로 전파하는 파동들이 도파로에서 전파가능한 바로 그 모드이다. 만약 식 (4.10)을 만족하지 않는 각도를 갖는 파동은 파괴적인 간섭으로 인하여 급격히 감소한다.

4.2.2 TE와 TM 편광

평면 경계반사의 경우와 같이 파동을 입사평면에 대한 2개의 수직과 수평편광으로 나누어 생각한다. 그림 4.1에서 yz평면이 입사평면이다. x축 방향의 전계를 수직편광 또는 s편광이라 한다. 이러한 편광을 가진 파동은 실제 진행 방향인 z축에 대해 가로지르는 xy평면에만 전적으로 존재하므로 **횡방향 전계**(transverse electric: TE)라고 한다. 그림 4.4는 수평편광 또는 p편광을 나타낸다. 이 경우 전계는 더 이상 횡방향에 존재하지 않는다. 그러나, 이 편광에 대하여 x축 방향의 자계는 완전히 횡방향 성분을 나타낸다. 그러므로, p편광을 평판에서의 **횡방향 자계**(transverse magnetic: TM)라고 한다.

4.2.3 TE 모드도표

횡방향 평면에서 우수대칭을 갖는 우함수형 TE 모드에 대한 식 (4.10)의 해는

$$\tan\frac{hd}{2} = \frac{1}{n_1\cos\theta}\sqrt{n_1^2\sin^2\theta - n_2^2} \tag{4.11}$$

이다. 여기서 $h = k\cos\theta = (2\pi n_1\lambda)\cos\theta$이며, λ는 자유공간 파장이다. 일반적으로, 자유공간 파장을 표시하기 위하여 λ_0를 사용한다. 그러나, 기호의 간소화를 위하여 앞으로 그 첨자를 생략하고 사용하기로 한다. 이 책을 통하여 특별한 언급이 없는 한 λ는 자유공간 파장을 나타낸다. 기함수형 모드의 경우는 $hd/2$가 $(hd/2)-(\pi/2)$로 바뀐다. 주어진 필름 두께에 대하여 광선각 θ를 식 (4.11)로부터 직접 결정하는 것은 어렵다. 그러므로, θ_c와 90° 사이의 여러 광선각을 선택한 후 그에 대응하는 두께의 변화를 그림으로 도시하면 두께와 도

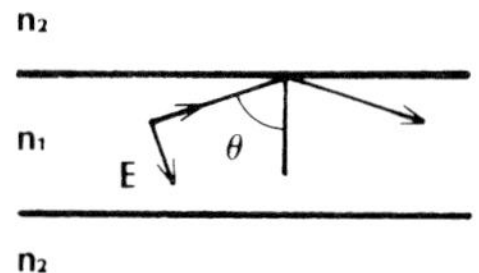

그림 4.4
평판 도파로에서의 TM 파동(p편광)

파각 사이의 관계를 쉽게 결정할 수 있다. 다음의 예에서 그 방법을 예시하고자 한다.

대칭형 평판에 대하여 $n_1 = 3.6$, $n_2 = 3.55$라 놓자. 이 값들은 AlGaAs의 이중 헤테로 접합(double heterojunction) 레이저의 특성값으로, 제6장에서 논의하게 될 광원의 일종이다. 이 구조에서 임계각은 $\theta_c = \sin^{-1}(n_2/n_1) = 80.4°$이다. 이때, 필름에 갇혀 전파하는 광선의 각도 범위는 $80.4° \leq \theta \leq 90°$이고, 그 유효 굴절률의 존재 범위는 $3.55 \leq n_{eff} \leq 3.6$이다. 표 4.1은 식 (4.11)을 사용하여 계산된 항목들의 계산치를 보여준다. 이 표에서 1번 열은 선택한 각도이고, 2번 열은 식 (4.7)을 이용하여 계산된 유효 굴절률이다. 3번 열은 식 (4.11)의 좌측 항을 계산한 값이다. $\tan(hd/2)$ 값으로부터 hd는 결정되며, 이 값들이 라디안(radian) 단위로 4번 열에 주어졌다. $hd = (2\pi/\lambda)n_1 d\cos\theta$로부터, 우리는 다음의 식을 이용하여 d/λ를 계산할 수 있다.

$$\frac{d}{\lambda} = \frac{hd}{2\pi n_1 \cos\theta}$$

이 식의 분모값은 5번 열에 나타내었다. 이때, 6번 열에 주어진 d/λ 값은 4번 열을 5번 열로 나누어 얻을 수 있다. 이 결과가 마지막 열에 주어졌다. 만일 자유공간 파장이 제시되면, 그 때 두께를 계산할 수 있다. 그러므로, 정규화된 형태인 d/λ는 매우 유용한 변수이다. TE_0에 대한 표 4.1에 계산된 결과를 그림 4.5에 도시하였다. 이와 같은 형태의 그림을 **모드도표**(mode chart)라고 한다.

이 모드도표로부터 TE_0에 관한 몇 가지 결론을 내릴 수 있다. 필름 두께가 $d/\lambda \ll 1$로 매우 작을 때 그 광선은 거의 임계각에 가깝게 진행하고 유효 굴절률은 외부 매질의 굴절률인 n_2가 된다. 박막 필름의 경우 파동은 필름 밖으로 깊이 침투한다. 왜냐하면 광선이 임계각에 가깝게 진행하기 때문이다. 이 경우 소멸전계의 감쇠는 3.6절에서 논의한 바와 같이 필름 밖에서 천천히 감소한다. 필름 두께가 커짐에 따라 광선은 더욱 큰 각도로 진행한다. 그것은 광선이 도파로 축에 더욱 평행하게 진행하며, 유효 굴절률은 n_1과 n_2 사이에 있음을 의미하는 것이다. 필름 두께가 $d/\lambda \gg 1$로 매우 두꺼운 경우 유효 굴절률은 필름 자체의 굴

표 4.1 TE_0 모드 계산

θ	n_{eff}	$\tan(hd/2)$	hd	$2\pi n_1 \cos\theta$	d/λ
80.4°	3.550	0	0	3.757	0
82°	3.565	0.651	1.155	3.148	0.367
84°	3.580	1.235	1.780	2.364	0.753
86°	3.591	2.161	2.275	1.578	1.442
88°	3.598	4.653	2.718	0.789	3.445
90°	3.600	∞	3.142	0	∞

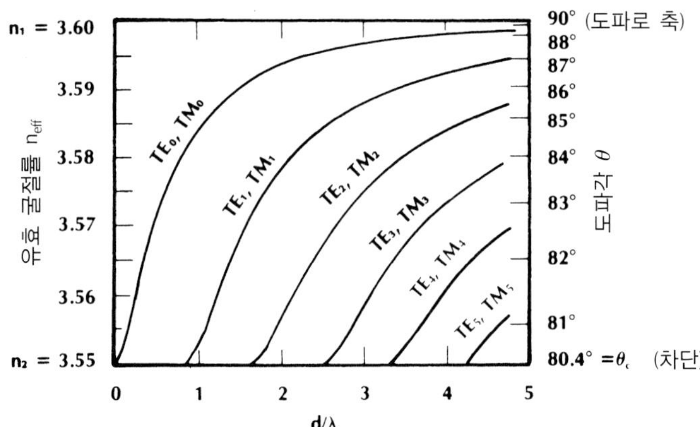

그림 4.5
대칭형 평판에 대한 모드도표.
$n_1 = 3.6$, $n_2 = 3.55$.

절률이 된다. 이 경우에 임계각을 훨씬 초과한 각으로 진행하는 소멸전계에 관해 3.6절에서 논의한 바와 같이 파동은 필름 바깥층에서 급격히 감소한다.

4.2.4 고차 모드

식 (4.11)의 접선방정식은 주기 함수이므로 많은 해를 가진다. 임의의 주어진 도파각에 대하여 그 방향으로 광선이 진행하도록 허용하는 필름 두께값은 여러 개 있을 수 있다. 표 4.1은 가장 작은 정규화 두께를 갖도록 식 (4.11)로부터 구한 값들이다. 이 가장 작은 해를 $(d/\lambda)_0$로 표기하고 우수 그리고 기수모드들을 포함하는 나머지 해는 다음과 같다.

$$(d/\lambda)_m = (d/\lambda)_0 + \frac{m}{2n_1 \cos\theta} \tag{4.12}$$

여기서, m은 양의 정수를 나타낸다. 각각의 m 값은 도파로가 도파를 허용하는 다른 모드를 나타낸다. 인접한 모드 간의 정규화 두께는

$$\Delta(d/\lambda) = \frac{1}{2n_1 \cos\theta} \tag{4.13}$$

의 크기로 증가한다.

대칭형 AlGaAs 도파로에 대하여, 식 (4.13)을 계산한 후 $(d/\lambda)_0$에 연속적으로 더하여 고차 모드들의 그 값을 결정한다. 처음 6개의 TE 모드에 대한 그 결과가 표 4.2에 주어졌으며, 그 모드도표가 그림 4.5에 도시되어 있다. 고정된 두께와 파장에 대해 그 도표는 여러 해가 존재함을 보여주고 있다. 다음 예제에서 이점을 예시할 것이다.

표 4.2 TE_m 모드 계산

θ	n_{eff}	TE_0 $(d/\lambda)_0$	$\Delta(d/\lambda)$	TE_1 $(d/\lambda)_1$	TE_2 $(d/\lambda)_2$	TE_3 $(d/\lambda)_3$	TE_4 $(d/\lambda)_4$	TE_5 $(d/\lambda)_5$
80.4°	3.550	0	0.836	0.836	1.672	2.508	3.344	4.18
82°	3.565	0.367	0.998	1.365	2.363	3.360	4.358	5.356
84°	3.580	0.753	1.329	2.082	3.410	4.739	6.068	7.397
86°	3.591	1.442	1.991	3.433	5.424	7.415	9.406	11.40
88°	3.598	3.445	3.980	7.425	11.40	15.38	19.36	23.34
90°	3.600	∞	∞	∞	∞	∞	∞	∞

예제 4.1

$d = 1.64\ \mu$m인 AlGaAs 도파로에서 도파각과 유효 굴절률 그리고 TE 모드 수를 구하라. 자유공간 파장은 $\lambda = 0.82\ \mu$m이다.

풀이: 먼저 $d/\lambda = 2$이므로, 이 값에 대하여 그림 4.5는 3개의 해를 보여준다. 그 값들은 다음과 같다.

$$TE_0,\quad n_{eff} = 3.594,\quad \theta = 86.7°$$
$$TE_1,\quad n_{eff} = 3.578,\quad \theta = 83.7°$$
$$TE_2,\quad n_{eff} = 3.577,\quad \theta = 81.1°$$

이 3개의 모드는 도파로에 동시에 존재한다. 그리고, 각기 다른 각도와 유효 굴절률을 갖고 진행한다.

예제 4.1에서 TE_3 모드는 d/λ가 충분히 크지 않기 때문에 진행할 수 없다. 이 모드와 그 이상 고차 모드(즉, $m \geq 3$인 모드)는 차단(cutoff)된다. 주어진 모드에 대한 도파각이 임계각과 일치하면 모드는 차단된다. 이 조건을 식 (4.11)에 적용하면 m차 TE 모드의 차단조건은

$$(d/\lambda)_{m,c} = \frac{m}{2\sqrt{n_1^2 - n_2^2}} \tag{4.14}$$

이 된다. 만일 d/λ가 이 값보다 작으면 m차 모드는 진행할 수 없다. 따라서, m에 대해 위 식을 풀면 주어진 필름 두께가 허락하는 전파 모드의 수를 결정할 수 있다. 전파할 수 있는 최고차 모드는 다음 식의 정수부분에 해당되는 m값이다.

$$m = \frac{2d\sqrt{n_1^2 - n_2^2}}{\lambda} \tag{4.15}$$

최저차 모드는 $m = 0$이므로 전파되는 TE 모드의 수는 대칭 평판의 경우

$$N = 1 + \frac{2d\sqrt{n_1^2 - n_2^2}}{\lambda} \tag{4.16}$$

의 정수값이다.

모드 수를 최소화하기 위해서는 d/λ를 작게 하거나 n_2를 n_1에 가까운 값으로 선택해야 한다. 만약 TE_0 모드만을 도파시키기 원한다면 식 (4.14)로부터 다음 식이 만족되어야만 한다.

$$\frac{d}{\lambda} < \frac{1}{2\sqrt{n_1^2 - n_2^2}} \tag{4.17}$$

이 경우 $m = 1$인 모드와 그보다 큰 고차 모드 전부가 차단된다.

예제 4.2

$\lambda = 0.82\ \mu m$에서 AlGaAs 평판 도파로에 단 1개의 모드만이 도파하도록 하려 한다. 허용가능한 최대 필름 두께는 얼마인가?

풀이: 식 (4.17)을 사용하면 최대 두께 d는

$$d = \frac{0.82}{2\sqrt{3.6^2 - 3.55^2}} = 0.686\ \mu m$$

이다. 도파로에 단 1개의 TE 모드만이 도파하려면 필름의 두께가 얼마나 얇아야 하는지를 주시하라.

다중모드 도파로(multimode waveguide)는 두 개 이상의 도파 모드가 도파되도록 설계된 도파로이다. 그림 4.5에서 보듯이 고정된 두께를 갖는 도파로에서 고차 모드는 저차 모드보다 더 작은 각도로 진행한다. 이것은 고차 모드의 광선이 저차 모드보다 도파로 축에 대하여 더욱더 가파르게 진행한다는 것은 의미한다. 이 상황은 그림 4.6에 나타나 있다.

4.2.5 TM 모드도표

이제 TM 모드에 대한 모드도표를 고려하자. 이와 같이 편광된 우함수형 TM 모드에 대하여 식 (4.10)의 해는

그림 4.6
고차 및 저차 모드의 광선 경로

$$\tan\frac{hd}{2} = \frac{n_1}{n_2^2 \cos\theta}\sqrt{n_1^2 \sin^2\theta - n_2^2} \tag{4.18}$$

이다. 기함수형 모드인 경우, $hd/2$는 $(hd/2) - (\pi/2)$로 대치된다. 식 (4.18)은 TE 모드식과 다르다. 그러나, 만일 n_1이 n_2에 근접한 값이라면 그 차이점은 무시된다. 이 조건은 $n_1 = 3.6$, $n_2 = 3.55$인 AlGaAs 예제에서도 만족되므로 TM 모드는 앞서 얻어진 TE 모드에 대한 내용과 거의 동일한 특성을 나타낸다. 이것이 바로 그림 4.5가 TE와 TM 모두를 지칭하는 이유이다. 이들은 유효 굴절률과 도파각도가 같지만 두 모드의 전계 벡터들은 상호직교 방향으로 존재한다. 그 같은 전파상수를 가진 두 모드를 우리는 **축퇴되었다(degenerated)**고 한다. 현 예제에서는 같은 차수의 TE와 TM 모드는 거의 축퇴되었다.

심지어 n_1이 n_2와 거의 같지 않을 때에도 TE_m과 TM_m 모드의 차단값은 서로 같다. 그러므로, 식 (4.14)는 두 경우 모두에 적용될 수 있다. 그 때, 도파하는 TM 모드의 수는 식 (4.16)의 정수값이 나타내는 TE 모드 수와 같게 된다. 결국, 도파하는 전체 모드의 수는 식 (4.16)에서 결정된 TE 모드 수의 2배가 된다. 무시할 정도의 작은 두께에서도 TE나 TM 모드는 도파가 가능하므로 필름 두께를 얇게 만드는 것만으로 단일모드 동작을 얻는 것은 불가능하다. 단일모드는 식 (4.17)을 만족하는 입사된 광을 TE_0나 TM_0 모드에 해당되는 방향으로 편향시킴으로써 얻을 수 있다. 불연속성이나 불완전한 도파로는 광을 편향시키지 못하고 원하지 않는 모드를 여기시킬 수 있으므로 이러한 기술을 사용할 때는 주의해야 한다.

4.2.6 모드 패턴

도파로 축과 직각인 평면상에서의 광 변화를 **횡측 모드 패턴**(transverse mode pattern)이라 한다. 식 (4.4)에 의하면 필름에서의 그 전계는 횡단면을 따라 정현적으로 변한다. 필름 밖에서는 식 (4.8)과 같이 지수적으로 감쇠하는 소멸전계가 나타나며, 필름 바깥으로의 그 침투량은 모드 차수 m이 커짐에 따라 증가한다. 모드 차수 m이 증가함에 따라 광선 각도가 임계각에 접근하고, 3.6절에서 논의된 바와 같이 광선 각도가 θ_c에 접근함에 따라 파동의 침투가 커지기 때문에 이와 같은 현상이 발생한다. 그 때, 고정된 두께와 파장에 대하여 모드들은 각기 다른 패턴을 갖는다. 그림 4.7에 몇 개의 모드에 대한 그림이 도시되어 있다.

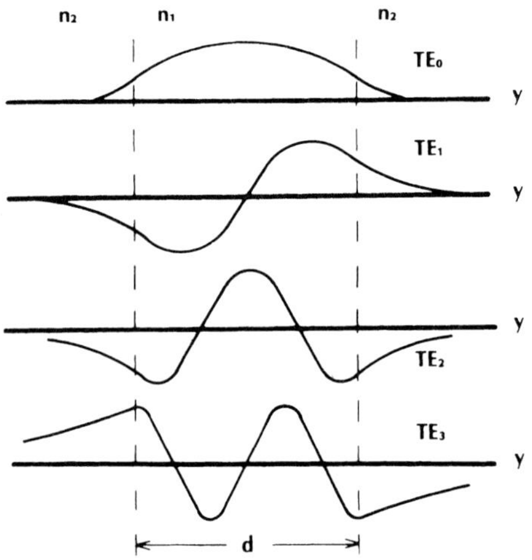

그림 4.7
대칭 평판 도파로에서의 횡측 모드 패턴

그림에서 보듯이 모드가 횡단면을 지나는 횟수는 모드 차수 m과 같음을 확인할 수 있다. 또한, 그림으로부터 모드는 우함수 또는 기함수 형태로 발생함을 알 수 있다.

실제 도파로에서 파동은 흡수와 산란에 의해 감쇠된다. 산란은 물질의 비균질성과 경계면에서의 결점 때문에 발생한다. 도파로에서 저차 모드는 한쪽 끝에서 다른 쪽 끝으로 거의 직선적인 경로를 따라 진행하는 데 비해, 가파른 각도를 갖는 고차 모드는 필름 속을 지그재그 경로를 따라 진행하므로 훨씬 먼 진행을 한다. 이 때문에 고차 모드는 훨씬 큰 흡수 손실을 겪는다. 산란은 광선 경로의 이탈을 초래한다. 고차 모드들을 포함하는 차단조건 근처에서 형성된 모드들은 이미 임계각에 가까운 광선이다. 그러므로, 그 임계각 아래로 쉽게 벗어날 수 있으며 모드 에너지가 쉽게 기판으로 복사된다. 결국, 고차 모드들은 기판으로 깊숙이 침투되며 그 층에서 더욱 쉽게 흡수된다. 그러므로, 고차 모드들은 저차 모드들보다 더욱 빠르게 감쇠한다.

4.3 비대칭 평판 도파로에서의 모드

비대칭 평판은 집적광학 회로에서 가장 널리 사용되는 구조이다. $n_1 = 2.29$, $n_2 = 1.5$, 그리고 $n_3 = 1.0$인 도파로를 고려하자. 이것은 유리 기판 위에 아연황화물(ZnS) 필름을 입히고 그 필름을 공기 중에 노출시킨 도파로이다. 동작 파장 1.06 μm에서 ZnS의 굴절률은 $n_1 = 2.29$이다. 0.6 μm에서 1.4 μm 사이의 n_1은 2.37과 2.28 사이에 걸쳐 나타난다. ZnS와 공기 경계면에서 임계각 $\theta_c = \sin^{-1}(1.2/2.29) = 25.9°$이고, ZnS와 유리 경계면에서 $\theta_c = \sin^{-1}(1.5/2.29) = 41°$이다. 따라서 41°에서 90° 사이의 광선이 ZnS 필름에 갇힌다. 25.9°와 41°

사이의 광선은 ZnS와 공기 경계면에서 전반사가 되나 ZnS와 유리 경계면에서는 아니다. 즉, 이들 광선들은 기판으로 새어 나가 높은 손실을 발생한다. 그러므로, 이 범위를 제외한 나머지 41°에서 90° 사이에서 완전히 갇힌 파동만을 고려한다. n_{eff}의 한계값은 식 (4.7)의 $n_{eff} = n_1 \sin\theta$로부터 구한다. $\theta = 90°$일 때 $n_{eff} = n_1$이다. ZnS와 유리 경계면의 임계각에서 $\sin\theta = n_2/n_1$이므로 $n_{eff} = n_2$이다. 따라서 비대칭 평판의 유효 굴절률은 다음과 같은 범위 내에 존재한다.

$$n_2 \le n_{eff} \le n_1 \tag{4.19}$$

모드도표가 그림 4.8에 있다. 이 도표는 식 (4.11) 및 식 (4.18)과 유사한 해로부터 결정된 값들이다. 이러한 유사성과 해의 복잡성 때문에 그림 4.8을 얻기 위한 식들이 생략되었다. 모드도표는 차수가 낮은 10개의 TE와 TM 모드만을 보여주고 있다. 대칭 평판과는 달리 비대칭 평판의 최저차 TE_0 모드의 차단조건은 두께가 0일 때 발생하지 않는다. 모드도표에서 보듯이 $d/\lambda < 0.05$일 때 전파하는 파동은 존재하지 않으며 그 도파로는 그 때 차단 상태가 된다.

n_1, n_2, 그리고 n_3는 서로 다른 값을 나타내므로 TE와 TM 모드는 축퇴되지 않고 잘 분리된다. 실제, 단일모드 도파로는 차단된 TM_0 모드와 차단되지 않은 TE_0에서 존재한다. 그림 4.8에서 보듯이, 이것은 TM_0 모드의 차단값이 $d/\lambda < 0.12$일 때 일어난다. 1 μm 차수의 파장에서 단일모드 ZnS 평판은 0.12 μm보다 작은 두께를 가져야 된다. 집적광학 회로는 보통 단일모드, 비대칭구조로 제작된다. 단일모드 전파를 위한 박막 필름은 확산, RF (radio-frequency) 스프터링(sputtering), 진공 증착, 그리고 이온 주입 등의 기술을 사용하여 제작한다.

비대칭 평판의 모드 패턴은 대칭 도파로에서의 모드 패턴과 유사하다. 모드를 나타내는 차수 m도 역시 영점을 교차하는 횟수를 의미한다. 비대칭은 양쪽 경계면에서의 전계 크기

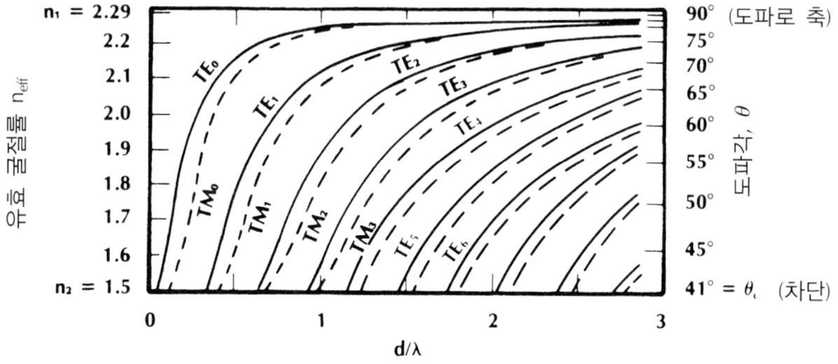

그림 4.8
비대칭 평판 도파로에 대한 모드도표. $n_1 = 2.29$, $n_2 = 1.5$, $n_3 = 1.0$.

그림 4.9
비대칭 평판 도파로에서의 횡측 모드 패턴

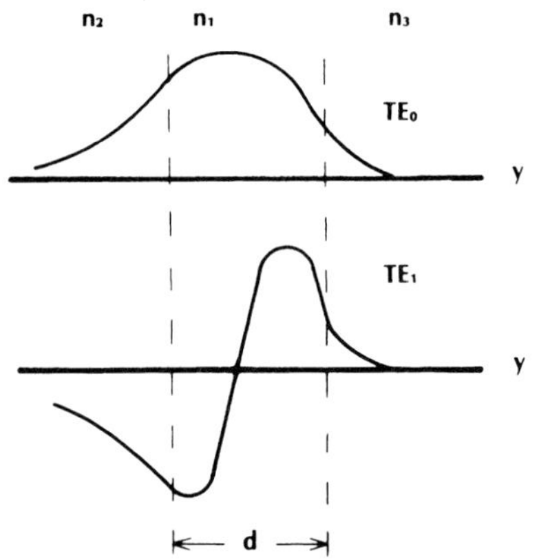

가 같지 않고, 상하 유전층에서 각기 다른 비율로 전계가 감쇠하는 원인이 된다. 그림 4.9의 모드 패턴은 이런 특징들을 잘 보여주고 있다.

4.4 도파로 결합

유전체 평판 도파로에 광을 결합시키는 데는 여러 가지 방법이 있다[3]. 우리는 단면 결합(edge coupling), 프리즘 결합(prism coupling) 그리고 격자 결합(grating coupling) 기술에 대해 알아본다.

4.4.1 단면 결합

그림 4.10에서 보듯이 직접 단면 결합 혹은 버트(butt) 결합은 간단하고 효과적으로 보인다. 그림에서 보듯이, 레이저 다이오드나 발광 다이오드가 필름 끝 단면에 부착되어 있다. 그러나, 정확히 고려하면 여러 가지 문제가 있음이 분명하다. 광원으로부터 필름으로 효율적인 광 전송을 위해서는 광원의 발광 영역이 필름보다 작아야 한다. 그렇지 않으면 광원의 일부 출력이 광의 유도 영역인 필름 밖으로 입사되는데, 이 광은 손실이 된다. 앞 절에서 언급하였듯이 몇 개의 도파 모드만을 갖기 위해 평판은 1 μm 정도의 필름 두께를 가져

그림 4.10
직접 단면 결합

야 한다. 그러나, 출력은 광원 자체의 크기에 비례하므로 이러한 광원은 출력이 매우 작다.

두 번째 문제는 광의 횡방향 복사 패턴과 허용된 도파로 모드 패턴 사이의 차이에서 나타난다. 완전한 결합이 되기 위해서는 이들 패턴이 일치하여 정합된 상태를 가져야 한다. 이 문제점을 달리 기술하면 다른 모드들과 관련된 광선에 기인한다. 전송가능한 모드는 특정각 θ로 필름을 지그재그식으로 통과하는 평면파이다. 이러한 특정 모드를 여기하려면 내부각이 원하는 값 θ가 되도록 평판에 입사한 평면파를 가져야 한다. 그림 4.11에 이 상황이 잘 나타나 있다. 여기서 입사광은 굴절률이 n_0인 매질에 있는데, 입사 영역은 보통 $n_0 = 1$인 공기이다. 내부각 θ에 상응되는 입사각 α_0를 구하기 위해 스넬 법칙을 사용하면 $n_0 \sin \alpha_0 = n_1 \sin \alpha_1$ 혹은

$$n_0 \sin \alpha_0 = n_1 \sin(\pi/2 - \theta) = n_1 \cos \theta \tag{4.20}$$

이다. 이 식에서 α_0가 충분히 커지면 θ는 임계각 아래로 떨어져 파동은 진행하지 못한다. 가장 큰 α_0 값은 θ가 임계각 θ_c일 때이다. 아래 경계면에서 $\sin \theta = n_2/n_1$이고 위 경계면에서 $\sin \theta = n_3/n_1$이다. 손실 없이 전파되기 위해서는 θ가 이 두 θ값보다 커야 한다. $n_2 > n_3$라고 가정하면 임계각에서 $\sin \theta = n_2/n_1$이고 결국 $\cos \theta = \sqrt{n_1^2 - n_2^2}/n_1$이다. 이 값을 식 (4.20)에 대입하면 도파로의 개구수는 다음과 같다.

$$\text{NA} = n_0 \sin \alpha_0 = \sqrt{n_1^2 - n_2^2} \tag{4.21}$$

이 식으로부터 얻어진 각보다 큰 입사각의 파동은 필름으로 유도되지 못한다. α_0의 이 최대값을 도파로 **허용수광각**(acceptance angle)이라 한다. 광시스템에서 광을 모을 수 있는 성능을 설명할 때 사용되는 용어인 개구수는 이미 2.4절에서 논의되었다. 만일 LED와 레이저 다이오드가 광을 발하는 각도 영역이 도파로 허용수광각보다 크다면 입사광 전력의 일부를 잃게 될 것이다. 오직 허용수광각 이내의 광만이 도파로에 갇힐 것이다. 또한, 허용각 내로 입사한 광선도 필름 내에서 전송가능한 허용각을 갖는 광선이 아니라면 그 전력 역시 도파로에 의해 거절될 것이다.

그러므로, 그림 4.5와 같은 대표적인 모드도표를 참고하면서 다음 내용에도 주목해야 한

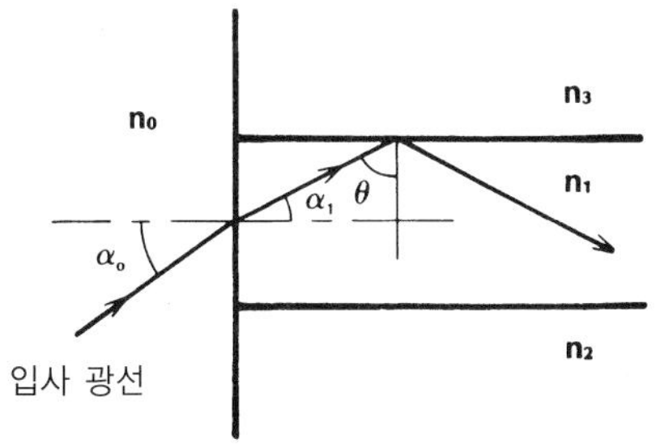

그림 4.11
입사 광선과 내부 광선 방향

다. 규격화된 두께가 작은 경우, 단지 몇 개의 모드만이 존재하고 넓은 범위의 도파각도를 갖는다. 입사 광선은 이들 도파각도와 정합되어야 한다. 많은 모드를 갖는 도파로는 이산 허용각도들이 매우 조밀하게 분포한다. 모드도표에서 규격화 두께가 큰 값을 가질 때 이와 같은 결과가 나타난다. 따라서, d/λ가 충분히 크면 각도들이 매우 근접하게 위치하므로 θ_c와 90° 사이에 나타난다. 그러므로, 도파로는 수광허용각 내의 모든 입사광을 입사시킨다. 개구수는 충분히 두꺼운 도파로가 얼마나 많은 모드를 지지할 수 있는가를 나타내는 각 집광 능력(angular light-gathering ability)을 측정하는 유용한 방법이다. 이는 광파이버에도 널리 사용된다. 박막 필름이 받아들이는 광 전력은 입사 광선 방향과 도파로 허용 모드가 갖는 도파각도 간의 일치 여부에 달려 있다. 따라서, 한 개 혹은 몇 개의 모드만이 존재하는 도파로에서 입사 전계 패턴과 도파로 모드 패턴을 일치시키는 것은 결합 효율의 결정에 중요하다. 고 다중모드의 경우에 입사 에너지는 여러 모드들 간에 분포된다.

비굴절률차(fractional refractive index change)를 다음과 같이 정의하는 것이 편리하다.

$$\Delta = \frac{n_1 - n_2}{n_1}$$

두 굴절률이 거의 같을 때 비굴절률차를 이용하면 식 (4.21)의 개구수는

$$\mathrm{NA} = n_1\sqrt{2\Delta}$$

로 쓸 수 있다.

필름에 입사되지 않은 광선에 대한 관찰이 도파로에서 가능하다. 이 광선은 단지 광을 100% 반사하지 않을 뿐이지 약간은 반사한다. 이런 광선들은 경계면에서 계속적인 반사로 인한 복사 손실로 파동의 크기가 지속적으로 감소하면서 필름을 따라 지그재그로 진행한다고 생각할 수 있다. **복사 모드**(radiation mode)는 긴 도파로의 끝에서는 보잘 것 없지만, 여기되는 지점으로부터 가까운 거리 내에서는 상당히 크다. 어떤 광선은 상하 물질의 바깥 경계에서 임계각 반사를 일으켜 다시 갇힐 수도 있다. 그림 4.12에 대칭 평판 도파로의 경우가 예시되어 있다. 광파이버에서 이 모드가 관찰될 때를 **클래딩 모드**(cladding mode)라 한다.

그림 4.12
대칭 평판 도파로에서의 클래딩 모드. $n_1 > n_2 > n_0$.

■ 예제 4.3 ■

대칭형 AlGaAs 평판 도파로의 개구수와 수광허용각을 계산하라. 여기서, $n_1 = 3.6$, $n_2 = n_3 = 3.55$ 그리고 $n_0 = 1$이다.

풀이: 식 (4.21)을 사용하면 $\mathrm{NA} = n_0 \sin \alpha_0 = \sqrt{3.6^2 - 3.55^2} = 0.598$이므로 $\alpha_0 = 36.7°$이다. 두꺼운 필름은 ±36.7° 범위 내로 입사한 모든 광을 받아들인다.

그림 4.13에서 보는 바와 같이 도파로가 n_0 영역으로 복사를 허용한다고 가정하자. 광선은 허용 입사 광선과 같은 각도로 복사한다. 그러므로, 식 (4.21)은 고 다중모드 필름으로부터 광선이 나오는 범위를 말해 준다. 마지막 예제에서 두꺼운 필름은 ±36.7° 범위에 걸쳐 광을 모두 복사한다. 얇은 필름은 이 범위 내에 존재하는 이산 도파 모드 패턴으로 광을 복사할 것이다. 어떤 한 모드가 복사하는 광의 정확한 분포는 회절에 의해 결정된다.

식 (4.21)에서 큰 수광각은 굴절률 n_1과 n_2 사이에 큰 차가 있음을 말한다. 이 경우, 광을 모으는 효율은 커지지만 식 (4.16)으로부터 모드 수가 많아짐을 알 수 있다.

단면 결합시 고려해야 할 또 다른 손실은 파동이 두 유전체 매질에 부딪힐 때마다 일어나는 전송 손실이다. 수직 입사에 대한 전송 손실은 식 (3.28)로 계산된다. ZnS 필름의 반사율은 $R = (1 - 2.29)^2/(1 + 2.29)^2 = 0.154$이다. 광의 약 15%가 반사되고 나머지 85%의 광이 필름으로 들어간다. $n_1 = 3.6$인 AlGaAs 필름의 반사도는 0.319이므로 약 32%가 반사된다. 따라서, 이 손실을 줄이기 위해서는 무반사 코팅을 해야 한다.

이와 같은 결점에도 불구하고 저전력 응용에는 버트 결합이 적합하다. 이는 간단한 설계와 완벽한 구조의 소형화가 그 이점이다.

광원이나 광속이 필름보다 클 때 일어나는 문제는 그림 4.14와 같이 렌즈를 사용하여 광

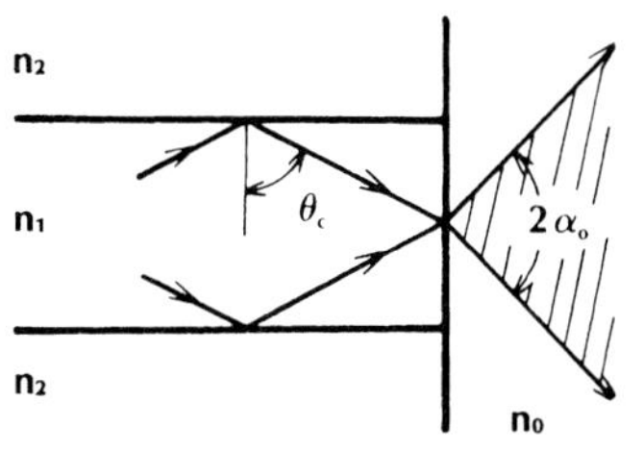

그림 4.13
고 다중모드 도파로에서의 복사

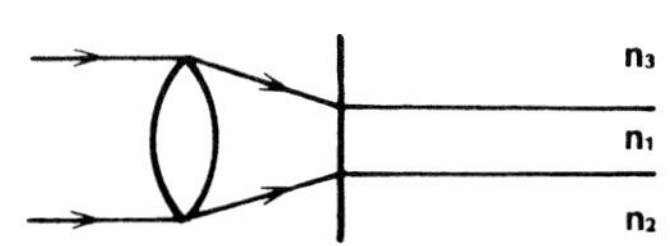

그림 4.14
렌즈를 사용한 단면 결합

속 크기를 줄여 해결한다. 1 μm 나 그 이하의 크기를 갖는 필름에 대해 정렬은 매우 중요한 문제이다. 미소조정을 통해 최적의 결합 효율을 위한 광속, 렌즈, 그리고 필름의 방향을 결정한다. 필름 단면이 완전히 평평하고 깨끗하지 않을 때와 도파로에 입사한 전계 패턴과 도파 모드의 전계 패턴이 정합되지 않을 때에도 여러 가지 손실이 일어난다. 그림 4.14 에서 보듯이, 렌즈에 입사한 광속이 시준화(collimated)되어 나온다. 가스레이저는 쉽게 시준화되는 광속을 만들어 내며, 이때 광의 횡방향 분포는 최저차 모드 TE_0 모드와 거의 같으므로 단일모드 도파로와 고효율의 결합이 가능하다. 이에 비해 레이저 다이오드로의 광은 시준화가 낮아 단일모드 필름과 작은 결합을 일으킨다.

4.4.2 프리즘 결합

그림 4.15 의 프리즘 결합은 단면 결합시 어려운 정렬 문제를 해결하는 데 흔히 쓰이는 기술이다. 광을 유도하는 필름 위의 영역이 공기일 때 집적광학회로에 광을 주입하는 실용적인 방법이다. 시준화된 레이저 광속이 프리즘에 들어가 바닥에서 임계각 반사를 한다. 결국, 입사 파동이 반사 파동과 간섭을 일으켜 프리즘 내에 정재파 패턴이 나타난다. 더욱이, 프리즘 아래 바닥 공기 영역에는 감쇠전계가 존재한다. 이들 전계가 그림에 잘 나타나 있다. 주지하는 바와 같이 도파로 안에서 모든 도파 모드들의 전계 패턴은 필름 위의 공기 영역까지 뻗어 있다. 공기 간격이 반파장 이하라면 프리즘과 필름의 감쇠전계 사이에 상호작용이 발생한다. 즉, 두 구조 사이의 결합이 일어난다. 이 결합은 프리즘으로부터 필름으로 에너지가 공급되는 원인이 된다. 임계각 반사가 일어나는 표면을 지나서 에너지를 추출하는 것이 불가능하게 보인다. 그러나, 전반사 이론은 무한히 확장된 매질 경계에 기반을 둔 것임을 명심하라. 프리즘 근처에 평판 도파로를 두면 문제가 약간 변화된다. 임계각 반사가 일어날 때의 그 에너지 추출을 **좌절된 내부 전반사**(frustrated total internal reflection)라고 한다.

강한 결합을 위해 도파로를 따라 어떤 점에서 필름에 더해지는 전계는 이미 존재하는 파동과 위상이 일치해야 한다. 즉, 프리즘에서 파동의 종방향 전파상수(longitudinal propagation factor)는 필름 내의 파동이 갖는 종방향 전파상수와 같아야 하는데, 이것을 **동기**(synchronous) 혹은 **위상 정합조건**(phase-matching)이라 한다. 프리즘에 대한 식 (4.3)을 사용하면 $\beta_p = k_0 n_p$

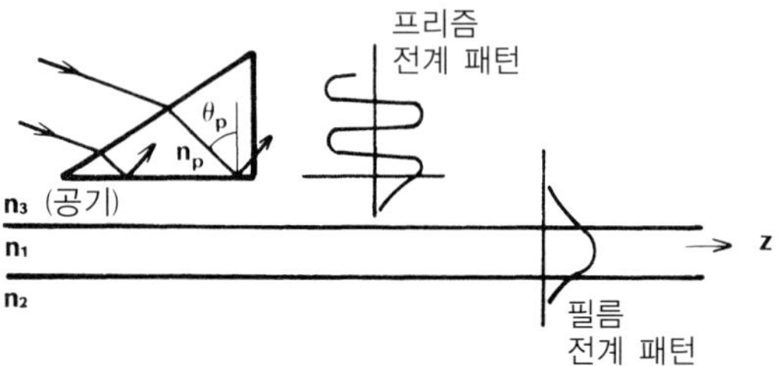

그림 4.15
프리즘 결합. n_3 영역은 공기이다.

$\sin\theta_p$이다. 필름에서는 $\beta = k_0 n_1 \sin\theta$가 된다. 따라서, 동기조건은

$$n_p \sin\theta_p = n_1 \sin\theta \tag{4.22}$$

이다. 이 조건은 단지 도파로 축에 대한 위상변위가 도파 모드와 도파로에 공급되는 파동의 위상변위와 같아야 함을 의미한다.

식 (4.22)의 관계는 매우 중요한 결과를 말해 준다. 어떤 특정 모드이든지 하나의 정해진 각 θ를 갖는다. 이 모드를 여기하려면 동기조건이 만족되도록 θ_p가 조정되어야 한다. 이것은 프리즘에 입사된 레이저 광속의 각도를 변화시키면 쉽게 할 수 있다. 이 레이저 광속의 편광은 반드시 원하는 모드의 편광과 정합시켜야 한다. 단일모드 여기는 특히 프리즘 결합이 편리하다. 프리즘에 의해 여기된 완전한 다중모드 도파로도 단 하나의 여기 모드를 가진다. 만약 도파로가 불완전하거나 불연속점이 존재한다면 광 전력이 다른 허용 모드로 산란될 수 있다.

필름과 기판이 거의 같은 굴절률을 가질 때 θ_c가 90°에 가깝다는 것은 당연하다. 예를 들어, 4.2절에서 논의한 AlGaAs 도파로는 $\theta_c = 80.4°$이다. 이 같은 경우 식 (4.22)에서 $\sin\theta = 1$이 되고 $n_p = n_1/\sin\theta_p$가 된다. 이것은 다음과 같은 조건을 낳는다.

$$n_p > n_1 \tag{4.23}$$

따라서, 고굴절률 물질을 프리즘 결합기로 사용해야 한다. 그런 물질은 쉽게 구할 수 없다. 굴절률이 2가 넘는 금홍석(Rutile)은 고굴절률 필름에 종종 사용되며 유리 같은 저굴절률 필름에는 플린트(flint) 유리 프리즘이 편리하다. 도파로와 프리즘에 사용되는 모든 물질의 굴절률은 파장에 따라 변하므로 식 (4.22)가 다른 파장에서도 만족되기 위해서는 조정이 필요하다는 것을 명심해야 한다.

최대 결합 효율을 얻기 위해서 입력 광속은 프리즘에 대해 바르게 위치해야 한다. 여기서, 스폿 크기가 w인 가우스 광속을 갖는 레이저의 여기를 생각하자. 제2장에서 그러한 광속을 설명했다. 그림 4.16은 두 가지의 가능한 광속 위치를 보여주고 있다. 그림 4.16(a)에서 입력 광속은 프리즘의 끝부분 앞에서 종결된다. 광속의 오른쪽 단면에서 프리즘의 끝단

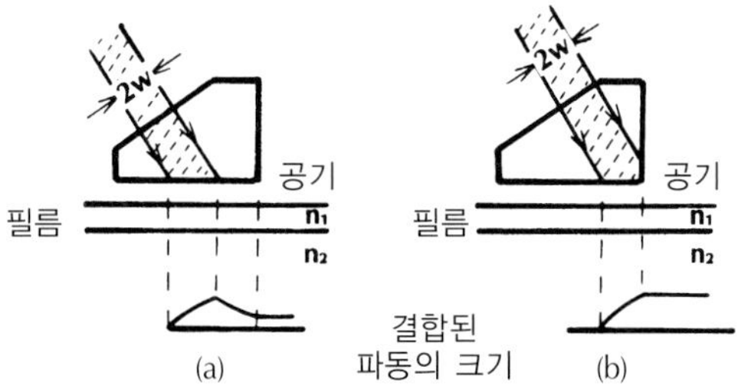

그림 4.16
프리즘 결합을 위한 입력 광선의 위치. (a) 에너지가 필름에서 프리즘으로 역공급된다. (b) 광선이 최대 효율을 얻을 수 있도록 놓여 있다. 필름에서의 파동의 크기를 각 경우에 대하여 나타내고 있다.

그림 4.17
프리즘 출력 결합. 두 도파모드가 다른 각도에서 프리즘에 결합된다. 위쪽 광선에 대하여 파동의 모양이 그려져 있다.

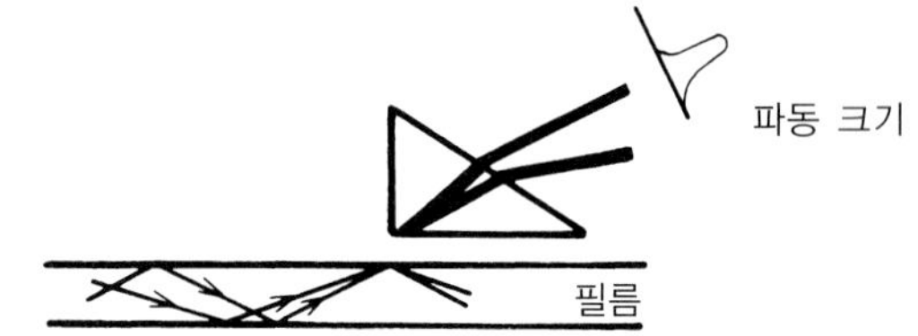

까지의 영역을 생각하자. 이 길이에서는 필름에서 프리즘으로의 역결합이 일어난다. 그림에서 보듯이, 이것은 도파로의 전계를 감쇠시킨다. 따라서, 전체 결합 효율에 손실이 존재한다. 보다 효율적인 결합은 입력 광속을 프리즘 끝으로 더욱 가깝게 이동시킬 때 발생한다. 입사 광속은 중심점을 넘어서면 전력이 감쇠하므로 광속의 오른쪽 단면에서 전력은 필름 속으로 거의 결합되지 않는다. 반면에 필름에서의 전계는 근접한 도파로 위치에서 상당히 크다. 그 강한 도파로 전계는 프리즘에 역으로 결합된다. 어느 지점을 지나면 프리즘으로의 결합이 필름으로의 역결합을 초과하게 되므로, 입력 광속이 종료되기 약간 전에 결합 과정을 종료해야 최적의 효율을 얻을 수 있다. 이렇게 하면 약 81%의 최대 효율을 얻는다.

프리즘과 필름 간의 결합은 가역적이므로 그림 4.17에서 예시하듯이 출력 결합기로 쓸 수도 있다. 동기조건에 의해서 내부 각도가 다른 모드는 다른 방향으로 프리즘을 떠난다. 이 성질을 이용하면 도파로에 실제로 존재하는 모드들을 실험적으로 결정할 수 있다. 출력 광속의 수는 모드 수를 나타내며 출력 각도는 특정한 모드를 가리킨다. 출력 광속을 스크린에 비추면 출력 광속은 m선이라 부르는 형태로 나타난다. 여기서, m은 TE_m과 TM_m 모드의 아래첨자에 해당된다. 모든 전력을 도파로에서 추출할 수 있다. 왜냐하면 결합이 프리즘 바닥을 따라 연속적으로 일어나기 때문이다. 프리즘의 바닥면은 충분히 길어야 한다. 프리즘에서 나오는 광속은 가우스 형태가 아닌 다소 비대칭 분포를 갖고 있음을 그림 4.17이 보여주고 있다. 가역성은 이러한 형태의 광속이 프리즘에 입사한다면, 그 때 결합 효율이 100%임을 말해 준다. 이는 최적의 광속 형태와 최대 결합 효율이 81%를 넘지 못하는 일반적으로 이용하는 대칭형 가우스 광속의 차이점이다.

4.4.3 격자 결합

프리즘 결합기는 여러 가지 단점을 가진다. 즉, 고굴절률 프리즘과 미약한 파장 의존성이 요구된다는 것은 이미 언급했다. 또한 공기 간극을 작게 유지하는 것이 매우 중요한데 실제로 그렇게 만들기도, 유지하기도 어렵다. 더욱이 프리즘 결합기를 집적하기는 매우 어렵다. 따라서 집적광학 구조에 적합한 결합기가 요구되는데, 이것은 평면적으로 집적광학 기판 위에 직접 만들어질 수 있는 결합기로 그림 4.18에 있는 유전체 격자(dielectric grating)이다.

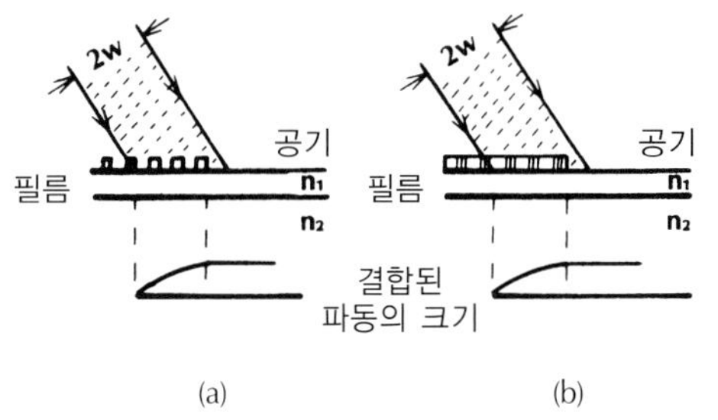

그림 4.18
격자 결합기 (a) 주기적 유전체 배열 (b) 굴절률이 주기적으로 변화하는 유전체 층

그림 4.18(a)는 유전체 띠를 주기적으로 배열하여 격자를 구성한 것을 보여주며, 그림 4.18(b)는 굴절률이 주기적으로 변화하는 유전체 층으로 이루어진 위상격자를 보여준다. 띠 격자는 주기적인 광에 두꺼운 광 저항(photoresist)을 노출시킨 후 노출되지 않은 부분을 에칭하여 만든다. 직사각형으로 보이는 격자측면 윤곽은 실제로 정현적이거나 삼각형 또는 기타 어떤 모양도 될 수 있다. 위상격자는 주기적 광 패턴에 중크롬산염 제라틴 층을 노출시켜 만들 수 있다. 이렇게 하면 굴절률의 주기적 변화가 나타난다.

격자는 입사 광속을 하나 이상의 전송파로 회절시킨다. 이들 파동 중 어떤 것이 도파모드와 같은 종방향 전파상수를 갖는다면 결합이 일어나 그 모드가 여기된다. 입력 광속의 위치요건은 프리즘 결합기의 경우와 같다. 그림 4.18은 최고 효율을 얻기 위해 광속이 약간 넘어나온 것을 보여준다. 이 경우에도 대칭적 가우스 광속의 최대 결합 효율은 81%이다.

단면, 프리즘 및 격자 결합기를 개량하고 변화시키는 것은 가능하며 이 외의 광파이버로부터의 직접 결합, 분리된 두 개의 집적회로 간 결합, 그리고 동일 기판 위의 인접한 필름 간의 결합 등 여러 가지 결합방법도 집적광학의 응용에 중요하다. 사실상, 대부분의 집적광소자는 광파이버 링크로의 삽입을 단순하게 하기 위해서 광섬유 피그테일(fiber pigtail)을 부착하여 패키지한다. 광섬유 피그테일은 집적광학 칩 속에서 도파로에 정렬되고 접착된다.

4.5 평판 도파로에서의 분산과 찌그러짐

3.2절에서 굴절률이 파장에 따라 변하는 매질을 파동이 진행할 때 파동의 퍼짐이나 찌그러짐이 있다는 것을 설명했다. 분산물질을 포함한 어떤 유전체 구조에서도 펄스 퍼짐이 존재한다. 유전체 평판과 광파이버에서 파형의 찌그러짐을 일으키는 두 가지 부가적인 원인이 있는데 바로 도파로 분산과 다중모드 찌그러짐이다.

4.5.1 도파로 분산

그림 4.5는 고정된 필름 두께를 갖고 필름과 기판 물질이 분산성이 없다 하더라도 특정한 모드에 대한 유효 굴절률은 파장에 따라 변함을 나타낸다. 이것이 바로 **도파로 분산**(waveguide dispersion)이다. 유효 굴절률 n_{eff}의 변화도 마치 n의 변화가 펄스 퍼짐을 일으키는 것과 같은 영향을 미친다. 일반적인 경우 도파로 물질이 분산성이 있으므로 도파로 분산과 재료 분산이 동시에 존재한다.

도파로에 의한 펄스 퍼짐의 크기는 재료 분산에 관한 식 (3.14)에서 재료 굴절률을 유효 굴절률로 바꾸어 표현된다. 그 도파로 분산식으로부터

$$\Delta(\tau/L) = -\frac{\lambda}{c}n''_{\text{eff}}\Delta\lambda = -M_g\Delta\lambda \tag{4.24}$$

이 된다. 여기서 $\Delta\lambda$는 광원의 선폭, $n''_{\text{eff}} = d^2n_{\text{eff}}/d\lambda^2$, 그리고 $M_g = \lambda n''_{\text{eff}}/c$이다. 마지막 항은 식 (3.13)의 n''를 굴절률 곡선에서 얻듯이 모드도표의 n_{eff}의 기울기를 도시하여 구할 수 있다.

재료 분산과 도파로 분산이 주어질 때, 전체 펄스 퍼짐은 다음과 같다.

$$\Delta(\tau/L) = -(M + M_g)\Delta\lambda$$

재료 분산 M은 음수가 되기 때문에(예를 들어, 실리카 글래스에서는 1300 nm를 넘는다) 전체 분산 펄스 퍼짐은 실제적으로 도파로 분산에 의해 감소한다.

평판 도파로 분산에 대한 수치 결과를 계산하지는 않을 것이다. 이는 이 절의 주목적이 관계된 현상을 이해하는 데 있고 또한 도파로 분산이 광파이버에서 중요하기 때문이다.

4.5.2 다중모드 찌그러짐

많은 모드가 평판에서 도파하고 있을 때, 이들은 도파로 축에 대해서는 서로 다른 속도로 진행한다. 입력 에너지는 각기 다른 속도로 진행하는 여러 모드 사이에 분포되어 있으므로 전파 중에 입력 파형이 찌그러진다. 그 파형의 일부분이 다른 부분이 도착하기 전에 출력에 나타난다. 이것이 바로 **다중모드 찌그러짐**(multimode distortion), 혹은 **모드 간 찌그러짐**(modal distortion)이다. 가끔 **다중모드 분산**(multimode dispersion)이라고도 하지만 파장 의존 현상을 다룰 때만 분산이란 용어를 사용하는 것이 바람직하다. 다중모드 찌그러짐은 광원의 선폭과 관련이 없음을 깨닫는 것이 중요하다. $\Delta\lambda = 0$인 완전한 단일 주파수 광원의 펄스 출력도 전파할 때 다중모드 퍼짐을 가질 수 있지만 재료 분산과 도파로 분산은 영이 될 수 있다. 물론 도파로가 오직 한 개의 모드만 전파한다면 다중모드 찌그러짐은 일어나지 않는데 이것이 바로 단일모드 도파로의 장점이다.

유전체 평판에 대한 모드 퍼짐의 크기는 쉽게 알 수 있다. 단지 도파로 축을 따라 진행

하는 모드와 축에 대해 가장 가파른 각도로 진행하는 모드 간의 진행시간차를 구하면 된다. 후자의 모드는 임계각으로 진행하는 광선이며, 축 모드(axial mode)는 가장 먼저 도파로 끝단에 도착하는 광선이다. 길이 L을 갖는 대칭형 도파로를 생각하면 축상으로의 진행시간은 L/v 혹은

$$t_a = \frac{L}{c}n_1 \tag{4.25}$$

이다. 임계각 광선은 많은 모드 중에 마지막으로 도착한다. 왜냐하면 위아래로 가장 먼 경로를 따라 도파로를 진행하기 때문이다. 그림 4.19에 따르면 임계각 광선이 진행하는 전체 거리는 Ln_1/n_2이다. $v = c/n_1$의 속도로 광선 경로를 따라 진행할 때 도착시간은

$$t_c = \frac{L}{cn_2}n_1^2 \tag{4.26}$$

이다. 따라서, 단위길이당 펄스 퍼짐 $(t_c - t_a)/L$은

$$\Delta(\tau/L) = \frac{n_1(n_1 - n_2)}{cn_2} \tag{4.27}$$

이다. 이것을 비굴절률차로 바꾸어 쓰면 다음과 같은 식이 된다.

$$\Delta(\tau/L) = n_1\Delta/c \tag{4.28}$$

굴절률이 거의 같을 때 개구수를 사용하면 다음과 같이 표현된다.

$$\Delta(\tau/L) = \frac{NA^2}{2cn_1} \tag{4.29}$$

다중모드 도파로에서는 재료 분산, 도파로 분산, 그리고 다중모드 분산의 세 가지 펄스 매커니즘이 동시에 존재한다. 이 경우에 전체 펄스 퍼짐은 다음과 같다.

$$\Delta(\tau/L) = \sqrt{\Delta(\tau/L)^2_{\mathrm{mod}} + \Delta(\tau/L)^2_{\mathrm{dis}}}$$

여기서 $\Delta(\tau/\mathrm{L})_{\mathrm{mod}}$는 모드 펄스 퍼짐이고, $\Delta(\tau/\mathrm{L})_{\mathrm{dis}}$는 분산 펄스 퍼짐이다.

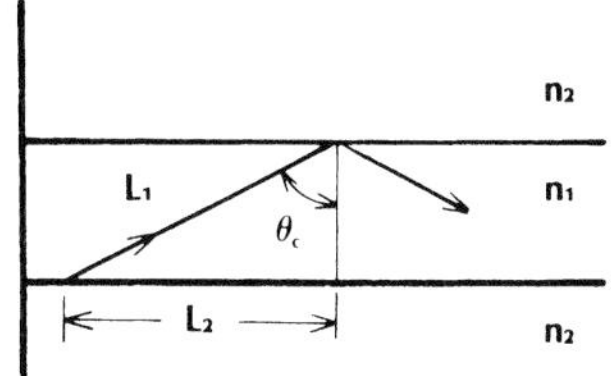

그림 4.19
임계각 광선은 $L_1 = L_2/\sin\theta_c$를 진행한 후에 축 거리 L_2를 가로지른다. $\sin\theta_c = n_2/n_1$이므로 $L_1 = L_2n_1/n_2$이다. 따라서 길이 L의 도파로에서 총 진행거리는 Ln_1/n_2이다.

이들의 영향과 상호작용에 대한 수치계산은 광파이버의 도파 특성을 살펴본 후에 하기로 한다. 일반적으로 찌그러짐은 경로길이가 길어짐에 따라 커지나 집적광학회로는 보통 매우 짧아서 찌그러짐은 광파이버의 경우처럼 집적광학에서 큰 문제가 되는 것은 아니다. 그러므로, 집적광학에서의 찌그러짐에 관한 연구는 원통형 구조를 갖는 광파이버에서보다 더욱 쉽다.

4.6 집적광학소자

집적광학회로망은 수동과 능동소자 모두를 사용한다[4, 5]. 수동소자에는 방향성 결합기(directional coupler), 분광기(beam splitters), 분리기(isolator), 필터, 다중화기와 역다중화기, 렌즈, 프리즘 등이 있다. 능동소자에는 진폭과 위상 변조기, 스위치, 가변 광감쇠기, 튜너블 필터(tunable filter), 광원, 그리고 광 검출기가 있다. 방향성 결합기는 인접한 박막 도파로 간을 상호연결한다. 분광기는 입력된 광을 두 개 또는 여러 개의 도파로로 분리하는 것이다. 분리기는 단방향 전송 선로로서 반사된 광이 광원의 동작에 이상을 일으키지 못하게 하는 기능이 있다. 필터와 역다중화기는 파장 분할 다중화 시스템에서 같은 파이버를 따라 진행하는 여러 개의 광 주파수 반송파들을 분리시키는 기능을 한다(9.6절 참조). 파장 분할 다중화 시스템에서 필터와 다중화기는 하나의 광파이버를 통한 전송을 위해서 다양한 광 주파수 반송파를 결합시키는 기능을 한다. 집적광학 변조기는 파이버시스템에서 가장 많이 사용하는 내부 전류 변조기에 해당하는 외부 변조기로서 동작한다. 비록 가격은 비싸지만, 외부 변조기는 내부 전류 변조기보다 더욱더 높은 주파수에서 동작한다. 9.1절에서 언급될 링(ring) 망처럼 광 스위치들은 LAN에서 사용되지 않는 단자를 제거하기 위한 우회소자로 사용된다.

4.6.1 수동소자

일반적으로 수동소자는 도파로 구조를 약간 변화시켜 만들 수 있다. 모드도표를 보면 알 수 있듯이 필름 두께를 변화시키면 필름의 유효 굴절률이 변한다. 결국, 두께 변화는 스넬의 법칙에 의거하여 광선의 편향을 일으킨다. 이 방법으로 만들어진 집적광학 렌즈가 그림 4.20에 있다.

수동 집적 광 방향성 결합기에 대한 도파로 모양이 그림 4.21에 나타나 있다. 이 모양은 유리 기판 위에 이온 변화, 이온 주입, 화학 증기 증착, 또는 다른 제작 기법을 이용하여 제작한다. 전력이 포트 1에서 입력된다고 가정하자. 이 입력의 일부는 출력 포트 2에 그리고 나머지는 출력 포트 3으로 유도된다. 이상적으로 입력 포트 4에서 어떤 출력도 없다. 실제,

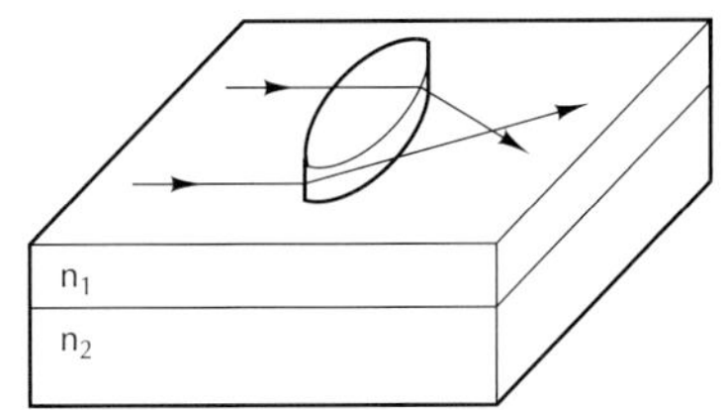

그림 4.20
집적광학 렌즈

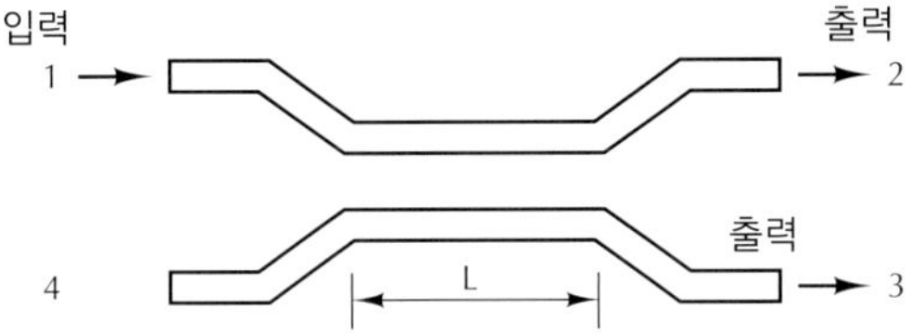

그림 4.21
집적 광 방향성 결합기

포트 4로의 결합은 입사 전력의 30 dB까지 줄일 수 있으며, 이는 1 dB의 수십분의 일을 잃어버리는 것이다. 결합 영역의 길이를 변화시키면 인접한 도파로에 결합되는 광을 0에서 100%까지 조정할 수 있다. 결합 현상은 프리즘 결합에서와 같이 인접한 두 개의 도파로가 자신의 소멸전계를 서로 겹치게 함으로써 일어난다. 이상적인(손실 없는) 결합기의 상대적 출력 전력은

$$\frac{P_2}{P_1} = \cos^2\left(\frac{\pi L}{2L_c}\right) \tag{4.30}$$

$$\frac{P_3}{P_1} = \sin^2\left(\frac{\pi L}{2L_c}\right) \tag{4.31}$$

으로 주어진다. 여기서, L_c는 전력이 상향에서 하향 도파로로 완전히 전송되는 그 길이를 나타낸다. L_c는 결합길이(coupling length)이다. 효과적인 결합은 각 도파로의 전파상수가 같을 때 발생한다. 이것이 바로 프리즘 결합기에서 언급한 위상 정합조건이다. 동일한 도파로는 같은 유효 굴절률을 가지므로 이 조건을 쉽게 만족한다. 이 마지막 두 수식은 원하는 비율의 출력 전력을 얻기 위하여 어떻게 결합기를 설계해야 하는지를 보여준다. 가장 일반적인 비율은 1 : 1이다. 이 경우에 $P_2/P_1 = P_3/P_1 = 0.5$이다. 그 출력은 입력 전력과 비교하여 3 dB 낮은 값이다. 방향성 결합기는 근접한 도파로로 결합되는 전력의 양을 dB로 표현하다. 만일 포트 3의 출력이 입력 전력의 10%에 해당된다면, 그 소자는 10-dB 결합기다.

집적 광 전력 분광기에 대한 도파로 모양이 그림 4.22에 나타나 있다. 실질적으로, 이 Y-형 분광기는 두 출력 포트에 동등한 전력을 분배한다. 그림 4.23에서 보듯이 여러 개의 Y-형 분광기를 연결하여 더욱더 많은 포트를 구성할 수 있다.

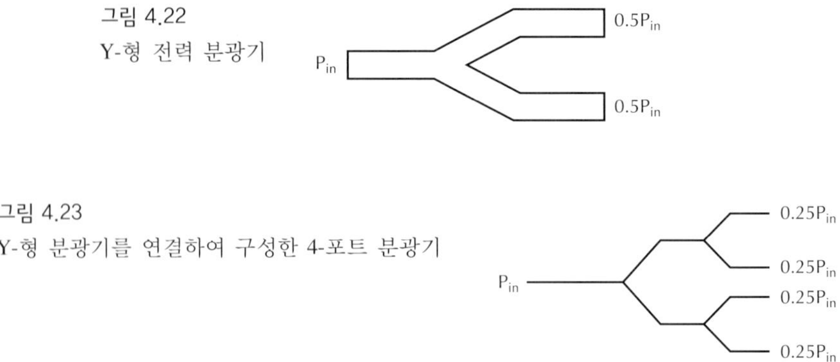

그림 4.22
Y-형 전력 분광기

그림 4.23
Y-형 분광기를 연결하여 구성한 4-포트 분광기

4.6.2 능동소자

능동소자는 크게 두 개의 부류로 나뉘는데 광을 제어하는 것과 광을 변환하는 것이다. 첫 번째 그룹은 광속의 스위칭, 편향, 주사, 광 변조이다. 그 두 번째 그룹은 전기를 광으로 변환하는 광원, 광을 전기로 변환하는 검출기이다.

능동 제어소자는 전기광 물질과 음향광 물질을 이용하여 제작한다. 전기광(electrooptic) 물질은 가해진 전계에 비례하여 자신의 굴절률을 변화시킨다. 음향광(acousto-optic) 물질은 압전 현상으로 도파로의 표면에 여기된 음향파가 광속과 상호작용하는 성질을 가진다. 모든 능동 제어 기능은 전기광이나 음향광으로 실현할 수 있다.

그림 4.24에서 보여진 전기광 스위칭은 앞선 그림 4.21에서 보여준 방향성 결합기와 유사하다. 스위칭을 하기 위해 필름은 강한 전기광 효과를 갖는다. 리튬나오베이트($LiNbO_3$)는 그에 적합한 물질이다. 그림 4.24에서 도파로는 기판 속에 묻혀 있다. 이것은 일반적인 구조로서 $LiNbO_3$보다 높은 굴절률 영역을 만들기 위해서 티타늄을 확산하여 제작된다. 그림에서 빗금 친 부분인 전극이 도파로 위에 위치한다. 결합길이는 전압이 전혀 가해지지 않

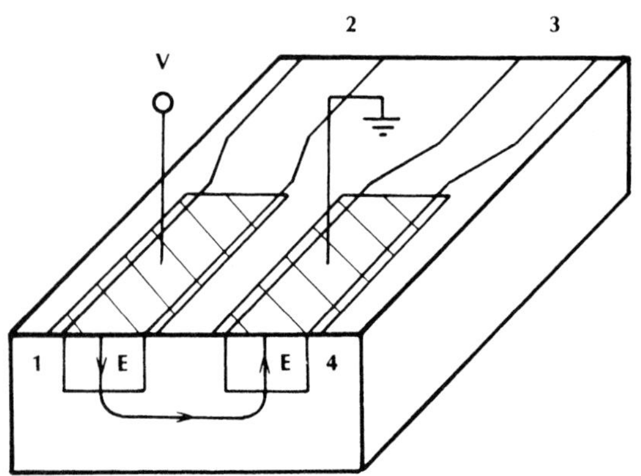

그림 4.24
전기광 스위치

을 경우 모든 광은 두 번째 도파로로 전송된다. 이 상태에서 두 개의 동일한 도파로는 위상정합이 된다. 전압이 가해지면 그림에서 보듯이 두 개의 도파로에서 전계가 반대 방향으로 존재하므로 두 개의 유전체 필름에서 굴절률 변화도 반대 방향으로 존재한다. 따라서, 두 개의 도파로 굴절률은 이제 같지 않으므로 위상정합조건이 만족되지 않아 교차 결합은 영이 된다. 결국, 모든 광은 입력 도파로를 따라 진행한다.

그림 4.24의 스위치는 또한 변조기로 동작할 수 있다. 어느 한 채널에서 광의 강도를 인가된 전압으로 제어한다.

또 하나의 집적광학 변조기 설계가 그림 4.25에 있다. 이 소자를 마하-젠더 간섭계(Mach-Zehnder interferometer)라 하는데, 이것은 $LiNbO_3$ 기판 위에 평행한 티타늄 확산 도파로를 제작한 것이다. 그림에 나와 있는 바와 같이 입력 광속이 두 개의 경로에 대해 균등하게 분배되고 출력에서 재결합된다. 전극에 전압이 가해지지 않고 평행한 두 개 경로의 길이가 같을 때에는 출력 포트에서 두 광속이 동위상으로 결합되어 최대 전송이 일어난다. 그러나, 적절한 전압을 전극에 가하여 두 개의 광속이 180°의 위상차를 갖게 할 수 있다. 이 상태에서는 파괴적인 간섭이 일어나 출력이 최소가 된다. 현재는 GHz 범위의 주파수에서 동작하고 소요 전압이 대략 10 V인 소자들이 개발되었다[6]. 좀더 개선된 변조기는 2.5 Gb/s에서 3 ~ 4 volts와 10 Gb/s에서 5 ~ 7 volts의 디지털 상태 사이에서의 스위칭이 가능하다.

스위치로서 사용된 변조기의 전송 특성은

$$\frac{P_{out}}{P_{in}} = 0.5\left(1 + \cos\frac{\pi V}{V_\pi}\right) \tag{4.32}$$

이다. 여기서, V_π는 180°의 위상차를 생성하는 반파형 전압(half-wave voltage)이다. 이 특성이 그림 4.26에 도시되어 있다. 그림에서 보듯이 그 특성은 $\pm V_\pi/2$ 근처를 제외하고 비선형적으로 나타난다. 이 찌그러짐을 피하기 위하여 변조기들은 $-V_\pi/2$와 같은 고정 바이어스 전압을 신호 전압 V에 부과하여 이 특성 근처에서 동작하도록 한다. 마지막 식에서 V를 $V - V_\pi/2$로 대치하고 그 결과를 간소화하면 변조기의 전송 특성은

$$\frac{P_{out}}{P_{in}} = 0.5\left(1 + \sin\frac{\pi V}{V_\pi}\right) \tag{4.33}$$

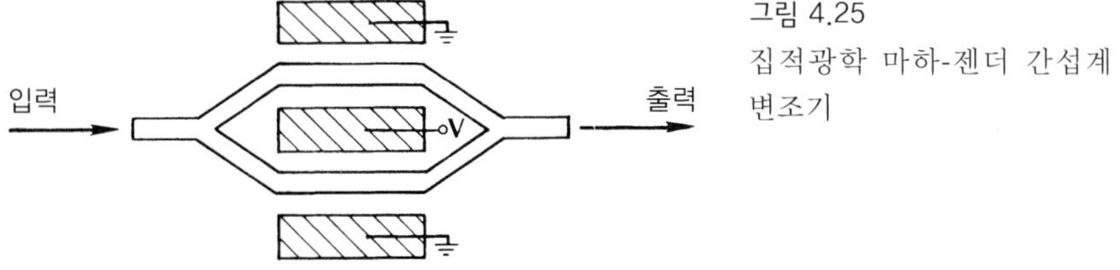

그림 4.25
집적광학 마하-젠더 간섭계 변조기

그림 4.26
마하-젠더 간섭계 스위치의 전송 특성

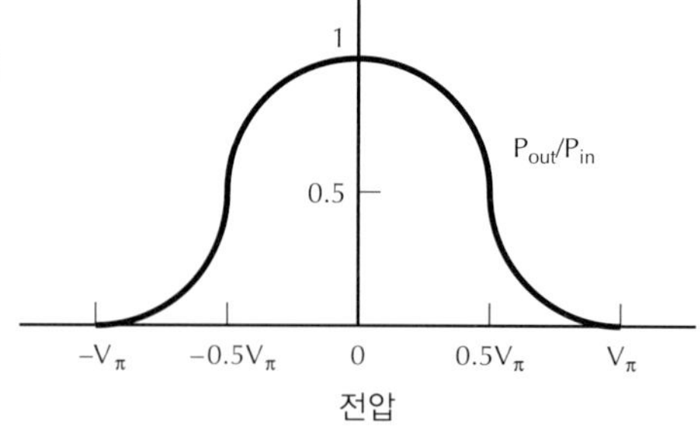

그림 4.27
마하-젠더 간섭계 변조기의 전송 특성

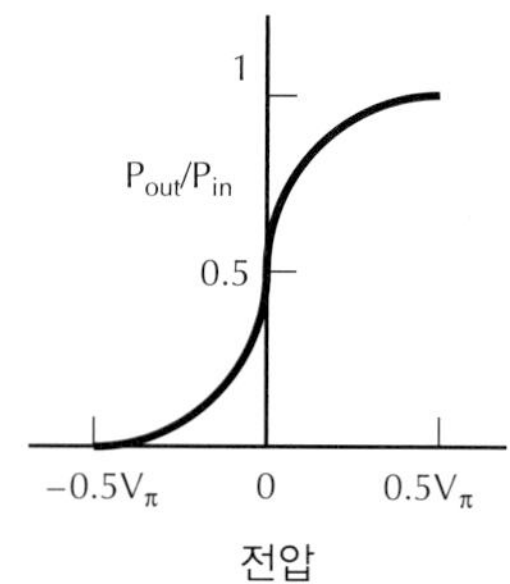

이다. 그림 4.27은 그 결과 곡선이며, 변조 전압 V는 신호를 반송한다. 그것은 비선형 신호 찌그러짐을 피하기 위하여 반파당 전압보다 작아야 한다.

광원의 외부에 존재하는 변조기와 스위치는 다음 몇 가지 이유로 중요하다. 변조는 발광 다이오드나 레이저 다이오드를 직접 변조해서 얻을 수 있는 것보다 높은 주파수를 외부 변조로 얻을 수 있다. 다중 GHz 대역폭을 집적광학 또는 다른 외부 변조기로 얻을 수 있다. 레이저 다이오드의 외부 변조에서는 변동되지 않는 반면에, 직접 변조에서는 출력 파장이 바뀌고 그 선폭이 증가할 수 있다. 이것을 첩(chirp)이라 한다. 이러한 변화는 일부 응용분야에서 바람직하지 않다. 그러한 응용 예로는 제9장의 파장 분할 다중화에 관한 설명에서 다루게 될 좁은 간격을 갖는 채널의 광 다중화, 최소 재료 분산 파장에서의 동작, 고속 링크, 그리고 제10장의 광 헤테로다인 수신기에 관한 설명에서 언급될 코히런트 검사 시스템 등이 있다.

첩은 광선의 스펙트럼 폭을 증가시킨다. 따라서 분산이 증가하게 되고 3.2절에서 설명한 바와 같이 링크 용량을 감소시킨다. 고속시스템에서 분산은 반드시 최소화되어야 하기 때문에 외부 변조기가 선호된다. 다른 외부 변조기, 전기흡수 소자(electroabsorption device)는 10장에서 설명한다.

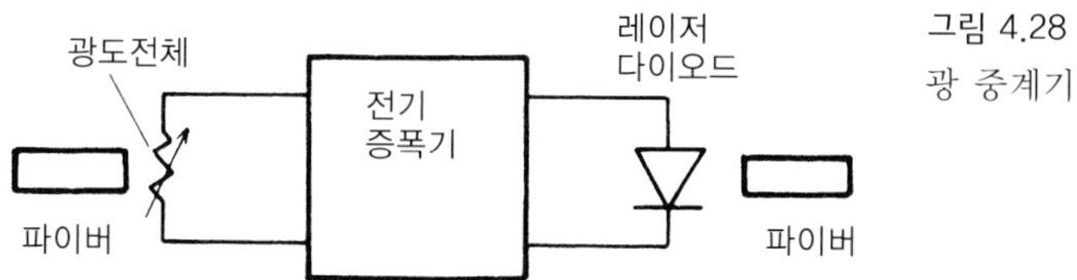

그림 4.28
광 중계기

4.6.3 광전 집적광학

광전 집적회로(optoelectronic integrated circuits: OEICs)는 광의 기능과 전기적 기능이 같은 기판 위에 결합된 회로를 말하는데 반도체 기판과 필름을 사용하여 제작할 수 있다[7, 8]. 반도체 물질은 광원, 광 검출기, 그리고 전자회로를 단 하나의 기판 위에 결합할 수 있도록 한다. 이 개념을 응용한 광 중계기의 부품들을 그림 4.28에 나타내었다. 이 시스템은 모든 전자적 기능을 수행하기 위한 GaAs 기판, GaAs 광도전 검출기, GaAs MESFET(metal-semiconductor field-effect transistors)와 광원으로서 AlGaAs 레이저 다이오드의 집적 형태를 취하고 있다. 동작을 보면 저출력의 광 신호가 광파이버로부터 나와 광도전체를 비추면 저항값이 변한다. 광도전체에 일정한 전압이 유지되므로 도전체의 전류는 광 변조에 따라 변한다. 결국, 광 신호가 전기적 신호로 변화된 것이다. 이 전기 신호가 증폭되고, 커진 전류는 레이저 다이오드에서 변조된다. 레이저 출력은 광 입력 신호가 증폭된 형태이다. 이 광 형태로 변환된 레이저 출력은 보다 먼 전송을 위해 광파이버에 결합된다. 이 같은 형태의 집적 시스템은 견고성과 더욱 규모가 큰 회로망과 용이한 접속, 대량 생산시의 경제성과 같은 이점을 가진다.

0.8 ~ 0.9 μm 시스템의 GaAs와 1.3 ~ 1.6 μm 시스템의 InP를 사용한 OEIC 송신기와 수신기가 침고문헌[9]에 나와 있다. 종종 **광공학 집적회로**(photonic integrated circuits: PICs)로 불리는 이 기술은 사용 중인 고용량 광파이버와 매우 빠른 전자적 인터페이스를 시키는 데 필요하다.

4.7 요약 및 고찰

이 장에서는 두 가지 중요한 주제로 집적광학과 광파이버와 유사한 도파로에서의 광도파를 다루었다. 박막 집적 광기술에 해당하는 내용을 모아 몇 개의 기본적인 개념을 소개하였다. 광통신시스템에 필요한 수동소자와 능동소자로 구성된 회로망인 광공학 중계기도 함께 설명하였다.

유전체 평판 도파로에 대한 요약은 다음 내용과 같다.

1. 파동은 임계각 반사로 유도된다.
2. 파동은 모드의 형태로 본다. 각각의 모드는 특정한 광선 진행 방향과 상응하며 특유의 횡방향 모드 패턴을 가진다.
3. 모드는 수직경계에 관해 기울어진 광선 방향에 대한 도파로의 공진이다.
4. 주어진 모드의 유효 굴절률은 모드도표에서 찾아 낼 수 있다. 또한 식 (4.6)을 이용하면 n_{eff}로부터 직접 종방향 전파상수를 얻을 수 있다.
5. 두 개의 직교편광이 존재하는데, 횡방향 전계 모드와 자계 모드를 의미한다.
6. 필름 두께를 증가시키거나 유도 필름과 이를 둘러싼 매질 간의 굴절률차를 증가시키면 허용 모드 수가 증가한다.
7. 충분히 얇은 필름에서 도파로는 단일모드만을 허용할 수 있다.
8. 펄스 퍼짐은 재료 분산, 도파로 분산, 그리고 다중모드 찌그러짐으로 인해 일어난다. 처음 두 가지는 광원의 선폭이 커짐에 따라 증가한다. 다중모드 찌그러짐은 광원의 선폭과 관계가 없으며 굴절률차 $n_1 - n_2$가 커짐에 따라 증가한다.
9. 광을 도파로의 개구수에 의해 결정되는 각도 범위 내로 향하도록 해야만 단면 결합이 가능하다. 개구수는 굴절률이 커짐에 따라 증가한다.

대칭형 평판 도파로를 해석하여 얻은 대부분의 결과는 제5장에서 다루는 광파이버에 직접 적용될 수 있다. 이 결과들은 제5장에서 다시 나타나므로 이 장에서 구한 식들을 다시 요약하지 않는다. 대칭형 평판과 광파이버는 매우 유사하므로 제5장에서 다룰 광파이버의 도파에 관한 구체적인 설명 없이도 그에 대한 많은 것을 알 수 있을 것이다.

문제

4.1 4.2절의 AlGaAs 도파로에 대해 $\lambda = 0.82\ \mu\text{m}$, $\theta = 85°$라 하자. 횡측 y에 대한 함수로서 TE_0 전계의 최대 진폭을 결정하라. 필름 두께와 n_{eff}를 계산하라. 필름 밖의 감쇠에 대해 식 (3.35)를 사용하라.

4.2 $n_1 = 1.48$ 그리고 $n_2 = n_3 = 1.46$일 때 그림 4.5에서와 같은 모드도표를 만들어라.

4.3 문제 4.2의 도파로에서 단 하나의 TE 모드가 허용된다면 필름의 최대 두께는 얼마인가? $\lambda = 0.82\ \mu\text{m}$로 가정한다.

4.4 $d/\lambda = 5$일 때 4.2절의 AlGaAs의 대칭형 평판에서 얼마나 많은 TE 모드가 도파할 수 있는가? $d/\lambda = 10$과 100에 대해서도 반복하라.

4.5 TE_0, TE_1, TE_2와 TE_3 모드에서 차단시의 필름 두께를 결정하라. $n_1 = 1.48$, $n_2 = n_3 = 1.46$, $\lambda = 0.82\,\mu m$라 가정한다. 이들 각각의 모드에 대해 차단시 횡방향 모드 패턴을 도시하라.

4.6 문제 4.2의 평판에 대해 $1.3\,\mu m$에서 단 하나의 TE 모드인 TE_0가, $0.82\,\mu m$에서 TE_0와 TE_1인 두 개의 모드가 도파되도록 필름 두께를 정하라. TM 모드는 무시하라.

4.7 식 (4.14)를 증명하라.

4.8 n_1과 n_2가 거의 같은 값이고 Δ가 비굴절률 차라면 대칭형 평판의 NA가 $n_1\sqrt{2\Delta}$가 됨을 증명하라.

4.9 $n_1 = 1.48$, $n_2 = 1.46$인 대칭형 유전체 평판이 공기로 둘러싸여 있다. 필름에서의 각도 θ가 75°라면, 이때 클래딩 모드의 광선 경로를 도시하라. 어떤 θ값에서 클래딩 모드가 더 이상 나타나지 않는가?

4.10 4.2절에서 논의한 AlGaAs 도파로를 생각하자. 그 파장은 $\lambda = 0.82\,\mu m$이고 $d/\lambda = 10$이다. 이 도파로는 스폿 직경이 1 mm인 가우스 광속으로 여기시켰다. 레이저 광속을 도파로와 단면 결합시킨다. 그 때 결합 정렬을 설계하라.

4.11 대칭형 평판 도파로를 떠나는 광선에 대해 식 (4.21)은 최대 출사각을 의미하고 있음을 보여라.

4.12 식 (4.27)을 사용하여 단위길이당 모드 펄스 퍼짐이 $\Delta(\tau/L) = n_1\,\Delta/c$, $\Delta(\tau/L) = \mathrm{NA}^2/2cn_1$으로 근사됨을 보여라.

4.13 대칭형 평판 도파로에서 필름의 굴절률은 $n_1 = 1.48$이고, 필름 외부의 굴절률은 $n_2 = 1.46$이다. 그 파장은 $\lambda = 1300$ nm이다.

(a) TE_0 모드의 광선 각도가 85°일 때 필름 두께를 구하라.

(b) TE_2 모드의 광선 각도가 85°일 때 필름 두께를 구하라.

4.14 집적 광 방향성 결합기에서 그 전력 전송식이 식 (4.30)과 식 (4.31)로 주어졌다. 결합 영역 $0 \sim 2L_c$에서 길이에 따른 출력 포트 2와 3에 도달하는 전력의 변화량을 그려라. 여기서, L_c는 변수이고 결합길이라고 한다. 두 곡선을 같은 그래프에 그려라.

4.15 이상적인 집적 광 방향성 결합기에서 출력 포트에 도달하는 총 전력(그림 4.21에서 포트 2와 3에 도달하는 전력의 합)이 입사 전력과 같음을 보여라.

4.16 하나의 출력 포트로 2/3의 전력이 다른 포트로 1/3의 출력이 나오는 집적 광 방향성 결합기를 설계하고자 한다. 결합길이는 3 cm이다. 결합 영역의 길이는 얼마인가?

4.17 10-dB 결합기에 대하여 위의 문제를 반복하라.

4.18 아날로그 변조 마하-젠더 간섭계를 고려하자. 그 전달 특성은 식 (4.33)에 주어졌다. 반파장 전압이 10 V 이고, 그 입력 신호 (전극) 전압이 6 cos ωt V 이다. 여기서, $\omega = 2\pi f$ 이고 f는 변조주파수이다. 그 입력 광 전력은 1 mW 로 상수이다. 출력 전력은 얼마인가? 입력 신호의 한 주기에 대한 출력 전력을 그려라. 같은 도표에 입력 전압도 그려라. 신호-전압 파형과 출력-전압 파형을 비교할 수 있도록 그 그림을 정규화하라. 그것들은 어떻게 비교되는가?

4.19 모든 변수값들이 입력 신호 전압 0.1 cos ωt V를 제외하고 문제 1.48과 같은 경우에 그 문제를 반복하라.

4.20 대칭형 평판 도파로에서 $n_1 = 1.465$ 이고 $n_2 = 1.46$ 으로 가정할 때, 단위길이당 다중모드 펄스 퍼짐을 계산하라. 이것이 단지 펄스 퍼짐 메커니즘의 경우이거나 최소한 그것이 우세한 경우라고 할 때, RZ와 NRZ 코드 모두에 대한 단위길이당 펄스 퍼짐, 3-dB 광 대역폭-길이 곱, 그리고 전송률을 계산하라. 같은 조건하에서, 모드 분산 퍼짐과 재료 분산 퍼짐 중 어느 것이 1550 nm 에서 우세한가?

4.21 대칭형 평판 도파로에서 4 ps/(nm × km)로 가정하는 도파로 분산만을 고려한다. 단위길이당 펄스 퍼짐을 계산하라. 이 문제에서의 도파로 분산과 앞 문제에서 계산된 모드 분산 중 어느 것이 우세한가?

4.22 대칭형 평판 도파로에서 $n_1 = 1.465$ 이고 개구수는 0.2 이다. 단위길이당 모드 분산 퍼짐을 계산하라. 이 도파로의 수광각을 계산하라.

참고문헌

[1] Comprehensive descriptions of the integrated optics field appear in the following representative books:

R. G. Hunsberger. *Integrated Optics: Theory and Technology,* 4th ed. NY: Springer-Verlag, 1995.

Lynn D. Hutcheson, ed. *Integrated Optical Circuits and Components: Design and Applications*. NY: Marcel Dekker, Inc., 1987.

Donald L. Lee. *Electromagnetic Principles of Integrated Optics.* NY: John Wiley, 1986.

Edmond J. Murphy, ed. *Integrated Optical Circuits and Components: Design and Applications.* NY: Marcel Dekker, Inc., 1999.

[2] Rod C. Alferness. "Guided-Wave Devices for Optical Communication," *IEEE J. Quantum Electron.* 17, no. 6 (June 1981): 946–959.

[3] W. S. C. Chang, M. W. Muller, and F. J. Rosenbaum. "Integrated Optics," in *Laser Applications* .Monte Ross, ed. NY: Academic Press, 1974, pp. 269–289.

[4] *Ibid.,* pp. 289–334.

[5] N. Kashima. *Passi e Optical Components for Optical Fiber Transmission.* Norwood, MA: Artech House, 1995.

[6] Mach–Zehnder Modulators. Crystal Technology Product Bulletin. Palo Alto, CA, May 1986.

[7] Nadav Bar-Chaim, Israel Ury, and Amnon Yariv. "Integrated Optoelectronics," *IEEE Spectrum* 19, no. 5 (May 1982): 38–45.

[8] Jun Shibata and Takao Kajiwara. "Optics and Electronics Are Living Together," *IEEE Spectrum* 26, no. 2 (Feb. 1989): 34–38.

[9] Tetsuo Horimatsu and Masaru Sasaki. "OEIC Technology and Its Application to Subscriber Loops," *IEEE J. Lightwa e Technol.* 7, no. 11 (Nov. 1989): 1612–1622.

Chapter 05

광파이버 도파로

이제 광통신시스템의 주요 부분인 광파이버 도파로에 대하여 고려하자. 비록 소수의 사람들만이 자기만의 광파이버를 설계하고 제작하게 될지라도, 광파이버가 어떻게 완성되는지에 대한 개념을 가져야 한다. 광파이버의 적당한 선택과 사용을 위해서 광파이버 구조와 특성에 대한 깊은 이해가 요구된다. 이와 같은 사실을 명심하고 여러 가지 타입의 광파이버와 이들 광파이버를 통해 도파하는 파동의 성질을 공부하기로 하자. 특히 감쇠와 모드 그리고 정보 용량에 각별히 주의를 기울여야 한다. 또한 광파이버와 광케이블의 설계와 제작에 관한 논의도 한다.

5.1 계단형 광파이버

계단형 굴절률(step-index: SI) 광파이버[1]는 굴절률이 n_1인 코어(core)와 이를 둘러싸고 있는 굴절률이 n_2인 클래딩(cladding)으로 이루어져 있다. 그림 5.1은 이에 대한 구조를 보여주고 있는데, 이를 **계단형 굴절률 정합 클래드**(step-index matched-clad) 파이버라고 부르기도 한다. 유전체 평판에서와 같이 완벽한 유도조건은 반사각이 임계각 θ_c와 같거나 커야 한다. SI 광파이버의 임계각은 다음과 같다.

$$\sin\theta_c = \frac{n_2}{n_1} \tag{5.1}$$

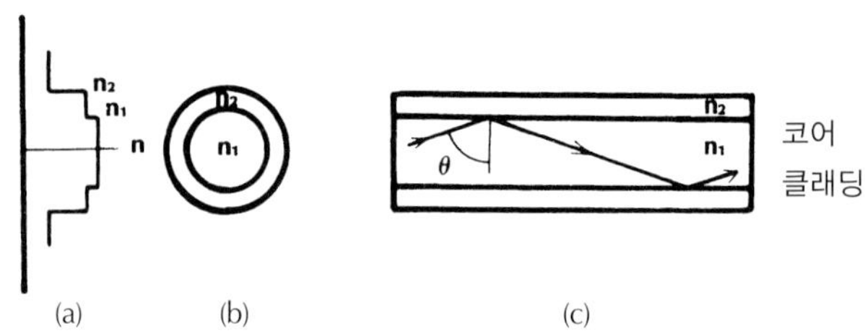

그림 5.1
계단형 굴절률 광파이버 (a) 굴절률 분포 (b) 축단면 (c) 단측면도

비굴절률차(fractional refractive index change) Δ는 중요한 광파이버 파라미터로 식 (5.2)로 주어진다.

$$\Delta = \frac{n_1 - n_2}{n_1} \tag{5.2}$$

이 파라미터는 항상 양의 값이며 임계각이 존재하기 위해 n_1은 n_2보다 커야 한다. 실제, Δ의 값은 0.01 정도이다.

효과적인 전송을 위해 코어와 클래딩에서 되도록 손실이 없어야 한다. 광선도(ray diagram)를 보면 광선이 전적으로 코어 내에서만 진행하는 것을 의미한다. 그러나, 실제로는 제4장에서 언급한 바와 같이 얼마간의 광은 소멸 파동의 형태로 클래딩에서 진행한다. 비흡수성의 클래딩이라면 이 광은 손실되지 않고 광파이버를 따라 진행한다. 소멸전계는 급속히 감쇠되므로 클래딩의 두께가 수십 마이크론 정도라도 클래딩의 바깥 경계에 도달하지 못한다.

문제는 왜 클래딩이 필요하느냐는 것이다. 공기에 의해 둘러싸인 유리 코어는 $n_1 > n_2$ 조건을 만족하며 광파를 유도한다. 그러나, 이러한 도파로 구조를 다루거나 고려할 때 심각한 문제가 야기된다. 코어에 접착된 어떠한 손실성 매질도 유도되는 파동에 손실을 일으킨다. 또한, 코어를 보호하지 않을 광파이버는 쉽게 구부러지고 쉽게 긁히므로 부가적인 손실을 가져올 수 있다. 따라서 클래딩을 사용하여 코어의 오염 방지와 물리적 안전성을 유지시킨다.

계단형 광파이버에는 세 가지의 보편적인 형태가 있다. 약간 낮은 굴절률을 갖는 유리에 의해 클래딩되는 유리 코어; 플라스틱으로 클래딩되는 유리 코어; 그리고 종류가 다른 플라스틱으로 클래딩되는 플라스틱 코어. 일반적으로 굴절률차는 전 유리(all-glass) 광파이버가 제일 작으며, 플라스틱 클래딩 실리카 광파이버(plastic-cladded silica: PCS)는 조금 크고, 전 플라스틱(all-plastic)이 가장 크다. 전 플라스틱 파이버는 자주 **폴리머 광파이버**(polymer optical fiber: POF)라 한다. 이는 한계가 있는 유리의 가용한 굴절률 범위 때문이며 플라스틱의 경우는 이보다 다소 크다.

평판 도파로처럼 광파이버의 모드 찌그러짐과 개구수도 굴절률차 $n_1 - n_2$가 커짐에 따라 증가한다. 모드 간 펄스 퍼짐과 NA는 전 유리 광파이버, 그 다음으로 PCS 광파이버, 그리고 전 플라스틱 광파이버 순으로 커진다. 거의 펄스 퍼짐이 없는 광파이버는 큰 값의 전송률-경로 곱을 갖는다. 이들 광파이버의 NA는 작아서 광을 효율적으로 결합하기 어렵다.

전 유리 광파이버가 다른 광파이버보다 손실이 낮으며 현재의 수 dB/km 이하의 손실값을 갖는 광파이버가 사용된다. 이에 비해 PCS 광파이버는 대략 8 dB/km, 전 플라스틱 광파이버는 수백 dB/km의 손실을 갖는다.

앞 절에서 설명한 내용으로부터 세 가지 타입의 SI 광파이버에 관한 성능과 응용에 대한 다음과 같은 결론에 이를 수 있다. 이는 많은 모드를 가질 수 있게 충분히 큰 광파이버에 이용할 수 있는 내용이다.

1. 전 유리 광파이버는 최저 손실과 최소의 모드 간 펄스 퍼짐을 갖는다. 이러한 특성은 상당히 높은 정보율이나 긴 경로를 요구하는 시스템에 사용된다. 30 MHz × km의 전송률-경로곱을 달성할 수 있다. SI 광파이버가 갖는 낮은 NA로 인해 광원과 결합에서 큰 손실을 일으킨다. 낮은 전송 손실이 이 문제점을 부분적으로 보상한다.

   관습적으로 광파이버의 크기는 μm 단위로 코어 직경을 쓴 후에 클래딩 직경을 써서 표시한다. 이들 사이에 슬래시를 두는 방법을 사용한다. 예를 들어, 50/125 광파이버는 50 μm의 코어와 125 μm의 클래딩을 갖는 것을 말한다. SI 광파이버의 일반적인 치수는 50/125, 100/140, 그리고 200/230 등이다.
2. PCS 광파이버는 전 유리 광파이버에 비해서 고손실과 넓은 펄스 퍼짐을 가지므로 단거리 링크에 적합하다. PCS 광파이버가 갖는 높은 개구수는 결합 효율을 높일 수 있으나 긴 길이를 갖는 광파이버에서는 흡수가 증가되어 이 이점을 잃게 된다. PCS 광파이버 사용은 수백 m 이하의 경로길이를 가진 경우에 적합하다. PCS 광파이버의 대표적인 코어 직경은 200 μm이다. 이 큰 코어 직경은 광원과의 결합 효율을 향상시킨다.
3. 전 플라스틱 광파이버는 높은 전파 손실 때문에 아주 짧은 단거리용으로만 쓰인다. 보통 경로길이는 수십 m 이내여야 한다. 전 플라스틱 광파이버를 사용하는 이유는 코어와 개구수가 크므로 이로 인해 매우 높은 결합 효율을 갖기 때문이다. 보통 코어 직경은 1 mm 정도로 크다.

대표적인 전 유리, PCS 그리고 전 플라스틱 광파이버의 개구수, 수광허용각, 상대 비굴절률차가 표 5.1에 정리되어 있다. 광파이버 입력 끝단이 공기일 때 개구수와 수광허용각을 식 (4.21) $\mathrm{NA} = \sin\alpha_o = \sqrt{n_1^2 - n_2^2}$로부터 계산할 수 있다. 대부분의 전 유리 광파이버에서 코어와 클래딩 굴절률의 거의 같으므로 근사적으로 $\mathrm{NA} = n_1\sqrt{2\Delta}$는 타당하다. 그림 5.2

표 5.1 대표적인 계단형 굴절률 광파이버의 특성

구조	n_1	n_2	NA	α_0	Δ
전 유리	1.48	1.46	0.24	13.9°	0.0135
PCS	1.46	1.4	0.41	24.2°	0.041
전 플라스틱	1.49	1.41	0.48	29°	0.054

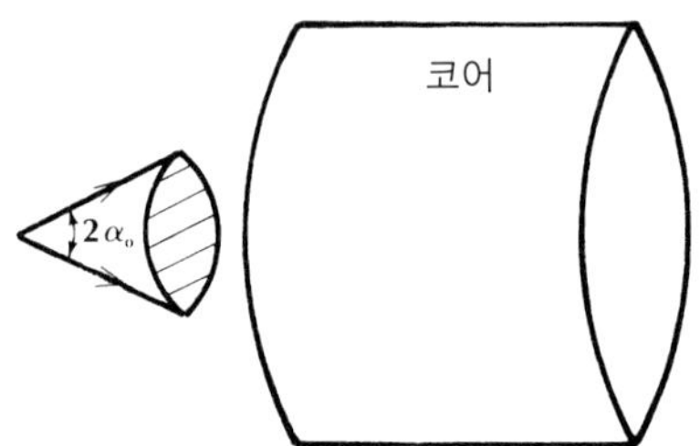

그림 5.2
계단형 굴절률 광파이버에 의해 포획되는 광의 허용 원뿔각

에서 전체 각이 $2\alpha_o$인 원뿔 내에서 발산되는 광선만이 SI 광파이버에 수렴된다. 대표적인 LED와 레이저 다이오드는 표 5.1의 수광허용각보다 더 큰 각도로 광을 발산한다. 표 5.1의 결과 수치는 큰 NA를 갖는, 다시 말하면 광 수집 능력이 개선되도록 큰 수광허용각을 갖는 광파이버가 이점이 있음을 분명히 보여준다. 8.5절에서는 정량적으로 광원-광파이버 결합 손실을 다룰 것이다.

계단형 구조를 재고하면 클래딩을 둘러싸고 있는 물질이 클래딩보다 낮은 굴절률을 가진다면 클래딩의 바깥 경계에서 일어나는 내부 전반사에 의해 또다시 광이 수렴될 수 있음을 알 수 있다. 이 경우의 광선 경로를 그림 5.3이 보여준다. 그림에서 보듯이 코어와 클래딩 경계에서 광선 각도가 임계각보다 작아 광의 일부분이 클래딩 속으로 전송된다. 이 광이 공기 경계면에 도착할 때 광선 각도가 이 경계면의 특성인 임계각보다 크면 경계면에 부딪힌 후 광파이버 축을 향해 전반사된다. 그러므로, 이 광선은 광파이버를 이탈하지 않고 클래딩에 의해 유도된다. 이는 클래딩 모드가 존재함을 나타낸다. 이러한 클래딩 모드는 코어에 의해 유도되는 모드보다 더 큰 각으로 광파이버 축을 가로질러 진행하는 광선이다. 수광허용각을 넘는 각도로 광파이버 끝단에 들어온 광선이 이들 모드를 여기한다. 클래딩 모드는 스플라이스(splice)와 커넥터 같은 불연속점에서 코어 모드각보다 크게 편광될

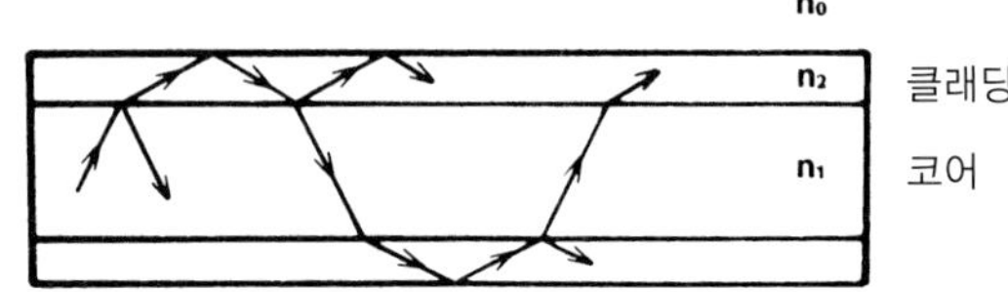

그림 5.3
클래딩 모드의 광선 경로. 코어-클래딩 경계면에는 다중 광선 경로의 원인으로 설명되는 부분 반사가 존재한다.

때도 발생한다.

클래딩 모드로 진행하는 광은 클래딩 바깥쪽이 보통 손실이 있는 매질과 경계하고 있으므로 코어 모드보다 빨리 감쇠한다. 더불어 광파이버의 작은 구부림도 광선 각도를 전반사에 필요한 각보다 작게 만들어, 복사 손실을 일으킨다. 보통 광원에 가까운 점에서 클래딩 모드의 전력을 관찰할 수 있다. 이 전력은 급속히 감쇠하여 장거리의 광파이버 끝에서는 별로 크지 않다.

예제 5.1

표 5.1의 유리 광파이버가 공기 중에 있다. 클래딩-공기 경계에서의 임계각을 계산하라.

풀이: 다시 한 번 임계각에 관한 식을 사용하면 클래딩 모드 임계각 $\theta_c = \sin^{-1}(1/1.46) = 43°$이다. 이 값을 $\theta_c = \sin^{-1}(1.46/1.48) = 80.6°$인 코어 모드와 비교하자. θ가 경계에 대한 수직선으로부터 측정된 광선각임을 상기하면, 코어 모드 광선에 비해 클래딩 모드의 진행이 광파이버 축에 대해 얼마나 가파른지 알 수 있다.

어떤 광파이버에서는 클래딩을 굴절률과 같거나 더 큰 값을 갖는 물질로 코딩하여 클래딩 모드를 제거한다. 그러한 광파이버를 **정합 버퍼**(matched buffer)를 갖는 광파이버로 간주하는데, 이 경우 클래딩의 외부 경계에서는 임계각을 갖지 않는다.

5.2 언덕형 광파이버

언덕형 굴절률(graded-index: GRIN) 광파이버는 코어의 굴절률이 광파이버의 횡방향 축을 따라 변하는 구조이다. 이는 SI 광파이버와 아주 다르며 그림 5.4에 도시되어 있다. 우리는 GRIN 광파이버가 어떻게 광선을 가두어 유도하는지 살펴보려 한다. 그 굴절률 변화는 다음과 같이 기술할 수 있다.

$$n(r) = n_1\sqrt{1 - 2(r/a)^{\alpha}\Delta}, \quad r \le a \tag{5.3a}$$

$$n(r) = n_1\sqrt{1 - 2\Delta} = n_2, \quad r > a \tag{5.3b}$$

여기서

n_1 = 광파이버 축상 굴절률

그림 5.4
언덕형 굴절률 광파이버 (a) 굴절률 분포 (b) 축단면 (c) 단측면도

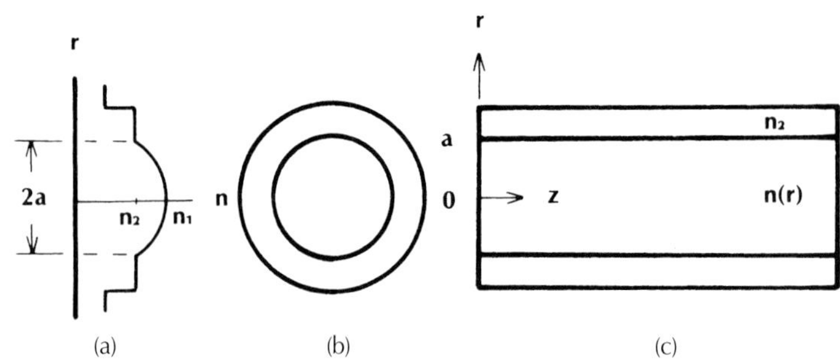

n_2 = 코어 밖(클래딩) 굴절률
a = 코어 반경
α = 굴절률 분포 변화를 나타내는 파라미터
Δ = 분포 변화의 크기를 결정하는 파라미터

크기를 결정하는 인자 Δ에 관해서 식 (5.3b)를 풀면 $\Delta = (n_1^2 - n_2^2)/2n_1^2$이다. 일반적으로 $n_1 \cong n_2$인 경우 $\Delta = (n_1 - n_2)/n_1$가 된다. 여기서, Δ는 제4장에서 처음 소개하고 식 (5.2)에서 다시 나타난 비굴절률차로 간주한다.

광선은 그림 5.5의 발진 형태로 진행한다. 연속적으로 변화되는 굴절률은 광선이 광파이버 축을 향하도록 방향을 계속 변경시켜 광파이버 축을 향해 되돌아오게 하며, 식 (5.3a)와 식 (5.3b)에 의해 광은 주기적으로 모아진다. 그림 5.6에서의 작은 계단형 변화를 연속적으로 갖는 굴절률은 광선의 계속적인 진행 방향 변화를 보여준다. 이러한 모델은 계단의 수를 늘림으로써 바라는 만큼의 정확한 결과를 얻을 수 있다. 실제로 GRIN 광파이버는 광파이버 코어를 층층이 쌓아 만들기 때문에 이 계단 모델과 공통점이 있다. 각각의 작은 계단에서 광선의 구부러짐은 식 (2.3)의 스넬 법칙을 따른다. 2.1절에서 설명한 바와 같이 광선의 굴절률이 높은 곳에서 낮은 곳으로 진행할 때 수직선으로부터 멀리 휘어진다. 따라서, 그림 5.6의 광선 궤적은 타당하다. 광선 축을 지나는 광선은 매번 낮은 굴절률 영역으로 들어갈 때마다 경계면에 부딪혀서 결과적으로 더욱 광선 축을 향해서 휘어진다. 축으로부터 멀리 떨어진 경계면에서 광선은 임계각을 넘어설 때 전반사를 하므로 광파이버 축을 향해

그림 5.5
GRIN 광파이버에서의 광선 경로

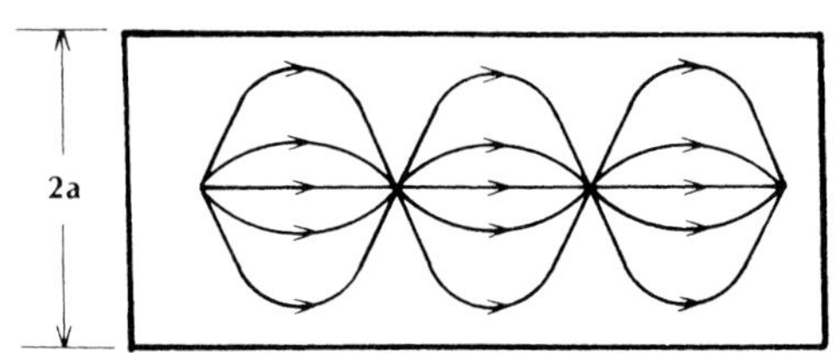

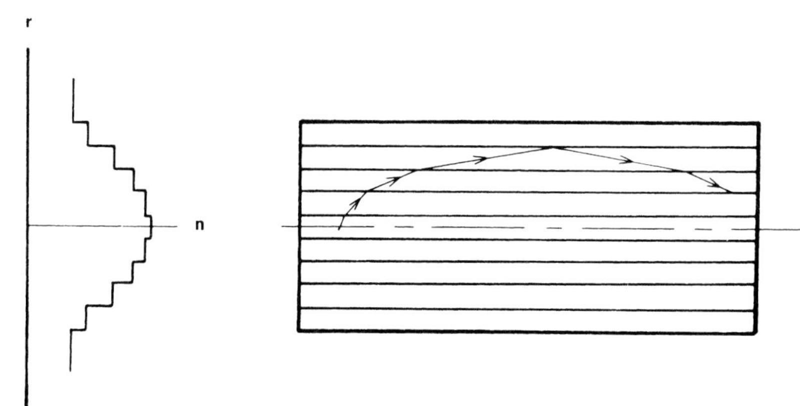

그림 5.6
GRIN 광파이버에서의 계단 모델

되돌아온다. 이 시점부터는 낮은데서 높은 굴절률을 가진 매질로 광선이 진행하므로 광선이 광파이버 축을 지날 때까지는 수직선을 향해 계속 휘어지며 광파이버 축에 도달하면 절차를 다시 반복한다. 이러한 방식으로 광파이버에 갇힌 광선은 광파이버 속을 왕복 진동하면서 진행한다.

그림 5.5에서 거의 수평으로 축을 지나는 광선은 광축으로부터 짧은 거리를 진행한 후 축으로 되돌아온다. 축에 대해 가파르기가 심한 광선일수록 광축으로부터 멀리까지 이동한다. 어떤 광선은 매우 가파르게 출발하여 되돌아오지 않는 수도 있다. 이것은 임계각 반사를 겪을 수 있을 만큼 충분히 구부러지지 않아서 발생한다. 이는 GRIN 광파이버를 통하여 진행할 수 있는 광선은 제한적임을 보여준다. 이 성질은 SI와 GRIN 광파이버 모두에게 공통이다. GRIN 광파이버는 개구수와 이에 관계된 수광허용각을 가지는데, NA는 파라미터 α와 Δ에 달려 있다.

지금까지는 광파이버의 중앙점에서 광을 입사시키는 광선만을 고려하였다. 이제는 그림 5.7에서처럼 광선이 광파이버 축에서 멀리 떨어진 윗부분에서 입사하는 경우를 생각하자. 이 경우 광선은 코어 속을 횡방향으로 짧은 거리만을 진행하므로 아주 많이 휘어질 수는

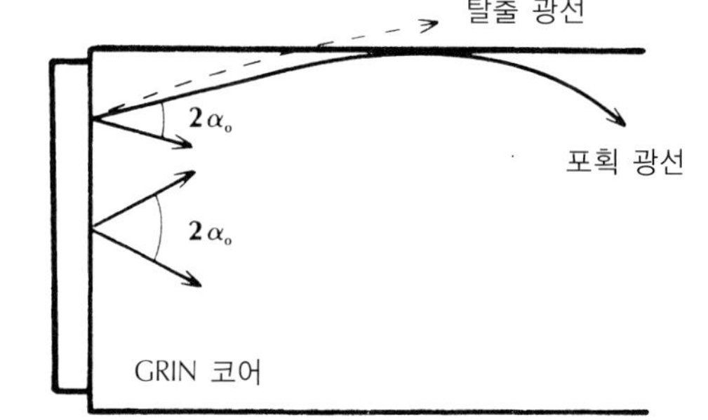

그림 5.7
허용 원뿔각($2\alpha_o$)은 여기점이 광파이버 축으로부터 멀어짐에 따라 작아진다.

없다. 만약 이들 중 어느 하나가 광파이버 축에 평행하게 거의 수평으로 입사한 다면 축을 향해 방향이 바뀔 만큼 충분히 휘어질 수 있으므로 도파로 속을 계속 진행할 수 있다. 그러나, 상대적으로 작은 각의 입사시에는 구부러짐이 충분하지 않아 임계각 반사를 일으키지 못하므로 광선은 클래딩 속을 통과할 것이다. 그러므로, 입사점이 광파이버 축으로부터 멀어질수록 광선을 가둘 수 있는 입사각은 줄어든다는 결론에 도달한다. 다시 말하면 축으로부터의 반경거리가 커짐에 따라 그 점이 갖는 수광허용각과 개구수는 줄어든다. GRIN 광파이버에 단면 결합된 평면광원이 그림 5.7에 있다. 허용 원뿔각의 상대적 크기는 축에 가까운 위치일수록 결합이 효과적임을 보여주고 있다. 이것은 입사점이 어디든 NA가 일정한 SI 광파이버와 다른 점이다. 따라서 SI와 GRIN 광파이버의 코어 크기와 비굴절률차가 같은 경우에 SI 광파이버의 결합 효율이 높다.

식 (5.3)에서 $\alpha = 2$일 때 코어 굴절률은 다음과 같다.

$$n(r) = n_1\sqrt{1 - 2(r/a)^2\Delta}$$

$\Delta \ll 1$인 일반적인 경우에 $n(r)$은 아래와 같이 표현될 수 있다.

$$n(r) = n_1[1 - (r/a)^2\Delta] \quad (r \leq a\text{일 때}) \tag{5.4a}$$

$$n_2 = n_1(1 - \Delta) \quad (r > a\text{일 때}) \tag{5.4b}$$

이러한 굴절률 분포를 **포물선 분포**(parabolic profile)라고 하며, 이때 NA는 다음과 같다.

$$\text{NA} = n_1(2\Delta)^{1/2}\sqrt{1 - (r/a)^2} \tag{5.5}$$

$n_1 = 1.48$, $\Delta = 0.0135$에 대한 포물선 함수가 그림 5.8에 있다. 이 경우 $n_2 = 1.46$이므로 축상에서 NA $= 0.24$가 되는데 이 값은 표 5.1의 계단형 광파이버와 같다. 코어의 끝단에서는 NA가 0으로 떨어진다. 끝단 입사시 오직 광파이버 축에 완전히 평행한 광선만이 유도될 수 있다.

포물선 광파이버의 축상에서, 즉 $r = 0$에서 NA $= n_1\sqrt{2\Delta}$로서 이 값은 전 유리 SI 광파이버와 같다.

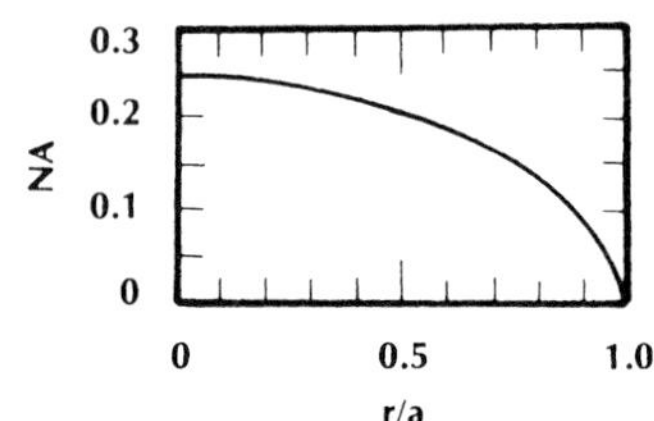

그림 5.8
포물선 굴절률 광파이버의 개구수.
$n_1 = 1.48$, $\Delta = 0.0135$.

굴절률 분포가 포물선인 경우 광파이버 축으로부터 방사형으로 측정한 광선의 위치는 광파이버의 길이를 나타내는 위치 z의 함수로 다음과 같이 표현할 수 있다.

$$r(z) = r_0 \cos\left(\sqrt{A}z\right) + \frac{1}{\sqrt{A}} r_0' \sin\left(\sqrt{A}z\right) \tag{5.6a}$$

그리고, 궤적의 한 점에서 광선의 기울기는 다음과 같다.

$$r'(z) = -\sqrt{A}\, r_0 \sin\left(\sqrt{A}z\right) + r_0' \cos\left(\sqrt{A}z\right) \tag{5.6b}$$

여기서 $A = 2\Delta/a^2$, r_0는 광선의 시작점이며, r_0'는 시작점의 기울기이다. 5장의 마지막 부분에 있는 여러 문제에서 이 식들은 GRIN 광파이버에서의 광선 경로를 도시하고 식 (5.5)로 주어진 NA를 유도하는 데 사용된다.

2.2절에서 언급했듯이 언덕형 굴절률 봉 렌즈의 광선은 이들 두 식에 의하여 예측된 경로를 따라 진행한다. 한 예로서, 한 주기당 거리인 피치 P는 $\sqrt{A}P = 2\pi$에 의해서 결정되므로 피치 $P = \pi a\sqrt{2/\Delta}$가 된다.

예제 5.2

1 mm의 직경과 0.01의 비굴절률차를 갖는 GRIN 봉 렌즈의 피치를 계산하라.

풀이:

$$P = 0.5\pi\sqrt{2/0.01} = 22.2 \text{ mm}$$

이것은 상용 GRIN 봉 렌즈의 실질적인 피치이다. 직경 1 mm인 1/4-피치는 그 때 약 5.5 mm 길이를 가질 것이다.

예제 5.3

62.5 μm의 직경과 0.01의 비굴절률차를 갖는 GRIN 파이버의 피치를 계산하라.

풀이: 그 결과 피치는 1.39 mm이다.

종종 GRIN 봉 렌즈의 굴절률 변화는 다음으로 주어진다.

$$n(r) = n_1(1 - Ar^2/2)$$

이는 식 (5.4)의 앞에 주어진 식에서 제곱근이 근사적으로 $\sqrt{1-x} \approx 1 - x/2$ 와 같다는 조건하에서 얻어진 것이다.

식 (5.3)으로 주어진 굴절률 분포는 아주 일반적이다. 그것이 어떻게 포물선 분포가 될 수 있는지 알아보았다. 또한, $\alpha = \infty$ 로 놓으면 SI 광파이버 식이 된다. 실제로 식 (5.3)에서 α 를 ∞ 로 대체하면 코어의 굴절률 $n(r) = n_1$ 이 된다. 클래딩의 굴절률은 여전히 n_2 이다.

5.3 감쇠

신호 감쇠는 어떤 통신시스템의 설계에서도 중요한 요소이다. 모든 수신기의 입력 전력은 정해진 최소 수준 이상이 되어야 하므로 전송 손실은 전체 선로의 길이 제한을 초래한다. 광통신에서 손실이 일어나는 지점이 여러 개 있다. 채널 입력 결합기, 스플라이스, 커넥터 그리고 광파이버이다. 이 절에서는 광파이버의 손실에 관해 살펴보고자 한다.

이 절에서는 단지 대략 0.5에서 1.6 μm의 파장 범위 내에서의 광파이버 손실에 대하여 살펴본다. 이 영역은 광파이버 통신이 실용화된 영역으로서 저손실의 광파이버, 효과적인 광원과 광 검출기의 제작이 가능하지만, 이 외의 영역에서는 그렇게 하기가 어렵기 때문이다. 상세한 내용은 이 절의 나머지 부분과 광원, 광 검출기를 다루는 장에 있다.

앞서 언급한 바와 같이 광파이버는 플라스틱이나 유리로 만든다. 물질은 저손실 특성을 가지며, 길고 머리카락 같이 가늘게 제작할 수 있어야 한다. 더욱이, 물질의 굴절률을 약간 변화시켜 코어와 클래딩으로 각각 쓸 수 있어야 한다. 만약 언덕형 광파이버를 만들려 한다면 굴절률의 연속적인 변화가 가능해야 한다. 보통 계단형 광파이버의 재료는 플라스틱이나 유리이고, 언덕형 광파이버의 경우는 유리이다. 유리 광파이버는 보통 플라스틱 광파이버보다 흡수가 낮아서 장거리 통신에서 선호한다.

5.3.1 유리

관심을 끄는 유리는 실리카(silica, silicon dioxide, SiO_2) 분자를 녹여서 만든 것이다. 이 유리는 화합물이 아니라 물질 속에 분자 위치를 변화시킨 SiO_2 분자의 혼합물이다. 이는 수정의 결정구조와 다른데 결정구조의 구성원자는 위치가 고정된 반복적인 패턴을 가진다. 굴절률을 다르게 하기 위해 다른 물질을 이 혼합물에 첨가한다. 불순물 첨가는 티타늄, 탈륨(thallium), 게르마늄, 붕소 그리고 기타 다른 물질로 한다. 게르마늄은 실리카의 굴절률을 증가시키기 때문에 자주 코어에 첨가된다. 이는 내부 전반사가 발생하도록 코어의 굴절률을 클래딩의 굴절률보다 크게 만들어야 하기 때문이다. 그 결과, 실리카 성분의 유리로서 고도의 화학적 순도를 취할 때, 저손실 광파이버가 된다.

유리 광파이버에서 손실을 일으키는 원인은 **흡수**(absorption), **산란**(scattering) 그리고 **기하 구조적 영향**(geometric effect) 등으로 분류한다.

5.3.2 흡수

가장 순도가 높은 유리라도 특정 파장 영역 내에서는 심하게 흡수를 일으킨다. 이것이 바로 **진성 흡수**(intrinsic absorption)로서 유리 자체가 갖는 본래의 성질이다. 진성 흡수는 전자파 스펙트럼 중 단파장 자외선 영역에서 강하다. 흡수는 전자 천이 영역과 분자 천이 대역이 강하므로 자외선에서 최대이고 가시영역으로 감에 따라 줄어드는 손실 특성을 갖는다. 자외선 영역은 광파이버가 동작하는 영역에서 멀리 떨어져 있으므로 이 손실은 그렇게 중요하지 않다. UV 흡수의 꼬리부분은 가시광선 영역으로 확장되어 있지만 이 점에서 거의 손실에 영향을 주지 못한다. 자외선 흡수가 그림 5.9에 나타나 있다.

진성 흡수는 적외선에서도 역시 일어난다. 대표적인 유리에서는 7 ~ 12 μm 사이에 최대점이 있으므로 관심 영역과는 거리가 멀다. 적외선 손실은 실리콘-산소 결합과 같은 화학 결합의 진동과 관련이 있다. 열 에너지는 원자를 지속적으로 움직이게 하여 SiO 결합이 계속적으로 이완과 수축을 한다. 이 진동은 적외선 영역에서 공진주파수를 갖는다. 그림 5.9에서 보듯이 이 흡수 메커니즘의 끝부분은 광파이버 시스템이 동작하는 영역을 향해서 아래로 향해 걸쳐 있다. 이는 널리 사용하는 파장 영역의 상한선인 1.6 μm에서 작은 손실을 일으킨다. 실제로 이 파장을 넘어서 실리카 광파이버가 사용되는 것은 금물이다.

결론적으로 진성 손실은 광통신시스템이 동작할 수 있는 넓은 영역에서 그리 중요하지

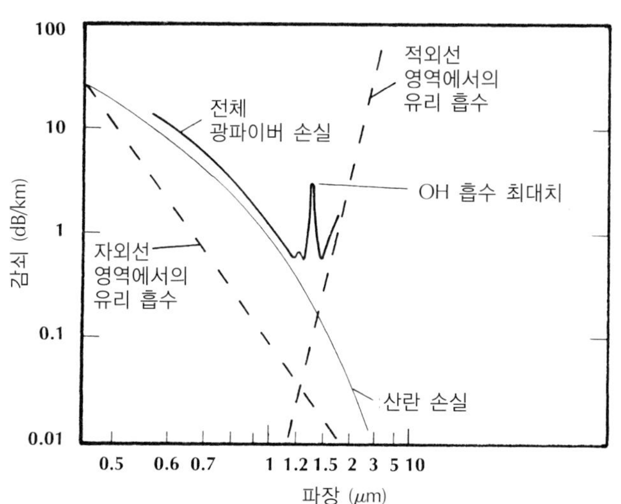

그림 5.9
게르마늄 첨가 실리카 유리 광파이버의 감쇠
[출처: H. Osanai, T. Shioda, T. Moriyama, S. Araki, M. Horiguchi, T. Izawa, and H. Takara. "Effects of Dopants on Transmission Loss of Low-OH-Content Optical Fibers." *Electronics Letters*, vol. 12, no. 21(Oct. 14, 1976): 550. 원저자의 허락하에 수정함.]

않지만, 이러한 진성 손실들은 보다 긴 장파장과 짧은 자외선 쪽으로 통신시스템이 확장되는 것을 막는다.

불순물(impurities)도 실제의 광파이버에서 손실을 일으키는 주 원인이다. 특히, 두 가지 형의 불순물이 문제를 일으키는데, 천이형 금속이온과 OH 이온이 바로 그것이다. Fe, Cu, V, CO, Ni, Mn 그리고 Cr 등의 금속 불순물은 관심 있는 영역에서 강한 흡수를 일으키므로, 20 dB/km 이하의 손실을 얻기 위해서 10억분의 몇 정도를 넘지 않아야 한다. 고실리카 성분 광파이버에서는 실제 그런 손실이 관찰되지 않는다.

금속의 손실 메커니즘은 내각에 전자가 완전히 채워지지 않아 발생한다. 내각의 전자가 광을 흡수하여 높은 에너지 상태인 외각으로 이동하므로 발생하는 손실이다. 부가적인 전자 에너지는 입사된 광으로부터 얻는다. 천이 에너지는 광자에 대응되며 광자가 갖는 주파수는 광통신용 주파수 대역에 있다.

실질적 관점에서 최소화해야 할 매우 중요한 불순물은 초과된 수분으로부터 발생하는 OH 이온이다. OH 이온의 손실 메커니즘은 SiO 결합에서처럼 이완진동이다. 산소와 수소 원자는 열 운동으로 2.73 μm의 파장으로 진동한다. 최대 흡수는 관심 대역이 아닌 2.73 μm에서 일어나지만 이 공진의 오버톤(overtone)과 결합대역은 관심 영역 내에 존재한다. 매우 심각한 OH 손실은 실리카 광파이버 속에 포함된 OH 이온이 1.37, 1.23 그리고 0.95 μm를 흡수할 때 일어난다. OH 흡수 최대치는 그림 5.9의 광파이버 손실 곡선에 나타나 있다. 그림과 같은 결과를 얻기 위해서 OH 불순물은 백만 개당 몇 개 정도로 작아야 한다. 최종 제품에서 낮은 수준의 OH 불순물을 보장하기 위해 유리제작 중에 특별한 주의가 요구된다. 건조한 광파이버는 특히 낮은 수준의 OH를 가지며 젖은 광파이버는 이보다 약간 높다. 낮은 진성 손실 영역 내에서 OH 흡수는 효과적인 전송을 위해 피해야 할 파장들을 제시한다.

원자 결함(atomic defects) 역시 광파이버 흡수에 기여한다. 예로서 티타늄(Ti^{4+})이 유리에 불순물 첨가용으로 사용되는데, 흡수를 일으키지는 않는다. 미리 만들어 놓은 유리로 머리카락과 같은 광파이버를 만드는 과정에서 Ti^{4+} 원자가 Ti^{3+}으로 상태 변화가 일어난다. 이는 티타늄이 심하게 흡수를 일으키는 원인이다. 이러한 감소과정을 적당한 제작 기술을 이용하여 최소화시켜야 한다.

X-레이, 감마 레이, 중성자, 전자 등을 유리에 복사시키면 원자 결점 흡수를 일으킨다. 고순도, 고실리카 성분 광파이버는 플라스틱 광파이버나 기타 순도가 떨어지는 유리보다 복사 결점 흡수에 대한 저항이 크다. PCS 광파이버도 코어가 순수 실리카이므로 다소의 복사 저항을 갖는다. 복사 손실은 800 nm 근처가 장파장보다 큰 값을 갖는다. 복사 손실은 1300 nm까지 줄어들다가 1550 nm에서 다소 증가한다. 복사 저항 광파이버의 손실은 복사량의 kilorad당 2.5 dB/km 정도이다. 상용화된 비강화 광파이버는 이것보다 10배 정도의 손실을 가진다. 복사 손실은 많은 변수, 예를 들면 불순물 정도, 물의 성분, 파장 복사량의 전달

비에 의존한다. 또한, 손실은 투여된 양에 따라 선형적으로 증가되지 않은 비선형적인 특성을 가지므로 다른 환경하에서 얻는 복사 데이터를 어떤 특정한 응용에 이용하기는 어렵다.

유리는 백금 도가니 같은 금속 용기에 녹일 때 오염될 수 있다. 금속 오염원이 산화물일 때는 흡수되지 않는다. 만약 유리가 줄어든다면 자유 금속원자가 유리 속으로 들어가 상당한 손실을 일으킨다. 도가니를 사용하지 않은 제작공정은 이 문제를 해결할 수 있다. 자유 금속원자를 줄이는 것은 온도와 관계되므로 임계온도 아래로 금속을 유지시키면 무시할 수 있다. 고품질 저손실 광파이버는 이 영향으로 인한 손실은 미미하다.

5.3.3 레일리 산란

산란 분자는 제작 중 용해 상태에서 유리 속을 무작위로 운동한다. 가해진 열은 운동에 필요한 에너지를 공급한다. 액체가 냉각됨에 따라 운동은 정지된다. 고체 상태에 도달하면 원자 위치가 무작위로 유리 내에서 동결된다. 그 결과 밀도의 지역적인 변화를 일으켜 결국 유리 전체에서 굴절률의 지역적인 변화가 일어난다. 이 변화는 균질의 물질 속에 들어있는 조그만 산란 물질로 모델링할 수 있다. 이 산란 물질의 크기는 광파장보다 훨씬 작다.

그러한 물질을 지나는 광속은 그림 5.10에서 보듯이 물질에 의해 산란되는 에너지를 가질 것이다. 이러한 형태의 손실을 레일리(Rayleigh) 산란이라 한다. 이는 매질을 통과하는 파동의 파장보다 작은 산란 물질을 갖는 매질을 통과할 때 나타난다. 레일리 산란은 λ^{-4}에 비례하므로 파장이 줄어짐에 따라 더욱 중요하게 된다. 그 산란 손실이 그림 5.9에 도시되어 있다.

또 다른 산란 손실의 원인이 있다. 광파이버 물질이 하나 이상의 옥사이드로 이루어지면 성분을 이루는 옥사이드의 농도 변화가 일어날 수 있다. 이것은 여러 성분들의 불완전한 화학적 결합의 문제가 아니다. 이 경우에 실제 유리 성분이 위치마다 다르게 된다. 이때에도 λ^{-4}의 레일리 손실을 일으키는 지역적인 굴절률 변화가 있다.

레일리 산란 손실을 대략 다음과 같은 식으로 표현한다.

$$L = 1.7(0.85/\lambda)^4$$

여기서, λ는 μm이고 손실 L은 dB/km이다. 데시벨 단위를 사용할 때 전송 전력의 손실을 나타내는 음의 부호는 간편성을 위하여 사용하지 않는다. 이것은 때때로 혼란을 일으키나, 손실이나 이득을 나타낼 때는 매우 유용하다. 식 (3.8)에서 정의된 대응되는 전계의 감쇠상

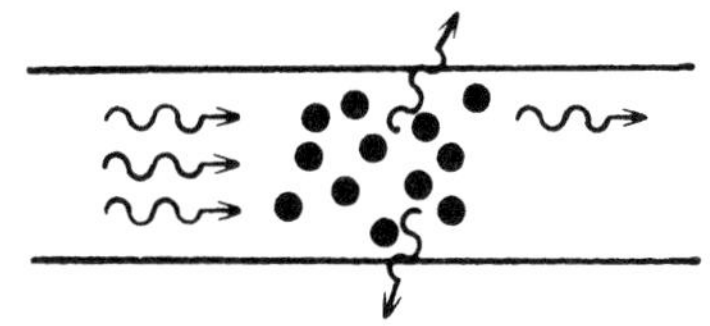

그림 5.10
굴절률의 국부적 변화에 기인한 입사 광자 흐름의 감쇠를 보여주는 레일리 산란

수는 $\alpha = L/8.685$로 단위는 km^{-1}이다. 따라서, dB/km의 손실과 감쇠계수는 모두 λ^{-4}에 비례한다. L과 α 사이의 관계는 광속 강도가 전계 크기의 제곱에 따라 변한다는 것으로부터 유도할 수 있다.

단파장에서 산란 때문에 광파이버 사용이 심하게 제한된다는 것은 분명하다. 이 산란으로 인한 손실이 0.8 μm 이하의 파장이 장거리 전송에서 사용되지 못하게 하는 단 하나의 이유이다. 반면에 파장이 커짐에 따라서 산란 손실은 줄어들게 되어, 0.8 μm 이상의 파장에서 동작시키게 하는 자극제 역할을 한다. 실제로 광파이버 손실을 0.05 dB/km보다 작게 얻으려면 동작 파장이 2 μm보다 커야 한다. 즉, 실리카가 아닌 다른 물질로 이루어진 유리가 요구된다. 광에 기반을 둔 유리와 중금속 할로겐 화합물(예를 들어, 플로라이드 유리)이 본 목적에 부합되나 보다 많은 발전이 있어야 한다.

지금 설명한 밀도와 구성으로 인한 손실이 진성적인 손실이다. 이것들은 어떠한 공정에 의해서도 없앨 수 없으며, 실제 조성을 변화시켜서만 제거될 수 있다. 이들 두 가지 현상에 의한 산란 손실은 유리로는 더 이상 낮출 수 없는 광파이버의 최소 손실값이라고 생각된다.

5.3.4 비균질성

제작 중에 유리 속에 존재하게 되는 물질의 비균질성은 산란 손실을 일으킨다. 코어의 비균질성은 화학물질의 불완전한 혼합과 용해에 의해 일어난다. 불완전한 공정으로 코어와 클래딩 경계가 고르지 못할 수도 있다. 이러한 경우 산란 물질은 광파장에 비해 커서 레일리 산란과 달리 그 손실은 파장과 관계가 없으며, 이들 손실은 적합한 제작 기술로 제어할 수 있다.

5.3.5 기하구조적 영향

광파이버를 구부리면 감쇠가 일어나는데 거시적인(macroscopic) 것과 미시적인(microscopic) 것 두 가지가 있다. 거시적인 것은 큰 구부림으로 광파이버를 스풀에 감거나 모퉁이에 돌려진 광파이버를 당길 경우에 일어나는 의도적 손실에 해당된다. 실제 예로서 125 μm 직경의 광파이버를 거의 손실 없이 25 mm 정도의 작은 곡률 반경을 갖도록 구부릴 수 있다. 일반적으로 이보다 훨씬 작은 반경을 갖게 구부리지 않는 한 부러지지 않는다. 예를 들어, 구부림 반경이 10 mm 이하가 되지 않는 이상 부러지지 않는다. 이는 광파이버의 탄력성이 커서 구부림이 큰 곳에 설치할 수 있도록 해 준다.

구부림으로 인한 나쁜 영향은 손실만이 아니다. 구부림은 또한 광파이버의 강도를 약화시킨다. 광파이버의 강도는 광파이버 표면에 미세한 흠집에 의존하는데, 광파이버가 압력이나 습기 등에 노출되면 이들 흠집이 커져서 열화된다. 그러므로, 구부림으로 인한 압력

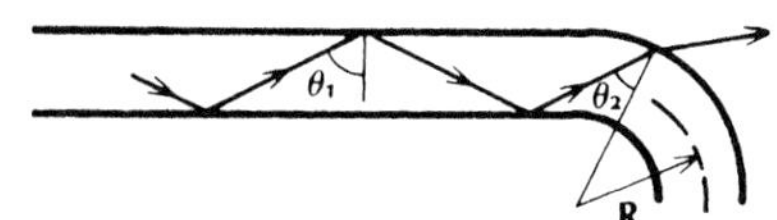

그림 5.11
구부러진 곳에서의 복사

은 광파이버를 빨리 열화시킨다. 상용 125 μm 광파이버를 25 mm의 최소 구부림 반경으로 구부렸을 경우 전력 손실과 인장으로 인한 열화는 무시할 정도로 작다

구부림 손실은 여러 가지 방법으로 설명할 수 있다. 그림 5.11은 광파이버에 갇힌 광선이 전반사가 일어나도록 $\theta_1 > \theta_c$를 유지하며, 코어와 클래딩 경계에 부딪히면서 SI의 코어를 통해 진행하는 것을 보여준다. 이 같은 광선은 구부러진 곳에 들어와 θ_2의 각으로 경계면에 부딪힌다. 이 각은 θ_1보다 분명히 작고 임계각보다도 작을 것이다. 어떤 구부림 반경에서 θ_2가 임계각보다 작아지면 전반사가 일어나지 않고 파동의 일부분이 복사된다. 즉, 진행하는 각도가 임계각에 가까운 고차 모드는 저차 모드보다 구부림 손실을 갖기 쉽다.

구부림에서 발생되는 복사를 다른 관점에서 설명할 수 있다. 광의 광선 성질보다는 파동 성질을 생각해 보자. 파동이 구부러진 곳으로 움직일 때 커브 안쪽의 광은 모퉁이 바깥쪽에서 광보다 빨리 움직여야 한다. 구부림 반경이 작을수록 바깥쪽의 광은 따라잡기 위해 보다 빨리 움직여야 한다. 이때, 요구되는 속도는 진공에서의 광속을 초과하여 외부로 복사하게 된다. 이 상황은 하나의 열을 구성하며 스케이트를 타는 구성원 중 바깥쪽 스케이터는 다른 스케이터들보다 더 빨리 이동해야 하는데 어느 속도 이상에서는 이 스케이터가 더 이상 따라갈 수 없어 열이 흐트러지고 만다. 이때, 스케이팅 열은 코어 내의 파면을 의미한다.

미시적 구부림은 광파이버를 보호 케이블 속으로 내장할 때 종종 일어난다. 케이블링 과정에서 나타나는 압력으로 자그마한 축상 비틀림, 즉 **미소구부림**(microbends)이 광파이버를 따라 무작위로 나타난다. 미소구부림은 광파이버의 여러 유도 모드들의 광을 결합시켜 광파이버 밖으로 광의 일부분을 내보내게 된다. 손실을 어느 정도 갖고 있는 내장되지 않은 광파이버는 이러한 영향으로 광케이블링 과정을 거친 후 손실이 더욱 커진다. 이러한 영향은 5.8절에서 설명될 느슨한 튜브(loose tube) 케이블 구조를 사용하여 제거한다.

5.3.6 총 감쇠량

케이블링과 구부림 과정에서 발생하는 감쇠를 제외한 모든 감쇠를 합하면 그림 5.9의 굵은 선으로 표시된 감쇠 곡선이 된다. 이 곡선을 보면 실리카 유리 파이버의 저손실 영역이 단파장에서는 산란 그리고 장파장 측에서는 적외선 흡수로 제한됨을 알 수 있다. 그림 5.12는 광파이버 전송에서 가장 실용적인 저손실 영역을 확대하여 나타낸 것인데 단일모드 실리카 유리 파이버의 경우이다. 이러한 광파이버의 전형적인 코어 직경은 약 10 μm이다. 단

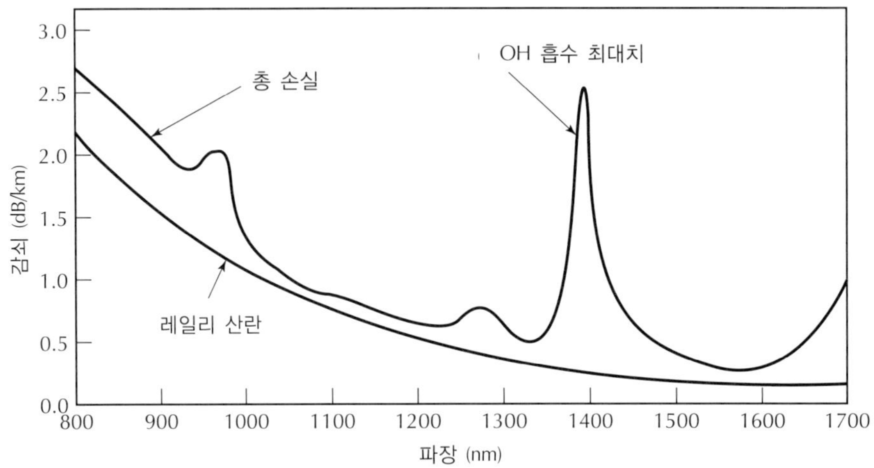

그림 5.12
레일리 산란과 수증기 흡수로 인한 영향을 보여주는 실리카 유리 광파이버의 파장에 대한 감쇠

일모드 실리카 광파이버의 최소 손실은 1.55 μm에서 약 0.15 dB/km이다. 다중모드 광파이버에서는 고차 모드의 전파와 관계된 손실 증가로 인하여 감쇠가 다소 증가한다. 이러한 선택적인 감쇠는 5.6절에서 설명하고자 한다. 다중모드 유리 광파이버는 전형적으로 50~100 μm의 코어 직경을 갖는 GRIN 광파이버이다.

유리 광파이버의 경우에, 800 nm에서 900 nm 사이의 별로 크지 않은 손실이 단거리 링크에서 수 km에 이르는 적절한 링크를 가능하게 한다. 다중모드 광파이버는 일반적으로 이 영역에서 사용되며 **제1전송창**(first transmission window)으로 불린다. 1260~1675 nm 범위에서는, 유리 손실이 제1전송창보다 낮다. 이 영역은 1400 nm 바로 아래에서 발생하는 OH 흡수 최대치(OH absorption peak)로 분리된다. 우리는 이 범위를 약 1300 nm를 중심으로 하는 **제2전송창**, 약 1550 nm를 중심으로 하는 **제3전송창**, 그리고 약 1600 nm를 중심으로 하는 **제4전송창**으로 나눈다.

1260 nm에서 1675 nm 사이의 광 스펙트럼을 모두 사용하기 위해서, 수산이온(hydroxyl ion)을 줄여 OH 이온 흡수 최대치를 제거한 단일모드 광파이버가 생산되고 있다. 이러한 형태의 광파이버에 대한 손실 특성을 그림 5.13에 보였다. 이러한 손실 특성을 갖는 광파이버는 **전-스펙트럼 광파이버**(full-spectrum fiber)로 부를 수 있을 것이다.

제1, 제2, 제3, 그리고 제4전송창이라는 기술 용어는 광파이버 개발 초기에 몇십 년간 일반적으로 사용되었다. 유용한 주파수대역의 최근 분류를 표 5.2에 나타내었다. 표를 참고하면, 제2전송창은 O-밴드, 제3전송창은 C-밴드, 제4전송창은 L-밴드임을 알 수 있다.

다중모드 계단형 굴절률 PCS 광파이버의 주파수에 대한 감쇠 특성을 그림 5.14에 보였

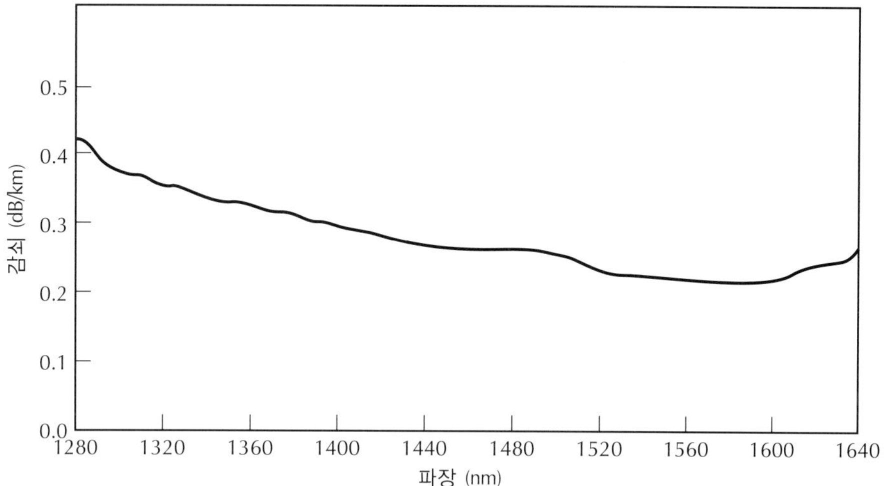

그림 5.13
수분을 적게 포함하고 있는 단일모드 광파이버의 파장에 대한 감쇠

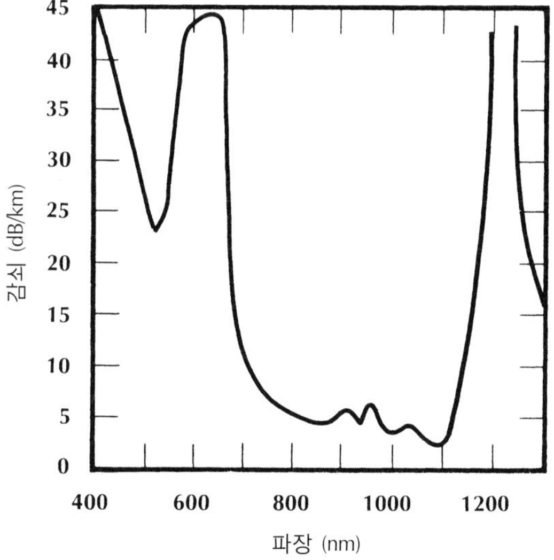

그림 5.14
HCS 광파이버의 파장에 대한 감쇠(Ensign-Bickford Optics Co.)

표 5.2 주파수대역 분류

대역	명칭	파장 범위(nm)
O-band	Original	**1260–1360**
E-band	Extended	**1360–1460**
S-band	Short wavelength	**1460–1530**
C-band	Conventional	**1530–1565**
L-band	Long wavelength	**1565–1625**
U-band	Ultra-long wavelength	**1625–1675**

다. PCS 광파이버는 순수 실리카 코어를 가지며 딱딱한 폴리머 박막 코딩이 클래딩 역할을 한다. 부드러운 플라스틱이 아닌 딱딱한 폴리머 클래딩이 사용될 때 이들 광파이버를 HCS(hard-clad silica) 광파이버라고 한다. 일반적으로 PCS 광파이버는 유리 광파이버보다 더 큰 감쇠를 가지며, 800 nm 근처의 적외선이나 가시광선으로 수 킬로미터 정도의 전송이 가능하다.

다중모드, 계단형 굴절률, 플라스틱 광파이버의 손실 특성을 그림 5.15에 나타내었다. 플라스틱 광파이버는 폴리메틸 메타클라이트(polymethyl methacrylate) 코어와 플루오르폴리머(fluoropolymer) 클래딩을 가지며, 전형적인 코어 직경은 200 ~ 1000 μm 사이이다. 전 플라스틱(all-plastic) 광파이버의 손실은 상당히 높아 오직 수십 미터 정도의 짧은 거리에서만 사용이 가능하다. LED나 레이저 다이오드는 650 ~ 670 nm 부근의 파장을 방출하는데, 120 ~ 160 dB/km의 손실을 갖는 플라스틱 광파이버와 같이 사용하면 단거리 데이터 전송이 가능하다.

새롭게 개발된 계단형 굴절률 불소화(perfluorinated) 플라스틱 광파이버는 좀더 우수한 손실 특성을 갖는데, 감쇠값은 50 dB/km이거나 그보다 더 좋다. 고성능 언덕형 굴절률 불소화 플라스틱 광파이버(GRIN POF 또는 GI-POF)는 언덕형 굴절률 유리 광파이버와 같은 장점이 있다. 5.6절에서 설명한 바와 같이 계단형 굴절보다 다중모드 찌그러짐이 적고 대역폭은 크다. 다중계단형 플라스틱 광파이버는 GI-POF의 성능에 근접한다. 그 이름이 함축하듯이 코어 굴절률은 광파이버 중심으로 갈수록 점진적으로 증가하는 식의 시리즈로 만들어진다.

광파이버 감쇠는 여러 방법으로 측정할 수 있다. 가장 직접적인 방법은 스풀에 감긴 길이가 긴 광파이버로부터 나오는 광 출력을 광 파워미터로 측정한 후, 그 광파이버의 광 입

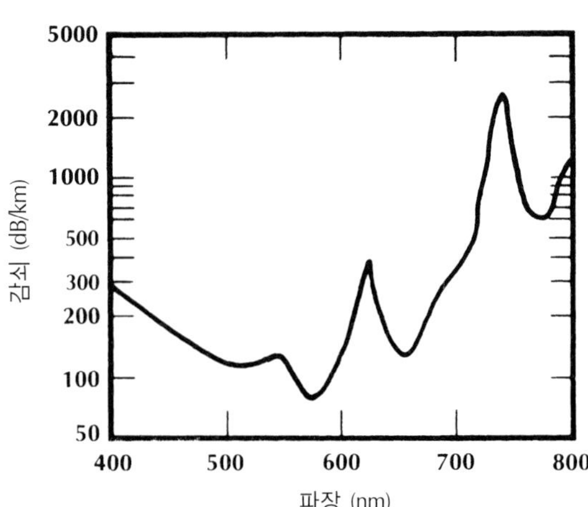

그림 5.15
전 플라스틱 광파이버 케이블의 파장에 대한 감쇠 (Mitsubish: Rayon America, Inc.)

사점 부근에서 광파이버를 절단하여 출력을 다시 측정한다. 이때 손실은 dB/km의 단위이며 스풀에 감겨 있는 나머지 광파이버 길이로 두 전력 측정치의 차를 나눈 값이 된다.

커트 백(cutback) 기술은 측정해야 할 광파이버 양 끝단이 가까이 있다면 실행하기가 쉽다. 만약 광파이버 양 끝단이 1 km 이상으로 멀리 떨어진 경우라면 이 기술을 사용할 수 없다. 이 경우 광 시간 영역 반사계(optical time-domain reflectometer: OTDR)를 주로 사용한다.

OTDR은 전력 측정용으로 오직 1개의 광파이버 끝단을 사용한다[5]. 그곳에 광 펄스를 입사시킨 후 되돌아오는 반사량을 측정하는 장치이다. 반사는 스플라이스, 커넥터, 광파이버의 깨진 곳처럼 불연속점과 레일리 산란에 의해 일어난다. 레일리 산란은 광파이버의 모든 점에서 OTDR의 수신기로 연속적인 응답 신호를 낸다. 반사가 갖는 지연시간은 광파이버에서 불연속점의 위치 측정을 가능하게 하며, 불연속점이 없는 광파이버는 그림 5.16에서 보듯이 광파이버의 감쇠 손실에 비례하여 응답 신호의 크기가 감소한 것이다. 광파이버 손실은 OTDR 표시창에 나타나는 응답 신호의 기울기에 비례한다. 불연속점에서는 응답 신호가 계단적으로 감쇠하며 이 계단의 크기로 스플라이스, 커넥터, 광파이버의 깨진 곳에 대한 감쇠 크기를 측정할 수 있다. 계단 감쇠 바로 직전의 불연속점에서 반사 전력의 스파크는 그 지점에서의 프레넬 반사를 나타내고 있다. 3.5절에서의 설명에서 공기에서 유리 혹은 유리에서 공기로의 수직 입사시 약 4%의 반사가 있음을 알았다. 이 수직 입사는 작은 NA를 갖는 광파이버에 대한 입사조건에 해당한다.

요약하면 OTDR은 광파이버, 스플라이스, 커넥터의 손실을 측정하며 더불어 스플라이스, 커넥터, 광파이버의 깨진 위치도 측정한다.

시스템 설계에 관한 더욱 자세한 내용은 제12장에서 언급하겠지만, 시스템 전력 설계에 대한 계산의 한 예를 다음에 예시한다.

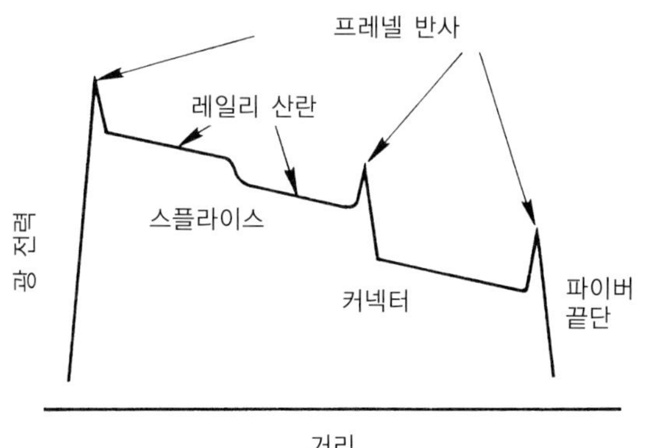

그림 5.16
광 시간 영역 반사계의 출력 화면

표 5.3 전력 설계에 대한 계산의 예

LED 출력 전력		2 dBm
수신감도		−30 dBm
설계 손실		32 dB
결합 손실	16 dB	
커넥터 및 스플라이스	6 dB	
전력 마진	4 dB	
총 손실	26 dB	−26 dB
광파이버의 허용손실		6 dB

예제 5.4

광파이버시스템이 1300 nm 파장에서 동작한다. 여기서, 파이버의 손실은 0.5 dB/km이다. LED 광원은 1.59 mW를 발산하고, 파이버와 16-dB의 손실을 갖고 결합한다. 이 시스템에서 커넥터와 스플라이스는 총 6 dB의 손실을 나타낸다. **수신감도**(receiver sensitivity: 수신기가 SNR 또는 오차율을 가지고 메시지를 검파하기 위하여 요구되는 전력)는 −30 dBm이다. LED의 수명단축과 같은 시스템 성능저하에 대비하여 4-dB의 마진이 주어졌다. 사용할 수 있는 파이버의 최대 길이는 얼마인가?

풀이: dBm과 dB로 시스템의 전력 설계에 대한 계산을 수행하는 것이 필요할 때가 종종 있다. 1.59 mW의 LED 전력은 2 dBm과 같다. 표 5.3에 전력 설계에 대한 계산을 요약하였다. 이때 최대 허용 파이버 길이는 6/0.5 = 12 km이다.

5.4 계단형 광파이버에서의 모드와 전계

5.4.1 모드

계단형 광파이버의 모드도표가 그림 5.17에 있다. 이 도표는 그림 4.5에 있는 대칭형 평판 모드도표와 유사하다. 단지 광파이버 모드도표는 파라미터 V의 함수로서 유효 굴절률을 나타내어 정규화된 것이 차이점이다. **정규화 주파수**(normalized frequency)라고 하는 V는 다음과 같이 정의한다.

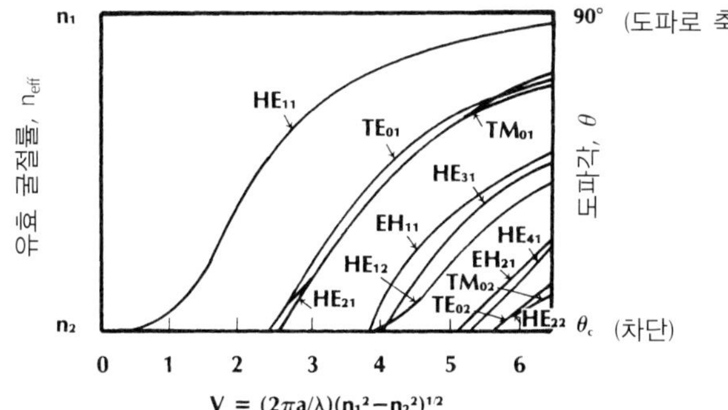

그림 5.17
계단형 광파이버의 모드 도표(HE_{11} 모드는 $V=0$에서 차단된다.) (출처: Donald B. Keck. "Optical Fiber Waveguides," in *Fundamentals of Optical Fiber Communications*, 2nd ed., Michael K. Barnoski, ed., NY: Academic Press, Inc., 1981, p. 18. 원저자의 허락하에 수정함.)

$$V = \frac{2\pi a}{\lambda}\sqrt{n_1^2 - n_2^2} \tag{5.7}$$

여기서 a는 코어의 반경, λ는 자유공간 파장이다. V를 사용하면 a, λ, n_1과 n_2 값의 어떠한 조합에서도 이용할 수 있는 도표를 만들 수 있다. SI 모드도표에서 추론되는 전파 특성으로부터 광파이버와 평판 도파로의 파동 진행 사이에는 많은 공통적인 특징이 있음을 알 수 있다.

도표로부터 많은 모드가 존재하는 것을 알 수 있다. 4.2절에서 설명한 바와 같이 TE와 TM 모드는 횡방향 전계와 자계 모드를 말한다. HE와 EH 모드는 혼성 모드로서 둘 다 광축 방향으로 전계와 자계 성분을 가진다. 그림 5.17의 각 곡선은 실제로 두 개의 모드를 나타내며 하나는 횡방향 평면에서 다른 하나에 대해 수직으로 편광되어 있다.

보통의 광파이버는 입사된 파동의 편광을 유지하지 않는다. 같은 모드의 직교편광된 두 개의 파동은 같은 유효 굴절률을 갖고 있어 같은 속도로 진행하므로 그들 간에는 에너지 결합이 쉽다. 이러한 에너지 교환은 구부림, 꼬임, 분리기 그리고 기타 광파이버의 기계적 외형 변화에 의해 일어난다.

모든 모드의 유효 굴절률은 클래딩과 코어의 굴절률 값 사이에 있으며, 주어진 모드의 n_{eff}는 파장에 따라 변하므로 도파로 분산을 일으킨다. 정해진 V 값에서 각기 다른 유효 굴절률을 갖는 여러 모드가 진행할 수 있어, 그 결과 모드 찌그러짐(modal distortion)이 일어난다. 종방향 전파상수는 n_{eff}로부터 식 (4.6)을 이용하여 $\beta = k_0 n_{\text{eff}}$를 얻는다. 광선 각도는 식 (4.7)에서 결정된다.

광파이버에서 광의 도파현상은 평판 도파로의 경우와 아주 유사하다. 평판에서처럼 광선들이 임계각으로 진행할 때 모드는 차단되고 차단에서 멀리 떨어진 광선들은 거의 90°에 가깝게 직선적으로 진행한다. 더욱이, 감쇠하는 소멸전계는 모든 모드에 대하여 코어 밖에 존재하며, 임계각에 가까울수록 모드는 차단되고 그 파동은 더 깊이 크래딩 속으로 침투한다. 차단조건에서 먼 파동은 거의 코어 속으로 진행된다.

V 값이 큰 경우 많은 모드가 도파되며 상대적으로 코어 직경이 큰 것을 말한다. $V > 10$일 때 모든 편광을 포함한 모드 수는 대략 식 (5.8)과 같다[6].

$$N = \frac{V^2}{2} \tag{5.8}$$

예제 5.5

코어 직경이 50 μm인 광파이버가 갖는 모드 수를 계산하라. 5.1절의 전 유리 광파이버와 같게 $n_1 = 1.48$, $n_2 = 1.46$이고 $\lambda = 0.82$ μm라고 가정한다.

풀이: 식 (5.7)에서 V 값은

$$V = \frac{2\pi(25)}{0.82}\sqrt{1.48^2 - 1.46^2} = 46.45$$

이다. 그러므로, 식 (5.8)로부터 모드 수가 약 1078개이다.

예제에서 보았듯이 상당히 작은 광파이버도 많은 수의 모드를 갖고 있음이 분명하다. 정규화 주파수는 코어와 클래딩의 굴절률차에 비례하므로 굴절률차를 작게 유지시키면 도파 모드 수를 줄일 수 있다.

SI 광파이버의 최저차 모드는 HE_{11} 모드로 횡방향 전계 패턴이 그림 5.18에 있는데 가우스 패턴과 유사하다. 즉, 횡방향 단면의 전력 분포가 식 (2.15)의 가우스 강도 패턴에 근사됨을 말한다. 가우스 근사는 V 파라미터가 1.8에서 2.4 내에 있을 때 잘 맞는데, 나중에 설명하지만 대부분 단일모드 광파이버 동작용으로 설계되는 영역이다.

5.4.2 스폿 크기

스폿 크기는 종종 모드-전계 반경(mode field radius)이라고 하는데, 등가 가우스 광속의 스

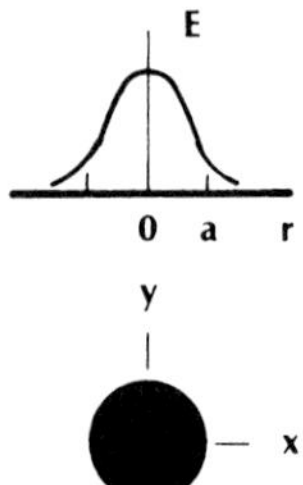

그림 5.18
SI 광파이버의 최저차 모드인 HE_{11} 모드의 횡방향 패턴

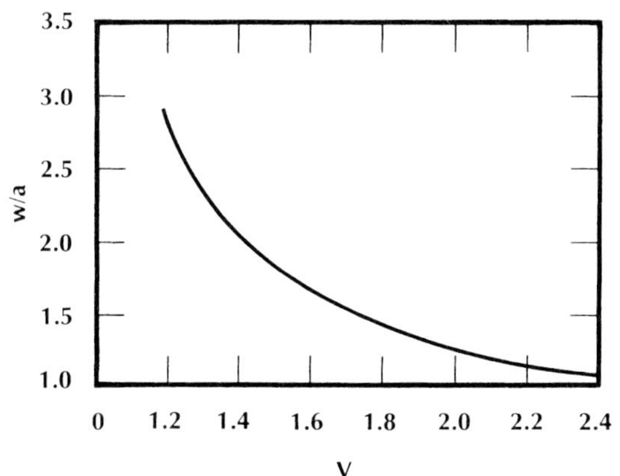

그림 5.19
계단형 굴절률 광파이버의 최저차 모드에 대한 정규화 스폿 크기 *w*/*a*

폿 크기는 종종 아래와 같은 정규화 주파수로 표현한다[7].

$$\frac{w}{a} = 0.65 + 1.619V^{-3/2} + 2.879V^{-6} \tag{5.9}$$

V 값이 $1.2 < V < 2.4$일 때 타당한 이 표현이 그림 5.19에 있다. 보는 바와 같이 V 파라미터가 2.4 아래로 줄어듦에 따라 스폿 크기가 증가하여 궁극적으로 코어 반경보다 커진다. 다시 말해 V 값이 작으면 광속이 코어보다 크게 확장되어 클래딩까지 영향을 미친다. 이 상태에서 광속은 코어에 강하게 집속되지 않아 구부림 손실에 쉽게 노출된다. 따라서, 단일모드 광파이버는 보통 2～2.4 사이의 V 값으로 동작시킨다. 2.4에 가까운 V 값은 하나 이상의 모드가 도파할 가능성을 최소화하기 위해 피한다.

5.4.3 단일모드 도파

단일모드 도파는 HE_{11} 모드 이외의 모든 모드를 차단시키면 된다. 그림 5.17에 의하면 이것은 $V < 2.405$에서 발생한다. 이것을 식 (5.7)과 결합하면

$$\frac{a}{\lambda} < \frac{2.405}{2\pi\sqrt{n_1^2 - n_2^2}} = \frac{2.405}{2\pi(NA)} \tag{5.10}$$

이 되고, 이는 단일모드 도파에 관한 조건이다. 이 결과는 단일모드 대칭 평판 도파로가 되기 위한 조건식 (4.17)과 아주 유사하다. 식 (5.10)이 만족되며 HE_{11} 모드만이 도파할 수 있다. 직교편광된 2개의 HE_{11} 모드 파동은 실제로 광파이버에 동시에 존재하나 n_{eff}가 같아 같은 속도로 진행한다는 특징이 있는데, 이는 대부분의 응용분야에서 두 개의 모드가 있다는 사실보다 중요하다.

5.4.4 복굴절과 편광

광파이버가 상당한 **복굴절**(birefringence)을 가지면 서로 직교편광된 두 개의 HE_{11} 파는 같은 속도를 갖지 않는다. 복굴절은 굴절률이 파동의 편광 방향에 의존하는 현상을 말하는 것으로서, 굴절률이 완전히 원형으로 대칭되지 않아서 발생한다. 이러한 비대칭성은 광파이버가 불완전한 원형으로서 **기하학적 복굴절**(geometrical birefringence)이거나 파이버에 가해지는 다른 압력으로 인한 **압력 복굴절**(stress birefringence) 때문이다. 그러한 경우 파동의 속도는 편광에 의존하게 되므로, 직교편광된 2개의 HE_{11} 파동은 같은 속도로 진행하지 않게 된다. 일반적인 광파이버에서 복굴절의 영향은 적다. 입사된 파의 편광을 유지하도록 설계된 단일모드 **편광 유지 광파이버**(polarization-preserving fibers)에서는 이 현상을 크게 할 수 있다. 이렇게 하면 두 개의 파동이 상당히 다른 도파 특성을 가지므로 편광이 유지되어 HE_{11} 파동들이 광파이버 속을 도파할 때 에너지 교환을 할 수 없다.

편광 유지 광파이버는 광파이버를 비대칭이 되게 설계 제작한다[8]. 예를 들어, 타원의 장축과 단축 방향으로 편광된 파동들의 유효 굴절률이 같지 않도록 타원형의 코어(elliptical core)를 갖는 광파이버와 불균형의 압력을 발생시키는 부분이 있는 광파이버가 이에 속한다. 이들이 그림 5.20에 예시되어 있다. 나비 넥타이형(bow-tie) 광파이버의 어두운 부분은 붕소 같은 재료가 강하게 첨가되는 곳이다. 이 불순물이 첨가된 영역의 열팽창은 순수 실리카 클래딩의 열팽창과 아주 달라서 불균형의 압력이 코어에 가해진다. 이 압력으로 인해 생긴 커다란 복굴절이 단일모드 광파이버의 두 직교 모드가 결합되지 못하게 한다.

편광 유지 광파이버는 여러 응용분야에 이용되는데, 광파이버 자이로스코프(gyroscope)와 코히런트(coherent) 광 검파 시스템이 포함된다. 이들의 응용은 10.5절에서 다룰 것이다.

또 다른 특별한 파이버는 **편광 파이버**(polarizing fiber)이다. 이 단일모드 파이버는 편광된 두 직교 HE_{11} 모드 중 오직 한 모드만을 전송한다. 그것은 파이버를 비대칭적으로 제작하여 전송을 희망하지 않는 편광 모드의 감쇠를 희망하는 편광 모드보다 크게 하면 된다. 이들 파이버들은 편광되지 않은 광원으로부터 편광된 광을 얻을 때 사용한다.

기존의 광파이버, 편광 유지 광파이버, 그리고 편광 광파이버의 편광 제어를 그림 5.21에

그림 5.20
편광 유지 광파이버

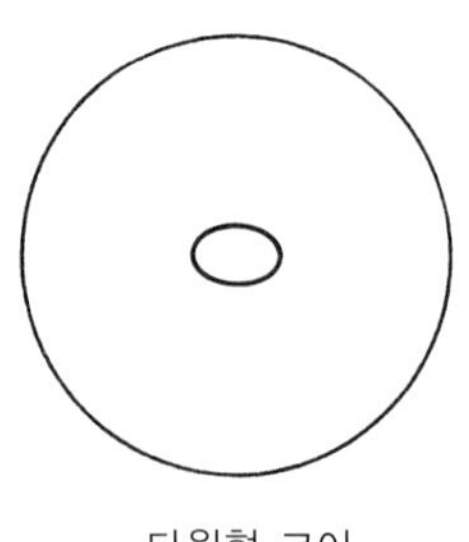

타원형 코어
광파이버

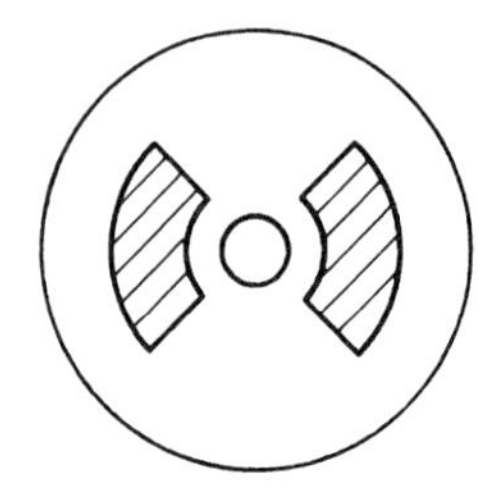

나비 넥타이형
광파이버

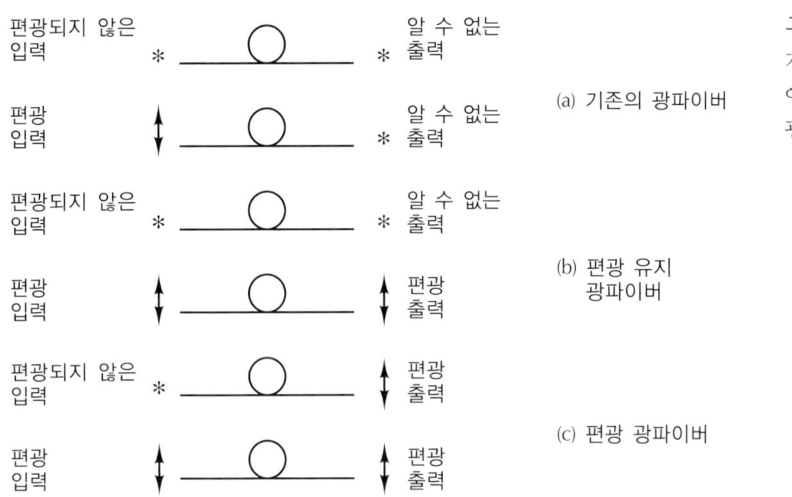

그림 5.21
기존의 광파이버, 편광 유지 광파이버, 그리고 편광 광파이버의 편광 효과

예시하였다. (a)의 전형적인 파이버에서 그 출력 편광은 모든 편광들 사이의 불규칙한 결합으로 인하여 입력 편광의 상태에 관계 없이 알 수 없다. (b)의 편광 유지된 파이버는 편광된 입력 파동의 편광성을 유지한다. 그러나, 편광되지 않고 입사된 파동은 편광시킬 수 없다. (c)의 편광 파이버는 편광되지 않은 입력에서 오직 하나의 편광 성분만을 통과시키며, 편광된 입력 편광 성분을 원하는 파이버 편광기의 방향으로 편광시킨다. 원하지 않는 방향으로 편광된 입력은 감쇠되어 소멸한다.

예제 5.6

1250 nm의 파장에서 단 한 개의 모드를 갖기 위해서 $n_1 = 1.465$, $n_2 = 1.46$인 유리 광파이버의 허용 최대 코어 반경은 얼마인가?

풀이: 식 (5.10)에서 $a = 3.96\ \mu\text{m}$이다. 따라서, 코어 직경은 $7.9\ \mu\text{m}$이다.

결론적으로 단일모드 광파이버는 매우 작다. 그러므로 n_2를 n_1에 가깝게 제작하고, 되도록 장파장에서 동작시켜야 광파이버 직경을 키울 수 있다. 실제로 단일모드 광파이버는 $125\ \mu\text{m}$의 클래딩 직경에 $4 \sim 12\ \mu\text{m}$ 정도의 코어 직경을 갖는다. 이런 크기를 갖는 광파이버를 다룰 때는 주의를 요하나 장거리, 광 대역폭이 요구되는 응용분야 그리고 집적 광소자와 같이 쓰이기 때문에 많이 사용된다. 5.6절에서는 단일모드와 다중모드가 갖는 대역폭 크기를 비교할 것이다.

앞의 예에서 정규화 주파수 V는 1250 nm 차단 파장에서 2.4이다. 식 (5.9)와 그림 5.19에 의하면 이 파장에서 w/a의 값은 약 1.1이다. 식 (5.9)는 동작 파장의 증가에 따른 스폿 크기를 구하는 데 사용되고, 이 결과는 그림 5.22와 같으며 스폿 크기는 파장과 같이 증가함을 알 수 있다. 이것은 빔의 전력을 클래딩으로 더욱 퍼지게 하여($w > a$) 파이버에 더욱 큰 구부림 손실이 나타나게 한다.

5.4.5 계단형 굴절률 광파이버의 전계

4.1절에서 평판 도파로의 전계방정식을 명시하였는데 이것은 사인 함수, 코사인 함수 그리고 지수 함수와 같이 상대적으로 간단한 삼각 함수 표현이 가능하다. 원통형 계단형 굴절률 광파이버의 경우에는 방정식이 보다 복잡하며 베셀 함수(Bessel functions)로 주어진다.

광파이버 축방향인 z방향으로 진행하며 y방향으로 선형편광(linearly polarized: LP)된 전계는 코어에서 다음과 같이 쓸 수 있으며

$$E_y = E_1 J_\ell(ur/a)\cos(\ell\phi)\sin(\omega t - \beta z)$$

클래딩에서는 다음과 같다.

$$E_y = E_2 K_\ell(wr/a)\cos(\ell\phi)\sin(\omega t - \beta z)$$

이들 방정식에서 r, ϕ, 그리고 z는 원통좌표계의 반경, 각, 그리고 축이다. J_ℓ은 ℓ차 1종 베셀 함수이며, K_ℓ은 수정된 ℓ차 2종 베셀 함수이다. E_1과 E_2는 진폭이다. 단순한 해석을 위하여 무손실 전송 광파이버를 가정해 보자. 만약 그렇지 않으면, $e^{-\alpha z}$ 형태로서 지수 함수적으로 감소하는 항이 전계방정식에 포함되어야 한다.

u와 w는 다음과 같이 주어진다.

$$u = a\sqrt{n_1^2k_0^2 - \beta^2}$$

$$w = a\sqrt{\beta^2 - n_2^2k_0^2}$$

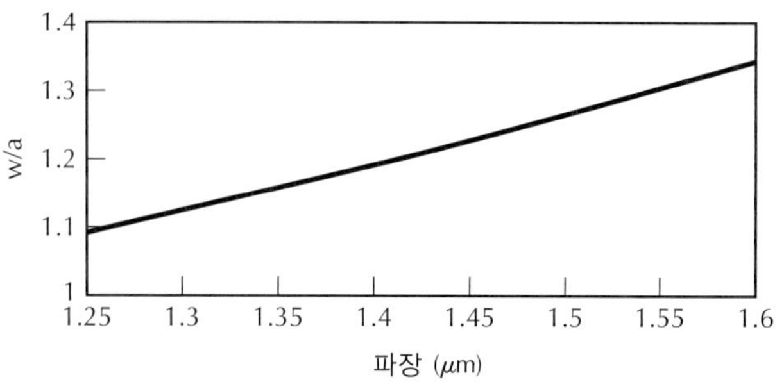

그림 5.22
파장에 따른 스폿 크기의 변화. 이 그림에서 차단 파장은 1.25 μm, 코어 굴절률은 1.465, 그리고 코어의 반경은 3.96 μm이다.

4.1절에서처럼, 이들 방정식에서 k_0는 자유공간의 전파상수이며, β는 길이 방향 전파상수이다.

u와 w로부터 유도되는 정규화 주파수는 다음으로 주어진다.

$$V = \sqrt{u^2 + w^2}$$

u와 w를 대입하면 다음 결과를 예상할 수 있다.

$$V = \frac{2\pi a}{\lambda}\sqrt{n_1^2 - n_2^2}$$

전자파방정식이 원통좌표계로 표현될 때 그 해는 베셀 함수가 된다. 베셀 함수 J_ℓ은 코어 안의 전계를 표현하기에 알맞은 사인 곡선과 닮아 있으며, 수정된 베셀 함수 K_ℓ은 클래딩에서 전계의 지수 함수적 감소와 닮아 있다. 좌표 ϕ를 포함하는 코사인 항은 각 위치(angular position)에서 전계의 사인 함수적 변화를 나타낸다.

기본 모드(fundamental mode)에서 ℓ은 영이다. 따라서 코어에서의 전계는

$$E_y = E_1 J_0(ur/a)\sin(\omega t - \beta z)$$

이고, 클래딩에서의 전계는 다음과 같다.

$$E_y = E_2 K_0(wr/a)\sin(\omega t - \beta z)$$

이들 전계는 원통 방향으로 대칭이어서 각 방향(angular direction)으로의 전계 변화는 없으며, 가우시안 분포와 근사하다.

5.5 언덕형 광파이버에서의 모드

언덕형 광파이버에 대한 모드도표는 만들지 않고, 대신 허용 모드의 유효 굴절률에 대한 분명한 표현을 식 (5.4)로 표현되는 포물선 굴절률 분포(parabolic profile)인 경우에 대하여 구하려 한다. 식 (5.3)의 일반적인 언덕형 굴절률 분포에 대한 n_{eff}를 구하는 것은 가능하지 않다. 포물선 분포 곡선은 실제적으로 GRIN 광파이버를 나타낸다. 이 절에서의 결과는 포물선 분포 광파이버에 사용될 수 있으며, 다른 GRIN 광파이버도 이와 유사하다.

정수 p와 q에 의해 표현되는 모드의 유효 굴절률은

$$n_{\text{eff}} = \frac{\beta_{pq}}{k_0}$$

$$= n_1 - (p + q + 1)\frac{\sqrt{2\Delta}}{k_0 a} \tag{5.11}$$

와 같다. 가장 낮은 모드는 $p = q = 0$일 때이다. 각기 새로운 모드에 대해서는 p, q가 달리 증가한다. β와 k_0는 이전과 같은 의미로서 각각 종방향 전파상수와 자유공간 전파상수이다.

정규화 주파수로 다중모드 GRIN 광파이버의 전체 모드 수를 표현하면 큰 V 값[11]에 대해 전체 모드 수 $N = V^2/4$가 된다. 이는 식 (5.8)로 결정되는 동급의 SI 광파이버 모드 수의 반이다. 따라서 코어가 50 μm이고 $n_1 = 1.48$, $n_2 = 1.46$인 경우 0.82 μm에서 모드 수는 539개이다.

최저차 모드의 전계는 다음 식과 같다.

$$E_{00} = E_0 e^{-\alpha^2 r^2/2} \sin(\omega t - \beta_{00} z) \tag{5.12a}$$

여기서 $a = (k_0 n_1/a)^{1/2}(2\Delta)^{1/4}$, $r^2 = x^2 + y^2$이다. 그림 5.23의 횡방향 패턴은 원형 대칭의 가우시안 모양을 하고 있다. 그림 5.24는 $p = 1$, $q = 0$ 그리고 $p = 2$, $q = 0$인 2개의 모드 패턴을 보여준다. 이들 모드는 원형 대칭이 아니며 각각 다음 식으로부터 결정된다.

$$E_{10} = E_1 \alpha x e^{-\alpha^2 r^2/2} \sin(\omega t - \beta_{10} z) \tag{5.12b}$$

$$E_{20} = E_2[2(\alpha x)^2 - 1] e^{-\alpha^2 r^2/2} \sin(\omega t - \beta_{20} z) \tag{5.12c}$$

이것을 그림 4.7의 대칭 평판의 패턴과 비교하면 아주 유사하다. 각 모드의 피크 크기는 광파이버의 여기 정도에 달려 있다.

지금까지 배운 모든 유전체 도파로와 유사하게 허용 도파 모드는 다음 범위 내의 유효 굴절률을 갖는다.

$$n_2 \le n_{\text{eff}} \le n_1 \tag{5.13}$$

유효 굴절률이 n_2와 같으면 어떤 모드도 차단이 된다. 이것을 이용하면 코어 크기와 파장의 관계식, 그리고 차단시 유효 굴절률을 결정할 수 있다. $p = 1$, $q = 0$인 (1, 0) 모드에 대한 단일모드 도파조건을 알아보자. $n_{\text{eff}} = n_2$, $p = 1$, $q = 0$를 식 (5.11)에 대입하고 $k_0 = 2\pi/\lambda$

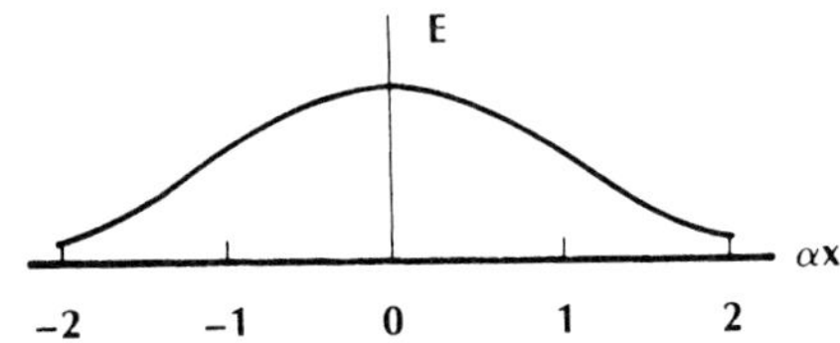

그림 5.23
포물선 분포 GRIN 광파이버에서 최저차 모드에 대한 횡방향 패턴

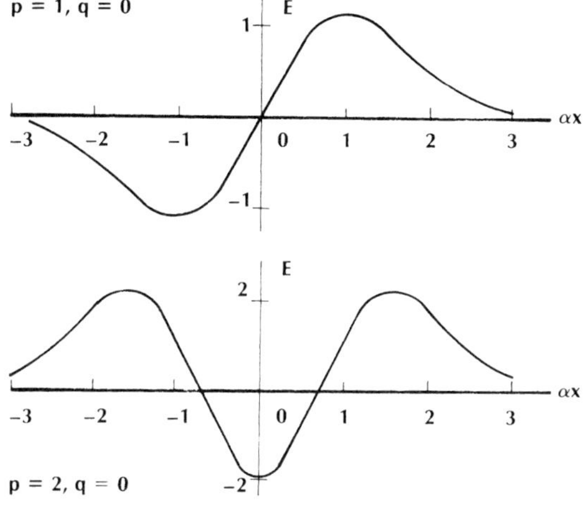

그림 5.24
포물선 광파이버에서 고차 모드에 대한 횡방향 패턴

에 대해 정리하면 단일모드 조건은 다음과 같다.

$$\frac{a}{\lambda} < \frac{1.4}{\pi\sqrt{n_1(n_1 - n_2)}} \tag{5.14}$$

더욱 정확한 계산은 1.4를 1.2로 변경하면 된다. 다시 한 번 n_1을 n_2에 근접시키고 장파장에서 동작시키면 단일모드 광파이버의 코어 크기를 키울 수 있음을 주지하라. 식 (5.10)과 (5.14)를 비교하면 단일모드 도파에 대한 a/λ의 최대값이 SI 광파이버보다 포물선 광파이버에서 1.6배 크다는 것을 알 수 있다.

다음 절에 나타나 있듯이 다중모드 언덕형 광파이버는 다중모드 계단형 광파이버보다 펄스 찌그러짐이 작다. 이와 같은 이점 때문에 대부분의 유리 다중모드 파이버들은 언덕형 굴절률 파이버이다. 반면에, 단일모드 언덕형 광파이버는 단일모드 계단형 광파이버보다 좋은 특성을 제공하지 못한다. 이는 펄스 퍼짐 때문이다. 이러한 이유로 단일 언덕형 광파이버는 생산하지 않는다.

예제 5.7

포물선 굴절률 분포를 갖고 $n_1 = 1.47$, $n_2 = 1.46$인 GRIN 광파이버를 고려하자. 단일모드가 되기 위한 상대 비굴절률차와 최대 코어 크기를 계산하라. 또 앞에서 구한 코어 크기를 사용하여 도파 모드의 n_{eff} 값을 계산하라. 동작 파장은 1.3 μm이다.

풀이: 식 (5.4b)에서 $\Delta = (n_1 - n_2)/n_1$이므로 $\Delta = 0.0068$이다. 식 (5.14)로부터 $a/\lambda = 3.7$, $a = 4.8\ \mu$m이다. 식 (5.11)에서 $p = 0$, $q = 0$, $k_0 = 2\pi/\lambda$로 하면 (0, 0) 모드에 대해,

$$n_{\text{eff}} = n_1 - \frac{\sqrt{2\Delta}}{2\pi(a/\lambda)}$$

이다. 이 결과식을 계산하면 $n_{\text{eff}} = 1.465$이다.

5.6 펄스 찌그러짐과 광파이버 정보율

광파이버 링크에서 감쇠와 펄스 찌그러짐은 광파이버 길이를 제한한다. 어떤 응용분야에서는 수신된 신호 형태에 따라 수신이 거부되지 않더라도 수신기에 도달한 신호가 너무 약해 명확히 수신되기 어렵다는 점이 주된 문제점으로 야기될 때, 시스템은 **파워 한계**(power limited)를 가진다고 한다. 5.3절에서 광파이버 자체에 의한 손실들을 다루었다. 광원 결합, 스플라이스와 커넥터에서 일어나는 부가적인 손실은 후에 알아보기로 한다. 이에 반해 광 전력은 충분하나 찌그러진 신호 형태로 인해 전송된 메시지의 올바른 재구성이 불가능한 경우가 있다. 이를 시스템이 **대역폭 한계**(bandwidth limited)를 가진다고 한다. 이 절에서는 광파이버에서의 신호 찌그러짐을 4.5절의 평판 도파로에서 소개한 자료에 기초하여 고찰하려 한다.

5.6.1 SI 광파이버에서의 찌그러짐

SI 광파이버의 신호 찌그러짐은 재료와 도파로 분산 그리고 다중모드 펄스 퍼짐에 의해 일어난다. 유전체 평판의 다중모드 펄스 퍼짐은 식 (4.27)의 $\Delta(\tau/L) = n_1(n_1 - n_2)/(cn_2)$로 주어지며, 상대 비굴절률차 Δ와 개구수를 사용하여 다시 쓰면 다음과 같다.

$$\Delta(\tau/L) = \frac{n_1}{c}\Delta = \frac{\text{NA}^2}{2cn_1} \tag{5.15}$$

여기서, n_1은 n_2와 거의 같다. 유리의 대표적인 값인 $n_1 = 1.48$, $n_2 = 1.46$일 때 $\Delta(\tau/L) =$ 67 ns/km이다. 이것은 다소 큰 값으로 실제 대부분의 SI 광파이버는 이보다 약간 낮은 값으로 10 ~ 50 ns/km의 펄스 퍼짐을 갖는다. 이와 같이 실제 값이 계산값과 차이를 일으키는 것은 모드 혼합과 선택적인 감쇠 때문이다.

모드 혼합(mode mixing)은 모드 간의 광 전력 교환을 말한다. 하나의 모드 광선이 산란, 구부림, 분리 등으로 편광되어 다른 모드의 광선 경로로 변경될 수 있다. 저차에서 고차 모드로 혹은 역으로도 움직일 수 있다. 이처럼 계속되는 모드 혼합의 결과 어느 한 모드에 실린 전력은 가장 짧은(축방향 모드) 경로와 가장 긴(임계각) 경로 사이의 어떤 경로를 지그재그로 진행한다. 이처럼 모든 광선이 거의 같은 전체적인 경로로 진행하게 되므로 다중모드 펄스 퍼짐은 상당히 줄어든다. 그러나, 이러한 모드 혼합은 완벽한 것이 아니어서 모드 찌그러짐은 SI 광파이버에서 펄스 퍼짐의 주 요인으로 남는다. 비록 모드 혼합이 펄스 퍼짐을 줄일지라도, 그 결과 모두가 바람직한 것은 아니다. 즉, 임계각이 갖는 것보다 작은 각도의 경로로 광선의 방향이 편광된 광선들은 광파이버에서 이탈하므로 감쇠가 증가한다.

펄스 퍼짐을 줄이는 두 번째 원인은 고차 모드는 더 큰 감쇠를 경험한다는 것이다. 모든 모드 중에서 이들은 지그재그 경로로 가장 먼 거리를 여행하면서 클래딩 속으로 보다 깊이 침투한다. 따라서, 더욱더 많이 흡수된다. 그런데 이들은 크기가 작으므로 저차 모드보다 수신 펄스에 영향을 덜 준다. 그러나 식 (5.15)를 유도할 때는 모든 모드가 똑같은 전력을 가진다고 가정했다. 따라서, 고차 모드의 크기가 감소되어 무시할 수 있음을 고려한다면 식 (5.15)에 주어진 것보다 작게 된다. 이처럼 선택적인 흡수는 모드 혼합에서처럼 퍼짐을 줄이고 그 대신 전체적인 신호 감쇠를 일으킨다.

식 (4.17)과 식 (5.15)가 실제보다 더 큰 모드 간 찌그러짐을 나타내는 데는 또 다른 원인이 있다. 만약 수십 또는 수백 미터의 짧은 링크에서 광원은 몇 개의 저차 모드만을 여기시킬 수 있다. 레이저 다이오드의 복사 패턴이 광파이버의 모든 모드를 충족하지 못할 때 발생하며 발광 다이오드에서도 관찰될 수 있다. 장거리의 광파이버인 경우 경로의 불완전성으로 인해 결국 모든 모드가 여기되지만 단거리에서는 그렇지 않다. 그러므로 모드 간 퍼짐은 몇몇 모드에 의한 것이며, 그들의 광선각(다시 말하면 속도)은 서로간에 아주 다르지 않다. 결국, 이론적인 결과들은 모드 간 퍼짐의 상한 경계값으로 사용될 수 있다.

모드 간 찌그러짐은 광원이 갖는 파장이나 스펙트럼 폭과 관계가 없음을 명심해야 한다. 그러므로, 광원의 파장과 대역폭에 밀접한 관계가 있는 재료와 도파로 분산 퍼짐은 다르다.

전체 펄스 퍼짐 $\Delta\tau$는 두 개의 분산과 모드 간 찌그러짐의 합으로 주어진다.

$$(\Delta\tau)^2 = (\Delta\tau)^2_{\text{mod}} + (\Delta\tau)^2_{\text{dis}} \tag{5.16}$$

여기서 $(\Delta\tau)_{\text{mod}}$는 다중모드 펄스 퍼짐이며, $(\Delta\tau)_{\text{dis}}$는 분산 퍼짐이다. 이 식은 모드 간 펄스 퍼짐과 분산 펄스 퍼짐을 합한 가장 일반적인 관계식이다. 모드 간 찌그러짐과 분산은 선형 독립적인 과정이므로 산술적으로 더할 수 없다[12]. 보통 분산이 다중모드 SI 광파이버의 전체 퍼짐에 미치는 영향은 작다. 예를 들어, 전체 퍼짐이 20 ns/km인 길이 1 km의 대표적인 SI 광파이버를 생각하자. 예제 3.1에서 스펙트럼 폭이 20 nm이고 동작 파장이 0.82 μm인 LED에서 재료 분산에 의한 펄스 퍼짐은 2.2 ns/km이다. 식 (5.16)으로부터 $(\Delta\tau)_{\text{mod}} =$ 19.9 ns이므로 다중모드 SI 광파이버의 재료 분산은 펄스 퍼짐에 미약한 영향을 미친다.

4.5절과 5.4절에서 설명한 바와 같이 도파로 분산은 한 개 모드가 갖는 유효 굴절률이 광원의 파장에 따라 변하기 때문에 일어난다. 펄스 퍼짐의 크기는 평판 도파로에서 구한 식 (4.24)와 같다. 그 때, 도파로 퍼짐은

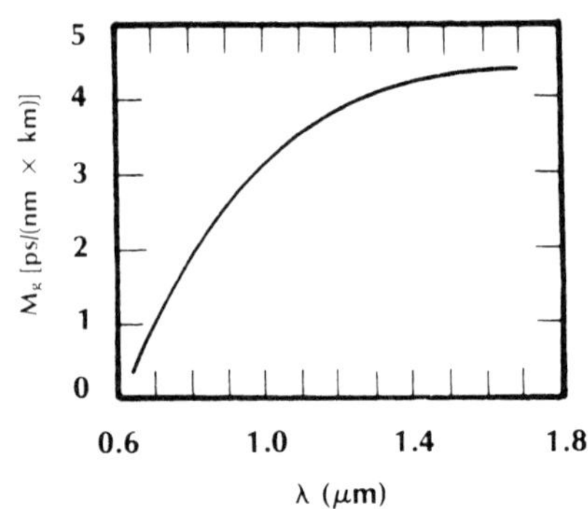

그림 5.25
SI 광파이버에서의 도파로 분산

$$\Delta(\tau/L) = -\frac{\lambda}{c} n''_{\mathrm{eff}}\, \Delta\lambda = -M_g \Delta\lambda \tag{5.17}$$

으로 주어진다. 여기서 M_g는 도파로 분산, $\Delta\lambda$는 광원의 선폭이다. M_g가 갖는 대표적인 값이 그림 5.25에 있다. 전체적인 분산 퍼짐은 식 (3.14)와 식 (5.17)을 더한 값으로 $\Delta(\tau/L)_{\mathrm{dis}} = -(M + M_g)\,\Delta\lambda$이다. 도파로 분산은 그림 3.8과 그림 5.25를 비교하면 800 ~ 900 nm 파장대에서 재료 분산보다 적다. 예를 들어 0.82 μm에서 재료 분산은 110 ps/(nm × km)인데 비하여 도파로 분산은 2 ps/(nm × km)이므로 결국 도파로 퍼짐은 800 ~ 900 nm 파장대에서 재료 분산보다 적다. 결국, 도파로 퍼짐은 제1전송창 시스템에서 무시된다. 이것은 1260 ~ 1675 nm 영역에서 동작하는 시스템을 위한 경우는 아니며, 여기서 도파로 분산은 재료 분산의 크기와 같은 상태이다.

재료와 도파로 분산으로 인한 펄스 퍼짐은 대역폭에 비례하므로, 협대역 레이저 다이오드는 분산에 의한 펄스 퍼짐을 최소화할 수 있다. 그러나, 모드 간 찌그러짐이 지배적인 다중모드 계단형 광파이버에서는 그 효과가 그리 크지 못하다. 이러한 이유로 다중모드 계단형 광파이버에서는 보통 값싼 LED 광원을 사용한다.

5.6.2 단일모드 광파이버 찌그러짐

단일모드 광파이버는 재료 분산과 도파로 분산만을 가진다. 그림 3.8과 그림 5.25를 비교해 보면 알 수 있듯이 펄스 퍼짐의 주된 원인은 재료 분산이다. 0.8 ~ 0.9 μm 내에서 특히 두드러지게 나타난다. 단일모드에 대한 단위길이당 펄스 퍼짐 $M\,\Delta\lambda$가 그림 5.26에 나타나 있다. 재료 분산 M 값은 그림 3.8로부터 취해졌다. 펄스 퍼짐은 장파장이거나 좁은 선폭을 갖는 광원일수록 작으므로 레이저 다이오드는 그림에서와 같이 장점을 가진다. 식 (3.16)에서 구한 3 dB 변조 대역폭-길이 곱은 그림 5.26의 오른쪽에 표시되어 있다.

도파로 분산은 동작 파장이 1.3 μm 근처일 때, 반드시 고려해야 한다. 이 파장대에서는

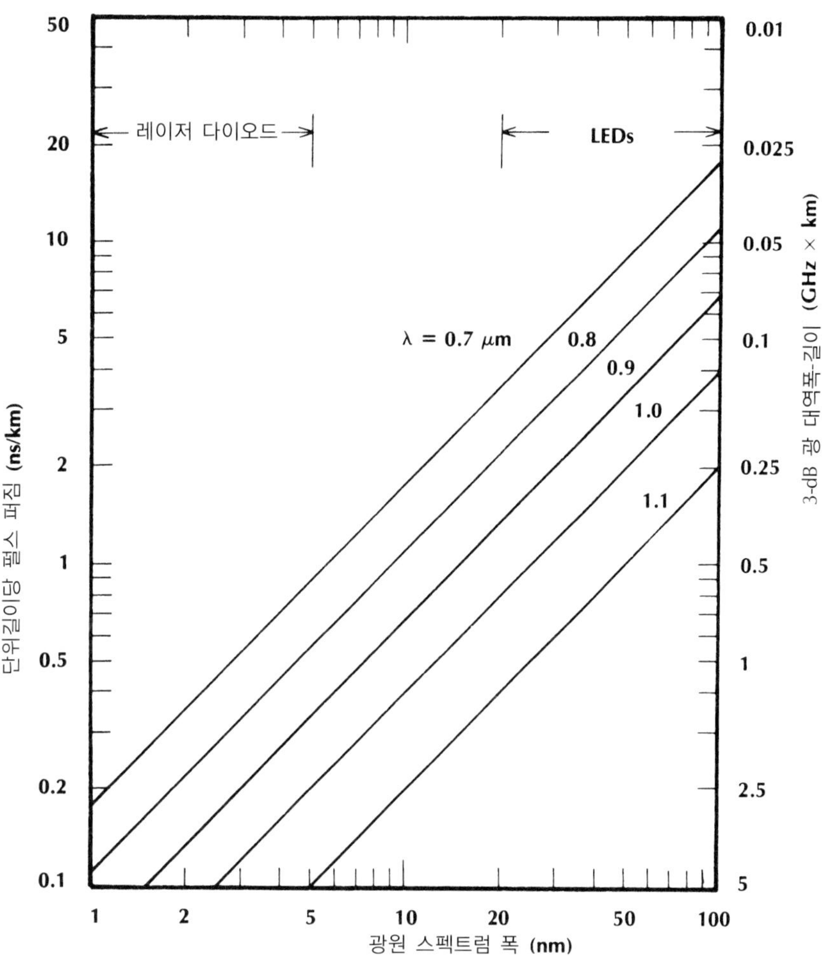

그림 5.26
단일모드 광파이버에서의 펄스 퍼짐. 이 퍼짐은 재료 분산에 의한 것이다.

재료 분산이 사라지면서 도파로 분산이 중요하게 나타나기 때문이다. 또한 이 파장을 막 넘어서면 재료 분산은 음이 되는 반면 도파로 분산은 양으로 남는다. 1.3 μm 부근인 이 파장에서 영 분산(zero dispersion)이 발생하고 펄스 퍼짐은 사라진다. 이 상태는 광원의 스펙트럼 중 작은 파장들을 빨리 진행시키는 재료 분산과 이들 파장들의 속도를 늦추는 도파로 분산이 서로 상쇄되는 것을 의미한다. 분산이 아주 낮은 영역에서는 그림 5.12에서 보듯이 광파이버 감쇠 또한 낮다. 따라서, 1.3에서 1.6 μm 사이에서 단일모드 광파이버를 동작시킴으로써 장거리 고속 데이터 시스템을 구현할 수 있다. 1550 nm 영역에서는 손실이 보다 낮기 때문에 이 부분의 파장이 긴 시스템에서 가장 많이 사용된다.

광파이버는 1550 nm에서 최소 감쇠를 갖는다고 밝힌 바 있다. 만약 광파이버가 1550 nm에서 또한 최소 분산을 가진다면 참으로 유용할 것이다. 그런데 어떻게 하면 이것을 실현할 수 있는지에 대해 앞서 설명한 재료 분산과 도파로 분산이 단서를 제공한다. 즉, 1550 nm에서 도파로 분산이 재료 분산을 상쇄하도록 도파로의 굴절률을 약간 변형하여 계단형이나 언덕형이 아닌 삼각형의 굴절률 분포를 갖도록 만들면 가능하다[13]. 이 광파이버를 **분산 천이 광파이버**(dispersion-shifted fiber: DSF)라고 한다. 그림 5.27에 이 광파이버의 전체 분산과 **분산 평탄화**(dispersion-flattended) 광파이버의 분산 특성이 그림에 있다. 이는 광파이버의 굴절률 분포를 적당히 손질하여 도파로와 재료 분산 사이의 상쇄를 가능하게 한 것이다. 분산 평탄화를 가능하게 하는 굴절률 분포를 가진 광파이버를 소위 **억압된 클래딩**(depressed-cladding) 광파이버라고도 한다. 구조면에서 코어와 안쪽은 박막의 낮은 굴절률을 갖고 바깥은 이보다 약간 높은 굴절률을 가진 클래딩으로 되어 있다[14]. 이 분산 평탄화 광파이버는 1330 ~ 1675 nm대에서 고르게 저손실을 가지므로 이 대역에서 널리 쓸 수 있다.

몇몇 고용량 응용분야에서, 광파이버는 수많은 독립적인 반송파 파장을 동시에 전송한다. 이러한 파장 분할 다중화 시스템을 9장에 서술하였다. 개개의 정보 채널이 비선형적으로 혼합되는 것을 피하기 위해서는 전송 광파이버에 약간의 분산이 있어야만 한다. 이것은 간섭의 가능성을 최소화하며 각각의 파장이 서로 다른 속도로 진행하게끔 한다. 분산 평탄화 광파이버와 비슷한 특성을 갖는 광파이버가 적당한데, **비영 분산 천이 광파이버**(nonzero dispersion shifted fibers: NZ-DSF)라 한다. 영 분산 파장은 사실상 코어 굴절률 분포를 수정함으로써 천이된 바 있지만, 이것의 동작 파장은 영 분산값과 다르다. 표준 단일모드 광파이버는 1550 nm에서 17 ps/(nm × km)의 분산을 갖는데, C 밴드에서 사용하기 위한 NZ-DSF는 1530 nm에서 1565 nm에 걸친 전송창에서 그 값이 8 ~ 10 ps/(nm × km)로 줄어든다.

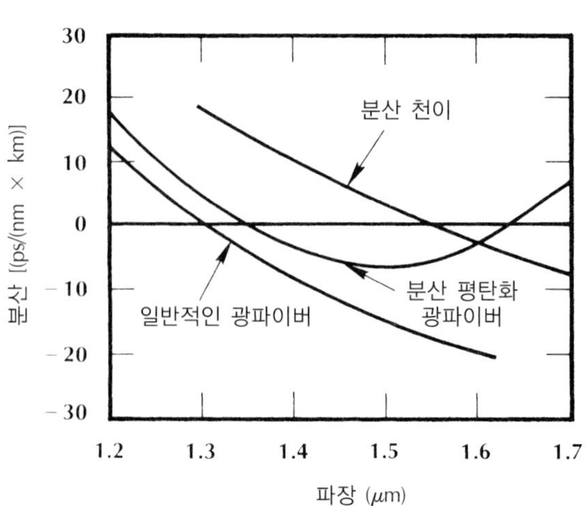

그림 5.27
일반 광파이버, 분산 평탄화 광파이버, 그리고 분산 천이 광파이버의 총 분산

그림 5.28은 일반적인 정합 클래딩 광파이버, 억압 클래딩 광파이버, 그리고 삼각형 광파이버의 굴절률 분포를 나타낸다.

또 다른 상당히 민감한 현상은 펄스 분산이다. 5.4절에서 언급했듯이, 두 편광된 직교 HE_{11} 파동은 동시에 단일모드 파이버에서 전파할 수 있다. 그러나, 복굴절 때문에 서로 다른 속도로 진행한다. 이것이 입사된 펄스가 파이버를 따라 진행할 때 퍼지는 원인이다. 이 효과를 **편광 모드 분산**(polarization-mode dispersion: PMD)이라 한다. 상당히 복잡한 PMD의 평가는 많은 문헌에서 볼 수 있다[15, 16]. 만약 재료 분산과 파장 분산에 기인한 전체 펄스 퍼짐이 최소화된다면 PMD는 가장 우세한 인자가 된다. 낮은 데이터율에서 적절한 데이터율에 이르기까지 PMD 퍼짐은 중요하지 않은데, 그 이유는 퍼짐의 총량이 무시할 수 있을 만큼 작기 때문이다. 그렇지만 10 Gb/s에서 40 Gb/s에 이르는 보다 높은 데이터율에서는 작은 퍼짐 양에서도 비트 간 간섭을 일으키는 중요한 요인이 된다. 이러한 고속응용을 위해서 PMD는 최소화되어야만 하는데, 이는 낮은 복굴절을 갖는 광파이버가 제조됨으로써 해결되었다.

만일 일반적인 단일모드 파이버가 영 분산 파장 1320 nm보다 긴 파장에서 사용된다면 재료 분산은 그 광파이버의 데이터 용량을 제한할 것이다. 이런 파이버의 분산 보상에 관한 내용들이 앞서 고려한 구조들의 성능 향상을 가져왔다[17, 18]. 이 기술들은 HE_{11} 기본 모드보다 고차의 모드들을 전송할 수 있는 이중모드 보정 파이버를 사용한다. 이 모드들(TE_{01}, TM_{01}, HE_{21})의 도파로 분산은 기본 모드의 도파로 분산보다 크며 반대 부호를 나타낸다. 일반적인 단일모드(HE_{11} 모드) 전송 파이버의 찌그러진 출력은 공간 모드 변환기에 의하여 하나의 고차 모드로 변환되며, 그 파동은 고차 모드의 하나로 이중모드 보정 파이버를 통하여 진행한다. 이런 고차 모드를 지지하기 위해서 파이버는 그림 5.17의 모드도표

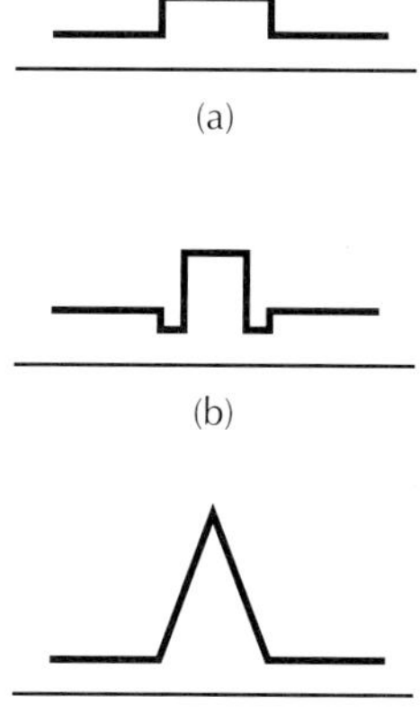

그림 5.28
굴절률 분포 (a) 정합 클래딩 광파이버 (b) 억압 클래딩 광파이버 (c) 삼각형 광파이버

에서 보듯이 V는 약 3의 값이어야 한다. 고차 모드의 펄스는 기본 모드에서 발생하는 것처럼 협대역이다. 이는 광원에서 발생한 파장들이 반대의 퍼짐을 겪기 때문이다. 그러므로, 그 펄스는 근사적으로 본래의 폭으로 복원된다. 그리고 그 펄스는 기본 모드로 복원된다. 고차 모드는 매우 큰 도파로 퍼짐 때문에 적당한 길이의 이중모드 파이버가 그 전송 파이버에서 퍼짐을 보상하기 위하여 사용된다.

이중모드 보정구조 변화에 대한 개발이 있어 왔다[19]. 이것은 초기 전송 광파이버의 분산 특성을 없애는 길이가 짧은 보정 광파이버의 삽입을 포함하고 있기 때문에, 이 보정기는 고차 모드 분산 보정 모듈(higher-order-mode dispersion-compensating modules: HOM-DCM)이라 한다. 매우 긴 고용량 시스템에서, 이들 모듈은 펄스 모양을 유지하기 위해서 전송선을 따라 주기적으로 설치될 수 있다.

단일모드 SI 광파이버에서 식 (5.10)으로 주어지는 코어는 작아야 한다. 지금 n_1을 n_2에 가까운 값으로 하여 코어가 커지도록 하는 설계에 대해 검토해 보자. 이렇게 해야 광파이버 제작이 간단하고 결합, 스플라이싱, 광파이버 연결 등에 관계된 공차를 줄일 수 있다. 예를 들어 $n_1 = 1.465$, $n_2 = 1.46$이라고 하자. 이때 식 (4.21)에서 NA = 0.12이다. 식 (5.10)에서 단일모드 동작에 관한 조건은 $a/\lambda < 3.17$이 된다. 그러므로, 0.8 μm에서 동작시키려 한다면 반경은 0.8(3.17) = 2.54 μm가 되므로 코어 직경을 약 5 μm로 제작해야 한다. 만일 지금 구한 코어 직경을 그대로 두고 파장만을 8.2 μm로 바꾸어도 식 (5.10)이 만족하므로 단일모드로 동작한다. 그러나, 1.3 μm에서 단일모드 동작을 하기 위해 반경을 1.3(3.17) = 4.12 μm로 한다면 약 8.2 μm의 코어 직경을 갖는 광파이버가 된다. 이 큰 파이버는 0.8 μm에서 단일모드 조건을 만족하지 못한다. 1.3 μm 이하의 파장에서는 둘 이상의 모드가 광파이버에 존재하게 된다. 지금 논의한 내용은 단일모드 광파이버의 차단 개념을 예시한 것이다. 식 (5.10)에서 양변의 파장이 같을 때를 단일모드 차단 파장(single-mode cutoff wavelength)이라 한다. 차단 파장보다 작은 경우에는 하나 이상의 모드가 도파한다. 식 (5.10)을 SI 광파이버의 차단 파장에 대해 풀면

$$\lambda_c = 2.61a(\text{NA}) \tag{5.18}$$

이 된다. 코어와 클래딩의 굴절률을 거의 같게 하면 단일모드 파이버의 코어 크기를 키울 수 있는 반면, 광파이버의 NA가 줄어들어 보통 넓은 각에 걸쳐 광을 복사하는 일반 광원에 결합시킬 경우 광원 결합 효율은 저하된다.

5.6.3 언덕형 굴절률 파이버의 찌그러짐

GRIN 광파이버는 SI 광파이버보다 훨씬 적은 다중모드 찌그러짐을 나타낸다. 이 현상을 GRIN 광파이버의 광선 궤적과 속도를 통해 설명할 수 있다. 축 광선은 가장 짧은 경로를

진행한다. 반면 큰 각도로 광파이버 축을 가로질러 진행하는 광선은 보다 먼 거리를 진행하지만 축에서 먼 영역에서는 중심축으로부터 굴절률이 점차 낮아지므로 광선은 가속된다. 이것은 $v = c/n$을 상기하면 이해할 수 있다. 따라서, 비축상 광선(nonaxial ray)은 축에서 멀리 떨어져 진행하면서도 축 광선을 따라 잡을 수 있다. 이러한 과정은 다중모드 펄스 퍼짐을 최소화시킨다. 대표적인 다중모드 GRIN 광파이버는 km당 수 ns(10^{-6} sec) 이하의 펄스 퍼짐을 갖는데, 이것은 SI의 경우보다 훨씬 작은 값이다.

GRIN 광파이버의 모드 간 펄스 퍼짐을 근사적으로 표현하면

$$\Delta(\tau/L) = \frac{n_1\Delta^2}{2c} \tag{5.19}$$

이다. 이 식은 SI 광파이버에 비해서 GRIN 광파이버가 $2/\Delta$배 정도 펄스 퍼짐이 줄어든 것을 의미한다. $n_1 = 1.48$, $n_2 = 1.46$인 전 유리 광파이버에 대해 $\Delta = 0.0135$이다. 이 감소율은 148배나 된다. 따라서, 이전의 계단형 펄스 퍼짐이 67 ns/km이었으므로 GRIN 펄스 퍼짐은 0.45 ns/km가 된다.

GRIN 광파이버의 전체 펄스 퍼짐은 식 (5.16)에 따라서 재료 분산과 도파로 분산을 포함한다. SI 광파이버에서와 같이 단파장대에서 재료 분산은 도파로 분산보다 훨씬 우세하다. 재료 분산 퍼짐을 보여주는 그림 5.26을 참고하면 LED를 사용하여 킬로미터당 수 ns 정도 이하의 퍼짐을 얻을 수 없음을 알 수 있다. 따라서, 단파장대의 LED는 GRIN 광파이버의 이점인 낮은 모드 찌그러짐을 무력화시킨다. 이에 비해 협대역 레이저 다이오드는 다중모드 GRIN 광파이버와 같이 쓸 수 있다. 1.3 μm 부근에서는 분산이 작으므로 GRIN 광파이버를 LED와 함께 쓸 수 있다는 것은 관심을 끄는 사항이다.

식 (5.3)의 α 분포는 최소 모드 찌그러짐이 되도록 최적화시킬 수 있다. 최적의 α 값은 유리의 구성원소와 광원 파장에 달려 있는데, $\alpha = 2$인 포물선 분포가 최적에 가깝다[21].

5.6.4 펄스 퍼짐의 길이 의존성

지금까지 펄스의 퍼짐은 묵시적으로 광파이버 길이에 비례한다고 해 왔으며 보통 1 km 이하의 길이를 갖는 다중모드에 대해서는 타당하다는 것이 실증되었다. 그러나, 이보다 긴 길이에서는 실제로 그렇게 빨리 퍼지지 않는다. 대신 길이의 제곱근에 비례하여 펄스 퍼짐이 일어난다. 그림 5.29는 이 두 가지 경우의 차이점을 보여준다. 제곱근 비례 관계는 모드 혼합에 기인한다. 단거리에서는 모드 간 전력 결합이 완전하게 일어나지 못한다. 따라서, 더욱 먼 거리를 진행한 후에야 모드 간 전력이 평형에 도달할 수 있음을 알 수 있다. 장거리에서 지속적으로 혼합이 되면 모든 모드의 전력이 같게 되어 $L^{1/2}$의 비례 관계가 관찰된다. 평형에 도달했을 때의 길이를 **평형길이**(equilibrium length) L_e라 하는데, 그것은 광파이버

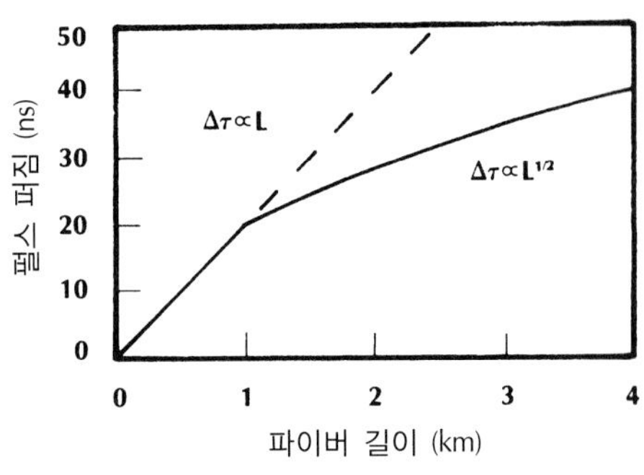

그림 5.29
단거리 경로에 대한 선형적 길이 종속성과 보다 긴 경로에 대한 $\sqrt{L}$ 종속성을 보여주는 다중모드 펄스의 벌어짐

의 종류에 의존한다. 그림 5.29에서는 L_e를 1 km로 간주하였으며 일반적으로 모드 간 펄스 퍼짐은 다음과 같이 쓴다[22].

$$\Delta\tau = L\Delta(\tau/L) \quad (L \le L_e \text{일 때}) \tag{5.20a}$$

그리고

$$\Delta\tau = \sqrt{LL_e}\Delta(\tau/L) \quad (L \ge L_e \text{일 때}) \tag{5.20b}$$

이 된다. 여기서, $\Delta(\tau/L)$은 선형 영역의 단위길이당 퍼짐으로서 그림 5.29로부터 20 ns/km가 된다.

품질이 우수한 광파이버는 모드 혼합이 거의 없어 장거리를 진행한 후 평형 상태에 도달해야 한다. 어떤 모드 혼합도 없는 광파이버는 무한히 긴 L_e를 가지므로 펄스 퍼짐은 길이에 따라 선형적으로 증가해야 한다. 이에 비해 품질이 떨어지는 광파이버는 산란, 미소 구부러짐, 비균질성으로 인해 많은 모드 혼합을 갖게 된다. 이와 같은 파이버들은 L_e가 상대적으로 짧다. 조금 더 상세히 말하자면 질이 떨어지는 광파이버는 개선된 대역폭을 가질 수 있지만 손실은 우수한 광파이버보다 커질 것이다.

재료 분산과 도파로 분산은 모드 결합과 무관하므로 이들 메커니즘에 의한 퍼짐은 경로 길이에 따라 선형적으로 증가한다. 평형길이보다 긴 광파이버를 운용할 때 모드 퍼짐은 길이의 제곱근에 비례하고 분산은 길이 자체에 비례한다. 그러므로, 전체 분산과 광파이버 용량을 계산하는 방법에 주의해야 한다. 모드 찌그러짐과 재료 분산 모두가 전체적인 펄스 퍼짐에 상당한 영향을 미친다면 3.2절의 대역폭이나 데이터 속도의 한계를 구하기 이전에 먼저 식 (5.16)이 지시하는 대로 둘을 함께 더하는 것이 옳다. 전체 펄스 퍼짐을 계산한 후 광 대역폭을 위해서는 $f = 0.5/\Delta\tau$, 전기적 대역폭을 위해서는 $f = 0.35/\Delta\tau$, RZ 데이터율을 위해서는 $R = 0.35/\Delta\tau$, 그리고 NRZ 데이터율을 위해서는 $R = 0.7/\Delta\tau$를 각각 사용한다. 이것은 평형길이 이상의 광파이버를 운용할 때 반드시 따라야 할 절차이다. 단일모드 찌그러짐을 무시할 수 있거나 평형길이 내에서 광파이버를 운용한다면 단위길이당 펄스 퍼짐에 기초를 둔 식 (3.16), (3.19), (3.20) 및 식 (3.21)과 동일한 결과를 얻게 된다. 만약 이와 같이 하지 않는다면, 단위길이당 펄스 퍼짐에 기반을 둔 결과들이 맞지 않는 오류가 발생할 것이다.

예로서 모드 찌그러짐이 지배적이어서 분산이 무시될 수 있다고 가정하자. 이때 식 (5.20)에 $f_{3\text{-dB}} = (2\Delta\tau)^{-1}$을 적용하면 평형길이 이하에서 광 대역폭은

$$f_{3\text{-dB}} = \frac{1}{2L\,\Delta(\tau/L)} \tag{5.21}$$

이고, 평형길이보다 긴 경우는

$$f_{3\text{-dB}} = \frac{1}{2\sqrt{LL_e}\,\Delta(\tau/L)} \tag{5.22}$$

이 된다. 일반적인 설계에서는 $\sqrt{L}$ 의존성을 무시하고 단순히 식 (5.21)을 사용한다. 이것은 평형길이 L_e를 모를 때에 필요하다. 다시 한 번 강조하지만 모드 찌그러짐이 펄스 분산보다 훨씬 클 때 식 (5.22)만을 사용해야 한다.

예제 5.8

펄스 퍼짐이 20 ns/km이고, 평형길이가 1 km인 SI 다중모드 광파이버의 2 dB 대역폭을 계산하고 도시하라.

풀이: 1 km보다 작은 길이에 대해서 식 (5.21)로부터 최대 대역폭은 25/L MHz이다. 여기서, L은 km이다. 반면에 1 km 이상의 길이에 대해 식 (5.22)를 사용하면 최대 대역폭은 $25/\sqrt{L}$ MHz가 된다. 그림 5.30에 이 두 가지 경우가 나타나 있다.

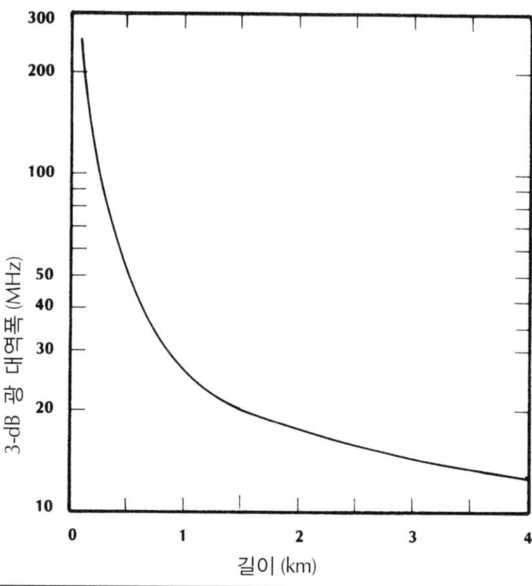

그림 5.30
$\Delta(\tau/L) = 20$ ns/km와 1 km 평형길이를 갖는 다중모드 광파이버의 3 dB 광 대역폭

많은 광파이버 제작업체에서 광고 책자에 단위길이당 펄스 퍼짐이 아닌 주파수 길이 곱을 직접 표기한다. 3 dB 대역폭이 의미하는 것이 광인지 전기인지는 분명하지 않지만 3.2절에서 논의한 것처럼 광 대역폭이 전기적 대역폭보다 크다.

5.7 광파이버 제작

광파이버를 제작할 수 있는 많은 기술이 있다. 여기서는 직접 광파이버를 제작하기 위한 두 가지 방법과 광파이버 소재를 만들기 위한 여러 방법을 설명하려 한다. 광파이버는 분리된 공정을 통해 뽑아 낸다.

5.7.1 이중도가니

이중도가니 방법(double-crucible method)[23]이 그림 5.31에 있다. 녹아 있는 상태의 코어 유리가 안쪽 용기에 담겨 있고 바깥 용기에는 용융 상태의 클래딩 유리가 있다. 두 가지 종류의 유리가 바깥 용기의 바닥으로 나오면서 유리 코어-클래딩을 형성한다. 이 용융 상태의 혼합물을 뽑아 내면 광파이버가 된다.

그림 5.31
이중도가니 광파이버 제작 공정

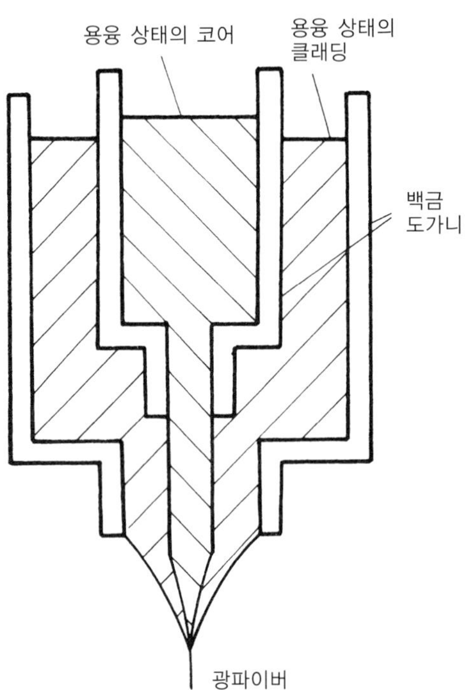

언뜻 보기에 이중도가니 방법은 계단형 광파이버만을 만들 수 있을 것으로 보인다. 그러나 실제로는 그렇지 않다. 언덕형 광파이버도 코어 유리와 클래딩 유리가 함께 나올 때 상호 확산시켜 제작할 수 있다. 이 확산으로 코어와 클래딩 유리 간의 굴절률을 점진적으로 변화시킨다.

또한, 긴 길이를 갖는 광파이버를 얻기 위해서는 주의를 기울여 유리를 계속 도가니에 첨가시키면 된다.

5.7.2 봉이 든 튜브

봉이 든 튜브(rod-in-tube) 공정에서 코어 유리 막대는 클래딩 유리 튜브 속에 들어 있다. 이 두 개의 봉 길이는 보통 1 m이다. 클래딩의 내경은 수 cm의 직경을 갖는 코어 봉보다 약간 크다. 이렇게 결합된 끝을 가열하면 유리가 녹아 부드러워지며, 이때 뽑아 내면 광파이버가 된다.

특별히 주의해야 할 일은 오염 물질이 코어와 클래딩 봉 사이의 빈 공간에 들어가는 것이다. 이들 오염 물질은 파이버의 코어-클래딩 경계면에 위치하면 바람직하지 않은 산란 손실을 일으킨다.

이 방법은 외부업체로부터 유리 봉과 튜브를 구입하여 광파이버를 뽑아 내면 되므로, 이 방법은 유리를 생산하지 않는 업체에서 광파이버를 만들 수 있는 가장 손쉬운 방법이다.

5.7.3 불순물 증착 실리카

가장 광범위하게 사용되는 제작공정으로 유리 조성물을 증착시켜 유리 소재를 만드는 과정이 있다. 이 공정을 **불순물 증착 실리카**(doped deposited silica: DDS), **화학 증착**(chemical vapor deposition: CVD) 혹은 **기상 산화**(vapor-phase oxidation: VPO)라고 한다. 순수 실리카인 모체에 GeO_2, B_2O_3, P_2O_5와 같은 미량의 불순물을 더하여 원하는 약간의 굴절률 변화를 얻는다. 5.3절에서 언급하였듯이, 코어에 게르마늄 첨가는 굴절률을 클래딩의 굴절률보다 증가시켜 내부 전반사를 일으킨다. 이렇게 만들어진 원통형 소재는 원하는 굴절률 변화를 갖고 있지만 횡단면은 광파이버보다 훨씬 크다. 대표적인 유리 소재의 크기는 길이가 1 m, 직경은 2 cm이다. 이 직경은 125 μm의 클래딩 직경에 비해 160배이다. 이 정도의 유리 소재라면 수 km의 광파이버를 뽑아 낼 수 있다.

이제 외부 증착(external deposition), 축 증착(axial deposition), 그리고 내부 증착(internal deposition) 등 세 가지 DDS 공정을 설명한다.

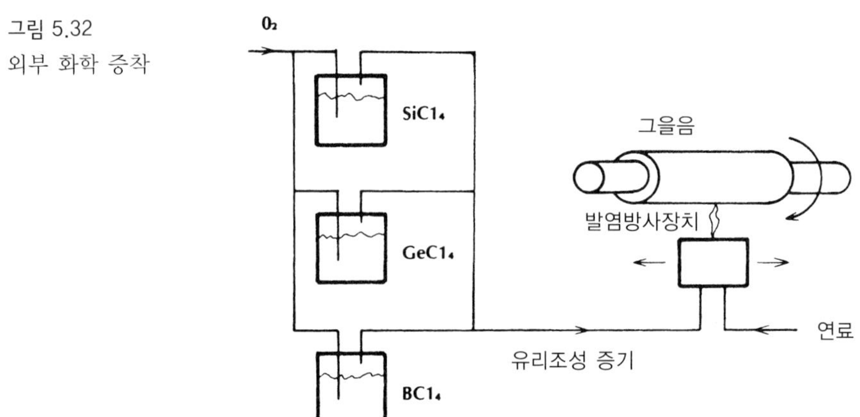

그림 5.32
외부 화학 증착

5.7.4 외부 증착

가수분해 화염에 의한 외부 증착[24]이 그림 5.32에 있는데 이것을 외부 화학 증착(external CVD), 외부 기상 산화(outside vapor-phase oxidation: OVPO), 그리고 외부 기상 증착(outside vapor deposition: OVD)이라 하며, 그 증기화된 재료를 화염 속에서 산화시킨다. 발염방사장치를 옆으로 움직이면 회전하는 선반의 굴대에 유리 입자가 화염과 더불어 그을음이 형성되어 증착된다. 증착이 끝나면 재료를 탄화시켜 굴대를 제거한다. 이때 만들어진 튜브를 부드럽게 하기 위해 충분한 열을 가하면 그것은 녹아 고체 소재가 된다.

5.7.5 축 증착

축 증착(internal deposition) 공정[25]이 그림 5.33에 있는데, 축 증착(axial vapor deposition:

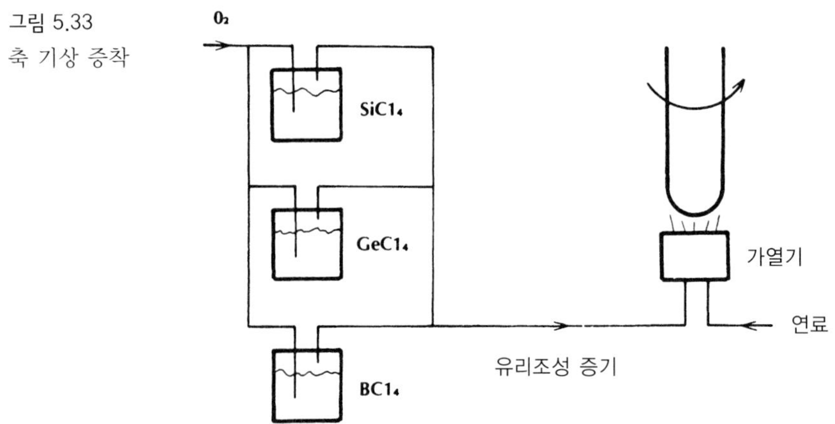

그림 5.33
축 기상 증착

AVD) 혹은 기상축 증착(vapor axial deposition: VAD)으로도 알려져 있다. 이 공정에서 유리 소재의 증착은 회전하는 봉의 한쪽 끝에서부터 시작하며 소재가 형성되면 봉을 제거한다. 이 방법을 사용하면 매우 긴 코어 소재를 만들 수 있다. 여기에 가수분해 화염을 가하면 클래딩이 코어에 부착된다. 또 다른 방법은 낮은 굴절률의 유리 튜브 속에 코어 소재를 삽입하고 튜브에서 광파이버를 뽑아 내는 방법이다. 이것은 **봉이 든 튜브** 방법이다.

VAD 공정은 SI와 GRIN 광파이버 모두를 만들 수 있다. GRIN 광파이버는 코어 축에 수직인 평면에 온도 차를 주어 부착된 입자 농도를 변화시키는 방법으로 만든다.

5.7.6 내부 증착

내부 증착(internal deposition)[26]은 그림 5.34에 있다. 여러 가지 별명으로 **내부 화학 증착**(internal CVD), **변형 화학 증착**(modified chemical vapor deposition: MCVD) 그리고 **내부 기상 증착**(inside vapor deposition: IVD) 등이 있다. 이 공정에서는 선반에서 회전하는 유리 튜브 내에 화학 증기가 증착된다. 이동하는 발염방사장치가 회전하는 실리카 봉을 따라 움직이며 증착된 물질을 녹여 투명한 유리 필름을 만든다. 이러한 방법으로 발염방사장치가 실리카 봉을 따라 왕복할 때마다. 층층이 증착이 일어난다. 보통 30～100개의 층이 형성된다. 더불어 왕복시마다 불순물의 농도를 변화시키면 층마다 굴절률이 변하므로 언덕형 굴절률 분포를 만들 수 있다. 또한, 굴절률 분포의 정확한 제어도 이 방법으로 가능하다.

실리카 봉이 막히기 전에 증착을 끝낸다. 열을 가해 실리카 봉을 녹여 고체 소재로 만든 후에 광파이버를 뽑는다.

다른 방법으로 그림 5.35의 **플라즈마 증강 MCVD** 공정을 사용하면 제작 공정속도를 높일 수 있다. 전기적으로 가열된 이온화된 가스 영역인 플라즈마는 실리카 봉 내의 반응 속도를 높인다. 그러므로, 기존의 MCVD보다 신속히 증착을 진행할 수 있다.

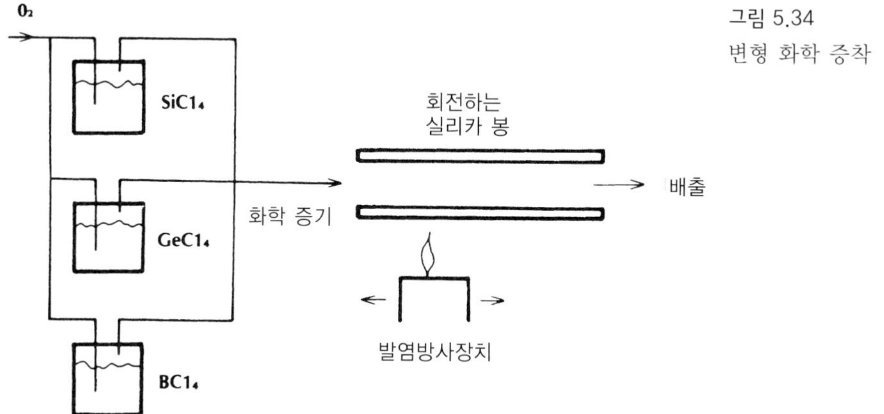

그림 5.34
변형 화학 증착

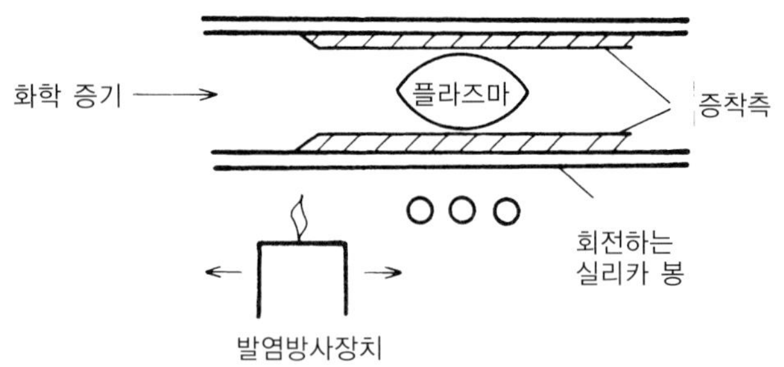

그림 5.35
플라즈마-증강 변형 화학 증착. RF 가열 코일과 발염방사장치가 독립적으로 튜브에 대하여 왕복 이송한다.

5.7.7 파이버 방사

그림 5.36과 같은 구조를 이용하여 광파이버 모재(preform)에서 광파이버를 생산한다. 모재는 알맞은 속도로 고주파 유도 가열로 속으로 들어가도록 정밀 급송장치가 붙어 있다. 방사과정은 가능한 한 일정한 직경의 광파이버가 만들어지도록 설계되어야 광파이버 감쇠

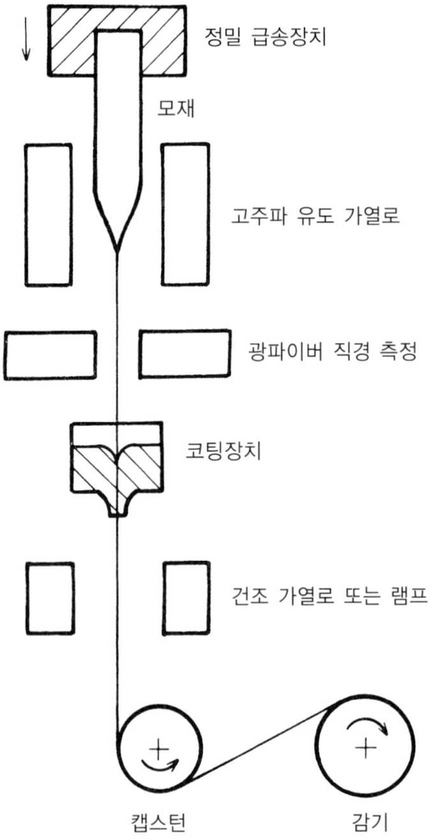

그림 5.36
파이버 방사 및 코팅 시스템

를 최소화하고 장력을 높일 수 있다. 또한, 정확한 직경 제어는 광파이버 연결시 손실이 낮도록 설계된 정밀 커넥터를 사용하기 위해서도 필요하며 방사하는 동안 레이저 마이크로 측정기 같은 정확한 장치로 계속 측정한다.

그림 5.36에서 보듯이, 직경이 측정된 직후 광파이버에 1차 코팅을 한다. 이 코팅은 광파이버를 심하게 열화시키는 습도, 마모 등으로부터 광파이버를 보호하는 역할을 한다. 여기에 쓰이는 적합한 코팅 재료로는 Kynar, 에폭시, 실리콘 RTV, UV 경화수지가 있다. 2차 코팅은 감는 작업 중에 실시하여 쿠션을 향상시킴으로써 부스러짐에 대한 저항도를 높인다. 제작된 모든 광파이버는 최소 장력 요건을 만족하는지 시험한다. 이 시험은 코팅을 한 후 감는 작업 중이나 혹은 방사과정 뒤의 독립적인 절차로 실행한다.

경제적인 이유로 빠른 속도의 방사가 요구되나, 광파이버 클래딩 직경의 정확성과 광파이버 장력을 유지해야 하므로 속도에는 한계가 있어 1 m/s에서 10 m/s로 하는 것이 보통이다. 일반적으로 광파이버 소재는 직경이 1 ~ 6 cm, 길이가 1 ~ 2 m 정도이다. 125 μm 외경의 클래딩 직경으로 방사하면 15 km에서 100 km 사이의 길이를 갖는 광파이버를 만들 수 있다. 클래딩 직경의 전형적인 허용오차는 약 ±1 μm이다.

상용화된 실리카 유리, 언덕형 굴절률, 다중모드 파이버들의 코어와 클래딩 직경, 그리고, NA가 표 5.4에 나타나 있다. 다중모드 파이버는 보통 모드 찌그러짐을 최소화하기 위하여 언덕형 굴절률 파이버이다. 양호한 상용 파이버의 그 클래딩 허용직경은 125 μm 파이버에 대하여 1 μm이다.

5.7.8 플라스틱 클래드 실리카

플라스틱-클래드 실리카(plastic-cladded silica: PCS) 광파이버는 그림 5.36에서 보여준 방법으로 순수 실리카 소재를 방사함으로써 만든다. 그림에 있는 코팅 장치는 플라스틱 코팅 재료를 담고 있다.

표 5.4 언덕형 굴절률 다중모드 광파이버

코어 직경 (μm)	클래딩 직경 (μm)	개구수
50	125	0.2
62.5	125	0.275
85	125	0.26
100	140	0.29

5.8 광케이블

광파이버를 보호하는 정도는 응용분야에 따라 다르다. 실험실에서는 박막 버퍼 코팅 정도면 충분하지만 대륙 간 광파이버는 운송, 설치, 운용 등에 상당한 보호를 필요로 한다. 현재 다양한 케이블 설계가 각 응용분야의 요구에 맞게 구비되었다. 여기서는 광파이버를 보호하는 데 있어서의 문제점을 논의하고, 이들 문제점을 해결하는 데 성공적으로 쓰이는 일반적인 기술을 설명한다. 그리고, 마지막으로 실제 상용화된 케이블을 예로 제시한다.

케이블링은 광파이버의 광학 특성을 손상시키지 않으면서 기계적 특성을 강화시켜야 한다. 5.3절에서 설명한 바와 같이 케이블링은 광파이버의 미소구부림을 발생시켜 감쇠를 증가시킨다. 또한, 제품 마무리가 끝난 광파이버를 통에 감는 경우처럼 이동할 때에도 미소구부림이 일어난다. 따라서, 케이블을 제작하는 동안에 미소구부림이 최소화되고 그 이후에도 일어날 가능성이 제한되도록 설계해야 한다.

광파이버를 강화시키고 보호하기 위해 필요한 항목은 아래와 같다.

1. **장력** 관로 속에 광케이블을 견인하여 설치할 때는 케이블의 고장력이 요구된다. 인장선 케이블을 수직 관로에 매달거나 전신주 간에 혹은 바다 속에 설치할 때 케이블 하중을 지탱해야 한다. 특히 전신주 사이의 광케이블은 얼음과 바람에 의해 부하를 받을 수 있다.
2. **분쇄 저항** 케이블은 종종 축상으로 큰 힘을 받게 되는데, 이때 유리 광파이버가 분쇄될 수 있다. 따라서, 큰 운송차량이 지나더라도 광파이버가 온전할 수 있는 분쇄에 대한 저항을 필요로 한다.
3. **과도한 구부림에 대한 보호** 예각의 구부림은 두 가지 문제점을 갖는데, 구부림에서 생기는 복사 손실과 광파이버의 균열 가능성이다. 따라서, 좋은 케이블은 과도한 구부림은 일어나지 않는 경직성과 쉽게 다루고 설치할 수 있는 탄력성을 함께 가지고 있어야 한다.
4. **내마모성** 광파이버는 마모를 겪게 되면 심하게 성능이 저하된다. 마모에 의한 조그만 결점도 유리를 통해 확산되므로 심각한 손실을 발생하므로 이에 대한 보호가 필요하다.
5. **진동 격리** 진동은 광파이버 손실을 증가시킨다. 광파이버를 완충시켜 심한 움직임을 감쇠시킨다.
6. **내습 및 내화학작용** 습기와 화학물질에 오래 노출시키면 유리 광파이버의 성능이 심하게 저하된다. 이들 오염원이 광파이버와 접촉되지 않도록 광파이버를 보호해야 한다.

이 밖에 품질이 우수한 광파이버는 소형경량이고 화염지연성과 설치환경에 의한 내침식성 그리고 온도 둔감성을 가져야 한다.

알맞은 케이블을 제작하기 위한 여러 구조 형태가 있다. 그 구조들 중에는 다음과 같은 것들이 있다.

1. 단심케이블과 다심케이블
2. 팽팽한 버퍼(tight buffer)와 느슨한 튜브 버퍼(loose-tube buffer)
3. 중심 인장선과 외부 인장선
4. 유전체 인장선과 철제 인장선
5. 원형과 리본(ribbon) 기하구조

이제 위에 제시한 사항에 관해 논의하면 아래와 같다.

1개의 광파이버가 필요한 경우 단심케이블을 선택하는 것이 가장 좋다. 경우에 따라서는 장래의 필요에 대비하여 다심케이블의 경우 운송과 설치 비용은 단심케이블에 비해 크게 높지는 않다. 다심케이블은 단심에 비해 공동의 인장선을 사용하므로 공간 활용이 효율적이다. 케이블 내에 광파이버 심선 수가 늘어남에 따라 심선당 가격은 떨어진다. 다심케이블은 같은 루트로 많은 메시지가 오가는 트렁크 진송 링크에 이상적이다. 간단한 2심 케이블은 이중 통신시스템용으로 설계된 것으로 2심은 서로 다른 방향의 전송을 담당한다.

앞 절에서 방사된 후 즉시 광파이버 버퍼 코팅을 한다고 밝힌 바 있다. 케이블링 과정에서 버퍼된 광파이버를 쿠션 재료로 완전히 둘러싼다. 이것이 바로 팽팽한 버퍼 구조이다. 코팅 재료로는 부드러운 플라스틱이 사용된다. 이와 같은 완충화(cushioning)는 미소구부림을 최소화시키고 분쇄 저항과 진동 감쇠 등을 제공하지만 케이블 장력에는 도움이 되지 않는다. 이것을 대체할 수 있는 방법이 그림 5.37의 느슨한 튜브 구조이다. 이 파이버는 심선들이 플라스틱 튜브 속에 느슨하게 들어 있다. 이렇게 하면 케이블이 뒤틀릴 때 광파이버는 튜브 내에서 스스로 위치를 조정한다. 이 방법에 의하여 미소구부림은 완전히 제거된다. 튜브 내에 거품이나 젤리를 두면 방습도 할 수 있다. 또 하나의 느슨한 구조로 그림 5.38과 같이 슬롯(slot) 속에 광파이버를 실장하는 방법이다. 그림에서는 4개의 광파이버가 수용되었다. 테이프가 중심 강재의 파인 홈 속에 들어 있는 광파이버를 에워싸고 있다. 광파이버를 당기거나, 비틀거나, 휘게 할 때 광파이버는 자유롭게 미끄러질 수 있다. 느슨하게 광파이버를 유지하는 케이블은 그렇지 않은 경우에 비해 크기가 크다.

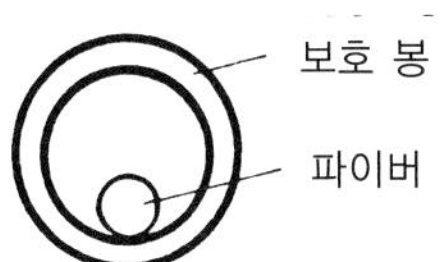

그림 5.37
느슨한 튜브 구조

그림 5.38
슬롯이 장착된 구조의 느슨한 광파이버

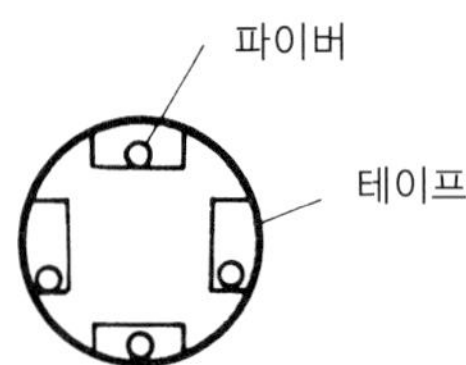

일반적으로 옥외에 설치되는 광파이버는 옥내보다 훨씬 많은 압력을 받게 된다. 예를 들어, 옥외 케이블은 온도 변화로 인해 케이블 구성요소들 간의 균일하지 않은 열적 수축과 팽창으로 케이블의 기계적 변형이 옥내 케이블보다 많다. 느슨한 구조를 갖는 광파이버는 외부의 기계적 변형으로 인한 영향을 훨씬 적게 받게 되므로 대부분 옥외용으로 선호된다.

케이블 내에 다심이 들어 있을 때 서로간에 구별할 수 있도록 심선의 버퍼 위에 얇은 색상막을 입힌다. 이 색상막은 아세톤 같은 용액을 사용하여 쉽게 벗겨 낼 수 있다. 인장선이 케이블에 들어가면 광파이버의 인장, 절단, 구부림에 대한 저항성이 증가된다. 이 목적으로 철선이나 파이버 실을 사용한다. 인장 재료는 질기고 가벼워야 한다. 강철은 일부 상용화된 케이블에 쓰인다. 매우 강력한 폴리머의 일종인 케블라(Kevlar)라고 하는 파이버 실을 아주 광범위하게 인장강화 재료로 쓴다. 케블라의 효과적인 인장력 대 중량비는 강철에 비해 거의 4배이며 버퍼와 완충된 광파이버 주위를 비스듬히 엮은 필라멘트 형태이다. 느슨한 튜브 구조에서는 튜브 주위를 땋아 내린 모양으로 사용함으로써 케블라는 파이버 케이블의 강도를 현저히 증가시킨다.

가벼운 용도의 케이블은 바깥 자켓으로 케블라를 둘러싸는 것으로 케이블링을 끝낼 수 있다. 자켓은 상업용 케이블이 절단과 마모에 대한 저항력을 갖도록 한다. 그 재료로 폴리우레탄, 폴리에틸렌, 폴리비닐클로라이드(PVC), 그리고 Hytrel이 상용 케이블에서 사용되었다.

대표적인 가벼운 용도의 케이블이 그림 5.39에 있다. 이 케이블은 12.5 kg/km의 중량을 가지며 구부림 반경이 5 cm 정도가 되도록 구부릴 수 있다. 그 속에는 팽팽하게 실장된 단심의 광파이버와 외부 인장선이 있다. 외부란 말은 케이블 중앙이 아닌 부분을 의미한다.

그림 5.39
가벼운 용도의 팽팽한 버퍼 광파이버 케이블(Siecor Coporation). 치수는 직경을 나타낸다.

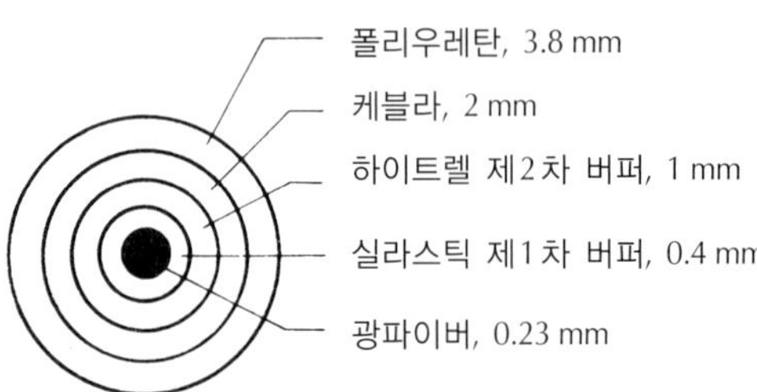

그림에서 보여준 광파이버는 설치하는 동안 400 N의 장력을 버틸 수 있으며 운용 중 50 N의 부하를 걸 수 있다.

장력은 케이블이 이겨낼 수 있는 축력이다. 상품목록 등에는 보통 축력의 단위로 뉴튼, 킬로그램, 파운드 등 세 가지 단위를 쓴다. 뉴튼의 제2법칙에서 힘과 질량의 관계는

$$F = ma \tag{5.23}$$

이다. 여기서 중력가속도, $a = 9.8\ \mathrm{m/s^2}$이므로 1 kg은 9.8 N의 힘을 만든다. 역으로 $(9.8)^{-1}$의 질량은 0.102 kg이며 1 N의 힘을 의미한다. 이 등식을 이용하면 그림 5.39의 케이블에 가하는 50 N의 부하는 5.1 kg에 의해 생기는 힘과 같다. 파운드와 뉴튼 사이의 관계는 1 N = 0.225 lb이므로 50 N 부하는 50(9.225) = 11.25 lb로 환산된다. 요약하면 1 N, 0.225 lb, 그리고 0.102 kg은 모두 동일한 힘을 나타낸다.

그림 5.40은 6개의 심선을 가진 케이블로서 중앙에 강철 인장선이 있다. 강철선은 거의 5000 N의 내구력을 가지고 있다. 각각의 광파이버는 버퍼링되어, 강화되어 있다. 주름진 알루미늄 외장은 분쇄 저항과 방수 효과를 갖도록 한다. 이 케이블의 외경은 16.5 mm이고 중량은 185 kg/km이다. 광파이버 사이의 공간과 마일러(Mylar) 랩 내에 절연된 구리 도체를 넣는 것은 가능하다. 이 도체는 저속의 신호를 전송하거나 전력이 필요한 원격 재생기에 송전하는 데 사용한다. 이렇게 튼튼한 케이블은 금속 전송 선로를 설치하는 데 사용되도록 설계된 재래식 견인 장비가 필요하다.

그림 5.41은 느슨한 튜브 구조로서 장력은 폴리우레탄 속의 10개 유리 파이버 막대로부터 얻는다. 두 심인 경우는 그림 5.42와 같다.

다음에 보고자 하는 케이블은 리본구조이다[27]. 그것은 그림 5.43에 도시되어 있다. 이 케이블은 교환국 사이의 공동 경로를 따라 많은 채널이 전송되는 전화시스템용으로 개발되었다. 하나의 얇은 리본에는 12심까지의 광파이버가 들어 있다. 각각의 광파이버는 폴리머 코팅을 하여 버퍼화시킨 후 접착 강화 테이프의 상하층 사이에 샌드위치식으로 설치한다. 광파이버들은 인식용으로 색상코팅을 한다. 전체 케이블 구조를 보면 12개의 리본이 28개의 강철 인장선이 들어 있는 폴리에틸렌 외장 속에 들어 있다. 이 튼튼한 케이블

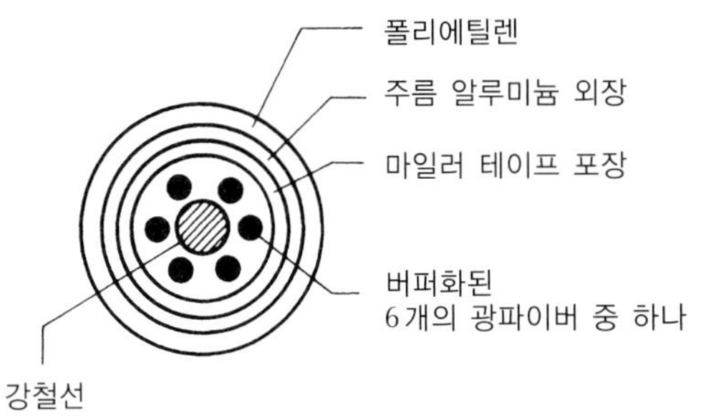

그림 5.40
중심 강선과 외장을 갖는 다심 광파이버 케이블(Valtec Corporation)

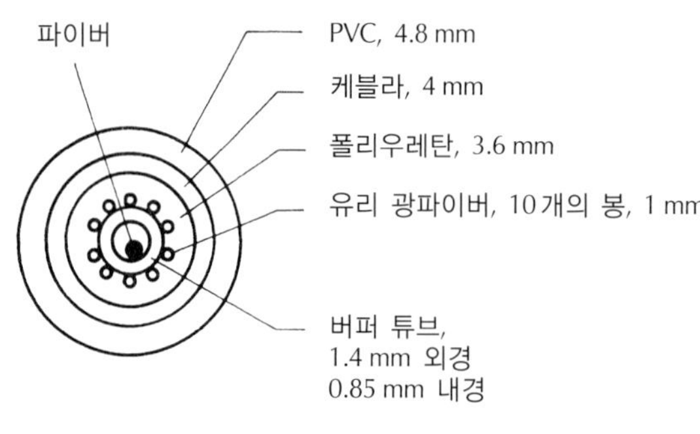

그림 5.41
느슨한 튜브 케이블(Siecor Corporation). 치수는 직경을 나타낸다. 코팅된 광파이버는 0.153 mm의 직경을 갖는다.

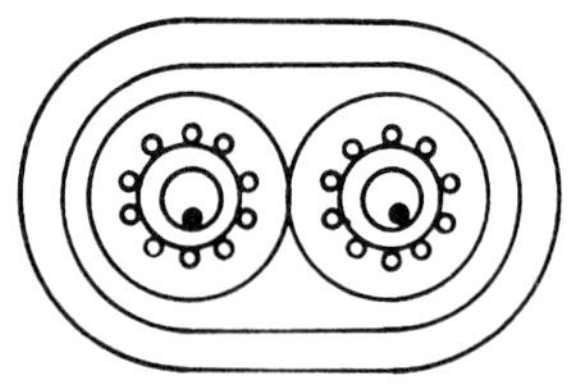

그림 5.42
그림 5.41에 있는 느슨한 튜브 케이블의 2심 광파이버 구조

은 내부 공간을 매우 효율적으로 사용할 수 있어 12 mm 직경 내에 144개의 심선을 실장할 수 있다.

리본의 또 다른 형태는 18개의 파이버가 수리할 수 있는 UV 모형체에 함께 결합되어 있는 구조이다. 그림 5.43과 유사하게 이들 리본은 18개까지 함께 묶을 수 있으며 이는 총 324개의 파이버로 구성된다. 이 리본들은 사용분야에 따라 다양한 보호 물질로 씌워진다. 24개의 광파이버가 들어 있는 리본 또한 상용으로 구할 수 있다. 리본은 개별적으로 포장

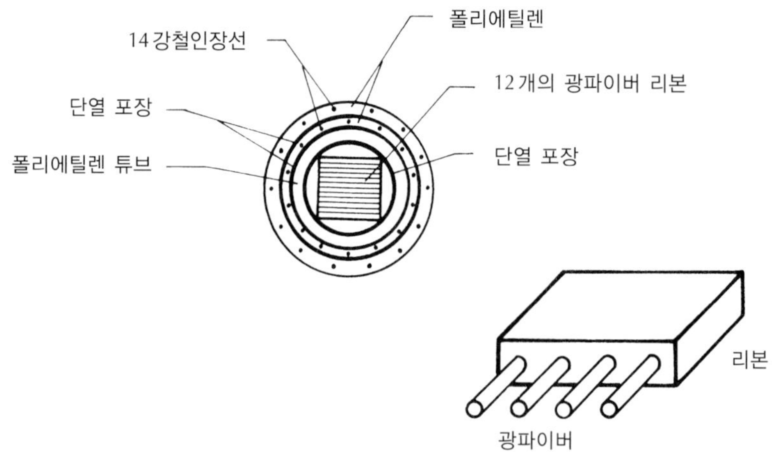

그림 5.43
144심의 광파이버 리본 케이블. 외경은 12 mm이다. 리본은 12개의 버퍼화된 광파이버를 2개의 접착 폴리에스테르 테이프 사이에 샌드위치 모양으로 쌓아 제작한다.

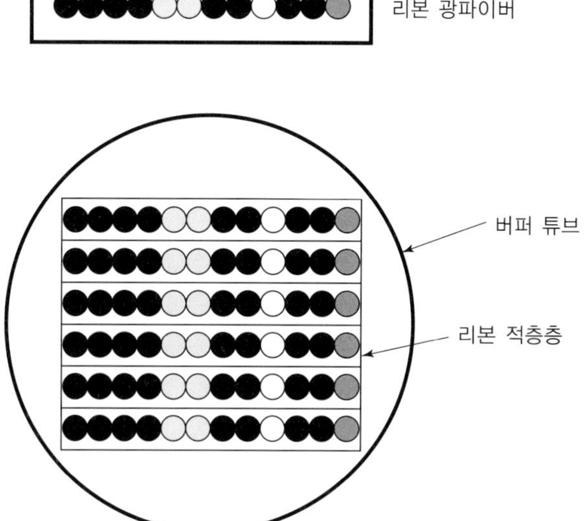

그림 5.44
6개의 12심 광파이버 리본이 작은 버퍼 튜브 안에 놓여 있다. 이러한 튜브에는 12개 혹은 그 이상의 리본을 쉽게 적재할 수 있다.

된 광파이버들에 비해 몇 가지 장점을 갖는다. 리본 안의 모든 광파이버들은 8.3절에 소개되어 있는 집단융합장비(mass fusion equipment)를 사용하여 동시에 접속될 수 있으며 파이버 포장 밀도도 훨씬 크다.

12개의 광파이버가 있는 리본을 그림 5.44에 나타내었다. 그림에서 리본은 버퍼 튜브의 안쪽에 놓인다. 전형적인 버퍼 튜브는 12개 혹은 그 이상의 리본을 적재할 수 있지만, 그림에서는 단지 6개만 보였다. 현존하는 많은 도시기반 시스템은 직경이 1에서 1.25인치인 내부 덕트를 사용하는데, 이것은 그림 5.45에 보인 것처럼 6개의 버퍼 튜브를 넣을 수 있다. 전형적인 4인치 직경 외부 덕트 안에 3개의 내부 덕트가 고정된 것을 같은 그림에 보였다. 이러한 케이블은 높은 전체 정보 용량을 제공하는데 이는 많은 수의 광파이버 때문이다. 아래의 예는 가능한 광파이버 수를 나타낸다.

예제 5.9

12개의 광파이버가 각각 12개의 리본 속에 놓여 있고, 이것은 도시 영역 내부 덕트 안에 있는 6개의 버퍼 튜브 안에 놓여 있으며 또 이것은 3개의 도시 영역 외부 덕트 안에 놓여 있다. 외부 덕트 안에 있는 광파이버의 수를 계산하라.

풀이: 각각의 버퍼 튜브 안에는 $12 \times 12 = 144$개의 광파이버가 있다. 각각의 내부 덕트 안에는 $6 \times 166 = 864$개의 광파이버가 있다. 최종적으로, $3 \times 864 = 2592$개의 광파이버가 4인치 외부 덕트 안에 있다.

그림 5.45
(a) 6개의 버퍼 튜브가 1.25인치 내부 덕트 안에 놓여 있고 (b) 3개의 내부 덕트가 4인치 도시 영역 외부 덕트 안에 들어 있다.

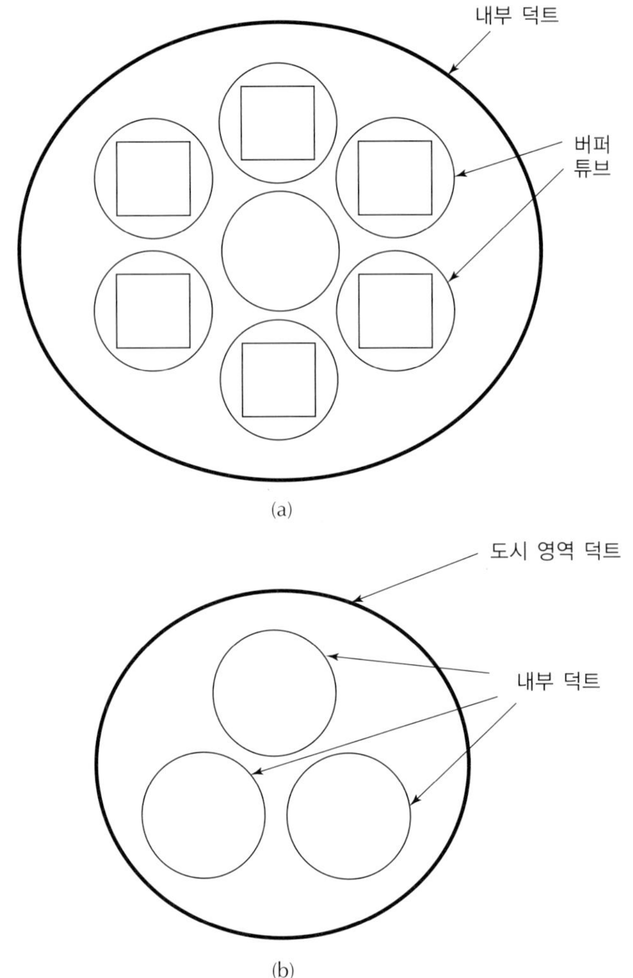

광파이버의 특히 흥미 있는 응용분야는 공공시설분야이다. 공공 사업자는 기존의 시설과 새로운 공중 전송 및 분배 시설을 이용하여 전화네트워크를 구축하려 한다. 이 새로운 설비를 하기 위해서는 그림 5.46에서 보듯이 전력접지 가공선(overhead power ground wire: OPGW)이라고 하는 공중 전력선의 접지 케이블 속에 광파이버를 묻는 방법을 사용한다. 현존하는 설비를 사용하기 위해서 이전에 설비된 공중 접지선에 광케이블을 동여맬 수 있다. 그 이유는 광파이버는 전자파 간섭의 영향을 받지 않으므로 전력선 주위의 잡음 환경하에서도 통신하기에 적합하기 때문이다.

마지막으로 설명할 광파이버는 해저 케이블로 바다의 극한 환경에서도 성능을 발휘하도록 설계된 것이다. 그림 5.47에서 보듯이 이 케이블은 6개의 파이버로 구성된다. 그들은 심

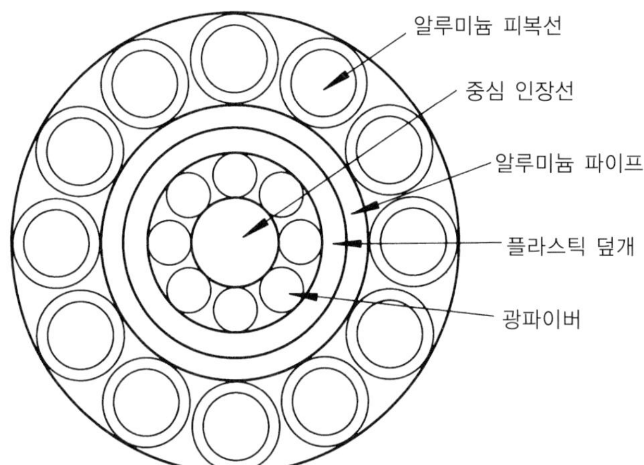

그림 5.46
광파이버 복합 가공지선

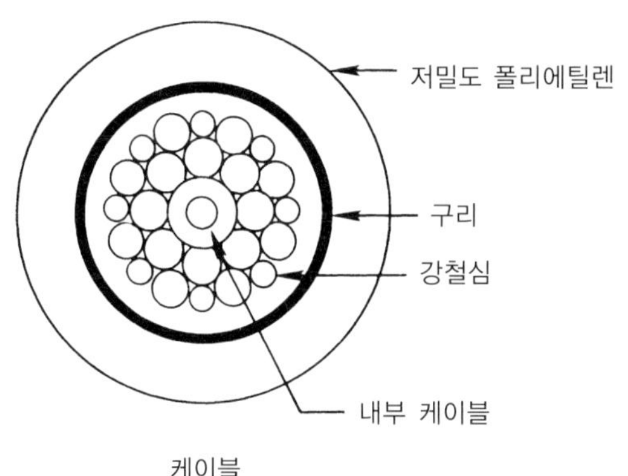

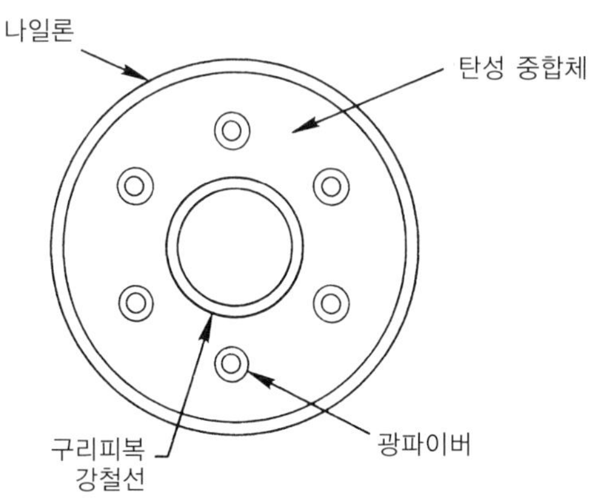

그림 5.47
해저 광케이블[출처: Peter K. Runge and Patrick R. Trischitta. "The SL Undersea Lightwave System," *Journal of Lightwave Technology* LT2, no. 6(December 1984):744–53. © 1984 IEEE.]

선이 탄성중합체 속에 있어 완충과 최소의 미소구부림 손실을 갖는다. 그 광파이버는 중심의 강철심을 나선형으로 감고 있다. 탄성중합체의 완충 역할과 나선형 감기의 결합은 느슨한 튜브 구조가 갖는 보호 효과와 비슷하다. 수많은 강철가닥은 케이블을 강화시켜 준다. 또한, 그림에 있는 구리 도체는 재생기가 필요한 장거리 해저 링크에 전력 공급을 수행하며, 물과 수소 확산을 막는 장벽 구실도 한다. 이러한 특성을 갖는 구조의 케이블 외경은 불과 21 mm이다.

광파이버가 실용적이라고 증명된 이 후 여러 해 동안 많은 케이블이 여러 용도로 개발되었다. 새로운 이용분야나 환경이 나타남에 따라 개발이 지속될 것이다. 여기서는 단지 사용되는 몇 퍼센트의 케이블만 소개했다. 그렇지만 이들 예에서는 케이블의 설계에 필요한 대부분의 일반적인 특징을 지적했다.

5.9 요약 및 고찰

이 장에서 배운 물질에 관한 지식은 목적에 부합되는 광파이버를 선택하고 시스템에서 광파이버의 동작 특성을 설명할 수 있게 하고 있다. 원칙적으로 광파이버와 케이블 구조는 다르게 선택할 수 있다. 어떤 특정한 광파이버는 5.8절의 어느 한 구조를 재구성하여 구성할 수 있다. 그러나, 실제로 제조회사가 모든 종류의 광파이버와 케이블을 제공하지 않으므로 고객 주문에 의한 설계에서나 가능하다.

광파이버의 광학적 성능은 감쇠, 펄스 퍼짐, 그리고 개구수에 의해 결정된다. 파워 한계를 갖는 시스템에서 광파이버 감쇠는 펄스 퍼짐보다 중요하며, 직접적으로 광원 결합 효율에 관계되는 광파이버 NA는 아주 중요하다. 장거리 고속 데이터 전송에서는 펄스 퍼짐이 주요 관심사이며 손실은 부차적인 문제이다. 그림 5.48은 재료, 도파로, 그리고 다중모드 펄스 퍼짐을 보여준다.

여기에 알맞은 광파이버를 고르는 선택법에 관해서 설명하기로 한다.

1. **다중모드 계단형 광파이버와 언덕형 광파이버** GRIN 광파이버는 SI 광파이버보다 고속으로 정보 전송을 할 수 있다. 이 두 파이버의 손실은 같지만 광원과의 결합은 SI 광파이버가 효율이 더 높다. GRIN 광파이버는 낮은 펄스 찌그러짐에 적합하게 설계되어 있어 장거리, 고속 전송분야에 적합하다.
2. **다중모드와 단일모드 전파** 어떤 시스템은 다중모드에 알맞도록 구성할 수 있으며, 단일모드 파이버보다 크기가 크고 다루기도 쉽다. 단일모드의 장점은 모드 간 퍼짐이 없이 대량의 정보 전송이 가능하다. 장거리와 대량의 정보 전송을 위해서는 단일모드 광

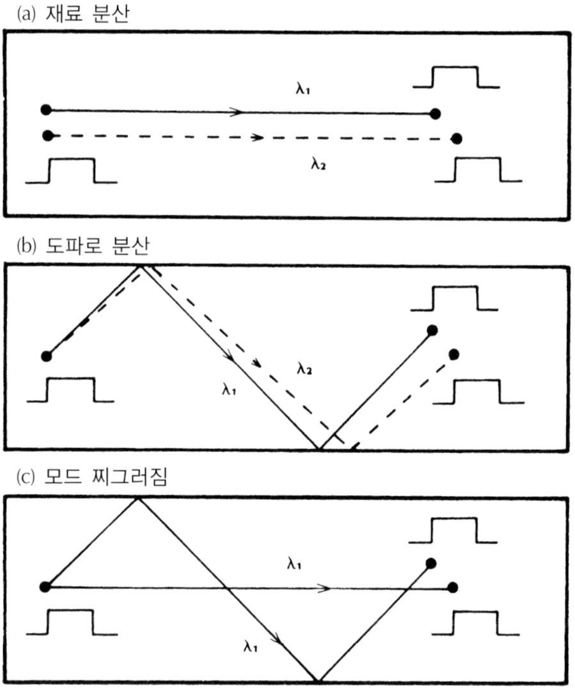

(a) 재료 분산

(b) 도파로 분산

(c) 모드 찌그러짐

그림 5.48
펄스 퍼짐의 세 가지 요인에 대한 도식적 설명. 입사하는 펄스가 점유하는 공간을 왼쪽에 보였다. 펄스가 광파이버에 입사된 조금 후에, 이 펄스는 그림의 오른쪽 면에 표시된 공간을 차지하고 광파이버로부터 나간다. (a) 파장이 다른 펄스들이 서로 다른 속도를 갖는다. (b) 같은 모드로 도파하지만 파장이 서로 다른 펄스들이 반드시 약간씩 다른 각도에서 진행하게 되고, 최종적인 축상 속도가 다른 결과를 가져온다. (c) 단일 파장의 펄스가 그 전력을 여러 모드로 분배시키고 이 모드들은 경로차 때문에 서로 다른 축상 속도로 진행한다.

파이버가 필요하다.

3. 재료　재료로 선택할 수 있는 종류는 유리, 플라스틱을 씌운 유리(PCS), 그리고 플라스틱이다. 유리는 최저 손실을 가지므로 장거리용으로 선택한다. 비록 PCS 광파이버는 손실이 세 종류 중 중간에 속하지만 유리의 경우보다 개구수가 커서 결합 효율이 좋다. 그러므로, PCS 파이버는 중거리 전송에 쓰인다. 플라스틱 광파이버는 손실이 크지만 코어와 개구수가 커서 단거리 운용에 효과적이다.
4. 동작 파장　단거리 파장대(800 ~ 900 nm)에서의 동작은 아주 실용적임이 증명되었으며, 장거리 고속전송시스템을 만들기에 손실과 펄스 퍼짐이 충분히 낮다. 이 영역에서의 광원과 광 검출기는 쉽게 구할 수 있다. 장파장대(1300 ~ 1600 nm)에서는 손실과 분산 모두가 줄어들어 초고속과 장거리 링크에 대한 매력을 갖는다.

앞 장들의 요약으로 소개한 여러 문제점들을 지금 언급하고자 한다. 특히, 동작 파장의 선택과 1.6절의 주제인 적합한 광파이버와 케이블의 특성에 관한 내용을 고려하였다. 또한, 2.6절에서 제시한 바와 같이 광파이버 속을 광이 어떻게 진행하고 광파이버의 NA는 어떻게 결정됐는지에 관해서도 살펴보았다.

이 장에서 소개한 여러 가지 광파이버의 주요 성질의 대표적인 수치를 표 5.5에서 정리하였다. 각각의 분야에서 상업적인 설계가 이루어져 있는 특정 광파이버에 대하여 제작사

표 5.5 대표적인 상용 광파이버의 특성

종류	코어 직경 (μm)	NA	손실 (dB/km)	$\Delta(\tau/L)$ (ns/km)	$f_{3\text{-dB}} \times L$ (MHz × km)	광원	파장 (nm)
다중모드							
유리							
SI	50	0.24	5	15	33	LED	850
GRIN	50	0.24	5	1	500	LD	850
GRIN	50	0.20	1	0.5	1000	LED, LD	1300
PCS							
SI	200	0.41	8	50	10	LED	800
플라스틱							
SI	1000	0.48	200	—	—	LED	580
단일모드							
유리	5	0.10	4	<0.5	>1000	LD	850
유리	10	0.10	0.5	0.006	83000	LD	1300
유리	10	0.10	0.2	0.006	83000	LD	1550

문헌을 찾아보면 다소 상이한 특성을 발견할 수 있다. 그럼에도 불구하고 이 표는 뒷장에서 수치계산을 할 때 그 길잡이로서 유용할 것이다. 표를 작성할 때 3-dB 대역폭과 펄스 퍼짐에 대해서는 식 (3.16)을 사용했으며, 데이터 전송률은 식 (3.20) 또는 식 (3.21)에서 얻을 수 있다. 신호의 감쇠와 찌그러짐이 파장에 따라 변하므로 동작 파장과 광원도 적어 넣었다. 일반적으로 모드 찌그러짐이 우세한 다중모드 SI 광파이버에 LED가 적합하며 협대역 레이저 다이오드는 이 경우 전체적인 퍼짐을 크게 줄이지 못한다. GRIN이나 단일모드 광파이버처럼 재료 분산이 우세할 때에만 LD 광원으로 펄스 퍼짐을 최소화시킬 수 있다. 그러나, 경우에 따라서 재료 분산이 작게 되는 장파장대의 일부 응용분야에 LED가 적합할 수도 있다.

플라스틱 광파이버에 대한 대역폭 내용이 비워져 있는데, 이 파이버들은 사용할 수 있는 거리가 아주 작아서 일반적으로 펄스 퍼짐의 문제가 없기 때문이다.

문제

5.1 125 μm의 외경을 갖는 실리카 광파이버가 있다. 그 길이가 1 km일 때 전체 체적은 얼마인가? 광파이버가 직경 20 cm, 높이 10 cm인 스풀에 광파이버를 모두 감는다면 스풀의 직경은 얼마나 되는가?

5.2 주어진 광파이버가 외경이 1 mm인 케이블 속에 들어 있을 때 문제 5.1의 질문에 대한 계산을 반복하라.

5.3 $n_1 = 1.5$, $n_2 = 1.49$이고 코어 직경이 50 μm인 광파이버가 있다. 그 파이버 축에 대해 가장 경사진 각도로 유도 광선은 진행한다. 그 때, 그 광선은 1 m 진행하는 동안 몇 번의 반사를 경험하겠는가?

5.4 $0 \le \text{NA} \le 1$ 구간에서 NA에 대해 수광허용각을 도시하라. 여기서, $n_0 = 1$이다.

5.5 식 (5.1)에서 시작하여 다음 식을 증명하라.

$$\cos\theta_c = \frac{\sqrt{n_1^2 - n_2^2}}{n_1}$$

5.6 $n_1 = 1.5$, $\Delta = 0.01$, $\alpha = 2$, 그리고 $a = 50\ \mu$m인 GRIN 광파이버에 대해

(a) 코어 내의 $n(r)$을 도시하라.

(b) $\alpha = 10$으로 바꾸어서 (a)를 반복하라.

(c) $\Delta = 0.001$, $\alpha = 2$에 대해 (a)를 반복하라.

5.7 등가 다중계단 근사법으로 포물선형의 GRIN 광파이버를 모델링하라. $n_1 = 1.5$, $\Delta = 0.01$로 하며 반경을 균등하게 10등분한다. 파이버 내에서 광축에 대해 5°의 각도로 지나가는 광선을 고려하자. 그 광선이 되돌아와서 광축을 다시 횡단할 때 광선의 궤적을 도시하라. 얼마의 r/a 값에서 광선이 되돌아오는가?

5.8 문제 5.7에서 초기 광선 각도가 5° 이상으로 증가했다고 가정하자. 더 이상 전반사가 일어나지 못하는 바로 전의 최대각은 얼마인가? 이때의 그 광선을 그림으로 나타내어라.

5.9 코어와 클래딩 굴절률이 각각 1.5와 1.485인 광파이버를 고려하자. 그 코어 반경은 100 μm이다. 이 광파이버 축을 따라 진행하는 광선이 클래딩에 임계각으로 부딪히기 위한 구부림 반경은 얼마인가?

5.10 파장 0.82 μm에서 $n_1 = 1.5$, $n_2 = 1.485$인 SI 광파이버를 고려하자. 그 코어 반경이 50 μm라면 몇 개의 모드가 도파되겠는가? 또한, 파장이 1.2 μm로 변경될 때 몇 개의 모드가 도파되겠는가?

5.11 단일모드 SI 광파이버보다 단일모드 포물선 분포 광파이버의 a/λ가 최대 1.6배임을 증명하라.

5.12 포물선 분포 광파이버에 대해 (0, 0), (1, 0) 그리고 (2, 0) 모드의 횡단면 패턴을 도시하라. 여기서, $a = 25\ \mu$m, $\lambda = 0.82\ \mu$m, $n_1 = 1.48$, 그리고 $n_2 = 1.46$이다. 하나의 그래프에 모든 패턴을 도시하라.

5.13 포물선 분포 광파이버에서 (5, 5) 모드에 대한 a/λ의 차단값을 계산하라. 이 모드까지의 모든 모드가 도파한다면 허용된 도파 모드 수는 몇 개인가? 계산 결과를 $N = V^2/4$와 비교하라.

5.14 포물선 분포 광파이버에서 (p, q) 모드의 차단값에 대한 일반식을 써라.

5.15 단일모드와 다중모드 광파이버에 대하여 $n_1 = 1.48$, $n_2 = 1.46$, $\lambda = 0.82\ \mu\text{m}$, 그리고 선폭 $= 20$ nm이다.

(a) 3-dB 대역폭-길이 곱을 계산하라. 단, 도파로 분산은 무시한다.

(b) 선폭이 1 nm에 대해 반복하라.

(c) $\lambda = 1.5\ \mu\text{m}$, 선폭 $= 50$ nm에 대해 반복하라.

(d) $\lambda = 1.5\ \mu\text{m}$, 선폭 $= 1$ nm에 대해 반복하라.

5.16 $n_1 = 1.465$, $n_2 = 1.46$인 SI 광파이버가 1.4 μm에서는 단일모드이고 그 이하의 파장에서는 단일모드가 아니다. 코어 반경을 계산하라. 파장 0.8 μm, 0.85 μm, 0.9 μm에서 모드 수는 몇 개인가? (힌트: 모드도표를 이용하라.)

5.17 다중모드 광파이버 평형길이가 0.5 km이다. 선형 영역에서 단위길이당 펄스 퍼짐은 30 ns/km이다. 이 퍼짐은 주로 모드 찌그러짐에 의한다. 전기적인 대역폭과 광학적인 3-dB 대역폭을 0～5 km까지의 광파이버 길이에 대해 도시하라. 또한, RZ와 NRZ 데이터 전송률의 최대값을 도시하라.

5.18 파장 1.5 μm 단일모드 SI 파이버에서 선폭에 대한 단위길이당 펄스 퍼짐과 3-dB 대역폭-길이 곱을 도시하라. 도파로와 재료 분산을 포함하라.

5.19 실리카 다중모드 계단형 광파이버의 코어와 클래딩 굴절률이 각각 1.46과 1.459이다. 광원의 동작 파장은 1550 nm, 선폭은 120 nm일 때 이 광파이버에 대해 RZ 데이터율-길이 곱을 계산하라.

5.20 다중모드 GRIN 광파이버에 대한 다중모드 SI 광파이버의 장점과 단점을 비교하는 표를 작성하라.

5.21 단일모드 광파이버에 대한 다중모드 광파이버의 장점과 단점을 비교하는 표를 작성하라.

5.22 파장이 800 nm일 때 정규화 주파수 4.5인 SI 광파이버의 도파 모드 수를 전부 합하면 몇 개인가?

5.23 SI 광파이버에서 정규화 주파수는 2.2, 코어 직경은 10 μm이다. 횡방향 평면 강도 패턴을 도시하라. 원의 중심으로부터 얼마거리에서 최대값의 10%로 전계가 떨어지겠

는가?

5.24 다중모드 광파이버의 평형길이는 2 km이다. 모드 간 퍼짐은 1 km의 길이에 대해 25 ns이다. 광원의 파장은 800 nm, 선폭은 50 nm이다. 5 km의 길이를 갖는 광파이버의 광학적인 3-dB 대역폭을 계산하라.

5.25 NA = 0.2588인 광파이버가 있다. 60°의 원뿔각으로 광 출력의 75%를 방출하는 광원, 30°의 원뿔각으로 광 출력의 50%를 방출하는 광원, 그리고 15°의 원뿔각으로 광 출력의 25%를 방출하는 광원과 각각 결합할 때 그 결합 효율을 구하라.

5.26 봉의 한 끝단에 놓인 광원에서 발산하는 빛을 모으기 위한 GRIN 봉 렌즈의 길이를 계산하라. 렌즈 직경은 2 mm이고, 비굴절률차는 0.005이다.

5.27 식 (5.6)으로부터 언덕형 굴절률 파이버의 NA 공식을 유도하라(힌트: 축으로부터 이탈하는 광선의 피크를 코어 반경과 같게 놓고, 입사 위치에 의하여 그 입사기울기를 구하면 된다).

5.28 비굴절률차가 0.01이고 파이버 코어 직경이 62.5 μm일 때 포락선 분포 파이버의 광선 위치를 두 주기 동안 그려라. 입사 빔이 파이버의 축에 놓여 있을 때 다른 초기 광선각에 대하여 이것을 수행하라. 축으로부터 20 μm로 입사하는 빔에 대하여 반복하라.

5.29 코어와 클래딩의 굴절률이 거의 같을 때 식 (5.7)에 주어진 정규화 주파수가 근사적으로 $V = 2\pi a n_1 (2\Delta)^{1/2}/\lambda$임을 보여라. 이 결과에서 Δ는 비굴절률차이다.

5.30 SI 단일모드 파이버의 코어 반경을 계산하라. 차단 파장은 1250 nm, 동작 파장은 1550 nm, 코어 굴절률은 $n_1 = 1.465$, 그리고 비굴절률차는 0.0034이다. 또한 동작 파장에서의 스폿 크기를 계산하라.

5.31 600 ~ 1600 nm에서 dB/km의 단위로 레일리 산란 손실을 그려라. 또한 670, 820, 1310, 그리고 1550 nm에서 그 손실을 나타내는 표를 작성하라.

5.32 만일 파이버의 길이가 50 km이고 측정된 손실이 25 dB이라고 하면, 그 시스템은 제 1, 2 혹은 3 대역에서 동작하겠는가?

5.33 S-밴드, C-밴드, 그리고 L-밴드의 대역폭을 헤르츠(Hertz)로 계산하라. 즉, 각각의 밴드에서 가장 낮은 주파수와 가장 높은 주파수를 계산하라.

5.34 광파이버는 원형 물질에서 20 m/s의 속도로 뽑아 낸다. 2 km, 10 km, 그리고 20 km의 광파이버를 뽑아 내기 위해서는 몇 분이 걸리는가?

5.35 손실 특성이 그림 5.13에 나타나는 전-스펙트럼 광파이버를 사용한다고 가정하자. 시스템의 전력 설계(power budget)에서는 최대 24 dB의 광파이버 손실을 허용한다.

1280 nm와 1640 nm 사이의 파장을 위한 동작 파장의 함수로서 허용되는 광파이버의 최대 길이를 계산하고 그려라.

5.36 플라스틱 광파이버가 50 dB/km의 손실을 갖는다고 가정한다. 시스템의 전력 설계에서는 최대 24 dB의 광파이버 손실을 허용한다. 허용되는 광파이버의 최대 길이를 계산하라. 이 결과를 앞 문제의 답과 비교하라.

참고문헌

[1] D. Gloge. "Weakly Guiding Fibers." *Appl. Opt.* 10, no. 10 (Oct. 1971): 2252–58.

[2] D. Gloge and E. A. J. Marcatili. "Multimode Theory of Graded-Core Fibers." *Bell Syst. Tech. J.* 52 (Nov. 1973): 1563–78.

[3] John E. Midwinter. *Optical Fibers for Transmission.* NY: John Wiley, 1979, pp. 128–161.

[4] T. Ishigure, A. Horibe, E. Nihei, and Y. Koike. "High-Bandwidth, High-Numerical Aperture Graded-Index Polymer Optical Fiber." *IEEE J. of Lightwa e Technology* 13, no. 8 (August 1995): 1686–88.

[5] R. E. DePuy. "OTDRs Meet the Challenge of Single-Mode Technology." *Laser Focus* 22, no. 3 (March 1986): 120–132.

[6] Gloge. "Weakly Guiding Fibers," p. 2256.

[7] Luc B. Jeunhomme. *Single-Mode Fiber Optics,* 2d ed. NY: Marcel Dekker, 1990, pp. 17–20.

[8] Masayuki Nishimura. "The Two Modes of Single-Mode Fiber." *Photonics Spectra* 20, no. 6 (June 1986): 109–116.

[9] Dietrich Marcuse. *Light Transmission Optics.* NY: Van Nostrand Reinhold, 1972, pp. 263–272.

[10] A. K. Ghatak and K. Thyagarajan. *Contemporary Optics.* NY: Plenum, 1978, pp. 301–308.

[11] Gloge and Marcatili. "Multimode Theory of Graded-Core Fibers," pp. 1565–69.

[12] John Gowar. *Optical Communications Systems.* Englewood Cliffs, NJ: Prentice-Hall, 1984, pp. 56–68.

[13] M. A. Saifi and S. J. Jang. "Triangular-Profile Single-Mode Fiber." *Opt. Lett.* 7, no. 1 (Jan. 1982): 43–45.

[14] Jeunhomme. *Single-Mode Fiber Optics,* pp. 128–141, 154–159.

[15] Jeunhomme. *Single-Mode Fiber Optics,* pp. 60–67.

[16] Yoshiyuki Suetsugu, Takatoshi Kato, and Masayuki Nishimura. "Full Characterization of Polarization-Mode Dispersion with Random-Mode Coupling in Single-Mode Optical Fibers." *IEEE Photonics Technology Letters* 7, no. 8 (August 1995): 887–889.

[17] C. D. Poole, J. M. Wiesenfeld, and A. R. McCormick. "Broadband Dispersion Compensation by Using the Higher-Order Spatial Mode in a Two-Mode Fiber." *Optics Letters* 17, no. 14 (July 1992): 985–987.

[18] C. D. Poole, J. M. Wiesenfeld, and A. R. McCormick. "Elliptical-Core Dual-Mode Fiber Dispersion Compensator." *IEEE Photonics Technology Letters* 5, no. 2 (Feb. 1993): 194–197.

[19] S. Ramachandran, B. Mikkelsen, L. C. Cowsar, M. F. Yan, G. Raybon, L. Boivin, M. Fishteyn, W. A. Reed, P. Wisk, D. Brownlow, R. G. Huff, and L. Gruner-Nielsen. "All-Fiber Grating-Based Higher Order Mode Dispersion Compensator for Broad-Band Compensation and 1000-km Transmission at 40 Gb/s." *IEEE Photonics Technology Letters* 13, no. 6 (June 2001): 632–634.

[20] Stewart E. Miller, Enrique A. J. Marcatili, and Tingye Li. "Research toward Optical-Fiber Transmission Systems," *Proc. IEEE* 61, no. 12 (Dec. 1973): 1703–51.

[21] Donald B. Keck. "Optical Fiber Waveguides." In *Fundamentals of Optical Fiber Communications,* 2d ed., Michael K. Barnoski, ed. NY: Academic Press, 1981, p. 63.

[22] Miller et al. "Research toward Optical-Fiber Transmission Systems," p. 17.

[23] Midwinter. *Optical Fibers for Transmission,* pp. 166–178.

[24] Michael G. Blakenship and Charles W. Deneka. "The Outside Vapor Deposition Method of Fabricating Optical Waveguide Fibers." *IEEE J. Quantum Electron* 18, no. 10 (Oct. 1982): 1418–23.

[25] Koichi Inada, "Recent Progress in Fiber Fabrication Techniques by Vapor-Phase Axial Deposition." *IEEE J. Quantum Electron.* 18, no. 10 (Oct. 1982): 1424–31.

[26] Suzanne R. Nagel, J. B. MacChesney, and Kenneth L. Walker. "An Overview of the Modified Chemical Vapor Deposition (MCVD) Process and Performance." *IEEE J. Quantum Electron.* 18, no. 4 (April 1982), pp. 459–476.

[27] Frank J. Dezelsky, Robert B. Sprow, and Francis J. Topolski, "Lightguide Packaging." *Western Elec. Eng.* 24, no. 1 (Winter 1980): 80–85.

Chapter 6

광원과 증폭기

광파이버시스템에서는 광원이 만들어내는 빔(optical beam)이 정보를 실어 나른다. 가장 일반적인 광원은 레이저 다이오드와 발광 다이오드이다. 이들이 갖는 작은 크기와 전력 소모는 작은 직경의 광파이버와 반도체를 기반으로 하는 전자공학과 결합시킬 수 있는 장점을 가진다. 수 GHz 또는 수 Gb/s 아래에서 동작하는 대부분의 시스템에서, 정보는 광원의 입력 전류를 변조하여 나오는 빔 속에 있으며, 제4장과 5장에서 다룬 외부 변조는 이들 전송률이 초과될 때 고려의 대상이 된다. 이제 LED와 레이저 다이오드의 동작 원리, 전달 특성, 변조를 공부할 것이다. 또한, 두 광원 사이의 차이점과 각각의 필요한 상황을 알아본다.

광파이버 손실로 인하여 신호 전력이 요구되는 레벨 이하로 떨어질 때, 신호를 사용가능한 레벨로 끌어올리기 위해서는 광 증폭기(optical amplifiers)가 필요하고 광 증폭기를 사용함으로써 광파이버 링크는 연장될 수 있다. 광원과 광 증폭기의 종류는 다양하기 때문에 본 장에서는 이것들을 모두 다룬다.

6.1 발광 다이오드

발광 다이오드[1, 2]는 순방향 바이어스가 걸렸을 때 광이 방출되는 *pn*접합 반도체이다. 그림 6.1은 다이오드와 관련된 회로와 에너지대를 보여주는데, 이 에너지대 이론으로 반도체 광원과 광 검출기 동작을 간단히 설명할 수 있다. 두 개의 허용에너지대가 그림에 표시

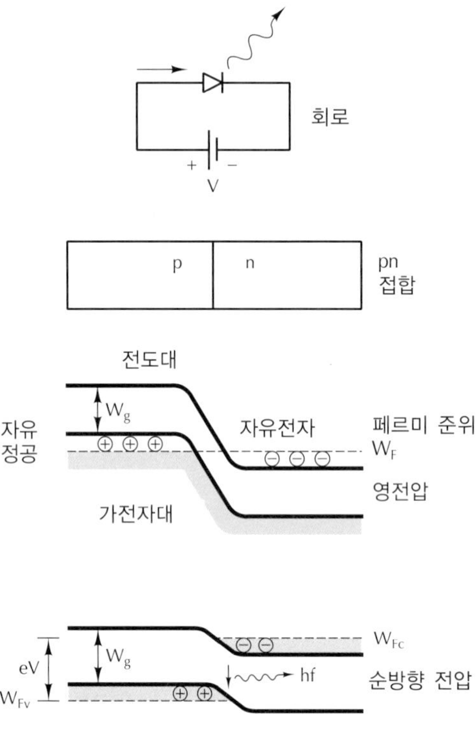

그림 6.1
발광 다이오드. 에너지 대역도에서 동그라미를 친 플러스와 마이너스 부호는 각각 자유정공과 자유전자를 나타낸다. 전자의 에너지는 에너지 대역도에서 수직으로 나타내었다.

되어 있는데, 이들 사이에는 폭이 W_g인 금지대 혹은 에너지 갭(bandgap)이 존재한다. 전도대(conduction band)라고 하는 상위 에너지 준위에는 원자에 구속되지 않은 자유전자가 자유롭게 이동하며 가전자대(valence band)라고 하는 하위 에너지 준위에는 정공이 자유롭게 이동할 수 있다. 정공은 양전하를 띠고 있으며 중성원자로부터 전자가 이탈하여 원자가 양전하를 갖게 된 위치에 존재한다. 자유전자가 정공과 결합하면 원자는 다시 중성 상태로 되면서 이때 에너지를 방출한다. 그림 6.1에서 보듯이 n형 반도체는 수많은 자유전자를, p형 반도체는 수많은 정공을 갖고 있다. p형과 n형의 물질접합에 전압을 가하지 않는 상태에서는 p형과 n형의 페르미 준위(Fermi level) W_F가 일직선상이 되어 그림에서 보듯이 에너지 장벽을 만들게 된다. 이 그림에서 재료들은 고농도로 불순물이 첨가된 상태인데 이는 광의 방출과정에서 필요한 많은 전자와 정공을 공급하기 위해서이다.

에너지 대역도에서, 전자의 에너지는 수직 방향 위로 증가하고 정공 에너지는 수직 방향 아래로 증가하므로 n영역의 자유전자는 에너지 장벽을 뛰어넘어 p영역으로 이동할 만큼 충분한 에너지를 갖지 못 한다. 마찬가지로, 정공도 에너지 장벽을 오르고 n영역으로 이동하는 데 필요한 에너지가 부족하다. 다이오드에 영전압이 걸린 상태에서는 에너지 장벽이 있어 어떠한 전하의 움직임도 없으나, 순바이어스 전압 V는 두 재료의 페르미 준위를 분리시켜 n쪽의 전위 에너지를 높이고 p쪽의 전위 에너지를 낮추어 장벽이 낮아진다. 만약 가해진 에너지(eV)가 금지대폭 W_g와 같다면 자유전자와 정공은 충분한 에너지를 가지므로 그림 6.1의 아래 그림처럼 접합 영역으로 이동할 수 있다. 접합에서 정공을 만난 전자는 가전자대로 떨어져 정공과 재결합한다. 이때 잃게 되는 에너지는 광자의 형태로 나타나 광에너지로 바뀐다. 간단히 말하면 순바이어스 전압에 의해 접합으로 주입되는 자유전자와 정공의 결합으로 LED에서 광이 방출된다.

식 (1.4)에서 광 에너지와 주파수의 관계식은 $W = hf$이다. 그 때, 방출되는 광의 파장은 다음과 같다.

$$\lambda = \frac{hc}{W_g} \tag{6.1}$$

여기서, 금지대폭 에너지의 단위는 주울(Joules), 파장의 단위는 미터(meter)이다. 식 (6.1)을 μm와 전자볼트로 표현하면 다음과 같다.

$$\lambda = \frac{1.24}{W_g} \tag{6.2}$$

종류가 다른 재료의 합금은 각기 금지대폭 에너지가 다르다. 일반적인 광원의 재료, 동작 파장, 근사적인 금지대폭 에너지가 표 6.1에 있다. 실리콘은 나타내지 않았는데, 실리콘의 정공과 전자는 간접 재결합을 하므로 광원으로 사용하기에 비효율적이기 때문이다. GaInP, AlGaAs, InGaAs, InGaAsP 소자는 구성원자의 비율을 조정하여 광원의 동작 파장을 결정할 수 있다. 이는 금지대 에너지 폭을 바꾸면 식 (6.2)에 따라 결국 동작 파장을 변화시킬 수 있음을 의미한다. 적색 발광 재료인 GaInP는 0.64 ~ 0.68 μm 파장대에서 상대적으로 최소 손실로 플라스틱 광파이버를 운용할 수 있어 표에 포함시켰다[3]. 나머지 재료는 모두 유리 광파이버와 함께 사용한다.

그림 6.1은 **동종접합**(homojunction)이라 하는데 하나의 반도체에 pn접합을 만든 것을 말

표 6.1 발광 반도체

재료	파장 범위 (μm)	금지대폭 에너지 (eV)
GaInP	0.64–0.68	1.82–1.94
GaAs	0.9	1.4
AlGaAs	0.8–0.9	1.4–1.55
InGaAs	1.0–1.3	0.95–1.24
InGaAsP	0.9–1.7	0.73–1.35

한다. 동종접합 LED에서는 복사가 방출되어 복사를 잘 가둘 수 없고, 접합 끝단면과 넓고 평평한 표면에서 광의 복사가 일어나므로 작은 광파이버와 결합이 효율적이지 못하다. 이런 동작을 보이는 이유는 두 가지로 다음과 같다. 첫째, 전하 캐리어가 넓은 영역에 걸쳐 존재하므로 재결합과 방출이 넓은 영역에서 일어난다. 둘째, 광자가 생성된 후 경로를 구속받지 않아 방출한다. 이 문제점들은 그림 6.2의 이종접합(heterojunction)으로 해결할 수 있다. 이종접합은 종류가 다른 반도체로 만들어진 접합을 말한다. 그림 6.2의 LED는 실제 2개의 이종접합을 가지므로 이중 이종접합(double heterojunction)이라 한다. 이종접합에서 두 재료는 서로 다른 금지대폭 에너지와 굴절률을 가진다. 그러므로 금지대폭의 에너지 변화로 정공과 전자 양 캐리어에 대한 전위 장벽이 만들어진다. 전자와 정공은 협소하고 분명한 활성층 내에서만 재결합한다. 활성층은 양 측면의 재료보다 굴절률이 높기 때문에 광도파로를 형성한다. 이것은 제4장의 유전체 평판 도파로에서 자세하게 다루었다. 따라서, 광자들이 갇힌 활성층에는 임계각 반사가 일어나고 강한 광이 활성층에서 방출된다. 이렇게 제한된 영역에서 나오는 광은 높은 결합 효율을 가지므로 작은 광파이버와 결합에 매우 유용하다.

출력광과의 결합은 광을 방출하는 층의 표면이나 단면에 광파이버를 연결하는 방법을 사용하는데, 가장 효율적인 표면 결합기는 숫돌모양(Burrus)이나 식각우물(etched-well) 구조

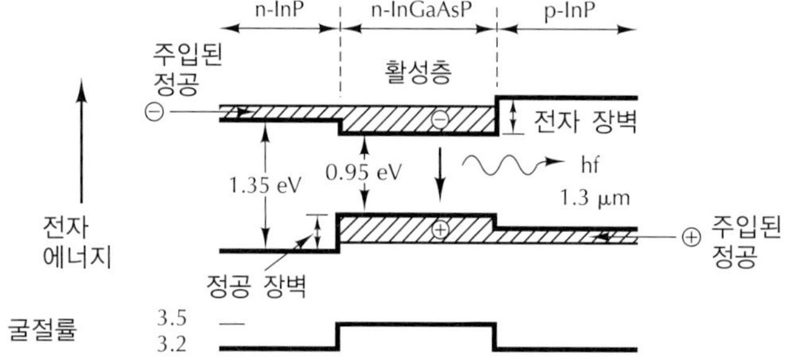

그림 6.2
이중 이종접합 이미터. 빗금 친 부분은 자유 전하의 에너지 준위를 나타낸다. 오른쪽 접합은 p 영역으로 이동하는 전자를 금지하는 에너지 장벽을 형성한다. 왼쪽 접합은 InP의 n 영역으로 이동하는 정공을 금지하는 에너지 장벽을 형성한다. 그러므로, 재결합은 GaAsP 층에서만 일어난다. 이 LED는 1.3 μm 부근의 파장을 방출한다.

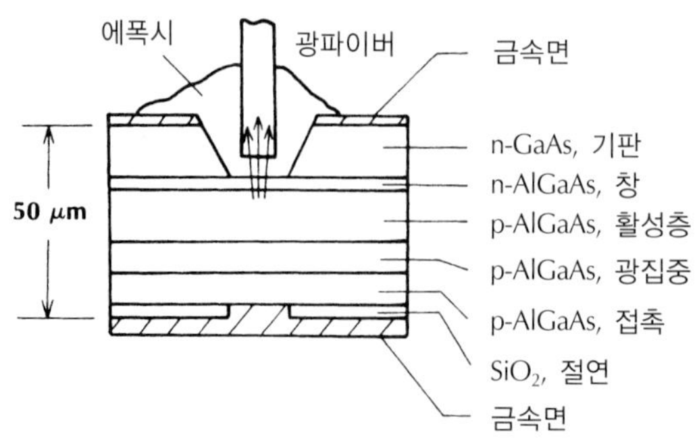

그림 6.3
식각우물, 표면방출 LED

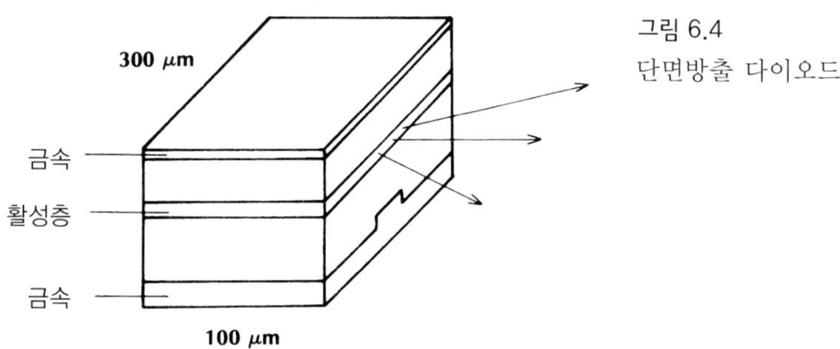

그림 6.4
단면방출 다이오드

로 그림 6.3에 있다. 그림에 나타나 있는 대표적인 AlGaAs 다이오드는 파장이 0.82 μm인 광을 방출하고 유리 광파이버는 이 파장대에서 낮은 감쇠 특성을 갖고 있다. 다이오드 바닥 부분에는 절연 SiO_2층과 금속면이 있음에 유의하라. 금속면은 SiO_2층이 터진 구멍에 걸쳐 둥글게 존재한다. 이 구조에서 주입된 캐리어를 가두는 다이오드의 작은 중앙부분은 방출 제한 영역으로, 50 μm의 작은 광파이버와 효율적인 결합이 가능하다. 방출되는 대부분의 복사는 광파이버 코어에 도달하지만, 광파이버의 제한된 개구수에 의해서 받아들여지는 총 전력은 제한적이다.

단면방출 다이오드가 그림 6.4에 있는데 식각우물 다이오드보다 작은 원뿔형의 각으로 복사한다. 복사 영역의 두께는 수 μm, 폭은 수십 μm 정도인데 간소화 때문에 그림 6.4에 명시하지는 않았다. 줄무늬의 금속 접촉은 전하 캐리어를 측면 방향으로 구속시키며 이종접합은 수직 방향으로 구속시킨다. 이종접합은 광 파동을 방출하는 LED의 끝단으로 유도하여 표면에서 새어 나오지 못하게 한다.

6.2 발광 다이오드의 동작 특성

LED에서 출력되는 광 전력은 순방향 구동 전류를 따라 선형적으로 증가한다. 일반적인 전력 대 전류 곡선이 그림 6.5에 있으며 선형관계는 다음 설명으로 이해할 수 있다. 전류 i는 1초당 주입되는 전하량이다. 초당 전하 수 $N = i/e$이다. 여기서, e는 전자 하나가 갖는 전하량의 크기를 의미한다. 만일 η가 전하 수 N과 결합하여 실제로 광자가 되는 전하 수의 비라 하면 그 광 출력 P는 다음과 같다.

$$P = \eta N W_g = \frac{\eta W_g}{e} i \tag{6.3}$$

이는 광 출력과 전류 사이의 선형관계를 보여준다. 다만 금지대폭 에너지의 단위는 주울이

그림 6.5
LED의 전력-전류 관계

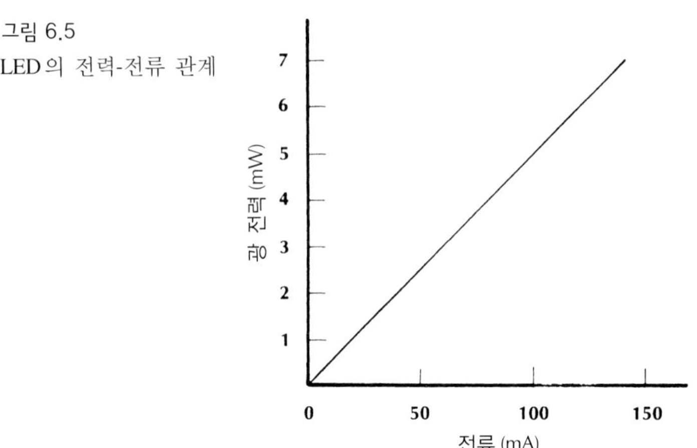

다. 금지대폭 에너지 단위를 전자볼트(eV)로 바꾸면 식 (6.3)은

$$P = \eta i W_g \tag{6.4}$$

로 간략화된다. 이런 완벽한 선형성의 변화에 대해서는 10.1절에서 다루고자 한다. 그림 6.5에 있는 광 전력은 광파이버 내에서 전부 이용되는 것은 아니다. 왜냐하면 광파이버의 한정된 개구수는 결합되는 광 전력을 상당히 낮추기 때문이다. 8.5절에서는 이에 대한 결합 효율을 결정한다. 일반적으로 사용되는 LED는 50 ~ 100 mA에서 동작하며, 이때 요구되는 전압은 약 1.2 ~ 1.8 V 정도이다.

디지털 변조가 그림 6.6에 예시되어 있다. 전류원을 변조시켜 LED를 온, 오프시킨다. 그림 6.7의 아날로그 변조는 dc 바이어스를 써서 전체 전류가 항상 순방향이 되도록 유지해

그림 6.6
LED의 디지털 변조

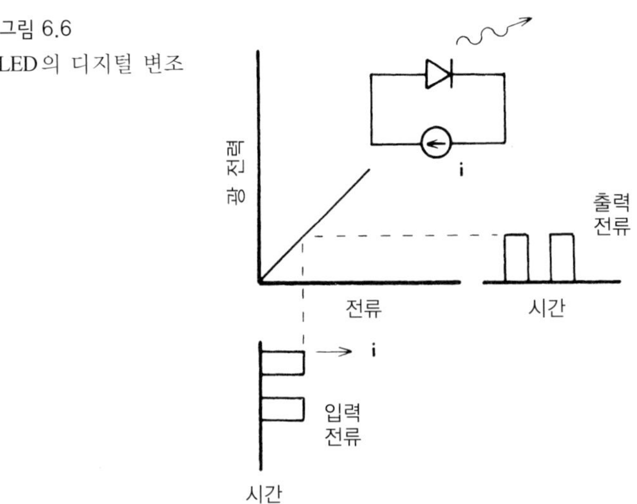

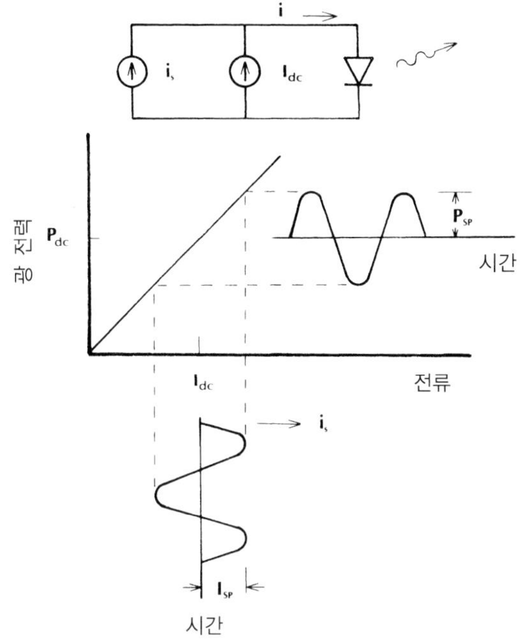

그림 6.7
LED의 아날로그 변조. I_{dc}는 dc 바이어스 전류이고 i_s는 신호 전류이다. P_{SP}는 변조된 광 출력의 최대 진폭이고 P_{dc}는 평균 전력이다.

야 한다. 만약 dc 전류가 없다면 신호 전류가 음인 부분에서는 다이오드에 역바이어스가 걸리므로 광 출력이 없게 될 것이다.

전체 다이오드 전류는

$$i = I_{dc} + I_{SP} \sin \omega t \tag{6.5}$$

이며, 그 대응되는 광 출력 전력은

$$P = P_{dc} + P_{SP} \sin \omega t \tag{6.6}$$

이다. 여기서, P_{SP}는 최대 신호 광 전력이다. 그것을 ac 광 전력이라고 부른다. 출력 파형은 위 식에서 나타난 다이오드의 입출력 선형관계로 인해 입력 전류의 변화가 복사되어 나온다. 선형성이 확보되지 않으면 신호는 찌그러질 것이므로, 아주 작은 찌그러짐을 갖는 복사를 원한다면 광원의 선형성을 반드시 평가해 보아야 한다.

앞 장들에서 광파이버를 통해 도파되는 정보 전송률이 어떻게 제한되는지 논의하였다. 광원 역시 시스템 용량을 제한한다. 낮은 변조주파수에서 $P_{SP} = a_1 I_{SP}$이며, 여기서 $a_1 = \Delta P/\Delta i$로서 그림 6.7의 곡선이 갖는 기울기이다. 주파수가 높아져 전류가 급격히 변할 때 접합 커패시턴스와 기생 커패시턴스는 회로를 단락시키므로 ac 전력값을 감소시킨다. 그러나, 고주파 변조의 주된 한계는 주입된 캐리어가 결합하는 평균시간인 캐리어의 **수명시간**(carrier lifetime) τ이므로 변조 전류는 반드시 τ에 비해 서서히 변화해야 한다. 라디안 주파수 ω를 갖는 전기 신호에 대하여 캐리어 수명시간으로 제한되는 출력은 다음과 같다.

$$P_{\mathrm{SP}} = \frac{a_1 I_{\mathrm{SP}}}{\sqrt{1 + \omega^2\tau^2}} \tag{6.7}$$

식 (6.7)은 그림 6.8에 나타나 있다. 주파수 $\omega = 1/\tau$에서 ac 전력은 0.707배로 줄어든다. 수신기의 검출기에 의해서 발생되는 전류는 광 전력에 비례하므로, ac 전력이 0.707배 줄어들면 검출기 ac 전류도 이 크기로 줄어들고, 검출기에서 이 줄어든 전류값 자승에 비례하는 전기적 전력은 $(0.707)^2 = 0.5$, 즉 3-dB 낮아진다. 이런 이유로 $1/\tau$를 LED의 3-dB **변조대역폭** 또는 LED의 3-dB **전기적 대역폭**이라 한다. Hz 단위로 3-dB 대역폭은

$$f_{3\text{-dB}} = \frac{1}{2\pi\tau} \tag{6.8}$$

이다. 광학적 차원과 전기적 차원 간의 대역폭 관계는 12.1절에서 좀더 논의하기로 한다. 이론적으로 표면방출 광원은 300 MHz 이상의 변조대역폭을 가질 수 있으나 대부분 상용화된 LED는 이보다 작은 1 ~ 100 MHz의 대역폭을 가진다.

광원의 **상승시간** t_r은 그림 6.9를 참고하면 계단형의 입력 전류가 인가될 때 출력 최종값이 10%에서 90%가 될 때까지의 시간을 말하며, 결국 입력 전류는 광 출력을 영에서 최종 정상 상태까지 상승시킨다. 그림 6.9의 출력은 이 전력을 측정하는 데 사용된 검출기에 의해 만들어진 전류 파형이다. 상승시간과 3-dB 전기적 대역폭은 다음과 같은 관계가 있다.

$$f_{3\text{-dB}} = \frac{0.35}{t_r} \tag{6.9}$$

대표적인 LED 상승시간은 수 ns에서 250 ns 정도이다.

알고 있는 바와 같이 광원의 광 스펙트럼은 재료와 도파로 분산에 직접적인 영향을 준다. 이 원인들에 의한 펄스 퍼짐은 광원 스펙트럼 폭에 따라 선형적으로 증가한다. 0.8 ~

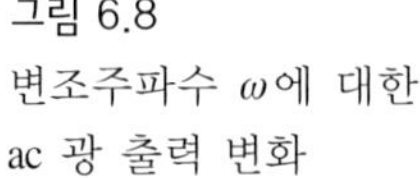
그림 6.8
변조주파수 ω에 대한 ac 광 출력 변화

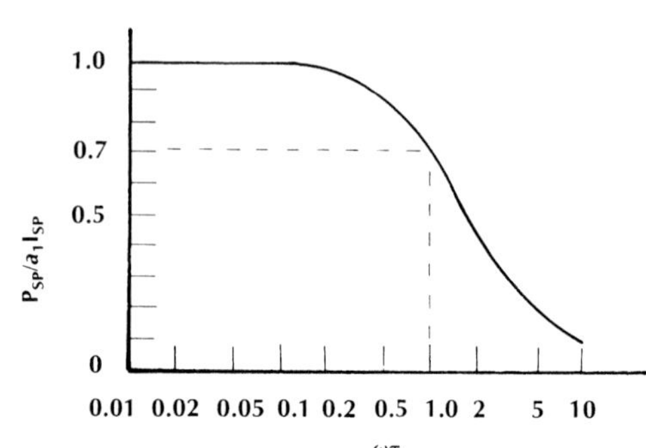

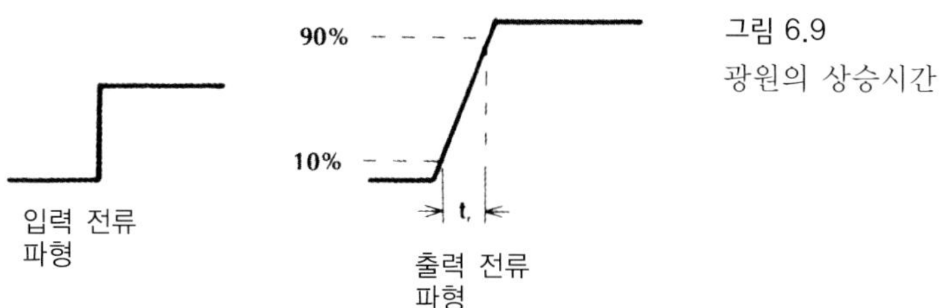

그림 6.9
광원의 상승시간

0.9 μm 대에서 동작하는 LED는 20 ~ 50 nm의 선폭을 가지며 장파장대의 LED는 50 ~ 100 nm의 선폭을 갖는다. 장파장 광원의 큰 스펙트럼 폭은 그림 3.8에서 보듯이 이 영역에서 재료 분산 M이 눈에 띄게 감소하므로 현저하게 상쇄시킬 수 있다.

결합 효율은 주로 광원의 복사 패턴에 달려 있다. 표면방출 광원은 람베르트(Lambert) 패턴이라 불리는 복사 패턴을 갖는다. 그림 6.10에서 보여주는 이 패턴은 전력이 $\cos\theta$에 따라 감소하는데, 여기서 θ는 바라보는 방향과 표면에 대한 수직선 사이의 각이다. 광을 방출하는 표면의 밝기는 균일하지만 보는 각도가 변함에 따라 투영된 면적이 $\cos\theta$에 따라 줄어드는 람베르트 광 전력 분포도를 갖는다. $\theta = 60°$에서 전력은 최대치의 반이 되고 람베르트 광원의 반치폭은 120°이다. 그러므로, 이 빔폭이 광파이버에 입사하더라도 수광허용각 밖의 광선은 결합되지 못한다. 예를 들어 NA = 0.24인 광파이버의 수광허용각은 단지 14° 정도이므로 전체 원뿔각이 28°인 표면방출 광원이 내는 광 출력의 대부분은 광파이버에 의해 거부된다.

단면방출 광원은 표면 소자에 비해 보다 많은 복사량을 집중시킬 수 있고 개선된 결합 효율을 갖는다. 대표적인 복사 패턴이 그림 6.11에 있다. 빔은 접합면의 평행한 면에서는 람베르트 복사이나 수직면에서는 다소 느리게 방출한다. 즉, 수직평면상의 굴절률 변화에 의해 형성되는 평판 도파로의 모드는 빔의 방출을 제한한다. 그러나, 평행한 평면에서는 빔

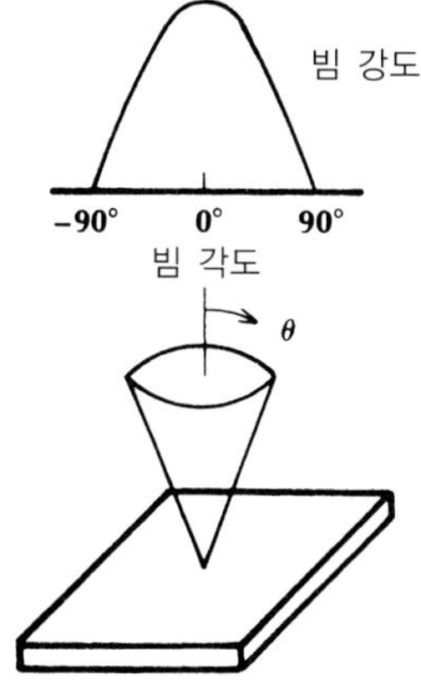

그림 6.10
표면방출 LED의 람베르트 복사. 반치폭은 120°이다.

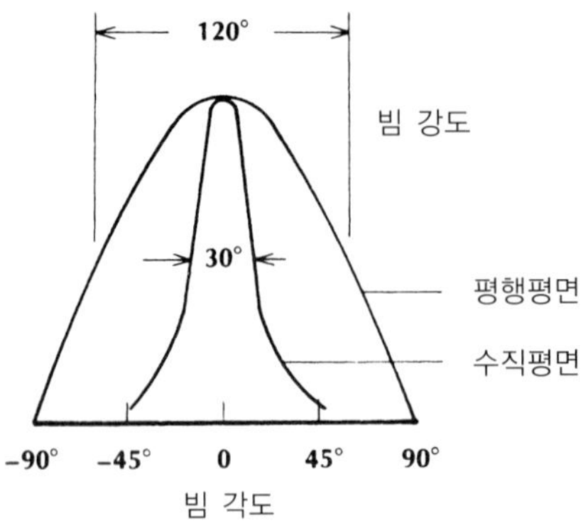

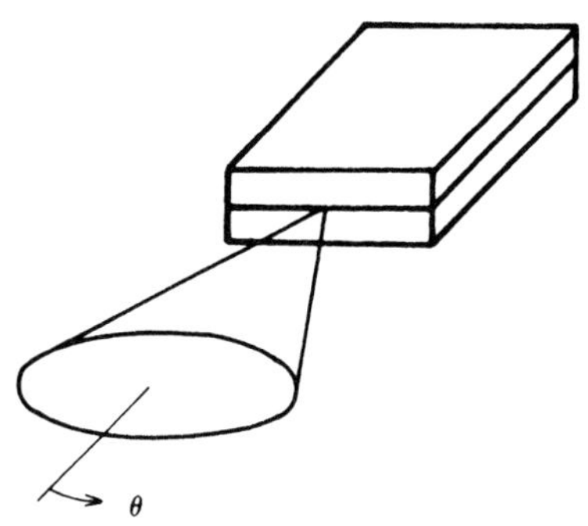

그림 6.11
단면방출 LED의 비대칭 복사

을 구속하지 못하는 람베르트 복사를 한다. 광 출력을 최대한 이용하기 위해 다이오드의 방출단면 반대쪽에 반사경을 두거나 다이오드와 공기 경계면에서 반사를 줄이기 위해 방출단면에 무반사 코팅을 하여 출력을 증가시킬 수 있다. 현재는 단일모드 광파이버용으로 500 Mbps를 넘는 속도를 갖는 단면방출 광원이 개발된 상태이다[4].

발광 다이오드는 일반적으로 제조업체가 제시하는 전력, 전압, 전류, 온도 한계치 내에서 동작시키면 안심하고 오래 사용할 수 있다. 발광 다이오드의 광 출력은 시간이 지남에 따라 줄어들며 초기값이 반이 될 때까지를 **수명시간**이라 한다. 보통 수명시간은 10^5시간으로 약 11년 정도인데 수명이 길수록 좋은 제품이다. 광 출력의 온도 특성에서 접합면 온도가 올라감에 따라 광 출력은 줄어들게 되나 보통 동작은 −65° ~ 125°C의 온도에서 허용된다. 대표적인 온도 감쇠는 0.012 dB/°C이므로[5] −65° ~ 125°C 사이의 약 190° 범위에서 약 59%이다. 이와 같은 온도의 증가에 따른 출력 감소를 보상하는 방법으로 구동 전류를 증가시키는데 이렇게 하면 송신기의 회로는 복잡해진다.

광원 패키지에는 다양한 방법이 있다. 때에 따라서는 광원을 광 전송 라인에 보다 효과적으로 결합하기 위해 제품 구입자는 독창적인 기술을 가지고 있어야 한다. 보통의 경우는 한 가지 타입으로 패키지된 광원을 결합시키는 것이 수월하다. 이제 가능한 몇 개의 패키지 방법에 대해 알아보자.

LED를 그림 6.12의 TO-18 같은 표준 헤더(header) 위에 부착한다. 헤더는 빛이 통과할 수 있는 투명한 유리뚜껑을 갖는 금속뚜껑으로 씌워져 있다. 그림 6.13(a)에서 보듯이 복사되는 광은 급격히 확장되어 허용수광각을 넘어 진행함에 따라 손실은 물론 광파이버를 비껴간다. 그림 6.13(b)에서 보듯이 광선 각도를 줄이기 위해 외부에 렌즈를 둘 수 있으나, 역시 광의 일부는 잃게 된다. 또한 효율 개선을 위한 방법으로 그림 6.12의 유리뚜껑을 제거한 후 다이오드에 직접 붙이거나 바로 위에 올려놓을 수도 있다. 이렇게 하면 광의 대부분을 광파이버 코어가 획득할 수 있는데, 이 방법에서 광파이버를 붙일 때에는 대부분의 사용자가 귀찮아하는 잡일을 해야 한다.

제조업체에서는 그림 6.12의 평면 유리뚜껑을 렌즈로 대체한 다이오드도 생산한다. 이 렌즈는 LED와 멀리 떨어져 있어 LED의 빔 직경을 광파이버보다 상당히 커지게 하며, 1000 μm 직경을 갖는 큰 광파이버에 적합한 구조이다.

짧은 길이의 광파이버가 부착된 다이오드를 구입할 수도 있다. 이것을 피그테일(pigtail) 구조라고 한다. 제조업체는 에폭시로 피그테일을 광원에 붙이므로, 피그테일은 전송용 광파이버로 직접 분리시킬 수 있으며 피그테일에 커넥터를 부착하여 시스템의 나머지 부분으로 광원을 신속히 결합할 수 있다. 단, 주의할 일은 피그테일과 전송용 광파이버가 동일하지 않을 때 문제가 발생한다는 점이다. 예를 들어, 양쪽 광파이버의 코어 직경과 개구수

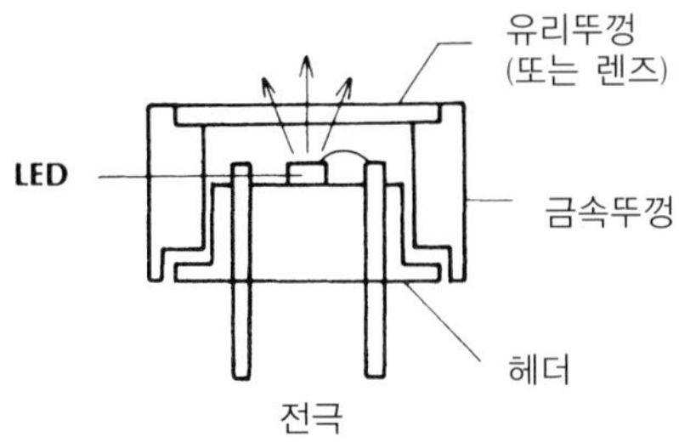

그림 6.12
헤더(header) 위에 장착된 LED

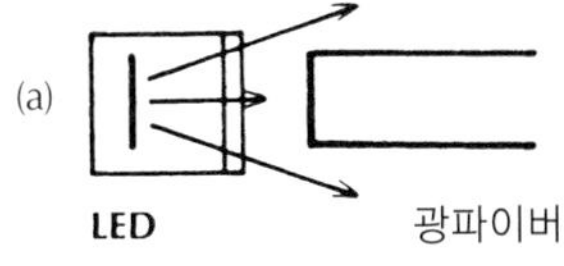

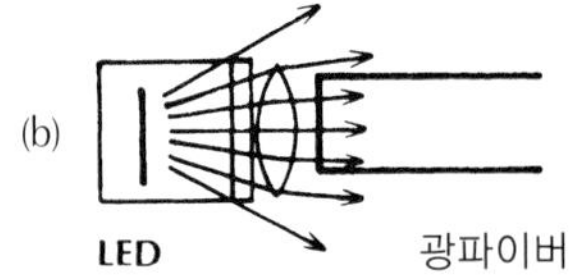

그림 6.13
유리뚜껑이 있는 LED의 광원과 광파이버 결합
(a) 렌즈가 없는 경우 (b) 렌즈가 있는 경우

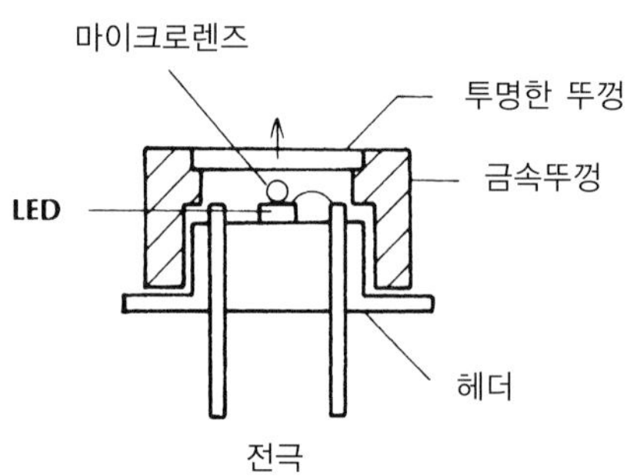

그림 6.14
마이크로렌즈가 장착된 LED

가 다르면 연결한 광파이버에서 손실이 발생한다. 이러한 형태의 손실은 제8장에서 다루고자 한다.

또 다른 패키지가 그림 6.14에 예시되어 있다. 마이크로렌즈(microlens)라는 매우 작은 렌즈가 이미터 위에 직접 놓여 있다. 이 경우 빔은 조준되기 전에 크게 커지지 않으므로 렌즈가 LED와 떨어져 있는 설계와는 다르다. 이 구조는 50 μm 정도의 작은 코어 직경과 0.1을 넘는 개구수를 갖는 광파이버에 효과적이다.

6.3 레이저 원리

통신시스템에 레이저를 사용할 때 레이저 기술자가 될 필요는 없다. 그러나, 레이저 원리에 관한 지식이 있다면 레이저의 특이성과 제약에 관한 많은 이해를 할 수 있다[6]. 즉, 하나의 소자에 관해 많이 알수록 그것을 사용하는 데 오류를 범하지 않을 것이다. 비록, LD는 광파이버 통신에서 가장 널리 사용되는 레이저이지만, 가시광선 영역에서 동작하는 여러 개의 다른 레이저를 고려할 것이다: 가시광선 영역에서 동작하는 가스레이저, 적외선 영역에서 동작하는 Nd:YAG(neodymium yttrium-aluminum-garnet) 레이저와 광파이버 레이저들에 관해 언급한다. 첫 두 레이저는 이 절에서, 광파이버 레이저는 6.8절에서 언급할 것이다.

원칙적으로 붉은색을 내는 가스레이저인 헬륨-네온(helium-neon; HeNe) 레이저는 광파이버와 기타 광파이버로 만들어진 장치들을 시험하는 데 사용한다. HeNe 레이저를 코팅되지 않은 상태의 광파이버에 연결하면 갈라진 틈이나 깨진 곳을 간단히 검사할 수 있다. 그 결과 광파이버 끝단에서 어떠한 빛도 나오지 않는다면 깨진 곳이 있음을 말해 주는 것이 된다. 또한 공기방울이나 미세하게 금이 간 곳 등의 장애부분 주위에서 산란하는 광을 눈으로 확인할 수 있다. 또 다른 예로 광파이버의 개구수는 파장에 관계 없으므로 HeNe 레이저를 사용하여 개구수도 쉽게 측정할 수 있다.

Nd:YAG 레이저는 고체 레이저로서 1.06 μm의 동작 파장을 갖지만 1.35 μm의 동작 파장을 갖도록 설계하기도 한다. 1.06 μm 동작 파장은 보통 사용하는 0.8 ~ 0.9 μm대보다 광파이버의 손실과 재료 분산이 낮은 영역에 있다. 더욱이, 스펙트럼은 0.1 nm로 LD의 선폭보다 훨씬 작다. 그러므로, 모드 찌그러짐이 아닌 재료 분산과 도파로 분산에 의해 제한되는 시스템의 대역폭을 크게 향상시킬 수 있다. 1.06 μm에 대한 그림 5.26의 단일모드 광파이버를 보면 이 사실은 분명해진다. 즉, 0.1 nm의 선폭은 너무 작아서 펄스 퍼짐이 그래프에서조차 나타나지 않는다.

Nd:YAG 레이저의 구체적인 구성이 그림 6.15에 있다. 활성 매질은 얇은 Nd:YAG 봉이고 입력 전력을 공급하는 LED에 의해 둘러싸여 있다. LED는 코히런트한 1.06 μm 출력보다 짧은 파장의 코히런트하지 않은 광을 방출하는 역할을 한다. 벌크 Nd:YAG 레이저는 일반적으로 직경이 수 밀리미터이고 길이가 수 센티미터이다. 이것만으로도, 이 레이저는 단일모드 광파이버에 효과적으로 결합되지 않는다. 보다 중요한 것은, 1.06 μm 파장에서 장거리 전송을 위해 충분히 낮은 실리카 광파이버 손실을 얻을 수 없다는 것이다. 이러한 이유로, 벌크 Nd:YAG 레이저는 광파이버 통신에서 고려되지 않는다. 그렇지만 6.8절에서 살펴볼 Nd:YAG 광파이버 레이저는 가능성이 있다.

레이저를 사용할 때 알아 두어야 할 중요한 몇 가지 특징은 다음과 같다.

1. 펌핑 스레시홀드(pumping threshold) 레이저의 입력 전력은 임계준위를 넘어서야 출력광을 방출한다. 이것이 LED와의 차이점인데 LED는 입력 전류가 매우 낮더라도 출력광을 낸다.
2. 출력 스펙트럼(output spectrum) 레이저 출력광은 단일 주파수가 아닌 어떤 범위 내의 주파수들로 구성되어 있다. 보통, 출력은 이 범위 내에서 완만히 변하지 않고 일련의 피크치와 골로 되어 있다.
3. 복사 패턴(radiation pattern) 레이저가 빛을 내는 범위는 방출 면적과 레이저 내의 공진 모드에 달려 있다.

이들 효과는 레이저 다이오드보다 가스레이저로 설명하는 것이 편리하므로 이 절의 나

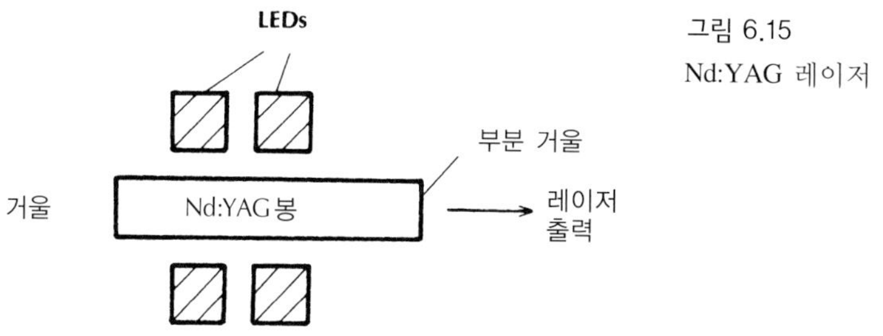

그림 6.15
Nd:YAG 레이저

머지에서는 주로 HeNe 레이저의 특성을 분석하고, 그 결과를 유사성에 따라 LD에 적용한다.

그림 6.16과 그림 6.17에는 각각 HeNe 레이저의 구성과 HeNe 혼합가스의 부분적인 에너지 준위도를 나타내었다. 실제는 이보다 많은 에너지 준위가 존재하지만 도표에 있는 것들로 레이저 동작 원리를 설명하려 한다. 각각의 준위는 원자에서 허용하는 전자의 에너지 상태를 보여주는 것이다. 간단히 말하면 다른 궤도, 다른 스핀, 다른 각 운동량을 가진 전자의 상태를 의미한다.

가스에서는 원자에 대한 허용에너지는 별개의 선으로 구성되어 있어 그림 6.1의 반도체의 경우처럼 허용에너지 대역을 형성하는 고체와 다르다. 보통 광자의 파수(wave number)는 파장의 역수인 $1/\lambda$이며 에너지 준위를 표시하기에 편리한 방법이다. 제1장의 $W = hc/\lambda$인 관계식을 사용하여 파수에 해당하는 주울 단위의 에너지로 바꿀 수 있는데, 이렇게 하면 파수에 hc를 곱한 결과가 된다.

원자는 보통 기저 상태(ground state)라는 최저 에너지 상태에 있으며, 이때 에너지는 영이다. 만약 원자가 에너지를 흡수하면 상위 준위로 올라가 여기 상태(excited state)가 된다. 들어오는 광자도 에너지이므로 원자가 흡수하면 여기 상태로 될 수도 있다. 이와 같은 방법으로 그림 6.15의 Nd:YAG 레이저의 원자들도 상위 준위로 올라갈 수 있다. HeNe 레이저의 동작을 보면 전원은 전기 방전 전류를 가스에 흐르게 하여 가스원자를 이온화시키므로 전

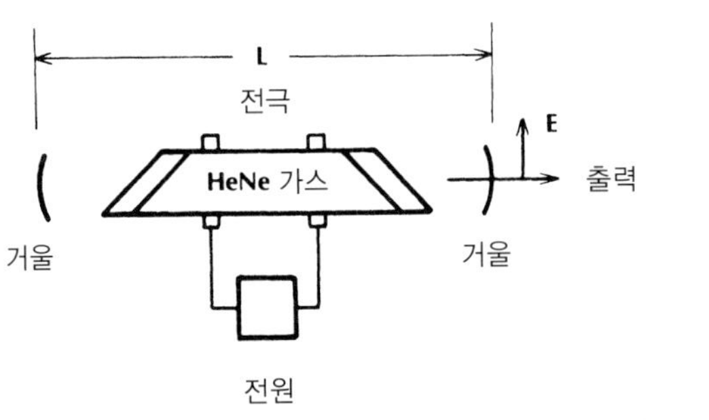

그림 6.16
헬륨-네온 레이저

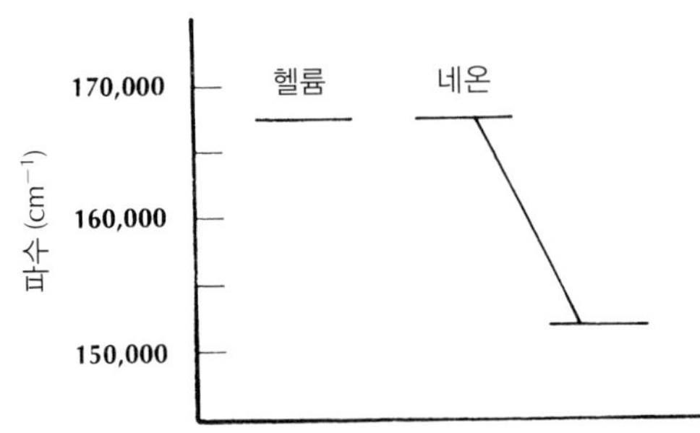

그림 6.17
헬륨-네온의 허용 에너지 상태

자는 튜브 속을 자유롭게 움직일 수 있는 상태가 되어 양극을 향해 가속된다. 이때 얻은 운동 에너지는 헬륨원자와 충돌할 때 잃게 되며 대신 헬륨원자가 이 에너지를 얻어 상위 준위로 이동한다. 이렇게 여기된 헬륨원자가 기저 상태의 네온원자와 충돌할 때 네온원자가 에너지를 넘겨받는다.

그림 6.17에 네온의 두 개 에너지 준위가 있는데 에너지 차는 15,800 cm^{-1}이다. 이에 대응되는 파장은 $\lambda = 1/15{,}800 = 6.33 \times 10^{-5}$ cm $=0.633$ μm이다. 이제 광자와 두 개의 상하위 준위 상태 사이에서 일어날 수 있는 여러 가능성을 생각해 보자.

1. 파장이 0.633 μm인 광자가 입사할 때 낮은 여기 상태의 네온원자가 흡수하면 높은 여기 상태로 올라가고, 네온원자를 상위 준위로 천이하기 위하여 사용된 광자는 사라진다.
2. 상위 준위의 원자가 자연적으로 낮은 준위로 떨어지면 그 여분의 에너지는 0.633 μm의 파장을 갖는 광자의 형태로 방출된다. 이는 LED에서 전자와 정공이 재결합한 결과로 광자를 방출하는 과정과 비슷하다. 일반적으로 형광장치들은 이러한 **자연 방출**(spontaneous emission)에 의해 광을 복사한다.
3. 입사한 0.633 μm의 광자에 의해 상위 준위의 원자가 하위 준위로 떨어지면서 0.633 μm의 광자를 방출하도록 유도한다. 이를 **유도 방출**(stimulated emission)이라 한다. 이때 유도된 광자와 유도를 하는 광자 사이의 위상은 같으므로 계속해서 이러한 현상이 진행된다.

만약 상위보다 하위 여기준위에 네온원자 수가 많다면 가스 속으로 들어간 광자의 수는 흡수로 인해 줄어들게 된다. 반면에 상위 준위의 원자 수가 하위의 원자 수를 초과하였다면 이때를 **밀도 반전**(population inversion)이라 한다. 이 상태에서는 광자가 가스 속을 진행할 때 광자를 흡수하는 낮은 준위의 원자보다 부가적으로 광자를 만들 수 있는 상위 준위의 원자를 만날 수 있는 확률이 높아지므로 광자 수는 증가할 것이다. 결론적으로 밀도 반전된 매질은 이득을 갖는 증폭기 구실을 한다.

레이저는 고주파 발생기 혹은 발진기이다. 따라서, 발진이 일어나기 위한 증폭, 귀환, 주파수 선택용 동조 메커니즘이 요구된다. RF 발진기를 상기해 볼 때 전기적인 증폭기는 신호 이득을 제공하고 필터는 주파수를 결정하며, 귀환은 증폭기 출력을 입력에 귀환시키는 역할을 한다. 이에 비해 레이저의 경우에는 매질이 증폭을 제공하고 주파수도 결정하는데, 이는 매질의 특징적인 에너지 준위와 준위 간의 천이에 기인된다. 귀환 메커니즘을 보면 양 끝에 반사경을 설치하여 광자가 반사경에 부딪힌 후 반사되어 매질 속으로 다시 돌아가 더욱 큰 증폭을 일으키도록 한다. 이때 귀환용 반사경의 한쪽이나 혹은 양쪽 모두는 생성된 광의 일부분이 외부로 방출되도록 통과시킨다.

레이저에서 이득이 모든 손실의 합을 초과해야만 발진이 일어난다. 여기서 말하는 손실은 매질과 양 반사경에서의 흡수, 산란, 그리고 반사경에서 레이저 출력의 추출을 포함한다. 레이저에 낮은 전압이 인가되면 이득이 손실보다 작아 레이저 출력은 영이 된다. 물론 자연 방출은 일어날지 모르지만 출력은 작으며 코히런트하지 않아 그 스펙트럼 폭도 크다. 전압이 증가되면 보다 많은 네온원자가 상위 준위로 올라가 이득이 증가하여, 레이저는 이 단계에서 발진을 위한 임계 상태에 있게 된다. 이보다 더욱 전압을 증가시키면 보다 높은 출력이 나오며, 방출된 광은 코히런트하여 스펙트럼 폭이 좁아진다. 임계 입력의 개념은 내부적으로 변조할 때 중요한데, 레이저 다이오드에서는 더욱 중요하다.

HeNe 레이저는 0.633 μm의 적색광을 내며, 이것은 그림 6.17에 나타나 있듯이 두 네온 준위 간의 천이에 해당된다. 스펙트럼 폭은 약 1.98×10^{-3} nm로서 작으며 이는 1500 MHz의 넓은 주파수대역에 해당된다. 천이가 두 개로 분리된 에너지 준위 사이에 일어나므로 레이저의 선폭은 영이 되어야 하지만 가스 내의 네온원자의 열 운동으로 인해 선폭은 영이 되지 않는다. 각각의 원자는 높은 곳에서 낮은 에너지 준위로 떨어질 때 작은 광원으로 행동하며, 널리 알려진 **도플러 효과**(Doppler effect)에 의해 운동 중인 광원(source)에 주파수 천이가 일어난다. 원자의 랜덤한 속도는 광자의 전달에 의해 결정된 주파수를 중심으로 도플러 효과에 기인하는 주파수 천이를 발생한다. 약간 달리 설명하면 매질은 단일 주파수가 아닌 주파수대에 걸쳐 증폭을 한다. 저속으로 운동하는 원자보다 고속으로 운동하는 원자가 적기 때문에 그림 6.18의 첫 번째 그림처럼 중심주파수에서 멀어질수록 증폭기 이득은 떨어진다.

3.4절에서 두 개의 양 끝 반사경으로 만들어진 공동의 공진 혹은 종방향 모드에 관해 논의했었다. 이 공진 모드들이 그림 6.18의 이득 곡선 아래에 있다. 어떤 주파수가 출력으로 존재하려면 그 주파수에서 충분한 이득을 가져야 하며, 공동은 그 주파수에서 반드시 공진해야 한다. 그림 6.18에서는 오직 세 개의 주파수만이 이들 조건을 만족하여 출력 스펙트

그림 6.18
HeNe 레이저 출력

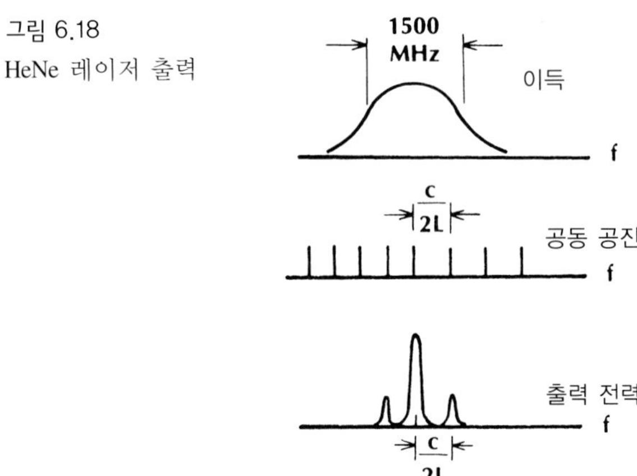

럼으로 3개의 종방향 모드가 존재함을 보여준다. 공동의 길이가 길수록 모드 간 간격이 줄어들어 1500 MHz의 폭을 갖는 이득 곡선 내에 보다 많은 모드가 존재하게 된다. 출력 스펙트럼은 3개 이상의 종방향 모드를 가질 것이다.

일반적으로 가스레이저의 출력 강도는 2.5절과 그림 2.26에서 보았듯이 가우시안으로, 가우스 빔의 방출각은 식 (2.17)에 주어져 있다.

예제 6.1

스폿 크기가 25 μm인 HeNe 레이저에서 가우스 빔의 방출각을 계산하라.

풀이: 식 (2.17)에서 $\theta = 2(0.633)/25\pi = 0.016$ rad 혹은 0.92°이다. 이것은 일반적인 광파이버의 수광허용각보다 훨씬 작으므로 방출되는 모든 광선은 가둘 수 있다. 이 경우 결합 손실이란 오직 공기와 광파이버 경계면에서 야기되는 손실뿐이다.

레이저는 가우시안과 다른 패턴으로 복사할 수 있다. 이 여러 가지 패턴은 레이저 공동에서 여기된 서로 다른 전자계 모드에 해당된다. 이들을 **횡방향 모드**(transverse modes)라고 하는데 이미 배운 유전체 평판과 광파이버에서의 모드와 유사하다. 가우스 패턴은 최저차 모드이며 고차 모드들이 허용되면 레이저는 다중모드 패턴을 나타낸다. 이것은 개개의 모드가 결합한 형태이다. 다중모드 빔은 가우스 빔보다 크며, 보다 빠르게 방출한다.

6.4 레이저 다이오드

레이저 다이오드와 발광 다이오드는 매우 유사한 구성을 갖는다[7]. AlGaAs 레이저 다이오드 구조가 그림 6.19에 도시되어 있고 그림 6.4의 LED와 비교해 볼 것이며, 에너지 대역도는 그림 6.2에 보여준 것과 유사하나 금지대역이 약간 다르다. 대부분의 레이저 다이오드는 항상 단면방출 광원이다. 표면방출 레이저 다이오드인 VCSEL은 6.9절에서 소개한다. 순바이어스를 가하면 활성층으로 주입된 전자들의 재결합으로 광자의 자연 방출이 일어난다. 방출된 광의 일부는 귀환하여 주입된 전자들을 유도한다. 전류밀도가 충분히 높아지면 주입된 많은 양의 전하들이 재결합을 유도한다. 그리고, 광 이득은 커진다. 이득이 다이오드 손실을 상쇄할 수 있을 만큼 커지면 임계전류에 도달되어 이 시점에서 레이저 공진이 시작된다. 연속 발진시키거나 높은 전력으로 동작시킬 때 반도체의 과열을 막기 위해 임계전류를 낮추어야 한다. 6.1절에서 설명한 이종접합을 사용하면 좁은 활성층에 주입된 전하

그림 6.19
이중 이종접합 줄무늬 접촉 AlGaAs 레이저 다이오드. 방출단면은 활성층에서 빗금 친 영역이다.

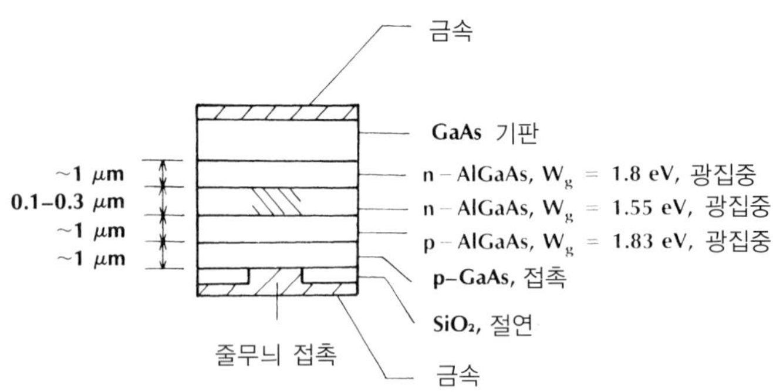

와 생성된 광자를 가둘 수 있으므로 작은 임계전류를 얻을 수 있다. 그림 6.19에서 수직 방향으로의 광집중은 이종접합으로 가능하며, 측면 방향의 전하구속은 줄무늬(stripe) 접촉으로 가능하다. 전하들은 약 10 ~ 20 μm 두께의 줄무늬 속으로 주입되고, 재결합층으로 이동할 때 약간 확산된다. 활성 영역의 1.55 eV 금지대역 에너지에 의해 결정되는 출력 파장은 그림 6.19의 LD에서 0.8 μm이다.

평판 도파로에서 배운 바와 같이 광파가 전반사 경계면을 넘어서 소멸전계가 존재하므로 활성층에 완전히 광파를 가둘 수 없다. 이것은 그림 6.20에 도시되어 있다.

레이저 공동은 결정면에 평행하게 반도체의 앞면과 뒷면을 쪼개어 만든다. 반도체 굴절률이 3.6인 AlGaAs-공기 경계면에서 반사율을 식 (3.28)로 계산하면 32%이다. 이 정도의 반사이면 발진을 위한 충분한 귀환을 제공할 수 있다. 반사율을 더욱 증가시키기 원한다면 양쪽 단면에 유전체 코팅을 하는 것이 바람직하며, LD의 대표적인 공동의 길이는 약 300 μm이다. HeNe 레이저의 경우처럼 다중공동 공진은 많은 종방향 모드를 갖는 출력 스펙트럼을 나타낸다. 3.4절에서 논의한 공동의 종방향 모드를 갖는 AlGaAs 레이저 다이오드는 그림 3.18과 같이 여러 개의 종방향 모드를 갖는다. 이러한 다중모드 복사 스펙트럼을 갖는 다이오드는 보통 여러 개의 횡방향 모드로 구성된 전계들을 가진다. 즉, 다중 종방향 모드 레이저는 다중 횡방향 모드 소자가 될 수 있다. 단일 종방향 모드 레이저는 다중 종방향 모드 레이저보다 선폭이 더욱 좁아 코히런트하므로 재료 분산과 도파로 분산을 줄일

그림 6.20
재결합 영역 근처의 전력 분산

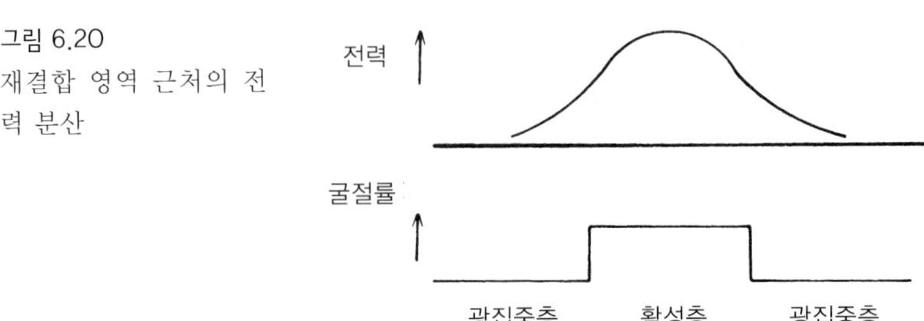

수 있어 장거리 고속전송시스템에 더욱 적합하다.

단일 횡방향 모드 레이저의 경우 광원과 단일모드 광파이버 모드 패턴이 거의 동일하므로 단일모드에 결합시킬 때 다중모드 레이저보다 결합 효율이 훨씬 좋다. 즉, 단일 횡방향 모드 출력 복사가 갖는 광의 횡단면 강도는 그림 5.18의 단일모드 광파이버가 갖는 거의 가우시안인 HE_{11} 모드와 근사적으로 같다. 레이저와 광파이버 모드의 스폿 크기가 같다면 복사와 도파 모드가 정합되어 결합 효율을 높게 할 수 있으며, 레이저의 스폿 크기는 레이저와 광파이버 사이에 렌즈를 두어 조정할 수 있다.

6.5 레이저 다이오드 동작 특성

일반적인 레이저 다이오드의 순방향 입력 전류에 대한 광 출력 특성이 그림 6.21에 있다. 그림에서 임계전류는 75 mA이다. 이 전류 이하에서는 구동 전류가 증가하더라도 광 출력은 조금밖에 증가하지 못한다. 이것은 재결합층의 자연 방출로 코히런트하지 않은 복사가 일어나기 때문이다. 전류가 임계값을 넘어설 때 스펙트럼을 측정하면 출력 선폭이 급격히 감소하고 있음을 알 수 있다. 실제로 대부분의 다이오드는 5에서 250 mA 사이의 임계전류를 갖는다. 이때 전압은 1.2 ~ 2 V이다. 그림 6.22에서 보듯이 순방향 전류는 전압이 증가함에 따라 급격히 커지므로 임계값을 약간 넘는 전류에서 그 동작점을 잡을 수 있다. 연속파(continuous wave: CW) 레이저의 출력 전력은 대체적으로 1 ~ 10 mW이다. 이와는 달리 낮은 듀티 사이클(duty cycle)로 동작하는 펄스 레이저는 CW보다 큰 출력을 만들어 낼 수 있으나, 통신용으로는 고속으로 온-오프시킬 수 있는 CW 레이저가 더 쓸모 있다. 일반적으로 CW의 동작 전류는 임계전류보다 약 20 ~ 40 mA 정도 높은데, 만약 제조업체에서 제시한 값보다 훨씬 높은 전류로 동작시키면 다이오드 수명이 줄어들게 된다.

그림 6.23은 레이저 다이오드의 디지털 변조를 보여주는데 LED의 디지털 변조와 다르

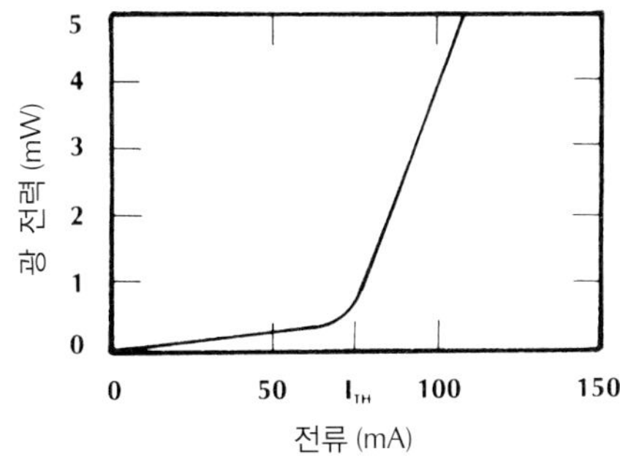

그림 6.21
레이저 다이오드의 전력-전류 관계

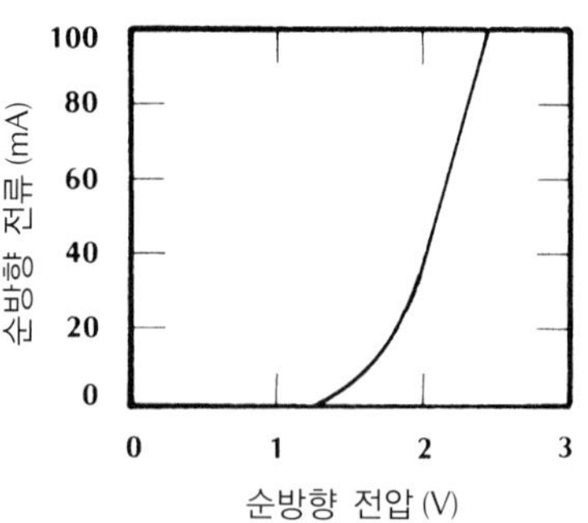

그림 6.22
레이저 다이오드의 전형적인 전압-전류 특성

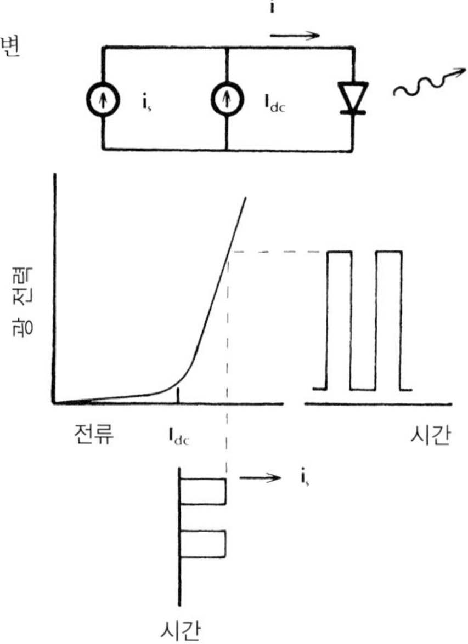

그림 6.23
레이저 다이오드의 디지털 변조

다. 신호 전류 i_s가 영이 될 때, 다이오드에 흐르는 전체 전류인 dc 바이어스 전류 I_{dc}가 임계값을 갖도록 해야 한다. 이때 다이오드 출력은 그림에서 보듯이, 신호 전류가 양의 펄스를 가질 때, 이진수 1이 출력된다. 임계 근방에서 바이어스를 잡으면, 다이오드를 신속히 온시킬 수 있으며 바이어스가 없을 때보다 신호 전류를 줄일 수 있다.

그림 6.24의 아날로그 변조에서는 dc 바이어스가 임계값보다 높아야 전력-전류 특성 곡선의 선형부분에서 동작시킬 수 있다. 아날로그 신호가 고주파 성분을 포함하지 않도록 레이저 다이오드의 선형 특성을 주의 깊게 살펴보아야 한다.

이제 레이저 다이오드의 온도 특성을 알아보자. 레이저 다이오드는 LED보다 훨씬 민감한 온도 특성을 갖는데, 그림 6.25는 대표적인 다이오드 온도 특성을 보여주고 있다. 온도가 상승하면 다이오드의 이득이 떨어져 많은 전류가 있어야 발진을 시작할 수 있다. 즉, 임

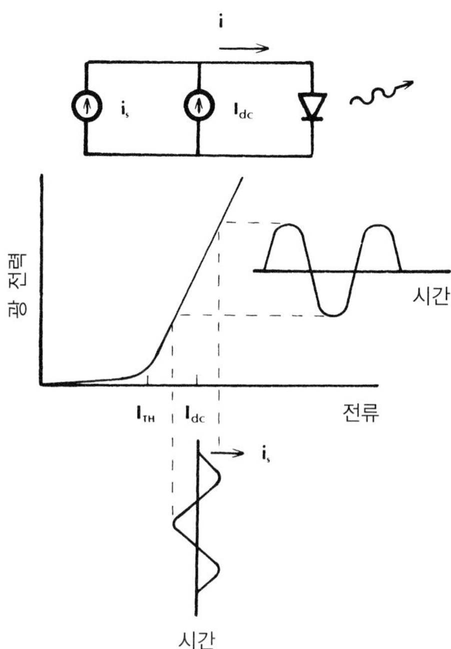

그림 6.24
레이저 다이오드의 아날로그 변조

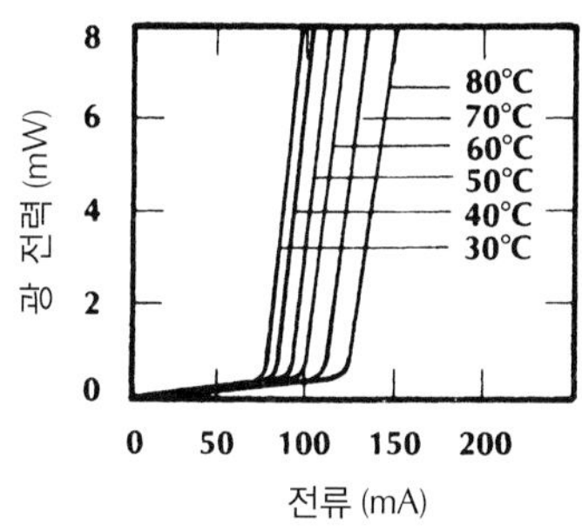

그림 6.25
레이저 다이오드의 온도 의존성

계전류는 약 1.5%/°C 증가하게 된다. 이유는 n층에서 열적으로 생성된 정공과 p층에서 열적으로 생성된 전자 때문이다. 이들 자유전하들은 활성 영역 밖에서 캐리어와 재결합하여 활성층에 도달하는 수가 감소하므로 유도 방출용 전하 수가 줄어들기 때문이다. 또한, 활성 영역 내에서도 열적으로 생성된 정공과 전자의 비복사적인 결합으로 밀도 반전이 약화된다. 다시 말하면, 임계전류가 증가하는 결과를 초래한다.

이제 이러한 현상의 결과를 고려하자. 온도가 올라가면 레이저의 고정된 전류에서 출력이 감소한다. 이러한 출력 변화를 시스템 설계시 고려하지 않으면 수신기에서 검파 오류가 증가한다. 만일 출력이 너무 떨어지면 수신이 불가능할 수도 있다. 이 문제를 극복하기 위한 두 가지 방법이 있다. 열전효과에 의해 다이오드를 냉각시키거나 바이어스 전류를 변화시켜 임계전류를 보상하는 방법이다. 열전효과 냉각기는 전류의 방향에 따라 온도를 변화시키는 기능을 갖는 반도체 소자로서, 열전냉각기 위에 레이저 다이오드를 장착한다. 온도가 변하면 서미스터 열 검출기가 이를 감지하여 열전냉각기를 지나는 전류를 변화시켜 다이오드의 온도를 안정화시키는 방법이다. 다른 전력 안정화 방법은 레이저 다이오드 뒷면에서 복사되는 광을 광 검출기로 검사하여 출력의 실제 변화를 측정하는 방법으로, dc 전류를 변화시켜 출력을 원하는 값으로 회복시킬 수 있다.

레이저 방출 파장이 온도에 따라 변할 수 있는데, 그 이유는 재료 분산이 온도의 함수이기 때문이다. 3.4절에 보았듯이 공진 파장과 근접한 공진 파장 간격은 공동의 굴절률에 의해 결정된다. 이처럼 온도에 의한 유도층의 굴절률 변화로 중심 방출 파장 천이와 다중모드 레이저의 종방향 모드 간격에 미소한 변화가 생긴다. 이에 대한 대표적인 천이값은 약 0.3 nm/°C이다. 이러한 미소한 파장 천이에 대해 광 검출기가 응답 변화를 하지 못해 이치에 맞지 않을 때도 아주 드물게 있다. 그러나, 파장 천이가 특별히 영향을 미치는 경우가 있다. 만일 광파이버가 영 분산에 매우 근접한 파장에서 동작되면 5 ~ 10 nm의 파장 천이는 상당한 분산을 가지게 되므로 시스템의 대역폭 감소가 있을 것이다. 또 다른 예로 10.5절에 논의하게 될 헤테로다인(heterodyne) 시스템에서 주파수는 극도로 안정되어야 한다. 그와 같은 시스템에서는 온도 변화에 따른 파장 천이가 1 nm 이하라도 허용되지 않는다.

AlGaAs 레이저 다이오드는 0.8 ~ 0.9 μm대의 파장을 가지며, InGaAsP 레이저 다이오드는 1 ~ 1.7 μm 대의 좀더 긴 파장을 갖는 광을 출력한다.

레이저 다이오드는 LED보다 동작이 빠르다. 그 이유는 LED의 상승시간은 재료의 자연방출 수명시간에 의해 결정되는 반면 레이저 다이오드의 상승시간은 유도 방출 수명시간에 달려 있기 때문이다. 반도체에서 **자연 방출 수명시간**(spontaneous lifetime)은 자유전하 캐리어인 전자와 정공이 자연 결합되기 전까지 활성층에 존재하는 평균시간이다. **유도 방출 수명시간**(stimulated-emission lifetime)은 자유전하 캐리어가 유도에 의해 강제로 재결합되기 전까지 자유전하 캐리어가 존재하는 평균시간이다. 명백히 레이저 매질이 이득을 갖기 위해서는 캐리어의 유도 수명시간이 자연 수명시간보다 짧아야 한다. 만약 그렇지 않다면 유도 방출이 시작되기 전에 자연 방출이 일어나 밀도 반전이 감소되어 이득과 발진이 방해를 받게 될 것이다. 그러므로, 레이저에서 재결합을 좌우하는 유도 방출 진행이 빠르면 빠를수록 주입된 전류의 변화에 대하여 발광 다이오드는 보다 신속한 레이저 응답을 보장할 수 있다.

성능이 좋은 다이오드의 상승시간은 0.1 ~ 1 ns로서 수 GHz의 아날로그 주파수 변조가 가능하다. 이 짧은 상승시간은 그림 6.23에서 다이오드의 바이어스로 임계값을 잡아 측정한 것이다. 만약 바이어스를 영전류로 할 경우 다이오드를 도통시키는 데는 많은 시간이 걸릴 것이다. 마찬가지로 아날로그 변조율도 그림 6.24와 같이 선형 부분에서 바이어스점이 결정되도록 해야 한다. 수십 GHz에서의 변조율은 특별하게 설계된 다이오드로 구현이 가능하지만 현실적으로, 10 Gb/s와 그 이상에서 동작하는 시스템은 4.6절과 10.6절에서 서술한 바와 같이 외부 변조를 이용한다.

레이저 다이오드는 선폭은 1 ~ 5 nm로 LED의 출력 스펙트럼보다 훨씬 작지만 가스보다는 훨씬 크다. 왜냐하면, 반도체의 방출 천이는 에너지대에서 일어나는데 비해 가스 천이는 별개의 에너지선 사이에서 일어나기 때문이다. 따라서, 도플러 효과에 의한 펄스 퍼짐은 레이저 다이오드가 가스레이저보다 훨씬 크다. 1.3 μm 근처에서 동작하는 대표적 다이오드의 출력 스펙트럼이 그림 6.26에 있다. 그림에서 다중 최대점은 다이오드가 갖는 종방향 모드에 해당한다.

구동 전류가 임계값보다 조금 높을 때 레이저 다이오드는 그림 6.26처럼 다중모드 스펙트럼을 출력한다. 이 값보다 증가함에 따라 전체 선폭은 감소하고 종방향 모드 수는 줄어들고 충분히 큰 전류에서는 한 개의 모드를 갖는 스펙트럼이 나타난다. 그림 6.27은 단일 종방향 모드 레이저의 그 스펙트럼을 나타내는데, 그림에서 약 0.2 nm의 선폭은 다중모드 레이저의 경우보다 훨씬 작으므로 재료 분산을 최소화시킬 수 있다.

레이저 다이오드는 대칭적으로 복사하지 않는다. 그 대표적인 복사 패턴이 그림 6.28에 있다. 이러한 광 분포는 그림 6.10의 표면방출 LED와 그림 6.11의 단면방출 LED의 복사를 비교해 볼 때 명백하다. 레이저 다이오드의 출력광은 훨씬 좁은 영역에서 방출하므로 광파이버와 효율적으로 결합할 수 있다. 그림 6.11과 그림 6.28을 비교함으로써 알 수 있듯이

그림 6.26
1.3 μm에서 동작하는 다중모드 레이저 다이오드의 출력 스펙트럼

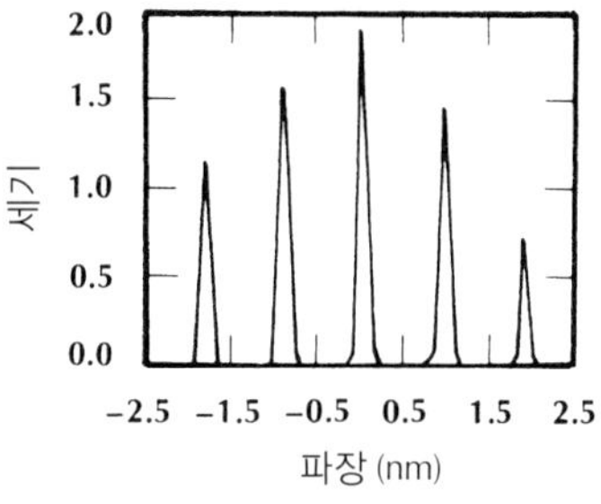

그림 6.27
1.3 μm에서 동작하는 단일 종방향 모드 레이저 다이오드의 출력 스펙트럼

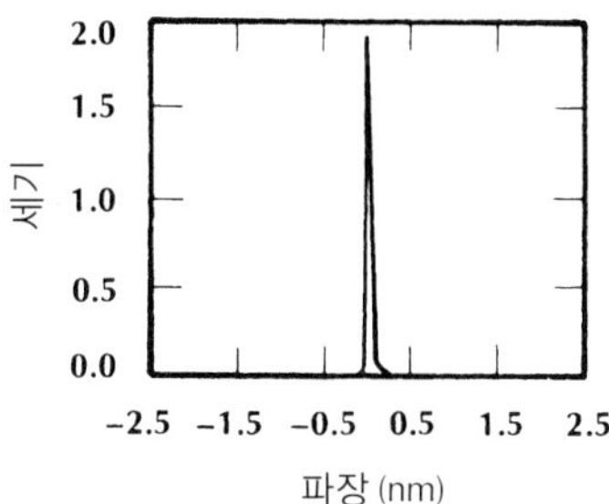

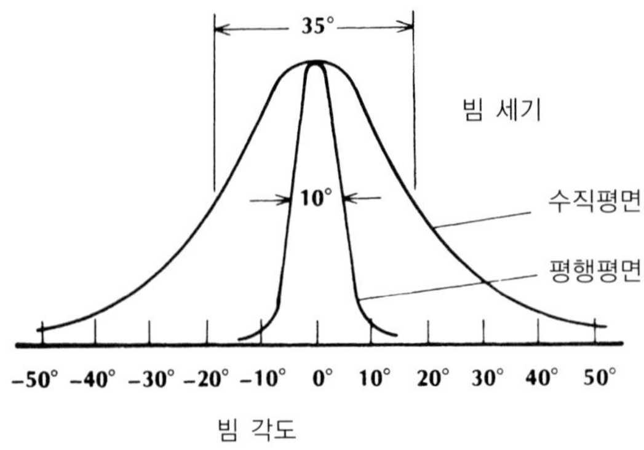

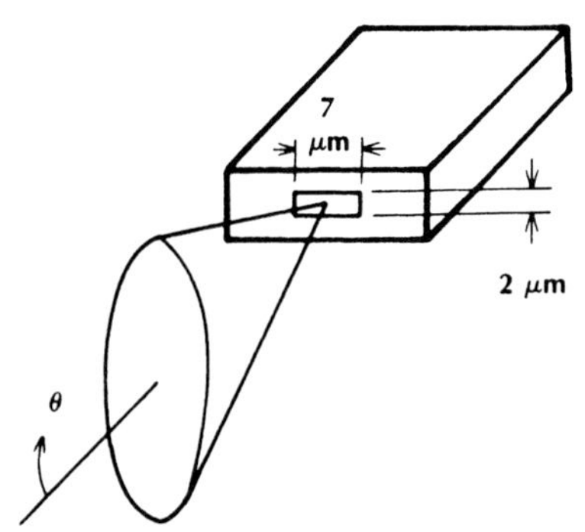

그림 6.28
레이저 다이오드의 복사 패턴

단면방출에서 빔의 좁은 방향과 넓은 방향이 반전되었음을 알 수 있다. LED의 광은 코히런트하지 않다. 방출단면의 큰 치수는 접합면에 평행한 방향으로 큰 빔을 만든다. 작은 치수의 접합단면은 그 접합면과 직각으로 놓이고 더욱 작은 각으로 복사를 한다. 레이저의 코히런트한 빔은 2.5절의 회절 법칙에 따라 빔의 방출은 복사장치의 크기에 반비례하는데, 이 결과는 코히런트 빔에 대해서만 적용할 수 있다. 그러므로 협소한 크기의 단면은 빔의 넓은 방출을 의미하고, 넓은 크기의 단면은 좁은 방출을 의미한다. 그림 6.28의 다이오드는 접합의 평행면과 수직단면에서 각각 10°와 35°의 반치 출력 빔폭을 나타낸다.

CW 레이저의 신뢰성과 수명시간은 이종접합 구조의 AlGaAs 소자가 처음으로 개발된 1970년대 이후 상당히 개선되었다. 상온에서 동작시 11년을 넘는 수명시간을 보장한다. 물론 온도가 상승되면 다이오드는 급격히 열화된다. 성능이 좋은 상용 다이오드는 약 70°C에서 약 10,000시간 이상의 수명을 갖는다.

레이저 다이오드도 역시 LED처럼 여러 가지 구조로 패키지할 수 있다. 패키지는 상당히 주의를 기울여 설계, 제조해야 한다. 패키지에 대한 요구조건은 다음과 같다.

1. 모든 선을 용접 밀폐한다. 즉, 다이오드 안으로 설치된 전기선과 광파이버까지 밀폐 용접한다.

2. 광파이버나 렌즈 결합 광파이버와 직접 결합할 때 정렬을 용이하게 하기 위한 레이저 소자의 정확한 위치 확보
3. 필요시 레이저의 뒷면 출력광을 감시하기 위한 케이스 내 광 검출기 비치
4. 고온 동작을 대비한 패키지 내 열전 냉각기 위에 다이오드 장착

여러 가지 패키지 방안이 그림 6.29, 6.30, 6.31에 있다. 그림 6.29에서 다이오드는 구리로 된 열싱크 위에 놓인다. 렌즈는 광을 광파이버로 모으기 위해 창 밖에 위치할 수도 있다. 이 방법 이외에 뚜껑을 없애고 광파이버를 레이저 방출단면에 가깝게 두고 에폭시 처리를 할 수도 있다. 그림 6.29의 패키지에서는 다이오드 방출 뒷면이 막혀 있어 모니터용으로 사용하지 못하고, 그림 6.30에서는 광파이버 피그테일이 패키지에 달려 있다. 렌즈는 결합 효율을 높이기 위해 다이오드와 광파이버 사이에 위치할 수 있는데, 이때 피그테일이 전송용 광파이버와 동일하다면 피그테일로부터 최대의 출력을 결합할 수 있을 것이다. 만일 같지 않다면 제8장에서 계산된 손실이 일어난다. 사용자는 피그테일이 달려 있을 경우 전송용 광파이버에 융착 접속시키거나 착탈이 용이한 커넥터를 부착할 수 있다. 따라서 다이오드 제조업체는 사용자의 취향에 맞도록 커넥터를 부착한 제품을 생산하기도 한다. 광파이버

그림 6.29
레이저 다이오드 패키지

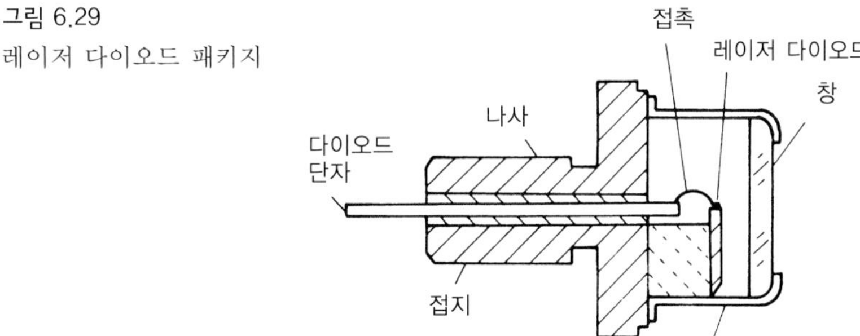

그림 6.30
광파이버 피그테일과 통합된 레이저 다이오드

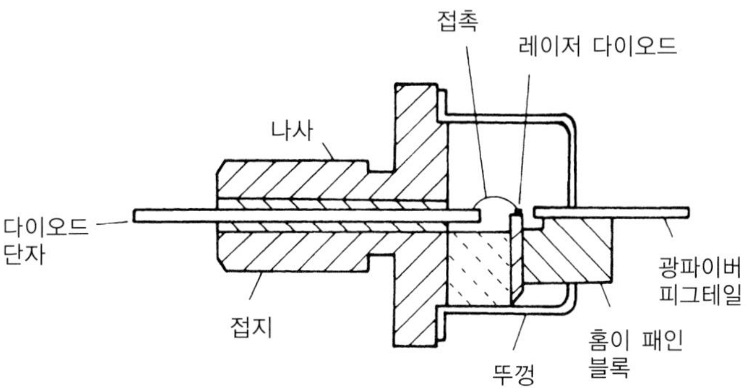

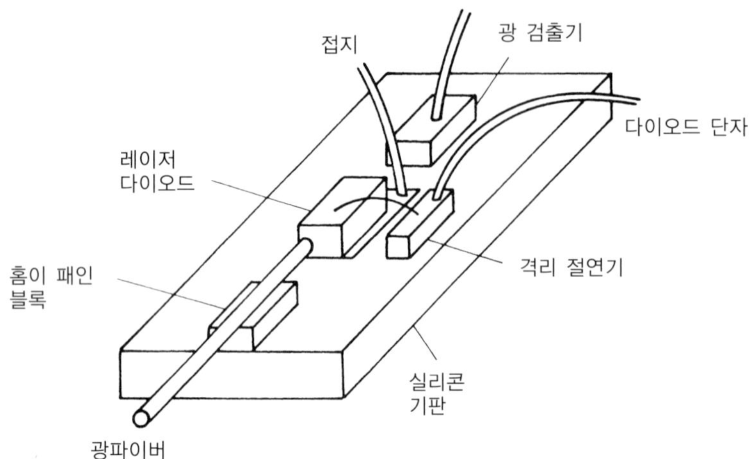

그림 6.31
출력 모니터와 광파이버 피그테일이 통합된 레이저 다이오드

크기와 커넥터 설계는 매우 다양하므로 시스템 전문가는 이들 부품들을 상세히 이해하여, 사용시 나타날 부품들의 손실에 대비해야 한다.

출력 모니터가 장착된 레이저 다이오드가 그림 6.31에 있다. 광 검출기는 광원의 뒷표면에서 복사하는 광 출력을 측정한다. 이러한 소자를 그림 6.32의 다중 핀 DIP(dual inline package)와 같은 표준화 구조 내에 포함시킬 수도 있다. DIP의 핀(pin)들은 레이저, 광 검출기, 그리고 온도 제어용 열전냉각기, 서미스터와 연결하는 데 사용하므로, 이러한 소자들을 기존의 회로 기판과 연결하여 사용할 수 있다.

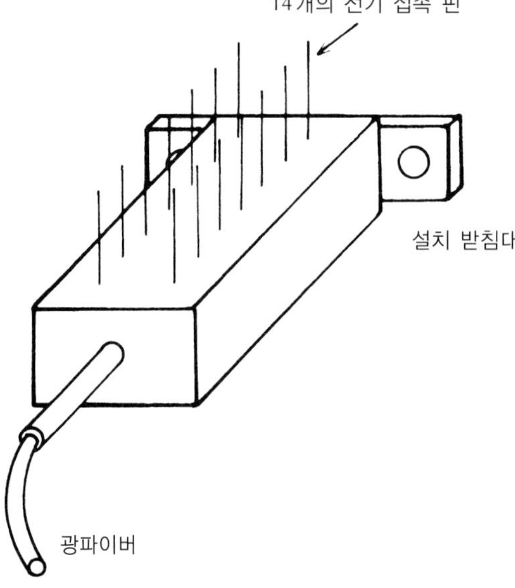

그림 6.32
14핀 DIP 레이저 패키지

6.6 협대역-스펙트럼-폭과 가변 레이저 다이오드

6.6.1 분포귀환 레이저 다이오드

그림 6.27에서 단일 종방향 모드 레이저 다이오드의 출력 스펙트럼을 보았다. 이러한 레이저의 출력 특성으로 분포귀환(distributed-feedback: DFB) 레이저를 만들 수 있다[8]. 그림 6.33에 있는 DFB 레이저는 활성 영역 위를 에칭하여 층을 주름지게 만든 것이다. 이 주름은 광의 파장에 따라 광을 선택적으로 반사시키는 광 회절격자(grating)인데, 왕복으로 진행하는 공동의 종방향 모드 중 오직 한 개만을 허용하는 필터로 동작한다. 격자와 반사경으로 이루어진 공동은 각각 그들이 공진하는 일련의 공진주파수를 갖고 있지만 공통된 파장은 오직 한 개이다. 이것이 바로 결합된 공진기의 단일 종방향 모드이다. 격자는 활성층 바로 위의 공간에 존재하는 소멸 모드와 직접적인 상호작용을 한다. 이 영역의 에칭은 레이저 효율을 저하시켜 결국 높은 임계전류를 필요로 하는 단점이 있어 활성층 자체 내에는 격자를 두지 않는다.

DFB의 동작 파장은 브래그(Bragg) 법칙으로부터

$$\Lambda = m\lambda/2 \tag{6.10}$$

이다. 여기서, Λ는 격자주기로서 인접한 피크 사이의 거리이고 λ는 다이오드에서 측정되는 파장, m은 브래그 회절차수이다. 재료 내의 파장은 식 (3.7)에 의해 자유공간 파장과 관계되므로, 그 방정식을 다시 정리하면

$$\lambda = \lambda_0/n$$

가 된다. 다이오드 파장을 정확히 결정하려면 재료 자체의 굴절률이 아닌 공동에서 도파하는 유효 굴절률을 사용해야 한다. 4.2절로부터 유효 굴절률은 유도층의 굴절률과 활성층 바로 아래에 있는 2개의 클래딩층 사이의 값이라는 것을 알았다. 일반적으로 이들 굴절률들은 서로가 크게 다르지 않기 때문에 격자주기의 크기는 쉽게 구할 수 있어 다음과 같이

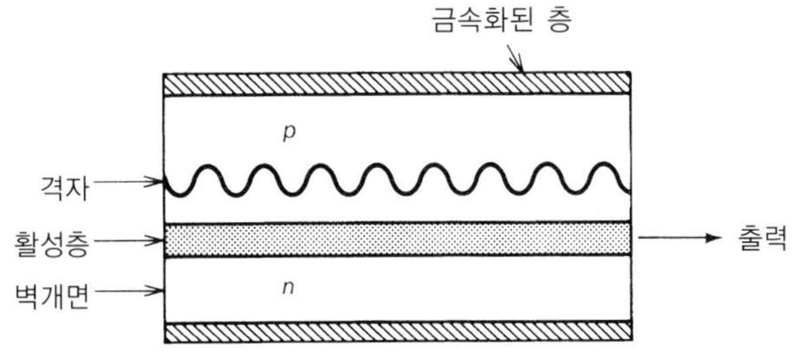

그림 6.33
분포귀환 레이저 다이오드

쓸 수 있다.

$$\Lambda = \frac{m\lambda_0}{2n_{\text{eff}}} \tag{6.11}$$

이 식을 예증하면 다음과 같다.

예제 6.2

1.55 μm로 방출하는 InGsAsP DFB 레이저 다이오드의 격자주기를 계산하라.

풀이: 표 2.1로부터 InGsAsP의 굴절률은 약 3.51이고 유효 굴절률을 3.5라 하면, 1차 회절에서 $\Lambda = 1.55/(2 \times 3.5) = 0.22$ μm이다. 2차 회절에서는 $\Lambda = 0.44$ μm이므로 충분히 효과적으로 이용할 수 있다.

DFB 레이저는 격자구조로부터 많은 특성을 나타낸다. 선폭(실제 0.1 ~ 0.2 nm)이 작아 장거리 광대역폭 전송의 이점이 있고 기존의 레이저 다이오드보다 온도에 대한 안정도도 우수하다. 격자는 굴절률을 변화시켜 온도 변화에 따라 변하는 출력 파장을 안정화시키며, 온도에 의해 발생되는 출력 파장 변이는 0.1 nm/°C로서 재래식 레이저 다이오드보다 3 ~ 5배 정도의 나은 성능을 가진다. DFB 레이저는 또한 기존의 것보다 우수한 선형 출력 특성을 가지므로, 찌그러짐을 줄이기 위해 고도의 선형성을 요구하는 아날로그 시스템에서 사용할 수 있다. 또한, 이 선형성은 여러 채널의 동시 전송을 위한 다중화시에 상호변조를 최소화할 수 있다. 이러한 이유로, DFB 레이저 다이오드를 다중화된 텔레비전 신호의 아날로그 변조에 성공적으로 사용하고 있다.

6.6.2 가변 레이저 다이오드

광파이버 광학이 발전할수록 광원의 다양성이 요구된다. 다양한 저손실 광파이버 영역 안의 모든 파장에서 동작하는 광원뿐만 아니라 특정한 파장에서 동작할 수 있도록 정밀하게 조정가능한 가변 광원도 필요하게 되었다. 최근의 이러한 요구는 제9장에서 상세하게 기술한 파장 분할 다중화(wavelength-division multiplexing: WDM)의 발전과 더불어 발생하였다. 이들 시스템에는 nm 단위로 분리되는 레이저가 필요하다.

DFB 레이저 다이오드는 온도를 변화시키거나 유도 전류를 변화시킴으로써 조정가능한데 앞 절에서 지적한 바와 같이, 온도에 관한 재료 굴절률의 종속성 때문에 섭씨 1도당 수십 nm의 출력 파장이 천이된다. 유도 전류도 비슷한 효과를 갖는다. 전류가 커질수록 다이오드의 열은 증대된다. 파장을 천이시키는 튜닝(tuning)은 10^{-2} nm/mA 정도이다. 이것은 가변성이 그리 크지 않은데, 예를 들어 10 mA가 변화하면 단지 0.1 nm의 파장이 천이한다.

좀더 우수한 가변 레이저는 그림 6.34에 도시한 바와 같이 DBF 레이저 다이오드를 변화시킨 **분포 브래그 반사**(distributed Bragg reflector: DBR) 레이저 다이오드를 이용함으로써 제작할 수 있다[9]. 이 소자에는 이득, 위상, 그리고 브래그 이렇게 세 영역이 있다. 브래그 반사와 위상 영역은 활성 이득 영역으로 분리된다. 브래그 영역은 DFB 레이저에서처럼 필터로서 동작한다. 분리된 전류는 그림에 도시한 바와 같이 각각의 영역으로 공급되고, 이득 전류 I_G는 활성 영역의 증폭을 결정하므로 출력 레이저의 전력 레벨을 결정하게 된다. 위상 전류 I_P는 브래그 반사 영역으로부터의 귀환을 조정하며, 전류 I_B는 브래그 영역에서 온도를 변화시킴으로써 브래그 파장을 조정한다. 열은 브래그 영역의 유효 굴절률을 변화시키고, 동작 파장을 변화시킨다. 식 (6.11)에 따라서, 동작 파장은 1차 함수 형태로서 다음과 같다.

$$\lambda_0 = 2n_{eff}\Lambda$$

여기서 λ_0는 방출된 광의 자유공간 파장이다.

가변 범위 $\Delta\lambda$는 유효 굴절률의 변화 Δn_{eff}에 비례할 것이고, 다음 식에 의해 근사적으로 주어진다.

$$\frac{\Delta\lambda}{\lambda} = \frac{\Delta n_{eff}}{n_{eff}}$$

예상되는 유효 굴절률 변화의 최대 범위는 1%이다. 이에 대한 가변 범위는 다음과 같다.

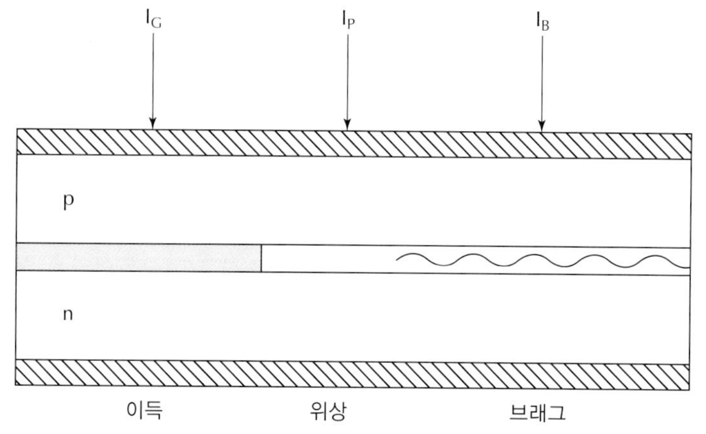

그림 6.34
가변 DBR 레이저 다이오드. 빗금 친 영역은 금속화된 층이다. 어두운 영역은 활성 영역을 나타낸다.

$$\Delta\lambda = 0.01\lambda$$

1550 nm에 근접한 반송파 파장의 경우에 가변 범위는 15 nm이다.

예제 6.3

위에서 계산한 15-nm에 걸쳐 수많은 파장에서 동작하는 몇 가지 레이저가 필요하다고 가정하자. 이들 광원은 단일모드 광파이버상에서 다중화되어 다중 신호 채널을 제공할 것이다. 만약 각 레이저의 스펙트럼 폭이 0.01 nm라면, 얼마나 많은 채널을 얻을 수 있는가?

풀이: 인접한 채널 사이에서의 누화를 최소화하기 위해서는 채널 간격이 반송주파수 폭의 10배만큼 적절하게 떨어져야 한다. 채널 수는 요구된 채널 간격으로 가변 범위를 나눈 값이 될 것이다. 이 경우에, $N = 15/0.01 = 150$채널이 된다.

6.7 광 증폭기

광파이버시스템은 궁극적으로 대역폭과 신호 감쇠에 의해 사용이 제한된다. 어느 경우에 해당되든지 디지털 시스템에서는 재생기(regenerator)를 경로 중에 삽입시켜 신호를 재생하고 펄스를 증폭한다. 이 과정에서 광 신호를 전기 신호로 바꾸고 검출하여 0과 1의 존재를 결정한 후 광원을 변조하여 펄스의 퍼짐과 찌그러짐이 제거된 충분한 출력을 갖는 원래의 광 신호를 재생한다. 재생기는 수백 km의 점 대 점 거리한계를 수천 km로 확산시키는 데 기여하였지만, 예를 들어 길이가 5000 km 이상 되는 대륙 간 광케이블은 재생기를 약 100여 개 설치하여야 하므로 재생기는 가치가 있는 반면 유지와 비용면에서 단점을 가진다.

광통신에서 아날로그 변조가 사용되면 상황은 더욱 좋지 않다. 즉, 디지털 시스템에서는 데이터 흐름이 단지 0과 1로 구성되었음을 알기 때문에 각 비트를 재구성할 수 있지만 아날로그 시스템에서는 신호가 무엇처럼 구성되었는지 알 수가 없으므로 재생이 불가능하다. 또한, 증폭과 재전송을 하기 위해 광 아날로그 신호를 전기 신호로 바꾸는 데는 가격도 비싸고 잡음도 있게 된다.

앞서의 문제점을 해결하기 위해 전기 신호로의 변환 없이 직접 광 신호를 증폭시키는 전광 증폭기(all-optical amplifier)의 필요성이 대두되었다. 이러한 광 증폭기는 신호 형태를 재구성하는 문제는 해결하지 못 하지만 전력제한 링크의 길이를 확장시킬 수 있다. 즉, 대역제한 시스템에는 도움이 안 되지만 전력제한 시스템에는 도움이 된다. 기존의 광파이버나 분산 천이 광파이버의 영 분산점 근처에서는 광파이버를 거의 대역폭 제한 없이 동작시킬 수 있기 때문에 대역폭은 신호의 감쇠에 비해 그리 큰 문제가 아니다. 더구나 데이터 흐름이 솔리톤 펄스로 이루어졌다면 어떤 펄스 퍼짐도 일어나지 않아 대역폭은 더 이상 제한받지 않는다. 광의 솔리톤 전송에 대해서는 3.2절에서 논의했었다. 1980년대 후반에 반도체 증폭기와 에르븀 첨가 광파이버(erbium-doped fiber amplifier: EDFA) 증폭기가 처음으로 개발되었다. 뒤이어 새롭게 향상된 라만 증폭기(Raman amplifier)와 에르븀 첨가 도파로 증폭기(erbium-doped waveguide amplifier)가 추가되었다. 이들 소자에 대한 설명과 그 응용은 다음과 같다.

6.7.1 반도체 광 증폭기

광 증폭기는 이미 논의한 레이저 원리로부터 이들이 갖는 매질(즉, 주입된 반도체 접합)에서 유도 방출을 이용하여 구성할 수 있다. 이들은 광 증폭기가 반사경 없이 동작하는 레이저, 즉 **진행파 레이저 증폭기**(travelling-wave laser amplifier)이거나 반사경은 있지만 임계값 아래에서 동작하는 공진 **파브리-페로**(Fabry-Perot) 레이저 **증폭기**라는 것이다[10]. 이러한 **반도체 광 증폭기**(semiconductor optical amplifier: SOA)들이 그림 6.35에 예시되어 있다. 이러한 구조들은 원칙적으로는 잘 동작하나 실제에서는 여러 문제점들로 인해 널리 쓰이지 못한다. 충분한 이득과 과다한 잡음이 없는 동작 특성을 갖도록 하는 것이 해결해야 할 문제이다. 또한, 반도체 증폭기의 이득이 편광 의존성을 갖는다는 것도 문제점이다. SOA는 1300-nm 범위에서 증폭하는 장점이 있는데, 이는 다음에 소개할 에르븀 첨가 광파이버 증폭기와 같은

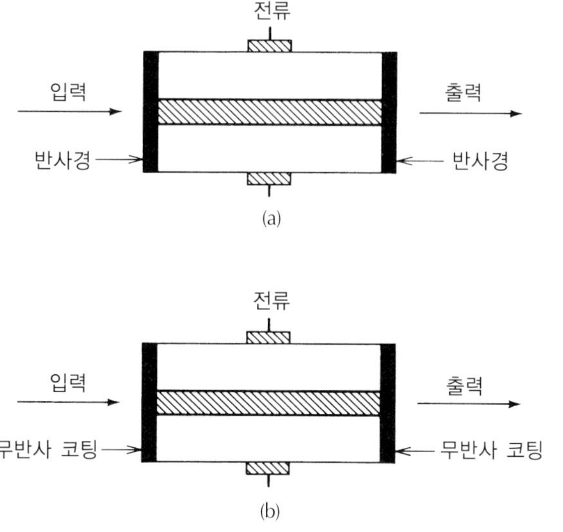

그림 6.35
반도체 광 증폭기 (a) 파브리-페로 증폭기 (b) 진행파 증폭기

여타의 증폭기로는 구현할 수 없다.

6.7.2 에르븀 첨가 광파이버 광 증폭기

에르븀 첨가 광파이버 증폭기(erbium-doped fiber amplifiber: EDFA)는 높은 이득, 파장 증폭, 넓은 대역폭 그리고 낮은 잡음 특성을 갖기 때문에 상당한 관심을 불러일으켰다[11]. 그림 6.36에 보여준 이 소자는 입사광을 증폭시키는 에르븀 첨가 실리카 광파이버로 이루어져 있다. 희귀 원소인 에르븀은 활성 물질이다. 실리카의 여러 흡수대 중 어느 하나에 에르븀을 주입하면 1.55 μm 근처에서 이득을 가진다. 그림 6.37은 에르븀 첨가 실리카 광파이버의 허용에너지 상태를 보여준다. 주입된 광자의 흡수로 인하여 상위 레이저 준위 W_2의 상태밀도가 결핍되어 준위 W_2로부터 준위 W_4로 원하지 않는 천이가 발생한다. 이 현상을 여기 상태 흡수(excited-state absorption)라 한다. 그것은 주입 파장과 불순물 농도를 적당히 조절하여 최소화시킬 수 있다. 가장 효과적인 주입대역은 980 nm와 1480 nm 부근이다.

그림 6.36에서 보는 바와 같이 신호광과 레이저 다이오드의 펌프광은 파장 결합 다중화기(combining wavelength multiplexer)에 의해 불순물 광파이버에서 결합한다. 이 소자는 파장 분할 다중화 시스템에 사용되는 일종의 파장 의존 방향성 결합기이다. 그 동작 특성은 제9장에서 설명한다. 펌프광이 에르븀원자에 흡수되면 에르븀원자가 여기 상태가 되어 밀도

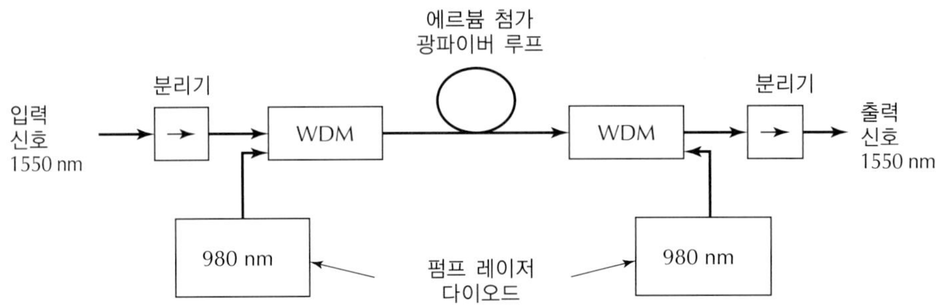

그림 6.36
에르븀 첨가 광파이버 증폭기. WDM: 파장 다중화기

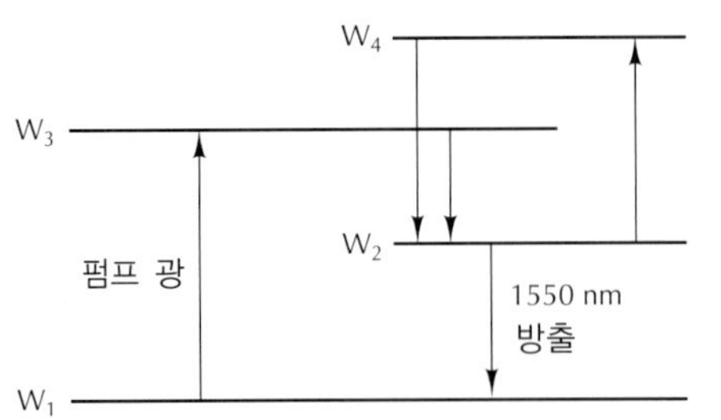

그림 6.37
에너지 상태와 천이가 가능한 에르븀 첨가 유리 광파이버

반전이 일어난다. 그 때, 1550 nm의 장파장 광자에 의해 여기된 에르븀원자가 유도 방출하여 신호가 증폭된다. 왼쪽으로부터의 신호광과 펌프광은 광파이버에서 함께 진행하며, 신호광은 계속적으로 증가되는 반면 펌프광은 계속 고갈된다. 2차 파장 다중화기와 그림에서 오른쪽에 있는 레이저 다이오드는 그 끝에서 에르븀원자를 여기하고, 소자의 전체 증폭을 추가하는 펌프광을 주입한다. 반사파 귀환을 감쇠하기 위해서는 분리기가 필요한데, 이 반사파도 증폭이 되며 레이저 형태의 발진을 일으킬 수도 있는데, 우리가 배웠던 바와 같이 발진은 증폭과 귀환의 조합이다.

1.55 μm 영역 근처의 증폭은 가장 낮은 손실을 갖는 파장에서 동작하는 시스템과 완전히 정합된다. 30 nm 이상의 동작대역폭을 달성할 수 있어 많은 파장 분할 다중화 채널을 동시에 증폭할 수 있도록 하며, 에르븀 첨가 광파이버 길이는 보통 수십 m이다. 그 최적의 길이는 이용할 수 있는 펌프 전력의 크기에 달려 있다. 펌프 전력은 광파이버를 진행함에 따라 줄어들어 궁극적으로 이득이 영이 되므로 주입된 광파이버는 증폭보다는 오히려 흡수한다. 따라서 두 번째 펌프 레이저가 증폭기의 가장 끝단에서 종종 사용된다. 펌프 전력의 순수 이득을 측정하면 mW당 5～10 dB 정도이다. 이 때문에 10 mW 이하의 펌프 전력으로 30 dB 이상의 전체 이득을 얻을 수 있다. 또한, EDFA는 자체가 광파이버이므로 광파이버 전송 라인에 쉽게 연결할 수 있다.

광과 모든 전기적 증폭기는 큰 입력에서 포화되는데, 이는 출력의 이득이 감소되는 것을 의미한다. EDFA의 포화 출력은 다이오드 펌프광에 따라 증가하나 출력 전력이 50 mW 이상이 될 때 나타난다.

6.7.3 에르븀 첨가 도파로 광 증폭기

제4장에서, 우리는 방향성 결합기, 분광기, 전광 스위치, 그리고 변조기와 같은 몇 가지 집적광학소자를 설명하였으며, 광 증폭기를 집적광학 형태로 제작할 수 있다. 이 경우에, 도파로에는 에르븀 원자가 불순물로 첨가된다. **에르븀 첨가 도파로 광 증폭기**(erbium-doped waveguide amplifier: EDWA)라고 하는 이 증폭기는 EDFA처럼 동작하며, 에르븀 첨가 도파로는 에르븀 첨가 광파이버로 쉽게 대치된다.

EDFA의 980 nm 또는 1480 nm를 반복해서, 펌프광은 그림 6.38(a)처럼 외부 파장 다중화기를 사용하여 신호광을 합칠 수 있다. 이것은 그림 6.36의 EDFA와 같다. 그리고 합쳐진 광들은 도파로에 결합된다. 또 다른 대안으로서 다중화기는 증폭기로서 동일한 유전체 기판상에 집적될 수 있는데, 이를 그림 6.38(b)에 도시하였다. 집적화는 보다 단순하고 보다 경제적이며, 크기를 줄이고, 삽입 손실을 감소시키며, 설계의 융통성을 증가시킨다. 예로서 펌프 광원을 나누어 갖는 다중증폭기가 그림 6.38(c)에 도시한 것처럼 단일 칩 위에 집적이

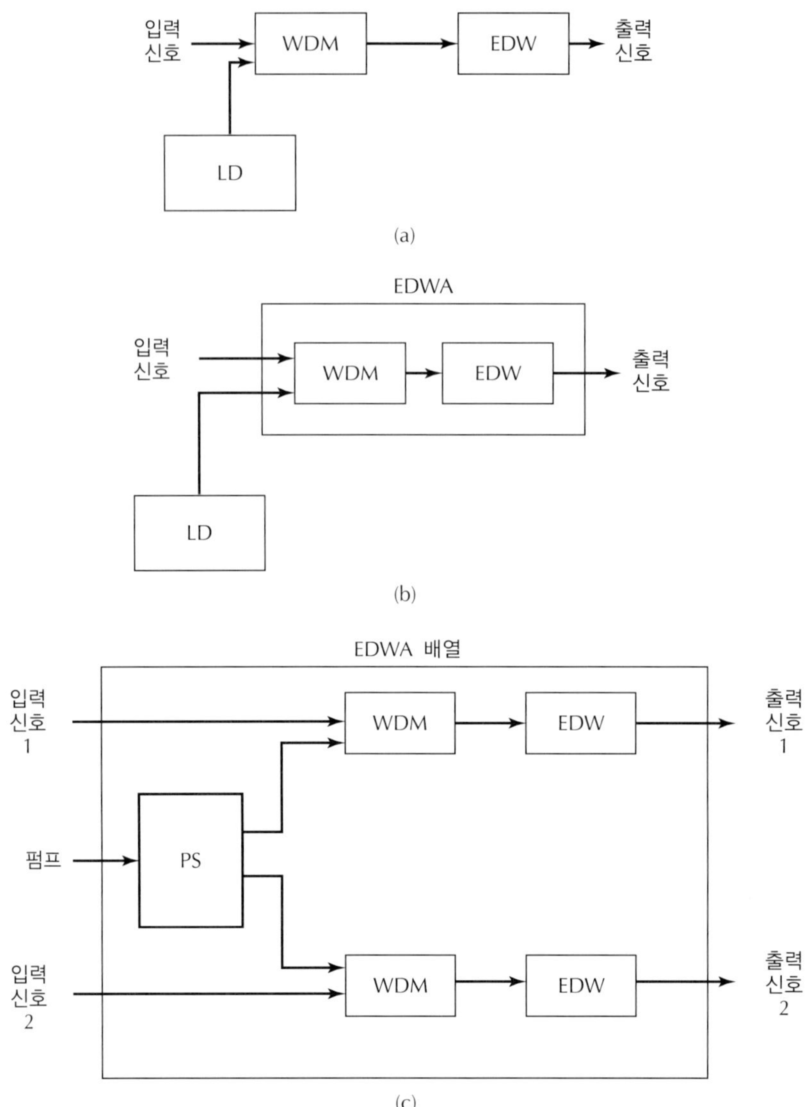

그림 6.38
에르븀 첨가 도파로 증폭기. LD: 펌프 레이저 다이오드, WDM: 파장 다중화기, EDW: 에르븀 첨가 도파로, PS: 전력 분광기. (a) 외부로 펌프된 증폭기, (b) 통합된 펌프 증폭기, 그리고 (c) 통합된 펌프를 갖는 증폭기 배열.

가능하다. 이러한 다중증폭기 정렬이 바로 **EDWA 배열**이다. 집적 증폭기 배열은 흔히 4개, 8개 또는 그 이상의 증폭기를 포함한다.

초과된 펌프광을 제거하기 위한 필터 또한 증폭기 칩 위에 집적할 수 있는데 칩상에서 증폭단 뒤에 놓인다. 전형적으로 EDWA는 C-밴드에서 동작하며 약 20 dB의 이득을 갖는다.

6.7.4 라만 증폭기

EDFA는 1530 nm에서 1565 nm 범위의 C-밴드에서 상당한 증폭을 제공하는데, 여기서 광파이버의 감쇠는 최소가 되며 1565 nm에서 1625 nm 범위의 L-밴드에서도 증폭을 위해 잘 설계될 수 있다. **유도 라만산란**(stimulated Raman scattering)을 이용한 증폭기가 다른 대역의 응용을 위해서 개발되고 있다.

라만산란은 광음향양자(optical phonon)에 의한 광자의 산란이며, 광음향양자는 수정 또는 미립자의 진동이다. 이 산란은 비탄력적이며 광자가 에너지를 잃고 그 주파수가 하향천이하는 결과를 초래한다. 하향천이는 **스토크 천이**(Stokes shift)라고 한다. 실리카 광파이버에서 하향천이의 총 양은 약 13.2 THz이다. 라만산란은 의도하는 전송 파장으로부터 에너지가 천이될 때 광파의 감쇠를 나타낸다. 이것은 큰 효과는 아니므로 제5장에서 언급하지 않았다. 이 효과의 양자 도해는 그림 6.39에 있다. 들어오는 광자가 광음향양자와 상호작용하면, 미립자 에너지를 그림에 보인 바와 같이 가상 에너지 상태 W_3로 상승시킨다. 에너지가 $W_{32} = W_3 - W_2$인 광자를 방출하는 동안 미립자는 동시에 에너지 레벨 W_2로 감소한다. 이것은 에너지가 $W_{21} = W_2 - W_1$인 광음향양자, 즉 진동을 남긴다. 미립자의 공진 진동주파수는 다음과 같다.

$$f(phonon) = (W_2 - W_1)/h$$

이 주파수가 입력 주파수와 함께 가상 상태의 에너지 레벨을 결정한다. 위에서 언급한 바

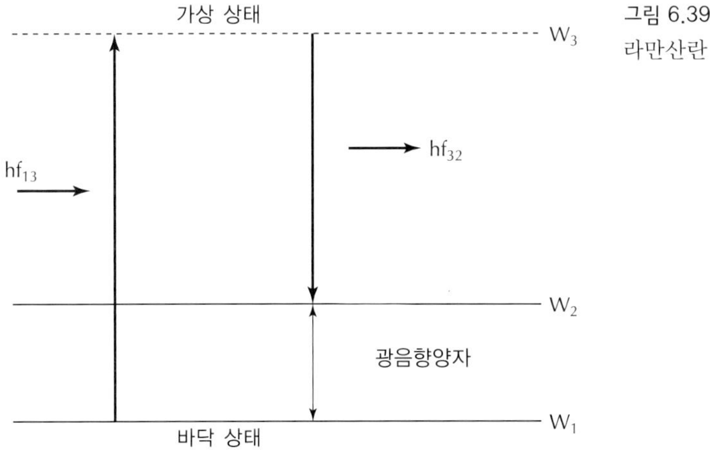

그림 6.39 라만산란

와 같이, 실리카 광파이버의 경우에 공진주파수는 약 13.2 THz이며 산란파의 주파수는 다음과 같다.

$$f(output) = f(input) - f(phonon)$$

예제 6.4

입력 파장이 1450 nm이고 라만천이가 13.2 THz로 주어졌을 때, 산란광파의 파장은 얼마인가? 파장 천이의 총 양은 얼마인가?

풀이: 가장 가까운 방정식으로부터, 다음을 알 수 있다.

$$\frac{c}{\lambda_{out}} = \frac{c}{\lambda_{in}} - 13.2 \times 10^{12}$$

$\lambda_{in} = 1450$ nm를 대입하면 출력 파장은 1594 nm이다. 그러므로 라만천이는 99 nm 증가한다. 이것은 1500 nm 범위에서의 전형적인 라만산란이다.

라만산란은 정확히 13.2 THz뿐만 아니라 약 6 THz의 대역폭 범위를 갖는다. 그림 6.39에서 양자-기계 모델(quantum-mechanical model)에 이 정보를 포함하기 위해서, 이산 라인으로서보다는 밴드로서 레벨 W_2를 그릴 수 있다.

유도 라만산란은 두 개의 빔이 준비되었을 때 발생하는데 하나는 우리가 펌프라고 부를 수 있고, 다른 하나는 신호라고 할 수 있다. 펌프는 그림 6.40에 제안한 방법으로 신호의 증

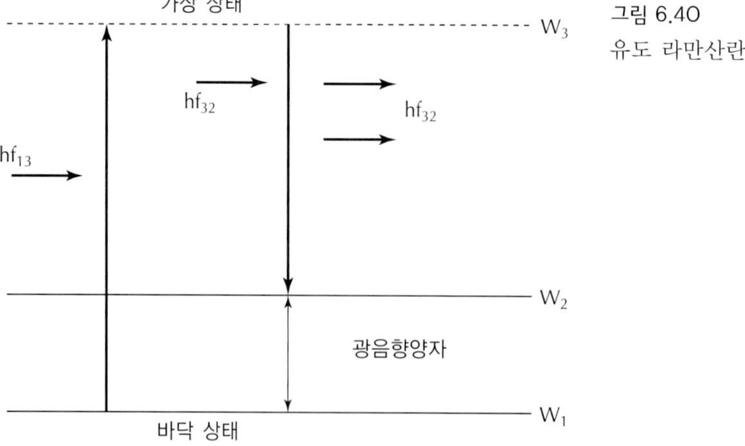

그림 6.40
유도 라만산란

폭을 위한 전력을 제공한다. 펌프주파수는 f_{13}이고 신호주파수는 f_{32}이다. 펌프광은 가상 상태 W_3에 대하여 미립자를 발생시킨다. 신호광은 그 자신과 그 주파수 및 위상이 같은 광자를 방출하기 위해 여기된 미립자를 유도하며 증폭은 이와 같은 방법을 취한다. 이것은 본 장의 앞에서 다루었던 유도 방출과 매우 유사하다. 한 가지 큰 차이점은 라만 증폭의 경우에 밀도 반전이 필요하지 않다는 것인데, 그 이유는 미립자가 신호광을 흡수할 수 없기 때문이다. 두 번째 차이점으로, 증폭이 가능한 파장은 유리 미립자의 진동주파수와 펌프광의 파장에 의해 결정된다는 것이다. 그러므로 적절한 펌프 광원만 가능하다면 원하는 어떠한 파장에서도 동작하도록 증폭기를 설계하는 것이 가능하다. 라만 증폭기는, EDFA로는 적절하지 않은 1460 nm부터 1530 nm의 S-밴드에서 특히 유용할 뿐만 아니라 C-밴드와 L-밴드에서 또한 사용이 가능하다.

라만 증폭기를 그림 6.41에 도시하였다. EDFA와 유사함을 주목하라. 라만 증폭기는 신호광과 펌프광이 서로 반대 방향으로 진행하는, 즉 역펌핑(counter-pumping) 같은 방법으로 펌프된다. 펌프광의 감쇠가 매우 작기 때문에, 광파이버를 따라 수 킬로미터에 이르는 장거리로 전송된다. 역펌핑은 펌프광을 수신기에 도달할 때까지 유지함으로써 원하는 신호의 수신을 방해할 수 있다.

앞에서 다루었던 많은 예제에서, 1450 nm의 펌프 파장이 1549 nm의 신호 파장을 증폭하였다. 증폭기 대역폭은 약 6 THz이며 이것은 앞선 몇 개의 문단에서 언급한 산란대역폭으로서 45 nm의 증폭 범위로 변환된다. 30 dB의 소신호 이득을 갖는 라만 증폭기도 구현이 가능하다.

라만 증폭기의 장점은 증폭대역폭이 다중 펌프 광원을 사용함으로써 증가될 수 있다는 것이다. 이것을 그림 6.42에 두 개의 다른 펌프주파수 f_{P1}과 f_{P2}에 대하여 도시하였다. 전체 이득은 두 펌프주파수 차에 의한 옵셋(offset)이 그 피크값이 되는 두 이득 곡선의 합이다. 이러한 원리는 두 개 이상의 펌프 광원으로 확장될 수 있어, 예를 들어 1500 nm에서 1600 nm에 이르는 100 nm 이상의 밴드에 걸쳐 동작하는 광대역 증폭기를 제작할 수 있게 한다. 이러한 구상을 그림 6.43에 도시하였다.

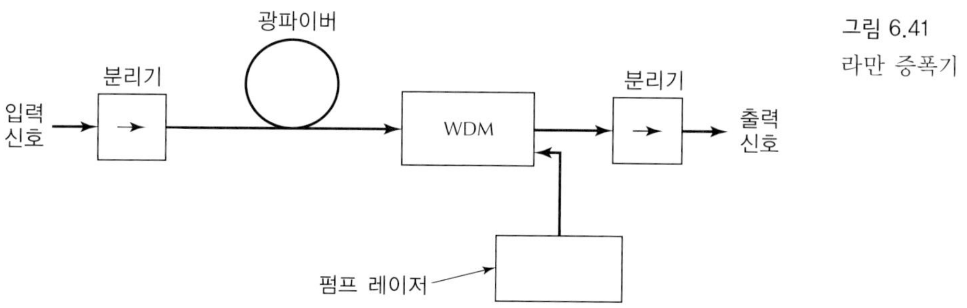

그림 6.41
라만 증폭기

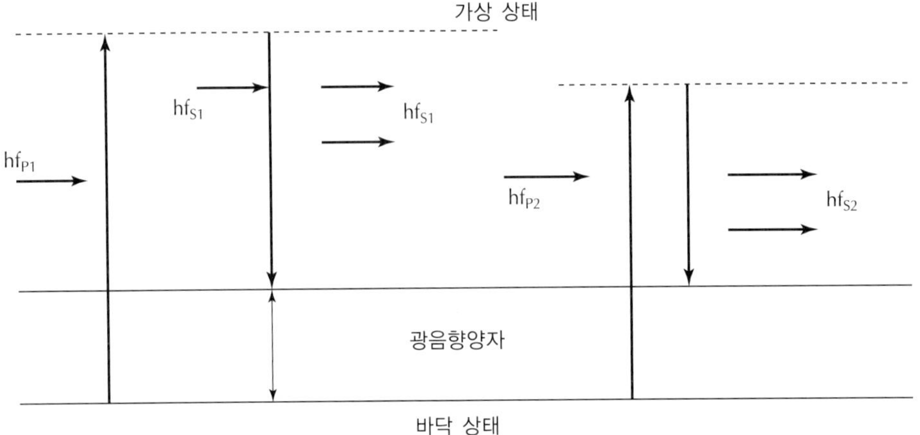

그림 6.42
다중 유도 라만산란

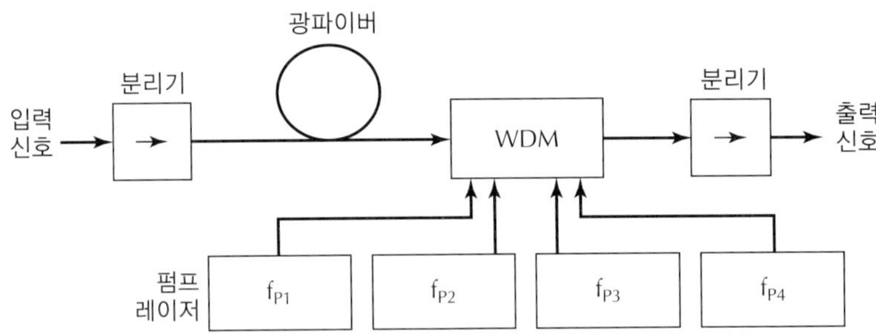

그림 6.43
광대역 라만 증폭기

6.7.5 잡음지수

잡음지수(noise figure) F는 증폭기의 잡음을 측정하는 방법으로서, 출력 신호 대 잡음비에 대한 입력 신호 대 잡음비로 다음과 같다.

$$F = \frac{(S/N)_{\text{in}}}{(S/N)_{\text{out}}} \tag{6.12}$$

이것은 증폭으로 인한 신호의 품질저하를 나타내며, 증폭은 신호 전력을 사용가능한 레벨까지 증가시키지만 정보의 저하를 가져온다. 잡음지수는 종종 다음과 같이 데시벨로 표현하기도 한다.

$$F_{dB} = \log_{10} F$$

광뿐만 아니라 전기적인 모든 증폭기에서 잡음지수 F는 $F_{dB} > 0$인 경우에 1 dB보다 크고 이것은 신호의 품질을 저하시킨다. 이러한 열화에도 불구하고 광 증폭기는 수신기가 검파 후에 신호를 전기적으로 증폭시키는 시스템에 비하여 성능을 향상시킨다. 반도체 레이저 증폭기는 보통 8 dB 이상의 잡음지수를 가지며 에르븀 첨가 광파이버는 약 6 dB, 에르븀 첨가 도파로 증폭기는 5 dB 이하의 잡음지수를, 또 우수한 라만 증폭기는 4.5 dB 이하의 잡음지수를 갖는다.

예제 6.5

광 증폭기가 3.3 dB의 잡음지수를 갖는다. 그리고, 입력 신호가 50 dB의 신호 대 잡음비를 갖는다. 출력 신호 대 잡음비를 계산하라.

풀이: dB을 비율로 바꾸면 입력 S/N은 10^5이 되며 잡음지수는 2.089이다. 따라서, 출력에서 $(S/N)_{\text{out}} = 10^5/2.089 = 0.4786 \times 10^5$이다. 다시 dB로 환원하면 출력 신호 대 잡음비는 46.8 dB이다.

마지막 예에서 모든 양을 dB로 유지하면 출력 신호 대 잡음비는 입력 신호 대 잡음비에서 증폭기의 잡음지수를 뺀 값으로 일반화된다. 이를 식으로 나타내면

$$(S/N)_{\text{out,dB}} = (S/N)_{\text{in,dB}} - F_{\text{dB}} \tag{6.13}$$

이다. 우리는 제11장에서 광파이버시스템의 잡음에 관해 포괄적으로 다룰 것이다.

6.7.6 광 증폭기 응용분야

광파이버 시스템에는 광 증폭기가 유용하게 사용될 수 있는 수많은 곳들이 존재한다. 적용되는 곳에 따라 론치 증폭기(launch amplifiers), 인라인 증폭기(inline amplifiers), 또는 전치 증폭기(preamplifiers)로 불릴 수 있는데 이것들은 그림 6.44에 나타내었다. 인라인 증폭기는 송신기와 수신기로부터 적당히 떨어진 곳에 위치된다. 이것은 보다 멀리 전송하기에 앞서 약한 신호 전력을 끌어올린다. 론치 증폭기는 송신기의 광원 바로 뒤에 위치하여 신호 전력을 초기에 끌어올린다. 이러한 설계는 송신기와 첫 번째 인라인 증폭기 사이에 보다 큰 간격을 유지하게 한다. 여기서 장점은 송신기가 보통 편리한 곳에 위치하게 되어 유지보수 및 교체가 쉽다는 것이다. 인라인 증폭기는 종종 접근하기 열악한 곳에 위치하므로 적을수

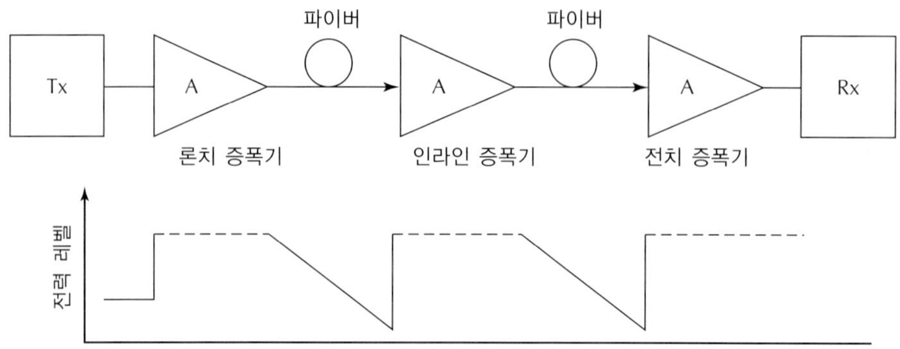

그림 6.44
광 증폭기의 응용. Tx: 송신기, Rx: 수신기, A: 광 증폭기

록 좋다. 수신기에서 전치증폭기는 광 검출하기 전에 광 신호 레벨을 증가시켜 시스템의 잡음 성능을 향상시킨다.

마지막으로, EDWA 배열은 하나의 단일 집적광학 칩 위에서 몇 개의 모든 채널을 동시에 증폭할 수 있다. 이러한 소자는, 예를 들면, 케이블-텔레비전 분산 네트워크 응용분야 같은 곳에서 매우 유용할 것이다.

6.8 파이버 레이저

레이저 다이오드와 발광 다이오드는 그 광 출력을 효과적으로 광파이버로 결합시키지 못한다. 이 결합 효율은 제8장에서 자세히 다룰 것이다. 이 문제는 광파이버와 반도체 광원들의 구조가 다르기 때문에 발생한다. 단면방출 레이저 다이오드의 방출 영역은 비대칭 도파로 형태이다. 그러나, 파이버는 대칭 원형 구조로 되어 있다. 더욱이, 그 광원의 방사 패턴은 전송가능한 파이버의 단일모드 패턴과 정합되지 않는다. 만일 레이저가 파이버 그 자체의 모드 패턴을 생성한다면, 그 결합은 더욱 효과적일 수 있다.

앞 절에서 언급하였듯이, 파이버 증폭기들이 이용될 수 있다. 레이저는 귀환 증폭기로 구성할 수 있기 때문에 파이버 레이저 또한 제작이 가능하다. 그림 6.45에 그와 같은 파이버 레이저가 도시되어 있다. 주입되는 소스는 레이저 다이오드로부터 공급되고, 그 출력은 거울 M_1을 통하여 불순물 활성 파이버로 투과된다. 비록, 이 거울이 λ_L의 레이저 파장에 대하여 높은 반사 특성을 나타내지만 주입된 파장 λ_P에서는 높은 투과 특성을 갖는다. 보여준 이 구조는 HeNe 레이저나 주입 영역, 증폭 영역, 그리고 귀환 영역으로 구성된 파브

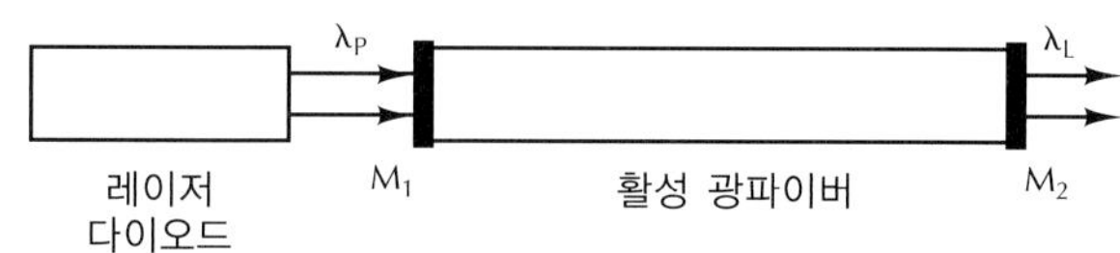

그림 6.45
파브리-페로 광파이버 레이저. 거울 M_2가 레이저 파장 λ_L을 부분적으로 투과시키는 반면에, 거울 M_1은 펌프 파장 λ_P를 투과시키고 λ_L은 반사시킨다.

리-페로 공진기 형태의 레이저 다이오드와 유사하다.

파브리-페로 구조와 다른 형태가 또한 파이버 레이저에 이용되기 위하여 개발되고 있다[12]. 반사경으로서 브래그 격자를 사용하는 에르븀 첨가 레이저가 그림 6.46에 있다. 제9장에서 설명한 바와 같이, 브래그 격자 반사기는 광파이버 그 자체로 특별히 준비되며 에르븀 첨가 광파이버 증폭 영역과 호환가능하다.

광파이버 레이저에서 활성 증폭 파이버를 제작하기 위한 재료로는 1.55 μm 영역의 에르븀 첨가 실리카나 1.35 μm 영역의 Nd:YAG 불순물 파이버가 적합하다[13]. 게다가, 라만 광파이버 증폭기는 레이저 발진을 생성하기에 필요한 이득을 제공하고 고출력 라만 레이저는 라만 증폭기와 에르븀 첨가 광파이버 증폭기의 펌프 광원으로서 사용하며, 1200 nm에서 1600 nm에 이르는 범위의 파장 방출이 가능하다.

코어 직경을 충분히 작게 선택하면 파이버 레이저는 일반적인 단일모드 파이버처럼 단일 횡방향 모드에서 동작하도록 설계할 수 있다. 그러므로, 광파이버 레이저 광원으로부터 전송을 위한 단일모드 파이버와의 결합은 쉽고 매우 효과적이다. 이 두 광파이버는 쉽게 서로 결합시킬 수 있으나, 만일 파이버 레이저를 광원으로 사용한다면 그 변조는 외부에서 하는 것이 가장 좋다. 4.6절에서 언급하였듯이 이것은 낮은 변조율에서는 이점이 없으나 높은 변조율에서는 이점이 있다.

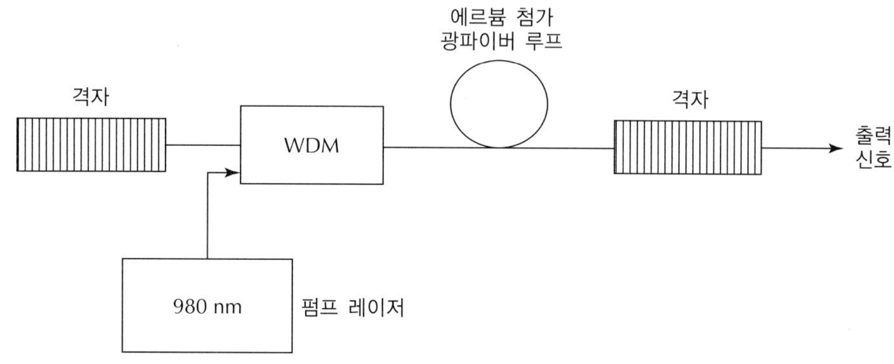

그림 6.46
에르븀 첨가 광파이버 레이저. WDM: 파장 다중화기. 격자는 레이저 출력 파장에서 부분 거울로 동작한다.

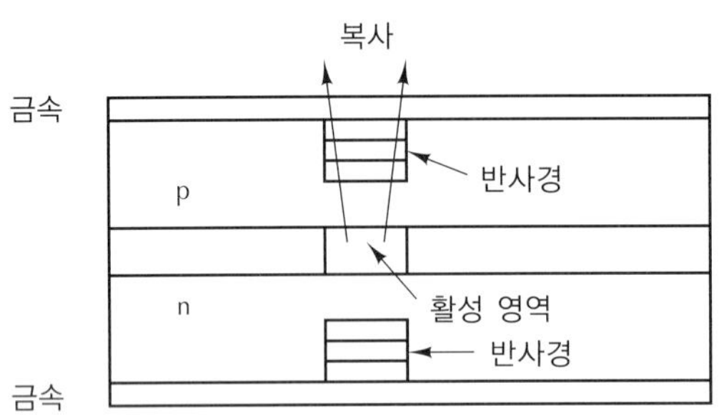

그림 6.47
수직 공진 표면방출 레이저. 반사경은 높은 반사를 얻기 위하여 높고 낮은 굴절률의 유전체를 서로 엇갈려 쌓아 제작한다. 위쪽 반사경은 레이저 출력파장을 부분적으로 투과시킨다.

6.9 수직 공진 표면방출 레이저 다이오드

단면방출 레이저 다이오드가 출현한 지 수십 년 후, **수직 공진 표면방출 레이저**(vertical-cavity surface-emitting laser: VCSEL)가 1990년대에 개발되었다[14]. 그림 6.47에 도시되어 있듯이 이 다이오드는 광이 측면이 아니라 표면을 통하여 방출된다. 이 구조는 여러 특이한 특성을 나타내는데, 그 하나가 파이버와 같은 모양의 원형 빔 패턴으로서 결합 효율을 향상시킨다. 이 구조 때문에 레이저 다이오드는 집적 2차원 배열로 구성할 수 있다. 이와 같은 배열은 파이버 광 네트워크 연결에 유용하며, 다른 통신시스템에 적용할 수 있다. VCSEL은 짧은 공진길이를 갖는데 이것은 응답시간을 감소시키는 경향이 있다. 결론적으로 VCSEL은 초고속으로 변조를 수행할 수 있다.

가시광선 영역에서 동작하는 VCSEL은 플라스틱 파이버시스템을 위한 좋은 광원으로 권장되고[15], 종종 850 nm에서 동작하는 데이터콤 랜 네트워크(datacom LAN networks)에서 광원으로 선택된다. 응용분야로는 고속 기가비트 이더넷(high-speed Gigabit Ethernet)이 있다. 이들 850 nm VCSEL은 10 Gb/s 이상에서 잘 동작할 수 있으며, 단면방출 레이저 다이오드에 비하여 저가격이고 고효율인 특징은 LAN과 같이 많은 수의 전송기를 필요로 하는 응용분야에서 매력적이다. 1300 nm와 1550 nm 사이의 영역에서 방출하는 보다 긴 파장 VCSEL은 고용량 점 대 점 광파이버 시스템을 위해 고려될 수 있지만, 반드시 시장에서 그 위치가 확립된 기존의 레이저 다이오드와 비교되어야 할 것이다.

6.10 요약 및 고찰

초보적인 설계를 돕기 위한 대표적인 반도체 광원의 특성이 표 6.2에 있다. 현재 시점에서 반송파의 파장, 광파이버 종류, 광원 등을 선택하는 데 필요한 충분한 정보가 포함되어 있다. LED는 광 스펙트럼 영역은 다르지만 다중모드 SI 광파이버나 다중모드 GRIN 광파

표 6.2 다이오드 광원의 일반적 특성

특성	LED	레이저 다이오드	단일모드 레이저 다이오드
스펙트럼 폭 (nm)	20–100	1–5	<0.2
상승시간 (ns)	2–250	0.1–1	0.05–1
변조대역폭 (MHz)	<300	2000	6000
결합효율[a]	Very low	Moderate	High
적합한 광파이버	Multimode SI[b] Multimode GRIN[c]	Multimode GRIN Single-mode	Single-mode
온도반응성	Low	High	High
회로복잡성	Simple	Complex	Complex
수명시간 (hr)	10^5	10^4–10^5	10^4–10^5
비용	Low	High	Highest
주 사용 분야	Moderate paths Moderate data rates	Long paths High data rates	Very long paths Very high rates

[a] 결합 효율은 렌즈를 사용하여 향상시킬 수 있다.
[b] 800–900-nm 시스템.
[c] 1300–nm 시스템.

이버에 효과적으로 사용할 수 있으며, SI 광파이버에서는 모드가 찌그러짐이 우세하므로 LED의 스펙트럼 폭으로 인한 재료 분산은 무시된다. 따라서 레이저 다이오드를 써서 재료 분산을 줄이려는 것은 목적에 부합되지 않는다. 이러한 이유 때문에 보통 다중모드 SI 링크용으로 LED를 선택한다. 다중모드 SI 광파이버와 LED 광원을 사용한 시스템은 제1전송 영역인 0.8 ~ 0.9 μm에서 사용한다. 이 영역에서 부품 가격들이 싸기 때문이다. 제1전송 영역에서 복사하는 LED의 경우 재료 분산이 모드 간 찌그러짐보다 큰 펄스 퍼짐을 일으키므로 GRIN 광파이버 링크에서 최적이 아니다. 그러므로, 이들 광원과 결합시 GRIN 광파이버의 장점을 대부분 잃게 된다. 그러나, LED 광원이라 하더라도 1.3 μm 부근의 제2전송 영역에서는 재료 분산이 최소가 된다. 장파장에서 동작하는 LD와 GRIN 광파이버를 결합하여 상당히 긴 거리의 고속 데이터 전송용 시스템을 만들 수 있다.

레이저 다이오드의 경우, 초기 가격이 높고 회로의 복잡성이 부가되므로 필요한 경우만 사용한다. 장거리 고용량 시스템에서는 레이저 다이오드는 다중모드 GRIN 광파이버나 단일모드 광파이버와 효과적으로 결합이 가능하다. 이들 시스템들은 제1 혹은 제2전송 영역에서 운용할 수 있으며, 제2전송 영역은 손실이 더욱 작아서 장거리 전송에 적합하다.

가장 큰 데이터율-길이 곱은 다이오드를 단일모드 광파이버와 정합시켜 저손실, 그리고 1530 nm에서 1625 nm에 이르는 C 또는 L 밴드와 같이 보다 긴 장파장 영역에서 동작시킬 때 가능하다.

광 증폭기는 광파이버 링크의 범위를 증가시키는데, 실제적인 소자들로는 반도체 광 증폭기, 에르븀 첨가 광파이버 증폭기, 에르븀 첨가 도파로 증폭기, 그리고 라만 증폭기가 있다.

문제

6.1 커패시터가 저항과 직렬 연결된 회로를 그림 6.48과 같이 고려하자. 입력으로 1 V 계단 전압을 가할 때 커패시터 전압을 계산하고 도시하라. R과 C를 사용하여 이 전압의 10～90% 상승시간을 계산하라.

6.2 문제 6.1의 회로에 대한 입력 $v_{in} = \cos \omega t$라 하자. 커패시터에 걸린 전압을 계산 후 ω에 대해 도시하라. 회로의 3-dB 대역폭 $f_{3\text{-dB}} = 0.35/t_r$임을 보여라. 여기서, t_r은 10～90% 상승시간이다.

6.3 저항 R에 흐르는 광 검출 전류는 광 출력에 비례한다. dB로 표시된 광 출력 변화가 dB로 표시된 전기적 전력 변화의 반과 같음을 보여라.

6.4 LED의 광 출력은 식 (6.7)에 의거하여 변조주파수에 따라 변하다고 가정하자. 3-dB 광대역폭과 검파된 전기적 대역폭의 관계식이 $f_{3\text{-dB}}$(광) $= 1.73 f_{3\text{-dB}}$(전기)이 됨을 증명하라.

6.5 LED의 전류 대 광 출력 관계식이 $P = 0.02 \times i$로 주어진다. 최대 허용전력은 10 mW이다. 그 LED에는 dc 바이어스 전류와 1-MHz의 ac 전류가 공급되고 있다.

(a) 다이오드의 전달 특성인 광 출력-전류 곡선을 그려라.

(b) 최대 신호 전력이 2 mW이고, 최대 전체 전력은 10 mW이다. 전체 피크 전류, dc 바이어스 전류, 평균 광 출력, 변조지수(최대 신호 전력/평균 전력)를 계산하라.

(c) 변조지수 100%일 때 (b)를 반복하라(피크 신호 전류는 더 이상 2 mW가 아니다).

(d) dc 전류가 50 mA, 최대 ac 전류가 75 mA이다. ac 신호의 2주기 동안 출력 전력을 도시하라.

6.6 LED의 양 단자에 2 V를 가할 때, 100 mA가 흘러서 2 mW의 광 출력이 나왔다. 전기

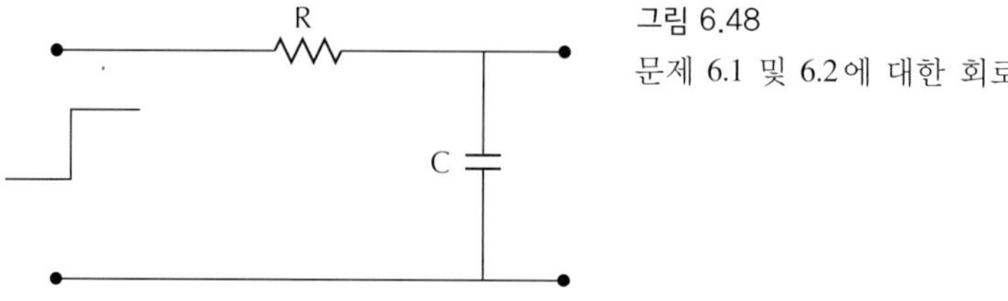

그림 6.48
문제 6.1 및 6.2에 대한 회로

에서 광으로 바뀌는 LED의 변환 효율은 얼마인가?

6.7 LED가 100 MHz의 3-dB 전기적 대역폭을 가지는데, 전적으로 캐리어의 수명시간에 의해 결정된다고 하자. 그 캐리어 수명을 계산하라. 그림 6.8처럼 0 ~ 500 MHz에 대한 다이오드의 정규화 주파수 응답을 그려라.

6.8 GaAs의 금지대역 에너지를 주울로 나타내라.

6.9 레이저 다이오드가 10 mA의 임계전류와 2 mW/mA의 입력 전류 대 광 출력 기울기를 갖는다. mA 단위의 전체 다이오드 전류는 $i = 20 + \sin \omega t$이다.

(a) 출력 전력에 대한 식을 쓰고 도시하라.

(b) 전류가 $i = 10 + \sin \omega t$일 때 출력 전력 파장을 도시하라.

6.10 레이저 다이오드와 발광 다이오드의 상대적 장단점을 비교하라.

6.11 람베르트 광원에서 복사 패턴의 출력이 1/4이 되는 지점의 전체 빔폭은 얼마인가?

6.12 GaAs 레이저 다이오드가 1.5 nm의 이득 선폭과 0.5 mm의 공동길이를 갖는다. 가능한 한 상세하게 출력 스펙트럼을 도시하라(예: 방출 파장과 모드 수).

6.13 에르븀 첨가 광섬유 증폭기의 잡음지수는 6, 이득은 100이다. 입력 신호는 30 dB의 신호 대 잡음비를 가지며 신호 전력은 10 μW이다. 증폭기 출력에서 dB 단위의 신호 대 잡음비와 dBm 단위의 신호 전력을 계산하라.

6.14 에르븀 증폭기는 약 20 nm의 대역폭(1530 ~ 1550 nm)으로 동작할 수 있다. 다중화기에서 몇 개의 10 GHz 채널이 이 범위에서 동시에 증폭되겠는가?

6.15 에르븀 증폭기의 포화 전력이 20 mW이고, 이득은 펌프 전력의 mW당 5 dB이다. 펌프 전력을 5 mW로 고정하면 이 증폭기가 포화에 들어가지 않고 증폭할 수 있는 최대 입력 전력은 얼마인가?

6.16 그림 6.25를 사용하여 온도의 함수로 임계전류를 도시하라. 도시된 결과로부터 1°C 온도 상승에 대한 임계전류 변화를 결정하라.

6.17 레이저 다이오드의 방출 파장은 0.5 nm/°C의 온도 특성을 갖는다. 천이가 없는 방출 파장은 1310 nm, 광섬유 영 분산 파장은 1300 nm로 하자. 레이저의 선폭은 1.5 nm이고, 10°C의 온도 변화는 출력 파장을 증가시킨다. 이 온도의 증가로 인한 광섬유의 3-dB 광 대역폭 감소를 계산하라. 단, 재료 분산만이 중요하다고 가정한다.

6.18 0.5 nm/°C의 온도 유도 방출 천이를 약 1 μm의 파장에서 GHz/°C 단위를 갖는 등가천이로 변환하라.

6.19 1300 nm에서 동작하는 InGaAsP DBF 레이저 다이오드에 대한 격자 간격을 계산하라. 그리고, 1차와 2차 회절에 대한 결과도 계산하라.

6.20 LED 광원에 대하여 0.5와 2 eV 사이의 금지대역 에너지의 함수로서 방출 파장을 μm 단위로 그려라.

6.21 파장 1.3 μm에서 50 mA의 구동 전류에 의하여 2 mW의 광 전력을 방출하는 LED가 있다. 그 광자를 생산하기 위한 주입 전하의 비율을 계산하라.

6.22 LED에서 상승시간의 함수로 MHz 단위의 전기적 3-dB 주파수를 그려라. 1 ~ 250 ns 범위의 상승시간을 포함하여 그려라.

6.23 다중모드 레이저 다이오드의 스펙트럼이 그림 6.26에 나타나 있다. 근접한 모드들 사이의 주파수 간격을 계산하라. 중심 파장은 1.3 μm이다.

6.24 수많은 DBR 레이저가 사용가능하다. 우리는 C 밴드의 어느 곳에서도 사용가능한 광원을 갖고자 한다. 브래그 영역을 가열함으로써 0.8퍼센트의 영역에 걸쳐 유효 굴절률이 가변가능하다고 가정하자. 우리가 구입하는 데 필요한 서로 다른 중심 파장을 갖는 레이저는 몇 개인가?

6.25 서로 다른 파장에서 방출하는 광원은 다중 정보 채널을 제공하며 단일 광파이버 속에서 다중화될 수 있다. 각각의 레이저 광원에 대하여 0.02 nm의 스펙트럼 폭을 가지며 누화를 피하기 위하여 0.05 nm의 채널 간격을 갖는다고 가정할 때, 얼마나 많은 채널이 C 밴드에 적용될 수 있는가?

6.26 에르븀 첨가 광파이버는 1550 nm에서 증폭하고 980 nm에서 펌프된다. 하나의 1550 nm 광자를 생성시키기 위해 하나의 980 nm 광자를 취한다는 사실 때문에 발생하는 에너지 손실만이 존재한다고 가정할 때의 증폭기 효율을 계산하라.

6.27 그림 6.36에서 EDFA의 경우에 파장 다중화기는 펌프 전력과 신호 전력을 결합하는 3-포트 소자이다. 이들 다중화기의 이상적인 입출력 특성을 스케치하라.

6.28 980 nm에서 단일 광원을 사용하며 8개의 분리된 신호의 증폭을 제공하는 EDWA 배열을 그려라.

6.29 라만산란은 약 13.2 THz에서 광주파수를 하향천이시킨 결과이다. 만약 입력 파장이 1450 nm라고 가정할 때, 입력 주파수와 하향천이 주파수 모두를 계산하라.

6.30 6.7절에 언급한 바와 같이, 단일 펌프를 갖는 라만 증폭기는 약 6 THz의 대역폭을 갖는다. 광대역 라만 증폭기를 그림 6.43에 나타내었다. 전체 S-밴드, C-밴드, 그리고 L-밴드에 걸쳐 동작하는 광대역 라만 증폭기를 그려라. 요구되는 각각의 펌프 레이저의

중심 파장을 계산하라.

6.31 어떤 레이저 다이오드가 0.5 mW의 전력을 광파이버에 주입한다. 론치 증폭기의 이득은 25 dB이다. 뒤따르는 광파이버는 길이가 100 km이고 손실은 0.25 dB/km이다. 이 뒤에는 론치 증폭기로부터 전력 레벨을 가져오기에 충분한 이득을 갖는 인라인 증폭기가 따른다. 이어지는 광파이버는 첫 번째 부분과 같으며 길이는 150 km이다. 다음의 전치증폭기는 첫 번째 광파이버로 들어가는 전력 레벨을 0.5 mW로 끌어올린다. 전치증폭기의 이득은 얼마인가? 광파이버 시스템을 따라 위치의 함수로서 신호 전력 레벨을 dBm로 그려라.

6.32 광파이버 시스템에 현재 적절히 사용되고 있고 또 앞으로 사용될 많은 특정 광원들을 구할 수 있을 만큼 구해서 표를 작성하라. 표의 머리에는 증폭 재료(예를 들면, GaAs), 구조(예를 들면, LED, LD, VCSEL 등), 그리고 동작 파장 같은 항목들을 사용하라.

참고문헌

[1] H. Kressel. "Electroluminescent Sources for Fiber System." In *Fundamentals of Optical Fiber Communications*, 2d ed., Michael K. Barnoski, ed. NY: Academic Press, 1981, pp. 187–255.

[2] H. Kressel, M. Ettenberg, J. P. Wittke, and I. Ladany. "Laser Diodes and LEDs for Fiber Optical Communications." In *Semiconductor De ices for Optical Communication.* H. Kressel, ed. NY: Springer-Verlag, 1980, pp. 9–62.

[3] B. V. Dutt, J. H. Racette, S. J. Anderson, and F. W. Scholl. "AlGaInP/GaAs Red Edge-Emitting Diodes for Polymer Optical Fiber Applications." *Appl. Phys. Lett.* 15, no. 21 (Nov. 1988): 2091–92.

[4] Donald M. Fye. "Low-Current 1.3-μm Edge-Emitting LED for Single-Mode Fiber Subscriber Loop Applications." *J. Lightwa e Technol.* LT4, no. 10 (Oct. 1986): 1546–51.

[5] Motorola Semiconductor Technical Data, MFOE3100/D. Phoenix, AZ, 1986.

[6] Introductory texts covering lasers include the following:

Donald C. O'Shea, W. Russell Callen, and William T. Rhodes. *Introduction to Lasers and Their Applications*, Reading, MA: Addison-Wesley, 1977.

Joseph T. Verdeyen. *Laser Electronics.* Englewood Cliffs, NJ: Prentice-Hall, 1981.

Ammon Yariv. *Optical Electronics*, 4th ed. NY: Holt, Rinehart and Winston, 1991.

[7] Laser diodes are covered in detail in References 1, 2, and 5.

[8] N. K. Dutta. "Optical Sources for Lightwave System Applications." In *Optical-Fiber Transmission*, E. E. Basch, ed. Indianapolis, IN: Howard W. Sams, 1987, pp. 282–85.

[9] Gerd Keiser. *Optical Fiber Communications*, 3d ed. NY: McGraw-Hill, 2000, pp. 405–8.

[10] K. Nakagawa and S. Shimada. "Optical Amplifiers in Future Optical Communications Systems." *IEEE LCS* 1, no. 4 (Nov. 1990): pp. 57–62.

[11] E. Desurvire. "Erbium-Doped Fiber Amplifiers for New Generations of Optical Communication Systems." *Optics Photonics News* 2, no. 1 (Jan. 1991): pp. 6–11.

[12] A. Bjarklev. *Optical Fiber Amplifiers: Design and System Applications.* Boston: Artech House, 1993.

[13] J. M. Senior. *Optical Fiber Communications*, 2d ed. Englewood, NJ: Prentice-Hall, 1992, pp. 351–355.

[14] G. A. Evans and J. M. Hammer, eds. *Surface-Emitting Semiconductor Lasers and Arrays.* San Diego, CA: Academic Press, 1993.

[15] M. H. Crawford, R. P. Schneider, Jr., K. D. Choquette, and K. L. Lear. "Temperature-Dependent Characteristics and Single-Mode Performance of AlGaInP-Based 670–690-nm Vertical-Cavity Surface-Emitting Lasers." *IEEE Photon. Tech. Lett.* 7, no. 7 (July 1995): 724–726.

Chapter 07

광 검출기

눈으로 광의 검출은 가능하지만, 응답이 느리고 저전력 신호의 감지에 부적당하므로 현대 광통신에는 부적절하다. 또한 증폭, 복호 그리고 신호처리를 위해 전자적으로 구성되는 수신기와 연결하기도 쉽지 않다. 더구나 눈의 스펙트럼 응답은 0.4 ~ 0.7 μm의 파장으로 국한되는데 이 영역에서 광파이버는 높은 손실을 갖는다. 그렇지만 가시광으로 광파이버를 시험할 때나 광의 산란을 이용해 깨진 곳이나 불연속점을 관측할 때 눈은 매우 유용하다. 또한 결합기나 커넥터와 같은 부품을 적외선 방출원에 결합할 때 가시광을 사용하여 눈으로 정렬할 수 있다. 이 장에서는 광을 전류나 전압의 전기적 신호로 직접 변환하며, 광 출력 변화에 신속히 응답하는 소자에 관한 내용으로 국한하고자 한다.

7.1 광 검출 원리

광 검출 방법에는 두 가지로 분류할 수 있는 메커니즘이 있다[1, 2]. 첫 번째는 **외부 광전효과**(external photoelectric effect)인데 금속 표면의 전자가 입사되는 광자의 에너지를 흡수하여 전자가 표면에서 이탈하는 효과에 기초를 둔 장치로 진공 광다이오드(vacuum photodiode)와 광증배관(photomultiplier tube)이 있다. 두 번째는 주입되는 광자가 반도체에서 자유전하 캐리어인 전자와 정공을 만들어 내는 방법으로 이 메커니즘을 종종 **내부 광전효과**(inter-nal photoelectric effect)라고 하는데 이 현상을 이용한 소자로 *pn*접합 광다이오드, PIN

광다이오드, 그리고 애벌런치(avalanche) 광다이오드가 있다.

검출기가 가져야 할 중요한 특성은 응답도, 스펙트럼 응답, 그리고 상승시간이다. 응답도(responsivity) ρ는 광 입력에 대한 출력 전류의 비로서

$$\rho = \frac{i}{P} \tag{7.1}$$

이며, 응답도의 단위는 와트(watt)당 암페어(amperes)이다. 어떤 검출기는 출력을 전압으로 하는 경우도 있는데, 이때 응답도의 단위는 와트당 볼트가 된다. 스펙트럼 응답(spectral response)은 파장의 함수로서 검출기 응답도를 나타낸 곡선을 말한다. 파장에 따라 응답도에 급격한 변화가 있으므로 광파이버 손실이 낮은 서로 다른 광 스펙트럼 전송 영역에서는 각기 다른 검출기를 사용해야 하는데 어느 영역에서든 광원에서 발산하는 특정 파장의 응답도를 이용하여 수신기를 설계해야 한다.

상승시간 t_r은 검출기의 입력이 계단형 광 전력일 때 검출기의 출력 전류가 최종값의 10%에서 90%로 상승하는 데 걸린 시간으로 제6장에서 정의한 광원의 상승시간 개념과 같다. 그림 7.1에 광 검출기 상승시간을 보여준다. 광 검출기의 3-dB 변조대역폭은

$$f_{3\text{-dB}} = \frac{0.35}{t_r} \tag{7.2}$$

으로 광 검출기에 입사한 광 전력이 같다고 가정할 때 이 주파수에서 출력단의 신호 전력은 저변조주파수에서 얻은 값의 반이 된다.

다른 여러 가지 광 검출기 특성은 이 장을 진행하면서 적절한 시점에 소개하고자 한다.

7.2 광증배기

진공 광다이오드와 광증배관은 광파이버를 시험할 때 유용하게 쓰이지만 광통신시스템 운용에는 적합하지 않다. 광증배관이 갖는 고감도는 특히 낮은 광 입력을 측정할 때 도움

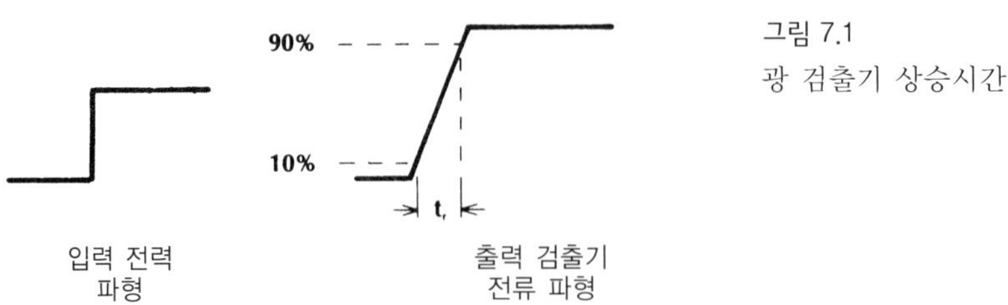

그림 7.1
광 검출기 상승시간

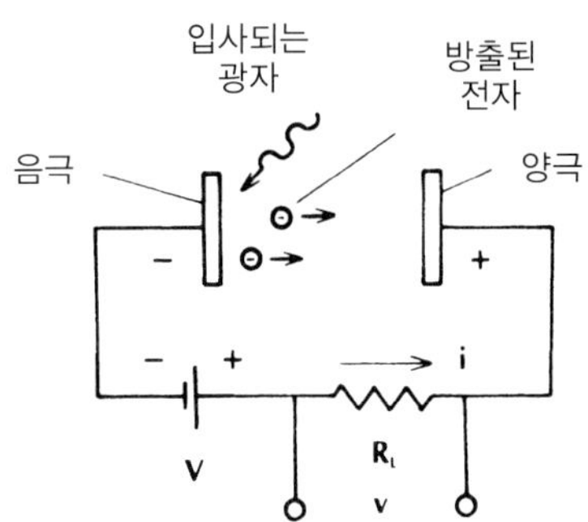

그림 7.2
진공 광다이오드

이 되는데, 이들의 동작을 설명하려는 이유는 반도체 소자에 관한 설명보다 쉽고, 또한 많은 공통점을 가지고 있어 유용하기 때문이다.

그림 7.2에 진공 광다이오드가 있다. 동작을 이해하기 위해 우선 양극(anode)은 플러스, 음극(cathode)은 마이너스가 걸리도록 바이어스 전압을 가한다. 입사광이 없을 때 부하 저항에 흐르는 전류가 영이므로 출력 전압도 영이다. 이때 광을 음극에 조사하면 광자들은 금속이 흡수하여 금속에 있는 전자들에게 에너지가 넘겨진다. 이 전자들 중에 충분한 에너지를 얻은 전자들은 음극을 탈출하여 양극에 있는 양전하가 끌어당기므로 양극으로 움직인다. 이 운동이 진행되는 동안 외부 회로인 부하 저항을 통해 음으로 대전된 전자를 양극으로 끌어들인다. 달리 말하면 회로에 전류가 흐르게 되며, 전자가 양극에 부딪히면 양전하와 결합하므로 회로 전류 흐름이 정지된다.

음극으로부터 하나의 전자를 탈출시키는 데 일함수(work function)라고 하는 최소한의 에너지가 필요하다. 따라서 입사되는 광자는 최소한 이 에너지를 갖고 있어야 전자 방출을 일으킬 수 있다. 일함수를 ϕ로 표기하면 전자를 방출시키는 조건은

$$hf \geq \phi \tag{7.3}$$

이다. 즉, 검출되는 최저 광주파수 $f = \phi/h$이고 이때 파장 $\lambda = hc/\phi$이다. 일함수를 전자볼트 단위로 표시하면 μm 단위의 차단 파장(cutoff wavelength)은

$$\lambda = \frac{1.24}{\phi} \tag{7.4}$$

이다. 이보다 긴 파장은 검출기를 여기시키기에 광자 에너지가 충분하지 않아 전자를 방출시킬 수 없는 데 비해 단파장의 광자일수록 에너지가 크므로 방출시킬 수 있다.

■ 예제 7.1 ■

세슘(cesium)은 일반적인 광전효과 재료로서 일함수는 1.9 eV이다. 차단 파장을 계산하라.

풀이: 식 (7.4)에서 $\lambda = 1.24/1.9 = 0.65\ \mu\text{m}$이다. 이보다 짧은 파장에서만 세슘 음극이 전파를 방출할 수 있다.

예제 7.1은 세슘 검출기가 0.8 μm 이상의 파장을 갖는 광파이버 통신시스템에 대해서는 반응하지 않음을 보여준다. 세슘이 아닌 진공 광 이미터(vacuum photoemitters)는 1.1 μm 정도의 큰 파장은 검출할 수 있으나 장파장에서 응답도가 아주 낮다. 하여간에 진공 광다이오드는 너무 크고 수백 볼트 혹은 그 이상이 필요하므로 광파이버시스템에는 실용적이지 못하다. 그러나 광증배관과 반도체 검출기의 동작을 이해하는 데 도움이 되도록 논의를 계속한다.

일함수보다 큰 에너지를 가진 광자라고 모두 전자를 방출시키는 것은 아니다. 이러한 특징을 양자효율(quantum efficiency) η로 표현하면

$$\eta = \frac{\text{방출된 전자 수}}{\text{입사된 광자 수}} \tag{7.5}$$

이다. 광 검출기의 응답도를 식 (7.1)에서 쉽게 계산할 수 있다. 광 출력은 검출기에 입력되는 초당 에너지이고 hf는 광자 1개당 에너지이므로 P/hf는 초당 음극을 때리는 광자 수이다. 양자 효율을 사용하면 초당 방출된 전자 수는 $\eta P/hf$이다. 각각의 전자는 크기가 e인 전하를 띠고 있으므로 초당 전하량, 즉 음극에서 나오는 전류는 다음과 같다.

$$i = \frac{\eta e P}{hf} = \frac{ne\lambda P}{hc} \tag{7.6}$$

이 값은 외부 회로의 부하 저항을 통해 흐르는 전류로 광 검출기는 마치 수신 회로의 전류원 역할을 한다. 이때 광 검출기의 응답도는

$$\rho = \frac{i}{P} = \frac{\eta e}{hf} = \frac{\eta e\lambda}{hc} \tag{7.7}$$

이고, 출력 전압은

$$v = \frac{\eta e P R_L}{hf} = \rho P R_L \tag{7.8}$$

이다. 식 (7.6), (7.7), 그리고 (7.8)은 광전자 방출 검출기와 반도체 검출기에 유용하다. 식 (7.6)은 검출 전류가 광 전류에 직접 비례함을 보여주는데 이 책에서는 이 특성을 가정하였다.

예제 7.2

0.8 μm에서 양자효율이 1%인 검출기의 응답도를 계산하라.

풀이: 식 (7.7)로부터

$$\rho = \frac{0.01(1.6 \times 10^{-19})(0.8 \times 10^{-6})}{(6.63 \times 10^{-34})(3 \times 10^{8})}$$

$$= 0.0064\ A/W$$

혹은 6.4 mA/W이다

예제 7.3

예제 7.2의 결과를 이용하여 검출기가 흡수한 광 전력이 1 μW일 때 50 Ω의 부하 저항에 걸리는 전압을 계산하라.

풀이: 광 검출기가 출력하는 전류 $i = (6.4 \times 10^{-3})(10^{-6}) = 6.4$ nA이다. 따라서 출력 전압 $v = (6.4 \times 10^{-9})(50) = 320$ nV로서 매우 작다.

광증배관(photomultiplier tube: PMT)은 내부 이득 메커니즘으로 인해 광다이오드보다 훨씬 큰 응답도를 가진다. PMT가 그림 7.3에 있다. 음극에서 방출된 전자들이 다이노드

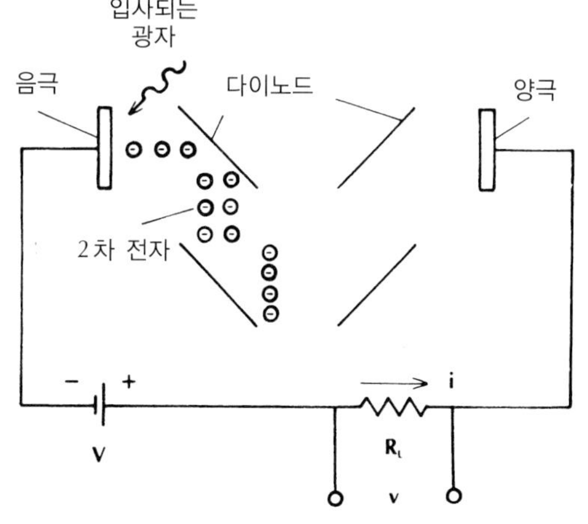

그림 7.3
광증배관

(dynode)라고 불리는 전극으로 가속되는데 전자들은 음극보다 100 V 이상 높은 첫 번째 다이노드에 부딪힌다. 이때 전자가 가지고 있던 높은 운동 에너지를 넘겨받은 첫 번째 다이노드로부터 다시 전자가 방출되는 이 과정을 **2차 방출**(secondary emission)이라 한다. 입사한 하나의 전자는 한 개 이상의 2차 전자를 방출시켜 결국 증폭된 검출 전류를 만든다. 전류는 연속되는 다이노드에서 계속 증폭되는데, 전자를 가속시키기 위해서 앞에 위치한 다이노드보다 높은 전압을 가져야 한다.

각 다이노드에서 이득은 입사 전자 1개당 방출된 2차 전자 수로 보통 2~6이다. 광증배관 속에 방출된 1개의 전자가 겪는 과정을 살펴보자. 각 다이노드에서 이득이 δ라면 첫 번째 다이노드에서 방출된 전자 수는 δ이다. 두 번째 다이노드 이후에 증배관 속 전자 수는 δ^2, 세 번째 이후에는 δ^3으로 증가된다. 만약 N개의 다이노드가 있다면 전체 이득 M은

$$M = \delta^N \tag{7.9}$$

이며, 외부 회로에 흐르는 전류는 다음과 같다.

$$i = \frac{M\eta eP}{hf} \tag{7.10}$$

예제 7.4

각 다이노드의 이득이 5이고 다이노드 개수가 9인 PMT의 전류 증폭을 계산하라.

풀이: 식 (7.9)에서 $M = 5^9 = 1.95 \times 10^6$으로 전류 이득은 거의 2 M이다.

예제 7.5

예제 7.4에서 계산한 이득을 갖는 PMT를 0.8 μm에서 1 μW의 광 전력을 검출하는 데 사용하고자 한다. 음극의 효율은 1%이고 부하 저항은 50 Ω이다. 응답도, 전류, 출력 전압을 계산하라.

풀이: 앞의 진공 광다이오드에 대한 예제와 이 예제는 이득을 제외하고는 사용된 모든 수치가 같다. 응답도는 $(1.95 \times 10^6)(6.4 \times 10^{-3}) = 12.5$ kA/W이고, 전류는 $(12.5 \times 10^3)(10^{-6}) = 12.5$ mA이고, 전압은 $(12.5 \times 10^{-3})(50) = 0.625$ V이다. 따라서 320 nV를 얻은 광다이오드에 비해 출력이 놀랄 만큼 증가한 것을 알 수 있다.

PMT의 경우처럼 검출기 내에서의 증폭을 내부 이득(internal gain)이라 하며, 검출기 뒤의

전자적 증폭기로부터 얻어지는 이득을 외부 이득(external gain)이라 한다. 내부 이득은 신호 전력 대 잡음 전력의 비를 많이 낮추지 않고서도 신호 레벨을 증가시킬 수 있는 중요한 장점을 갖는다. 외부 증폭기는 항상 시스템에 잡음을 부가하므로 신호 대 잡음비를 감소시킨다. 높은 이득을 갖는 PMT는 낮은 수준의 복사와 열잡음을 극복하는 데 유용하다. 잡음의 영향은 제11장에서 상세히 다룬다.

PMT는 동작이 매우 빨라서 0.1 ns의 수배 정도되는 상승시간을 갖는데 가격이 비싸고 무거우며 바이어스용으로 수백 볼트의 전원이 필요한 것이 단점이다.

7.3 반도체 광다이오드

반도체 광다이오드는 작고 경량이고, 감도가 좋고 빠른 동작 특성을 갖고 있다. 또한 작은 바이어스 전압에서도 동작할 수 있으므로 대부분의 광파이버 통신시스템에 이상적이다. 여기서는 이들 소자의 세 가지 타입인 *pn*, PIN, 애벌런치 광다이오드를 다룬다.

그림 7.4의 간단한 *pn* 광다이오드는 접합 검출기의 기본적인 검출 메커니즘을 보여준다. 역바이어스에서 *p*와 *n*형 영역 간의 전위 장벽이 증가된다. 보통 *n*형 영역에 있는 자유전자와 *p*형 영역의 전공은 장벽을 넘을 수 없으므로 어떠한 전류도 흐르지 않는다. 장벽이 존재하는 지역인 접합부(junction)에는 어떤 자유 캐리어도 없으므로 공핍 영역(depletion region)이라고 하며, 자유전자가 없기 때문에 접합부의 저항이 높아 다이오드에 걸린 전압

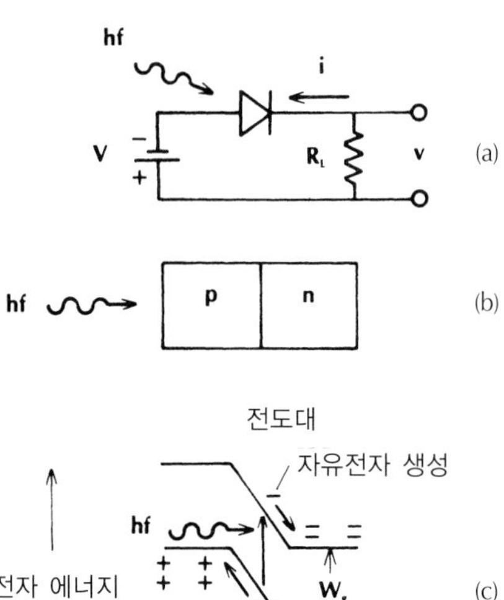

그림 7.4
반도체 접합 광다이오드 (a) 역바이어스된 다이오드 (b) *pn* 접합 (c) 에너지 준위도

의 거의 대부분이 접합부에 나타난다. 따라서 전계력은 공핍 영역에서 크고 나머지 부분에서는 미약하다.

그림 7.4(c)는 *p* 영역을 통과한 후 접합에서 흡수되는 입사 광자를 보여준다. 에너지를 흡수한 가전자대의 구속된 전자는 금지대를 지나 전도대로 올라가 움직이기에 자유로운 자유전자가 되고, 가전자대의 전자가 빠져 나간 자리는 정공이 된다. 자유전하 캐리어는 이와 같이 광자를 흡수하여 생성된다. 이제 전자는 장벽 아래로 정공은 장벽을 넘어 진행할 수 있다. 여기서 유의할 것은 정공의 장벽은 실제로 전자에 대한 장벽에 대해 반대라는 점이다. 이들 진행하는 캐리어는 광전자 방출된 전자가 진공 광다이오드에 전류가 흐르는 방법과 유사하게 외부 회로에 전류가 흐르도록 한다. 자유정공이나 전자가 재결합하거나 접합 끝부분에 도달할 때, 전계적 힘이 약해져 전하는 움직일 수 없으므로 전류 흐름이 중단된다.

그렇다면 광자가 접합 바깥인 *p*형이나 *n*형 영역에 흡수될 때 무엇이 일어날까? 한 쌍의 전자-정공이 생성되지만, 이들 자유전하들은 접합 바깥의 낮은 전계력으로 인해 신속히 움직이지 못하고 다이오드 속을 서서히 확산되다가 접합에 도달하기 전에 재결합한다. 이 경우 전하들은 거의 전류를 만들지 못하여 검출기의 응답도를 저하시키므로 *pn* 검출기는 비효율적으로 된다. 따라서 응답을 증가시키기 위해 전단 증폭기를 다이오드와 함께 집적할 수도 있는데, 이런 소자를 **집적 검출기 전단 증폭기**(integrated detector preamplifier: IDP)라고 한다.

공핍층 가까이에서 생성된 캐리어는 공핍층으로 확산되어 그곳에 존재하는 큰 전계력으로 접합면을 넘어간다. 외부 전류는 생성되지만 입력광 전력의 변화에 비해 지연된다. 계단형 광 입력을 *pn* 광다이오드에 인가하여 *pn* 광다이오드의 상승시간을 측정하려고 한다고 가정하자. 계단 앞단의 광자들 중 어떤 것은 접합에 흡수되어 즉각 전류로 나타나고, 어떤 것은 접합 가까이에 흡수되어 얼마의 시간이 지난 후에야 전류가 될 수 있다. 그러므로 이 실험에서 계단형 입력이 가해질 때, 전류는 점차적으로 증가하므로 약간의 시간이 경과해야 최대값에 도달함을 알 수 있다. 따라서 수 μs 정도의 상승시간을 갖는 일반 *pn* 다이오드는 고속전송 광시스템에 적합하지 않다. 일반 광다이오드가 지닌 낮은 응답도와 느린 응답 속도의 문제점은 다음 절에서 논의할 PIN 광다이오드로 해결할 수 있다.

광 방출기와 광 검출기로 사용되는 반도체 접합을 상호 비교하는 것은 흥미로운 일이다. 방출기에서는 다이오드에 순바이어스를 걸어 접합에 주입되는 전하들의 재결합에 의해 광자들이 생성되도록 한다. 이에 반해, 검출기에서는 다이오드에 역바이어스를 걸어 들어오는 광자가 생산하는 전자-정공쌍이 전류가 되도록 한다. 일반적이지는 않지만 단일 *pn* 소자를 광 방출기와 검출기 양쪽으로 쓸 수 있도록 설계할 수도 있다.

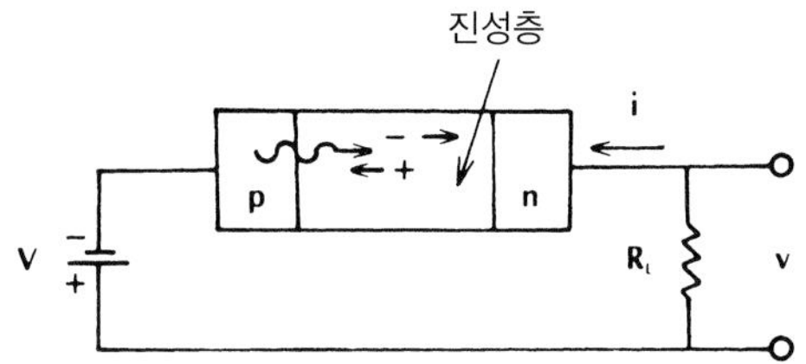

그림 7.5
PIN 광다이오드

7.4 PIN 광다이오드

PIN 광다이오드는 광파이버시스템에서 가장 일반적인 검출기이다. 그림 7.5에 나타나 있듯이 PIN 다이오드에서는 넓은 진성 반도체 층이 p와 n형 영역 사이에 위치하고 있다. 진성층은 자유전자가 없어서 저항이 높아 결과적으로 다이오드 전압의 대부분이 걸리므로 진성 영역에서 전계력은 강하다. 또한 진성층이 넓으므로 들어오는 광자를 흡수할 수 있는 확률이 p나 n영역보다 크므로 PIN 광다이오드는 pn 광다이오드에 비해 높은 효율과 응답속도를 가진다.

7.4.1 차단 파장

전자-정공쌍을 만들려면 입사되는 광자는 전자가 금지대를 넘어 전도대로 올라가게 할 수 있는 충분한 에너지를 가져야 하는데, 이 요건이 $hf \geq W_g$이며 이때 정의되는 차단 파장은

$$\lambda = \frac{1.24}{W_g} \tag{7.11}$$

로서 λ의 단위는 μm, 금지대폭 에너지 W_g의 단위는 전자볼트(electron-volt)이다. 이것은 광전 증배기에 대한 식 (7.4)와 거의 같다.

예제 7.6

실리콘과 게르마늄 PIN 다이오드의 차단 파장을 계산하라. 이들의 금지대폭 에너지는 1.1 eV와 0.67 eV이다.

풀이: 식 (7.11)로부터 실리콘은 1.1 μm, 게르마늄은 1.85 μm를 각각 갖는다.

표 7.1 반도체 PIN 광다이오드

재료	파장 범위 (μm)	최대 응답 파장 (μm)	최대 응답도 (A/W)
실리콘	0.3–1.1	0.8	0.5
게르마늄	0.5–1.8	1.55	0.7
InGaAs	1.0–1.7	1.7	1.1

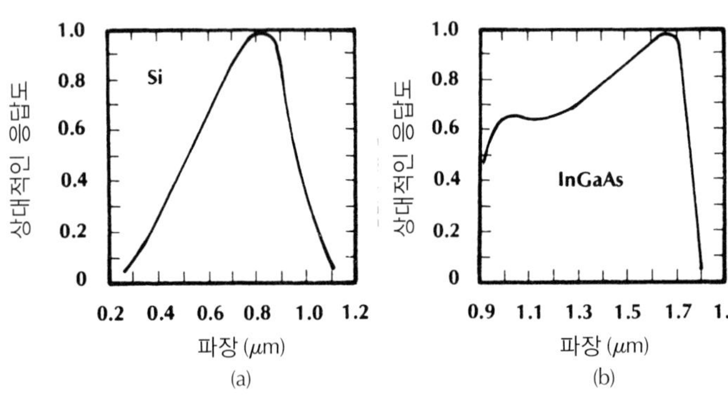

그림 7.6
스펙트럼 응답 곡선

7.4.2 재료

실리콘 검출기는 800 nm와 900 nm 사이의 파장에서 가장 실용적인 광파이버통신용 광검출기이다. 그러나 예제 7.6으로부터 보다 긴 파장(약 1.3 μm)에서는 사용할 수 없음을 알 수 있다. 게르마늄과 InGaAs 다이오드는 실리콘보다 잡음이 많으나 1200 nm에서 1700 nm 범위에서는 응답도가 좋다. 표 7.1은 가장 보편적인 PIN 다이오드 재료의 사용 범위를 요약한 것이다. 그림 7.6의 실리콘과 InGaAs의 스펙트럼 응답에서 단파장의 응답도 하락은 p와 n 영역에서 광자가 흡수되는 양이 증가되기 때문이다.

실리콘과 InGaAs는 약 0.8의 최대 양자 효율을 가진다. 0.8 μm에서 실리콘에 대하여 식 (7.7)을 사용하면, 응답도는 0.5 A/W가 되는데 7.2절의 대표적인 진공 광다이오드에서 계산된 6.4 mA/W보다 얼마나 큰지 주목할 필요가 있다. 1.7 μm의 InGaAs에 대해 80%의 효율은 1.1 A/W의 응답도를 갖는다. 그림 7.6(b)의 스펙트럼 응답 곡선에 따르면 1.3 μm에서 대략 이 값의 70%인 0.77 A/W로 줄어든다. 게르마늄의 최대 응답은 1.55 μm 근처로서, 이때 양자 효율은 대략 55%이다. 이 경우 최대 응답도는 식 (7.7)로부터 약 0.7 A/W이다.

7.4.3 전류-전압 특성

0.5 A/W의 응답도를 가진 실리콘 다이오드의 전류-전압 특성 곡선이 그림 7.7에 있다. 역바이어스가 가해질 때 다이오드는 광전도 모드(photoconductive mode)로 동작하다고 한다. 이

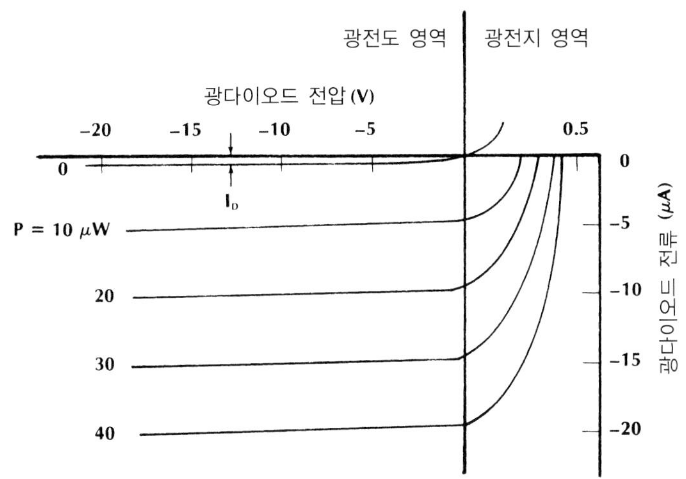

그림 7.7
실리콘 광 검출기의 전류-전압 특성 곡선

모드에서는 출력 전류가 광 출력에 비례한다. 역바이어스를 가하지 않을 때 그림에서 입사광 전력은 순방향 전압을 만드는데, 이때를 **광전지 모드**(photovoltaic mode)라 하며 광복사를 받을 때 전압을 생성하는 태양전지의 기초적인 원리를 의미한다. 광파이버통신 검출기는 광전도 모드로서 동작한다.

역바이어스하에서 입력광이 없을 때에도 작은 역방향 전류가 흐르는데, 이것을 **암전류**(dark current)라고 하며, 이 전류는 다이오드에서 열적으로 생성된 자유 캐리어에 의하여 발생하고, 다이오드에서 역방향으로 흐르므로 보통 **역방향 누설 전류**(reverse leakage current), 최대값을 **역방향 포화 전류**(reverse saturation current)라고 한다. 열적 원인으로 나타나는 암전류는 온도에 따라 급격히 증가하며 상온 25°C 근처에서는 10°C의 온도 상승에 대해 2배 증가하는 수도 있다. 암전류값은 1 nA 이하 값에서 수백 nA 이상까지 넓게 걸쳐 있다. 일반적으로 실리콘 검출기는 암전류가 가장 작고 InGaAs은 이보다 약간 크며 게르마늄 다이오드는 가장 큰 암전류를 가지는데, 이것이 응답도가 엇비슷한 파장대에서 게르마늄보다 실리콘 검출기를 쓰는 이유이다.

따라서 암전류에 의해 광다이오드의 작은 출력 전류가 가려지게 될 경우 작은 광 신호는 검출될 수 없음을 짐작할 수 있다.

예제 7.7

응답도가 0.5 A/W이고 암전류가 1 nA인 PIN 다이오드가 검출할 수 있는 최소 전력은 대략 얼마인가?

풀이: 암전류와 같은 크기의 신호 전류를 출력하는 광 전력을 식별할 수 있다고 하면 식 (7.7)로부터 $P = I_D/\rho = 2\,\text{nW}$이다.

표 7.5 소자 선택표

	종류	600–800 (nm)	800–900 (nm)	1200–1700 (nm)
광원	LED 레이저	LED VCSEL	LED VCSEL	LED (1300 nm) LD
광파이버	유리 MM GRIN 단일모드		3 dB/km MM GRIN	<1 dB/km MM GRIN SM
	플라스틱 계단형	160 dB/km SI		
검출기	재료	Si Ge	Si Ge	InGaAs Ge
	PIN	PIN	PIN	PIN
	APD			APD

할 것이다. 예를 들어 APD가 필요한지 결정하려면 수신기에 얼마나 많은 전력이 필요한지 알아야 하는데, 이것을 알려면 광파이버 손실뿐만 아니라 시스템 전체 손실도 알아야 한다. 따라서 광원 결합, 융착 접속, 커넥터 그리고 신호 배분을 위한 전력 분할 등으로 일어나는 손실도 알아야 하며 이와 함께 뒷장에서 설명하게 될 시스템 설계시 잡음 영향도 알 필요가 있다.

문제

7.1 입사광 전력이 −43 dBm일 때 응답도가 0.5 A/W인 광 검출기의 출력 전류는 얼마인가?

7.2 3-dB 대역폭이 500 MHz일 때 검출기의 상승시간을 계산하라.

7.3 음극 금속의 일함수 2×10^{-19} J인 진공광 검출기의 차단 파장과 주파수를 결정하라.

7.4 식 (7.4)로 주어진 광전방출 광 검출기의 차단 파장에서 일함수 단위를 주울로, 파장의 단위를 m로 바꾸면 식은 어떻게 변화되는지 써라.

7.5 0.5에서 1.7 μm 사이에서 이상적인 광 검출기, 즉 양자 효율이 1인 광 검출기의 응답도를 계산하고 도시하라. 왜 파장을 따라 응답도가 증가되는가?

7.6 양자효율이 0.9인 광 검출기의 출력 전류를 계산하라(단, 파장은 그 1.3 μm이고 입력광은 −37 dBm이다). 또한 부하 저항이 50 Ω, 1000 Ω, 그리고 1 MΩ일 때의 출력 전압도 계산하라.

7.7 4개의 다이노드를 가진 광증배기가 있는데 하나의 다이오드는 이득이 4이며 음극의 양자효율은 0.9이다. 이 경우 문제 7.6을 반복하라.

7.8 대역폭 에너지를 주울 단위로 쓰면 식 (7.11)의 차단 파장은 어떻게 변화되는가?

7.9 실리콘과 게르마늄의 대역폭 에너지를 주울 단위로 계산하라.

7.10 25°C에서 PIN 광다이오드의 암전류는 0.06 nA이며 10°C 증가될 때마다 2배가 된다. 25°C에서 95°C까지의 온도 변화에 대한 암전류를 계산하고 도시하라.

7.11 표 7.4에 있는 게르마늄 광다이오드에 대해 검출기의 암전류값과 같은 전류를 출력하려면 검출기의 입력광은 얼마가 되어야 하는가?

7.12 그림 7.8에 있는 것과 같은 PIN 검출기의 배터리 전압을 10 V, 부하 저항을 2 MΩ으로 하여 검출 회로를 구성한다. 이때 검출기의 응답도는 0.25 A/W, 암전류는 0.5 nA이다.

(a) 5에서 50 μW까지 입력광 전력에 대한 광도전 영역에서 다이오드의 전압, 전류 특성을 5 μW 단위로 도시하라.

(b) 부하선을 특성 곡선 위에 도시하라.

(c) 입력광 전류에 대한 출력 전압 곡선을 도시하라.

(d) 입력광 전력이 얼마일 때 다이오드가 포화되는가?

7.13 PIN 다이오드의 공핍 영역 두께는 30 μm, 캐리어 속도는 5×10^4 m/s, 접합 커패시턴스는 6 pF이다.

(a) 주행시간 제한 대역폭을 계산하라.

(b) 지금 계산한 대역폭에 영향을 주지 않기 위해 부하 저항이 가질 수 있는 최대값은 얼마인가?

(c) 부하 저항이 10 kΩ일 때 대역폭은 얼마가 되는가?

7.14 이득이 100, 양자효율은 0.8, 동작 파장은 0.82 μm인 실리콘 APD의 응답도를 계산하라. 검출기 출력은 20 nA가 되려면 검출기의 입력광은 얼마로 하여야 하는가?

7.15 이득이 10, 양자효율이 0.7, 동작 파장은 1.55 μm인 InGaAs APD의 응답도를 계산하라. 검출기 출력이 20 nA의 출력을 가지려면 입력광 전력은 얼마가 되어야 하는가?

7.16 애벌런치 광다이오드에 대한 PIN 광다이오드의 장단점을 비교하라.

7.17 800, 1300 그리고 1550 nm에서 동작하는 광파이버시스템의 상대적 장점을 서술하라.

7.18 그림 7.8(a)의 PIN 다이오드 수신기는 1 kΩ의 부하 저항을 가진다. 입력광 전력이 800 nW일 때 저항에 걸린 전압이 0.2 mV라면 검출기의 응답도는 얼마인가?

7.19 입력 전력이 계단형 함수일 때 광 검출기의 출력 전류 $i = 10(1 - e^{-t/\tau}$이며 $\tau = 10^{-6}$ s 이다. 검출기의 3-dB 대역폭을 계산하라.

7.20 0.4에서 1.6 μm까지의 파장에서 PIN 광다이오드의 차단 파장을 금지대 에너지의 함수로서 μm 단위로 도시하라.

7.21 그림 7.11의 전류-전압 변환기에서 PIN 검출기의 응답도는 0.5 μA/μW, 입사광 전력은 −34 dBm이고 귀환 저항은 10 kΩ, 귀환 회로의 분류용량은 0.2 pF이다.

(a) 출력 전압을 계산하라.

(b) 3-dB 대역폭을 계산하라.

7.22 PIN 검출기가 1550 nm에서 1 μA/μW의 응답도를 가지며 50 kΩ의 저항으로 급전된다. 저항에서 10 μW가 발생되기 위해서 필요한 광 입력 전력은 얼마인가?

참고문헌

[1] Photodetectors are covered in numerous books:

Tien Pei Lee and Tingye Li. “Photodetectors.” In *Optical Fiber Telecommunications*, Stewart E. Miller and Alan G. Chynoweth, eds. NY: Academic Press, Inc., 1979, pp. 593–626.

D. P. Schinke, R. G. Smith, and A. R. Hartman. “Photodetectors.” In *Semiconductor Devices for Optical Communication*, H. Kressel, ed. NY: Springer-Verlag, 1980, pp. 63–87.

Joseph T. Verdeyen. *Laser Electronics.* Englewood Cliffs, NJ: Prentice-Hall, 1981.

Peter K. Cheo. *Fiber Optics.* Englewood Cliffs, NJ: Prentice-Hall, 1985.

[2] Many review articles covering photodetectors for optic communications have appeared in the literature. A few particularly useful ones follow:

Michael Ettenberg and Gregory H. Olsen. “Diode Lasers for the 1.2 to 1.7 Micrometer Region.” *Laser Focus* 18, no. 3 (March 1982): 61–66.

Stephen R. Forrest. “Photodiodes for Long-Wavelength Communication Systems.” *Laser Focus* 18, no. 12 (Dec. 1982): 81–90.

R. G. Smith. “Photodetectors for Fiber Transmission Systems.” *Proc. IEEE* 68, no. 10 (Oct. 1980): 1247–53.

Hans Melchior, Mahlon B. Fisher, and Frank R. Arams. “Photodetectors for Optical Communication Systems.” *Proc. IEEE* 58, no. 10 (Oct. 1970): 1466–86.

Stephen R. Forrest. “Optical Detectors: Three Contenders.” *IEEE Spectrum* 23, no. 5 (May 1986): 76–83.

[3] Schinke et al., “Photodetectors,” p. 70.

[4] Ibid., p. 68.

Chapter 08

결합기와 커넥터

전송 선로가 금속인 시스템에서 연결은 아주 단순해서 납땜으로 쉽게 연결, 분리시킬 수 있으며 납땜 부위의 손실은 아주 작아서 시스템 설계시 고려하지 않아도 된다. 탈착할 수 있는 금속선용 연결기인 커넥터(connector) 역시 단순하여 결합의 용이성, 신뢰성, 경제성을 가지며 손실 또한 거의 없다. 이와 같은 금속 연결의 속성이 광파이버에서는 나타나지 않는다. 여기서는 광파이버의 스플라이싱(splicing)과 연결(connecting)에서 나타나는 문제는 무엇이며 이들 문제를 어떻게 극복할 수 있는지에 관해 알아본다.

광파이버 간의 연결은 다양한 이유로 필요하다. 제조사에서 생산된 광파이버는 제한된 길이를 가지므로 수 킬로미터 이상의 링크용에는 여러 개를 접속(splice)시켜 길이를 확장해야 하는데, 적당한 길이의 광파이버는 아주 긴 것에 비해 관로에서 견인이 용이하고 직접 매설이나 공중가설이 간단하다.

또한 광원에서 광파이버로의 광 결합이 매우 비효율적일 수 있으므로 광원 결합 손실을 평가하고 이들을 줄일 수 있는 기술을 설명하고자 한다.

수신기에서 광은 광파이버로부터 검출기 표면에 결합된다. 이 표면은 광파이버 코어보다 크게 정하여 매우 높은 결합 효율을 갖도록 한다. 이 경우 '광파이버에서 공기'와 '공기에서 광 검출기'의 경계면에서 작은 반사 손실이 일어난다. 이 손실은 굴절률 정합 물질(index-matching material)로 공기층을 채우거나 검출기 표면을 무반사 코팅하여 제거할 수 있다. 어떤 경우든지 검출기 결합은 어렵지 않으므로 더 이상 언급은 필요하지 않다.

8.1 커넥터의 원리

광파이버 간의 연결 손실은 여러 방법으로 일어난다. 그림 8.1의 코어의 어긋남과 불완전 연결은 손실의 주요한 원인이다. 완전한 연결은 면(또는 축) 정렬, 각 정렬(평행 광파이버 축), 틈새가 없는 끝단접촉, 그리고 매끈하고 평행한 단면을 필요로 한다. 결합 효율은 NA나 코어 직경이 다른 광파이버를 연결할 때도 떨어진다. 타원형의 단면을 갖는 광파이버에서 코어의 장축의 정렬이 맞지 않을 경우에는 더 많은 손실이 존재한다. 또한 코어 클래딩의 중심에 위치하지 않으면서 클래딩의 외경이 정렬을 위한 기준으로 사용된다면 역시 많은 손실이 있게 된다. 보통 주의를 기울이면, 최소 손실을 광섬유를 접속할 때 0.1 dB 정도, 그리고 재사용이 가능한 커넥터의 경우 1 dB 이하로 줄일 수 있다.

지금 논의한 여러 메커니즘에 의한 손실의 이론적 분석은 결합 효율이 광파이버 단면상의 광 전력 분포에 달려 있으므로 더욱 복잡하다. 따라서 이러한 분포 패턴은 잘 알려져 있지 않으며 여기방법과 여기점에서 결합점까지의 거리에 달려 있다. 예를 들면 다중모드 광파이버에서 모드 결합은 5.6절에서와 같이 평형길이가 조성될 때까지 광파이버 길이에 따라 모드 분포를 변화시킨다. 그러므로 커넥터 손실은 여기점과 커넥터를 포함한 거리에 달려 있다. 평형길이 이상에서의 손실은 일정한 값으로 고정되나 놀랍게도 결합 효율은 결합 부위 이후의 광파이버 길이에도 달려 있다. 고차 모드와 클래딩 모드는 결합 부위의 불완전으로 인해 여기되는데, 결합점을 지난 짧은 거리에만 효과적으로 전송된다. 결합점 부근에서 측정된 전력은 이들 모드를 포함하므로 손실은 낮게 나타나지만 결합점에서 먼 지점에서의 측정시에는 이들 모드 전력의 양은 배제되므로 높은 결합 손실을 가진다.

이러한 요인들을 염두에 두고 이상적인 조건이라는 가정하에서 손실에 대한 논의를 진행하는데, 이들 조건이 정확히 만족되지 않는 경우에도 여러 손실 메커니즘에 있어서 결합이 갖는 민감성에 대하여 이해를 도울 것이다. 이러한 지식은 광파이버 접속 및 커넥터를

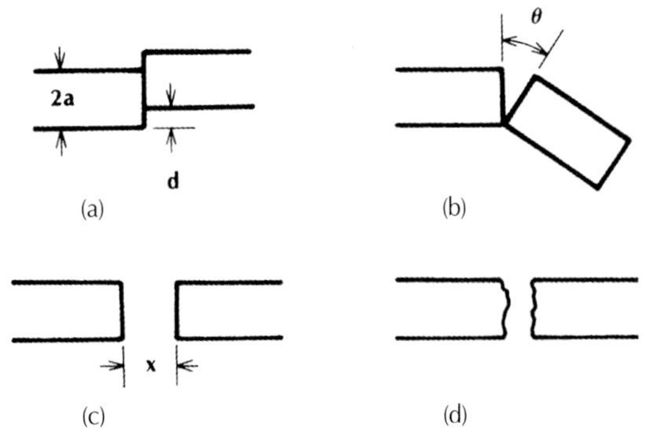

그림 8.1
광파이버 간 연결시 손실 원인
(a) 축 어긋남 (b) 각 어긋남
(c) 끝단 사이의 갭 (d) 평평하지 않은 끝단

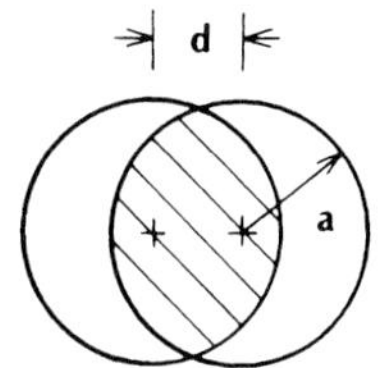

그림 8.2
송신과 수신 광파이버의 겹침. 코어들은 거리 d 만큼 치우쳐(offset) 있다.

설계하는 사람과 시스템의 전체 손실을 평가하는 시스템 분석자의 지침으로 활용될 수 있을 것이다.

8.1.1 축 어긋남

간단한 모델로 광파이버 코어 단면에서 균일한 광 전력이 분포한다고 가정하자. 이 가정은 다중모드 계단형 광파이버에 적합하다. 이때 축 어긋남(lateral misalignment) 손실은 그림 8.2에서와 같이 단순히 전송과 수신 광파이버 코어면의 불일치에 기인한다. 결합 효율(coupling efficiency) η는 코어 면적에 대해 빗금 친 부분인 겹친 면적비이다. 이것은 그림과 같이 계산되며[1]

$$\eta = \frac{2}{\pi}\left\{\cos^{-1}\frac{d}{2a} - \frac{d}{2a}\sqrt{\left[1-\left(\frac{d}{2a}\right)^2\right]}\right\} \tag{8.1}$$

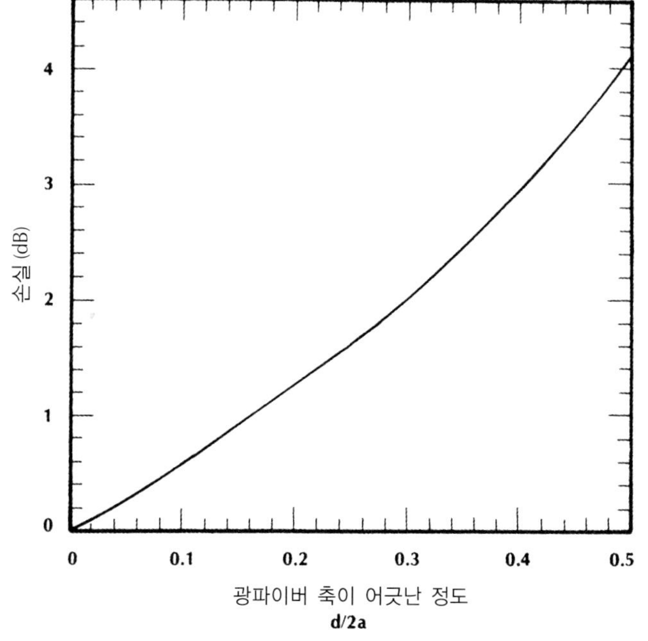

그림 8.3
다중모드 SI 광파이버의 축 어긋남에 따른 손실

여기서 역코사인 함수는 라디안으로 계산한다. 결합 손실을 데시벨로 나타내면 다음과 같다.

$$L = -10_{10} \log \eta \quad (8.2)$$

이 책에서는 손실을 표현하기 위해 L을 사용할 것이며 축 어긋남에 다른 손실이 그림 8.3에 도시되어 있다. 작은 변위($d/2a < 0.2$)에서 식 (8.1)은 대략 $\eta = 1 - (2d/\pi a)$로 된다.

예제 8.1

결합 손실이 1 dB 이하라면 허용되는 축 어긋남은 얼마인가? 코어 직경은 50 μm이다. 손실이 0.5 dB와 0.1 dB인 경우에도 반복하라.

풀이: 그림 8.3이나 식 (8.1) 및 식 (8.2)에서 다음과 같은 표를 얻을 수 있다.

L (dB)	$d/2a$	$d(\mu\text{m})$
1.0	0.16	8
0.5	0.09	4.5
0.1	0.02	1

이 값들은 결합시키고자 하는 광파이버의 축 정렬에 얼마나 많은 주의를 기울여야 하는지를 말해 준다.

제4장 및 제5장에서 이해한 바와 같이 고차 모드는 저차 모드보다 더욱 심하게 감쇠되며 코어와 클래딩 경계 부근에 더욱 많은 전력을 가진다. 또한 장거리 광파이버의 끝단 전력밀도는 코어의 중심에 가까운 점에서보다 경계에서 더욱 낮아지게 된다는 것도 안다. 작은 축 변이에서는 송신 광파이버 코어의 테두리만이 수신 광파이버를 비켜 있다. 이 테두리가 갖는 전력은 작으므로 실제로 식 (8.1)보다 작은 손실을 갖기 때문에 실제 손실 평가용으로 다중 SI 광파이버를 연결시 균일 겹침 이론(uniform overlap theory)을 사용하는 것이 좋다.

다중모드 언덕형 굴절률 광파이버는 식 (5.5)의 포물선 분포에서 보듯이 GRIN의 NA가 코어 단면에 걸쳐 일정하지 않으므로 SI보다 많은 이론적인 문제를 갖는다. 두 개의 광파이버가 축의 치우침이 없이 만날 때 송수신 광파이버의 NA가 코어의 모든 점에서 일치한다. 그러나 축의 치우침이 있을 때는 NA의 부정합이 거의 모든 점에서 일어난다. 수신 광파이버의 NA가 전송 광파이버의 NA보다 큰 점들에서 모든 전력은 전달된다. 반면 수신 광파이버의 NA가 송신 광파이버의 NA보다 작은 점에서는 전력의 일부분을 잃게 된다. 이들 점에서의 효율은 각 점에서의 NA 제곱비와 같다. 결합 효율을 계산하기 위해서는 단면의 전력 분포를 따라 가중치를 준 후 부분 효율을 평균하여야 한다. 이 절의 앞부분과 마찬가지로 이 분포는 일반적이지 않아 종합적인 분석은 할 수 없다.

단일모드의 축 치우침 손실(offset loss)은 도파 모드의 형태에 달려 있다. SI와 파라볼릭 광파이버 모두에서 광속은 거의 가우시안이다. 동일한 광파이버 간의 손실은[2]

$$L = -10\log_{10}\left\{\exp\left[-\left(\frac{d}{w}\right)^2\right]\right\} \tag{8.3}$$

이며, 여기서 w는 2.5절에서 정의한 스폿 크기로서 식 (5.9)로부터 계산된다. 5.4절에서와 같이 단일모드 차단조건인 2.405의 정규화 주파수 근처에서 동작하는 SI 광파이버는 식 (5.9)에 의해 코어 반경에 1.1배에 해당하는 스폿 크기를 갖는다. 단일모드 축 변위가 그림 8.4에 도시되어 있다. 스폿 크기가 단지 수 μm 정도이므로 단일모드 광파이버의 결합 효율은 매우 정밀한 기계적 정확도를 요구한다. 1 dB 손실에 대해 식 (8.3)이나 그림 8.4로부터 $d/w = 0.48$이어야 하며, 스폿 크기가 4 μm인 경우 허용되는 어긋남은 단지 1.9 μm이어야 한다.

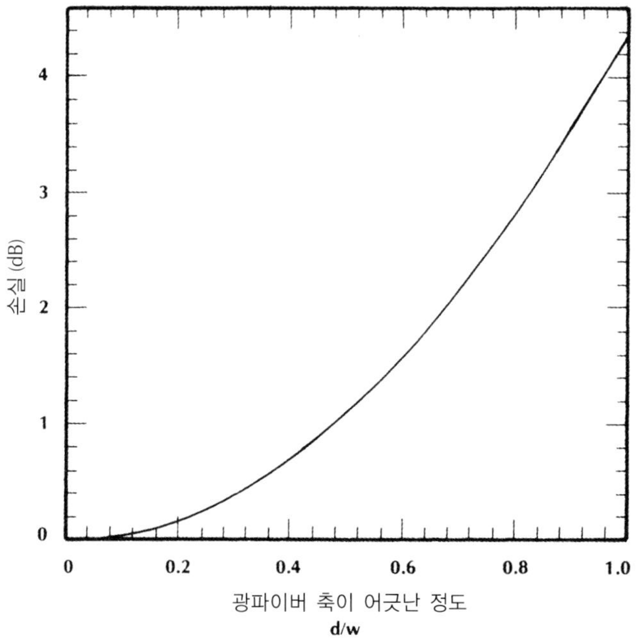

그림 8.4
모드 스폿 크기가 w인 단일모드 광파이버의 축 어긋남에 따른 손실

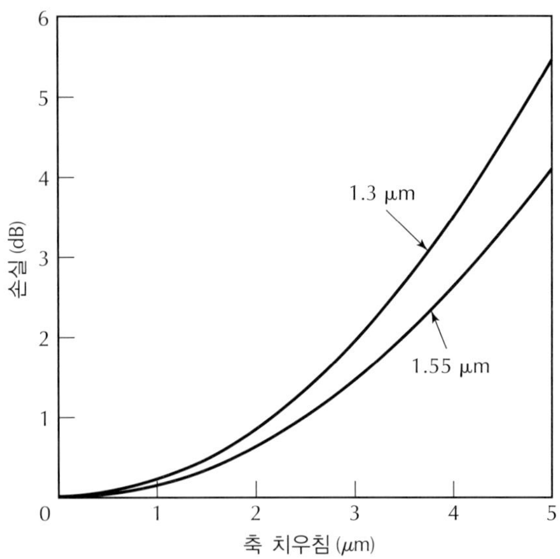

그림 8.5
1.3 μm 및 1.55 μm에서 축 어긋남에 따른 손실의 예

예제 8.2

예제 5.6과 같은 단일모드 광파이버에 대하여 파장 1.3과 1.55 μm에서 축 어긋남 함수로서 결합 손실을 치우침이 0 ~ 5 μm인 경우에 대하여 그려라.

풀이: 우선 식 (5.7)을 이용하여 2개의 파장에서 각각의 V값을 계산하고 스폿 크기는 식 (5.9)로부터 결정한다. 이렇게 계산된 V와 스폿 크기는 다음과 같다.

λ(μm)	V	w/a	w(μm)
1.3	2.31	1.13	4.47
1.55	1.94	1.3	5.16

그리고 식 (8.3)을 이용하여 축 어긋남 범위에 대하여 실제 손실을 구하여 도시하면 그림 8.5와 같은데 1.3 μm에서보다 1.55 μm에서 손실이 낮아짐을 알 수 있다. 그 이유는 스폿 크기가 장파장에서 커지기 때문에 장파장에서 광파이버 축의 경미한 어긋남은 손실을 거의 일으키지 않는다.

8.1.2 각 어긋남

다중 SI 광파이버에서 작은 각 어긋남(angular misalignment)으로 인한 결합 효율은 다음과 같으며[3]

$$\eta = 1 - \frac{n_0\theta}{\pi NA}$$

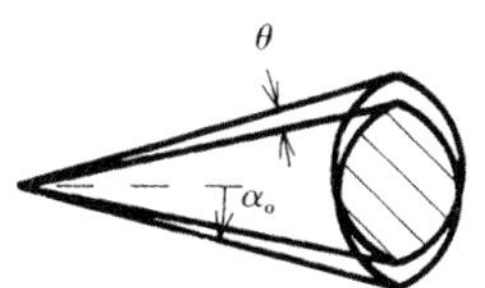

그림 8.6
송신 원뿔과 수신 원뿔의 겹침. NA $= n_0 \sin \alpha_0$ 이고, θ는 경사각이다. 빗금 친 영역은 겹친 부분을 나타낸다.

여기서 n_0는 두 광파이버 사이의 홈을 메우는 재료의 굴절률이고, θ는 라디안 단위의 어긋난 각을 나타내며 이로 인한 손실은 다음과 같다.

$$L = -10\log_{10}\left(1 - \frac{n_0\theta}{\pi NA}\right) \tag{8.4}$$

효율은 균일 전력 분포를 가정할 때 그림 8.6에 그린 것과 같이 송신 원뿔과 수신 원뿔이 겹쳐진 곳을 계산하면 얻을 수 있다.

표 5.1의 유리(NA = 0.24), PCS(NA = 0.41), 그리고 플라스틱(NA = 0.48) 광파이버에 대한 식 (8.4)의 결과를 그림 8.7에 도시하였다. 굵은 선은 $n_0 = 1$로 홈에 정합 물질이 없는 것을 나타낸다. 점선은 굴절률이 1.5인 액체가 홈에 있을 때 각 손실(angular loss)의 증가를 나타낸다. 이 액체의 목적은 이 절의 후반부에서 설명한다. 각 손실이 NA가 증가함에 따라 어떻게 감소하는지에 주목하면, 단순히 큰 NA를 갖는 광파이버가 넓은 각 내에서 송신과 수신 복사가 일어남을 알 수 있다. 그러므로 작은 각도 오차는 전체 전력에 미미한 비율의 영향만을 미치게 된다.

GRIN 광파이버의 각 어긋남은 이 절 앞에서 언급한 바와 같이 이론적 어려움 때문에 다루지 않는다.

단일모드 광파이버의 각 어긋남 손실은 다음과 같다[4].

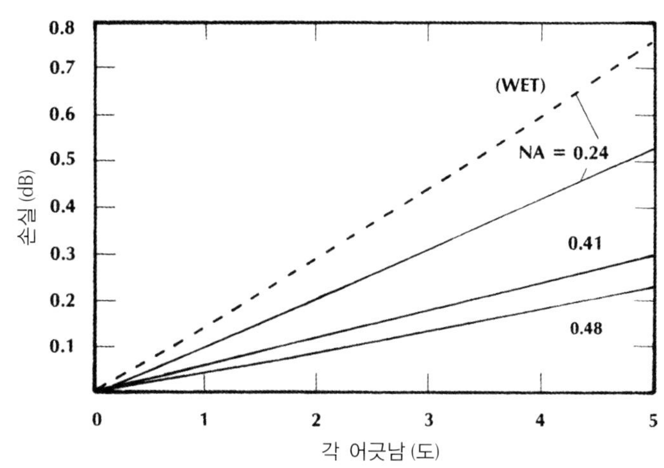

그림 8.7
다중모드 SI 광파이버의 각 어긋남 손실. 점선으로 표시된 곡선은 $n_0 = 1.5$인 액체가 갭을 채우고 있을 경우이다.

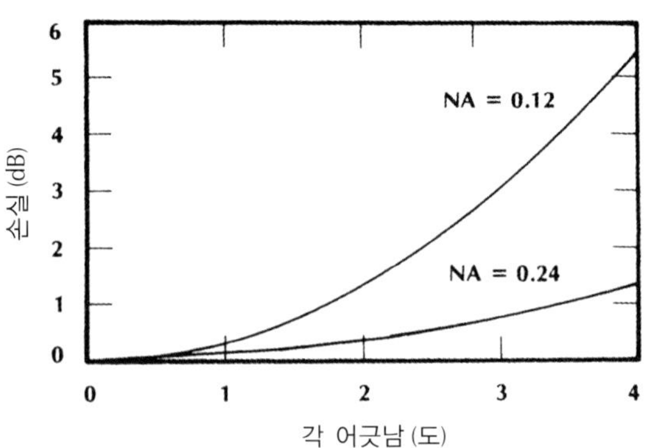

그림 8.8
단일모드 SI 광파이버의 각 어긋남 손실. $V = 2.4$, $w/a = 1.1$, $n_2 = 1.46$, $\lambda = 0.86\ \mu m$

$$L = -10 \log_{10}\left\{\exp\left[-\left(\frac{\pi n_2 w\theta}{\lambda}\right)^2\right]\right\} \tag{8.5}$$

여기서 θ는 라디안, w는 가우시안 스폿 크기, 그리고 n_2는 클래딩의 굴절률이다. 식 (8.5)의 지수는 가우시안 광속 발산각의 반각인 식 (2.17)의 $\lambda/\pi w$에 대한 어긋난 각의 비이다. 서로 다른 두 개의 SI 광파이버에 대한 손실은 그림 8.8과 같은데 정규화 주파수는 양자 모두 2.4이고 클래딩 굴절률은 1.46이다. 다중모드의 경우에서 보듯이 손실은 최소 NA를 갖는 광파이버에서 빠르게 증가한다. 다음은 그림 8.8을 도시하기 위한 몇 개의 예이다.

예제 8.3

SI 광파이버에서 $n_1 = 1.465$, $n_2 = 1.46$, 그리고 정규화 주파수는 2.4이다. 코어 직경, NA 그리고 0.8 μm에서 스폿 크기를 계산하라.

풀이: 식 (4.21)에서 $NA = (n_1^2 - n_2^2)^{1/2} = 0.12$이다. $V = 2.4$일 때 식 (5.7)로부터

$$a = \frac{\lambda V}{2\pi\sqrt{n_1^2 - n_2^2}} = 2.53\ \mu m$$

$V = 2.4$일 때 $w/a = 1.1$이므로, 스폿 크기는 $1.1(2.53) = 2.78\ \mu m$이다.

8.1.3 끝단 간격(end separation)

연결되는 광파이버 사이에 갭이 있을 때 두 가지 손실 현상이 일어난다. 첫 번째로 광파이버와 공기 사이에 두 종류의 경계면이 있다. 3.5절에 계산된 것 같이 공기와 유리 경계면에서 4%(0.177 dB)의 반사율이 있으므로 두 반사면을 합하면 0.35 dB의 손실을 일으킨

다. 이 손실을 없애는 방법으로 굴절률 정합액(index-matching fluid), 즉 굴절률이 광파이버 코어와 같은 투명 액체로 갭을 메우는 것이다. 실제로 광섬유 접속이나 커넥터에서 이 방법을 주로 사용한다. 그림 8.7에 보였듯이 액체는 각 어긋남에 대하여 연결 감도를 증가시킨다.

두 번째 손실 메커니즘이 그림 8.9에 있다. 갭이 존재하면 전송광의 일부가 수신 광파이버에 전송되지 못 하며, 간격이 증가함에 따라 광속의 발산으로 인해 전송되는 광 전력이 수신 광파이버 코어를 더욱 비켜가게 된다. 큰 NA를 가진 광파이버에서는 광속이 보다 빨리 발산하므로 더욱 큰 간격 손실을 가지게 된다. 균일 광 전력 분포를 기준으로 할 때 작은 간격 손실은 다음과 같다[5].

$$L = -10\log_{10}\left(1 - \frac{xNA}{4an_0}\right) \tag{8.6}$$

여기서 n_0는 정합액의 굴절률을 나타낸다. 정합액이 없는, 즉 $n_0 = 1$인 경우 표 5.1의 유리, PCS, 플라스틱 광파이버의 간격 손실 결과를 그림 8.10에 도시하였다. 식 (8.6)은 굴절률 정합액이 갭 손실을 감소시킴을 보여준다. 이것은 2.1절을 참고하면 알 수 있는데, 높은 굴절률 매질(광파이버 코어)에서 낮은 굴절률 매질(공기)로 진행하는 광은 그림 8.11에서 보듯이 코어 단면의 수직선으로부터 급격한 꺾임을 보인다. 복사된 광은 광파이버에서보다 공기 영역에서 빨리 발산한다. 액체에서는 이러한 현상이 일어나지 못 하여 발산을 줄여 전송되

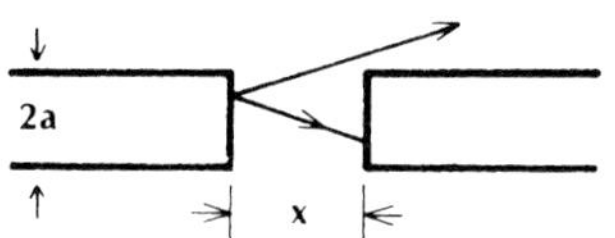

그림 8.9
갭에서는 송신된 광의 일부가 탈출한다.

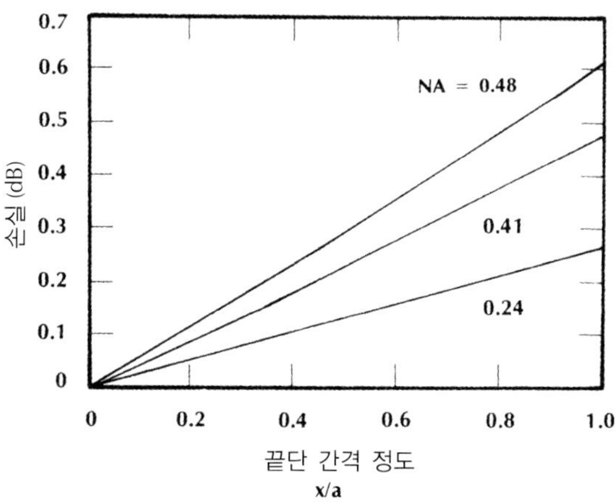

그림 8.10
다중모드 SI 광파이버의 끝단 간격 손실

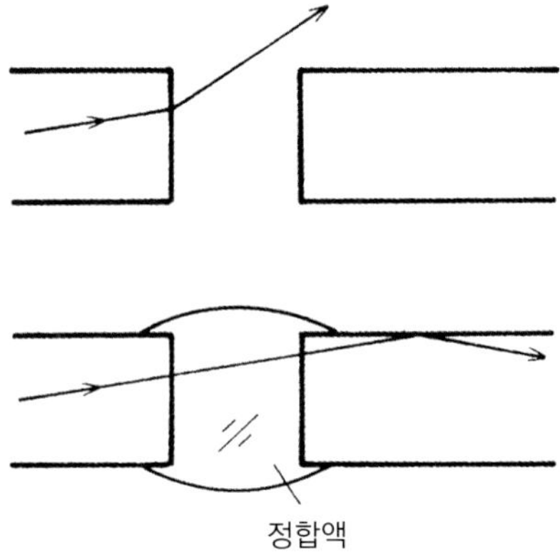

그림 8.11
굴절률 정합액은 광의 발산을 줄임으로써 광파이버 간격 손실을 감소시킨다.

는 광이 보다 많이 수신 광파이버에 들어가도록 한다.

여러 가지 정렬의 어긋남에 대한 다중 SI 광파이버와 상대감도는 그림 8.3, 8.7, 8.10을 비교하여 알 수 있다.

■ 예제 8.4 ■

갖가지 오차에 의한 손실이 0.25 dB이 되도록 다중모드 SI 광파이버의 허용 어긋남을 계산하라. 코어 직경은 50 μm, NA = 0.24이다.

풀이: 축 어긋남이 그림 8.3에서 0.25 dB 손실을 갖는 경우 $d/2a = 0.045$이다. 각 어긋남은 그림 8.7에서 2.4°이다. 끝단 간격은 그림 8.10에서 $x/a = 0.94$이다. 이들 값은 축 치우침 $d = 4.5\ \mu$m, 어긋난 각도 $\theta = 2.4°$, 끝단 간격 $x = 47\ \mu$m의 허용오차를 의미한다.

단일모드 광파이버의 갭 손실은[6]

$$L = -10 \log_{10} \frac{4(4Z^2 + 1)}{(4Z^2 + 2)^2 + 4Z^2} \tag{8.7}$$

로서 $Z = x\lambda/2\pi n_2 w^2$이다. NA = 0.12인 광파이버에 대한 계산 결과가 그림 8.12에 있다. 이 예에서 코어 반경의 10배 간격이 0.4 dB 이하의 손실을 보이므로 갭이 매우 심각한 손실을 일으키는 것이 아니고 다중모드에서와 같이 축 어긋남이 잠재적으로 가장 심각한 문제이다.

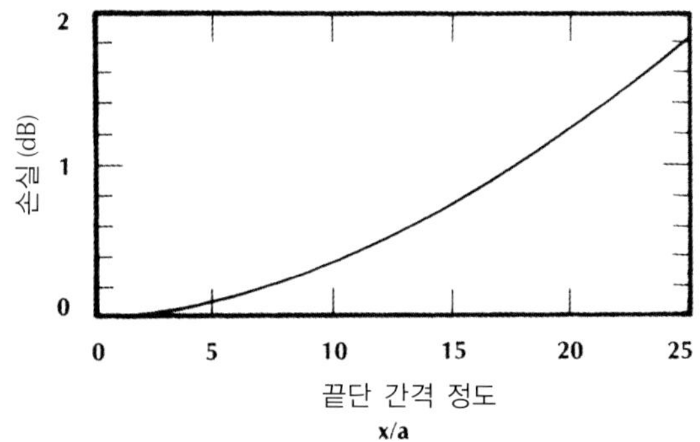

그림 8.12
단일모드 SI 광파이버의 끝단 간격 손실. $V = 2.4$, $w/a = 1.1$, $n_1 = 1.465$, $n_2 = 1.46$, NA = 0.12, $\lambda = 0.8\ \mu$m

8.1.4 매끈하고 평행한 끝단면

매끄럽지 않은 끝단면으로부터 광의 산란은 상당한 손실을 일으킨다. 그림 8.13에서와 같이 광파이버 단면이 광파이버 축에 서로 나란하지 않은 경우 역시 연결 손실을 갖는다. 정합액으로 평탄면이 아닌 단면을 메워 효과적으로 경사면을 제거함으로써 이들 문제를 해결할 수 있다. 그렇지만 매우 낮은 연결 손실을 갖기 위해서는 광파이버 끝은 매끄럽고 평행하여야 한다. 이를 달성하기 위한 기법은 다음 절에서 기술한다.

8.1.5 규격이 다른 광파이버의 연결

NA나 코어 직경이 다른 광파이버의 연결은 흔히 있는 일이다. 예를 들어 피그테일된 광원은 채널용의 다른 광파이버와 함께 사용될 수 있으며, 역시 같은 경우로서 광파이버 간에 직경차가 있을 수도 있다.

코어 반경 a_1의 광파이버에서 코어 반경 a_2인 광파이버로 광 전송시 $a_1 > a_2$인 경우 손실은[7]

$$L = -10 \log_{10}\left(\frac{a_2}{a_1}\right)^2 \tag{8.8}$$

이다. 만약 수신 광파이버가 전송용 광파이버보다 크다면 손실은 없다. 따라서 손실은 단방향성을 가진다. 이 결과는 단순히 그림 8.14와 같이 수신 광파이버가 차지한 전송 광파이버 코어의 면적비이다. 이 계산은 코어 반경의 비율인 a_2/a_1에 따라 감소되는 경우를 제외하면 두 번째 광파이버의 굴절률 분포가 첫 번째와 같을 때는 항상 계단형이나 경사형 굴절률 광파이버에 모두 적절하다. 이 해석에서는 모든 도파 가능모드가 동등하게 여기된

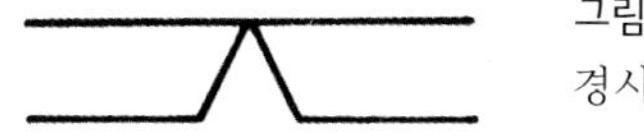

그림 8.13
경사진 끝 단면은 손실을 일으킨다.

그림 8.14
정합되지 않은 코어는 손실을 일으킨다.

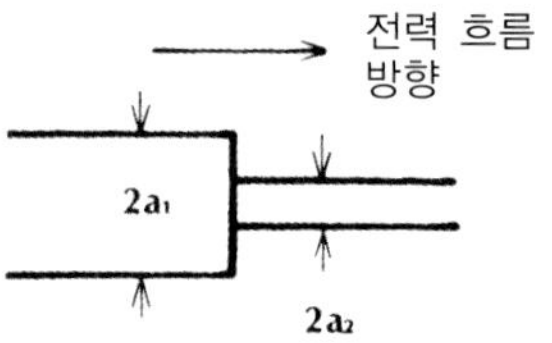

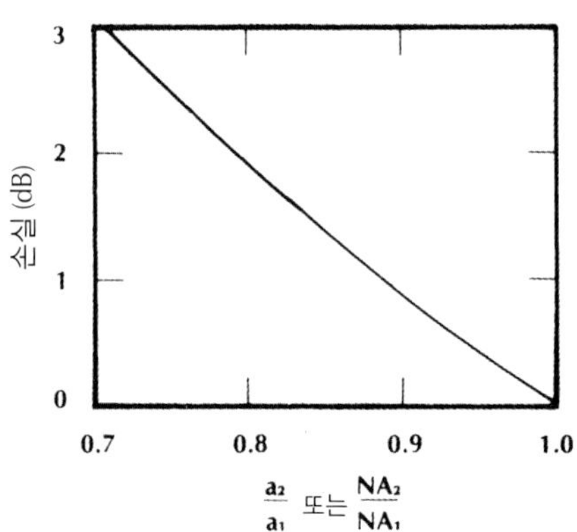

그림 8.15
코어 반경이 다르거나 개구수가 다른 원인에 의한 손실

다고 가정했다. 식 (8.8)이 그림 8.15에 도시되어 있다.

높은데서 낮은 NA의 광파이버로 전송할 때 발산되는 광선의 일부분은 수신 광파이버의 수광허용각 밖으로 이탈된다. 이 개념은 그림 8.16에 있다. $NA_1 > NA_2$인 경우 손실은[8]

$$L = -10\log_{10}\left(\frac{NA_2}{NA_1}\right)^2 \tag{8.9}$$

이다. 만약 수신의 NA가 전송의 NA보다 크다면 어떠한 손실도 없다. 식 (8.9)를 나타낸 그림 8.15에서도 역시 균일한 모드 분포를 가정한 것으로 그림 8.15는 다중모드 SI와 GRIN 광파이버에서도 타당성을 갖는다. GRIN 광파이버에서 축에 대한 NA를 사용하였으며 식 (5.3)에서 정의된 굴절률 분포 파라미터 α는 양쪽 광파이버에서 같아야 한다. SI 광파이버에서 포물선형 GRIN 광파이버로 전력이 전송될 때 같은 축상의 NA와 코어 반경을 갖는

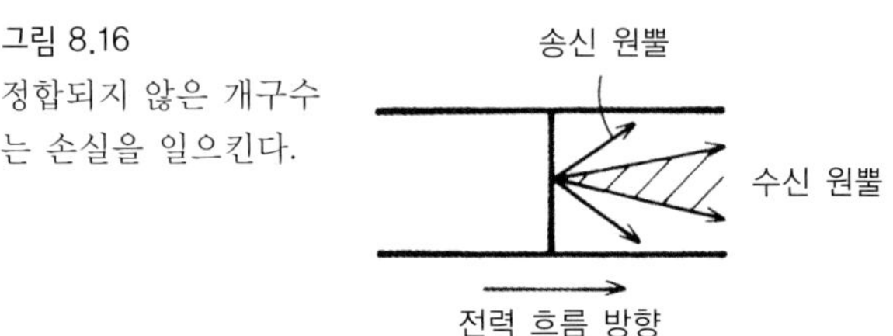

그림 8.16
정합되지 않은 개구수는 손실을 일으킨다.

경우 손실은 3 dB이다. 손실은 수신 GRIN 광파이버의 NA가 코어의 테두리에서 영역으로 감소되는 반면 SI 광파이버는 끝단의 모든 점에서 같은 NA로 발산하기 때문에 일어난다. GRIN 광파이버에서 SI 광파이버로 전력을 전송할 때 손실은 일어나지 않는다.

8.1.6 연결점에서의 반사

이제 광파이버의 연결 메커니즘에 따른 전송 손실 특성을 살펴보자. 반드시 모든 광파이버는 불연속점, 즉 커넥터에서나 광섬유를 접속할 때 송신기 방향으로 반사광이 존재한다. 이 반사광은 고속 데이터 전송에서 동작하는 단일모드 시스템에서는 특히 중요하다. LD로 반사되는 광은 LD에서 방출되는 광 전력이 불규칙한 변화를 갖게 하는 발진 방해를 일으킨다. 즉, LD의 잡음 세기를 증가시킨다. 필요에 따라 반사를 적게 하기 위해서 여러 가지 방법이 사용된다.

광파이버 사이의 갭이 큰 반사가 일어나도록 결합되어 있는 경우 제3장에서 계산한 것과 같이 유리와 공기의 경계면은 4% 정도의 반사를 발생시킨다. 이는 dB $= -10\log_{10} 0.04$로부터 계산하면 14-dB에 해당하는데 반사광은 입사광을 14 dB만큼 낮아지게 한다. 이를 96%의 전송률을 갖는 반사 경계면에 기인하는 0.2-dB 전송 손실로 혼동해서는 안 된다. 광파이버들 사이에 갭이 존재하는 경우 2개의 경계면이 갖는 효과를 포함한다면 반사량은 8% 또는 11-dB가 된다.

반사를 감소시키기 위한 두 번째 방법은 갭을 굴절률 정합액으로 메우는 것이고 두 번째 방법은 광파이버들의 코어를 서로 연결시키는 것이다. 이러한 일반적인 방법이 그림 8.17에 설명되어 있다. 광파이버는 코어가 잘 맞도록 그림 8.17(a)와 같은 형태로 연마하는데 이 기술은 **물리적 접촉**(physical contact: PC) 연결로 알려져 있으며 이 PC 방법으로 약 28 dB의 반사 손실을 실현할 수 있다. 이는 갭이 있는 상태로 연결했을 때와 비교하면 17 dB(28 − 11) 정도의 개선에 해당한다.

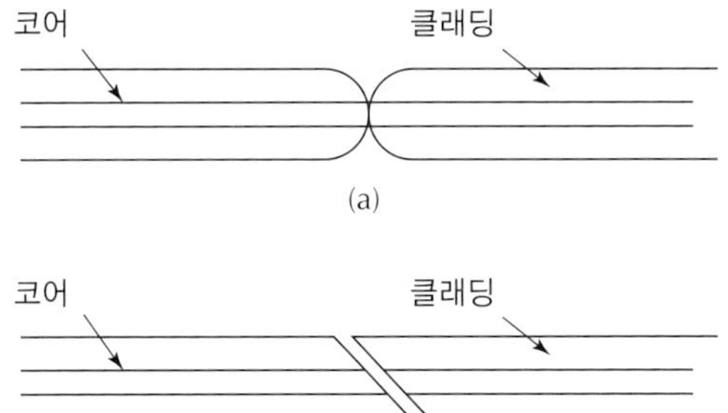

그림 8.17
연결점에서 반사를 줄이기 위한 두 가지 방법 (a) 물리적 접촉 (b) 비스듬한 끝단면

세 번째로 일반적인 반사 최소화 기술은 광파이버 끝단면을 경사지게 연마하는 것으로 그림 8.17(b)에 설명되어 있다. 반사된 광은 기본 모드에서 도파가 되지 않는 모드로 편향되어 광원으로 되돌아가지 않게 된다. 연마 각도가 단일모드 광파이버에서는 5도, 다중모드 광파이버에서는 9도보다 크게 되면 40 dB 혹은 일부의 경우인 60 dB보다 양호한 반사손실을 갖는다. 이는 비록 구현하기는 매우 어려우나 PC 커넥터를 능가하는 방법이다.

이 절의 앞부분에서 말한 몇 가지 주의사항을 반복한다. 앞의 분석은 단지 실제의 광파이버 간 결합 상황을 근사적으로 표현한 것이다. 지적한 이들 내용은 정확하지만 수식 결과는 주의 깊게 사용해야 한다.

8.2 광파이버 끝단 처리

광파이버 끝단 처리의 두 가지 방법은 **줄그어 부러뜨리기**(scribe-and-break 또는 cleaving)와 **장착과 연마**(lap-and-polish)이다[9]. 줄그어 부러뜨리기는 광파이버를 접속할 때 실용적이며, 장착과 연마는 광파이버의 끝을 영구적으로 커넥터 몸체에 부착할 때 사용된다. 이제 설명하는 절차들은 유리 광파이버 전체에 이용될 수 있다.

양자 방법에서 우선 모든 플라스틱 자켓, 케블라 파이버, 버퍼를 스트리퍼(stripper)나 면도날 혹은 날카로운 공구를 사용하여 제거해야 한다. 특히 버퍼를 제거할 때에는 주의를 기울여 클래딩 표면에 긁힌 상처가 나지 않도록 해야 한다. 이러한 기계적인 외피 제거들을 대신하여 염화메틸렌(methylene chloride) 같은 화학물질을 사용하여 코팅을 녹여 제거할 수 있으나 이 물질은 취급하기에 위험하므로 사전에 주의를 요한다. 다음으로 벗겨진 광파이버는 이소프로필 알코올(isopropyl alcohol) 등을 사용하여 깨끗하게 세척해야 한다.

줄그어 부러뜨리기 방법에서 클래딩 바깥 테두리에 다이아몬드 면도날, 혹은 사파이어나 탄화텅스텐 면도날 등의 단단한 공구로 흠을 내는데, 광파이버를 고정하고 직각으로 공구를 밀어 움직이거나 공구를 고정하고 광파이버를 직각으로 움직여 작업한다. 이때 광파이버는 장력을 받고 있어야 한다. 흠집을 낸 후 광파이버를 당기면 장력이 증가하여 광파이버가 부러지는데 일반적으로 0.15 kg 또는 0.33 lb의 힘에 해당하는 1.47 N 이상의 힘이 필요하다. 이 기술을 잘 사용하면 평탄하고 거울 같은 단면을 얻을 수 있다. 훈련된 사람은 수 분 내에 이 작업을 끝낼 수 있다. 줄긋기와 부러뜨림을 기계적으로 수행하는 사용 장비도 있다. 어떤 방법을 쓰든 매끈하고 깨끗한 절단면을 얻었는지 확인하기 위해 끝단을 세심하게 조사해야 한다.

줄그어 부러뜨리기 기술은 광파이버 연결을 위한 가장 신속하고 값싼 방법이다. 그러나 광파이버를 조립이 가능한 커넥터에 사용할 때는 장착과 연마 절차를 따라야 한다. 커넥터에는 수많은 종류가 존재하며 각각의 고유한 커넥터 설계에 따라 장착과 연마 절차가 다르다. 여기서는 대부분의 커넥터에 사용되는 일반적인 준비 절차에 관해 설명한다. 피복이 없는 광파이버가 보통 금속이나 플라스틱 또는 세라믹으로 만들어진 틀의 일종인 훼룰(ferrule) 속에 삽입되는데, 훼룰은 섬세한 광파이버를 정위치에 위치시키고 보호하며 앞 절에서 논의한 손실이 나타나지 않도록 광파이버를 정렬시킨다. 훼룰은 기본적으로 원통형 튜브로 한쪽 끝은 구멍이 작고 반대쪽은 케이블 자켓이 위치하도록 구멍이 큰데, 그림 8.18에 기본적인 개념을 보이고 있다. 정밀 설계에서는 광파이버의 정위치를 구현하기 위하여 훼룰의 한쪽 끝 안에 시계에 사용되는 금속을 삽입하여 훼룰 안의 광파이버가 이것을 통과하여 밖으로 나오도록 한다. 피복이 벗겨진 광파이버와 자켓이 입혀진 광파이버 케이블은 훼룰 내에서 에폭시 처리되어 영구적인 결합 상태가 되는데 에폭시가 광파이버 주위에 남아 있게 된다. 연마하는 동안 안전하게 훼룰을 잡아 주도록 설계된 이동식 연마기를 훼룰에 부착시켜 연마지를 가로질러 움직일 때 광파이버를 유도하여 연마면에 수직으로 광파이버가 놓이게 한다. 이 방법으로 광파이버가 평탄면이 되도록 더욱 고운 입자를 가진 연마기로 계속 세련하면서 광파이버를 매끄럽게 하고 열을 식히고 찌꺼기 입자도 씻어 내기 위하여 물을 사용한다. 연마기와 훼룰, 그리고 광파이버는 연마 정도를 변화시킬 때마다 반드시 헹구어야 한다. 마지막 마무리는 0.3 ~ 1 μm 직경의 입자를 가진 세련제(polishing paste)를 사용한다. 매끈한 평면이 얻어진 후에 연마기를 조립 상태에서 해체하면 광파이버의 단면은 훼룰과 동일 평면이 되고 또한 광파이버 축에 수직으로 있게 된다. 이것으로 장착과 연마 절차는 끝난다.

PCS(plastic-cladded silica)와 플라스틱 광파이버는 유리 경우처럼 부드럽게 연마되지 않으므로 세련방법을 사용한다. 외부 피복, 즉 자켓과 강선 등을 제거하여 클래딩이 포함되어 있는 짧은 길이의 광파이버를 노출시킨다. 광파이버와 자켓은 훼룰이나 실장구조, 혹은 이동식 꺾쇠나 바이스로 보호한다. 다음으로 피복이 벗겨진 광파이버를 원하는 평활도를 얻도록 먼저 설명한 방법으로 연마한다.

매끄러운 단면은 광파이버 측정시에도 필요하다. 그림 8.19에서와 같이 광파이버에서 광

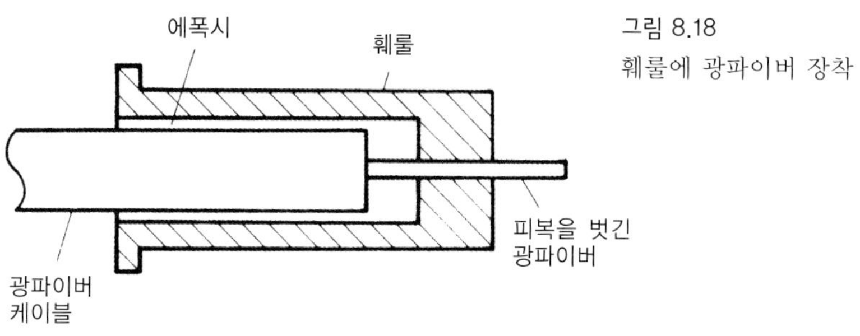

그림 8.18
훼룰에 광파이버 장착

그림 8.19
광파이버의 방사 전계 패턴 측정에 의한 개구수 예측

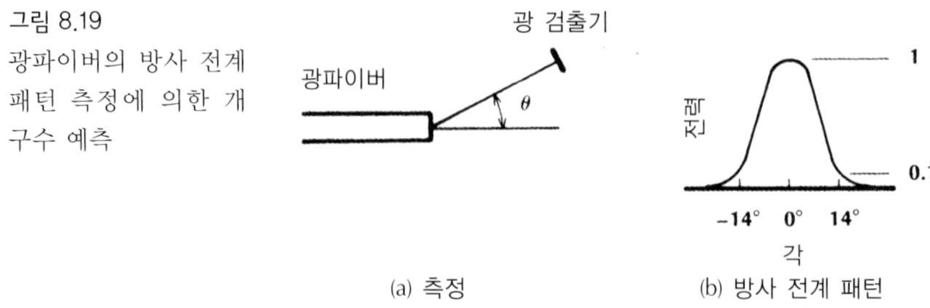

(a) 측정 (b) 방사 전계 패턴

의 발산을 측정하여 실험적으로 NA를 결정할 수 있으며 그림에서와 같은 패턴을 가진다. 사용해 온 이론에 따르면 내부 임계각에 해당되는 각에서 전계 패턴이 급격히 떨어질 것이다. 이 이론에서 비대칭 광선(skew rays), 즉 광파이버 축을 통과하지는 않지만 광파이버에 의해 유도되는 광선은 무시한다. 실험적으로 결정된 수광허용각은 최대값의 10%로 떨어지는 복사 전력이 갖는 각으로 정의한다. 그림 8.19의 측정에서 수광허용각은 14°로서 측정 개구수 NA = sin 14° = 0.24이다.

광파이버의 감쇠 측정 또한 매끄러운 단면을 필요로 한다. 긴 광파이버에 의해 나오는 전력을 같은 짧은 길이의 광파이버 전력과 비교하면 손실이 발견된다. 단위길이당 손실은 두 개의 전력 측정차를 잘려 나간 광파이버의 길이로 나누어 dB로 나타내면 된다.

8.3 광섬유 스플라이스

스플라이스(splices)는 일반적으로 영구적인 광파이버 연결이다[10, 11]. 이에 비해 커넥터는 분리와 재결합이 쉬운 것을 의미한다. 기본적인 스플라이싱은 (1) 두 개의 광파이버를 녹여 붙이거나 (2) 정렬 구조 내에서 접착시키는데, 접착은 접착제나 기계적인 압력 혹은 이 둘을 결합한 방법을 사용한다.

8.3.1 융착 접속

융착 접속(fusion splicing)은 그림 8.20처럼 두 개의 광파이버를 용접하여 만든다. 상용 융착 접속기는 광파이버 끝단을 녹이기 위해 전기적 방전을 사용한다. 광파이버의 끝단 준비는 줄그어 부러뜨리는 방법을 사용하며 광파이버 정렬을 위해서는 광파이버에 부착된 미소 조정기를 이용하고, 정렬 상태는 현미경이나, 기타 다른 확대 장치를 사용하여 육안으로 검사한다.

또한 정렬은 광파이버가 융착되기 전에 접합부를 지나는 전력을 전송하여 검사할 수 있

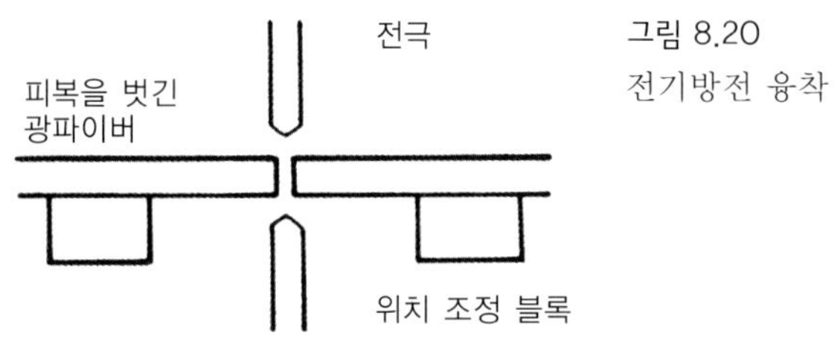

그림 8.20
전기방전 융착

는데 송신기와 수신기가 스플라이스 접점에서 수백 미터 떨어져 있다면 측정이 어렵고 시간소모가 클 것이다. 이 문제를 해결하는 방법이 **광 주입검출**(light injection and detection: LID) 시스템이다. LID에서 접속 부위에 가까운 10~20 cm 거리에서 광파이버 한쪽에 광이 주입되고 역시 반대쪽 광파이버의 가까운 거리에서 검출용으로 광을 추출한다. 주입과 추출은 작은 반경을 갖는 원통 주위에 팽팽히 광파이버를 감아서 하는데 이 밴드는 아주 팽팽하여 보통 수 밀리미터의 직경을 갖는다. 이러한 방법으로 입력 광파이버의 밴드에 광원을 두어 에너지를 결합시키고 출력 광파이버의 밴드에 광 검출기를 두어 에너지를 추출한다. 대부분의 단일모드 광파이버에서 버퍼 코팅은 투명하므로 LID 결합시에 제거할 필요가 없다. 반면에 어떤 코팅은 식별용으로 불투명한 물감으로 덧칠된 경우도 있다. 이 경우 덧칠을 제거해야 하는데 보통 아세톤 등의 용해제를 사용한다.

광 기술을 사용하면 융착 전에 광파이버를 자동 정렬할 수도 있다. 영상처리기법(image-processing techniques)을 통하여 접합 영역의 광학적 영상과 전자적으로 계산한 정합 각도를 견주어가며 코어 굴절률 분포가 최적으로 일치할 때까지 접속될 두 광파이버를 조정한다. 이 방법은 **분포 정렬**(profile alignment) 또는 **고해상도 직접 코어 모니터링**(high-resolution direct-core monitoring)으로 기술된다.

제5장에서 기술한 바와 같이 측면으로 쌓여진 다심 광파이버가 리본 형태로 제작될 수 있는데 이 경우 광파이버의 접속은 하나씩 해야 하므로 많은 시간이 소모된다. 이를 해결하기 위하여 리본 안에 있는 모든 광파이버를 동시에 융착할 수 있는 융착 접속기가 개발되어 있다. 이때 광파이버들은 기계적으로 정열되고 한 번의 아크(arc) 방전으로 모든 광파이버를 가열하고 일시에 모든 광파이버를 융착 접속시킨다. 예로서 단일 리본 안에서 12개의 광파이버가 동시에 융착될 수 있다.

융착 접속 동안 표면장력은 광파이버 축을 정렬시키려 하므로 측면 어긋남을 최소화할 수 있다. 상용 융착 장비에 의한 스플라이스는 단일모드 광파이버의 경우에 일반적으로 0.02 dB의 손실을 가지며 다중모드 광파이버는 0.01 dB의 손실을 갖는다. 융착 면적은 RTV, 에폭시, 혹은 열 수축 튜브로 감싸 보호할 수 있으며 융착 작업은 전 유리 광파이버(all-glass fibers)의 다중모드와 단일모드 모두에 사용할 수 있다.

8.3.2 접착 접속

그 동안 접착 결합을 사용하는 광파이버 접속을 위하여 많은 정렬 형태가 제안되어 왔다. 그들 중 몇 가지가 그림 8.21에 있다. 이들 구조들은 모두 광파이버의 기계적 정렬 후 결합 부위에 힘을 가한 형태이다. 광파이버는 에폭시에 의해 고정되는데 에폭시가 경화하는 데는 시간이 걸리므로 즉시 사용할 수는 없다. 경화시간은 열을 가하거나 자외선을 조사하여 줄일 수 있다.

V-블록은 가장 간단한 기계적 스플라이스이다. 피복 없이 연결되는 광파이버는 홈 속에 위치하는데, 이때 특히 각 정렬을 잘 제어할 수 있다. 광파이버는 상호접촉이 될 때까지 홈 속에 밀어 넣은 후 그 위치에 에폭시 처리를 하므로 영구접속이 되어 끝단 간격 오차를 최소화할 수 있다. 에폭시로 광파이버를 굴절률 정합시키면 작은 갭은 허용될 수 있다. 홈 속의 축 어긋남은 양쪽 광파이버의 코어와 클래딩의 직경이 같고 클래딩 중심에 코어가 있다면 무시할 수 있다. 코어의 치우침을 검사하는 방법은 출력 광파이버를 회전시키면서 전송전력을 조사하면 된다. 이때 완전한 구조의 동일한 광파이버 연결은 모든 방향에 대해 같은 전력을 출력할 것이다. 만약 광파이버가 이심의 코어를 갖는다면 그림 8.21의 어떤 스플라이스로도 이를 보상할 수 없으며 스플라이스를 보호하기 위해 V-블록 위에 덮개를 씌울 수도 있다.

그림 8.21의 정밀 슬리브(precision sleeve)는 클래딩이 있는 광파이버의 삽입을 위해 충분히 큰 구멍을 가져야 한다. 슬리브의 끝은 보다 쉽게 광파이버를 받아들일 수 있도록 안쪽

그림 8.21
기계적 스플라이스

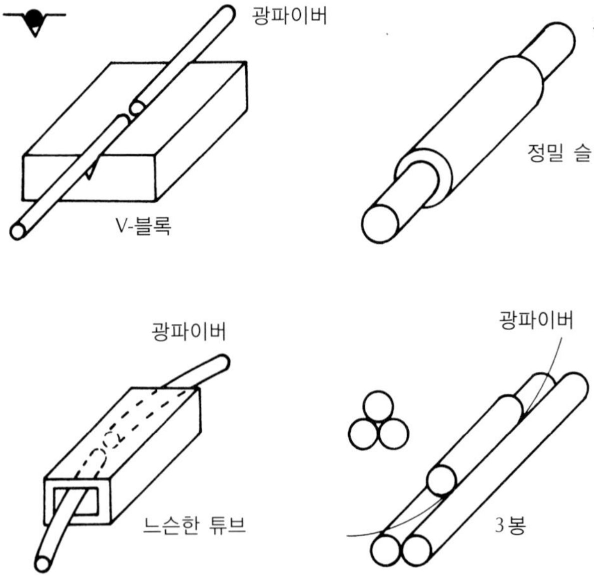

으로 점점 가늘어지는 형태이며 광파이버를 슬리브에 삽입하기 전에 끝단에 굴절률 정합 에폭시를 넣을 수도 있고, 다른 방법으로 슬리브의 측면에 뚫린 구멍으로 광파이버 접촉 상태를 관찰하거나 에폭시나 혹은 굴절률 정합액을 투입할 수도 있다. 슬리브는 보통 금속이나 플라스틱 재질을 사용한다. 접속 기술의 하나로서 슬리브 재료에 부드러운 플라스틱을[12] 사용할 수 있는데, 이는 광파이버보다 약간 작은 구멍을 가진 플라스틱 슬리브 속으로 광파이버를 넣어서 재료의 탄력성을 이용하여 축 정렬이 가능하며 이 재질을 사용하면 클래딩 직경이 다른 광파이버 축의 측면 정렬도 가능하다.

그림 8.21의 느슨한 튜브 스플라이스(loose-tube splice)는 흥미롭다. 두 광파이버는 튜브 속에서 자유롭게 떠 있도록 삽입되고, 이때 휘어진 광파이버는 튜브를 회전시켜 정렬되며 에폭시로 이를 고정시킨다.

세 개의 정밀 유리나 금속봉을 그림 8.21과 같이 위치시켜 광파이버 정렬을 할 수 있다. 봉의 직경은 3개의 봉접합에 의해 만들어진 구멍이 광파이버를 받아드릴 수 있도록 충분해야 한다. 삽입되는 광파이버에 굴절률 정합액을 가한 후 광파이버끼리 접촉될 때까지 구멍 속으로 밀어 넣는다. 이 구조 외측에는 열 수축 튜브가 있어서 열을 가하면 봉들을 압박하게 되고 광파이어를 압착시킨다.

앞서 설명한 것들에 대한 스플라이스가 그림 8.22에 있다. 유리봉이 함께 녹여져서 4개의 V-홈을 형성한다. 봉 간격이 광파이버보다 크며 봉의 다발 끝이 굽혀져 홈 속에 들어 있는 광파이버에 힘이 가해지도록 되어 있는데 마치 느슨한 튜브 정렬과 매우 유사하다. 유리 유도관 속에는 굴절률 정합, 자외선 경화에폭시로 채워져 있는 것도 있어 준비된 광파이버가 접촉할 때까지 나팔꽃 모양으로 벌어진 입구 속으로 밀어 넣은 후 에폭시를 자외선 조사시켜 완전한 결합을 이룰 수 있다.

정밀 기계구조를 사용하지 않고 광파이버를 정렬시키는 스플라이스 기술이 그림 8.23의 회전 기계식 스플라이스(rotary mechanical splice)이다. 이 스플라이스에서 청동제의 정렬 클립 안의 봉은 훼룰의 구멍은 중심에 있지 않아 전송 전력을 제어하면서 훼룰을 회전시켜 두 광파이버를 정렬한다. 훼룰이 투명하기 때문에 정렬 후 UV 경화에폭시로 정위치에 고정시킬 수 있다. 회전식 스플라이스는 능동적인 정렬방법으로 단일모드 광파이버를 연결하는데 적합하며 0.1 dB 이하의 손실을 기대할 수 있다.

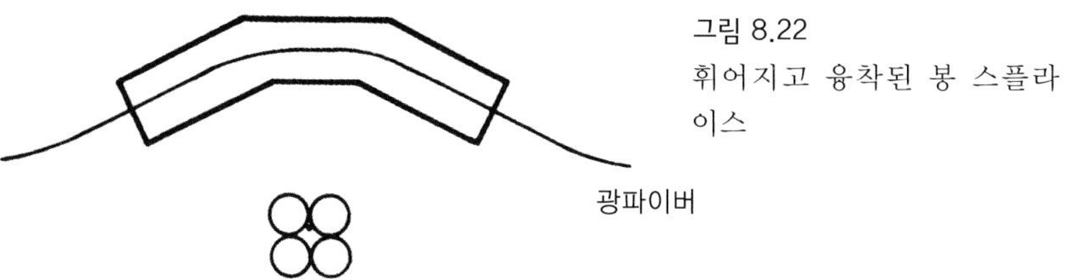

그림 8.22
휘어지고 융착된 봉 스플라이스

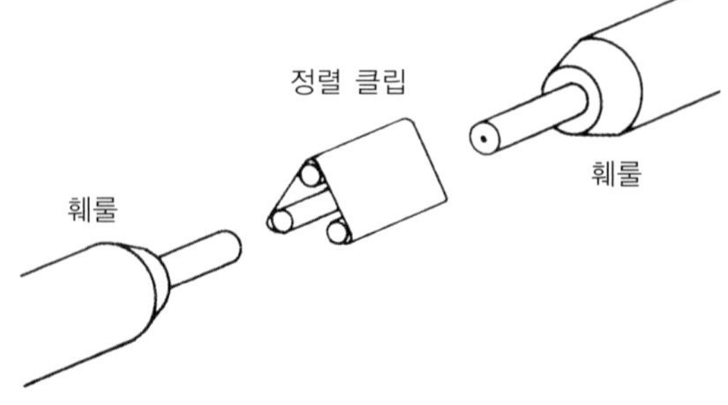

그림 8.23
회전 기계식 스플라이스(출처: AT & T 생산자 연구 보고서. American Telephone and Telegraph Co., NY, 1985.)

회전식 스플라이스는 광파이버의 축상 중심구멍을 가진 하나의 훼룰을 갖도록 제작된다. 이 단일 부품은 설치자에 의해 길이의 중간에서 분리되도록 제작한다. 두 부분은 스플라이스되는 두 광파이버용의 훼룰이 된다. 훼룰은 부착된 탭을 가지므로 분리되기 전과 같은 동일한 정렬이 되도록 재결합할 수 있다. 광파이버는 영구적인 에폭시로 훼룰에 부착한 후 연마하고 양쪽 훼룰의 탭은 금속 클립에 정확히 결합할 수 있다.

다른 스플라이스 구조는 재질로서 탄성체를 사용한 정밀 슬리브가 있는데 이는 축을 따라 파여진 V-홈을 갖는 실린더 형태이다. 홈은 광파이버보다 작지만 광파이버가 들어갈 때 약간 넓어져서 광파이버를 중심에 위치시킨다. 겔 윤활제를 사용하면 광파이버 삽입을 손쉽게 할 수 있다. 광파이버가 원통의 양쪽으로부터 넣어져 중간 지점에서 접촉하게 한다. 다음으로 영구접속을 위해 에폭시 처리를 한다. 여타의 스플라이스와 마찬가지로 외부 스플라이스 유지기(external splice holder)나 보호대가 스플라이스의 완전한 보호를 위해 필요하다.

8.3.3 비접착 즉석 접속

정밀한 유리슬리브(glass-sleeve)와 탄성체 스플라이스로 구성된 정착물이 연결된 두 광파이버의 코팅 위를 고정시키는 데 사용될 수 있는데 어떠한 에폭시도 필요하지 않다는 장점을 가지며 건조시간이 필요 없다. 스플라이스 방법은 광파이버의 클래딩 쪽으로 반인치 정도의 짧은 길이 표피를 제거하고, 단면 준비용으로 줄그어 부러뜨린 다음, 유리 모세관(glass capillary) 같은 정밀한 슬리브나 홈 속에서 두 광파이버가 서로 맞닿을 때까지 밀어 넣은 후, 압박 장치에 의해 광파이버 코팅부분을 조이면 된다. 가끔씩은 광파이버의 삽입을 용이하게 하거나 빈틈을 채우기 위해서 굴절률-정합 젤(index-matching gel)을 스플라이스하기 전에 사용한다. 잠금 메커니즘에는 PIN 바이스나 드릴 선반에서 사용되는 스프링 클립과 잠금 너트가 포함된다. 이러한 형태의 스플라이스는 조립이 빠르고 상대적으로 값이 싸다. 접속하는 데 걸리는 시간은 일반적으로 60초 정도이다. 이러한 즉석 접속의 대부분은 클래딩 직경이 125 μm인 표준 광파이버를 위해 설계되며 손실 평균은 0.2 dB보다 좋다.

많은 생산자들은 이러한 에폭시를 사용치 않는 압박 형태의 스플라이스를 생산하고 있으며 단일모드와 다중모드 모두 즉석 접속이 가능하다.

8.3.4 리본 접속

5.8절의 리본 광파이버는 그림 8.24의 구조를 사용하여 연결할 수 있는데, 벗겨진 광파이버는 실리콘 칩을 에칭하여 만들어진 정밀 홈 속에 놓여진다. 이들 양성칩(positive chips)은 양면에 홈이 파여져 있으며, 또 다른 양성칩은 광파이버를 덮어 씌우고 있다. 이 구조는 영구적 결합구조이고 단면은 세련되어 있으며, 두 번째 광파이버 리본도 역시 같은 방법으로 준비한다. 스플라이스 자체는 그림에서처럼 음성칩(negative chips) 위에 양성칩을 둠으로써 얻는다. 음성칩은 두 개의 양성칩 모두에 걸쳐 있어 이들을 정렬한다. 때때로 스플라이스로 불리지만 이들 구조는 별 어려움 없이 연결과 분리를 할 수 있다. 이 기술의 장점은 공장에서 광파이버를 연결한 후 현장에서 스플라이스시킬 수 있다는 점이다. 양성칩을 쌓아 커넥터 세트를 만들면 다중 리본 케이블의 리본을 각각 붙일 수 있다.

리본 광파이버는 또한 앞에서 설명한 바와 같이 비접착 즉석 접속방법을 사용하여 접속될 수 있으며 12개의 광파이버를 한꺼번에 혹은 개별적으로 포함하는 리본이 단일 유닛으로서 접속될 수도 있다. 어떤 설계에서는 피복을 벗기고 줄그어 부러뜨린 리본 광파이버를 평행 홈에 정밀하게 정렬시키고 클립으로 고정하였다.

8.3.5 커넥터 손실과 선택

융착과 회전식 스플라이스는 능동적 정렬을 필요로 하는 단일모드의 연결 기술에 속한다. 일반적으로 단일모드 광파이버 연결시 일어나는 작은 기계적 허용오차도 손실을 일으키므로 0.05 dB 이하의 허용오차를 갖는 최고 효율을 얻기 위해서는 능동적 정렬이 요구된

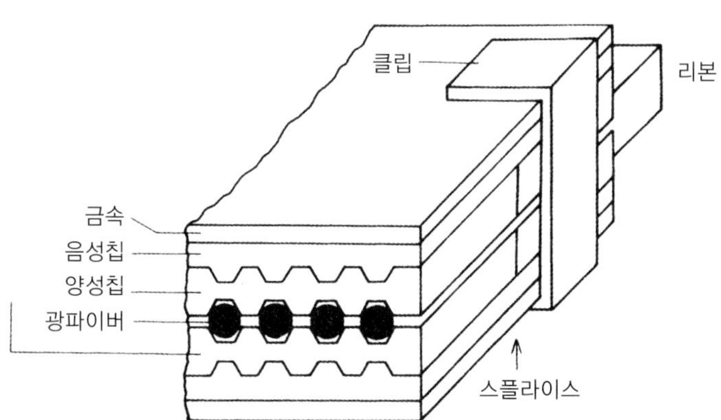

그림 8.24
리본 스플라이스의 내부 단면도. 광파이버가 만나는 위치는 화살표로 표시하였다.

다. 반면 능동적 정렬을 사용하지 않는 단일모드 연결은 0.1에서 0.2 dB의 다소 높은 손실을 갖지만 편리하다는 장점이 있다.

지금 소개한 예로부터 많은 스플라이스 기술이 존재한다는 것은 분명하므로 설계자는 이미 개발된 여러 방법 중에서 선택하여 독창적으로 새롭고 개선된 방법을 사용할 수 있다.

성능이 좋은 기계적 스플라이스는 동일한 광파이버 연결시 0.1 dB 이하에서 1 dB 이하까지의 손실을 가진다. 가장 낮은 손실을 얻기 위해서는 광파이버 끝단을 깨끗하게 하는 것이 꼭 필요하다. 앞 절에서 열거한 정렬 어긋남에 의한 손실을 갖는 실제적인 스플라이스의 효율을 비교해 보면, 제조업체들이 높은 정확도의 광파이버 위치 선정을 제공하는 기계적 스플라이스의 설계 능력이 있다는 것은 분명해진다.

광파이버가 부착된 후 남아 있는 외피가 제거된 광파이버는 에폭시, 락카, 혹은 RTV 등으로 재코팅하여 마모로부터 광파이버를 보호한다. 모세유리관 튜브로 스플라이스를 싸는 경우처럼 몇몇의 경우에 접속장치는 그 자체로서 피복이 벗겨진 광파이버를 보호한다.

8.4 커넥터

주목할 만한 연결장치들이 커넥터 설계자들과 광파이버 사용자들에 의해 검증받아 왔고, 효과적인 결합을 위해 요구되는 엄격한 기계적 허용오차는 설계하기 어렵고 제작비가 비싼 고급 커넥터를 만들어 왔다.

8.4.1 커넥터 요구사항

성능이 좋은 커넥터는 다음과 같은 사항을 만족해야 한다.

1. 저손실: 커넥터 조립 부속품은 커넥터 결합시에 정렬의 어긋남이 최소가 되어야 하며 스플라이스와 달리 접합부는 볼 수 없으므로 위치 교정은 불가능하다. 시스템이 커넥터를 포함하고 있다면 효율적인 커넥터를 가지고 있어야 한다. 예를 들어 5개의 커넥터가 사용되고 각 2 dB의 손실을 갖는다면 전체 손실은 10 dB이 되어 수신기의 가용출력은 10분의 1로 줄어든다.
2. 반복 결합성: 반복되는 연결시에도 결합 효율이 변하지 말아야 한다. 즉, 커넥터 손실은 항상 일정해야 하다.
3. 예측가능성: 똑같은 커넥터의 조립부품과 광파이버를 사용하는 경우에는 반드시 같은 결합 효율을 나타내야 한다. 다시 말하면 조립자의 숙련도에 따라 손실이 상대적으로 변해서는 안 된다.

4. **긴 수명:** 반복되는 결합으로 인해 효율이나 결합 강도가 저하되어서는 안 된다. 연결된 커넥터 손실은 시간에 따라 변하지 말아야 한다.
5. **내구성:** 커넥터에 가해진 힘이나 케이블에 가해진 장력에 의해 연결 상태가 악화되지 않아야 한다.
6. **안정된 환경 특성:** 연결부분은 높은 온도 변화, 습도, 화학적 침해, 먼지, 고압, 진동 등을 견딜 수 있어야 한다.
7. **조립의 용이성:** 광파이버를 준비하여 이것을 훼룰에 붙이는 데 어렵거나 시간이 소모되어서는 안 된다.
8. **사용상의 용이성:** 커넥터의 연결과 분리가 손쉬워야 한다.
9. **경제성:** 정밀 커넥터는 가격이 비싸며, 보다 가격이 낮은 커넥터는 보통 플라스틱인데 성능이 좋지 않을 수 있다.

대부분의 커넥터는 맞댐이음(butt joint)이 되도록 설계되어 광파이버 양단을 보다 가깝게 위치시킨다. 맞댐으로 설계된 커넥터는 직선 슬리브(straight-sleeve), 끝이 가늘어지는 슬리브(tapered-sleeve), 중첩 커넥터들로 이루어진다. 렌즈가 장착된 커넥터는 맞댐 형태의 대안이다. 이 절의 나머지 부분에서 설명할 커넥터 조립품은 성공적으로 광파이버를 연결하는 일반적인 방법을 보여주고 있다. 따라서 특정한 상용 커넥터의 전 내용을 설명하지 않고 그들이 갖는 공통적인 특징을 소개한다.

8.4.2 전통적인 커넥터

맞댐 커넥터는 일반적으로 각각의 광파이버용 훼룰과 훼룰이 꼭 맞게 들어가는 정밀 슬리브로 이루어진다. 그림 8.25는 직선 슬리브 개념을 보여주는데, SMA 동축 커넥터 모양으로 설계된 것이다. 축과 각 정렬은 관 모양으로 된 슬리브 속에서 훼룰의 부드러운 접촉을 통해서 이루어진다. 따라서 정밀한 허용오차가 요구된다. 끝단 갭은 간격 정렬 가장자리를 통과한 훼룰 길이와 슬리브의 길이에 의해 결정된다. 장착되는 정렬 슬리브의 끝부분은 유도링에 맞춘 후 슬리브를 돌려서 연결시킨다. 그림 8.25의 케이블은 튜브에 에폭시 처

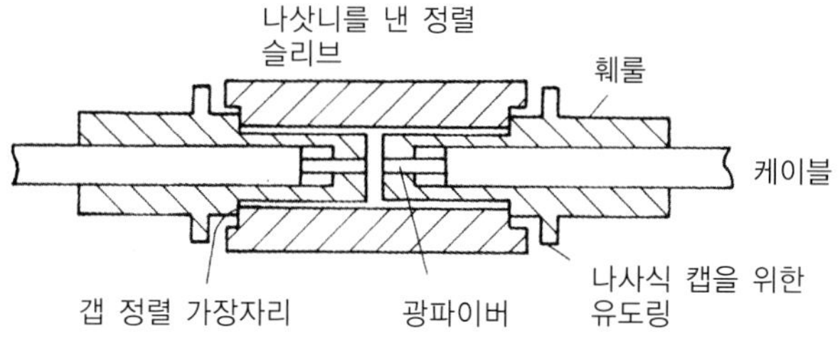

그림 8.25
직선 슬리브 커넥터

리한 후 꽉 끼게 하여 강도를 높인다. 다른 방법으로는 그림 8.26처럼 보다 높은 강도를 갖게 하기 위해 케블라 끈이 훼룰에 주름이 잡히도록 한다. 이렇게 하면 케이블 장력이 강력한 케블라 구조로 이동되어 약한 광파이버는 장력을 덜 받게 된다. SMA 광파이버 커넥터는 1970년대에 개발된 가장 오래된 구형 중에 하나이나 현재에도 사용되고 있다.

테이퍼-슬리브(tapered-sleeve), 즉 쌍원추형(biconical) 커넥터가 그림 8.27에 있는데 주물로 만들어진 플라스틱으로 구성된다. 테이퍼 형태로 가늘어지는 슬리브는 끝이 가는 훼룰을 수용하고 유도 정렬을 하는데, 커넥터의 반복되는 착탈에도 마모는 거의 발생하지 않는다. 케이블은 직선 슬리브 커넥터의 케이블 부착과 마찬가지로 접착제나 조이는 구조에 의해 훼룰 속에 있게 된다. 광파이버 끝단 간격은 전적으로 기계적 구조에 의해 결정되는데, 그림 8.27에서 유도링은 광파이버가 너무 근접하게 되는 것을 막는다. 유도링이 슬리브에 의해 구속되지 않는다면, 즉 그림 8.27에서 정렬 슬리브의 길이가 너무 짧다면 캡은 잠금 나사캡에 의해 좌우된다. 대부분의 일반적인 끝이 가늘어지는 커넥터 형태는 1976년 벨 연구소에 의해서 개발되었으며 두 개의 광파이버 사이의 힘을 감소시키기 위하여 스프링이 내장되어 있다.

이 절 앞부분에서 기술한 것과 같이 SMA 커넥터는 나사를 이용하여 결합과 분리를 하므로 상당히 편하다. 이보다 신속한 결합과 분리는 ST 커넥터 같은 비나사형 구조로도 가능하다[14]. 이 커넥터는 키(key)가 장착되고 스프링이 달린 그림 8.28의 구조를 하고 있는데, 이것은 결합 축받이통(coupling bushing)에 부착되며 동축 BNC 커넥터와 매우 유사하다. 훼룰에 붙어 있는 스프링은 커넥터 양 끝의 접촉을 유지하지만, 광파이버 사이의 힘은 기타 다른 잠김 구조에는 의존하지 않고 스프링 힘에 의해서만 결정되도록 설계되어 있다. 키는 여러 번의 결합시에 광파이버가 돌아가지 않도록 하여 일정한 손실을 유지하는 역할

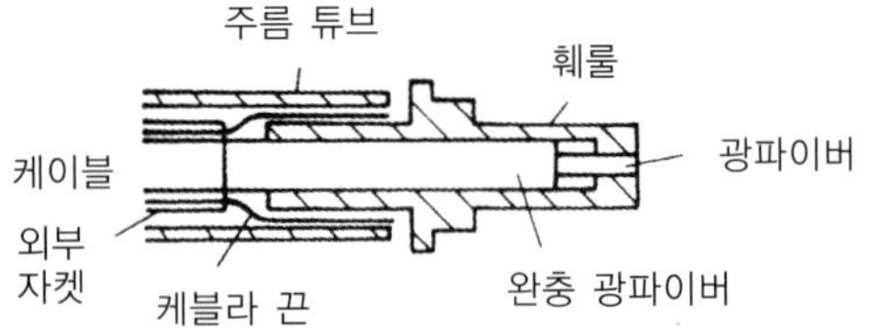

그림 8.26
케블라 끈 인장선은 훼룰에 오그라뜨려질 수 있다.

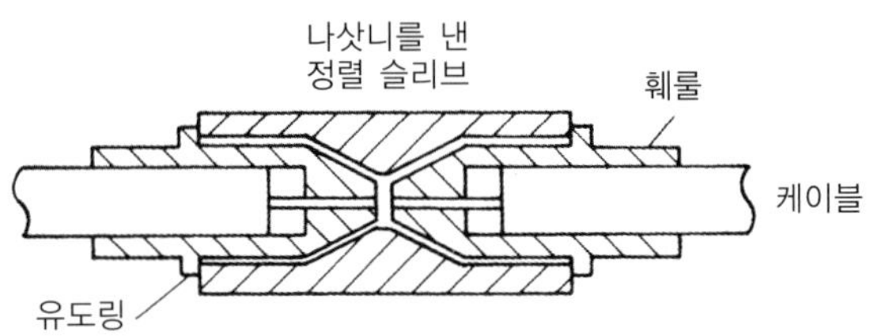

그림 8.27
테이퍼-슬리브 커넥터. 캡은 훼룰 위에 걸쳐 고정되고 유도링에 맞대어 얹히며 연결을 보호하기 위하여 나삿니를 낸 슬리브상에서 조여진다.

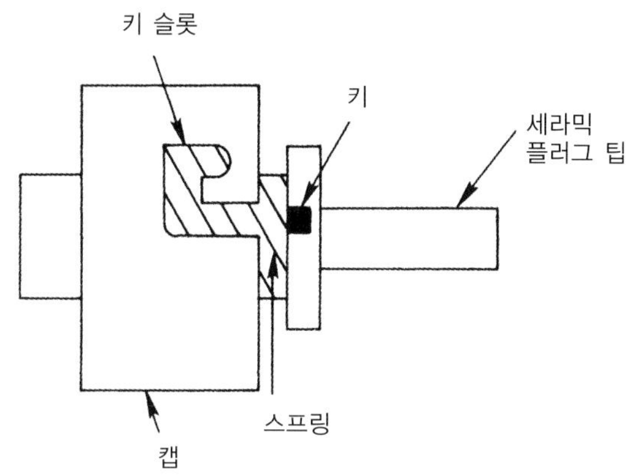

그림 8.28
ST형 커넥터는 키가 있는 스프링 부하 방식이다.

을 한다. 이 ST는 물리적 접촉성 커넥터이다.

FC 커넥터는 일본 NTT(Nippon Telegraph and Telephone Corp.)에 의해서 개발되어 있으며 납작한 끝단면을 갖는 **면접촉**(face contact: FC) 커넥터로서 물리적 접촉성(FC/PC) 커넥터로 변형되어 사용될 수 있다.

NEC(Nippon Electric Corp.)에 의해 개발된 D4 커넥터는 키가 장착되고 스프링을 내장하고 있다.

그림 8.29에 나타낸 SC 커넥터(square/subscriber connector)는 NTT에서 1986년 개발하였고 바깥 몸체는 주물로 만들어진 사각 형태의 플라스틱으로 되어 있다. 물론 훼룰은 원통형이다. 결합은 커넥터를 결합 슬리브(mating sleeve)로 밀어 넣어서 하는데 그림 8.29에서 결합 슬리브는 나타나지 않는다. 스프링 클립이 연동되면 바깥쪽 몸체와 결합 슬리브는 고정된다. 분리는 플라스틱 클립이 풀어지도록 간단히 결합관으로부터 바깥 몸체를 당겨서 하므로 **푸시풀**(push/pull) 형태이고 사각형 몸체는 반복되는 결합시에 훼룰 회전을 방지하며 다른 전통적인 형태의 커넥터보다 결합도가 우수하다.

사각형 몸체와 푸시풀 결합은 다른 기존 형태의 커넥터에 비해서 SC 커넥터가 서로 좀

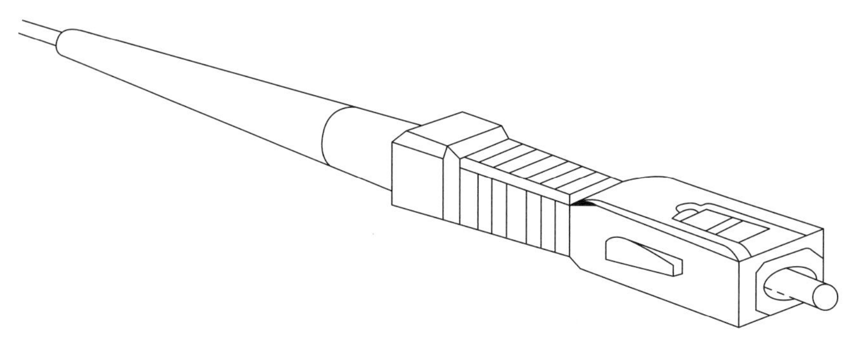

그림 8.29
SC 커넥터

더 가까이 위치할 수 있도록 해 준다. 예를 들어 SMA와 ST 커넥터는 손으로 몸체를 잡고 돌려야 하므로 커넥터 사이에 공간이 있어야 한다. SC는 짧은 거리 내에서 커넥터를 푸시풀할 수 있다. 바꾸어 말하면 SC는 패치 판에서 허락되는 범위 내로 고실장밀도를 구현할 수 있다.

EC(European Communities) 커넥터는 프랑스의 라디알르(Radiall S. S)에 의해서 개발되었는데 SC 커넥터와 같이 딱딱한 사각 외관을 하고 있으며 푸시풀 기능을 갖고 실리콘베이스 굴절률 정합 물질이 연결되는 두 광파이버 코어 사이에 삽입되어 있어 60 dB보다 낮은 반사 손실을 갖는다.

8.4.3 SFF 커넥터

전화, 케이블 TV, 구내 배선, 광파이버와 탁상용 컴퓨터의 연결, 그리고 LAN 응용을 위해서는 SC 형태의 커넥터로 얻을 수 있는 것보다 훨씬 큰 실장밀도가 필요하다. 이러한 요구에 의해 **소규모 형태 요소**(small form factor: SFF) 커넥터라는 독특한 이름의 많은 소자들이 개발되었다. 이들 커넥터들은 기존 SC 커넥터의 절반 크기이며 동선 연결에 사용되는 8핀 모듈 잭 RJ-45와 거의 같은 크기이다. 훼룰 크기는 기존 커넥터가 2.5 mm인 대신에 몇 가지 SFF 설계에서는 1.25 mm이다. SFF 커넥터는 기존의 커넥터와 비교하여 실장밀도가 2배이다. 좀더 중요한 SFF 커넥터들로는 MT-RJ, SC-DC, MU, LC, 그리고 VF-45가 있다. 이것들은 SC와 유사한 푸시풀형 커넥터이다.

기계적 전달 일치 잭(mechanical transfer registered jack: MT-RJ)은 소형 이중 커넥터(duplex connector)이고 두 개의 광파이버 라인이 동시에 연결될 수 있다. 9.1절에서 자세하게 소개하는 광파이버 분산 데이터 인터페이스(fiber distributed-data interface: FDDI) LAN에서는 다른 많은 LAN 응용들에서 그렇듯이 이중-광파이버 케이블(duplex-fiber cable)을 사용한다. RJ는 8핀 모듈로 동선 종단에 대한 커넥터와 같이 연결은 두 개의 연마된 광파이버를 커넥터 속으로 삽입함으로써 만들어진다. 이것들은 접속에 관한 앞 절에서 설명한 것과 유사하게 정렬되고 V-홈 속에서 두 개의 수신 광파이버에 접촉하여 맞대지게 된다. 굴절률 정합 젤은 조금이라도 생기는 빈틈을 채우고, 완전한 조임을 이루는 메커니즘은 광파이버를 안전하게 고정한다.

SC-DC(SC type dual contact) 또한 이중 커넥터인데 이것은 소형 SC 커넥터와 비슷하며 종단 처리 절차는 MT-RJ와 같다.

MU 커넥터 또한 SC와 유사하다. 에폭시를 사용하여 훼룰 안에 광파이버를 안전하게 고정한 다음에 세척과정과 연마과정을 거쳐 광파이버를 준비한다.

Lucent에서 개발된 LC 커넥터는 SC 커넥터의 절반 크기이다. 이것은 MU 커넥터와 마찬가지로 광파이버 끝단을 안전하게 준비하기 위하여 에폭시와 연마를 사용한다.

위에서 주목한 바와 같이 표준 8-위치(standard eight-position) 동선 종단이 RJ-45 잭인 것처럼 Volition VF-45는 V-홈을 사용하여 위치가 고정되며 단면이 연마된 광파이버를 사용한다.

8.4.4 중첩 커넥터

중첩 커넥터(overlap connectors) 개념이 그림 8.30에 있으며 구조는 V홈 스플라이스와 유사하며 연마된 광파이버는 둥근 홈에 놓여진다. 연마기는 작업하는 동안 광파이버를 잡아줄 뿐 아니라 광파이버 길이를 정확히 제어하는 데도 쓰인다. 홈 부분은 연질의 플라스틱으로 만들어져 결합시에 되도록 죄어지도록 되어 있다. 이 재질에 압력이 가해지면 탄성재질은 광파이버 형태로 되어 공통 중심선상에 양쪽 광파이버가 나란히 정렬됨으로써 축 정렬이 개선된다. 잠겨진 상태에서 커넥터 위, 아래 양쪽은 떨어져 있고 광파이버 끝단은 겨우 닿는 상태로 위, 아래 두 부분이 함께 눌러져 조임 장치에 의해 잠기게 되며 커넥터 분리시에는 조임 장치가 펴진다.

8.4.5 렌즈장착 커넥터

렌즈장착 커넥터가 그림 8.31에 있다. 전송 광파이버로부터 복사되는 확장된 빔은 렌즈에 의해 조준된다. 광파이버와 렌즈 간 거리는 제2장에서 보았듯이 초점거리와 같아야 한다. 수신기에서도 역시 이와 동일해야 한다. 이러한 형태는 렌즈 간격에 관계 없이 확대율이 1인 결상시스템으로서 빔이 연결면에서 확대되기 때문에 축 어긋남에 대한 감도는 맞댐이음(butt joint)하는 것에 비해 감소된다. 식 (8.1)과 그림 8.3의 축 어긋남 손실은 확대된

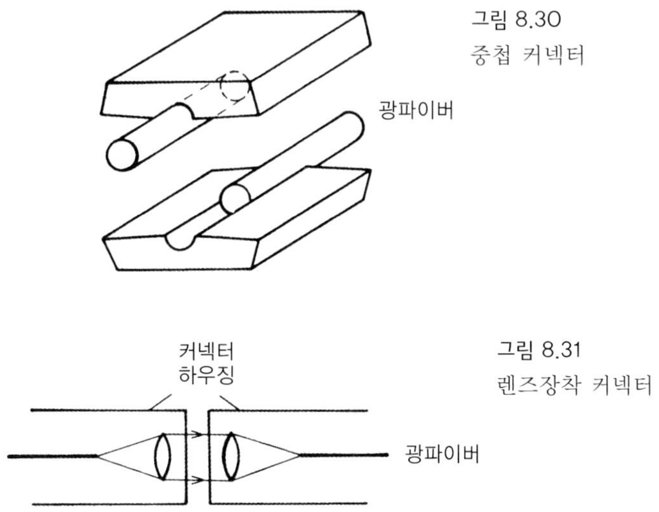

그림 8.30
중첩 커넥터

그림 8.31
렌즈장착 커넥터

빔 직경에 적용하여 사용할 수 있다.

예제 8.5

광파이버가 50 μm의 코어 직경과 0.2의 NA를 갖고 있고 광속은 2 mm의 직경이 되게 확장되었다. 0.5 dB의 손실에 대한 허용 축 어긋남을 계산하고 렌즈 정렬을 설계하라.

풀이: 광속이 그림 8.32에서 보듯이 $\sin^{-1}$ NA = 11.5°로 발산한다. 광파이버와 렌즈 간 광속반경과 거리는 $r/f = \tan 11.5°$의 관계에서 $r = 1$ mm이므로 $f = 4.9$ mm이다. 따라서 초점거리가 4.9 mm이고 직경이 2 mm보다 약간 큰 렌즈를 선택해야 한다. 그림 8.3에 따르면 $d/2a = 0.09$일 때 0.5 dB의 손실을 갖는다. $2a = 2$ mm이므로 $d = 0.18$ mm = 180 μm이다. 이 허용값을 예제 8.1과 비교하면 이 경우에는 0.5 dB 손실에 대해 축 어긋남이 겨우 4.5 μm만이 허용될 수 있음을 알 수 있다.

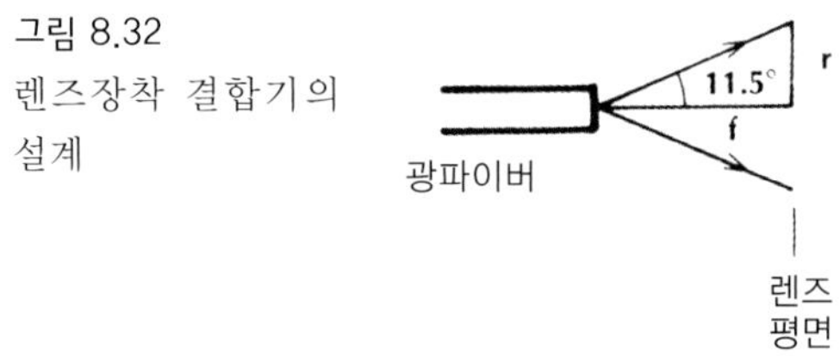

그림 8.32
렌즈장착 결합기의 설계

또한 렌즈장착 커넥터는 축 어긋남 감도 둔화와 함께 맞댐이음보다 갭을 크게 할 수 있다. 즉, 빔의 조준으로 갭이 심하게 커지기 전에는 손실이 크게 증가하지 않는데 이 특성은 매우 유익하다. 또한 이 커넥터는 갭의 허용오차를 커지게 할 수 있을 뿐만 아니라 평판 유리로 각 커넥터를 씌우면 외부환경의 영향을 줄일 수 있다. 이러한 구조는 고도로 연마된 광파이버 끝단이 긁히거나 먼지가 쌓이지 않도록 주의해야 할 경우 매우 유용하다. 실제로 일어날 수 있는 손상을 줄이기 위해 영구적으로 유리뚜껑을 렌즈장착 커넥터에 부착할 수도 있다. 렌즈 간격은 임으로 크게 할 수는 없는데 이유는 렌즈 간격이 초점거리의 2배가 아니면 비축광선이 전송 광파이버를 이탈하는 각도와 같게 수신 광파이버에 들어가지 못하기 때문이다. 그림 8.33에 $2f$보다 큰 갭에 대한 광선 방향의 변화를 도시하였다. 이러한 각 벗어남은 갭이 커짐에 따라 증가한다. 물론 각의 이탈이 빔을 광파이버 수광허용각보다 크게 할 때 광선은 더 이상 수신 광파이버에 결합되지 않는다.

렌즈장착 커넥터는 몇 가지 단점이 있는데 손실은 각 어긋남에 대해 맞댐이음보다 민감하다. 그러나 각 정렬을 쉽게 교정할 수 있으므로 이 문제는 심각하지 않다. 또한 커넥터의 복잡성으로 가격이 비싸고 조립하기도 어렵다. 마지막으로 두 렌즈와 두 유리평판 뚜껑의

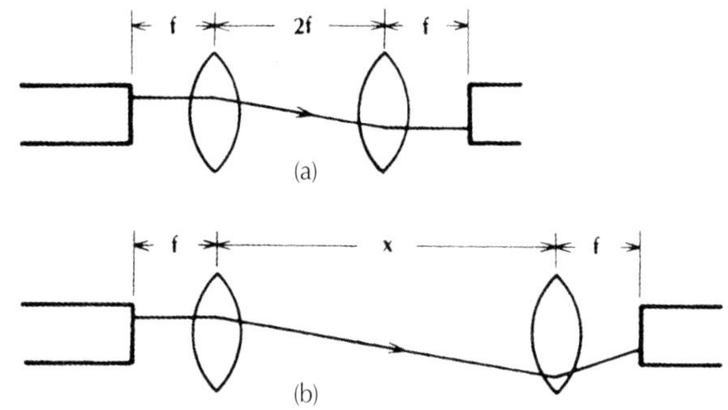

그림 8.33
렌즈 간격은 비축광선의 수광허용각 변화에 의해 제한된다. (a) 간격이 $2f$이고 방출된 광선각은 유지된다. (b) 간격이 $2f$보다 클 때는 방출된 광선각과 수신된 광선각이 다르다. 수신기에서의 광선각은 이제 광파이버의 수광원뿔 바깥쪽으로 떨어지면서 결합기 비효율성을 초래한다.

반사로 인한 렌즈장착 커넥터의 고정 손실이 맞댐이음보다 클 수 있다. 이 경우에는 경계 평면의 무반사 코팅으로 반사 손실을 줄일 수 있다.

2.2절에서 소개한 GRIN 봉 렌즈를 그림 8.34의 커넥터 기존 렌즈를 대체하여 부착할 수 있다. 각 커넥터의 부분에는 광파이버에 1/4피치 GRIN 봉 렌즈를 부착하여 구성한다. 이 커넥터의 장점은 구형 렌즈장착 커넥터와 같이 축 어긋남과 끝단 간격 허용도를 높일 수 있으며, 역시 보호유리 평판을 사용하여 손상과 힘, 먼지가 갖는 손실을 줄일 수 있다는 점이다. 이 커넥터는 구형 렌즈장착 커넥터에 비해 조립과 유지가 쉽다.

8.4.6 다채널 커넥터

다채널 커넥터도 제작할 수 있는데, 가장 간단한 예는 두 채널 커넥터로서 두 개의 광파이버 중 하나에는 한 방향의 정보를 전송하고 나머지 하나에는 반대 방향으로 정보를 전송하는 이중 시스템에 편리하다. 그림 8.30의 중첩 설계에서 두 개의 평행한 홈을 갖게 하면 2개의 광파이버를 수용할 수 있는데, 보다 많은 홈을 만들면 이중 시스템 이상의 다중채널로 확장할 수 있다.

다채널 커넥터는 **콘센트 핀**(bayonet) 스타일로도 불리는 직선형 슬리브나 혹은 테이퍼형 슬리브 방식을 사용할 수도 있다. 가능한 설계방법 중 하나로 그림 8.35에서 각 광파이버는 자신의 훼룰을 갖는다. 다채널 케이블의 한쪽에 대한 훼룰의 끝은 플러그, 다른 쪽에 대한 훼룰은 소켓에 부착되어 있다. 플러그 쪽 훼룰의 끝은 플러그 몸체에서 튀어나온 반면 소켓 쪽 훼룰은 안쪽으로 들어가 있다. 플러그와 소켓이 결합될 때 튀어나온 훼룰 끝단이

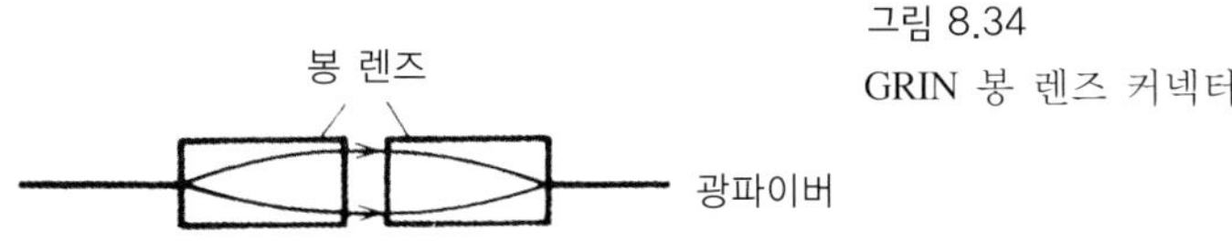

그림 8.34
GRIN 봉 렌즈 커넥터

그림 8.35
다채널 커넥터

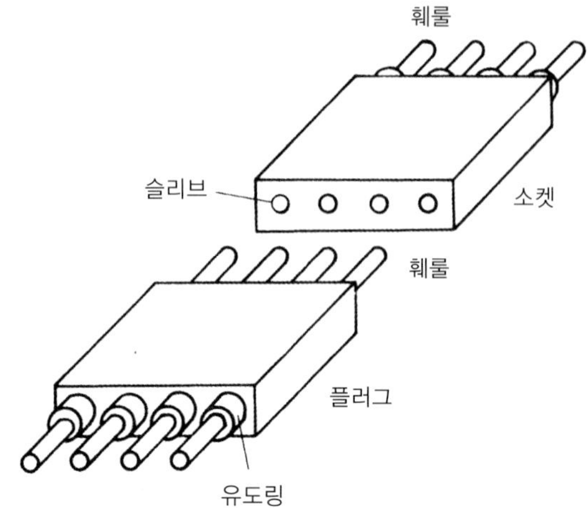

슬리브를 통해 유도 정렬된다. 훼룰 유도링에 대해 눌리는 스프링에 의해 훼룰에 압력이 가해지면 훼룰이 플러그와 소켓 속으로 들어간다. 삽입 방식을 변형하면 광파이버의 직선 배열이 아닌 원형 배열도 가능하다.

8.4.7 커넥터 손실

대표적인 커넥터 손실은 대략 0.5 dB에서 3 dB 정도이므로 스플라이스 손실보다 약간 크다. 정합액은 효율을 증가시킬 수 있지만 결합 부위에서의 증발과 누설, 시간이 지남에 따른 투명도의 감소, 작은 외래입자의 혼합 등으로 잘 사용하지 않는다. 주조된 플라스틱 커넥터는 가격이 낮지만 금속에 비해 기계적 정밀도가 떨어지므로 손실이 크다.

왜 커넥터는 스플라이스처럼 손실이 낮지 않을까? 가장 있음직한 이유는 능동적인 정렬이 아닌 순전히 기계적 정렬에 의해서 요구되는 허용 축정렬을 달성하기 어렵다는 것이다. 실제로 어떤 커넥터는 끝부분의 뚜껑을 조이기 전에 최대 전송이 일어나도록 훼룰을 회전시켜 조정한다.

커넥터 손실이 스플라이스보다 큰 다른 요인은 광파이버 끝단을 접촉시키지 않기 때문이다. 이렇게 하는 이유는 뚜껑의 과도한 조임으로 정밀 가공된 광파이버 끝단에 힘이 가해지면 손상되기 때문이다. 예를 들어 그림 8.28의 스프링이 달린 커넥터는 끝단 갭 문제를 해결한다. 스플라이스에서 광파이버는 양쪽이 접촉될 때까지 서로를 향해 움직이게 하는데 스플라이스 결합부는 눈으로 직접 정렬을 확인할 수 있다.

이 절에서 많은 커넥터들을 살펴보았으나 아직도 많은 커넥터가 남아 있고 또한 다른 커넥터가 개발되고 있다. 커넥터에 있어서 기본적인 원리와 요구되는 사항들이 잘 이해되었을 것이고 획기적인 새로운 커넥터는 의외의 것이 될 것임을 알 수 있다. 훼룰에 광파이버를 접착하기 위하여 에폭시보다는 압착 기능을 갖는 비접착성 커넥터 개발이 이루어져 왔고 또 계속되어야 할 것인데 이는 매우 고부가가치를 갖는 조립공정을 가속화하고 있다.

8.5 광원 결합

광원에서 광파이버로의 결합은 매우 비효율적일 수도 있다. 결합 효율(coupling efficiency)은

$$\eta = \frac{P_f}{P_s} \tag{8.10}$$

로 정의하며, 여기서 P_f는 광파이버 전력, P_s는 광원에 의해 방출되는 전력이다. 데시벨로 표현하면 결합 손실 $L = -10 \log \eta$이다. 여러 가지 메커니즘에 의해 비효율적인 결합이 발생하는데, 여기에는 반사 손실과 면적 불일치 손실, 패킹 분할 손실, NA 손실로서 그림 8.36에 나타내었다.

8.5.1 반사 손실

공기 갭이 방출 표면과 광파이버 간에 존재한다면 수직 반사인 경우에 식 (3.28)에 따라 광 전력이 경계에서 반사된다. 이 식은 보통의 작은 입사 허용각을 갖는 경우도 적용할 수 있다. 3.5절에서 공기에서 유리로의 경계 손실은 0.2 dB 이하로 계산되었다. 만약 광원을 광파이버와 접촉시키거나 정합액으로 갭을 채운다면 이 손실은 없게 된다. 0.2 dB의 손실은

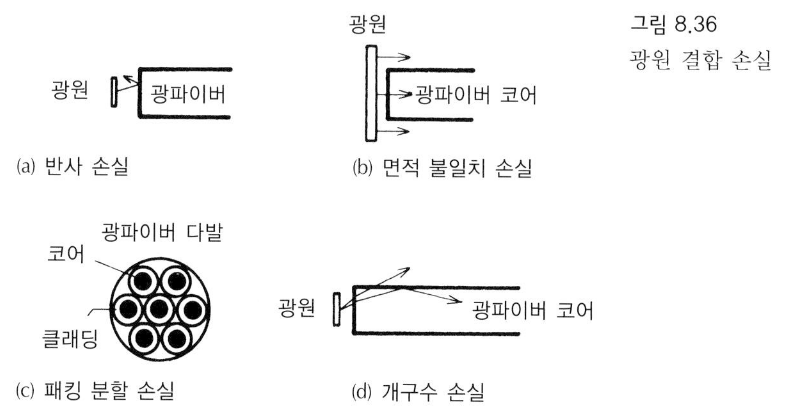

그림 8.36
광원 결합 손실

매우 작은 값으로 광파이버에 구조적인 지지가 필요한 경우가 아니라면 정합액의 사용은 권장할 만한 것이 못 된다. 광파이버 끝단면은 평탄하지 않은 표면으로부터의 산란을 제거하기 위해 스플라이스할 때와 마찬가지로 준비되어야 한다.

8.5.2 면적 불일치 손실

광원 면적이 광파이버 코어 면적보다 크면 그림 8.36에 보인 것처럼 전력의 일부분을 잃게 된다. 효율의 감소는 광원 면적에 대한 코어 면적비로서 A_c/A_s이다. 만약 광원이 코어보다 작다면 이 손실은 없다.

8.5.3 패킹 분할 손실

때때로 단일 광원과 그림 8.36에서와 같은 광파이버 다발이 사용되는데 많은 광파이버의 클래딩을 서로 맞닿게 묶는다. 이 구조는 여러 응용에 쓰이며 큰 다발은 넓은 면적의 광원과 정합하여 면적 불일치 손실을 제거할 수 있다. 큰 광원은 작은 것에 비해 보다 많은 광을 방출하므로 단일 광파이버에 비해 보다 많은 광을 광파이버 다발에 결합시킬 수 있다. 광파이버 다발은 또한 여분을 제공하므로 광파이버 하나가 절단되어도 전력은 낮아지나 수광은 중단되지 않는다. 광파이버 다발을 사용하면 여러 경로를 따라 다발을 분주하고 선로를 배선하여 여러 장소에 정보를 분배할 수 있으나, 광파이버 다발은 새로운 결합 손실을 일으킨다. 광파이버 간의 공간이나 클래딩에 부딪히는 광원의 광 전력은 잃게 되는데, 이때의 결합 손실을 패킹 분할(packing-fraction) pf로 정의하며 다발 면적에 대한 총 코어 면적으로서 패킹 분할의 대표적인 값은 0.4～0.75이다. 큰 패킹 분할을 얻으려면 클래딩의 두께를 줄여야 한다. 이때 얇은 클래딩을 갖는 광파이버 간의 누화는 모든 광파이버가 동일한 정보를 전송하므로 중요하지 않다.

8.5.4 개구수 손실

이 절에서 설명하는 손실은 다중모드에만 해당된다.

4.4절에서 처음 소개한 바와 같이 도파로의 수광허용각보다 크게 입사한 광선은 효율적으로 전송되지 않는다. 광원이 광파이버와 결합될 때 이 영향에 의한 손실은 매우 심각하다. 이 현상에 대한 효율은 표면방출 LED와 같은 람베르트 광원(Lambertian source)에 의해 여기되는 계단형 광파이버인 경우 다음과 같다[15].

$$\eta = \mathrm{NA}^2 \tag{8.11}$$

람베르트 전력 분포는 6.2절에서 논의하였고 그림 6.10에 도시하였다. SI 광파이버의 개구

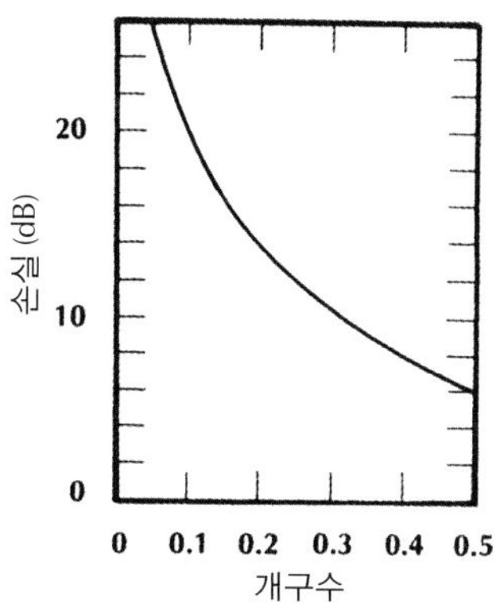

그림 8.37
람베르트 광원으로부터 계단형 굴절률 광파이버로의 결합 손실

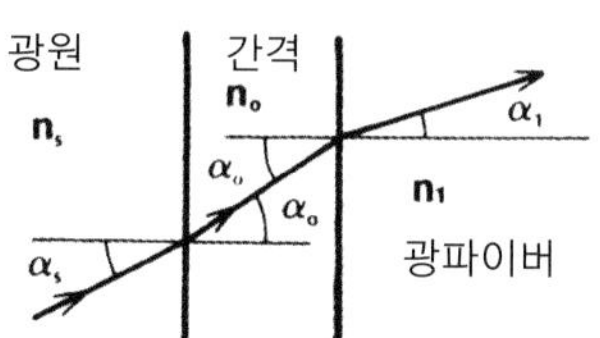

그림 8.38
광원으로부터 광파이버로의 광선 진행. 스넬의 법칙에 따라 $n_s \sin \alpha_s = n_0 \sin \alpha_0 = n_1 \sin \alpha_1$이므로, 광파이버 안에서의 광선각 α_1은 광원 안쪽의 본래 광선 방향 α_s에 의해서만 종속된다.

수(numerical aperture: NA)는 4.4절에서 결정된 바와 같이 $\text{NA} = \sqrt{n_1^2 - n_2^2}$으로 주어진다. 식 (8.11)은 그림 8.37에 도시되어 있는데 공기 갭이나 정합액이 광원과 광파이버 사이에 있거나 광파이버가 직접 접촉하고 있을 때 사용된다. 이것은 광파이버 내에서 광선각과 광원 내에서 광선 방향 간의 관계가 이 둘 사이에 존재하는 물질에 관계 없다는 것으로부터 알 수 있다. 그림 8.38은 이에 관한 설명이다.

예제 8.6

표면방출 LED에 의해 여기될 때 표 5.1의 특성을 갖는 SI 광파이버의 결합 손실을 계산하라.

풀이: 면적 불일치가 없다고 가정하면 NA 손실과 결합 손실은 각각 식 (8.11)과 식 (3.28)로부터 계산된다. 데시벨 단위의 계산 결과가 표 8.1에 있다. 반사 손실은 공기 갭이 존재할 때만 사용되는데 개구수 손실에 비해 미미하다.

표 8.1 람베르트-광원-SI-광파이버의 대표적인 결합 손실

NA	NA 손실 (dB)	반사 손실 (dB)	전체 손실 (dB)
0.24	12.4	0.2	12.6
0.41	7.7	0.2	7.9
0.48	6.4	0.2	6.6

낮은 NA를 갖는 광파이버의 결합 손실은 상당하므로 고손실 광파이버에 대한 고품질의 저손실 광파이버의 장점은 경로가 짧고 고손실 광파이버의 NA가 더 크다면 사라지게 된다. 다음 예는 이점을 보여준다.

예제 8.7

람베르트 광원은 2 mW(즉, 3 dBm)를 복사한다. 얼마나 많은 전력이 표 5.4에 있는 SI 광파이버와 플라스틱 광파이버에 결합되겠는가? 또한 10 m와 100 m를 지난 후 얼마나 많은 전력이 남아 있는가?

풀이: 이 문제의 계산 결과가 표 8.2에 있다. NA와 감쇠 데이터는 표 5.4에 있는 것을 이용하고 결합 손실은 표 8.1의 것이다. 3 dBm의 광원 전력이 12.6 dB 유리 광파이버 결합 손실에 의해 $3 - 12.6 = -9.6$ dBm으로 감쇠된다. 유사하게 플라스틱 광파이버는 $3 - 6.6 = -3.6$ dBm이 된다. 따라서 플라스틱 광파이버의 전력은 유리 광파이버에 대해 약 6 dB 더 많다. 유리 광파이버의 길이가 10 m일 때 0.05 dB의 손실이 일어나고 같은 길이의 플라스틱에서는 2 dB의 손실이 나타난다. 이 값을 결합 전력에 더하면 유리와 플라스틱 광파이버는 각각 −9.7과 −5.6 dBm을 갖는다. 10 m의 길이에서 효율적인 유리 광파이버에서보다 고손실 플라스틱에서 전력이 4.1 dB 더 많다. 100 m 길이에서는 플라스틱의 감쇠(이 길이에서는 20 dB 이상)로 인하여 유리의 경우보다 13 dB 이상의 전력이 감소된다. 100 m 끝단에서의 전력 레벨은 유리 광파이버의 경우에 −10.1 dBm에 해당하는 97.7 μW이고 플라스틱 광파이버의 경우에는 −23.6 dBm에 해당하는 4.36 μW이다.

표 8.2 2 mW 람베르트 LED로 여기된 유리 광파이버와 플라스틱 광파이버의 전력 전송

광파이버	NA	감쇠 (dB/km)	결합 손실 (dB)	결합 전력 (dBm)	출력 전력 10 m (dBm)	출력 전력 100 m (dBm)
유리	0.24	5	12.6	−9.6	−9.7	−10.1
플라스틱	0.48	200	6.6	−3.6	−5.6	−23.6

결합 효율의 계산은 여러 요인으로 인해 복잡해진다. 발산 광원은 보통 클래딩 모드를 여기하는데, 짧은 거리를 진행한 후에는 상당한 감쇠가 일어난다. 입력지점 근처에서 측정되는 결합 전력에는 이들 모드가 포함되나 원거리 측정시에는 나타나지 않는다. 클래딩 모드는 식 (8.11)의 효율을 얻을 때 포함되지 않았기 때문에 단거리의 경우 실제 값보다 낮은 효율을 갖는다는 것을 예상할 수 있다. 면적 불일치 손실에 광원의 클래딩 모드 여기를 포

함한다면 단거리의 실제 손실도 역시 더욱 낮아질 것이다. 장거리 광파이버 효율에 비해 단거리 결합 효율이 향상되는 또 다른 요인은 **누설 모드**(leaky mode)로 비대칭 광선의 특징을 갖는다. 비대칭 광선은 광파이버 축을 통과하지 않고 나선형으로 축 주위를 회전한다. 누설 모드는 감쇠되지만 어떤 광파이버에서는 상당히 긴 거리 동안 존속할 수 있다.

5.2절에서와 같이 GRIN 광파이버의 NA는 코어의 축으로부터 테두리까지의 거리에 따라 최대값에서 영으로 떨어진다. 이 때문에 입사점이 축에서 멀리 떨어짐에 따라 광의 결합은 더욱더 비효율적이 된다. 그러므로 결합 전력은 GRIN이 SI 광파이버보다 작다. 포물선 굴절률을 갖는 광파이버의 효율은 람베르트 광원인 경우[16]

$$\eta = \frac{\mathrm{NA}^2}{2} \tag{8.12}$$

으로서, 여기서 NA는 축상의 개구수이다. 이 값은 같은 규격의 SI에 비해 반값이다. 따라서 SI 광파이버와의 광원 결합은 포물선 GRIN에 비해 3 dB 더 높다.

이 마지막 식은 표면방출 LED가 광파이버 코어와 크기가 같은 경우 사용된다. 이보다 방출 표면이 더욱 작아지면 NA가 큰 광파이버 축 부근에 대부분의 광이 모일 것이다. 그러므로 광원의 광선 대부분이 지역적인 수광허용각 내로 입사되어 전체 효율은 향상되며, 이때 효율은[17]

$$\eta = \mathrm{NA}^2[1 - 0.5(a_e/a_f)^2] \tag{8.13}$$

으로 주어지며, 여기서 a_e는 방출 표면의 반경, a_f는 코어 반경이며 NA는 축상에서의 값이다. 예상한 바와 같이 광원과 광파이버가 동일한 크기를 가질 때 식 (8.12)로 간략화된다.

단면방출 LED와 레이저 다이오드는 람베르트 분포보다 밀집되므로 향상된 결합 효율을 가지는데, LED에서는 수 데시벨, 레이저 다이오드에서는 훨씬 향상된 값을 얻을 수 있다. 협소한 전력 분포를 $\cos^m \theta$로 모델링해 보자. 여기서 θ는 방출 표면의 수직선에 대해 측정한 관찰지점의 각이다. 그림 8.39에 전력 패턴이 있는데 보다 큰 m값은 더욱 협소한 광속

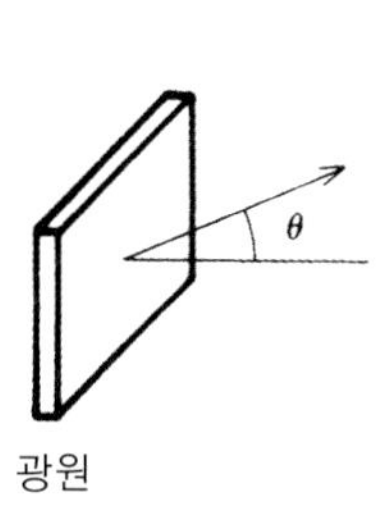

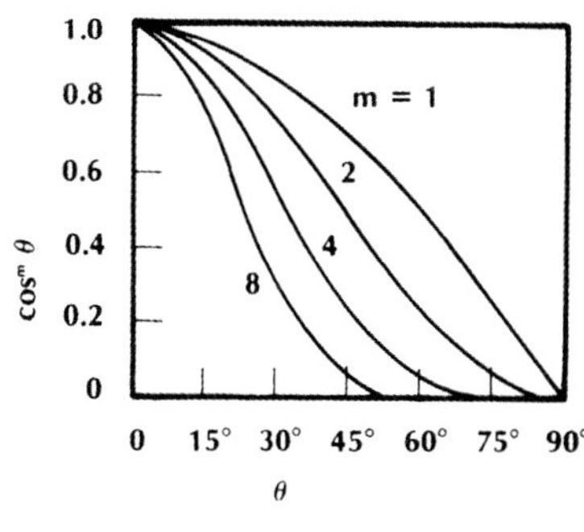

그림 8.39
전력 분포 모델

에 해당된다.

측정된 전력 패턴을 그림에서 그려진 패턴과 비교하여 특정 광원에 대한 적절한 m값을 결정할 수 있다. SI 결합 효율은 다음과 같다[18].

$$\eta = 1 - (1 - \mathrm{NA}^2)^{(m+1)/2} \tag{8.14}$$

이 결과는 $\eta = 1 - (\cos\alpha_0)^{m+1}$로 쓸 수 있는데, 여기서 α_0는 광파이버의 수광허용각이다. $m = 1$인 람베르트 분포에 대해서는 식 (8.11)로 단순화된다. 낮은 NA 값에서 결합 효율에 관한 식은 다음과 같이 된다.

$$\eta = \frac{(m + 1)\,\mathrm{NA}^2}{2} \tag{8.15}$$

이러한 근사적인 결과는 $(m - 1)\,\mathrm{NA}^2 < 0.4$일 때 타당하다. $m \gg 1$인 협소한 광속의 효율 향상은 이 표현에서 분명해지며 포물선형 광파이버와의 결합식은 식 (8.15)에 $1 - 0.5(a_e/a_f)^2$을 곱하면 된다.

수차에 걸쳐 밝혀진 바와 같이 다중모드의 비효율적인 결합의 주된 원인은 광원의 넓은 각에 걸친 전력 분포와 광파이버의 제한된 수광허용각 때문이다. 광원의 각 퍼짐은 그림 8.40에서 보는 바와 같이 렌즈를 사용하면 줄일 수 있는데 각 변화는 식 (2.9)로 주어진다. 식 (2.10)은 작은 각에 대한 근사식으로 각 퍼짐이 상의 확대에 의해 감소됨을 보여준다. 큰 배율은 광속의 발산을 상당히 감소시켜 이에 상응하게 결합 효율이 증가한다. 광원의 모든 광이 수광허용각 이내에 들도록 광속의 발산을 줄이는 것이 가능하다. 물론 광원이 확대된 상은 면적 불일치 손실을 피하기 위해 작게 유지되어야 한다. 광원을 확대하여 광속 퍼짐을 줄이는 것은 코어가 광원보다 훨씬 클 때 가능하다는 것은 분명하다. 이 경우가 아니라면 맞댐이음이 훨씬 효율적이다.

면적 불일치 손실을 갖는 큰 광원에 대해서 렌즈는 단면이 광파이버 코어와 정합되도록 감소시킬 수 있다. $M < 1$인 축소에서는 다시 식 (2.10)에 따라 광속 발산이 증가된다. 이 방법은 LED에는 적당하지 않고 작은 광속 발산을 갖는 가스레이저와 같은 레이저의 결합에 효율적이다.

단면방출은 비대칭의 광속 패턴을 가진다. 그림 8.41(a)의 원통형 렌즈는 가장 큰 광속 발산의 평면에서만 광선각을 좁힘으로써 비대칭을 감소시킨다. 그림에서 원으로 나타난 원

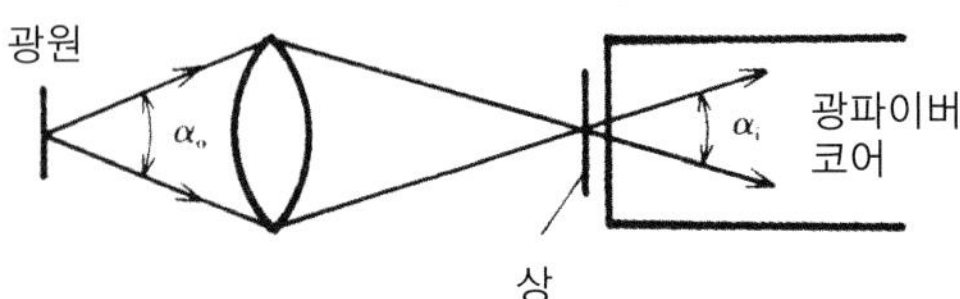

그림 8.40
광원의 각 퍼짐 감소. $\alpha_1 \simeq \alpha_0/M$, 여기서 M은 선형배율이다.

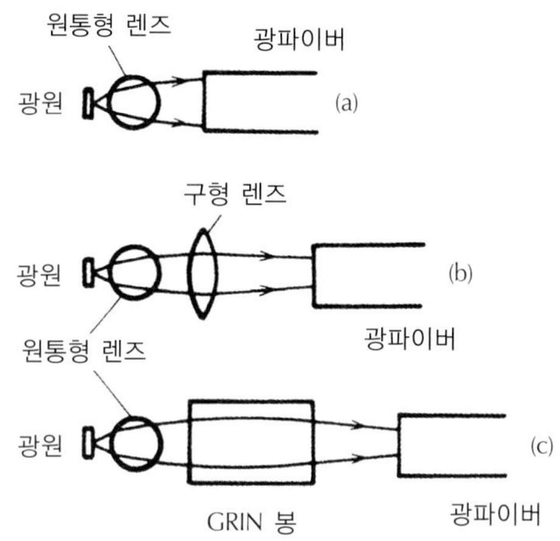

그림 8.41
광원의 결합방법
(a) 원통형 렌즈 사용
(b) 원통형 렌즈와 구형 렌즈의 조합 사용
(c) 원통형 렌즈와 GRIN 봉 렌즈의 조합 사용

통형 렌즈는 종종 전송 광파이버에 직각으로 위치한 짧은 유리 광파이버일 수 있으며 원통형 렌즈에서 나오는 광속은 직접 광파이버를 여기할 수 있다. 필요하다면 그림 8.41(b)처럼 광속 퍼짐을 더욱 줄이기 위해 구형 렌즈를 사용할 수 있다. 또한 이것을 그림 8.41(c)에서 보듯이 등가의 GRIN 렌즈로 대체할 수도 있다.

상용 광원 중에는 짧은 피그테일이 달려 있어 전송 광파이버에 스플라이스하거나 연결할 수 있도록 구비된 것도 있다. 광원과 피그테일 간의 결합에 관한 상세한 내용은 구매자에게 알려지지 않을 수도 있으나, 시스템 설계자는 단지 피그테일에서 나오는 광원과 코어 크기, 피그테일의 광파이버 형태만을 알면 된다. 광원을 구입할 때 구매자는 제작사가 나타낸 출력이 광원의 직접 출력인지 피그테일 광파이버의 출력인지 반드시 확인해야 한다. 후자의 경우 낮은 결합 효율로 인해 대부분의 경우 출력이 상당히 낮다.

8.5.5 단일모드 광파이버 결합

단일모드 광파이버 결합은 입사파가 도파 모드인 HE_{11} 모드와 정합되는 가우시안 분포를 갖는다면 매우 효율적인데, 이것은 2.5절과 5.4절에서 논의한 두 파동의 스폿 크기가 동일해야 함을 필요로 한다. 그림 2.27은 조준된 레이저 광속을 광파이버에 결합하기 위한 장치이다. 광속이 집속되면 스폿 크기가 광파이버의 스폿 크기로 줄어든다. 유사하게 렌즈를 레이저 다이오드와 단일모드 광파이버 사이에 위치시켜 광원과 광파이버의 스폿 크기를 정합시킬 수 있다. 다른 방법으로는 같은 목적으로 렌즈를 광파이버 끝에 형성시킬 수 있다. 또한 광파이버에 열을 가한 후 당겨서 가늘게 하여도 두 파동의 정합을 향상시킬 수 있는데 이들 기술을 사용하면 수 데시벨의 낮은 결합 효율을 달성할 수 있다.

8.6 요약 및 고찰

효율적인 스플라이스, 커넥터, 광원 결합기를 만들려면 상당한 주의와 성의가 필요하다. 광파이버 끝단은 정밀하게 준비되어야 하며 위치와 정렬이 매우 정확해야 하는데 사전주의를 적절히 하면 0.1 dB 이하의 손실을 갖도록 할 수 있다.

광원 결합기의 효율은 광원의 복사 패턴과 광파이버의 NA에 의해 결정되고 단면방출 LED는 NA < 0.24인 광파이버에 연결될 때 12 dB 이상의 손실을 갖는다. LED가 광파이버 코어보다 작을 때 렌즈는 효율을 향상시킬 수 있으며 레이저 다이오드와 단면방출 LED는 표면방출 LED보다 협소한 광속을 복사하므로 보다 나은 결합 효율을 갖지만, 낮은 NA를 갖는 광파이버와 결합할 때 손실은 아직도 상당하다.

문제

8.1 두 광파이버의 코어가 겹친 면적을 계산하여 식 (8.1)을 유도하라. 적분 계산을 시행하라.

8.2 식 (8.1)을 사용하여 그림 8.3의 가장 낮은 4개의 점을 확인하라.

8.3 축 어긋남의 상대비가 얼마일 때 다중모드 SI 광파이버의 손실이 10 dB이 되겠는가?

8.4 $V = 2.4$인 단일모드에 대해 문제 8.3을 반복하라.

8.5 단일모드 광파이버의 스폿 크기는 5 μm이다. 축 어긋남이 얼마일 때 0.5 dB의 손실이 일어나는가? $V = 2.4$로 가정하라.

8.6 $V = 2.4$라면 SI 단일모드 광파이버의 코어와 클래딩의 경계에서 광속의 정규화된 강도를 계산하라. 단, 도파 광속은 가우시안으로 가정하라.

8.7 NA = 0.1이고 광파이버 간의 홈이 공기로 차 있을 때 각 어긋남에 대한 손실(dB)을 도시하라. 각 어긋남은 0° ~ 10°에 걸쳐 있다.

8.8 $n_1 = 1.47$, $n_2 = 1.468$이고 $V = 2.4$인 단일모드 광파이버의 각 어긋남에 대한 손실을 도시하라. 각도는 0°에서 4°까지 변화시키고 파장은 0.8 μm로 가정하라. 파장이 1.3 μm일 때에도 반복하라.

8.9 각 어긋남에 대한 손실을 나타내는 식 (8.4)를 유도하라.

8.10 단일모드 차단 파장이 1250 nm이고 NA가 0.1인 SI 광파이버의 파장 대 스폿 크기를

도시하라. 파장의 범위는 1250 ~ 1600 nm이다. 또한 축 어긋남이 1 μm일 때 파장 대 축 어긋남 손실을 계산하라.

8.11 문제 8.8의 단일모드 광파이버에서 끝단 간격에 대한 손실(dB)을 도시하라. 파장은 0.8 μm와 1.3 μm 두 가지이며, 끝단 간격은 0에서 500 μm 사이로 변화시켜라.

8.12 코어 직경이 100 μm이고 NA가 0.28인 SI 광파이버가 있다. 8.4절의 절차를 따라 직경이 3 mm인 렌즈가 장착된 커넥터를 설계하라. 0.8 dB의 손실을 갖는 허용 축 어긋남을 계산하라.

8.13 코어가 큰 다중모드 SI 광파이버가 표면방출 LED에 의해 여기된다. 광파이버의 NA는 0.2이다. LED의 출력은 5 mW이며 광파이버 손실은 4 dB/km이다. 1 m, 1 km, 그리고 10 km의 광파이버 길이에서의 출력을 계산하자. 광파이버가 NA는 0.5, 손실은 500 dB/km일 때에도 반복하라.

8.14 식 (8.14)로부터 식 (8.15)를 유도하라(힌트: 이항식에 관한 공식을 이용하라). 식 (8.15)의 근사식을 사용하여 10%의 오차가 발생할 때 NA의 최대값은 얼마인가? m이 1, 2, 4, 6, 8, 10 그리고 20일 때 결과를 계산한 후 결정된 최대의 NA값에서 정확한 값과 근사값을 계산하라.

8.15 광원의 반치전력 복사각을 방출 표면의 수직선으로부터 측정할 때 32.8°이다. NA가 0.2인 다중모드 SI 광파이버의 결합 효율을 계산하라.

8.16 광원의 반치전력 복사각을 방출 표면의 수직선으로부터 측정할 때 45°이다. NA가 0.2인 다중모드 SI 광파이버의 결합 효율을 계산하라.

8.17 0.8 μm에서 단일 차단 모드를 갖는 단일모드 광파이버에 대한 결합 손실을 0 ~ 8 μm 범위에서 축 어긋남 함수로 그려라. 코어 및 클래딩 굴절률은 각각 1.47, 1.466이고 동작 파장은 0.85 μm이다.

8.18 2개의 다중모드 광파이버가 공기 갭으로 연결되어 있고 공기 갭은 이제 굴절률 정합 액체로써 채워지는데 이것은 완벽하지 않다. 이것의 굴절률은 1.4인 반면에 광파이버 코어의 굴절률은 1.48이다. 입사 전력에 대한 반사 전력 레벨(dB)을 계산하라. 이때 두 개의 인터페이스를 포함시켜라(광파이버와 정합 액체 그리고 정합 액체와 광파이버).

8.19 20 cm 넓이와 10 cm의 높이를 갖는 광파이버 패치판 위에 넣을 수 있는 커넥터의 최대 개수를 다음 조건에서 계산하라.

(a) 커넥터는 약 1 cm의 직경을 갖는 원형 ST 형태이다. 이 커넥터를 접속시키기 위해서는 이 커넥터를 시계 방향으로 회전시켜야 하며 인접한 커넥터와의 간격은 커

넥터를 회전시키기 위한 간격을 가져야 한다.

(b) 커넥터는 SC 형태로서 폭은 1.5 cm, 높이는 1 cm이다. 여기서 커넥터들 사이의 간격은 불필요하다.

8.20 앞선 문제에서 광파이버 패치 패널에 놓여질 수 있는 SFF 커넥터의 최대 수는 얼마인가?

8.21 8.3절에서 설명된 즉석 접속은 조립하는 데 약 60초가 걸린다. 기존의 접속(융착 또는 기계적 결합)은 조립에 약 5분이 걸린다. 144-광파이버 케이블이 끊어졌다. 모든 광파이버를 수리하는 데 걸리는 시간은 얼마인가?

(a) 즉석 접속인 경우

(b) 기존의 접속방법을 쓰는 경우

참고문헌

[1] Haruhiko Tsuchiya, Hiroshi Nakagome, Nobuo Shimizu, and Seiji Ohara. "Double Eccentric Connectors for Optical Fibers." *Appl. Opt.* 16, no. 5 (May 1977): 1323–31.

[2] Dietrich Marcuse, Detlef Gloge, and Enrique A. J. Marcatili. "Guiding Properties of Fibers." In *Optical Fiber Telecommunications*, Stewart E. Miller and Alan G. Chynoweth, eds. NY: Academic Press, 1979, pp. 71–72.

[3] Tsuchiya *et al.* "Double Eccentric Connectors for Optical Fibers," pp. 1324–25.

[4] Marcuse *et al.* "Guiding Properties of Fibers," pp. 71–72.

[5] Tsuchiya *et al.* "Double Eccentric Connectors for Optical Fibers," p. 1324.

[6] Dietrich Marcuse. "Loss Analysis of Single-Mode Fiber Splices." *Bell Syst. Tech. J.* 56, no. 5 (May 1977): 703–718.

[7] Tsuchiya *et al.* "Double Eccentric Connectors for Optical Fibers," p. 1326.

[8] John Joseph Esposito. "Optical Connectors, Couplers, and Switches." In *Handbook of Fiber Optics: Theory and Applications*, Helmut F. Wolf, ed. NY: Garland, 1979, pp. 241–303.

[9] Detlef Gloge, Allen H. Cherin, Calvin M. Miller, and Peter W. Smith. "Fiber Splicing." In *Optical Fiber Telecommunications*, Stewart E. Miller and Alan G. Chynoweth, eds. NY: Academic Press, 1979, pp. 456–461.

[10] Jack F. Dalgleish. "Splices, Connectors, and Power Couplers for Field and Office Use." *Proc. IEEE* 68, no. 10 (Oct. 1980): 1226–32.

[11] Gloge *et al.* "Fiber Splicing," pp. 461–482.

[12] W. John Carlsen. "An Elastic-Tube Fiber Splice." *Laser Focus* 16, no. 4 (April 1980): 58–62.

[13] T. Leslie Williford, Jr., Kenneth W. Jackson, and Christian Scholly. "Interconnection for Lightguide Fibers." *The Western Electric Engineer* 24, no. 1 (Winter 1980): 86–95.

[14] AT&T manufacturer's literature. NY, 1986.

[15] Michael K. Barnoski. "Coupling Components for Optical Fiber Waveguides." In *Fundamentals of Optical Fiber Communications*, 2d ed., Michael K. Barnoski, ed. NY: Academic Press, 1981, pp. 147–186.

[16] Ibid.

[17] R. H. Saul, T. P. Lee, and C. A. Burrus. "Light-Emitting Diode Device Design." In *Semiconductors and Semimetals*, vol. 22, pt. C, W. T. Tsang, ed. NY: Academic Press, 1985.

[18] Barnowski, op cit.

Chapter 09

분배망과 광 부품

지금까지 우리는 점 대 점(point-to-point) 단방향 링크에 관해서만 고려하였다. 그러나 광파이버의 융통성은 동시에 하나의 파이버에 의해서 양쪽 방향으로 신호를 전송할 수 있는 양방향 시스템의 설계를 가능토록 하므로 광파이버를 통하여 여러 대의 단말기에 정보를 분배할 수 있다. 이러한 다중단말기 구조는 여러 가지 응용분야들에 사용되며, 중요한 응용분야 중의 하나는 제한된 지역에 있는 입력, 출력 장치들을 상호연결하는 LAN일 것이다 [1]. 여러 개의 건물로 구성되는 캠퍼스 또는 하나의 건물 등과 같은 제한된 지역이 하나의 예가 된다.

사무실 LAN은 건물 내 도처에 깔린 비디오모니터와 워크스테이션을 포함하며, 사용자는 각각의 단말기에서 전자 데이터 파일, 계산 프로세서, 비디오-텍스트 장비, 컴퓨터 프린터 그리고 원격 복사기와 같은 다양한 장치에 접근할 수 있다. 컴퓨터 그 자체는 LAN에 의해서 연결되고 비디오 영상회의를 위한 장치 또한 포함될 수 있다. 광파이버 LAN에서 광파이버는 상호연결된 장치 사이에 정보를 전송하게 되며, 도선과 비교하여 광파이버의 장점은 보안성이 높고, 경량이며 넓은 대역폭을 갖는다는 점이다. 또 다른 응용분야를 예를 들면, 생산 설비에 설치된 LAN은 가동을 제어하고 감시하는 데 있다. 1.5절에서 설명한 바와 같이 확장된 LAN으로서 광파이버화로 구축된 도시를 구성할 수 있다.

광파이버는 전술명령시스템에서 여러 위치 사이에서의 통신에 적합하다. 광파이버 케이블의 경량성은 망을 설치하는 데 소요되는 시간을 단축하게 된다. 광통신의 보안성은 이러한 다중단말기 응용분야에서 큰 장점이다.

이 장에서는 기본적인 시스템의 구성과 하나의 송수신기에 연결된 단방향 링크의 단일 광채널에 국한하지 않고 정보를 제어하고 분배하는 요소인 기본적인 시스템의 구성과 광부품들을 설명한다.

9.1 분배망

방향성 결합기는 다양한 분배망의 기본 구성요소가 된다[2]. 그림 9.1은 4단자 방향성 결합기를 나타내며 전력 흐름이 가능한 방향을 화살표로 표시하였다. 이러한 결합기의 특성을 설명하기 위하여 결합기의 단자 1에 전력 P_1이 인가된다고 가정한다. 이 전력은 요구되는 분광비(splitting ratio)에 따라서 단자 2와 3으로 나뉜다. 이상적으로는 분리된 단자 4에는 전력이 전달되지 않게 되며 단자 2(P_2)에서 발생하는 전력은 단자 3(P_3)으로부터 발생하는 전력보다 크거나 같다고 가정할 수 있다. 이러한 경우, 결합 손실 특성은 데시벨로 다음과 같이 정의한다.

1. 투과(throughput) 손실

$$L_{\mathrm{THP}} = -10 \log_{10} \frac{P_2}{P_1} \tag{9.1}$$

입력단자와 전송될 단자(단자 2) 사이에서의 전송 손실량을 나타낸다.

2. 탭(tap) 손실

$$L_{\mathrm{TAP}} = -10 \log_{10} \frac{P_3}{P_1} \tag{9.2}$$

입력단자와 탭단자(단자 3) 사이에서의 전송 손실을 나타낸다.

3. 지향성

$$L_{\mathrm{D}} = -10 \log_{10} \frac{P_4}{P_1} \tag{9.3}$$

입력단자와 격리를 원하는 단자 사이의 손실을 나타낸다.

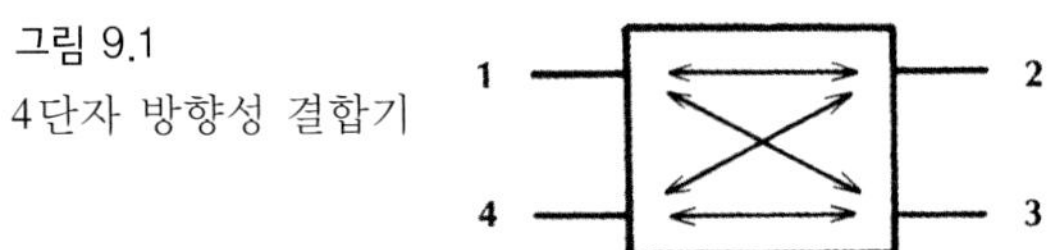

그림 9.1
4단자 방향성 결합기

표 9.1 몇 가지 이상적인 4단자 방향성 결합기의 특성

결합기 종류	L_{TAP} (dB)	L_{THP} (dB)	분광비
3 dB	3	3	1:1
6 dB	6	1.25	3:1
10 dB	10	0.46	9:1
12 dB	12	0.28	15:1

4. 초과 손실

$$L_{\mathrm{E}} = -10 \log_{10} \frac{P_2 + P_3}{P_1} \tag{9.4}$$

이것은 결합기 내부에서의 전력 손실을 나타낸 것으로 복사, 산란, 흡수와 결합 등을 포함한다.

이상적인 결합기에서는 단자 4($L_D = \infty$)에는 전력이 전달되지 않고 전력 손실도 없으므로 단자 2와 단자 3에서의 전력은 입력 전력($P_2 + P_3 = P_1$)과 같게 되어 초과 손실은 0이 된다. 보통 성능이 우수한 방향성 결합기들은 1 dB보다 적은 초과 손실과 40 dB보다 큰 지향성을 갖는다.

분광비는 P_2/P_3로, 2개의 출력단자의 전력비를 나타낸다. 가끔 결합기 특성을 탭 손실로 기술하는데, 예를 들어 10 dB 결합기라 하면 10 dB의 탭 손실을 갖는 결합기를 말한다. 표 9.1은 여러 종류의 이상적인 결합기들에 대한 분광비, 탭 손실, 투과 손실의 값을 나타내고 있다.

무손실 결합기에 대해서는 $P_2 = P_1 - P_3$가 되므로, 식 (9.1)의 투과 손실은 다음과 같으며

$$L_{\mathrm{THP}} = -10 \log_{10}(1 - 10^{-L_{\mathrm{TAP}}/10}) \tag{9.5}$$

탭 손실과 투과 손실 사이의 관계를 나타낸다.

다음의 예제는 초과 손실에 투과와 탭 손실이 어떻게 변화하는지 보여준다.

예제 9.1

결합기는 1 dB의 초과 손실과 1:1의 분광비를 갖고 있다. 얼마만큼의 입력 전력이 2개의 출력단에 도달하는가?

풀이: 식 (9.4)의 $P_2 = P_3$, $L_E = 1$ dB을 사용하면, $P_2/P_1 = P_3/P_1 = 0.397$로 이것은 4 dB의 투과 손실과 4 dB의 탭 손실이 발생하는 것에 해당되며, 이 손실들은 같은 분광비(표 9.1에 따르면 3 dB)를 갖는 이상적인 결합기의 손실을 초과한다.

만약 L'_{THP}와 L'_{TAP}가 주어진 분광비를 갖는 이상적인 방향성 결합기의 손실이라고 가정하면, 실제 결합기는 같은 분광비를 갖지만 초과 손실 L_E는 다음과 같이 된다.

$$L_{THP} = L'_{THP} + L_E \tag{9.6a}$$

$$L_{TAP} = L'_{TAP} + L_E \tag{9.6b}$$

이상적인 손실은 초과 손실에 의해서 증가되며 이들 손실들은 단자 1로 인가되는 입력 전력에 대하여 단자 2, 단자 3의 출력 전력을 비교한 실제로 측정된 손실이 된다. 식 (9.6)에서의 손실은, 시스템에 결합기를 삽입하는 경우 발생하는 실제적인 손실이므로 **삽입 손실**(insertion loss)이라고 한다.

그림 9.1에서 화살표로 표시된 것과 같은 결합기는 양방향성으로 4단자 중 어느 하나를 입력단자로 사용할 수 있으며, 이때 가능한 결합은 1에서 2와 3, 2에서 1과 4, 3에서 4와 1, 4에서 3과 2가 된다. 방향성 결합기는 보통 대칭적으로 구성하기 때문에 특성 손실은 입력으로 어떠한 단자를 선택해도 같은 값을 갖는다.

9.1.1 이중망(Duplexing Network)

점 대 점 링크에서 송신과 수신을 하기 위한 가장 간단한 구조는 2개의 광파이버를 사용하여 하나는 한 방향으로 신호를 전송하고, 다른 하나는 반대 방향으로 신호를 전송하는 것이다. 이에 비해 하나의 광파이버로 양방향 동시 전송이 가능한 전이중 시스템(full-duplex system)은 광파이버를 절약하므로 특히, 장거리 선로에 장점이 있다. 그림 9.2는 각각의 단말기에 방향성 결합기를 사용한 전이중 구조로, 이 경우 완벽한 3 dB 결합기들은 송수신기 사이에서 6 dB의 손실을 발생시키는데 각각의 단자에서 커넥터 손실과 초과 손실은 수신된 전력을 더욱 낮게 만들 수 있다.

9.1.2 티망(Tee Network)

그림 9.3에 있는 **티망**에는 각각 송신기를 포함한 여러 단말기들이 상호연결되어 있는데,

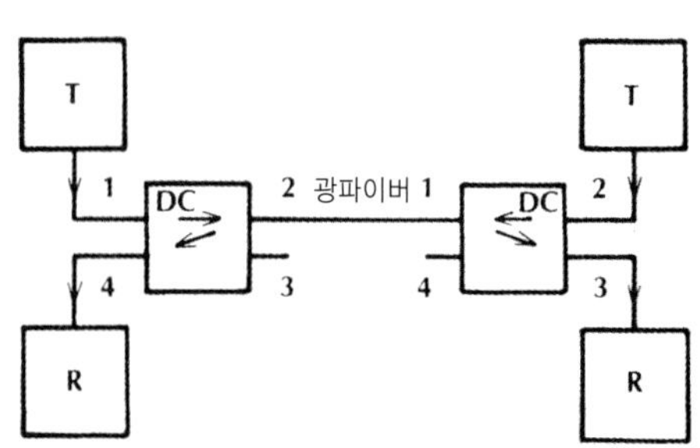

그림 9.2
전이중 통신시스템. T: 송신기, R: 수신기, DC: 방향성 결합기. 사용하지 않는 단자도 표시하였다.

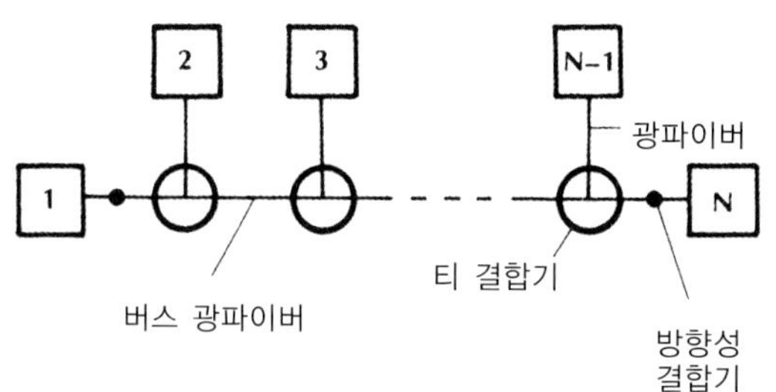

그림 9.3
N개의 단말기를 상호연결하는 티망

각각의 단말기는 송수신기를 포함하여 버스(bus), 또는 데이터 버스(data bus)라고 하는 트렁크 광파이버(trunk fiber)는 탭 사이에서 정보를 전송한다. 탭들은 구성하고 있는 그림 9.4의 티 결합기(tee coupler)들은 버스 광파이버(bus fiber)에서 양방향 정보 흐름이 가능케 한다. 그림에서는 2개의 방향성 결합기를 사용하여 티 결합기를 구성하였으며 단말기 1과 N은 하나의 방향성 결합기에 의해서 버스에 연결된다.

원거리에 있는 송신기로부터 수신기에 도달하는 신호를 원활하게 검출하려면 충분한 전력이 필요하므로, 즉 작업처리 전력이 탭 전력보다 커야 하므로 다수의 단말기들로 구성되는 망의 티 결합기는 큰 분광비가 요구된다. 버스 광파이버에 작업처리 손실 L_{THP}과 탭 손실 L_{TAP}을 갖는 방향성 결합기들이 연결되었을 경우, 단말기 1과 N 사이에서의 전체 손실을 생각해 보자. 신호는 수신기의 결합기에 도달하기 전에 $N-1$개의 방향성 결합기를 통과해야만 하며, 결합기의 탭단자에 수신기가 연결되어 있으므로, 전체 분배 손실은 다음과 같이 된다.

$$L = (N - 1)L_{\text{THP}} + L_{\text{TAP}} \tag{9.7}$$

단위가 데시벨인 전체 손실은 단말기의 수에 따라 선형적으로 증가한다.

실제적인 시스템에서는 망을 구성하기 위하여 사용된 커넥터의 손실도 고려해야 한다.

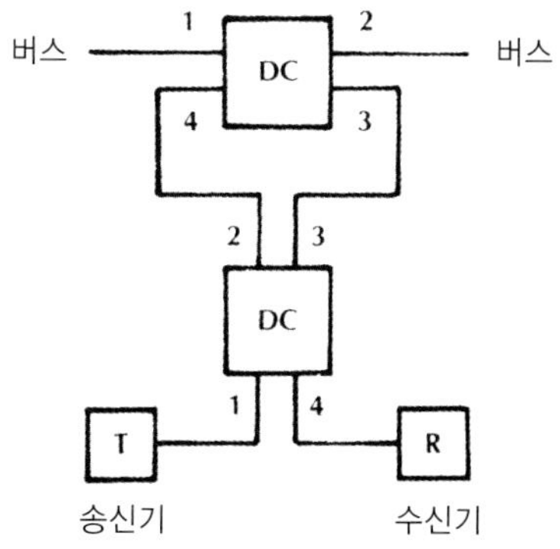

그림 9.4
두 개의 방향성 결합기를 사용한 티 결합기

보통 각각의 결합기 입출력단자에는 커넥터가 필요하므로, 단말기 1과 N 사이의 경로에 필요한 커넥터는 $2N$개로 커넥터당 L_C dB의 손실을 가정할 때 식 (9.7)에 $2NL_C$의 손실이 분기되므로, 전체 분배 손실은 다음과 같다.

$$L = (N - 1)L_{\text{THP}} + L_{\text{TAP}} + 2NL_C \tag{9.8}$$

그림 9.5에 몇 가지 분배 손실의 예를 나타내었다. 그림의 아래 부분의 손실 곡선은 이상적인 결합기 초과 손실과 커넥터 손실이 없는 이상적인 경우이며, 위 부분의 곡선은 각각의 결합기에서 1 dB의 초과 손실과 각각의 커넥터에서 1 dB의 손실이 발생한다고 가정한 경우를 나타내고 있다. 그림에 나타낸 바와 같이 다수의 단말기를 사용할 경우 손실이 매우 증가함을 알 수 있다.

티망에서의 손실 이외에도 특별히 언급할 만한 것으로 특별한 수신기 요건, 손상에 대한 민감성, 그리고 새로운 단말기를 첨가할 경우의 편리성 등으로 이에 대하여 간략하게 설명한다.

티망에서의 단말기는 원거리에 위치한 것보다는 인접한 단말기로부터 더 많은 전력을 수신하므로 수신기는 폭넓은 범위에서 전력 레벨을 처리할 수 있도록 큰 **동적 범위**(dynamic range)를 갖고 있어야 한다.

티망에서 국부적인 손상은 전체적인 통신을 차단하지는 않는다. 즉, 버스 광파이버의 절단으로 분리된 시스템의 양쪽 부분에서의 정보의 흐름에는 손상을 주지 않는다. 하나의 티 결합기가 손상되면 시스템이 분할되며 연결된 단말기와의 접속이 해제된다. 단말기가 손상되면 손상된 단말기만이 해제되며 나머지 시스템은 정상 동작 상태에 있게 된다.

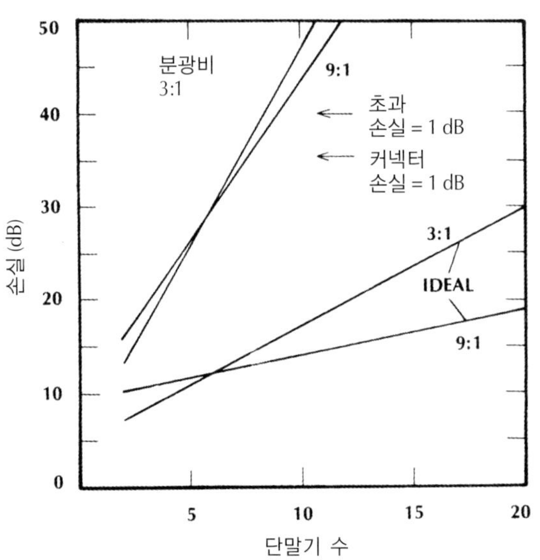

그림 9.5
티망에서의 분배 손실. 두 개의 아래쪽 곡선에서, 결합기들은 이상적인 경우이다. 두 개의 위쪽 곡선에서, 초과 손실은 결합기당 1 dB이고 커넥터들은 1 dB의 손실을 갖는다.

새로운 단말기를 티망에 추가하려면 버스 광파이버를 절단한 후 티 결합기를 삽입하면 된다.

9.1.3 스타망(Star Network)

다중단말기망에 대한 또 다른 구조로는 그림 9.6에 나타낸 스타구조를 들 수 있다. 이 구조에서, N 단말기들은 **투과형 스타 결합기**(transmissive star coupler)로 상호연결되어 있는데 결합기는 $2N$ 단자들을 갖고 있으므로 4단자 이상을 갖는 방향성 결합기로 생각할 수 있다. 스타 결합기는 그림 9.7에 나타낸 바와 같이 임의의 송신기 단자들로부터 전력을 동일하게 각각의 수신기 단자에 분배한다. 이상적인 스타 결합기는 입력 전력을 손실 없이 N방향으로 분배하는데, 각각의 단자에 대한 전송 효율은 $1/N$이고 삽입 손실은 데시벨로서

$$L_{\mathrm{IN}} = -10 \log_{10} \frac{1}{N} \tag{9.9}$$

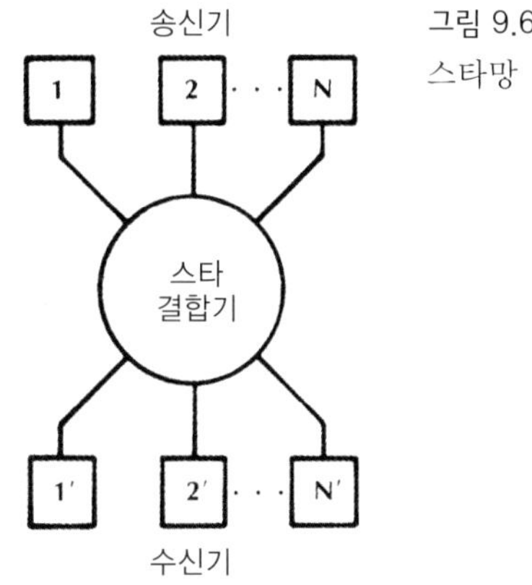

그림 9.6
스타망

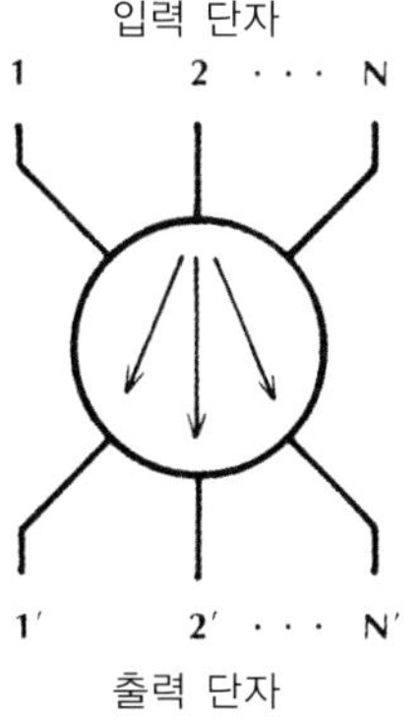

그림 9.7
투과형 스타 결합기는 임의의 입력단으로부터 모든 출력단으로 전력을 분배한다.

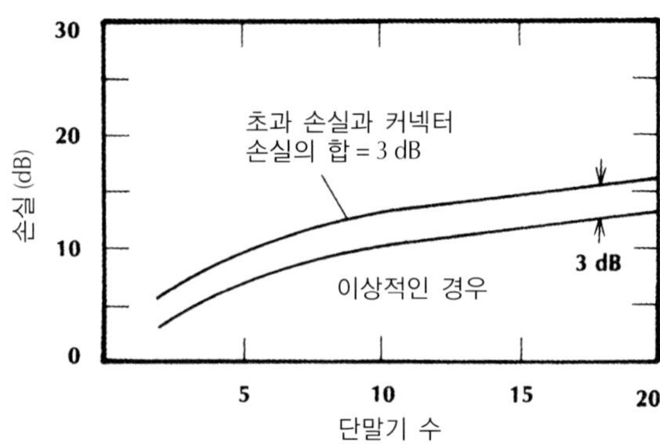

그림 9.8
스타망에서의 분배 손실

가 된다.

만약에 두 개의 커넥터 손실이 각각 L_C이고 스타 초과 손실이 L_E일 경우, 스타 결합기의 전체 분배 손실은

$$L = -10\log_{10}\left(\frac{1}{N}\right) + L_E + 2L_C \tag{9.10}$$

이 된다.

그림 9.8에 이 두 식을 나타내었다. 그림 9.5와 그림 9.8을 비교해 보면 스타망과 티망의 손실에 대한 차이를 알 수 있다. 일반적으로 스타망은 5개 이상의 단말기가 연결되는 경우 상당히 높은 효율을 갖게 되는데, 이는 티망의 경우 손실이 선형적으로 변하는 것에 비해 스타망 구성에서는 N에 따라 지수적으로 변화하기 때문이다. 새로이 접속되는 모든 단말기에 대하여, 티망에서 신호는 2개 이상의 커넥터를 통과해야 하는 반면에, 스타망에서서는 접속된 단말기에 의한 송신기에서 수신기까지의 경로에 신호가 통과해야 할 커넥터의 수는 증가하지 않는다.

■ 예제 9.2 ■

망에서 단말기의 수가 10에서 11로 증가한 경우, 티와 스타망에서 증가된 손실을 비교하라. 분광비는 9:1, 초과 손실은 1 dB이라고 가정하며, 1 dB의 손실을 갖는 커넥터를 두 시스템에 사용한다.

풀이: 티망에서 증가된 손실은 방향성 결합기 한 개의 투과 손실과 2개의 커넥터가 갖는 손실의 합이 된다. 표 9.1과 식 (9.6a)로부터 1 dB의 초과 손실을 갖는 9:1 결합기에 대한 $L_{THP} = 1.46$ dB이므로 티망에서 증가된 손실은 $1.46 + 2 = 3.46$ dB이 된다. 하나의 단말기를 추가함에 따라서 수신된 전력은 이전의 값보다 반으로 감소한다. 스타망에 대

한 손실은 $-10\log_{10}(1/10) = 10$ dB에서 $-10\log_{10}(1/11) = 10.4$ dB로 변화한다. 다시 말하면 0.4 dB만이 증가하게 된다.

적은 수의 단말기를 갖는 시스템에서, 커넥터 손실 L_C는 버스 광파이버에 결합기 단자들을 잘 접속하여 최소화하면 이때의 티 손실은 용인될 수 있다. 10개 이상의 많은 단말기를 갖는 망인 경우, 티 손실은 실제적인 설계를 어렵게 한다. 그러면 도대체 왜 티망을 고려하는가? 단말기들이 멀리 떨어져 있는 경우, 티에서는 스타의 경우보다 훨씬 적은 양의 광파이버를 사용하기 때문이다.

최대의 효율을 얻으려면, N 단말기를 갖는 망에서 스타 결합기는 $2N$ 단자들만을 가져야 한다. 즉, 모든 단자들이 사용되어야 한다. $2N$ 단자 이상의 결합기는 필요 이상의 분배 손실을 수반하기 때문에 현존하는 시스템에 새로운 단말기의 첨가는 많은 단자들을 갖는 새로운 스타 결합기를 사용해야 한다. 앞의 예제에서 새로운 스타 결합기는 이전의 결합기보다 많은 초과 손실을 갖는 것은 아니라고 가정하였는데 이는 실제적인 소자의 초과 손실은 단자의 수에 따라 증가하지만, 단 2단자만을 추가하는 경우에 대해서는 적절한 가정이다. 초과 손실은 16단자($N = 8$)의 약 1 dB로부터 128단자($N = 64$)의 3 dB까지 변할 수도 있다.

스타망에서 단말기를 결합기에 연결하고 있는 지선의 손상은 연결된 단말기의 서비스만을 중단하지만, 스타 결합기 그 자체의 손상은 모든 데이터의 흐름을 중단시킨다.

9.1.4 링망(Ring Network)

그림 9.9와 같은 링망에서는 광파이버를 사용하여 많은 단말기를 연결할 수 있다. 링은 실제적으로 독립적인 점 대 점 링크들의 연속적인 접속이며 각 노드는 광 송신기와 광 수신기를 포함한다. 노드(node)의 기능은 능동 재생기(active regenerator)와 같은 역할을 한다. 수신기는 전달된 메시지를 검출하고 스테이션(station)이 메시지를 해독한 후 데이터를 재생

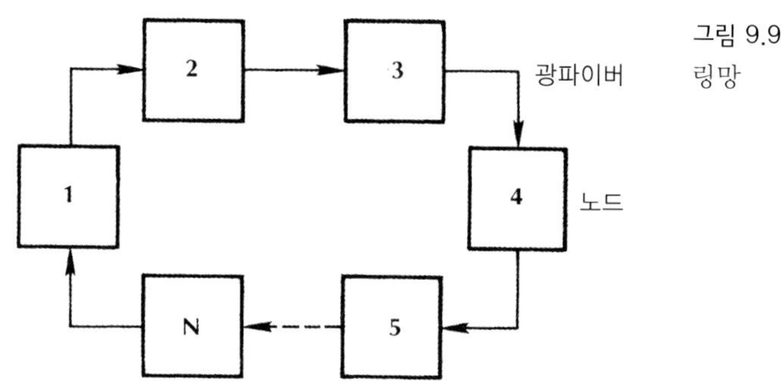

그림 9.9
링망

성하여 다음 스테이션으로 재전송한다.

링에서는 임의의 광 송신기 전력이 하나의 수신기에만 전달되기 때문에, 티망이 스타망의 경우에서와 같이 여러 스테이션이 전력을 고유하지는 않는다. 이러한 이유 때문에 링은 이 절에서 설명하는 다른 망보다도 많은 단말기를 상호연결할 수 있다. 다시 말하면 링은 티와 스타처럼 전력 분배 손실에 의한 제한이 없다. 그렇지만 능동 링 노드는 티와 스타의 수동 노드보다 훨씬 복잡하다.

만약 링에 있는 어느 하나의 노드라도 고장이 나는 경우 전체적인 시스템이 정지되며 루프상에 있는 전송 파이버 중 어느 하나가 절단되는 경우에도 전체 시스템이 정지하게 되는데 기본적인 링에 대한 몇 가지 수정으로 이러한 문제를 해결한다. 광우회(optical bypass) 스위치는 고장시 보수가 끝날 때까지 고장난 노드를 우회할 수 있도록 광 경로에 삽입할 수 있다. 9.4절에서는 이러한 용도로 사용되는 전기 기계적인 스위치의 설계를 설명한다. 두 번째 루프를 설치하는 것도 기본적인 링의 구조를 변경하는 또 다른 실질적인 방법이다. 그림 9.10에 그려진 구조는 시스템에 여분의 장치를 첨가한 것으로 두 번째 링은 원래의 링이 진행하는 방향과 반대로 전송한다. 일반적으로 첫 번째 링만이 동작을 하지만 노드 또는 광파이버가 고장이 나는 경우 시스템은 완전한 루프가 가능하도록 고장난 노드를 우회한다. 그림 9.10(b)에서는 고장이 발생할 때 스스로 망을 재구성한 경우의 신호 경로를

그림 9.10
역회전 링 (a) 기본 망 (b) 노드 4가 고장난 경우에 재구성된 망

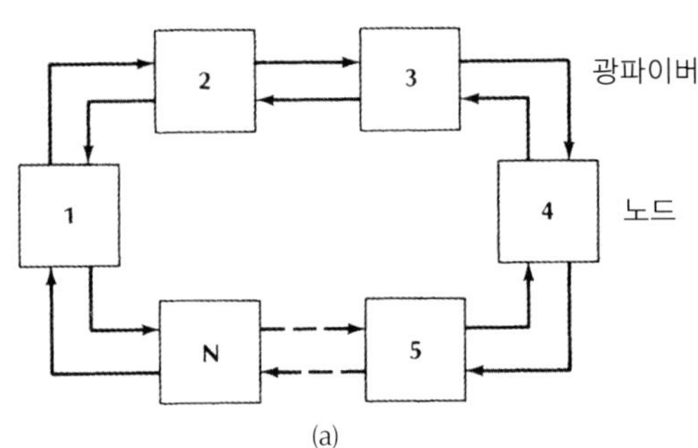

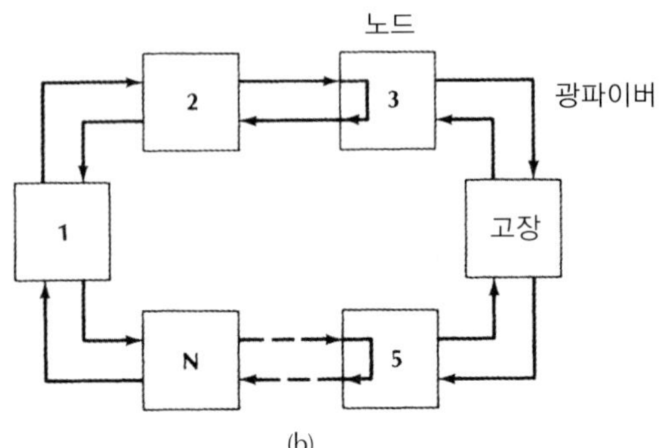

보여주고 있다. FDDI(fiber distributed-data interface) 근거리 통신망은 이러한 이중 링구조를 사용한다.

9.1.5 복합분배시스템(Hybrid Distribution System)

티망과 스타망의 조합은 다중단자 광파이버시스템의 설계에 융통성을 부여한다. 스타-티망에서, 스타는 근거리에 위치한 단자의 접속에 사용되고, 선형 티는 원거리 단자에 사용할 수 있으며 스타와 티 사이의 직접 접속을 할 수도 있다. 또 다른 설계방법은 신호의 레벨을 높이기 위하여 능동 중계기를 설치하는 것이다. 그림 9.11은 중계기를 사용한 스타-스타시스템을 나타내고 있다.

9.1.6 다중광파이버시스템(Multifiber System)

그림 9.12에 제시한 방법으로 각각의 단말기를 서로 직접 연결하여 *N* 단말기 시스템을

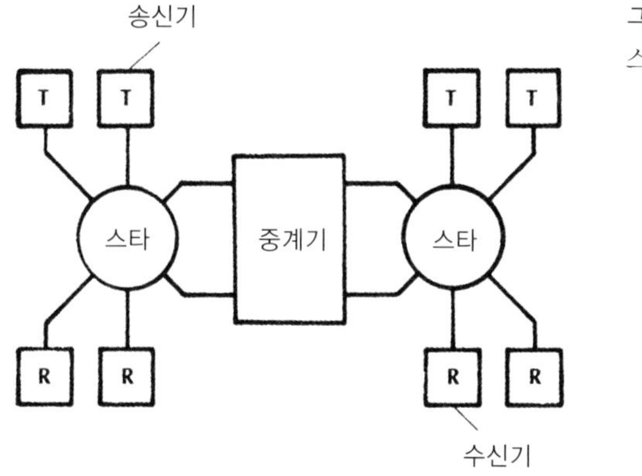

그림 9.11
스타-스타망

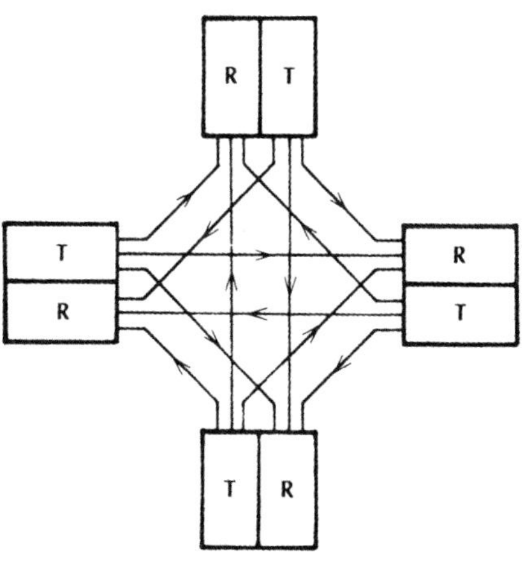

그림 9.12
다심 광파이버망

구성할 수 있다. 각각의 송신기에서는 하나의 광원에 의해서 $N-1$파이버로 구성된 광파이버 다발에 광을 인가하는데, 최대 효율을 얻기 위하여 광원의 면적은 광파이버 다발의 면적과 같다. 각각의 광파이버는 원거리에 위치한 수신기 중 하나에 연결되며, 수신기는 광파이버에 의해 원거리 송신기에 접속되어 표면적이 다발의 크기와 같은 면적을 갖는 광 검출기에 광이 공급된다.

이러한 구조는 다량의 광파이버를 사용하기는 하지만 몇 가지 장점을 갖고 있다. 첫째, 작은 광파이버를 여기시키기에 필요한 작은 면적의 광원보다 큰 전체 전력을 공급하는 큰 면적의 광원을 사용할 수 있다. 둘째, 광파이버에 공급된 전력은 티, 스타시스템에서와 같이 커넥터 또는 분배 결합기로부터의 감쇠를 받지 않아 단말기 간의 전송 손실은 티나 스타시스템의 경우보다 적게 된다. 광파이버 중 일부는 모든 단말기에 송신을 할 필요가 없을 때는 분리해 낼 수 있다.

정교하지는 않지만, 다심 광파이버망은 모든 단말기 사이에 각각의 점 대 점 링크를 사용하는 것보다 경제적이다. 그러한 시스템은 각각의 단자에 $N-1$개의 송신기와 수신기가 필요하게 되므로, $N(N-1)$ 송신기와 $N(N-1)$ 수신기가 전체적으로 필요하게 된다. 예를 들면, 4개의 단말기를 갖는 시스템의 경우 점 대 점 12개의 송신기와 12개의 수신기가 필요하다. 반면에 다심 광파이버망의 경우에는 단지 4개의 송신기와 4개의 수신기만이 필요하게 된다.

9.2 방향성 결합기

이 절에서는 몇 가지 4단자 방향성 결합기의 설계에 관하여 설명하고자 한다. 각각의 결합기들은 필요한 결합을 얻기 위하여 서로 다른 개념으로 사용된다.

그림 9.13의 쌍원추형으로 융합된 테이퍼형 방향성 결합기(tapered direc-tional coupler)는 설계된 분광비의 범위 내로 동작하도록 제작된 저손실 결합기[3]로서 2개의 단일모드 혹은 다중모드 광파이버를 서로 꼬아 장력을 가한 후, 결합부분을 가열하여 광파이버의 클래딩을 녹여 4단자를 형성하도록 잡아당겨 양쪽이 원뿔 모양으로 가늘어진 형태가 되도록 만

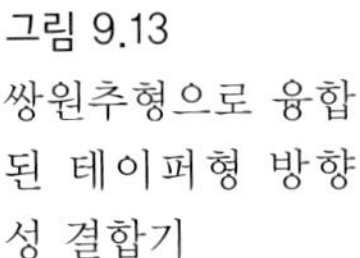

그림 9.13
쌍원추형으로 융합된 테이퍼형 방향성 결합기

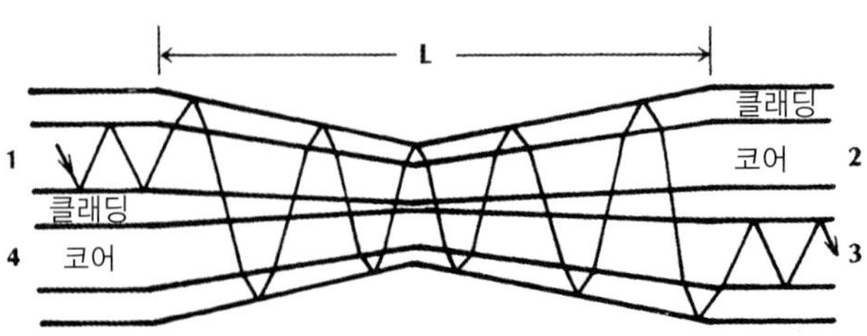

든다. 상호작용 길이(interaction length) L은 융합된 부분의 길이이다.

다중모드 광파이버에서, 고차 모드는 테이퍼된 영역에서 임계각 이상으로 클래딩 경계면에 부딪치기 때문에 결합이 발생한다. 그림 9.13에는 고차 모드들이 클래딩의 외부표면에서 일어나는 전반사에 의해 갇힌 클래딩 모드로 변화된 것을 보여주고 있다. 반면에 저차 모드의 광은 임계각 가까이로 진행하지 않으므로 쉽게 변환되지 않는다. 이들 모드가 갖는 전력은 원래의 광파이버에 남아 있게 된다. 그림 9.13의 융착 도파로는 같은 클래딩을 공유하기 때문에 고차 입력 모드 전력은 두 광파이버에서 공통이다. 출력 테이퍼는 클래딩 모드를 코어에 유도되는 파로 환원시키는데, 분광비는 테이퍼의 길이와 클래딩의 두께에 달려 있다.

이 테이퍼 방향성 결합기의 단일모드 동작은 두 개의 광파이버에서 중복되어 소멸되는 코어들이 테이퍼 형태에 의해서 더욱 근접되고 코어 직경도 줄어듦으로 정규화 주파수가 감소된다. 그림 5.19를 참고하면 이렇게 감소된 정규화 주파수 V는 스폿 크기를 증가시키므로 줄어든 코어 간격과 함께 소멸파의 중첩을 증진시켜 결합을 향상시킨다.

또 다른 형태의 연마형 단일모드 방향성 결합기는 각각의 광파이버 한쪽면의 클래딩을 연마하고 이 면을 서로 맞대어 만든다. 이 경우 좋은 결합을 얻으려면 코어는 수 마이크로미터 이하이어야 하며, 성능은 전자와 마찬가지로 소멸파의 중첩에 의해 결정된다.

테이퍼형이나 연마형 단일모드 결합기는 중요하므로 동작에 대하여 좀더 설명한다. 그림 9.1의 단자 1을 입력으로 가정하면 단자 2와 3에서 결합은 다음의 식이 된다.

$$\begin{aligned} P_2/P_1 &= \cos^2(\Delta\beta L) \\ P_3/P_1 &= \sin^2(\Delta\beta L) \end{aligned} \tag{9.11}$$

여기서 $\Delta\beta$는 두 개의 도파로 간의 결합계수(coupling coefficient)로 단위는 rad/m이며, L은 결합되는 광파이버의 길이이다. 이들 식이 나타낸 바와 같이 입력 전력은 손실 없이 2개의 출력단자로 나누어진다. 실제로 성능이 우수한 실제 결합기의 초과 손실은 수십 분의 1 dB 정도이다. 상호작용 영역의 길이는 이전의 식에서 보았듯이 아래 식과 같을 때 모든 전력은 단자 3에 나타나는데

$$L_c = \pi/(2\,\Delta\beta) \tag{9.12}$$

이러한 길이를 결합 길이(coupling length)라고 한다. 그림 9.14는 결합 길이에 대한 결합 전력을 나타낸 것이다. 임의의 필요한 분광비도 결합 영역 길이를 적당히 조절하여 얻을 수 있다는 점과 부분적인 결합이 상호작용 길이가 증가함에 따라 반복된다는 점에 주목해야 한다.

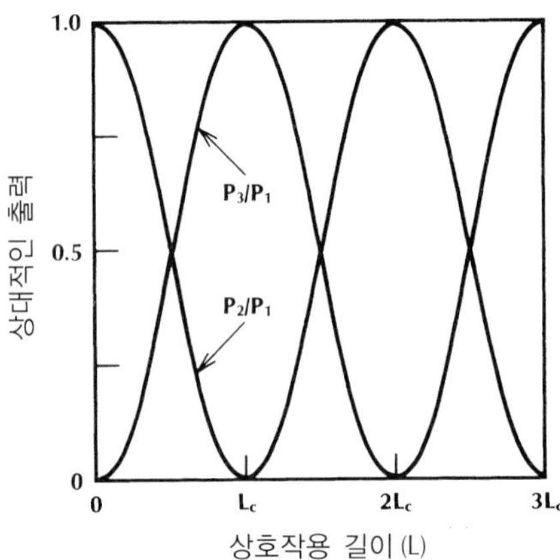

그림 9.14
결합 영역의 길이 함수로서의 상대 결합 전력

그림 9.15의 오프셋 맞댐이음 방법으로도 방향성 결합기를 구성할 수 있다. 즉, 단자 1에 입력을 인가한 경우 측면정렬의 어긋남이 있다면 그림 8.3에 의한 SI 광파이버의 축 어긋남 손실이 예상된다[4]. 입사된 광의 일부는 연결부에서 단자 3인 탭으로 평면성의 플라스틱 곡선 도파로를 따라 단자 3인 탭으로 진행한다. 광파이버를 정확하게 배치하기 위한 도파로와 홈은 두꺼운 필름 사진석판과정으로 만든다.

종래의 시스템에서는 부분반사기(partial reflector)인 분광기(beamsplitter)가 간단한 방향성 결합기로 사용되었었다. 그림 9.16(a)의 분광판(beamsplitting plate)은 투명기판에 부분적으로 반사하는 박막 형태로 유전체나 금속의 코팅되어 있는데 두께와 코팅의 성분은 분광비를 결정하며 광 형태로 분광판에 의해 입사된 광은 측면으로 변위된 광이 된다. 반면 그림 9.16(b)의 분광 입방체(beamsplitting cube)는 변위를 제거한다. 보통 입방체는 2개의 프리즘이 부분적으로 반사하는 코팅에 의해서 분리되어 있는 2개의 분광기이다.

분광기는 광파이버들 사이의 전력을 분할할 때 그 자체로는 사용될 수 없다. 왜냐하면 분광기가 위치한 공간은 갭이 형성되는데 이는 8.1절에서와 같이 광파이버를 연결하는 데 생기는 갭은 입력 광파이버에 의해 방출된 광이 발산하여 수신 광파이버에 도달하지 못하기 때문에 큰 손실이 발생한다. 이러한 문제들은 분광기에 투사하는 광선을 잘 조준하고, 수신

그림 9.15
오프셋 맞댐이음 방향성 결합기. 전력은 트렁크 광파이버(1과 2)와 탭 광파이버(3과 4) 사이에서 평면 유전체 도파로 길에 의해 결합된다.

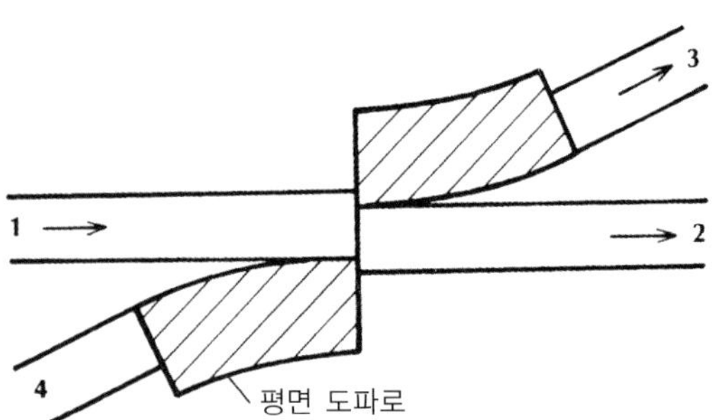

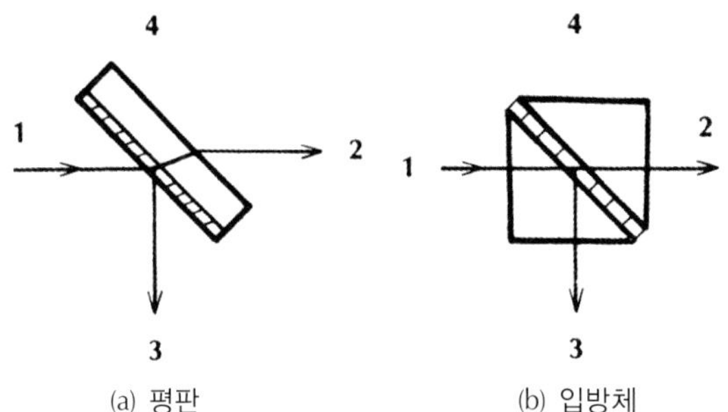

그림 9.16
분광 방향성 결합기

광파이버에서의 분할된 광의 초점을 정리하여 해결할 수 있다. 그림 9.17은 이를 위해 GRIN 봉 렌즈를 사용하는 분광기 형태의 방향성 결합기로 분광 입방체는 단자 1, 2 그리고 단자 3과 4를 정렬한다. 만약 분광판을 사용했다면 두 단자 사이에는 어긋남이 있을 것이다[5]. 이러한 결합기는 재래식의 구형 렌즈를 GRIN 렌즈로 대치하면 잘 동작한다.

그림 9.18에 분광 결합기의 변형을 나타내고 있다[6]. 부분 반사 코팅에 의해서 분리된 2개의 1/4피치 GRIN 봉 렌즈로 만들어진 결합기를 나타내며 접속된 광파이버는 렌즈의 축으로부터 벗어나 있다. 단자 1에 입력이 된다고 생각하면, 복합 렌즈는 단자 1로부터의 광을 단자 2에 있는 광파이버에 입력시키고 코팅에 의해서 반사된 광은 단자 3에 입사시키며 단자 4에는 입력 광이 없다. 다른 단자에서 입력되는 경우에도 유사하게 분배된다.

분광 결합기들은 **진폭 분할**(amplitude division) 소자들로 입사파의 진폭을 필요한 비율로 나누어 광을 분배한다. 파면을 여러 부분으로 분할하여 원하는 단자에 보내는 **파면 분할**(wavefront division)에 의한 결합기도 만들 수 있다[7]. 그림 9.19는 이러한 원리에 의해서 동작하는 결합기를 나타낸다. 단자 1의 출력광은 발산되는데, 파의 위쪽 반은 오목 반사기 M_1에 의해서 단자 2에 있는 광파이버에 입력되며, 파의 아래쪽 반은 오목 반사기 M_2에 의해서 단자 3에 있는 광파이버에 입력되므로 이 경우 분광비는 1:1이다. 다른 비율들도 반

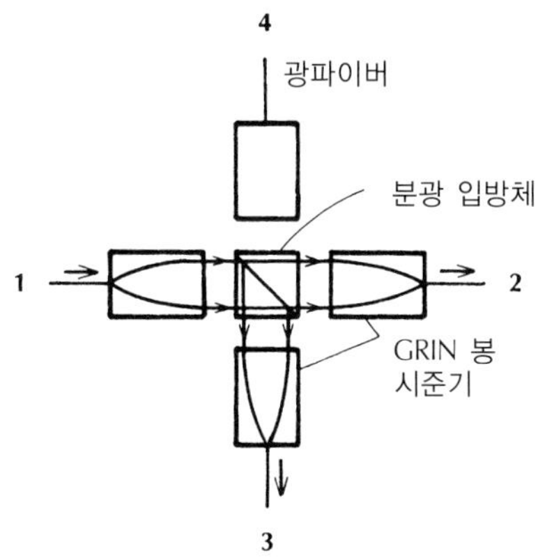

그림 9.17
광파이버에 부착된 4개의 GRIN 봉 시준 렌즈를 사용한 방향성 결합기

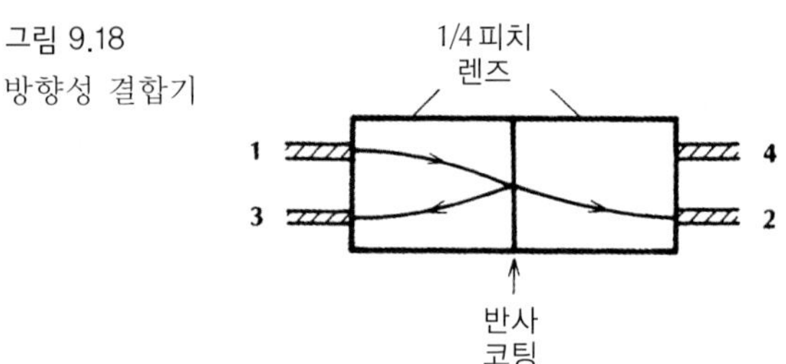

그림 9.18
방향성 결합기

사기 중 하나를 확대하여 얻을 수 있다. 이 경우 확대된 반사기는 다른 반사기보다 많은 파면을 가로채게 된다.

그림 9.19에 있는 광파이버는 곡면의 중심부분에 위치하며 각각 반사기의 축에 약간 어긋나 있다. 구형 반사기의 초점거리 f는 구면 반경의 1/2이므로 광파이버는 렌즈와 같은 거울로부터 $2f$ 거리에 위치한다. 영상방정식, 식 (2.5)와 식 (2.6)에 따르면 이러한 배치는 배율이 1인 초점상을 만들어 낸다. 1대 1 영상은 광속의 발산을 증가시키지 않으므로 출력 광파이버에 입사하는 모든 광을 받아들일 수 있게 된다.

파면 분할 소자에서 단자 2의 입력은 단자 1에만 연결되며, 마찬가지로 단자 3의 입력은 단자 1에만 연결된다. 그림 9.19에 있는 결합기는 3개의 단자만을 갖는다. 그림 9.2의 이중시스템은 3단자 결합기만을 필요로 하며 그림 9.20에서와 같이 2개의 3단자 결합기를 연결하여 필요시 4단자 방향성 결합기를 만들 수 있다.

결합기들은 집적광학 형태로 구성할 수도 있다. 이 방법에서는 이온 교환 기술을 사용하여 유리기판에 확산시켜 도파로를 만들 수 있는데[8], 이들 도파로를 그림 9.21과 같이 원형으로 만들어 광파이버의 구조와 일치하도록 한다. 이렇게 하면 이들 결합기는 광파이버 시스템의 나머지 부분에 간단히 연결할 수 있는데, 코어의 크기와 NA는 결합기들이 부착

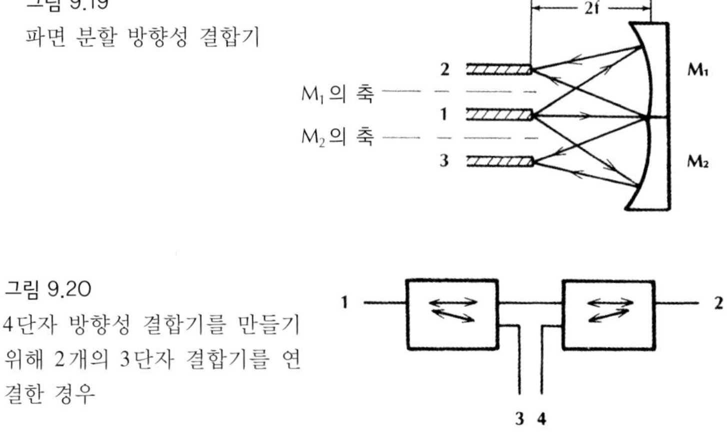

그림 9.19
파면 분할 방향성 결합기

그림 9.20
4단자 방향성 결합기를 만들기 위해 2개의 3단자 결합기를 연결한 경우

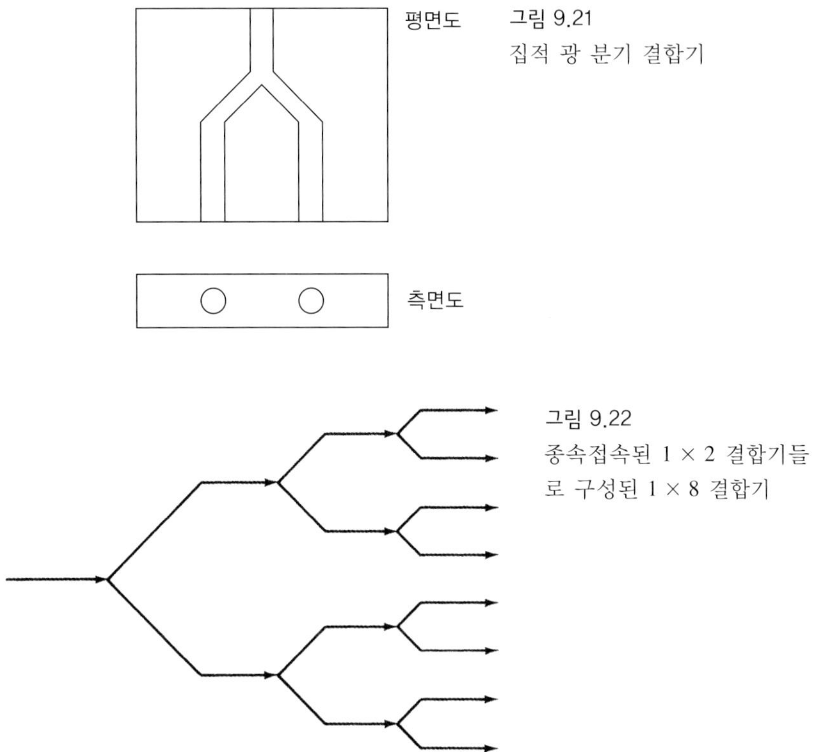

그림 9.21
집적 광 분기 결합기

그림 9.22
종속접속된 1 × 2 결합기들로 구성된 1 × 8 결합기

될 광파이버에 일치시키게 된다. 예를 들어, 결합기들의 코어 크기를 대략 9, 50 또는 62.5 μm로 하여 언덕형 굴절률 다중모드 광파이버들에 정합하도록 한다.

결합은 그림 9.21에 나타낸 바와 같이 Y 접합 도파로에 가지를 내어 형성한다. 1 × 2 결합기들은 이러한 구조의 기본적인 단위들이지만, 더 많은 단말기들도 이러한 결합기를 여러 개 종속접속하여 구성할 수 있다. 그림 9.22는 여러 개의 1 × 2 결합기들을 종속접속하여 어떻게 1 × 8 결합기를 구성하는지를 보여준다.

그림 9.4는 2개의 4단자 방향성 결합기가 어떻게 결합하여, 단일 광파이버로 양방향 전송용 티 결합기를 구현할 수 있는지를 보여주고 있다. 이 절에서 설명한 4단자 결합기는 모두 이러한 목적으로 사용될 수 있다.

9.3 스타 결합기

용융쌍원뿔 테이퍼 융착 기술은 4단자 이상을 갖는 다중모드 광파이버 결합기를 만드는 데도 이용될 수 있다[9]. 8 × 8 전송 스타 결합기(transmission star coupler)와 8단자 반사 스타

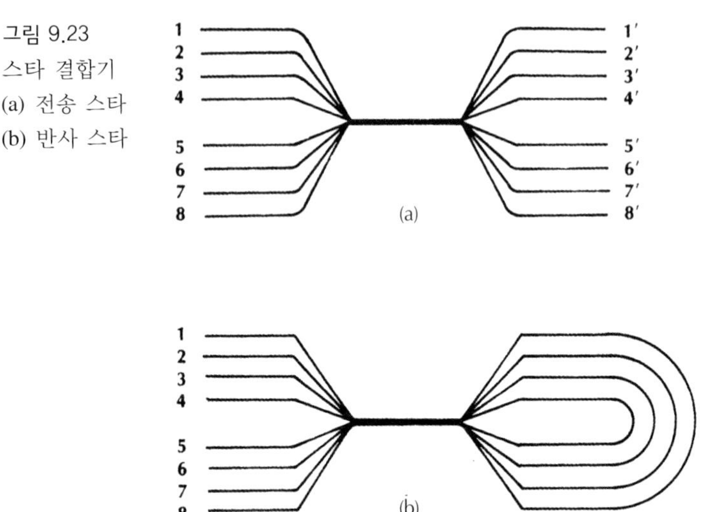

그림 9.23
스타 결합기
(a) 전송 스타
(b) 반사 스타

결합기(reflection star coupler)가 그림 9.23에 있는데 각각의 다중모드 광파이버를 꼰 후 장력하에서 융착시킨 것이다.

전송 스타 결합기에서 결합기 한쪽 임의의 단자에 인가된 전력은 반대쪽 모든 단자에 동등하게 나누어져 나타난다. 이상적으로는 결합기의 같은 편에 위치한 단자들은 서로 분리되어 있다. 그림 9.7에서는 전송 스타 결합기가 어떻게 단말기들을 상호연결하는지를 나타낸다.

반사 스타 결합기는 임의의 한 단자로부터 모든 단자에 광을 결합한다. 그림 9.24에 보

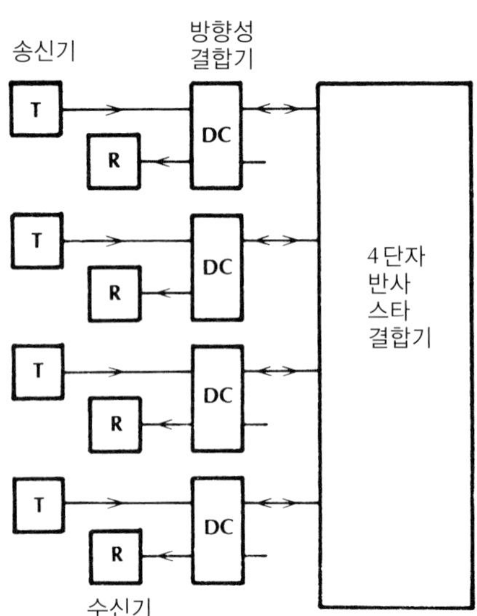

그림 9.24
반사 스타 결합망

여준 것과 같이 단말기들을 상호연결하고 있다. 스타 결합기에 접속된 모든 광파이버는 전송과 수신된 데이터 모두를 실어 나르기 때문에 각 단말기에서 두 신호를 분리하기 위하여 방향성 결합기가 필요하다.

다중단말 스타 결합기를 만들기 위한 2개 이상의 단일모드 광파이버 융착은 광파이버들이 가진 각각의 소멸파 사이의 결합을 요구하므로 동작이 잘 되지 않는다. 단일모드시스템에서 스타 결합기들은 1 × 2 단자를 갖는 융착 결합기들을 종속접속하여 만들어지는데 그림 9.22에 나타낸 바와 같이 이러한 구조를 어떠한 형태의 결합기 구성에도 잘 동작한다.

방금 설명한 스타 결합들은 수동소자들로서 능동소자에 비하여 값이 싸며 신뢰도가 높은 것이 특징이다. 그러나 능동 스타 소자들은 LAN을 구축하는 데 매우 유용하게 사용할 수 있다[10]. 그림 9.25는 능동 스타망의 개요를 나타내고 있는데 능동 스타 소자를 중계기로 사용하고 있다. 중계기는 임의의 송신기로부터 수신된 광 신호를 전기 신호로 변환한 후, 전류를 증폭하여 광원을 구동시켜 광 신호를 재생하는데 광원은 이 재생된 전력을 모든 수신 장소로 동리하게 분배한다. 이러한 전력 분배의 한 가지 방법이 그림 9.26에 나타나 있는데 출력 광파이버들은 서로 융착된 원뿔형의 테이퍼로 광원이 방출하는 광을 나누어 갖는다.

능동 스타 소자는 서로 다른 단말기와 동시에 전송하는 데이터 패킷들 사이의 충돌을 검

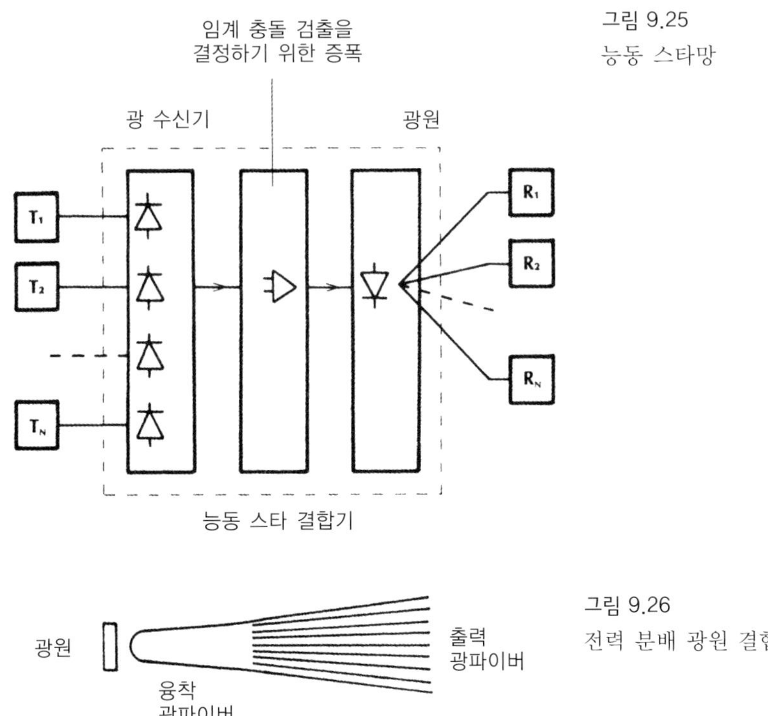

그림 9.25
능동 스타망

그림 9.26
전력 분배 광원 결합

출하기 위한 장치를 가질 수 있어 만약 충돌이 발생하는 경우 중계기는 교정을 하도록 스테이션에 신호를 보낸다. 능동 스타들은 재생과 충돌 검출 특성 때문에 분배망이 융통성을 갖도록 한다.

9.4 스위치

광파이버 스위치는 광 신호의 경로를 변경시키는데 분배망, 측정 장비 그리고 실험 등에서 유용하다. 여기서 2점 스위치와 우회 스위치에 대하여 설명하고자 하는데 이들은 광파이버 스위치의 몇 가지 일반적인 특징을 보여준다.

그림 9.27은 2점 스위치를 보여주고 있는데 단자 1의 입력은 단자 2나 단자 3에 접속될 수 있으며 다음의 정의에서 스위치가 단자 2에 결합된다고 하자. 이때 삽입 손실(insertion loss: IL)을 데시벨로 나타내면

$$L_{\text{IL}} = -10 \log_{10} \frac{P_2}{P_1} \tag{9.13}$$

이 된다. 여기서 P_1은 단자 1에 인가되는 전력을 말하며, P_2는 단자 2에 나타나는 전력이다. 삽입 손실은 간단한 커넥터에서처럼 광파이버 정렬에 좌우되는데, 양질의 기계적인 스위치라면 1.5 dB 이하의 손실을 얻을 수 있으며, 또한 모든 스위치 위치에서 같은 값의 삽입 손실을 가져야 한다.

누화(crosstalk: CK)는 결합되지 않은 단자와 얼마만큼 잘 격리되어 있는가를 나타내는 척도로서 다음과 같이 주어진다.

$$L_{\text{CT}} = -10 \log_{10} \frac{P_3}{P_1} \tag{9.14}$$

여기서 P_3는 단자 3에서 나타나는 전력이다. 누화는 스위치의 설계에 의존하지만 40~60 dB 정도의 값이 일반적이다.

스위치가 매번 같은 위치에 되돌아올 때마다 동일한 삽입 손실을 가져야 하는 재생도(reproducibility)는 삽입 손실 그 자체의 값보다 더 중요할 수도 있다. 양질의 스위치는 삽입 손실의 약 0.1 dB 내에서 재생한다.

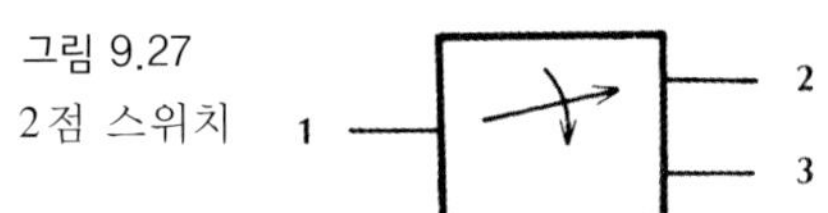

그림 9.27
2점 스위치

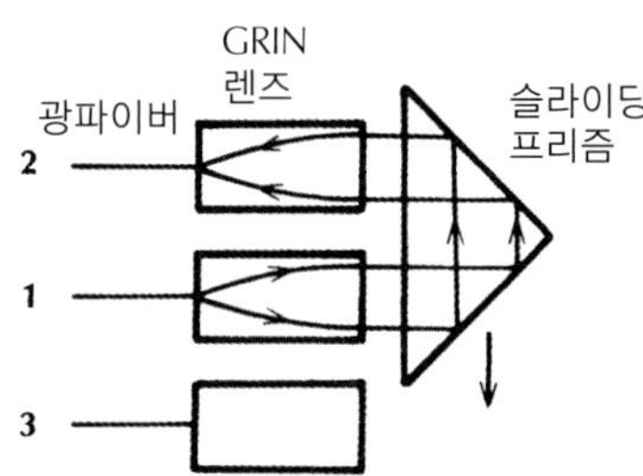

그림 9.28
슬라이딩 프리즘, 2점 스위치

한 위치에서 다른 위치로 바뀌는 스위칭 속도(switching speed)는 몇 가지 응용분야에서는 결정적으로 중요한 요소이다. 스위칭은 전자기계적으로 수행될 수 있다. 이러한 형태의 소자에서는 전압이 가해진 전자석은 광소자가 부착된 자기 물질을 끌어당긴다. 거울, 렌즈, 프리즘, 광파이버까지도 이런 방식으로 움직이게 된다. 전자석이 오프되면 스프링은 자계 홀더(magnetic holder)를 원위치로 되돌려놓으며, 전자기계식 스위치에 의해서 수 밀리초의 스위칭 시간을 얻을 수 있다.

그림 9.28의 2점 스위치는 각각의 광파이버에 부착된 1/4피치 렌즈와 슬라이딩 프리즘으로 구성된다[11]. 그림과 같은 위치에서 광은 단자 1과 2 사이를 결합한다. 이제 단자 1로부터 입력의 진행을 살펴보기로 하자. GRIN 렌즈는 광파이버로부터 방출된 발산광을 조준하며 직각을 갖는 프리즘은 2개의 경사진 표면에서 일어나는 전반사에 의해 편향된 광을 만들고 GRIN 렌즈는 광파이버 2에 초점을 맞추게 된다. 단자 1에서 단자 3으로 광을 유도하려면 프리즘은 그림에 나타낸 화살표 방향으로 움직여 광파이버 1과 3 사이의 광을 정렬한다. 광의 퍼짐에 의한 삽입 손실을 제거하고, 모든 광선이 임계각 이상으로 프리즘의 반사표면에 닿게 하려면 조준 렌즈가 필요하다. 직각의 프리즘은 광을 반사할 뿐만 아니라 분광기 자체에 평행하게 광을 변위시켜 효과적으로 입출력 광파이버들이 각을 이루도록 정렬한다.

그림 9.29는 스위치의 우회 기능을 나타내고 있는데 우회 상태에서 단자 1과 4가 결합하여 단자 2와 3이 분리된다. 분기 상태에서 단자 1과 2 그리고 단자 3과 4가 결합된다. 우회 스위치는 그림 9.30에 나타낸 방법으로 데이터 버스에 부착하여 티 또는 링망으로 포함시킬 수 있다. 단말기는 요구시마다 망에 포함시키거나, 우회할 수 있으며 송신 또는 수신을 하지 않는 단말국도 역시 우회할 수 있다. 결국 우회 스위치는 환형망에서 접속점을 우

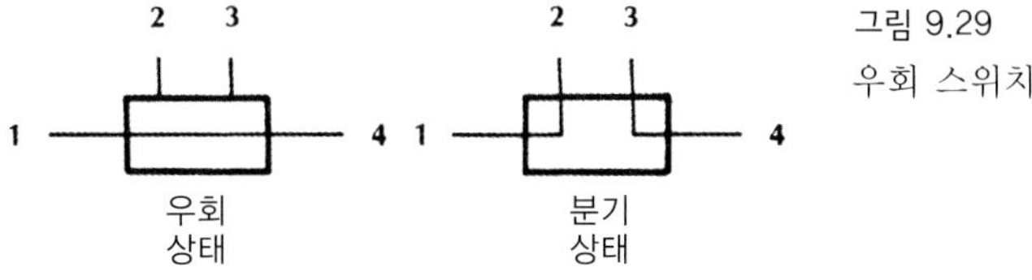

그림 9.29
우회 스위치

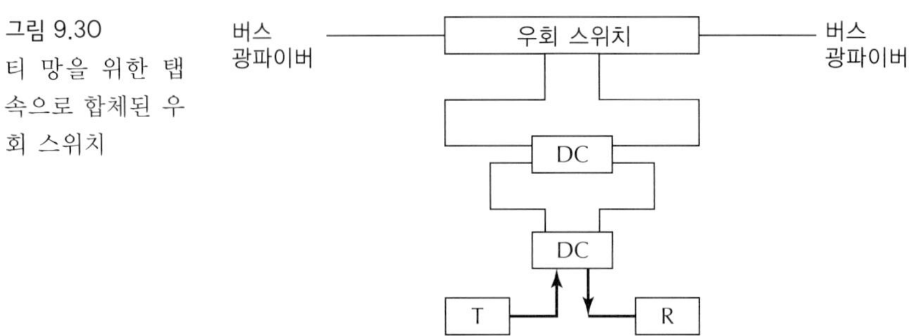

그림 9.30
티 망을 위한 탭 속으로 합체된 우회 스위치

회할 수 있는 것으로 사용할 수 있다.

중계기가 그림 9.30에 나타낸 단말기를 대신하여 데이터 버스에 연결될 수 있다. 만약 중계기의 보수가 필요한 경우 전체 망을 정지시키지 않고 우회시킬 수 있으므로 이 경우 스위치는 고장시에도 안정성을 보장한다. 우회 스위치에 의해 버스에 부착된 두 번째 중계기가 오동작을 하는 경우 중계기 대신 바꿔 넣을 수 있다. 이처럼 여분의 중계기를 사용하는 전략은 시스템의 복잡성을 증가시키지만 망의 신뢰도를 향상시킨다.

실용적인 전자기계식 우회 스위치를 그림 9.31에 나타내었다[12]. 우회 상태에서 광은 단자 1과 4 사이를 직접 통과하며 분기 상태에서 반사경들은 단자 1과 2 그리고 단자 3과 4 사이의 광을 결합시킨다. GRIN 렌즈들은 삽입 손실을 최소화하기 위하여 광선을 조준하는데 사용되고 양쪽 끝에 부착된 반사경을 갖는 쇠막대는 전자석이 작동될 때 올라가 분기 상태를 만든다. 반면 자석이 오프되면, 스프링은 광 경로 밖으로 쇠막대를 잡아당겨 스위치를 우회 상태로 되돌려 놓는다.

본 절에서 설명하는 스위치는 모두 개개의 부품으로 만들어지는 벌크소자(bulk device)이다. 광 부품이 이들 스위치처럼 작은 경우에는 마이크로광소자(micro-optic device)라고 한다. 사실상, 부품의 크기는 수 밀리미터 정도이다. 정확히 말해서 수 밀리미터의 스케일을 갖는 부품을 갖는 마이크로광소자는 MEMS 스위치이다. 이것은 9.9절에서 설명할 것이다.

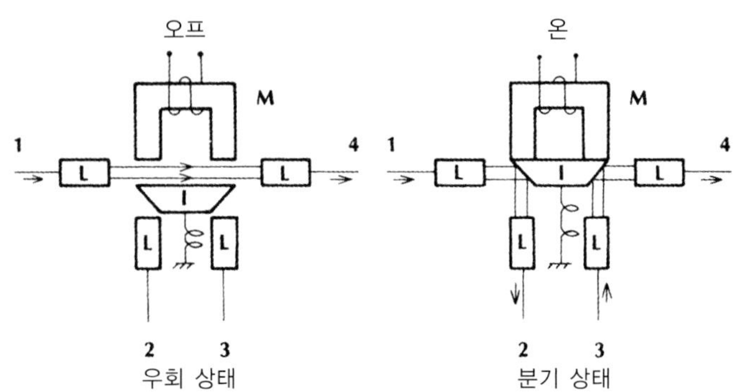

그림 9.31
우회 스위치. L: GRIN 렌즈, M: 전자석, I: 끝단면이 거울화된 쇠막대.

9.5 파이버 광 분리기

레이저 다이오드는 시스템으로부터 반사되어 되돌아오는 에너지에 특히 민감하다. 반사된 광은 방출된 광속에 잡음을 증가시켜 전체 시스템의 성능을 저하시킨다. 되돌아온 광양자는 레이저 공동 안에 다시 도달하여 그곳에서 레이저 증폭 동작에 참여하게 되는데 되돌아오는 광양자는 여기된 원자 상태로, 공동 안에 이미 존재하는 광자들과 맞서게 된다. 이때 이러한 광자는 레이저 공동에 존재하고 있는 파와 동위상이 아니므로 다이오드가 재차 발진되도록 한다. 이 새로운 발진은 반사파와 동위상이 되어 결과적으로 레이저 다이오드는 예측할 수 없게 출력광의 위상을 변위시켜 시스템 잡음을 증가시킨다.

송신기에 가까운 반사는 중요한 장애를 발생시키는 것에 비해, 멀리 떨어져서 발생하는 반사는 광파이버와 접속기들 그리고 경로상의 다른 구성소자들에 의해서 감쇠되므로 레이저 다이오드에 되돌아오면 미세하게 된다. 그러므로 여기서 설명될 대부분의 예방책은 송신기 근방에 위치한 시스템의 부분에만 적용한다. 광파이버 또는 시스템 내에 있는 렌즈와 같은 구성요소들은 임의 반사파의 진폭을 줄이기 위하여 반사가 억제하도록 코팅된 단면을 갖는다. 또한 광파이버의 끝단은 반사된 광선이 송신기로 반사되지 않고 허용된 전파 모드의 범위 밖으로 발산하도록 하기 위하여 둥글게 한다. 커넥터와 결합기들은 반사된 광량을 최소화하기 위하여 특별하게 설계되며 반사를 제어하는 효율성의 척도를 **반사 손실**(return loss)이라고 하며, 데시벨로 다음과 같이 정의한다.

$$L_R = -10 \log_{10} \frac{P_r}{P_i} \tag{9.15}$$

여기서 P_i는 구성소자에 입사하는 전력이며, P_r은 반사된 전력을 말한다. 잘 설계된 소자라면 대표적으로 30 dB 또는 40 dB의 반사 손실을 갖는 것이 보통이지만 때로는 50 내지 60 dB이 되는 경우도 있다.

예제 9.3

유리 광파이버가 레이저 다이오드로부터 미세한 공기 갭에 의해 떨어져 있다. 공기로부터 광파이버 경계면으로의 반사 손실을 구하라.

풀이: 유리 파이버가 1.5의 굴절률을 갖는다고 가정하면, 식 (3.28)로부터 광의 4%가 반사되므로 반사 손실 $L_R = -10 \log_{10} 0.04 = 13.98$ dB이 된다.

광 분리기(optical isolator)는 레이저 다이오드로의 반사 크기를 낮춘다. 광 분리기는 단방향 전송선으로 광파이버를 따라서 한 방향으로만 전파되도록 하는데 그림 9.32(a)는 소자의 기본적인 구조로서 2개의 선형 편광기와 45° 패러데이(Faraday) 회전기로 구성된다. 왼쪽으로부터 입사되는 광선은 그림 9.32(c)에 나타낸 바와 같이 편광기 P_L에 의해서 수직으로 편광되어 회전기를 통과한다. 일반적으로 패러데이 회전기 소자의 특성에 의해 정해진 양만큼 선형편광 방향으로 회전시킨다. 광 분리기를 구성하려면 회전각은 45°가 되어야 하므로 회전기로부터 방출되는 광은 선형적으로 수직에 대해 45°가 되게 편광되며 45°에 맞추어진 오른쪽 P_R의 편광기는 이 파를 통과시킨다.

그림 9.32(d)의 오른쪽에서 왼쪽으로 진행하는 광을 생각해 보자. 이때 패러데이 소자에

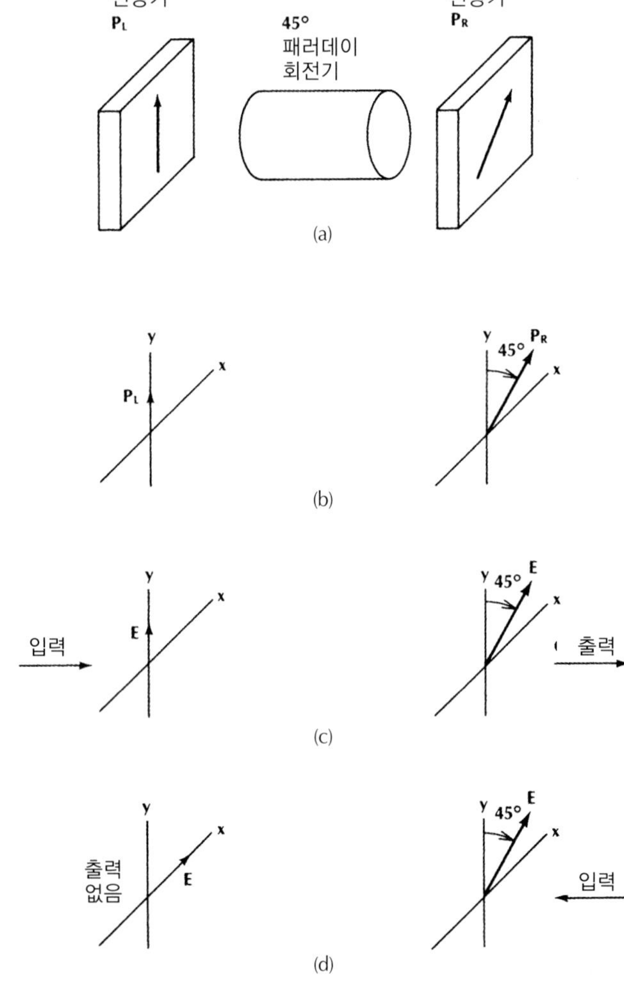

그림 9.32
패러데이 회전 분리기 (a) 구성 부품 (b) 허용되는 편광 상태 (c) 좌에서 우로 전파하기 위한 전계 (d) 우에서 좌로 전파하기 위한 전계 방향

의해서 또 45° 회전하므로 그림에 나타낸 것처럼 회전기의 왼쪽으로 통과시에는 수평적인 편광 상태가 된다. 편광기 P_L은 이러한 수평적인 편광을 막으므로 광 분리기를 통해서 오른쪽으로부터 왼쪽으로 진행할 수 없다. 이는 패러데이 회전은 가역성이 성립한다는 것을 강조하는 것이다.

패러데이 회전기에서 회전각은 라디안으로 다음 식과 같다.

$$\theta = VHL \tag{9.16}$$

여기서 V는 베르데(Verdet)상수이며 패러데이 효과의 강도 척도가 된다. H는 인가된 자계의 강도이며, L은 상호작용 길이를 나타낸다. 실리카 유리의 경우 V는 4.68×10^{-6} rad/A가 된다.

큰 패러데이 효과를 갖는 투명한 물질은 희토류철 석류석(yttrium iron garnet) $Y_3Fe_5O_{12}$인데 통상적으로 YIG라고 한다. 자계가 파의 진행 방향을 따라 단결정에 인가되는 경우 패러데이 회전이 발생한다. 이미 강조한 것처럼 광 링크에서 광 분리기가 필요한 가장 큰 이유는 반사된 광으로부터 레이저 다이오드를 보호하는 데 있다. 그림 9.33에 광원 결합과 함께 이러한 기능이 첨가된 광 분리기를 나타내었다. YIG 구는 광원으로부터 광파이버로 광을 모으기 위한 렌즈인 동시에 필요한 패러데이 회전 기능을 갖는다. 레이저 다이오드는 이미 편광되어 있기 때문에 초기 편광기는 필요하지 않다. 90°에서 레이저 편광으로 되돌아오는 반사광은 빔과 결합하지 않는다. 자계는 영구자석에 의해서 인가된다.

그림 9.34를 주목해 보면, 광 분리기의 삽입 손실은 저손실 순방향에서의 전송 효율을 나타내며, 간단히

$$L_{\text{IL}} = -10 \log_{10} \frac{P_{\text{out}}}{P_{\text{in}}} \tag{9.17}$$

이다.

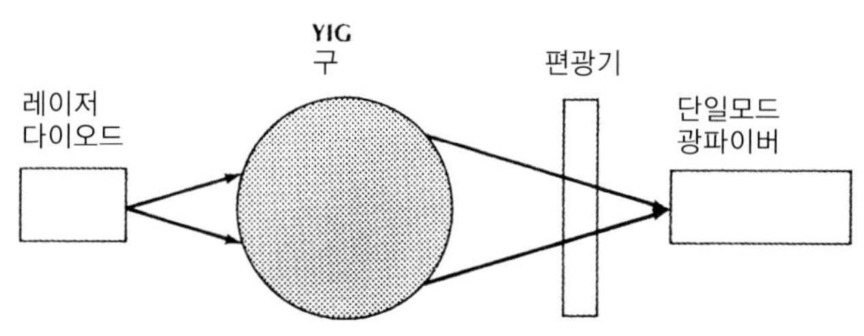

그림 9.33
광 분리기가 결합된 레이저 다이오드. 자계를 만들어 내는 회로는 표시하지 않았다.

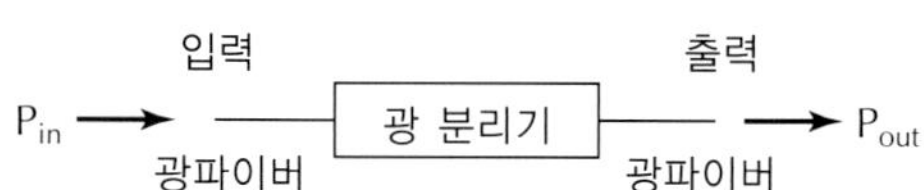

그림 9.34
순방향으로 동작하는 광 분리기

분리도(isolation)는 광 분리기가 고손실 역방향으로 동작할 때의 전송 효율이며 다음과 같다.

$$L_{\text{IS}} = -10 \log_{10} \frac{P_{\text{out},r}}{P_{\text{in},r}} \tag{9.18}$$

여기서 $P_{\text{in},r}$은 역방향 출력단에 입사되는 전력이고, $P_{\text{out},r}$은 입력단으로부터 빠져 나오는 전력이다.

이상적인 광 분리기는 허용된 방향인 순방향에서는 손실이 발생되지 않는 것에 비해 역방향에서는 무한대의 손실을 갖는다. 실제로는 소자 연결에서의 반사와 편광기 및 회전기의 결함 때문에 광 분리기의 성능은 이상적이 아닌 1 dB 정도의 순방향 손실과 30 dB 정도의 역방향 손실을 나타낸다.

9.6 파장 분할 다중화

서로 다른 파장으로 이루어진 광은 서로 영향을 주지 않고 전파한다. 그러므로 여러 개의 정보 채널(각각은 서로 다른 반송파 파장을 갖는)인 여러 개의 광을 하나의 광파이버로 동시에 전송할 수 있다. 이러한 방식은 **파장 분할 다중화**(wavelength-division multiplexing: WDM)라고 하며 광파이버의 정보 전송 용량을 증대시킨다. 3, 4, 5장에서 재료와 도파로 분산, 모드 간 찌그러짐 때문에 생기는 전송 용량의 제한요소들을 결정하였다. 이러한 제한요소들은 임의의 하나의 파장으로 전달된 정보에 해당되며 반송파의 수를 증가시키면 비례하여 전송 용량이 증가한다.

9.6.1 파장 분할 다중화 기초

광 다중화기(optic multiplexer)는 그림 9.35에 나타낸 것처럼 각각의 광원으로부터 광을 하나의 전송 광파이버에 결합시키고 수신측에서의 **광 역다중화기**(optic demultiplexer)는 각각의 광 신호들을 검출하기 전에 각각 다른 파장의 반송파로 분리시킨다. 일반적으로 다중화기/역다중화기는 입출력단자에 광파이버를 연결하며 또한 다중화기에서 입력 광파이버들을 광원소자에 직접 집적된 것으로 대치하는 것도 가능하다. 마찬가지로 광 검출기들도 역다중화기의 출력 광파이버로 대체할 수 있으며 때에 따라 동일한 소자를 다중화기 또는 역다중화기 모두로 동작시킬 수 있다.

삽입 손실과 누화는 다중화기/역다중화기의 중요한 특성이 된다. 삽입 손실은 입력단자로부터 필요한 출력단자로 진행하는 파의 감쇠를 나타낸다. 예를 들어 그림 9.35(a)를 참조

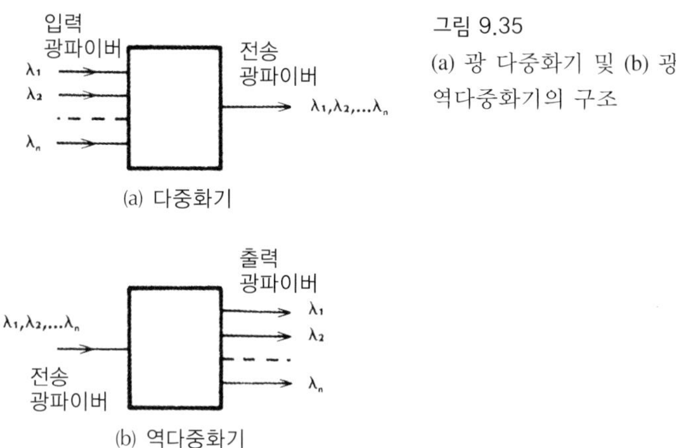

그림 9.35
(a) 광 다중화기 및 (b) 광 역다중화기의 구조

하면 채널 1에 대한 삽입 손실은 전송 광파이버에 도달하는 파장 λ_1에서 입력 전력의 일부분이다. 다중화기/역다중화기는 삽입 손실이 각각의 채널에서 거의 같은 경우 **단일성**(uniformity)을 갖는다. 누화는 의도하지 않은 단자에서 측정되는 파의 감쇠이다. 예를 들어 그림 9.35(b)를 참고하면 누화는 λ_2에 배정된 출력 광파이버에 도달하는 입력 전력 λ_1의 일부분이다. 누화는 둘 또는 그 이상의 채널 혼합시에 필요한 신호와 서로 간섭을 하는 경우 수신기에서 주된 문제가 된다.

그림 9.36은 8채널 역다중화기의 손실 곡선으로서 8채널 각각에 대한 전송 손실을 나타내고 있다. 예를 들어, 첫 번째 채널은 1530 nm에 두 번째 채널은 1534 nm 그리고 여덟 번째 채널은 1558 nm에 중심을 두고 있다. 채널 간격은 4 nm이고 각각의 채널 대역폭은 약 2 nm이며, 이 예에서 삽입 손실은 약 1 dB이고 인접채널 누화는 광원 파장이 각 채널의 중심에 있고 광원 스펙트럼 폭이 2 nm이거나 보다 작은 경우인 35 dB보다 낮다.

그림 9.36과 같은 성능을 갖는 다중화기는 광파이버 손실이 낮고 에르븀이 첨가된 증폭기가 잘 동작하는 1550 nm 영역에서 동작한다. 따라서 WDM 시스템은 고용량 그리고 해저선과 같은 장거리 전송로에 널리 보급되고 있다.

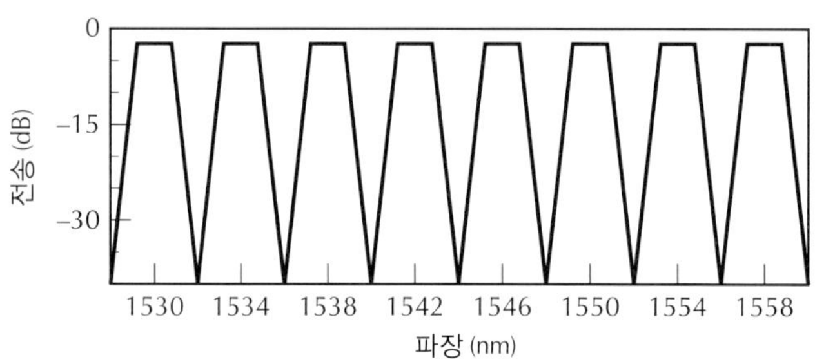

그림 9.36
8채널 다중화기/역다중화기의 전송 손실(dB)

다중화기는 1 nm 혹은 그 이하의 채널 간격을 갖는 100채널 이상의 다수 채널을 공급하기 위해 설계되고 있다. 이것을 **조밀 파장 분할 다중화**(dense wavelength-division multiplexing: DWDM)라고 한다. 8개 정도의 단지 몇 개의 채널만 존재하고, 그것이 10 nm 혹은 그보다 넓은 간격으로 떨어져 있는 경우에는, **성긴 파장 분할 다중화**(coarse-wavelength-division multiplexing: CWDM)가 있다.

예제 9.4

WDM 시스템에서 몇 개의 채널을 파장과 주파수 간격으로써 그림 9.37에 나타내었다. 장비 제조업체에서 1550 nm 근처에서 동작하는 시스템을 위해 100 GHz의 채널 간격을 준다고 가정하자. 파장들의 파장 간격은 얼마인가? 채널 간격이 200 GHz, 50 GHz, 그리고 25 GHz인 경우에 대해서도 반복하라. 이들 시스템 각각에 대하여 얼마나 많은 채널을 C-밴드에 넣을 수 있는가?

그림 9.37
WDM 시스템에서의 채널 간격

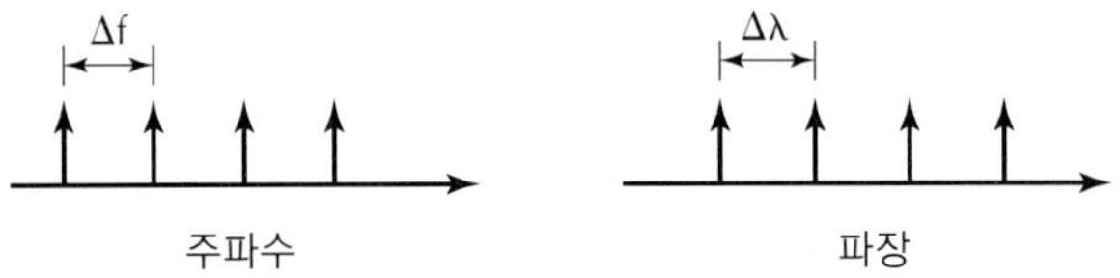

풀이: 주파수의 부분적인 간격은 파장 단위에서와 같다. 즉,

$$\frac{\Delta\lambda}{\lambda} = \frac{\Delta f}{f}$$

$f = c/\lambda$를 대입하면,

$$\Delta\lambda = \lambda^2 \frac{\Delta f}{c}$$

만약 Δf가 100 GHz라면, $\Delta\lambda = 0.8$ nm임을 알 수 있다. 1530 nm와 1565 nm 사이의 C 밴드 영역은 전체 대역폭이 35 nm이다. 따라서, 허용되는 채널의 전체 수는 35/0.8 = 43.75이다. 100 GHz의 간격을 갖는 43채널이 C 밴드에 적합하다는 결론을 낼 수 있다. 다른 간격에 대한 결과는 표 9.2에 있다.

n-채널 WDM 시스템을 그림 9.38에 도시하였다. 각각 서로 다른 반송 파장에서 동작하는, n개의 독립 채널은 다중화기로 결합되고, 단일 광파이버를 따라 전송되며, 수신기에서

표 9.2 WDM 채널 간격

Δf (GHz)	$\Delta\lambda$ (nm)	C-밴드 채널
25	0.2	175
50	0.4	87
100	0.8	43
200	1.6	21

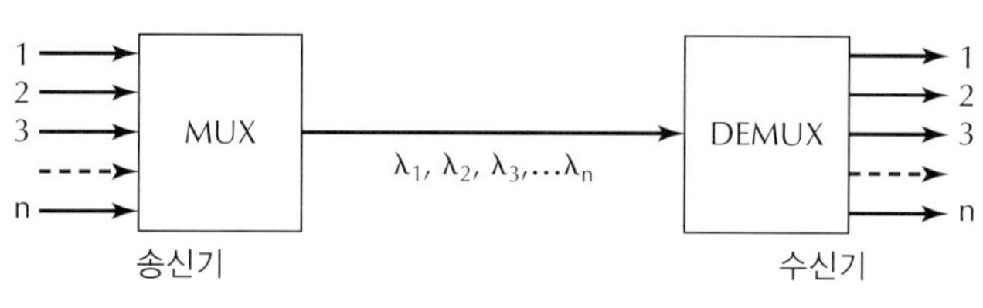

그림 9.38
n채널 파장 분할 다중화 시스템. MUX: 다중화기, DEMUX: 역다중화기.

는 역다중화기에 의해 분리된다. 앞의 예와 같이, C 밴드에서 100 GHz의 채널 간격을 사용하며 각각 10 Gb/s로 동작하는 32개의 채널을 전송한다고 가정하자. 전체 광파이버 용량은 320 Gb/s가 될 것이다. 이것은 막대한 용량의 분배를 나타낸다. 이러한 예를 뛰어넘는 멀티-테라비트 시스템(multi-terabit system)까지 구축된 바 있다.

WDM 망을 가장 단순한 형태로 보면 단방향성이다. 그렇지만, 만약 파장 분할 소자가 양방향성이라면 이것은 모든 방향에서 동작한다. 본 절의 뒤에서, 어떤 소자들이 구성될 수 있는지를 살펴볼 것이다. 양방향으로 동작하는 경우에는, 수신된 신호로부터 송신된 신호를 분리하기 위하여 각각의 단말에 방향성 결합기가 있어야만 한다.

하나의 반송파로 동작하도록 설계된 시스템도 WDM을 이용하여 개선할 수 있는데 원래의 광파이버는 그대로 두고 단지 단말기 장치만을 교환하면 된다.

특히 단순한 WDM 시스템은 1.3 μm에서 한 채널과 1.55 μm의 한 채널에서 동작하는 것이다. 파장 간격을 크게 두면 다중화기의 설계를 간단히 할 수 있으며 이들 두 파장에서 광파이버 특성인 감쇠와 대역폭의 유사점이 시스템을 실용적으로 만든다. 또한 800 ~ 900 nm 영역에서 동작하는 부수적인 채널도 첨가될 수 있지만 이 영역의 큰 손실 분산은 전체 링크의 대역폭과 길이를 제한할 수도 있다. 그림 9.39에서는 전이중망(fully duplexed network)

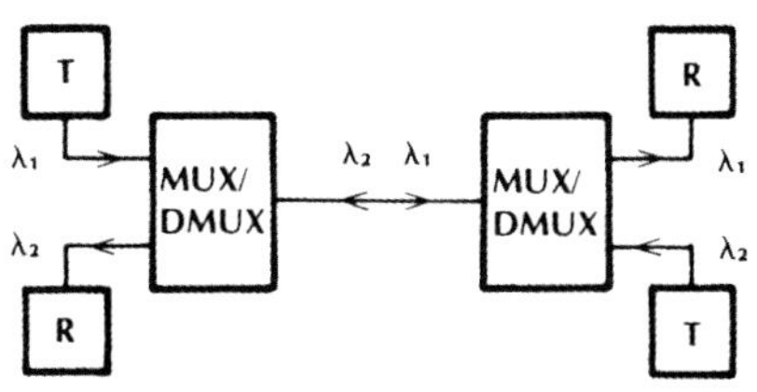

그림 9.39
전이중망. T: 송신기, R: 수신기, MUX/DMUX: 양방향성 다중화기.

을 만드는 데 파장 분할이 사용되고 있다.

9.6.2 다중화기 설계

몇몇 다중화기 설계는 각 분산(angular dispersion)과 광 필터링의 두 가지 방식 중 하나에 근거한다. 각 분산을 수행하는 이들 소자들은 프리즘과 반사회절격자이다. 그림 9.40은 어떻게 양방향 소자들이 서로 다른 파장의 광을 분리하고 결합하는지를 보여준다. 격자는 반사율을 향상시키기 위하여 금속 코팅될 수 있으며 그림 9.41의 광 필터는 서로 다른 굴절률의 투명한 재질의 박막층으로 구성된다. 박막 필름 내에서의 간섭은 필터가 특정한 파장을 투과시키고 나머지는 반사하도록 한다. 그림에 보여준 구조에서 직렬의 2개 필터는 세 가지 다른 파장을 분리 또는 결합시킨다.

다중화기/역다중화기들에서는 종종 입력 광파이버에 의해서 방출되는 광을 포획하고 이들 광을 결합 분리하는 장치로 유도하며, 출력 광파이버로 광이 재조준되도록 렌즈를 사용한다. 렌즈가 없는 경우 입력과 출력 사이의 간격에 의한 손실이 과도하게 될 수 있는데 렌즈는 또 다른 필요한 기능을 수행한다. 렌즈는 파장 선택 소자에 도달하는 광을 조준시키는데 이것은 각 분산 소자들과 광 필터들은 입사각에 민감하기 때문이다. 발산하는 입사광선은 선택성 소자의 출력에서 각의 범위에 해당하는 각각의 파장으로 분리한다. 이것은 독립적으로 존재하는 파장들을 공간적으로 분리할 가능성을 감소시킨다.

몇 가지 가능한 구성 기술을 설명하기 위해서 2개의 다중화기를 보자. 첫 번째로 간단하게 각각의 광파이버의 축 광선만을 보여주고 있는 그림 9.42에 나타낸 격자 다중화기를 생각해 보자[14]. 임의의 광파이버로부터 방출되는 광은 발산되며 광파이버로 들어오는 광은 수렴한다. 광은 렌즈와 격자 사이의 공간에서는 시준화된다. 위쪽의 광파이버는 시스템의

그림 9.40
각 분산

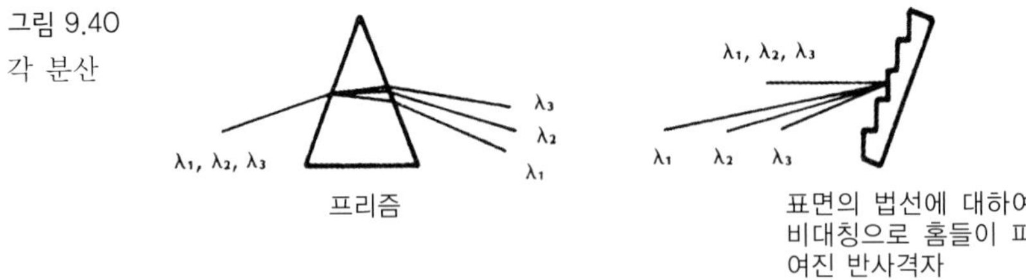

그림 9.41
광 필터링. 필터 F1은 λ_1을 반사시키고 λ_2와 λ_3는 투과시키며, 필터 F2는 λ_2를 반사시키고 λ_3는 투과시킨다.

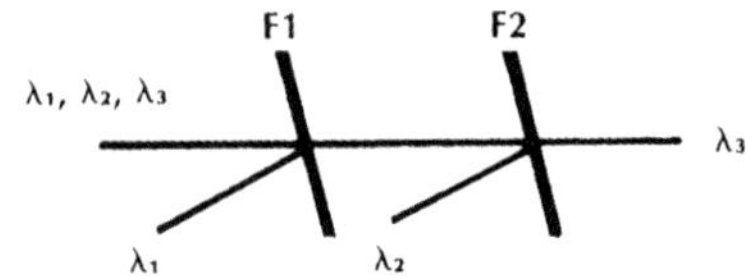

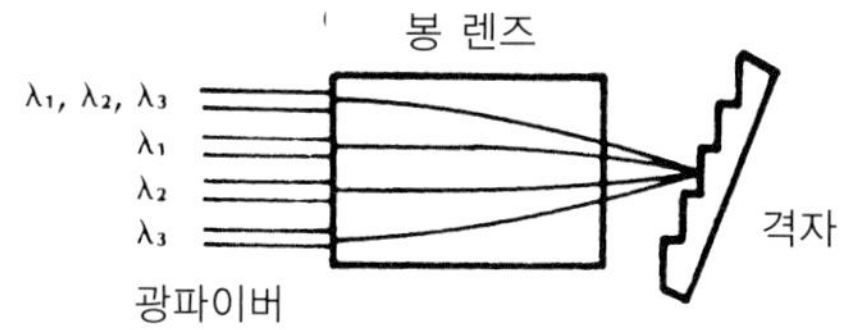

그림 9.42
격자 다중화기/역다중화기. 단순히 광파이버의 축광선만을 도시하였다.

전송 광파이버이다. 역다중화기로 사용할 경우 λ_1, λ_2, λ_3의 파장은 전송 광파이버으로부터 1/4피치 GRIN 봉 렌즈에 입사한다. 렌즈는 광선이 격자에 도달하기 전에 광을 조준시키며 격자는 렌즈가 3개의 출력 광파이버에 각 변위된 조준된 광을 포커싱한 후에 3개의 파장을 공간적으로 분리하므로 이 소자는 양방향성이다. 반대로 다중화기로 사용할 경우에는 광이 진행하는 방향은 반전된다. 즉, 아래 3개의 광파이버로부터 입력은 격자에 의해서 합쳐지며 위쪽 광파이버인 전송 광파이버에 초점이 맞추어진다.

그림 9.43에 나타낸 두 번째 다중화기는 GRIN 봉 렌즈와 광 필터를 사용한다[15]. 필터 F1은 파장 λ_1을 통과시키고 λ_2는 반사시키며, 필터 F2는 λ_2를 통과시키고 λ_1을 반사시킨다. 그림 9.42에 나타낸 격자 다중화기에서처럼 렌즈에 의해 광파이버로부터 방출되는 광이 조준된 후 필터 F2는 λ_1에서의 전력을 반사시켜 아래쪽 광파이버로 진행하게 하여 필터 F1을 통과한 후 채널 1으로 들어가게 한다. 한편 필터 F2는 λ_2의 전력을 통과시키고 경사진 반사경에 의해 반사시켜 광을 모으려는 채널 2로 향하게 한다. λ_2를 반사시키는 필터 F1은 채널 1에 도달하는 λ_2의 전력량을 최소화하여 누화를 줄인다. 다중화기로 동작하는 경우 λ_1은 채널 1로 렌즈에 입사하고 λ_2는 채널 2로 입사한다. 필터 F2, 반사경 그리고 렌즈는 2개의 파장을 전송 광파이버로 결합시키나 필터 F1은 다중화기에 필요하지 않다.

격자와 필터 다중화기/역다중화기에서 여러 가지 변형이 가능하지만 지금까지 설명한 두 가지 예에서 다중화기 구성과 설계의 기본 요소를 보여주었다. 설명된 소자들은 매우 간단하며 입력과 출력단자를 결합하는 데 같은 렌즈를 사용하였으나 다른 몇 가지 다중화기 설계에서는 각각의 단자에서 서로 다른 렌즈를 사용한다. 나중에 설명한 구성에서의 장점은 각각의 렌즈가 축방향으로 사용될 수 있다는 점이다. 즉, 그림 9.42와 그림 9.43에서

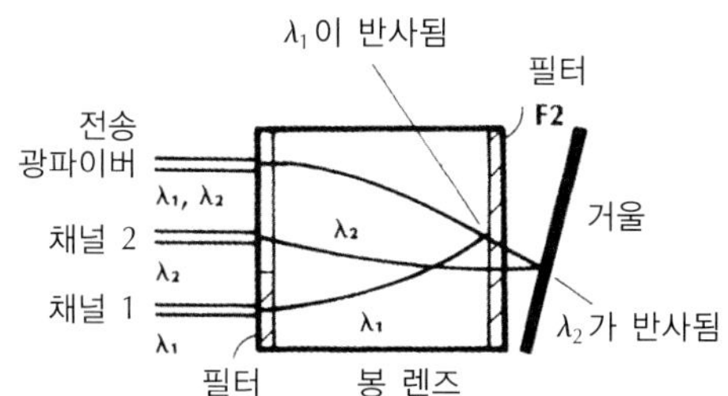

그림 9.43
필터형 다중화기/역다중화기. F1은 λ_1을 통과시키고 λ_2를 반사시키며, F2는 λ_2를 통과시키고 λ_1을 반사시킨다.

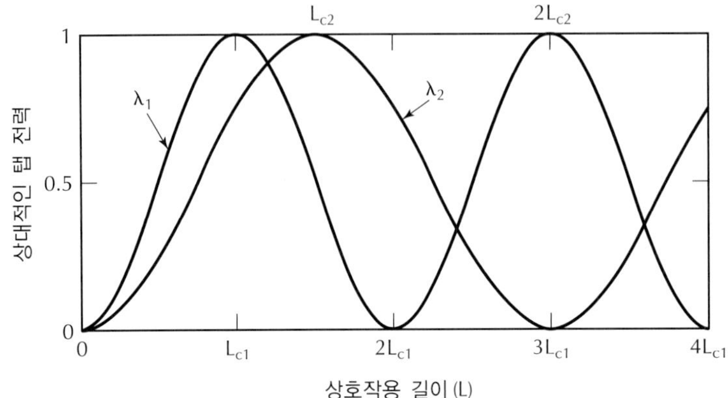

그림 9.44
단일모드 융착 결합기에서 파장과 결합 영역의 길이에 대한 상대적인 탭 전력(P_3/P_1) 종속성

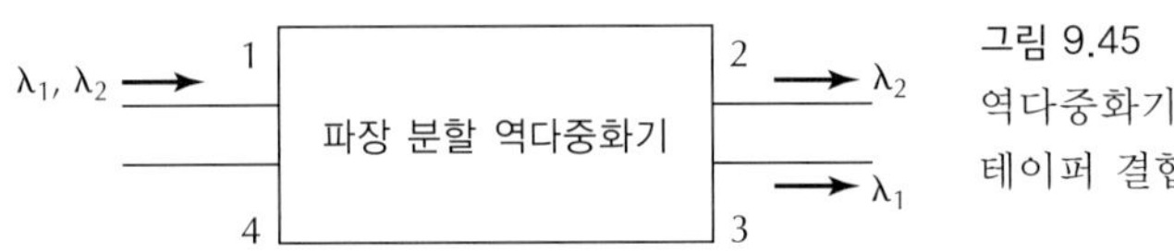

그림 9.45
역다중화기로서 동작하는 융착 테이퍼 결합기의 구조

와 같이 렌즈가 축에 변위를 갖고 연결되지 않고 광파이버가 렌즈의 축에 연결된다. 이와 같이 사용될 경우 렌즈는 적은 광수차 손실을 갖는다.

단일모드 시스템에 대한 또 다른 다중화기는 9.2절에서 설명한 단일모드 융착 테이퍼 결합기를 사용하는 것이다. 식 (9.11)의 결합상수 $\Delta\beta$는 파장에 따르기 때문에 결합 길이 L_c는 파장에 따라 다르다. 2개의 다른 파장에 대해서 그림 9.44에 특정한 결합기에 대한 탭률 P_3/P_1를 나타내었다. 이 소자의 경우에 파장 λ_1에서의 결합 길이는 L_{c1}이고 파장 λ_2에서는 L_{c2}이다. λ_1에 대한 결합 길이가 3배이고 λ_2에 대한 결합 길이는 2배로서, 즉 상호작용 길이가 $L = 3L_{c1} = 2L_{c2}$인 결합기를 고려해 보자. 그림 9.45에 보이는 이 결합기에서 단자 1의 입력 파장 λ_1은 완전하게 탭단자 3에 결합될 것이다. 반면에 λ_2에서의 입력은 탭단자에 결합되지 않기 때문에 투과단자인 단자 2에 전부 나타나게 된다. 다시 말해서 결합기는 단자 1에 입사한 2개의 파장을 분리하는 역다중화기로서 동작한다. 역으로 단자 3에서의 λ_1, 단자 2에서 λ_2의 입력은 모두 단자 1에서 나오므로 결합기는 다중화기로서 동작한다. 융착된 광파이버 다중화기는 WDM 망에서 유용하며 6.7절에서 설명한 에르븀 첨가 증폭기에서 신호와 펌프광의 결합에 유용하다.

이 외의 다중화기들은 다음 절에서 설명한다.

9.6.3 4-파장 혼합

파장 분할 다중화를 설명하는 동안, 우리는 별개의 반송파 파장이 서로 영향을 주지 않으면서 광파이버를 따라 전파함을 가정하였다. 만약 광파의 전력이 크지 않다면 이것은 잘 들어맞는다. 그렇지만, 높은 전력 레벨에서는 WDM 시스템의 반송파가 4-파장 혼합(four-wave mixing: FWM)에 의해 에너지를 교환한다. 이것은 입사파에 대한 응답으로 광파이버에서 원자와 미립자의 비선형 진동에 의해 일어난다. 이것은 2차 효과이기 때문에, 저전력 레벨에서 FWM을 주목할 필요가 없다. WDM 시스템의 전력 레벨은 각각의 반송파 전력을 더하기 때문에 단일 반송파 시스템보다 높아진다. FWM은 다중 반송파 사이의 상호동작을 포함하기 때문에 단지 하나의 파장이 광파이버를 전파하는 일은 발생하지 않는다.

WDM 시스템의 부분 스펙트럼을 그림 9.46에 나타내었다. FWM 비선형성은 반송파를 혼합하여 다음과 같은 새로운 광파를 생성한다.

$$\lambda_{x,y,z} = \lambda_x + \lambda_y - \lambda_z$$

여기서 x, y, z는 1, 2, 3과 같이 어떠한 아래첨자도 취할 수 있다. 예로서, 반송파들이 총량 $\Delta\lambda$에 의해 서로 균등하게 떨어져 있다면, $x = 1$, $y = 3$, 그리고 $z = 2$로 놓을 수 있고 출력 파장은 다음과 같다.

$$\lambda_{out} = \lambda_1 + \lambda_3 - \lambda_2 = (\lambda_2 - \Delta\lambda) + (\lambda_2 + \Delta\lambda) - \lambda_2 = \lambda_2$$

이 결과는 채널 1(λ_1)과 3(λ_3)에서 비롯된 신호로부터 채널 2(λ_2)의 전력에 대한 기여이다. 이 효과는 채널 1과 3에서 누화와 전력 손실을 초래한다. 분명히 이것은 피해야 할 상황이다. 이것은 WDM 시스템으로 주입되는 전력의 총량을 제한하며, 궁극적으로 광파이버 링크의 길이를 제한한다.

일반적으로, FWM은 각각의 채널들이 균등하게 떨어져 있을 때 모든 채널에서 누화를 발생시킨다. 비균등 간격은 실제적이지 않은데, 그 이유는 다중화기나 필터와 같은 WDM 부품이 균등하게 떨어진 파장을 요구하기 때문이다.

이 문제점의 해결책은 같은 속도로 진행하는 경우에만 존재하는 다양한 반송파 사이의 상호동작 인식에 있다. 제3장에서 강조하였듯이 대수롭지 않은 분산도 광파이버의 분산을 증가시킨다. 이제 우리는 매우 낮은 분산 레벨도 부정적인 효과를 갖는다는 것을 발견할 수 있는데, 즉 WDM 신호를 감쇠시킨다. 이들 상충되는 요구사항들에 대한 절충안은 WDM 시스템에서 다소 적은 양의 분산을 가지고 동작시키는 것이다. 분산 천이 광파이버가 C 밴드 파장에서 보다 낮은 양의 분산량을 위해 개발되었는데 여기서 감쇠는 최소가 된

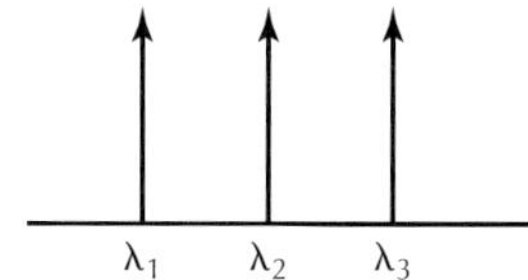

그림 9.46
WDM 신호의 부분 스펙트럼. 반송파들은 $\Delta\lambda$ 만큼씩 떨어져 있다.

다. 분명히, 이것은 WDM에서 최적의 광파이버는 아니다. 5.6절에서 설명한 비영 분산 천이 광파이버가 C 밴드 광파이버에서 분산을 줄이기 위해 개발되었지만 분산을 제거하지는 않는다. 이것이 WDM을 위한 최적의 광파이버이다.

9.7 광파이버 브래그 격자

광파이버 격자는 코어의 굴절률이 광파이버 축을 따라 주기적인 변화를 하는 것으로서 그림 9.47에 격자의 모양이 그려져 있다. 입사 파장은 반복주기 Λ의 반이고 각각의 주기적인 굴절률 변화에 의한 반사파는 동위상으로 더해지며 이 격자는 반사되는 모든 광이 각각 동위상으로 더해지는 반사기로 동작한다. 이는 6.6절의 분포귀환 레이저 다이오드의 현상과 같으므로 브래그(Bragg) 법칙에 따르는 반사 파장은

$$\Lambda = \lambda/2 \tag{9.19}$$

이며, λ는 광파이버 코어에서의 파장이고 여기서는 첫 번째 항으로 나타나는 가장 강한 반사만을 고려한다. 이로써 격자는 브래그 법칙을 만족하는 파장에서 **공진**(resonant) 역할을 한다고 할 수 있다. 그림에 표시된 격자 길이 L과 굴절률 변화의 깊이는 이 소자를 설계하는 데 있어서 매우 중요한 인자이다.

브래그 법칙을 따르지 않는 파장들은 영향을 미치지 않는다. 즉, 격자를 통과하게 된다. 따라서 브래그 격자는 필터 역할을 하게 된다. 여기서 이 소자의 응용에 대해서 살펴보기 전에 격자의 제조에 관하여 살펴보자.

격자는 고전력 자외선에 코어를 노출시켜 생성하는데, UV 광을 먼저 위상마스크를 통과시켜 광파이버의 코어 내에서 주기적인 구조 변화를 갖는 상호간섭 패턴을 만들면 영구적이고 안정적인 변화를 갖는 코어 굴절률을 얻게 된다.

브래그 격자의 응용은 다양하며 다음과 같다.

1. WDM 시스템을 위한 필터
2. 광파이버 레이저를 위한 파장 선택 거울
3. 레이저 다이오드의 파장 안정화

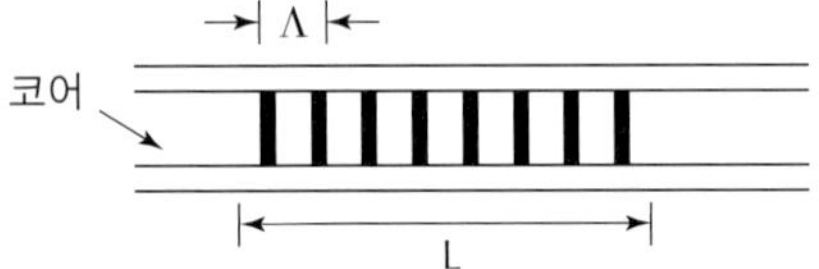

그림 9.47
광파이버 브래그 격자. 코어의 굴절률은 축을 따라 주기적으로 변화한다.

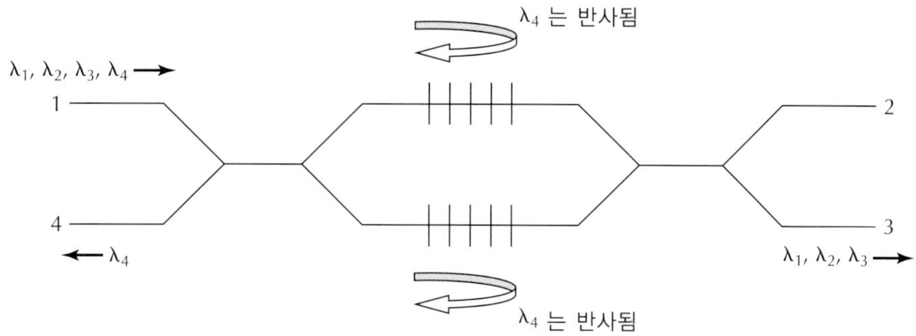

그림 9.48
광파이버 브래그 격자 WDM 필터

4. 변형과 온도 광파이버 센서
5. 분산 보상
6. 에르븀 첨가 증폭기에서 이득 안정과 평탄화
7. 고정 필터
8. 동조 필터

WDM 필터 응용에 관한 예를 보자. 그림 9.48의 다중화기/역다중화기는 두 개의 결합기와 두 개의 격자로 구성되어 있으며 격자는 파장 λ_4에서 반사가 일어나고 다른 파장은 전송되도록 설계되어 있다. 이 소자를 역다중화기로서 설명하기 위하여 4개의 파장 λ_1, λ_2, λ_3, λ_4가 전송 광파이버로부터 단자 1에 입사되고 있는 경우를 보자. 파장 λ_4는 격자에 의해서 반사되고 결합기에서의 위상 때문에 단자 4에 나타나게 되며 나머지 파장들은 격자를 통과하여 단자 3에 나타난다. 이 파장들은 λ_4를 제외한 파장들에 공진되어 단자 3에 연결되는 역다중화기와 같은 것에 의해서 얻어 낼 수 있다.

그림에는 나타나 있지 않지만 이 소자는 다중화기로서도 동작한다. 만약 단자 2에 λ_4가 입사되고 단자 1에 λ_1, λ_2, λ_3가 입사된다면 단자 3에서는 이들이 혼합되어 나타나게 된다.

기계적으로 혹은 열적으로 격자주기 변화를 구현하여 격자 공진 파장을 동조시킬 수 있으며, 열을 이용한 동조는 광파이버에 온도를 변화시켜 구현한다. 이는 동조 필터 못지 않게 변형 혹은 온도 광파이버 센서의 기초가 된다.

9.8 배열 도파로 격자

9.8.1 소자 작용

광파이버 라우터(fiber optic router)는 하나의 광파이버에서 다른 광파이버로 진행하는 채널들의 방향을 가리킨다[16]. 채널(channel)이라는 말은 WDM 시스템에서 개개의 반송파 파장을 일컫는다. 그림 9.35에 그려진 광 다중화기와 역다중화기는 각각 $N \times 1$과 $1 \times N$ 파장 라우터를 나타낸다. 다중화기는 N개의 입력 광파이버에서 들어와서 한 개의 전송 광파이버로 들어가는 개개의 채널 방향을 안내한다. 역다중화기는 N개의 전송광이 하나의 전송 광파이버로 들어와서 N개의 출력 채널로 파장들을 분배시킴으로써 반대가 된다. 다중화기와 역다중화기는 다중입력 광파이버로부터의 다중입력 채널을 다중출력 광파이버로 안내하는 좀더 일반화된 라우터의 특별한 경우이다. 예로서 4×4 라우터를 그림 9.49에 도식적으로 보였다.

일반화된 라우터는 N개의 입력 광파이버와 N개의 출력 광파이버를 갖는 $N \times N$ 소자이며, 그림 9.49에 도시한 4×4 구조에서와 같이 입력 채널을 순환적으로 재분배하는 특성을 갖는다. 그림에서, 파장기호의 첫 번째 아래첨자는 채널 번호를 나타내고 두 번째 아래첨자는 입력 광파이버를 뜻한다. 따라서, λ_{34}는 입력 광파이버 #4로부터 라우터에 들어오는 광 반송파 파장 λ_3, 즉 채널 3을 나타내며, 반면에 λ_{32}는 입력 광파이버 #2로부터 라우터에 들어오는 광 반송파 파장 λ_3, 즉 채널 3을 나타낸다.

9.8.2 라우터의 물리적 구현

광 라우터는 흔히 배열 도파로 격자(array-waveguide grating: AWG)를 가지고 구현한다. 그림 9.50의 AWG는 기본적으로 영상시스템인데, 여기서 물체와 영상평면은 두 개의 평판 도파로 $N \times M$ 결합기에 의해 분리되며, 그 자체로서 비균등길이를 갖는 M개의 도파로 배열에 의해 연결된다. 이 배열을 도파로 격자(waveguide grating)라고 한다. 길이 차 ΔL은 인

그림 9.49
4×4 라우터

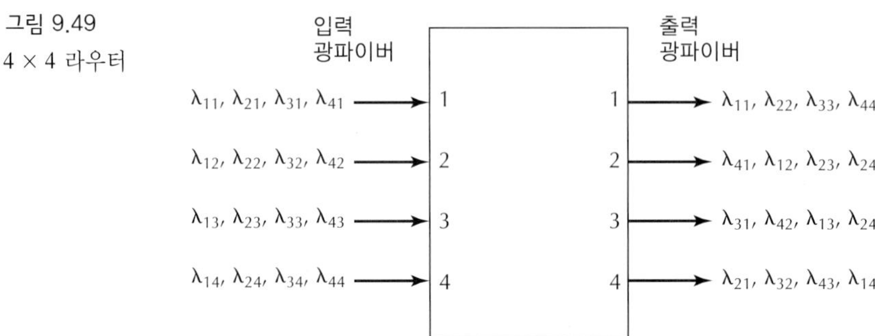

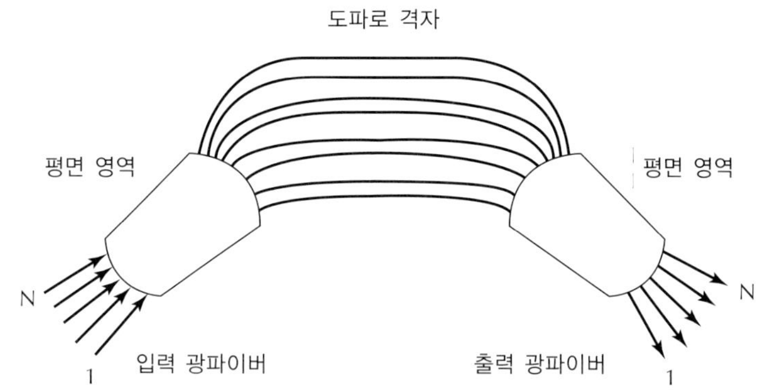

그림 9.50
배열 도파로 격자. 평면 영역은 $N \times M$ 결합기이다. 격자 속에는 M개의 도파로가 존재한다.

접한 도파로 사이에서 항상 같은 값이다. 즉, 가장 짧은 도파로에서 시작하여 인접한 도파로는 ΔL만큼씩 길이가 증가한다. 이 격자는 앞서 설명했던 광파이버 브래그 격자 그리고 블레이즈 격자(blazed grating)와 유사한 특성을 갖는다. AWG 라우터의 동작은 광파이버 #1에서 소자로 복사되어 들어가는 하나의 WDM 입력으로 설명될 수 있는데, 평면 영역으로 들어가고 나면 빔은 퍼지게 되며 그 전력은 M개의 도파로 속에서 균등하게 나뉜다. M개의 도파로 각각은 입력 광파이버 #1에서 비롯된 모든 WDM 채널로부터 에너지를 모으고 전파시킨다. M개의 도파로 각각은 길이가 다르기 때문에, 분리된 도파로에 따른 위상 천이도 다르다. 도파로 격자의 출력단에서는 M개의 각각 다른 위상을 갖는 광파가 배열된다. 파장 λ_1에 대하여, 위상 배열의 각 소자 출력은 우리가 광파이버 #1이라 부른 단지 하나의 광파이버에서만 구조적인 간섭이 허용되는 동위상이다. 다른 모든 출력 광파이버에서는 λ_1에서 광파들이 파괴적으로 간섭한다. 따라서 λ_1에서의 광은 출력 광파이버 #1을 따라서 나타난다.

각각의 M개 도파로에서의 위상 천이는 그것의 길이뿐만 아니라 파장에 따라서도 결정되기 때문에, 격자의 끝에서 위상 변화는 WDM 신호에서 개개의 채널들을 위해 달라진다. 따라서 λ_2에서 광파는 광파이버 #1보다는 우리가 광파이버 #2로 부르게 될 다른 어떤 광파이버에서만 동위상이 되어 구조적으로 간섭한다. 마찬가지로, λ_3에서 광파는 우리가 광파이버 #3로 부르게 될 다른 어떤 광파이버에서만 동위상이 되고 구조적으로 간섭한다. 이러한 방법으로, 광파이버 #1에서 비롯된 λ_1에서 λ_N에 걸친 각각의 입력 반송파 파장은 서로 다른 출력 광파이버에 의해 모아진다.

다음으로, 입력 광파이버 #2로부터 들어가는 WDM 신호를 고려하면, 출력 광파이버 배열에서 모든 WDM 채널은 분리됨을 알 수 있다. 입력 광파이버 #2는 광파이버 #1으로부터 물리적으로 천이되었기 때문에, 광파이버의 출력 배열에서 채널의 분포 또한 그만큼 천이된다. 새로운 입력단으로부터 평면 영역을 지나서 격자 속 각각의 도파로까지의 길이가 다르기 때문에 분포는 천이되고 따라서 위상도 천이된다. 입력에서 격자까지에 걸친 초기 위상 변화는 격자 출력에서 새로운 위상 변화를 초래한다. 이제 입력이 광파이버 #1에 있을 때와는 다르게 구조적인 간섭이 출력 광파이버 위치에서 주어진 파장에 대하여 발생한다. 각각의 입력 광파이버에 대하여 광파이버의 출력 배열에서 출력을 갖게 되는 채널은 오직 하나라는 결론을 낼 수 있다.

이러한 설명은 AWG 라우터 일부의 기능을 알게 해 주나 실제적인 설계에 대한 정보는 주지 못하는데, 이는 이 절의 범위 밖에 속한다.

9.8.3 AWG 제작

AWG 소자는 실리콘 기판 위에 실리카-유리 도파로 층을 입혀 제작한다. 광파이버 자체를 제작하는 방법과 비슷한 화염 가수분해(flame hydrolysis) 방법으로 실리콘 기판상에 실리카-유리 클래딩 층과 코어를 조성하기 위한 불순물첨가-유리층을 형성한다. 두 개의 층이 형성되고 나면, 기판은 다공성 층(porous layers)을 강화시키기 위해 1300 ℃로 가열된다. 도파로 끝단은 사진석판술(photolithography)과 이온반응식각(reactive ion etching: RIE) 기술로 만든다. 마지막 오버클래딩(overcladding)은 AWG를 보호하기 위하여 도파로의 맨 위에 층을 형성시킨다.

격자의 구형 도파로를 위한 코어 크기는 약 6 × 6 μm이다. 코어와 클래딩의 굴절률차는 비교적 크므로 큰 개구수를 갖는 도파로가 된다. 이것은 제4장에서 설명한 바와 같이 광파이버와의 결합 효율을 향상시킨다.

9.8.4 소자 특성

다른 모든 부품들과 마찬가지로 AWG 라우터는 광파이버시스템에 사용될 때 수많은 중요한 특성을 갖는다. 삽입 손실, 채널 간격과 용량, 누화, 귀환 손실, 그리고 편광종속 손실이 그것이다. 삽입 손실은 입력에서 출력까지의 모든 손실을 포함한다. 이것은 광파이버에서 라우터 출력까지의 결합, 벌크 도파로 손실, 굴절 손실, 그리고 산란을 포함한다. 손실요소가 많기 때문에, 삽입 손실은 소자의 채널 수에 따라 몇 dB 혹은 그 이상이 된다.

채널 간격이 좁혀지면 좁혀질수록, 수용할 수 있는 WDM 채널 수도 증가한다. 상용제품은 nm 이하의 간격이 가능하다. 예를 들면, 0.2 nm의 채널 간격은 시스템에서 475 WDM 채널을 수용하게 되는데, 이것은 1530 nm에서 1625 nm에 이르는 C-밴드와 L-밴드를 포함하는 것이다. 심지어 보다 큰 수의 채널을 수용하기 위해 AWG 라우터를 직렬로 설치하는 것이 가능하다.

누화는 주어진 파장에서 신호 전력이 원치 않는 광파이버로 결합되는 것을 말한다. 예를 들면, 그림 9.49에서 λ_{11}으로 표시된 입력 광파이버 1의 파장 λ_1의 전력은 출력 광파이버 #1을 통하여 나가는 것을 의미하였다. 광파이버 2라고 하는 다른 광파이버를 통하여 실제적으로 나간 신호의 총량을 누화라 표현한다. 누화는 원하는 신호의 품질을 저하시키며 원하는 광파이버의 전력을 감소시키고 다른 광파이버에는 잡음을 추가시키는데, 인접한 채널이 가장 많이 겪는다. dB로 표현된 누화는 다음과 같다.

$$L_{\mathrm{CT}} = -10 \log_{10} \frac{P_{xy}}{P_x}$$

여기서 P_{xy}는 광파이버 x에서 광파이버 y로 결합된 전력이며, P_x는 광파이버 x에 입사된 신호의 전력이다.

예제 9.5

두 광파이버 사이의 누화가 20 dB이고 첫 번째 광파이버의 입사 전력이 100 μW라고 가정하자. 두 번째 광파이버 안으로 교차하는 전력의 총량을 계산하라. 입력 전력의 얼마만큼이 두 번째 광파이버에 나타나는가?

풀이: 20 dB은 100배에 해당한다. 따라서 결합 전력은 1 μW이고 결합 전력은 0.01, 즉 1%가 된다.

결합 광파이버의 경우에, 전송을 위해 사용되는 파장에서의 결합 전력만이 광파이버의 신호를 떨어뜨린다는 것을 주목하라. 만약 어떤 출력 광파이버에서 λ_x가 사용되지 않는다면, 다른 광파이버로로부터 λ_x에서의 에너지 결합은 그 출력 광파이버의 신호에 영향을 주지 않을 것이다.

귀환 손실은 입력 광파이버 속으로 반사되어 되돌아들어가는 전력의 총량을 말한다. 9.5절에서 논의한 바와 같이, 반사광은 레이저 다이오드의 동작을 교란시키며 잡음 레벨을 증가시킨다. 그러므로, 중요한 것은 AWG 소자로부터의 반사광이 최소화되어야 하는 것이고, 특별히 이 소자가 레이저 광원에 근처에 놓일 때 더욱 그렇다. 40 dB의 귀환 손실은 반사 전력이 입사 전력의 0.01% 이하임을 뜻하는 것이다.

편광종속 손실은 소자가 서로 다른 편광을 갖는 광파에 의해 여기될 때 발생하는 삽입 손실의 변화이다. 설계자는 반드시 시스템 안의 모든 부품들의 손실을 계산해야 하지만 입력 신호의 편광을 예측하는 것은 일반적으로 불가능하다. 그러므로, 편광종속 손실은 낮게 할 필요가 있다. 잘 설계된 AWG에서는 수십 분의 1 dB을 넘지 않는다.

9.8.5 소자 응용

AWG 라우터는 목적지를 분리하기 위하여 다양한 채널의 방향을 가리킬 수 있는 시스템의 설계를 가능하게 하였다. AWG 라우터는 또한 간단한 WDM 다중화기/역다중화기로서 사용될 수 있는데, 다중화기를 위해서는 그것의 출력 광파이버들 중 단지 하나만을 사용하거나 역다중화기를 위해서는 입력 광파이버의 하나만을 사용함으로써 가능하다. 게다가 이 소자는 네트워크에서 다양한 물리적 위치에 특정한 채널을 추가하거나 취소하기 위한 추가-취소 다중화기(add-drop multiplexer: ADM)로서 사용가능하다.

9.9 MEMS 스위치

1970년대 초반에 실제적인 광파이버가 처음으로 사용가능하게 된 이후로, 광파이버 통신을 향상시키기 위하여 좀더 신뢰할 수 있고 경제적으로 만들기 위한 수많은 소자들이 개발되어 왔다. 우리는 이들 중 많은 소자들을 공부하였다. 레이저 다이오드, 여러 가지 다양한 필터, 광파이버 브래그 격자, 광 증폭기, 그리고 배열 도파로 격자 등으로 이름지어진 것들이다. 여기서 우리는 또 새롭게 개발된 **초소형 전기기계시스템**(micro-electro-mechanical system: MEMS)을 알아본다.

9.9.1 MEMS

반도체 산업은 마이크로전자회로소자를 생산하기 위해 층 성장법, 에칭, 석판술, 그리고 선택적으로 에칭하기 위한 다양한 화학공정과 같은 매우 정교한 기술을 개발해 왔다. 이들 기술들은 초정밀기계소자를 제작하는 데도 사용될 수 있다. 이들 소형 구조들은 전기적 자극에 응답하여 움직이는 능력이 있다. MEMS라 불리는 이들 구조는 광학과 다른 모든 분야에서 수많은 형태와 응용을 가지지만, 우리는 이들의 사용을 광파이버 응용을 위한 광스위치에 국한하고자 한다. 때때로 광 신호상에서 동작하는 **MEMS를 초소형 광전기기계시스템**(micro-optical-electro-mechanical system: MOEMS) 또는 **광학 MEMS**라고 한다[17].

9.9.2 MEMS 거울

MEMS 광 스위치에는 원하는 대로 빔을 편향시킬 수 있는 소형 이동식 거울 배열을 만들어 낼 수 있는 능력이 요구된다. 이들 거울은 박막 거울과 벌크 거울의 두 가지 방법으로 제작될 수 있다. 그림 9.51에 보인 박막 거울은 실리콘 웨이퍼상에 형성된 에피택셜 거울층으로 구성된다. 이들 층의 아래에 있는 물질을 제거하여 거울이 힌지(hinge)를 중심으

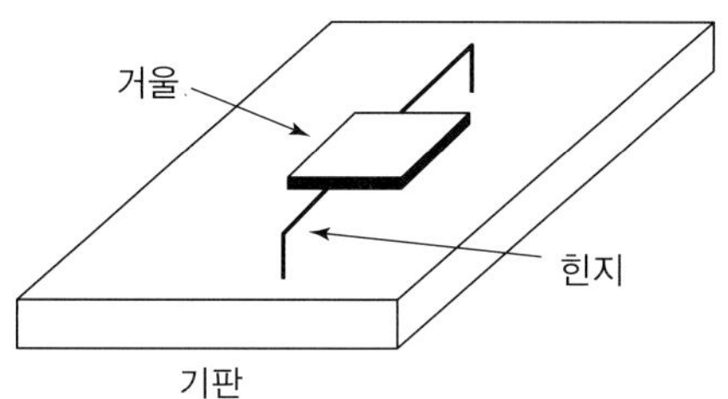

그림 9.51
박막 MEMS 거울

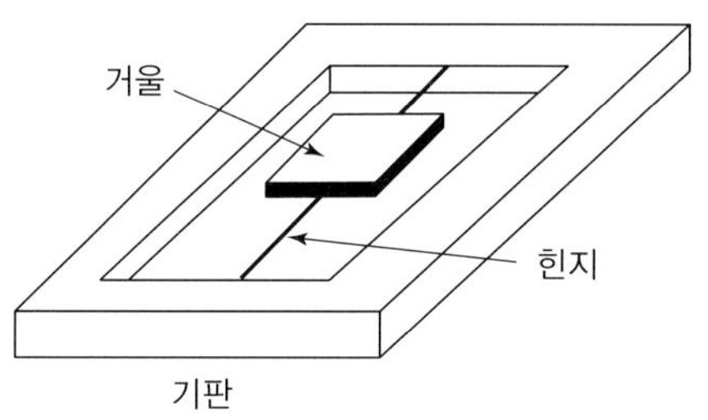

그림 9.52
벌크 실리콘 거울

로 회전할 수 있게끔 한다. 힌지는 실리콘으로 만드는데, 이것은 고탄력 재질이다. 벌크 거울은 그림 9.52와 같이 실리콘 기판으로부터 직접 에칭하여 만든다. 평평한 벌크 거울을 제작하고 유지하는 것은 평평한 박막 거울보다 쉽다.

거울의 움직임은 많은 방법으로 제어될 수 있다. 전형적인 방법들로는 정전계 제어, 전자계 제어, 압전기 제어, 그리고 열 제어가 있다. 정전계 제어는 전압이 두 개의 평판 사이를 관통하여 공급되어 서로 반대로 대전되었을 때 발생하는 인력을 사용한다. 작은 전압이 필요할 것이며 전류는 거의 흐르지 않는다. 전자계 제어는 두 개의 자계회로가 서로 작용할 때 생성되는 힘을 사용하여 제어한다. 회로의 하나는 코일에 흐르는 전류가 될 수 있고 다른 하나는 철과 같은 강자성 물질이 될 수 있다. 이것은 앞서 9.4절에서 설명한 우회 스위치에서 사용된 현상과 같다. 압전기 작용은 몇 가지 재료의 치수를 변화시킴으로써 완성되는데, 이것은 전압이 물질을 관통하여 공급될 때 발생한다. 열 제어는 저항을 통해 전류를 통과시킴으로써 얻을 수 있는데, 이것은 구조를 가열시키게 되어 구조가 변형된다.

9.9.3 MEMS 스위치

MEMS 스위치는 그림 9.53의 2D 포맷과 그림 9.54의 3D 포맷으로 제작된다. 2D MEMS 스위치에서는 광이 거울 배열 평면으로 정의된 평면을 진행한다. 그림에서 가리키듯이 광은 왼쪽의 광파이버로부터 들어간다. 확산 손실을 줄이기 위해서, 스위치를 통과하여 전파하도록 기존의 배열이나 GRIN 렌즈를 사용하여 빔을 시준화한다. 거울은 광의 경로를 벗어나기 위해 하향위치로 평평하게 놓이거나 혹은 광을 편향시키기 위해서 상향위치로 세

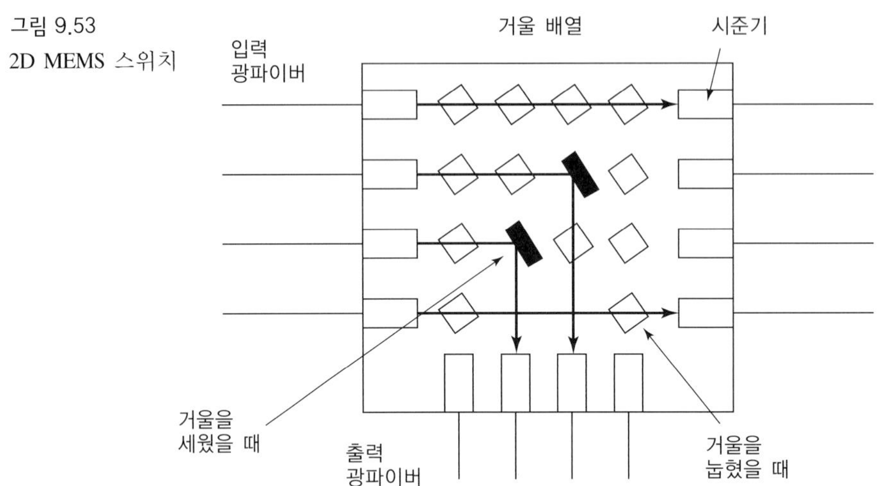

그림 9.53
2D MEMS 스위치

울 수 있다. 이 방법에서, 그림의 왼쪽에 있는 모든 입력 광파이버의 빔들은 아래쪽에 있는 어떠한 출력 광파이버로 향하거나 또는 오른쪽에 있는 각자의 광파이버에 방향을 바꾸지 않고 진행할 수 있다. 출력에서, 시준기는 평형빔의 초점을 광파이버에 다시 맞춘다. 거울은 디지털 방식으로 제어될 수 있는데, 이는 단지 두 개의 이산 거울 위치만이 존재하기 때문이다. 모든 거울은 하나의 축 주위를 회전한다.

그림 9.53은 2D 4×4 스위치이다. 요구되는 거울의 수는 $4^2 = 16$이다. N개의 입력단과 N개의 출력단을 갖는 보다 일반적인 스위치는, $N \times N$ 스위치를 구성한다. 2D $N \times N$ 스위치에 N^2개의 거울이 필요한 것은 당연하다. 입출력단의 수가 증가하면 필요한 거울의 수는 급속히 증가한다. 이것은 2D 스위치가 큰 수의 입출력단에는 비현실적이다. 2D 구성에는 8×8, 16×16 그리고 어쩌면 32×32 스위치의 제작이 가능한데, 다음에 설명할 3D MEMS 스위치가 보다 더 선호되게 되었다.

그림 9.54의 3D MEMS 스위치는 2D 스위치에 비해 제작이 좀더 복잡하다. 나타낸 바와 같이, 3D 구조에는 2개의 거울 배열이 있다. 배열 속에서 각각의 거울들은 두 개의 축 둘레를 자유롭게 회전한다. 소개한 소자는 9×9 스위치이다. 그림이 너무 혼란스러워지는 것을 막기 위해서 모든 광파이버와 거울을 나타내지는 않았다. 만약 제대로 그린다면 입력 배열을 위한 9개의 광파이버와, 출력 배열을 위한 9개의 광파이버, 그리고 입력과 출력 거울 배열 양쪽에 각각 9개의 거울을 볼 수 있을 것이다. 2D 스위치에서 요구된 이산 거울 위치와는 다르게 3D 거울은 약 10° 정도의 작은 각도범위 내에서 연속적인 회전 능력이 있어야만 한다. 따라서 3D 거울 회전은 아날로그이다. 시스템이 3D인 이유는 광이 양쪽 거울 배열 평면의 바깥쪽으로 진행하기 때문이다.

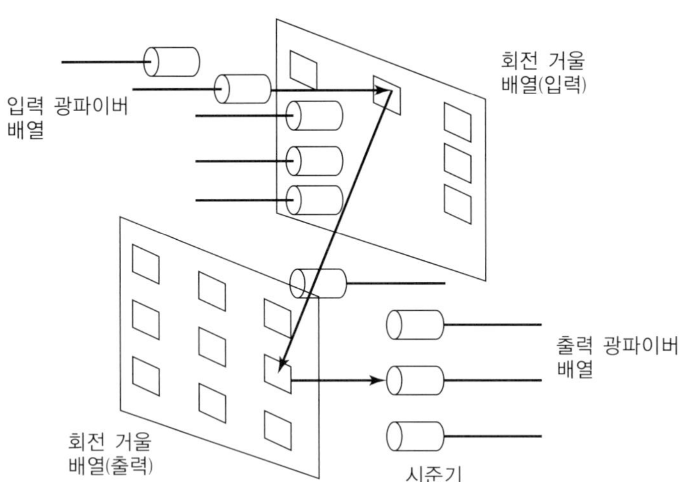

그림 9.54
3D MEMS 스위치

스위치 동작은 다음과 같다. 입력 광파이버로부터 발산된 광은 시준되어 입력 배열에 위치한 거울을 향한다. 이들 거울은 출력 배열에 있는 거울 쪽으로 광을 편향시킨다. 그러면 출력 거울은 원하는 시준기-광파이버 결합(collimator-fiber combination) 쪽으로 광을 편향시키고, 여기서 광은 출력 광파이버에 초점이 맞추어진다. 그림에서, 제일 윗행의 가운데에 있는 입력 광파이버로부터의 신호가 어떻게 출력 광파이버 배열의 가운데 행의 바깥쪽 열에 있는 출력 광파이버로 향하는지를 보였다. 모든 입력단의 신호들은 출력단을 분리하기 위해서 동시에 스위칭이 가능하다.

그림에서 결정할 수 있듯이 9×9 스위치에서 필요한 거울의 수는 $2 \times 9 = 18$이다. N개의 입력단과 N개의 출력단을 갖는 보다 일반적인 스위치는, $N \times N$ 스위치를 만든다. 3D $N \times N$ 스위치에 $2N$개의 거울이 필요한 것은 분명하다. 그러므로 입력단 수와 더불어 증가하는 거울의 수가 3D 스위치에 대해서는 2D 스위치에 비해 느리게 증가하는 것으로 결론지을 수 있다. 이러한 점 때문에 많은 수의 광파이버를 갖는 스위칭에서 3D 스위치가 선호되게 되었다. 수백 개의 입출력단에서 심지어 수천 개까지 3D MEMS 스위치로써 완성할 수 있다. 예로서, 3D 스위치에는 각각 256개의 거울 배열 2개로 구성되는 512개의 거울이 필요하다.

9.9.4 MEMS 스위치 성능

광 신호들을 전자적으로 스위칭하는 것은 어떨까? 수신기에서, 우리는 신호를 전기적인 형태로 변환하고, 스위칭과 방향 설정을 위해 이 신호들을 전자적으로 정렬한 다음, 원하는 광파이버를 따라 신호를 재전송시키기 위해서 다시 광학적 형태로 변환할 수도 있다.

MEMS 소자를 모든 광 스위칭에 사용하는 것은 보다 단순하고, 값이 싸며, 빠르다. 예를 들면, 기계적 스위치의 적응가능한 반송파 주파수 범위, 즉 대역폭은 코팅된 거울의 반사 효율 범위와 시준기 작업의 범위에 의해서만 단지 약간 제한될 뿐이다. MEMS 스위치는 매우 넓은 범위의 광 반송파 파장의 범위에 걸쳐 동작할 것이다. 반면에, 광전광 스위치(optical-electrical-optical switch)는 보다 많은 대역폭 제한이 있다. 게다가 이러한 재생기는 MEMS 스위치를 동작하기 위해 많은 전력을 필요로 한다.

스위치 삽입 손실은 중요한 특성이다. 시스템의 임의의 장소에서 발생하는 손실은 신호 레벨과 보다 낮은 신호 대 잡음비를 감소시키고 사용가능한 시스템 경로길이를 짧게 한다. 스위치에서 일어나는 손실들은 불완전한 거울 반사, 불완전한 시준과 초점에 의한 광의 굴절, 그리고 광파이버와 시준기 사이의 결합 손실 때문이다. 256 × 256 3D 스위치는 대부분의 연결 가능성에서 ±0.5 dB을 넘지 않는 범위로 약 1.3 dB의 단대단 삽입중앙 손실(end-to-end insertion median loss)을 갖는다. 256 × 256 스위치에서는 $256^2 = 65{,}536$ 개의 연결이 가능하다.

스위칭 시간 또한 스위치 성능에서 중요한 요소이다. 기계적 몸체의 빠른 움직임은 많은 문제를 발생시킨다. MEMS 거울의 공진주파수는 약 1 kHz이다. 거울을 아주 빠르게 움직이면 공진을 일으키고 전송된 광 신호에서 공명(ringing)의 원인이 된다. 이것은 스위칭 시간을 수 밀리초로 제한하는데, 이는 대부분의 네트워크에 충분하다.

9.9.5 MEMS 응용

그림 9.55에 보인 시험 시스템에서, 예를 들면 1 × 2 스위치와 같이 단순한 MEMS 스위치의 응용을 찾아본다. 신호는 분석을 위해 주된 광파이버로부터 유도되고 나중에 다시 주된 전송 광파이버로 되돌려지도록 스위치될 수 있다. 보다 큰 MEMS 스위치는 간단하게 정보의 흐름을 새로운 방향으로 돌려놓는 것과 주어진 어떤 입력 광파이버를 따라 진행하는 모든 데이터를 원하는 수신기 위치 쪽에 연결된 출력 광파이버로 보내는 데 사용될 수 있다.

광 교차 연결(optical cross connect: OXC)은 MEMS 스위치의 보다 정교한 사용을 보인다 [18]. OXC는 WDM 신호를 전송하는 다중 광파이버에서 각각의 반송파 파장의 라우팅을

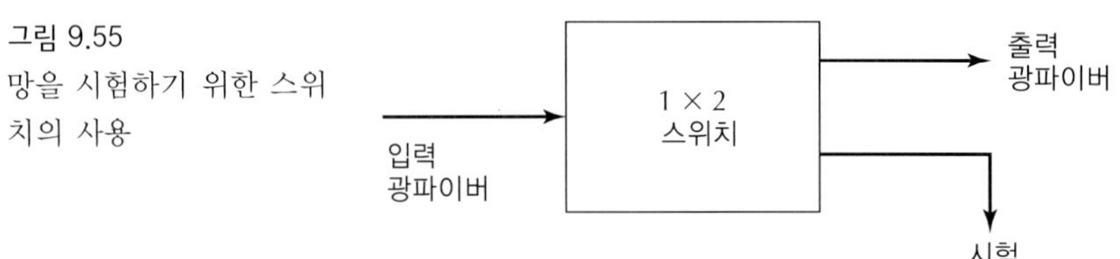

그림 9.55
망을 시험하기 위한 스위치의 사용

능동적으로 변화시킬 수 있게 한다. 이 시스템은 그림 9.56에 있다. 이 소자는 몇 가지 설명이 필요하다. 각각 WDM 신호를 포함하고 있는 N개의 광파이버를 고려해 보자. 반송파 파장은 λ_1에서 λ_M까지 각각의 광파이버에서 모두 동일하지만 전송되는 정보는 다르다. 각각의 광파이버에서 WDM 채널의 번호는 M이다. 그림에서, 각각의 입력 채널은 파장과 파장에 관련된 입력 광파이버로써 표시된다. 따라서 기호 λ_{xy}는 입력 광파이버 y를 따라 도착하는 반송파 파장 λ_x를 뜻한다. OXC는 입력에 N개의 역다중화기를 포함하며 출력에는 N개의 다중화기를 포함한다. 이들은 각각 $1 \times M$과 $M \times 1$ 소자이다. 다중화기로부터 역다중화기를 분리하는 것은 M개의 스위치이다. 각각의 스위치는 $N \times N$ MEMS 소자이다. 역다중화기는 M개의 채널을 분리하고 각각의 채널과 관련된 파장만을 처리하는 스위치로 보낸다. 즉, 모든 반송파 파장 λ_1은 그림에서 λ_1이라 명명한 1번 스위치로 보내지고, 모든 반송파 파장 λ_2는 그림에서 λ_2라 명명한 2번 스위치로 보내지며, 이런 식으로 모든 N개의 입력 광파이버로부터의 모든 M개의 반송파는 M개의 스위치 입력에서 나타난다. 첫 번째 스위치에 대한 N개의 입력은 모두 반송파 파장 λ_1에 있다. 이 스위치는 원하는 출력 다중화기 쪽으로 각각의 채널 방향을 가리킨다. 마찬가지로 각각의 스위치는 원하는 출력 다중화기 쪽으로 N개의 입력 반송파를 분산한다. 따라서 각각의 다중화기는 λ_1에서 λ_M까지의 모든 파장에서 반송파를 수신한다. 다중화기는 이들 반송파를 해당하는 출력 광파이버를 따라 전송하기 위한 이들 반송파들을 결합한다.

그림에서는 특별한 스위칭 구조가 동작 설명을 위해 동원되었다. 첫 번째 출력 광파이버

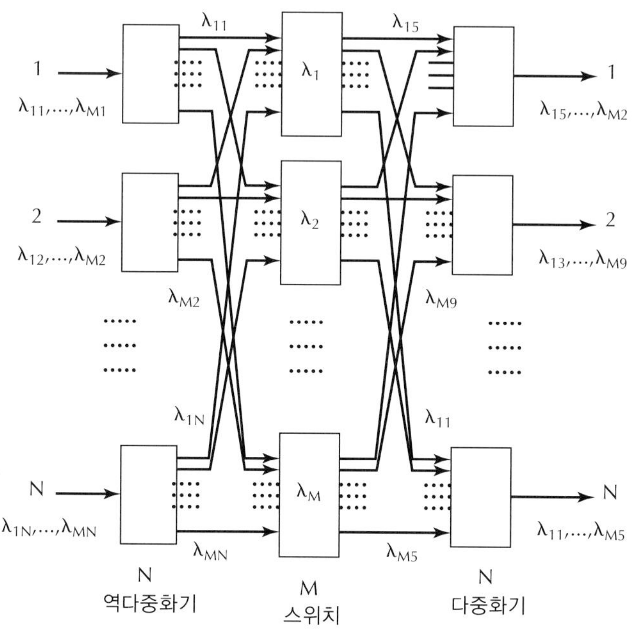

그림 9.56
광 교차 연결. 선택된 출력들은 단지 하나의 가능한 망의 구조만을 표현한다.

는 입력 광파이버 5에서 비롯된 반송파 λ_1과 입력 광파이버 2에서 비롯된 반송파 λ_M을 포함하며, 원하지 않는 입력 광파이버에서 도래한 λ_2에서 λ_{M-1}이 더해진다.

교차 연결은 스위치의 동작이 원하는 대로 재구성될 수 있다. 만약 MEMS 스위치가 2D 소자라면, 그것은 각각 N^2개의 거울을 포함한다. 이 경우에, 전체 OXC는 총 MN^2개의 거울이 필요하다. 만약 MEMS 스위치가 3D 소자라면 각각 $2N$개의 거울이 필요하고, 전체 OXC는 총 $2MN$개의 거울이 필요하다.

9.10 기타 부품: 감쇠기, 서큘레이터, 편광 조절기

9.10.1 감쇠기

광 감쇠기는 광파이버 내의 광 세기를 변화시킬 수 있는 소자로서 다양한 광 레벨에서 광 수신기 시험, 예를 들어 광 수신기의 동작 범위를 결정하는 데 그리고 광수신기의 포화 상태를 방지하기 위한 광 세기를 조정하는 데 응용되며 WDM 시스템 속으로 입사되기 전에 반송파의 전력 레벨을 등화시킨다. 고정 광 감쇠기와 가변 광 감쇠기 모두 상용으로 가능하다.

흡수형 감쇠기는 그림 9.57과 같은데 흡수원판의 흡수 능력은 원판 각 점에서 각각 달라 이를 회전시키면 가변성 감쇠량을 얻을 수 있다. 그림 9.58과 같이 정렬되지 않은 광파이버도 감쇠기로 사용할 수 있는데 다양한 갭과 축 어긋남이 8.1절에서 설명한 결합기 원리에 따라 가변성 감쇠를 구현한다. MEMS 원리에 기초한 가변 광 감쇠기 또한 제작될 수 있다. MEMS 감쇠기는 부분 거울 또는 흡수체를 원하는 신호 경로 방향으로 또는 그 바깥 방향으로 움직인다.

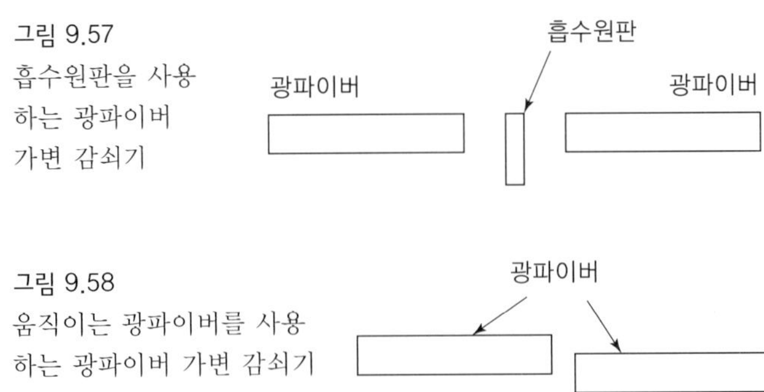

그림 9.57 흡수원판을 사용하는 광파이버 가변 감쇠기

그림 9.58 움직이는 광파이버를 사용하는 광파이버 가변 감쇠기

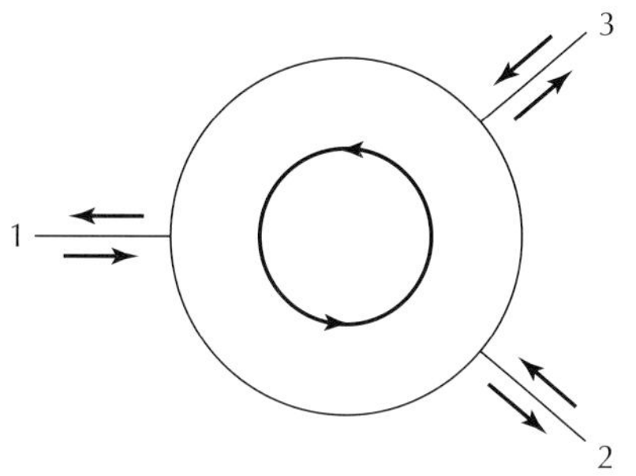

그림 9.59
광파이버 서큘레이터의 구조

9.10.2 서큘레이터

그림 9.59와 같이 동작하는 광 서큘레이터(circulator)는 연속적으로 한 단자에서 바로 옆 단자로 신호를 출력시키는데, 즉 단자 1의 입력은 단자 2에, 단자 2의 입력은 단자 3에, 그리고 단자 3의 입력은 단자 1에서 나타난다. 삽입 손실은 대표적으로 1 dB 이하이고 분리도는 25 dB 이상이다.

서큘레이터는 그림 9.60과 같은 양방향 통신 시스템에서 사용하는 동일 광파이버를 따라 진행하는 송신 신호와 수신 신호들을 분리시키기 위해 사용된다.

서큘레이터[19]는 이 장 앞에서 설명한 광 분리기와 비슷하게 패러데이 회전기를 사용한다.

9.10.3 편광 조절기

편광 조절기는 광의 편광 상태를 원하는 편광 상태로 만들기를 위한 광파이버 부품이다. 비록 대부분의 광파이버 시스템은 광의 편광 상태와 무관하게 동작시키지만 10.6절에서 설명한 코히런트 검파 시스템 그리고 2개의 광에 의한 간섭을 이용하는 간섭계 센서는 광 신호의 편광 상태에 크게 의존한다.

간단한 편광 조절기는 지름이 cm 정도인 원판에 광파이버를 감아서 구성하며[20], 그림 9.61과 같이 보통 2～3개 광파이버 원판을 연속해서 연결시킨다. 전송 광파이버 축에 대해

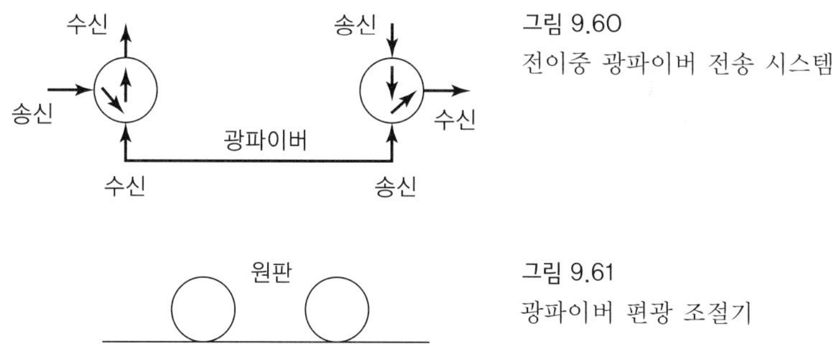

그림 9.60
전이중 광파이버 전송 시스템

그림 9.61
광파이버 편광 조절기

서 원판을 회전시키면 광파이버를 가로지르는 두 개의 법선 방향으로 편광된 광의 굴절률이 미소하게 변화되는데 원판을 적당히 회전시켜 원하는 편광 상태를 얻어 낼 수 있다.

9.11 요약 및 고찰

광파이버 기술은 이번 장에서 제시된 기본적인 기술을 사용함으로써 양방향과 다중단말기망에 적용할 수 있으며 이러한 다중단말기 수용 능력 때문에 광파이버를 사용하는 매력은 증가하게 된다.

몇 가지 선택할 수 있는 망구조로서는 티, 스타, 환형의 기본 구조와 이를 복합적으로 사용하는 것들이 있다. 다양한 시스템 구성요소인 방향성 결합기, 전송 스타 결합기, 반사 스타 결합기, 스위치와 다중화기/역다중화기 등이 있는데 시스템 설계자는 이것들의 장점을 선별하기 위하여 여러 가지 효과적인 방법들을 이해해야 한다.

여러 가지 가능한 다중단말기 응용분야 때문에 포괄적인 설계 방식은 실질적이 아니나 몇 가지를 일반화할 수는 있는데 시스템 설계자는 필요한 광파이버의 양과 시스템 손실을 고려해야 한다. 다수의 단말기가 연결되는 경우 티망에서는 일반적으로 스타망에서보다 광파이버를 적게 사용하게 된다. 광범위한 영역을 위한 시스템에서는 전체 광파이버 길이를 최소화시키는 것이 중요할 수 있으며 실제의 단말기 위치와 단말기 사이의 거리는 필요한 광파이버의 길이와 최적 망구조를 결정하게 된다.

티망에서의 손실은 단말기의 수가 증가함으로써 생기는 손실이 스타망보다 티망에서 크기 때문에 스타망은 이러한 면에서 우월하다. 더욱이 스타망은 대략 각 단말기에 같은 전력을 전달하며 수신된 전력은 다른 단말기에 전송을 하는 경우 변화하지 않는다. 티망에서는 각 수신기에 도달하는 전력이 서로 다르며 송신기 가까이 위치한 수신기와 데이터 버스를 따라서 설치되어 인접한 탭에 연결된 수신기는 멀리 떨어져 위치한 수신기보다 많은 전력을 수신하므로, 서로 다른 단말기가 송신을 하는 경우 서로 다른 위치의 수신기에서 전력 레벨이 변화하게 된다. 그러므로 티망에서의 수신기는 넓은 범위의 입력 전력 레벨에서 동작할 수 있어야 한다. 다시 말해서 넓은 동적 범위를 갖고 있어야 한다. 티망에서 손실은 시스템에 두 개 이상의 많은 터미널이 있게 되면 초과될 수 있다.

점 대 점 링크에서는 장거리 광파이버에서 발생하는 감쇠를 보상하기 위하여 증폭 중계기가 사용된다. 다중단말기 망에서는 광파이버 감쇠 손실이 분산 손실에 가려지기 때문에 이러한 경우에는 허용가능한 단말기의 수를 증가시킬 수 있도록 중계기를 사용하여 분산 손실을 감소시켜야 한다. 중계기는 시스템의 복잡성과 비용을 증가시키는 문제가 있지만 전력 레벨의 문제점을 해결한다.

다중화기는 하나의 광파이버를 사용하여 다수의 광 반송파를 동시에 전송할 수 있기 때문에 정보 전송량을 증가시킨다. 단말기를 다중화하는 것은 하나의 반송파 단말기를 사용하는 것보다 훨씬 복잡하지만 증가된 단말기의 복잡성이 향상된 시스템 용량으로 보상될 수 있다.

광파이버는 처음에는 상업용으로 단방향 점 대 점 전화링크에 응용되었으나 현재는 정교한 광 신호의 분배를 필요로 하는 다양한 시스템에 응용되고 있으며, 다중단말기망 응용으로는 LAN과 광파이버화된 도시가 있다.

문제

9.1 이상적인 4단자 방향성 결합기는 4 : 1의 분광비를 갖는다.

(a) 입력 전력의 얼마만큼이 각각의 단자에 전달되는가?

(b) 투과 손실, 탭 손실, 방향성과 초과 손실을 구하라.

9.2 4단자 방향성 결합기는 4 : 1의 분광비와 2 dB의 초과 손실을 갖는다. 결합기의 방향성은 40 dB이다.

(a) 입력 전류의 얼마만큼이 각각의 단자에 전달되는가?

(b) 투과 손실과 탭 손실을 구하라.

(c) 복사, 산란 그리고 결합기에서의 흡수 때문에 발생하는 손실을 데시벨 단위로 구하라.

9.3 그림 9.2에 전이중망을 나타내고 있다. 이상적인 3 dB 결합기들과 커넥터들 및 광파이버가 사용된다. 송신기로부터 수신기까지의 전체 손실을 계산하라.

9.4 만약 방향성 결합기 폭이 각각 1.5 dB의 초과 손실과 모든 커넥터들(각각의 방향성 결합기 단자와 송신기와 수신기)은 0.8 dB의 손실을 갖는 경우 문제 9.3을 반복하라. 광파이버는 4 dB의 손실을 갖는다.

9.5 5개의 단말기 티망은 그림 9.3에서 나타낸 것과 같이 구성된다. 티 결합기는 그림 9.4에 나타낸 것과 같다. 이상적인 3 dB 결합기들과 이상적인 광파이버 무손실 커넥터를 가정한 경우

(a) 전체 망을 그려라.

(b) 단말기 1이 송신기일 경우 각각의 수신기에서 전송 손실을 계산하라.

9.6 이상적인 10 dB 방향성 결합기들이 사용될 경우 문제 9.5를 반복하라. 이 문제의 결과를 문제 9.5와 비교하라. 어떠한 결합기(3 dB 또는 그 10 dB)가 가장 좋은가?

9.7 각각의 방향성 결합기가 1.5 dB의 초과 손실을 갖고 모든 커넥터는 0.8 dB의 손실을 갖는다. 또한 광파이버 손실은 35 dB/km이며 단말기의 거리는 100 m이고 접속은 0.2 dB의 손실을 발생한다. 이 경우 문제 9.5를 반복하라(커넥터 또는 접속의 수는 독자가 정한다. 망의 그림에 포함시켜야 한다).

9.8 스타망(그림 9.6)은 5개의 단말기로 구성된다. 이상적인 결합기, 커넥터와 광파이버를 사용한다고 가정하자.

(a) 망을 그려라.

(b) 만약 단말기 1이 송신을 한다면 각각의 수신기로의 전체 전송 손실을 데시벨로 구하라.

9.9 스타 결합기의 초과 손실이 2 dB, 커넥터 손실이 0.8 dB, 접속 손실이 0.2 dB, 광파이버 손실이 35 dB/km일 경우 문제 9.8을 반복하라. 단말기 1, 2, 3, 4는 결합기로부터 100 m 떨어져 있으며 단말기 5는 스타 결합기로부터 20 m 거리에 있다(필요한 모든 커넥터들과 접속을 포함하고 그림에 명시하라).

9.10 만약 스타가 3 dB의 초과 손실과 스타의 각 단자는 0.8 dB의 손실을 갖는 커넥터를 갖는 경우 광파이버 손실과 송/수신기 커넥터의 손실을 무시한다. 결과는 스타 결합기에 관한 손실이 될 것이다. 스타망에 대해서 손실 대 단말기 수를 그려라.

9.11 2점 스위치(그림 9.27)는 유연성이 있는 광파이버를 기계적으로 위치를 바꾸어 동작하므로 필요에 따라 두 출력 광파이버 중 하나에 연결된다. 광파이버는 SI 다중모드이며 100 μm의 코어 직경을 갖는다. 만약 손실이 1.5 dB보다 적어야 하는 경우 최대 허용 횡적 정렬오차를 계산하라.

9.12 GRIN 렌즈는 각각의 광파이버 끝에 사용하여 광을 1 mm로 넓힐 경우 문제 9.11을 반복하라.

9.13 4채널 전이중 WDM 망을 그려라. 특정한 다중화기/역다중화기와 방향성 결합기 구조를 선택하고 4가지의 파장으로 택하여진 경로를 정확하게 그려라.

9.14 단말기 2가 송신기일 경우 문제 9.5를 반복하라.

9.15 단말기 2가 송신기일 경우 문제 9.6을 반복하라.

9.16 6개의 단말기를 연결하려 한다고 가정하자.

(a) 모든 단말기들 사이에 독립적인 점 대 점 링크를 구성하려면 얼마나 많은 송신기가 필요한가?

(b) 다중파이버 다발망(그림 9.12)을 사용하면 얼마나 많은 송신기들이 필요한가?

9.17 LD가 2.5 km 길이의 광파이버에 조사된다. 2.5 km에서 전체 링크 손실은 4 dB이다. 광이 광파이버의 끝단에서 LD로 반사되는데 광파이버의 단면은 매끈하고 광택이 나도록 절단된 상태이다. 광파이버 끝단에서는 공기 중으로 복사된다. LD로 되돌아오는 경우 반사된 광 전력의 레벨을 계산하라. 즉, 방출된 신호로부터 얼마만큼의 데시벨이 반사된 신호인가?

9.18 광 분리기가 문제 9.17에서 반사된 전력을 반으로 감소시키기 위하여 사용된다. 이 광 분리기의 반사 손실은 얼마인가?

9.19 연결된 두 개의 광파이버 사이에 갭이 존재하는 커넥터로부터 피그테일된 LED에 반사되어 되돌아온 전력(dB)의 레벨은 얼마가 되는가? 광파이버의 굴절률은 1.5이다.

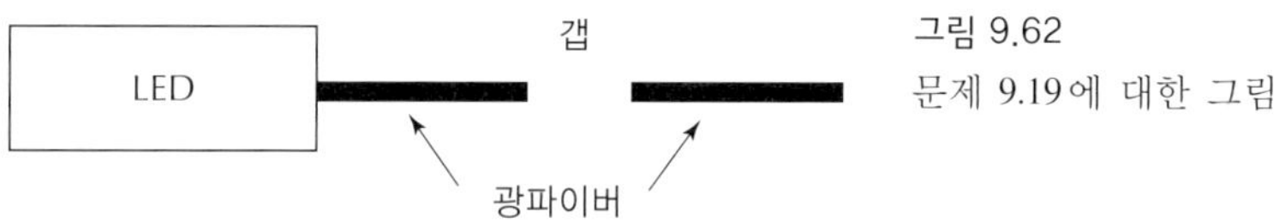

그림 9.62
문제 9.19에 대한 그림

9.20 패러데이 회전을 사용하여 실리카 유리 광파이버로 광 분리기를 만들었다.
(a) 광파이버가 100 m인 경우 얼마의 자계장이 필요한가?
(b) 광파이버가 1 m인 경우 필요한 자계장의 강도는 얼마인가?

9.21 식 (9.11)을 이용하여 이상적인 테이퍼 단일모드 방향성 결합기의 전력 분배를 구할 수 있다. 전체 결합 전력이 입력 전력과 같음을 보여라. 초과 손실은 실제 결합기에서의 총 결합 전력으로부터 뺀다.

9.22 1 : 1 분광비를 갖는 이상적인 테이퍼 단일모드 방향성 결합기를 생각해 보자. 결합계수는 $\Delta\beta = 1$ rad/mm이다.
(a) 결합 영역의 길이를 구하라.
(b) 분광비가 10 : 1인 경우 (a)를 반복하라.

9.23 이상적인 테이퍼 융착 단일모드 결합기가 단자 1에서 λ_1과 λ_2 입력을 가진 2파장 역다중화기로서 사용된다. 파장 λ_1에서 결합계수 2 rad/mm의 값을 가지며 이 파장은 단자 3에 완전하게 결합된다. 파장 λ_2는 단자 2에 완전하게 전송된다.
(a) 결합 영역의 길이를 계산하라.
(b) λ_2에서 결합계수의 값을 계산하라.
(c) λ_2에서 결합 길이 L_c의 값을 계산하라.

9.24 그림 9.45에서 두 개의 파장 λ_1과 λ_2로 동작하는 다중화기 기능을 제외하고 그림을

그려라.

9.25 그림 9.45에서 부품이 어떻게 수신파장 λ_1, 송신파장 λ_2에서 전이중 모드로 동작되는지를 그림으로 그려라.

9.26 그림 9.34에서의 부품이 역방향으로 동작하는 것을 제외하고 그림을 그려라. 단 $P_{\text{out},r}$과 $P_{\text{in},r}$은 식 (9.18)에서와 같다.

9.27 나머지 세 개의 파장 λ_1, λ_2, λ_3가 어떻게 각각 검파될 수 있는지를 그림 9.48의 광파이버 격자 역다중화기의 나머지 부분을 완성하여 보여라(힌트: 그림에서 보인 것과 같은 필터가 더 많이 필요하다).

9.28 4개의 모든 파장이 어떻게 결합될 수 있는지를 그림 9.48과 비슷한 다중화기로서의 광파이버 격자 필터를 그려라. 더 많은 격자와 결합기의 조합이 그림 9.48에 부가되어야 한다.

9.29 9.4절에서 보인 우회 스위치가 어떻게 환형망에서 접속점들을 우회하는 데 사용되는지를 보이는 구성도를 그려라.

9.30 DWDM 시스템에서 25 GHz의 채널 간격에 대하여 표 9.2 전체를 증명하라.

9.31 앞 문제의 25 GHz에 대하여, 각각의 채널이 10 Gb/s에서 동작한다고 가정한다. 175 채널 시스템의 전체 용량은 얼마인가?

9.32 S 밴드 전체를 커버하는 DWDM 시스템이 있다. 채널 간격이 50 GHz인 경우 파장의 채널 간격에 적용할 수 있는 채널 수를 계산하라.

9.33 성긴 파장 분할 시스템이 세 개의 채널을 갖는다. 이들은 820 nm와 1300 nm, 그리고 1550 nm에서 동작한다. 선폭이 2 nm인 광원과 기존의 실리카-유리 단일모드 광파이버를 사용할 때, 광파이버의 NRZ 비율-길이 곱을 계산하라. 만약 광파이버의 전체 손실 예상값이 50 dB이라면 증폭기 없이 얼마나 길게 연결될 수 있는가?

9.34 WDM 시스템에서 3개의 채널을 그림 9.46에 그렸다. 중심 파장이 1600 nm이고 채널 간격이 12.5 GHz라고 가정하자. 3개 반송파의 파장을 계산하라. 이들 3개 채널의 4-파장 혼합에 의해 생성되는 모든 신호의 파장을 계산하라. 세 채널 사이에서 발생하는 누화가 존재하는가?

9.35 브래그 격자가 1550 nm에서 공진한다. 격자는 열로 조절된다. 온도 증가에 따른 격자 간격의 증가는 1°C 당 0.1%이다.

(a) 격자주기를 계산하라.

(b) 1°C당 공진파장의 변화는 얼마인가? 답은 nm/°C로 한다.

(c) 1°C당 공진 주파수의 변화는 얼마인가? 답은 GHz/°C로 한다.

9.36 3 × 3 라우터가 1545 nm, 1550 nm, 그리고 1555 nm 이렇게 3개의 파장을 처리한다. 4 × 4 라우터에 대한 시스템 블록도를 그림 9.49처럼 그려라. 그림 9.49에서는 제외되었지만, 여기서는 시스템을 완성하는 데 필요한 모든 송신 광원, 수신 광 검출기, 그리고 다중화기와 역다중화기를 포함시켜야 한다.

9.37 배열 도파로 격자가 인접한 것과의 사이에 ΔL의 경로차를 갖는 M개의 실리카-유리 도파로를 포함한다. 만약 인접한 도파로 사이의 위상 천이가 자유공간 파장 1550 nm에서 $\pi/8$ 라디안일 때 차이 길이 ΔL을 계산하라. 이 ΔL 값에 대한 위상 천이 차이를 자유공간 파장 1548 nm, 1549 nm, 1551 nm, 그리고 1552 nm에 대하여 각각 계산하라. 도파로 안의 전파상수는 무한 유리 매질 속에 있을 때와 같은 것으로 가정하는데, 이는 근사치에 가깝다.

9.38 AWG에서, 1550 nm의 채널 파장에서 인접한 광파이버 사이의 누화가 30 dB이다. 광파이버 x에서의 신호 전력은 0.1 mW이고 광파이버 y에서의 신호 전력은 0.01 mW이다. 1550 nm의 신호에 대하여 다른 쪽에서 각각의 두 광파이버로 결합되는 전력의 총량을 계산하라. 각각의 광파이버에서 원치 않게 결합된 신호 전력과 원하는 신호 전력의 비를 계산하라. 비율을 dB로 표현하라. 이 비율은 원하는 신호의 품질을 가늠한다.

9.39 그림 9.53의 것과 유사하게 2D 3 × 3 MEMS 스위치를 그려라. 왼쪽에서 2개의 위쪽 광파이버로부터의 입력은 그림의 바닥 쪽에 위치한 적절한 출력 광파이버와 결합되는 반면에, 가장 낮은 광파이버로부터의 입력은 오른쪽에 위치한 적절한 출력 광파이버에 곧장 공급된다.

9.40 그림 9.54의 3D 3 × 3 MEMS 스위치를 모든 입력 광파이버와 출력 광파이버 그리고 모든 거울이 보이도록 다시 그려라. 거울을 설치하고 세 개의 서로 다른 출력 광파이버(임의 선택)에 결합되는 세 개의 서로 다른 광파이버로부터(임의 선택)의 입력에 대한 광 경로를 보여라.

9.41 2에서 1000개의 입출력단 범위에 걸친 2차원과 3차원 MEMS $N \times N$에 대하여 입출력단(N)의 함수로서 요구되는 전체 거울 수(M)를 도시하라.

9.42 입력과 출력 광파이버의 수 N이 3이고, 각각의 광파이버에서 WDM 채널의 수 M이 4인 경우에 대하여 그림 9.56과 같이 광 교차 연결을 그려라. 입력 광파이버 1로부터의 채널 1과 2가 어떻게 출력 광파이버 2에서 OXC를 빠져 나올 수 있는지 설명하고 입력 광파이버 1로부터의 채널 3과 4가 어떻게 출력 광파이버 3에서 OXC를 빠져 나올 수 있는지도 보여라.

참고 문헌

[1] Donald G. Baker. *Local-Area Networks with Fiber-Optic Applications.* Englewood Cliffs, NJ: Prentice-Hall, 1986.

[2] Two general references covering distribution networks:

John Joseph Esposito. "Optical Connectors, Couplers, and Switches." In *Handbook of Fiber Optics: Theory and Applications*, Helmut F. Wolf, ed. NY: Garland, 1979, pp. 241–303.

Michael K. Barnoski. "Design Considerations for Multiterminal Networks." In *Fundamentals of Optical Fiber Communications*, 2d ed., Michael K. Barnoski, ed. NY: Academic Press, 1981, pp. 329–351.

[3] B. S. Kawasaki and K. O. Hill. "Low-Loss Access Coupler for Multimode Optical Fiber Distribution Networks." *Appl. Opt.* 16, no. 7 (June 1977): 1794–95.

[4] F. Auracher and H. H. Witte. "New Planar Optical Coupler for a Data Bus System with Single Multimode Fibers." *Appl. Opt.* 16, no. 8 (Aug. 1977): 2195–97.

[5] W. J. Tomlinson. "Applications of GRIN-Rod Lenses in Optical Fiber Communications Systems." *Appl. Opt.* 19, no. 7 (April 1980): 1127–38.

[6] Ibid.

[7] Narinder S. Kapany. "A Family of Kaptron Fiber Optics Communications Couplers." In *Proceedings of the Third International Fiber Optics and Communications Exposition.* San Francisco, CA: Information Gatekeepers, Inc., 1980.

[8] A. Beguin, T. Dumas, M. J. Hackert, R. Jansen, and C. Nissim. "Fabrication and Performance of Low Loss Optical Components Made by Ion Exchange in Glass." *J. Lightwave Tech.* 6, no. 10 (Oct. 1988): pp. 1483–87.

[9] Michael Barnoski. "Design Considerations for Multiterminal Networks," pp. 334–340.

[10] Eric G. Rawson, Ronald V. Schmidt, Robert E. Norton, M. Douglas Bailey, Lawrence C. Stewart, and Hallam G. Murray. "Fibernet II: An Active Star-Configured Fiber-Optic Local Computer Network with Data Collision Sensing." In *Digest of the Topical Meeting on Optical Fiber Communication.* Phoenix, AZ: Optical Society of America, 1982, pp. 22–23.

[11] Tomlinson. "Applications of GRIN-Rod Lenses," pp. 1123–33.

[12] M. Nunoshita and Y. Nomura. "Optical Bypass Switch for Fiber-Optic Data Bus Systems." *Appl. Opt.* 19, no. 15 (Aug. 1980): 2574–77.

[13] T. Sughie and M. Saruwatri. "Nonreciprocal Circuit for Laser-Diode-to-Single-Mode Fiber Coupling Employing a YIG Sphere." *Electron. Lett.* 18 (1982): p. 1026.

[14] Tomlinson. "Applications of GRIN-Rod Lenses," pp. 1133–34, 1137–38.

[15] F. Tanaka, S. Kishi, and T. Tsutsomi. "Fiber-Optic Multifunction Devices Using a Single GRIN-Rod Lens for WDM Transmission Systems." *Appl. Opt.* 21, no. 19 (Oct. 1982): 3423–29.

[16] Govind P. Agrawal. *Fiber-Optic Communication Systems*, 3d ed. NY: John Wiley & Sons, 2002, pp. 351–53.

[17] *J. Lightwave Tech.* 21, no. 3 (March 2003). Special issue on Optical MEMS and its Future Trends.

[18] Govind P. Agrawal. *Fiber-Optic Communication Systems*, 3d ed. NY: John Wiley & Sons, 2002, pp. 354–57.

[19] N. Kashima. *Passive Optical Components for Optical Fiber Transmission.* Boston: Artech House, 1995.

[20] C-L. Chen. *Elements of Optoelectronics and Fiber Optics.* Chicago: Irwin, 1996.

Chapter 10

변조

앞 장들에서는(아날로그 시스템에서는 최대 변조주파수로, 디지털 시스템에서는 데이터 전송률의 상한값으로 측정되는) 정보 전송 능력에 기초를 두고 광파이버 통신 링크를 평가하였다. 이 장에서는 광파이버 네트워크에 적절한 여러 가지 아날로그 및 디지털 형태에 대하여 자세히 알아본다. 레이저 다이오드들과 LED들을 직접 변조시키기 위한 특정한 회로 기술들을 설명하며, 이러한 논의는 6장에서 논의된 광원 변조에 관한 논의를 발전시키는 것이다. 단일 광 반송파를 사용하여 한 가닥의 광파이버에 여러 채널의 정보를 결합시키는 방법인 시분할 다중화에 관해서도 논의한다. 또한, 외부 변조기(전기흡수 디바이스)와(주파수 변조된 광 반송파의 수신을 가능케 하는) 광 헤테로다인 기술을 소개한다.

10.1 발광 다이오드 변조와 회로

LED들을 변조시키기 위하여 제안되거나 또는 이용된 회로를 일부분만 기술한다는 것은 실질적이지 못하므로, 대신에 변조에 관한 기본 요구조건들과 방식들을 나타내고 이들을 몇 가지 특정 회로들을 사용하여 설명하기로 한다.

10.1.1 아날로그 변조

그림 6.7에 LED의 아날로그 변조에 필요한 기본 요구조건들이 설명되어 있다. 그림 10.1에 나타나 있는 전체 변조 전류와 이로 인해 발생되는 광 전력은 식 (10.1), (10.2)로 주어진다.

$$i = I_{\mathrm{dc}} + I_{\mathrm{SP}} \sin \omega t \tag{10.1}$$

$$P = P_{\mathrm{dc}} + P_{\mathrm{SP}} \sin \omega t \tag{10.2}$$

이들 식에서 첫 번째 항은 dc 바이어스이며, 두 번째 항은 정보 신호를 나타낸다. 네트워크의 성능을 평가하기 위하여 (사인 또는 코사인 함수로 표시되는) 정현파를 사용한다.

변조율(modulation factor) m'은 평균 전류에 대해 편이된 피크전류 진폭을 평균 전류로 나눈 것이다.

$$m' = \frac{I_{\mathrm{SP}}}{I_{\mathrm{dc}}} \tag{10.3a}$$

전체 피크전류와 최소 전류는 각각 $I_{\mathrm{dc}} + I_{\mathrm{SP}}$ 및 $I_{\mathrm{dc}} - I_{\mathrm{SP}}$이므로, dc 바이어스가 다이오드 최대 허용 전류의 반이 될 때 신호 진폭 I_{SP}는 최대값을 가진다. 이 경우 $I_{\mathrm{SP}} = I_{\mathrm{dc}}$로 하면, 피크전류는 $2I_{\mathrm{dc}}$이고 최소 전류는 0이 되어 변조율은 1이 된다.

광 전력 항으로 **광 변조율**(optic modulation factor)을 정의하면

$$m = \frac{P_{\mathrm{SP}}}{P_{\mathrm{dc}}} \tag{10.3b}$$

로 되며, 이때 광 전력은 다음 식으로 표현된다.

$$P = P_{\mathrm{dc}}(1 + m \sin \omega t) \tag{10.4}$$

식 (10.3a), (10.3b)와 식 (6.7)을 사용하면 광 변조율은

$$m = \frac{m'}{\sqrt{1 + \omega^2 \tau^2}}$$

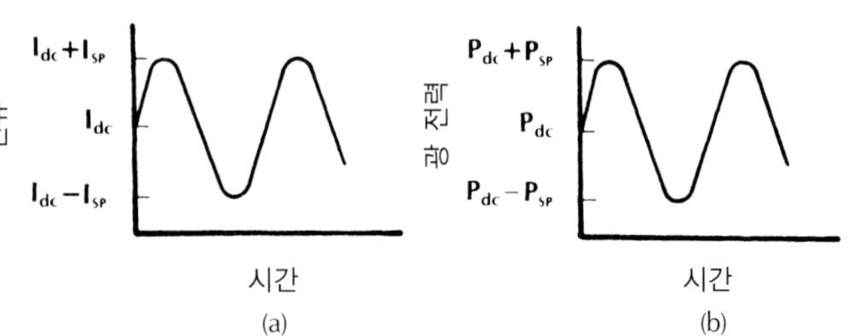

그림 10.1
(a) LED 구동 전류 (b) 광 전력

로 되며, 위의 식은 광 변조율이 변조주파수에 따라서 얼마나 감소되는가를 보여준다. $\omega\tau \ll 1$(변조가 LED 3 dB 대역폭보다 충분히 낮은)인 경우, $m = m'$이 된다.

여러 가지 LED 아날로그 변조 회로가 있지만, 여기서는 그림 10.2에 있는 간단한 트랜지스터 증폭기 회로에 대해 설명한다[1]. 트랜지스터의 컬렉터 전류 i_c는 LED 구동 전류이다. 일반적인 증폭기로 사용될 때, 부하 저항이 LED 대신에 대치되고 커패시터는 저항 R_e를 바이패스한다. 그림 10.3의 트랜지스터 특성 곡선을 사용하여 변조기의 동작을 이해할 수 있다. 저항 R_a 및 R_b와 함께 공급 전압 V_{dc}는 dc 베이스 전류 I_B(이 해석에서 대문자들은 dc 양을 의미한다)를 제공한다. I_B는 베이스 이미터 접합에 순방향 바이어스를 인가하여(즉, 컬렉터 전류를 흐르게 하기 때문에) 트랜지스터가 동작되게 한다. 이 결과 발생하는 컬렉터 전류는 $I_C = \beta I_B$이며, 여기서 β는 트랜지스터의 전류 증폭률을 나타낸다. I_C는 식 (10.1)에서 I_{dc}로 표시된 LED 바이어스 전류이다. 입력 신호가 인가되지 않은 경우 트랜지스터는 그림 10.3의 Q점에서 동작하며, Q점이 컬렉터 차단 전류보다 충분히 높은 상태로서 정의된 A급 증폭을 나타낸다. 차단은 베이스 전류가 0이 될 때 발생하게 된다.

신호 전압 v_{IN}은 I_B에 더해지는 시간에 따라 변화하는 베이스 전류를 발생시키며, 시간에

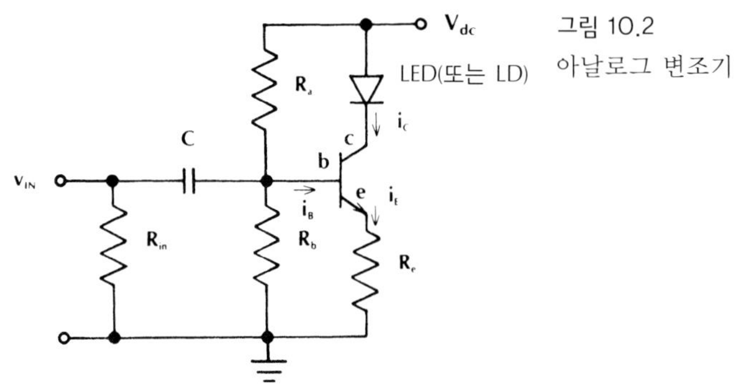

그림 10.2
아날로그 변조기

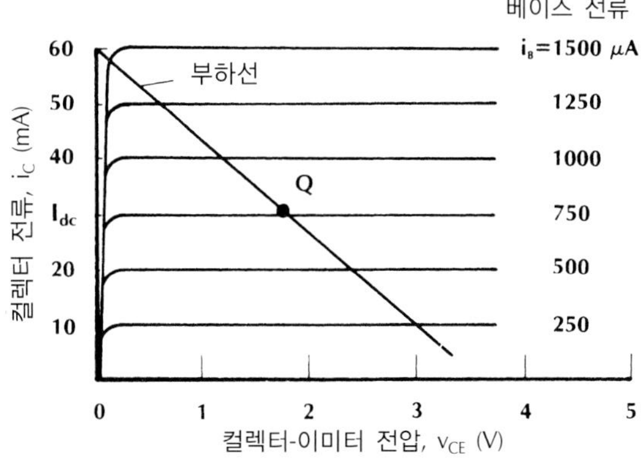

그림 10.3
트랜지스터 특성. $\beta = \Delta i_c / \Delta i_b = 40$

따라 변화하는 컬렉터 전류는 ac 베이스 전류를 증폭한 것과 같다. Q점은 전체 베이스 전류가 음으로 진동하는 동안 트랜지스터가 차단되지 않고 양으로 진동하는 동안 트랜지스터가 포화 상태가 되지 않도록 선택한다. 저항 R_e는 동작점을 안정화시킨다.

다음은 아날로그 변조기 설계 예를 설명한다. 그림 10.3의 특성을 갖는 실리콘 트랜지스터를 사용할 경우를 생각해 보자. 이 경우 $V_{dc} = 5$ V, $R_a = 2$ kΩ, $R_b = 5$ kΩ, $R_{IN} = 50$ Ω, $R_e = 60$ Ω이라고 하면, 그림 10.3으로부터 β는 대략 40이 됨을 알 수 있다. 순방향 베이스-이미터 접합 양단 전압 V_o는 실리콘의 경우 약 0.6 V(게르마늄의 경우는 약 0.2 V) 정도이다. R_a와 R_b의 등가 병렬저항은

$$R_1 = \frac{R_a R_b}{R_a + R_b} \tag{10.5}$$

이고, 이들 두 저항들은 공급 전압을 양분하며 R_1과 직렬로 다음과 같은 등가 전압을 발생시킨다.

$$V_1 = \frac{R_b}{R_a + R_b} V_{dc} = 3.57 \text{ V} \tag{10.6}$$

dc 컬렉터 전류는

$$I_C = \frac{\beta(V_1 - V_0)}{R_1 + (1 + \beta)R_e} = 30.5 \text{ mA} \tag{10.7}$$

이며, dc 베이스 전류는 $I_B = I_C/\beta = 763$ μA로 된다. 부하선은 다음의 루프방정식에 의해서 결정된다.

$$i_C R_e + v_{CE} + v_d = V_{dc} \tag{10.8}$$

여기서, v_d는 다이오드 전압이며 R_e를 통하여 흐르는 소량의 베이스 전류는 무시된다(즉, $i_E \simeq i_C$로 가정). 수 mA보다 큰 순방향 전류로 인해 다이오드 전압은 거의 일정하며, 이 예에서는 약 1.4 V로 취하였다. 이제 부하선의 방정식은 다음 식과 같이 간소화된다.

$$i_C R_e + v_{CE} = 3.6$$

이 부하선상에서 몇몇 점들의 좌표를 쉽게 찾을 수 있다. $v_{CE} = 0$일 때 $i_C = 3.6/60 = 60$ mA이며, 부하선상의 상한점의 좌표가 된다. Q점에서 $i_c = I_{dc} = 31$ mA이므로

$$v_{CE} = 3.6 - 0.031(60) = 1.7 \text{ V}$$

이다. 지금까지 구한 Q점의 좌표를 사용하여 그림 10.3의 트랜지스터 곡선에 부하선을 그

릴 수 있다. 이 그림으로부터 베이스 전류는 컬렉터 전류를 포화시키지 않고 약 1400 μA를 초과할 수 없음을 알 수 있다. 이것은 55 mA의 최대 컬렉터 전류에 해당한다. 그러므로 피크 다이오드 신호 전류는 $I_{SP} = 55 - 31 = 24$ mA만큼 증가될 수 있으며, 그로 인해 변조율 $m' = 24/31 \simeq 0.80$이 된다. 이 회로는 대략 80% 변조율로 동작한다.

아날로그 변조기는 가능한 한 입력 전압(또는 전류) 파형과 거의 유사한 광 전력 변동을 발생시켜야만 한다. 만약 광원의 전력-전류 특성이 완전한 직선이 아닌 경우는 편이가 발생하며, 접합열이 LED 비선형성의 주요 원인이 된다.

다음 식으로 LED의 출력 특성을 수식화함으로써 LED 비선형성을 조사할 수 있다.

$$P = P_{dc} + a_1 i_s + a_2 i_s^2 \tag{10.9}$$

여기서 i_s는 신호 전류이며, P_{dc}는 dc 전류에 의해서 발생한 일정 전력이다. 마지막 항이 선형성으로부터의 이탈을 나타낸다. 만약에 높은 정확도가 요구되는 경우에는, 전류의 고차항이 부가항으로 추가될 수 있다.

단일 정현파 입력 $i_s = I \sin \omega t$를 식 (10.9)에 대입하면 다음의 광 전력이 얻어진다.

$$P = P_{dc} + 0.5a_2 I^2 + a_1 I \sin \omega t - 0.5 a_2 I^2 \cos 2\omega t \tag{10.10}$$

신호주파수의 2배로 발진하는 마지막 항이 손상을 야기시키는 2차 고조파 찌그러짐이다.

전체 고조파 찌그러짐(total harmonic distortion: THD)은 다음 식과 같이 수신기의 전기 전력항으로 정의된다:

$$\text{THD} = \frac{\text{고조파의 전력}}{\text{기본파의 전력}} \tag{10.11}$$

전력은 입사된 광 전력의 자승에 비례하기 때문에 THD는 다음의 형태로 나타낼 수 있다.

$$\text{THD} = \frac{(\text{고조파 광 전력})^2}{(\text{기본파 광 전력})^2} \tag{10.12}$$

이 식을 데시벨로 표현하면 다음과 같다.

$$\text{THD}_{\text{dB}} = -10 \log_{10} \text{THD} \tag{10.13}$$

단일 정현파 입력에 대한 $\text{THD} = 0.25(a_2 I/a_1)^2$를 구하기 위해 식 (10.10)을 사용한다. 비선형의 정도는 사용하는 LED에 따라 변화가 매우 심하다. 신호 레벨 이하 30 ~ 60 dB의 찌그러짐이 대표적이다.

두 가지 주파수를 포함하는 입력 전류 $i_s = I_1 \sin \omega_1 t + I_2 \sin \omega_2 t$는 다음의 출력 전력을 발

생시킨다.

$$P = P_{\text{dc}} + 0.5a_2(I_1^2 + I_2^2) + a_1(I_1 \sin \omega_1 t + I_2 \sin \omega_2 t)$$
$$- 0.5a_2(I_1^2 \cos 2\omega_1 t + I_2^2 \cos 2\omega_2 t) + a_2 I_1 I_2[\cos(\omega_1 - \omega_2)t]$$
$$- \cos(\omega_1 + \omega_2)t \qquad (10.14)$$

고조파 성분에 덧붙어 전력 스펙트럼은 입력 주파수들의 조합(이 예에서는 합과 차)을 포함하며, 이들 조합들이 **상호변조 찌그러짐**(intermodulation distortion)을 나타낸다. 여러 개의 반송주파수를 갖는 케이블 TV 분산망과 같은 다중채널시스템에서 상호변조는 채널들 간의 전력을 결합하며, 이러한 효과는 서로 다른 채널들 간의 영상 혼합을 방지하기 위하여 최소화되어야 한다.

식 (10.9)~(10.14)를 포함하여, 비선형에 대한 이러한 논의는 임계치 이상의 전류로 동작하는 레이저 다이오드에 적용된다.

광 검출기들은 매우 뛰어난 선형성을 가지며, 매우 선형적인 트랜지스터 송수신 회로를 설계할 수 있기 때문에, 광파이버시스템에서 광원이 대부분의 비선형성을 발생시킨다. 광파이버 그 자체 역시 아날로그 파형에 무시할 수 있는 양의 찌그러짐을 더한다. 분포-귀환(distributed-feedback: DFB) 레이저 다이오드(6.6절에서 기술된)는 상당히 좋은 선형 특성을 갖기 때문에 케이블-TV 신호 전송에 사용된다. 좋은 DFB 레이저는 70 dB 이상의 총 고조파 찌그러짐과 상호변조 찌그러짐을 갖는다.

10.1.2 디지털 변조

아날로그 변조기들과는 달리 디지털 LED 구동장치는 dc 바이어스 전류를 공급할 필요가 없다. 디지털 회로는 단순히 LED를 온, 오프한다. 높은 온-대-오프 전력비를 발생시킬 수 있도록 오프 상태에서는 LED 방출이 낮아야 한다. 온 상태에서는 구동 전류가 입력 신호의 크기에 무관한 것이 바람직하다. 그 때 출력 전력은 연속적인 입력 신호가 다소 변하더라도 모든 펄스에 대해 동일하게 될 것이다.

그림 10.4의 회로는 이전에 기술한 필요조건에 적합한 두 가지 개념들을 설명한다. 직렬 회로에서는 개방된 스위치가 전류를 흐르지 못하게 하므로 LED가 개방된다. 스위치를 닫을 경우에는 다음의 전류가 흐르게 된다.

$$I = \frac{V_{\text{dc}} - v_d}{R} \qquad (10.15)$$

여기서 v_d는 다이오드의 순방향 전압강하이다. 저항 R과 공급 전압은 주어진 다이오드에

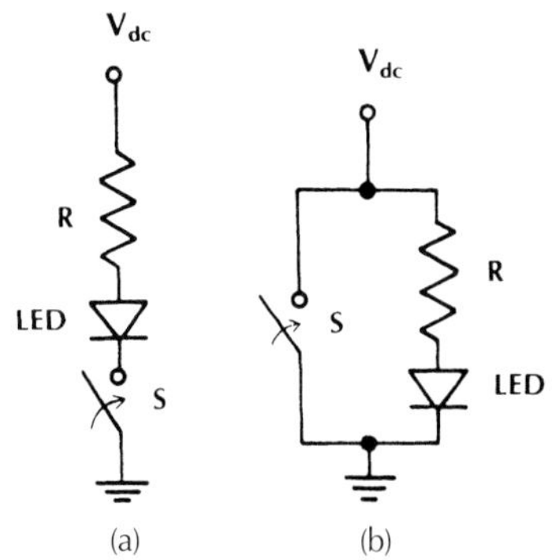

그림 10.4
(a) 직렬 스위치 (b) 병렬 스위치를 갖는 디지털 변조기의 회로도

흐르는 전류를 결정한다. 이상적인 스위치(무시할 수 있는 저항을 갖기 때문에 닫히는 경우, 무시할 수 있는 전압강하를 갖는 스위치)는 전류 진폭에 영향을 미치지 않는다. 저항 R은 초과 전류로부터 다이오드를 보호하기 위한 리미터의 기능을 한다. 그림 10.4(b)의 병렬 스위치 변조기는 직렬 회로와 유사하게 동작한다. 스위치를 닫으면 전류가 접지단자 쪽으로 바이패싱함으로써 LED가 동작되지 못하도록 한다. 스위치를 개방하면 LED를 포함하는 가지를 통하여 모든 전류를 흘려보내서 LED를 동작시킨다.

실제 회로에서는 트랜지스터들이 종종 스위치의 역할을 대신한다. 그림 10.5에 직렬 스위치 역할을 하는 트랜지스터 변조기가 나타나 있다[2]. 그림 10.6에 나타나 있는 트랜지스터 특성 곡선은 베이스 전류가 0인 경우(개방된 스위치에 해당) 컬렉터 전류는 작으며, 베이스 전류가 큰 경우(단락된 스위치에 해당) 컬렉터-이미터 간 전압이 작게(≤ 0.3 V) 됨을 보여준다. 온(on) 상태에서의 전류는 다음과 같다.

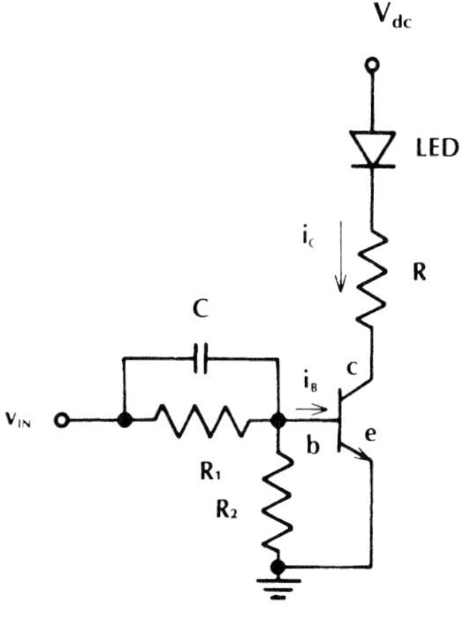

그림 10.5
트랜지스터로 스위치된 LED 디지털 변조기

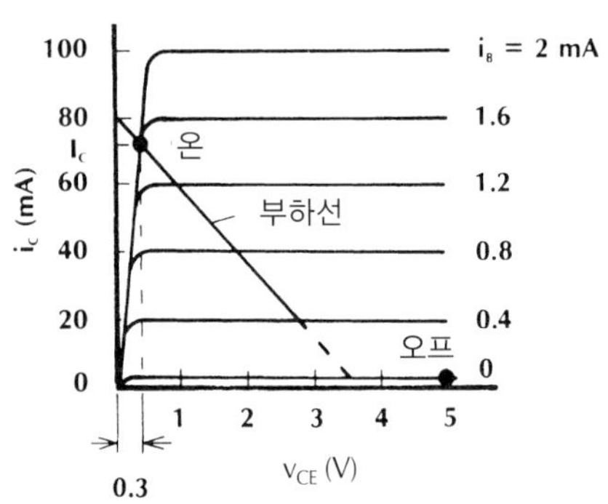

그림 10.6
트랜지스터 스위치 특성

$$I_C = \frac{V_{dc} - v_d - 0.3}{R} \tag{10.16}$$

이는 식 (10.15)의 이상적인 결과에 가깝다. 트랜지스터는 스위치 역할뿐만 아니라 증폭 역할을 한다. 미세한 입력 전류(~ 1 mA)는 LED에 필요한 큰 전류(50 ~ 100 mA)를 제어한다. 그림 10.5에서 R_1과 R_2는 트랜지스터와 신호원의 임피던스를 정합시키기 위해 선택되었다. 입력 커패시터 C는 필요한 경우 회로의 속도를 증가시키며, 이 변조기는 30 MHz까지의 주파수 영역에서 동작할 수 있다.

예제 10.1

직렬 스위치 변조기에 대하여, 완전히 온될 때의 다이오드 전류를 구하고, 이러한 상태가 되기 위해 필요한 베이스 전류를 구하라. 그림 10.6의 트랜지스터 특성을 이용하고, $V_{dc} = 5$ V, $R = 45\ \Omega$이며, LED의 순방향 바이어스 전압강하는 1.4 V이다.

풀이: 부하선을 그리는 것이 이 예제를 푸는 데 도움이 될 것이다. 부하선방정식은

$$i_C R + v_{CE} + v_d = V_{dc} \tag{10.17}$$

이므로 $v_{CE} = 0$일 때 $i_C = 80$ mA이고, $i_C = 0$일 경우는 $v_{CE} = 3.6$ V가 됨을 알 수 있다. 이들 두 점을 연결하면 그림 10.6에 그려진 부하선이 된다. 이 선은 다이오드 전압강하(1.4 V로 취한)가 0으로 되는 낮은 전류 레벨을 제외하고는 정확하게 동작점을 예측한다. 베이스 전류가 0일 때(오프 상태) 컬렉터 전류는 거의 0이고, 전체 공급 전압이 트랜지스터 양단에 나타난다. 이러한 상태에서는 그림 10.6에 나타난 대로 $v_{CE} = V_{dc} = 5$ V가 된다. 온 상태에서 베이스 전류는 충분히 커져서 입력 진폭의 적은 변화가 컬렉터 전류에 영향을 미치지 않는다. 그림 10.6은 만약 $i_B \geq 1.6$ mA인 경우, 이러한 상태가 일어남을 보여준다. 컬렉터 전류는 이러한 조건을 만족하는 베이스 전류에서 **포화**(saturate)

상태(베이스 전류를 증가하더라도 컬렉터 전류가 더 이상 증가하지 않는 상태)가 된다. 온 상태에서 컬렉터 전류는 식 (10.16)으로부터

$$I_C = \frac{5 - 1.4 - 0.3}{45} = 73\ \mathrm{mA}$$

가 된다. $i_B \geq 1.6\ \mathrm{mA}$인 경우에는 구동 전류(그리고 광 전력)가 모든 입력 펄스들에 대해 동일하게 된다.

10.2 레이저 다이오드 변조와 회로

레이저 다이오드는 LED에서보다 다음과 같은 이유

1. 임계전류의 존재
2. 임계전류의 수명 의존성
3. 임계전류의 온도 의존성
4. 방출 파장의 온도 의존성

들로 인해 발생하는 많은 문제점들을 회로 설계자에게 제시한다.

디지털 시스템은 일반적으로 오프 상태에서 임계점 바로 아래서 동작한다. dc 전류는 그림 6.23에서 나타난 바와 같이 $I_{dc} \simeq I_{TH}$이며, 임계 근방에서의 동작은(0 전류에서라기보다) 동작 개시(turn on) 지연을 최소화한다. 아날로그 시스템은 그림 6.24에 나타난 바와 같이 선형적으로 동작하기 위하여 임계전류에 더해진 바이어스 전류를 필요로 한다. 온도 상승과 노화로 인한 임계전류의 상승은 전류가 고정된 경우라면 출력 전력을 감소시킨다.

반송파-파장 변화는 대개 0.2 nm/°C 정도가 되며[3], 이것은 0.82 μm에서 89 GHz/°C의 주파수 천이에 해당한다. 몇몇 응용분야에서 이러한 천이는 별문제가 되지 않지만, 다른 응용분야에서는 매우 중요할 수가 있다. 최소-분산 파장 근처에서 동작하는 링크에서는 최적 파장으로부터의 천이는 시스템의 대역폭을 감소시킨다. 파장 다중화 시스템에서도 역시 인접한 채널 사이의 누화를 최소화하기 위하여 고도의 반송파 파장 안정성이 요구된다.

레이저의 온도 의존성은 다이오드를 냉각시킴으로써 해결할 수 있으며, 적절한 열 흡수와 열전냉각(6.5절에서 간략하게 설명된)과 같은 방법이 있다. 임계치 변동은 레이저의 특성 가운데 수명 또는 온도 때문에 발생된 변화를 보상하기 위하여 dc 전류를 증가(또는 감소) 시킴으로써 정정할 수 있다. 위의 해결방법 중 마지막 방법은 귀환 제어에 의하여 자동 수행되지만, 온도에 의존하는 파장 천이는 해결할 수 없다.

회로들은 레이저 다이오드의 아날로그 및 디지털 변조를 위한 기본적인 기술들을 나타

낸다. 비록 귀환 제어의 복잡성을 사용하지는 않더라도 이들 회로들은 온도와 수명이 중요한 요인이 아닌 경우에는 실제적으로 사용가능하다. 예를 들면, 동작자가 레이저 출력을 모니터하고 요구되는 전력 레벨을 유지하기 위하여 수동으로 구동 전류를 조절할 수 있고 노화가 문제시되지 않는 실험실 실험과 같은 경우를 들 수 있다. 끝으로, 이들 회로들은 귀환 제어를 사용하는 복잡한 네트워크의 변조기 부분이 될 수 있다.

10.2.1 아날로그 변조

그림 10.2(LED 변조에 대하여 이전에 설명한)에 있는 회로는 레이저 다이오드의 아날로그 변조에 적합하다. 앞 절에서 트랜지스터는 31 mA의 dc 전류를 공급한다는 것을 알았다. 레이저 다이오드는 일반적으로 큰 전류를 필요로 한다. 전형적인 LD는 75 mA 임계치를 가지며, 임계치를 넘어 25 mA 바이어스가 필요하기 때문에, 필요한 총 dc 전류는 100 mA이다. 부가 전류는(그림 10.2에서 트랜지스터의 컬렉터 단자에 연결된) 다이오드에 직접 연결된 높은 임피던스 dc 전류원에 의해서 공급될 수 있으며, 이 전원에 직렬로 연결된 인덕터는 ac와 dc 회로를 재결합한다.

LED 시스템에서처럼 고품질 레이저 다이오드 아날로그 링크들에서 선형성이 고려되어야만 한다. 접합열이 임계치 이상의 전력-전류 특성에서 선형성으로부터 벗어나게 한다. 양질의 레이저 다이오드는 신호보다 30 dB 또는 그 이하의 찌그러짐을 갖는다.

10.2.2 디지털 변조

n-채널 GaAs MESFET를 사용한 그림 10.7의 회로는 고속 디지털 변조에 적합하며[4], 1 Gb/s 이상의 전송 속도를 얻을 수 있다. 이 회로는 병렬 스위치 변조기의 한 예이다.

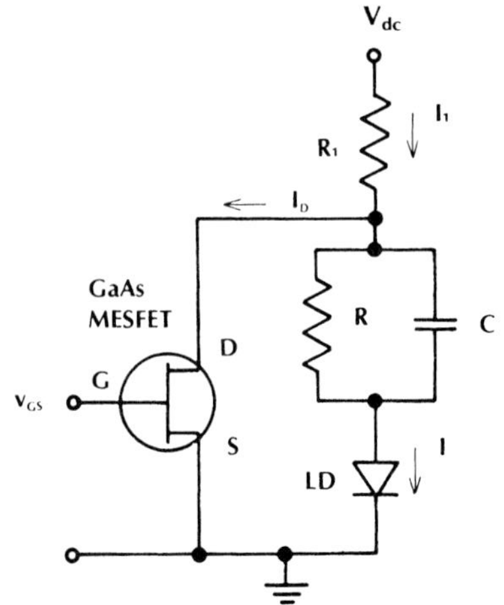

그림 10.7
레이저 다이오드 디지털 변조기

MESFET 게이트 전압 v_{GS}(0 또는 음)는 회로에서 전류 흐름을 제어한다. v_{GS}가 작은 경우 트랜지스터의 드레인-소스 채널 간의 저항은 작은 반면, 높은 게이트 음전압은 큰 채널 저항을 발생시킨다. 게이트 전압이 낮은 경우인 변조기가 **오프** 상태일 때, 저항 R_1에 흐르는 전류의 일부가 레이저를 포함하는 가지를 통해 바이패스됨으로써 트랜지스터를 통하여 흐르게 된다. 게이트 전압은 다이오드의 전류가 임계치에 도달되도록 조절되며, 증가된(더 음으로) 게이트 전압이 레이저를 온 상태가 되도록 한다. 이제 MESFET에 존재하는 높은 저항 때문에 공급된 전류의 대부분은 다이오드를 통하여 흐르게 된다.

다이오드 전압(일반적으로 2 V 이하)은 MESFET의 동작에 필요한 드레인-소스 간 전압 v_{DS}보다 적으며, 다이오드와 직렬로 연결된 저항 R은 **온**과 **오프** 상태에서 v_{DS}를 충분히 크도록 유지한다. 커패시터 C는 회로의 스위칭 속도를 향상시킨다.

레이저 다이오드 특성의 선형성은 디지털 변조기들에서는 문제가 되지 않는다. 그러나, 변조 회로는 다이오드의 구동 전류(그리고 그로 인한 송신 광 전력)가 각 온 펄스에서 동일하도록 유지하며, 그림 10.7에 나타낸 회로는 이러한 목적을 달성한다. v_{GS}가 높을 경우 드레인 전류 I_D는 매우 낮기 때문에 레이저 전류 I의 값에는 영향을 미치지 않는다. V_{dc}에 의해 공급되는 전류의 대부분은 다이오드를 통하여 흐르며, 이러한 조건하에서 공급 전압과 저항 R_1 및 R이 레이저 전류를 결정한다 — 즉, 다이오드의 온 전류는 신호 전압이 최소 수준 이상으로 유지되는 한 신호 전압 v_{GS}에 의존하지 않는다.

10.3 아날로그 변조 형태

10.1절에서 단일 정현파 전류 변화를 전송하기 위한 아날로그 변조의 가장 간단한 형태에 대해 살펴보았다. 이러한 해석은 정보의 기저대역 주파수로 변조된 광 빔에 신호를 실어서 보내는 **광 기저대역 전송**(optic baseband transmission)을 잘 나타낸다. 예를 들어 하나의 음성 신호 채널을 전송하는 기저대역 광통신 링크는 수십 Hz로부터 4 KHz까지의 변조주파수를 포함할 수 있다. 광 전력이 입력 전류에 비례하여 변화하기 때문에 **광 세기 변조**(intensity modulation: IM)라고 한다. 광 세기 변조는 일반적으로 라디오 주파수의 반송파를 사용하는 진폭 변조(amplitude modulation: AM)와는 다르다. AM에서는 반송파의 진폭(전력이라기보다는)이 정보 파형에 비례하여 변한다. 광파이버 시스템에서는 거의 대부분 광 세기 변조의 형태를 사용한다. 예외로 광원의 주파수 변조가 10.5절에서 논의될 것이다.

기저대역 IM과 다른 형태의 아날로그 형태가 존재한다. 비교하기 위해서 표기를 간단히 하여 식 (10.1)과 (10.2)를 다시 나타내면

$$i = I_o + I_s \cos \omega_m t \tag{10.18}$$

$$P = P_o + P_s \cos \omega_m t \tag{10.19}$$

로 되며, I_o는 총 dc 전류, ω_m은 변조주파수이고 P_o는 평균 광 전력을 나타낸다. 이 표현들은 LED들과 레이저들에 모두 적용되며, 이 절에 있는 모든 방정식에 적용된다. 모든 경우에서 전류 I_o는 광원의 전력-전류 특성의 선형부분을 따라 적절한 위치에 동작점이 위치한다.

10.3.1 AM/IM 부반송파 변조

통상적인 진폭 변조는 기저대역에 포함된 어떠한 주파수보다도 훨씬 큰 주파수를 갖는 반송파에 메시지를 싣는다. 이와 같이 변조된 파형의 스펙트럼은 반송파 주파수 근처에 위치한다. 본질적으로 AM은 기저대역을 새로운 전자파 스펙트럼 영역으로 이동시키는 것이며, AM 방송국들은 서로 다른 반송파 주파수로 방송하기 때문에, 할당된 반송파에 동조된 필터를 사용함으로써 각각 개별적으로 수신될 수 있다. 수신 후, 변조된 신호들은 원래의 기저대역 주파수로 복원된다(복조).

단일 정현파의 진폭 변조는 다음과 같이 나타낼 수 있다.

$$i = I_s(1 + m \cos \omega_m t) \cos \omega_{sc} t \tag{10.20}$$

여기서, ω_{sc}는 반송파 주파수이며, 신호가 찌그러지지 않기 위해서는 $m \leq 1$이 되어야 한다. 100% 변조시 $m = 1$이다. 이 신호의 스펙트럼이 그림 10.8에 나타나 있다. 식 (10.20)에 있는 전류에 dc 전류 I_o를 더할 수 있으며, 더해진 전류로 광원을 구동하여 진폭 변조된 신호에 의한 광 빔의 세기 변조가 이루어지며, 이것이 AM/IM 변조이다. 그림 10.9에 파형이 나타나 있으며, AM/IM 변조는 다음과 같은 광 전력을 발생시킨다.

$$P = P_o + P_s(1 + m \cos \omega_m t) \cos \omega_{sc} t \tag{10.21}$$

광 반송파는 매우 빠르게 발진하고, 무선주파수 부반송파가 느리면 느릴수록 정보 신호 파형도 더 느리게 된다. 광 전력에 비례해서 검출되는 전류는 식 (10.21)과 동일한 형태를 갖는다. 즉, 검출된 전류는 여전히 AM 형태가 되며, 수신 회로가 이 전류를 복조한다.

그림 10.8
진폭 변조된 파형의 스펙트럼

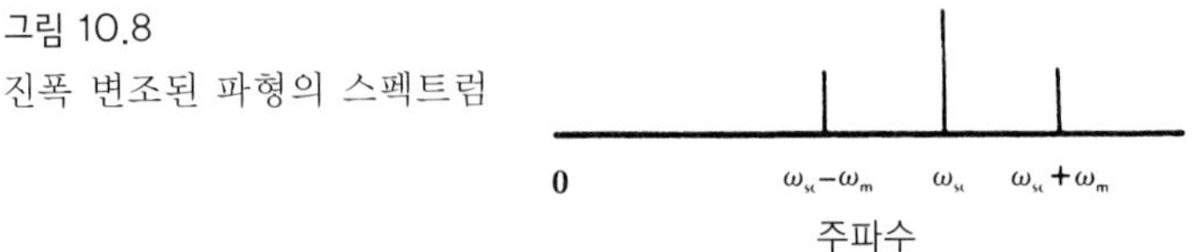

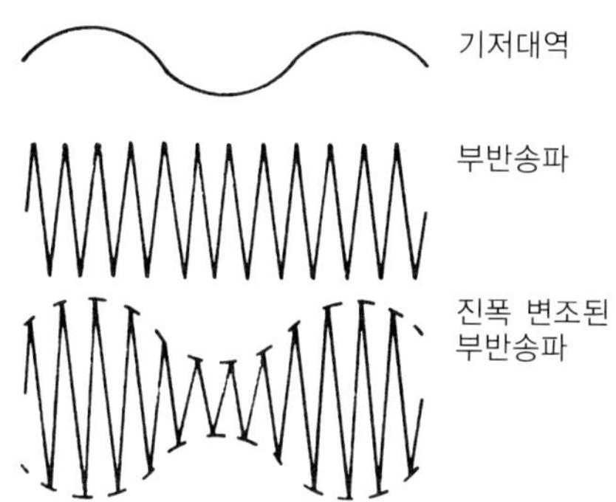

그림 10.9
AM 파형. 광 전력과 검출된 전류는 변조된 부반송파와 동일한 파형을 갖는다.

10.3.2 주파수 분할 다중화

부반송파 변조를 사용하여 다수의 메시지들이 동시에 광파이버를 통해 전송될 수 있다. 각각의 메시지는 서로 다른 부반송파로 변조되어야 하며, 부반송파들은 인접한 채널들 간의 스펙트럼이 중첩되지 않도록 충분히 멀리 분리되어야 하며 중첩된 스펙트럼은 누화를 발생시킨다. 그림 10.8을 참조하면, 각각의 채널은 가장 높은 변조주파수의 2배에 해당하는 대역폭을 가짐을 알 수 있다. 즉, 대역폭의 반은 부반송파의 아래쪽에 나머지 반은 위쪽에 위치한다. 그러므로, 예상되는 최대 변조주파수의 2배로 분리된 부반송파는 중첩을 방지할 것이며, 서로 다른 정보의 채널은 광 검출 후 수신기(필터에 의해)에서 분리된다. 첨가된 채널의 수에는 물론 한계가 있다. 새로운 부반송파들은 그들의 주파수가 광파이버의 대역폭보다 적은 경우에만 더해질 수 있다.

다른 무선주파수 부반송파를 사용하여 여러 개의 메시지를 동시에 전송하는 방법을 주파수 분할 다중화(frequency-division multiplexing: FDM)라고 하며, FDM은 9.5절에서 설명한 파장 분할 다중화와는 다르다. 파장 분할 다중화는 서로 다른 광 반송파를 사용하여 채널들을 구별한다. 이들 다중화 방식은 둘 다 송신되는 메시지의 수를 증가시킨다. 사실상 두 가지 방식이 결합될 수 있다. 합성시스템은 여러 개의 광원을 포함하고, 각각은 서로 다른 파장을 방출하여 주파수 다중화로 변조된 전류에 의해서 광 세기가 변조된다.

FDM에는 몇 가지 문제점들이 따른다. 광원의 전력-전류 특성에서 피할 수 없는 비선형성은 채널들 간의 결합(누화)을 발생시키며, 시스템 내의 여러 부분(송신 회로, 광 검출기, 수신 회로)에서의 비선형성이 검토되어야 하며 누화로 인한 찌그러짐을 감소시키기 위하여 최소화되어야 한다. 더욱이 여러 개의 채널들이 한 개의 광원으로 변조하는 경우에는 전체 전류가 선형 영역 밖에서 이미터를 구동하지 않도록 각 채널에 의한 전류는 적어야 한다. 회로 설계자는 여러 개의 채널들을 결합하는 경우 예상되는 피크전류가 광원의 정격 한계치보다 적게 유지되도록 해야 하며, 그렇지 않을 경우 광원은 피해를 입거나 파괴될 수가 있다. 각 채널 내의 구동 전류를 낮춤으로써 원하는 메시지의 각각에 포함된 전송 전력의 양을 줄일 수 있다. 각 채널에서의 송신 전력을 감소시킴으로써 결합기, 커넥터, 광파이버 또는 다른 부품에서의 손실에 의한 것만큼 신호의 질이 떨어지게 된다. 방금 설명한 어려움에도 불구하고, AM FDM 케이블-TV 광파이버 전송은 매우 성공적이다. AM은 송신기에서 원 신호의 AM 형태로부터 일반적인 TV 수신기에서 필요로 하는 신호의 AM 형태처럼 변환이 필요치 않은 경우에는, 디지털 전송 및 FM보다 더 나은 장점을 가진다. 또한, AM 신호는 FM이나 디지털 신호보다 적은 대역폭을 갖는다. 그러나, 디지털-변환 장비의 가격이 낮아짐에 따라 TV 전송 시스템에도 디지털 전송 방식이 증가할 것이다. 디지털 전송의 특징(및 장점)이 다음 절에서 설명된다.

10.3.3 FM/IM 부반송파 변조

무선주파수로 동작하는 일반적인 FM 시스템에서 송신되는 정보는 반송파의 위상(phase)에 포함되며, 전류는 일반적으로 다음과 같이 나타낸다.

$$i = I_s \cos[w_{sc}t + \theta(t)] \tag{10.22}$$

여기서, 메시지는 위상각 θ의 시간 변화에 존재한다. 만약 변조가 주파수 $f_m = \omega_m/2\pi$로 발진하는 하나의 정현파인 경우, FM 전류는 다음의 형태를 갖는다.

$$i = I_s \cos(\omega_{sc}t + \beta \sin \omega_m t) \tag{10.23}$$

여기서, β는 변조도(modulation index)이다. FM 신호의 스펙트럼은 반송파 $f_{sc} = \omega_{sc}/2\pi$ 근처를 점유하며, 스펙트럼은(대략) 다음과 같은 전체 대역폭을 갖는다.

$$B_T = 2\Delta f + 2B \tag{10.24}$$

이 식에서 B는 기저대역 대역폭(단일 정현파인 경우 f_m)이며, Δf는 최대 주파수 편이(frequency deviation)로 다음 식으로 주어진다.

$$\Delta f = \beta f_m \tag{10.25}$$

여기서, f_m은 메시지의 최대 변조주파수이다. 정상적으로 기저대역 대역폭은 최대 변조주파수와 같기 때문에, 전체 전송 대역폭은

$$B_T = 2f_m(1 + \beta) \tag{10.26}$$

로 된다. 변조도가 낮은($\beta \ll 1$) 경우, 시스템 전체 대역폭은 AM 시스템의 경우와 같이 $2f_m$이 되지만, β값이 큰 경우 FM 스펙트럼은 AM 채널에서의 스펙트럼보다 크게 된다. 사실

상, 변조지수는 1보다 훨씬 클 수가 있기 때문에, FM 스펙트럼은 AM에서 필요한 대역폭을 크게 초과한다.

식 (10.22) 또는 식 (10.23)에 dc 전류를 더하고, 그 결과로 광원을 세기 변조하여 FM/IM 부반송파 변조를 한다. 단일 정현파인 경우, 광 전력은 다음 식처럼 변한다.

$$P = P_o + P_s \cos(\omega_{sc}t + \beta \sin \omega_m t) \tag{10.27}$$

FM 파형을 그림 10.10에 나타내었고, 검출된 전류는 광 전력과 동일한 형태이다. 전형적인 FM 복조 회로들은 검출된 전류의 위상에 포함된 정보를 복원한다.

10.1절에서 맨 처음 설명한 대로, 광파이버 아날로그-변조 시스템들에서의 비선형성이 송신 신호 파형을 찌그러트린다. 양질의 신호 재생이 요구된다면, 이러한 신호의 저하는 (아날로그 전송 기술을 사용하는) 광파이버의 응용분야를 제한한다. 상업용 TV 영상 전송이 그러한 응용분야이다. 비선형성의 효과는 기저대역 세기 변조 또는 AM/IM 부반송파 변조보다는 오히려 FM/IM 부반송파 변조를 사용함으로써 최소화될 수 있다. 그 이유는 정보가 FM/IM 파형의 진폭이 아니라 FM/IM 파형의 위상으로부터 검출되기 때문이다. 고화질 TV 신호는 약 10 MHz의 대역폭을 사용한다면 FM/IM 형태로 광파이버를 통하여 전송될 수 있다.

부반송파 진폭 변조에서 설명한 바와 똑같은 방법으로 주파수 분할 다중화 방식에 의해 여러 개의 FM 채널들을 동시에 전송할 수 있으나, FM 전송 대역폭은 AM 전송 대역폭보다 크기 때문에 광파이버의 제한된 주파수 영역 내에서 사용할 수 있는 FM 메시지의 수가 적어진다. FM 부반송파는 식 (10.26)에서 주어진 대역폭 B_T만큼 분리되어야 한다.

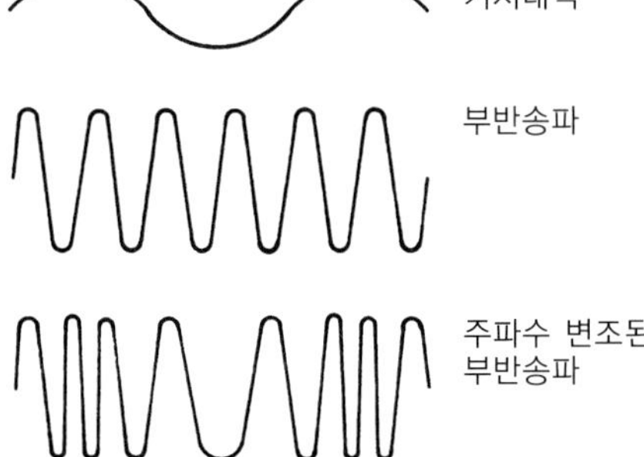

그림 10.10
부반송파 FM 파형. 광 전력과 검출된 전류는 변조된 부반송파와 동일한 형태를 갖는다.

10.4 디지털 변조 형태

1.2절에서 아날로그 메시지가 어떻게 디지털 전송을 위해 부호화되는가를 설명하였다. 예제에서 4 kHz 음성 메시지를 표본화, 부호화하여 64 kb/s 펄스열을 발생하는 것을 알았다. 광파이버 시스템에서는 아날로그 기저대역 음성 전송에 4 kHz의 대역폭만이 필요하다. 식 (3.20) 이전 식에 의하면 RZ 펄스열은 데이터율과 동일한 전기 대역폭을 필요로 한다. 그러므로 64 kb/s 디지털 신호는 64 kHz의 대역폭을 갖는 시스템을 필요로 한다. 영상 전송의 경우, 전형적인 대역폭은 기저대역 아날로그 전송시 6 MHz이며, 81 Mb/s 데이터율의 디지털 RZ 신호시 81 MHz가 된다. 분명히 디지털 시스템은 아날로그 시스템보다 더 많은 대역폭을 필요로 함을 알 수 있다.

그렇다면 왜 아날로그보다 광 디지털 링크를 선택하는가? 몇 가지 이유를 다음에 기술하였다.

1. LED들과 레이저 다이오드들은 큰 대역폭을 가지므로 매우 빠르게 스위치될 수 있다. 광파이버와 광 검출기들 역시 큰 대역폭을 갖는다. 그러므로, 광파이버시스템들은 영상과 다른 광대역 응용분야들에 필요한 데이터율로 동작할 수 있다.
2. 아날로그 광파이버 신호들은 LD 또는 LED 전력-전류 특성에서 존재하는 비선형성에 의해 저하되지만, 디지털 신호들은 단지 두 가지(또는 세 가지)의 전력 레벨들이 일반적으로 사용되고 이들 레벨 중 하나는 0이기 때문에 비선형성에 의한 영향을 적게 받는다. 아날로그 전송과는 달리 파형이 정확하게 유지될 필요가 없으며, 수신기는 각각의 비트 간격에서 펄스의 형태가 아니라 펄스의 존재(existence)만을 체크한다.
3. 디지털 시스템은 오류 검출 코드와 오류를 최소화하기 위한 여분의 정보 전송을 사용할 수 있다.
4. 디지털 광 링크들은 비광(nonoptic) 디지털 시스템과 호환성이 있다. 예를 들어, 마이크로프로세서를 연결하는 네트워크는 디지털화된 신호들만을 사용하지만 네트워크 자체는 전선과 광 링크들의 조합으로 함께 구성될 수도 있다. 이러한 경우에서는 단지 디지털 전송만이 의미가 있다. 디지털 형태의 데이터를 발생하는 응용분야에서는 디지털 링크가 아날로그 링크에 비하여 더 바람직하다.
5. 디지털 펄스들은 중계기들에서 쉽게 재생될 수 있다. 디지털 중계기들은 수신된 펄스들의 찌그러짐과 감쇠를 극복하기 위하여 수신된 펄스를 재생하고 증폭하므로, 장거리 광파이버 링크들(수천 km)은 중계기들을 사용하여 구성할 수 있다. 아날로그 신호들은 중계기에 의해서 증폭될 수 있으나, 파형들이 쉽게 재생될 수가 없다. 중계기들을 필요로 하는 장거리 시스템에서는 디지털 전송이 매우 유용하다.

6. 필요한 디지털 대역폭은 1.2절에 설명된 압축 기술을 사용함으로써 감소될 수 있다.
7. 일반적으로 디지털 시스템들은 아날로그 시스템보다 양질의 신호를 발생시킨다. 필요하다면 신호의 질은 경로의 길이를 증가시키는 것과 교환될 수 있다. 향상된 질과 늘어난 전송 경로들이 큰 대역폭 디지털 링크에 대한 중요한 보답이다.

이 절의 나머지 부분에서는 광파이버 전송에 사용될 수 있는 몇 가지 디지털 부호화 방식에 대하여 설명한다.

10.4.1 펄스 부호 변조

3장에서 NRZ(non-return-to-zero)와 RZ(return-to-zero) 부호에 대해 논의하였다. 이 2레벨 단극성 형태들이(그림 10.11에 나타난 대로) **펄스 부호 변조**(pulse-code modulation: PCM)의 예이다. 이들 모양을 보면 파형들이 매우 빠르게 발진하는 광 반송파의 평균 전력을 나타냄을 알 수 있다.

예제 10.2

파장이 0.82 μm인 경우, 1-ns 펄스 내에 얼마나 많은 발진들이 발생하는가?

풀이: 주파수는 $f = c/\lambda = 3.36 \times 10^{14}$ Hz이므로 주기 $T = 1/f = 2.73 \times 10^{-15}$ s이다. 10^{-9} s 펄스 간격 동안, $10^{-9}/2.73 \times 10^{-15} = 365{,}853$ 광 사이클이 존재한다.

광 PCM은 반송파를 온, 오프하기 때문에 **온-오프 키잉**(on-off keying: OOK)이라 한다.

NRZ 펄스열의 스펙트럼은 크고 중요한 dc 성분을 포함한다. 짧은 시간 주기 동안에서 이 값이 데이터 내에 의존한다. 1의 연속이 1과 0의 반복 또는 0의 연속보다 더 큰 값을 발생시킨다. 수신기에서 dc 신호 전류는 부분적으로 증폭기들의 동작점을 결정하므로 dc 레벨의 변화는 동작점을 변화시켜, 그 결과 수신기의 특성에 원하지 않는 변화(드래프트)를 야기시킨다. NRZ 부호의 단점은 dc 결합을 필요로 하는 점이다.

RZ 부호의 경우, 수신기 내의 용량성 ac 결합이 dc 스펙트럼 성분을 차단하여 드래프트를 최소화시킨다. 레벨들 사이의 천이들이 1들과 0들의 존재를 나타낸다. ac 결합과의 호환성이 NRZ 형태보다 RZ 형태의 장점이다. 물론, 식 (3.20)과 식 (3.21)을 비교함으로써 알

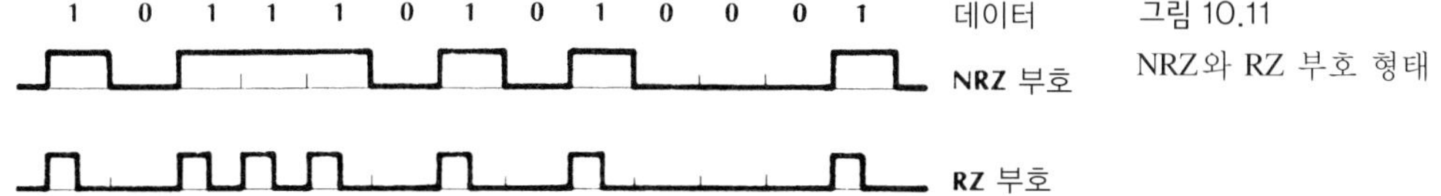

그림 10.11
NRZ와 RZ 부호 형태

수 있듯이 고정된 펄스 확산(그러므로 고정된 대역폭)을 갖는 광 링크는 RZ 신호율의 2배로 NRZ 신호들을 전송할 수 있다. 다시 말하면, 고정된 데이터율에 대하여 RZ 형태는 NRZ 부호에 비교하여 두 배의 전송 대역폭을 필요로 하며, 이 경우 NRZ 형태가 더 장점이 있다.

대부분의 사례에서, 수신기는 데이터 비트들이 도착하는 비율[이것이 **클록률**(clock rate)이다]을 알아야 한다. NRZ 부호의 경우 연속적인 1과 0의 반복으로부터 클록률을 알 수 있지만, 모든 1 또는 0의 연속에서는 클록률을 알 수가 없다. RZ 부호의 경우 클록률은 1의 연속이 나타날 때 측정될 수 있지만, 다른 형태의 데이터가 발생할 때는 클록률을 알 수가 없다.

클록률은 그림 10.12에 나타낸 **맨체스터**(manchester) 부호 방식을 사용함으로써 데이터 펄스열들로부터 복원될 수 있다. 이러한 형태에서 신호의 극성은 각 비트 간격의 중앙에서 반전되며, 이러한 천이의 방향이 논리 상태를 결정한다. 높은 레벨로부터 낮은 레벨로의 천이가 1을 나타내며 낮은 레벨로부터 높은 레벨로의 천이가 0을 나타낸다. 데이터에 분포된 1과 0에 상관 없이 수신기는 수많은 천이들로부터 클록을 복원할 수 있다. 레벨들 사이에서의 천이에 데이터가 포함되기 때문에 ac 결합이 적당하다. 지금까지를 요약하면, 맨체스터 부호는 클록 복원과 ac 결합에 효과적이며 대역폭 조건은 RZ와는 같고 NRZ 대역폭의 두 배이다.

만약 클록의 복원이 중요하지 않은 경우라면 ac 결합을 갖는 RZ 부호가 최상의 선택이지만, 이 형태는 수신 회로가 **자동 이득 조절**(automatic gain control: AGC) 장치를 갖는 경우에는 문제가 있다. 만약 0만으로 구성된 펄스열의 경우 AGC 회로는 이득을 증가시키며, 이러한 상태에서는 다음에 나타나는 논리 1을 필요 이상으로 증폭하게 될 것이다. 일반적으로 각각의 펄스는 이전 데이터 열에 의해서 결정된 양만큼 증폭된다. 이러한 불안정한 동작으로 수신기가 정확하게 데이터 비트들을 인식하는 것은 어렵다.

그림 10.13에 나타나 있는 3레벨 구조인 **양극**(bipolar) 인코딩이 이러한 안정성 문제를 해

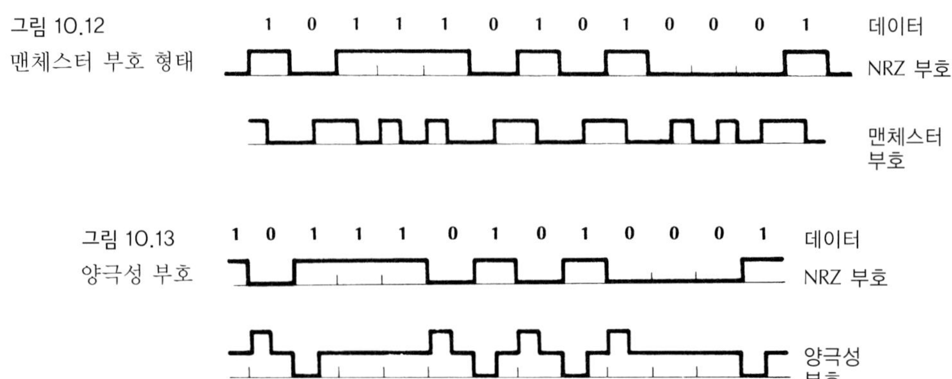

그림 10.12 맨체스터 부호 형태

그림 10.13 양극성 부호

결한다. 이 부호는 데이터가 변화할 때마다 펄스를 만든다. 그림에 구체적으로 나타낸 것처럼, 송신기는 0이 1 뒤에 나타날 때는 언제나 한 비트의 반 간격 동안에 전체 전력을 스위치하여 한 비트의 반주기 동안 전력이 0으로 떨어지는 순간에 반전력 레벨로 되돌아가서 1이 나타날 때까지 유지된다. 그 때, 전력은 중간 레벨로 다시 되돌아간다. 이 코드는 NRZ 데이터 열에서의 변화들만을 전송한다. 이것을 에지 인코더(edge encoder)라 한다. 그림은 dc(평균) 전력 레벨이 데이터 패턴에 상관 없이 변화하지 않음을 분명히 보여준다. 이러한 특성은 높고 낮은 펄스가 항상 반복되기 때문에 발생한다. 고정된 기준 레벨을 유지하기 때문에 AGC 수신기에서조차도 안정된 동작을 한다.

양극성 송신기는 3레벨을 갖고 있기는 하나 여전히 2진 시스템이며, 0과 1만이 수신기에 전달된다.

그림 10.14(a)는 3레벨 송신기를 설계하기 위한 방법을 나타낸다. 두 개의 스위치가 개방될 때 회로에 전류가 흐르지 않게 되어 0 전력인 첫 번째 레벨을 발생시키며, 스위치 S_1을 닫음으로써 다음 식과 같은 LED 전류를 흐르게 한다.

$$I = \frac{V_{\text{dc}} - v_d}{R} \tag{10.28}$$

여기서, v_d는 순방향 바이어스시 다이오드 전압이다. 통상 LED들의 최대 허용 전류의 반인 이 전류는 최대 광 전력의 반에서 두 번째 레벨을 만든다. 두 개의 스위치를 닫음으로써 LED와 직렬로 연결된 총 저항값은 $R/2$로 변화되고, 두 번째 레벨 전류는 거의 두 배가 된다. 이제 LED는 최대 전력을 방출하여 세 번째 레벨을 발생시킨다.

그림 10.14(a)에 있는 회로는 그림 10.14(b)와 같이 트랜지스터 스위치를 사용하여 실현시

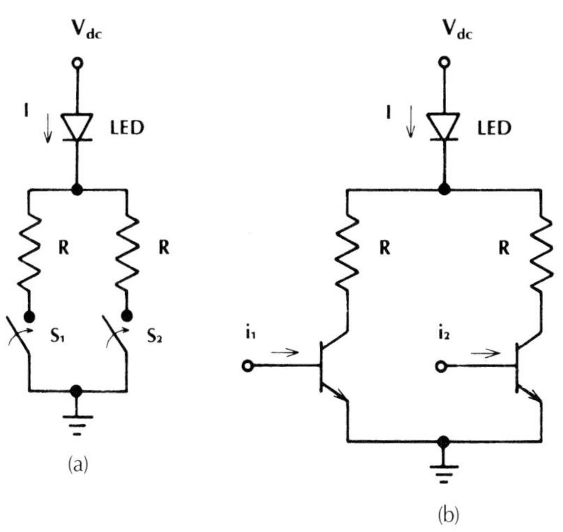

그림 10.14
3레벨 LED 출력 발생 회로 (a) 회로도 (b) 실제 구현된 회로

킬 수 있다. 트랜지스터들은 베이스 전류(i_1과 i_2)가 0일 때 오프되고(스위치가 개방 상태에 해당), 베이스 전류가 양일 때 온(스위치가 단락 상태에 해당)이 된다. 10.1절에서 설명한 바와 같이 트랜지스터 스위치 상태(개방 상태와 단락 상태)는 입력 베이스 전류에 의존한다. 개방 상태에서 트랜지스터 양단의 미세한 전압강하($v_{CE} \simeq 0.3$ V)를 포함하면, 레벨 2에서 다이오드 전류는 다음 식과 같이 된다.

$$I = \frac{V_{\mathrm{dc}} - v_d - v_{\mathrm{CE}}}{R} \tag{10.29}$$

저항-스위치 가지와 병렬로 저항을 연결하며 3레벨 회로에 프리바이어스(prebias)가 부가될 수 있다. 스위치가 둘 다 개방된 상태에서는 첨가된 저항의 값에 의존하는 전류가 다이오드를 통해 흐르게 된다. 임계에서 첫 번째 레벨 전류를 고정시키도록 프리바이어스를 사용하여 레이저 다이오드를 그림 10.14와 같이 LED로 대체할 수 있다.

10.4.2 다른 디지털 형식

지금까지 설명한 부호 이외에 전자통신시스템에서 일반적으로 사용되는 여러 종류의 다른 디지털 구조들을 광통신 링크에 사용할 수 있으며, 그들 중 몇 가지만 간단히 알아보기로 한다.

펄스 위치 변조(pulse-position modulation: PPM)에서는 아날로그 파형이 주기적으로 측정되며, 각 표본들의 진폭 정보가 하나의 짧은 광 펄스에 의해 전송된다. 개개의 샘플의 강도와는 무관하게 모든 펄스들의 진폭은 동일하다. 각 펄스에 할당된 시간 슬롯 내에서 펄스의 위치가 진폭 정보를 전송한다. 시간 슬롯은 펄스폭에 비해 길며, 슬롯 내의 기준점과 관련이 있는 펄스 지연은 표본신호의 진폭에 비례한다. 수신기가 임의의 비트 간격 내에서 펄스가 발생하는지, 안하는지를 체크하는 PCM과는 달리 PPM 수신기는 펄스가 도착하는 순간을 알려 준다. 그림 10.15에 펄스 위치 변조를 나타내었다.

펄스폭 변조(pulse-duration modulation: PDM)는 펄스 위치 변조와 유사하다. 펄스는 모든 데이터 비트 동안에 전송되지만, **펄스폭**이 표본신호의 진폭에 비례한다. PPM과 비교하기 위하여 그림 10.15에 PDM 펄스열의 예를 나타내었다.

그림 10.16에 나타낸 부반송파 온-오프 키잉은 광파이버 통신에 사용이 가능하다. 2진수 1에서는 온 상태가 되고 0에서는 오프 상태가 되는 단일 무선주파수 발진기가 광원을 구동시킨다.

그림 10.16에 나타낸 **주파수 천이 키잉**(frequency shift keying: FSK)과 **위상 천이 키잉**(phase shift keying: PSK)은 둘 다 무선주파수 파에 데이터를 실어 보내는 2진 형태들이다. 광파이버 전송에서는, 그림의 파형이 변조 전류와 그 결과 발생하는 광 전력을 나타낸다. 그림에

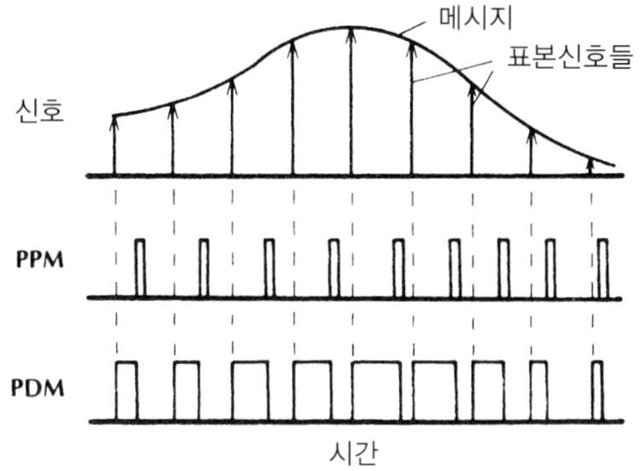

그림 10.15
펄스 위치 및 펄스폭 변조

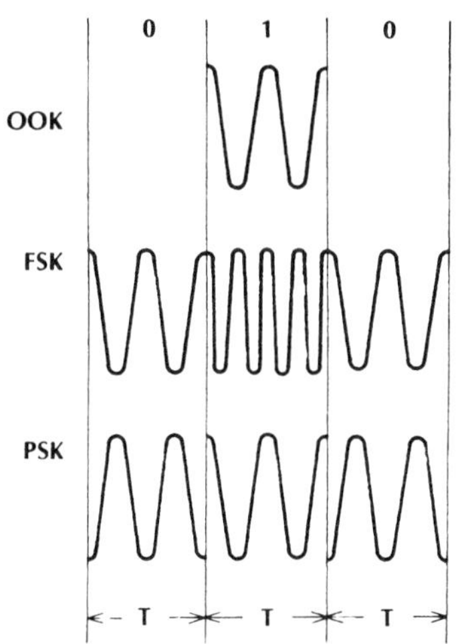

그림 10.16
부반송파 온-오프 키잉, 주파수 천이 키잉 및 위상 천이 키잉

나타낸 발진이 무선주파수 부반송파의 발진이다.

FSK에서는 부반송파 주파수가 논리 상태를 전달한다. 예를 들어, 주파수 f_1은 1에 해당하며, 주파수 f_2는 0에 해당한다. PSK에서는 부반송파의 위상(phase)이 논리 상태를 전달한다. 양 극성이 1을 나타내며, 음 극성이 0을 나타낸다.

부반송파 OOK, FSK 및 PSK는 낮은 주파수대에서 부반송파 근처의 영역으로 변조 신호 스펙트럼을 이동시킨다. 디지털 부반송파 부호화의 장점은 10.3절에서 설명한 다중 아날로그 메시지를 동시에 전송할 수 있는 구조와 유사한 주파수 분할 다중화를 할 수 있는 능력을 갖는 것이다.

송신기와 수신기의 복잡성은 부호화 형태에 의존한다. PPM, PDM, 부반송파 OOK, 부반송파 FSK 및 부반송파 PSK 방식은 일반적으로 PCM보다 더 난해한 설계가 필요하며, 이러한 이유 때문에 PCM 방식이 대부분의 광통신시스템에 널리 사용된다. 어떤 경우에는 현존하는 전자통신 링크와의 호환성이 어떠한 코드를 사용할 것인가를 결정한다. 또 다른 상황에서는 좀더 복잡한 장비를 사용함으로써 시스템의 성능이 더 향상(더 적은 오류들과 더 뛰어난 수신기 감도)될 수 있다.

10.4.3 전기적 시분할 다중화

시분할 다중화(time-division multiplexing: TDM)는 동일한 전송 선로에 다수의 디지털화된 메시지를 시간적으로 공유할 수 있도록 한다. 다수의 메시지를 동시에 전파하는 WDM 시스템과는 달리 TDM은 전송되기 전에 서로 다른 메시지에 속하는 비트들(워드 또는 문자)의 그룹 또는 비트들을 삽입하며, 수신기에서는 이러한 과정이 역으로 수행된다. 개개의 메시지들에 속하는 펄스들을 분리한 후 적절한 목적지들로 보낸다. 그림 10.17은 TDM을 개략적으로 나타낸 것이다. 실제 전자(또는 광) 스위치들이 그림에 있는 기계적인 스위치 대신에 사용된다. 그림 10.17에 나타나 있는 시스템은 N 채널들(N 메시지들)에 속하는 4비트 워드들을 끼워 넣은 것이다. 스위치 S_T는 순차적으로 각각의 채널을 표본화하여 각 주기당 N개의 4비트 워드로 구성된 단일 프레임(frame)을 발생시킨다.

전기적 TDM 방식에서 메시지는 그림 10.18에 제시된 대로 전기적 범위 내에서 다중화된다. 그 다음 다중화된 전기 신호는 EO(electrical-to-optical, 전기-광) 변환기에서 광원(아마도 레이저 다이오드)을 변조한다. 이제 광학적 범위에서 다중화된 신호는 파이버를 통해 전파된다. 그 신호는 수신기에 도달하고 OE(optical-to-electrical, 광-전기) 변환기로 검출된다. 그 때, 다중화된 신호는 전기적으로 역다중화되고, 각 전기 메시지를 예정된 목적지로 보낸다.

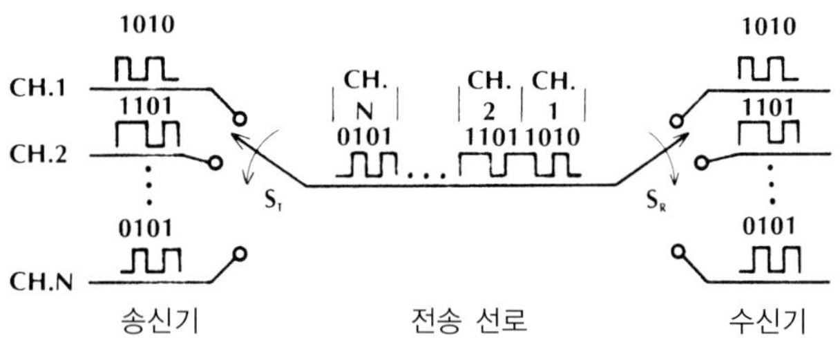

그림 10.17
시분할 다중화. 스위치 S_T와 S_R은 동기화되어 있다.

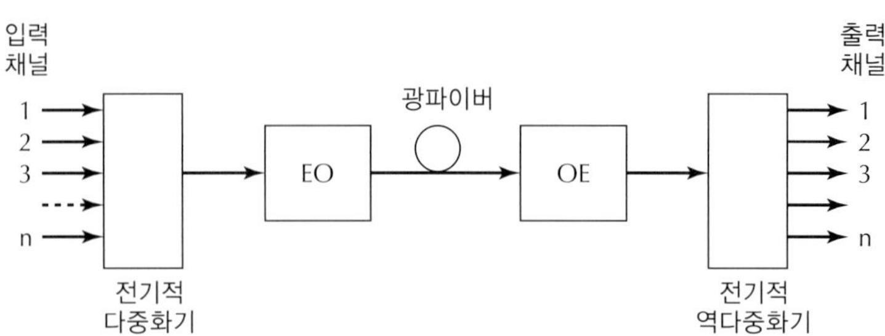

그림 10.18
전기적 시분할 다중화. EO: 전기-광 변환기, OE: 광-전기 변환기.

전화시스템이 TDM의 우수한 실제 예이다. 1.2절에서 설명한 것을 다시 한 번 상기하면, 음성 메시지는 초당 8000번 표본화되고, 각 표본의 진폭은 8비트 워드로 나타내어진다. 8비트들은 $2^8 = 256$가지의 레벨을 나타낼 수 있다. 즉, 음성 파형의 진폭은 256레벨로 양자화된다. 한 음성 메시지에 대한 데이터율은 8(8000) = 64,000 b/s가 되지만, 지금까지 보아온 바와 같이 광파이버들은 더 높은 데이터율로 전송이 용이하기 때문에 단지 64 kb/s만을 전송하는 것은 낭비일 수가 있다. 시분할 다중화를 사용함으로써 광파이버의 허용 대역폭을 보다 더 효율적으로 이용할 수 있다.

T1(24-채널) 다중화 장치에 대해 살펴보자. 이 장치는 24개의 8비트 워드들을 다중화한다. 즉, 각 프레임은 8(24) = 192메시지 비트들을 포함한다. 각 프레임 앞에는 시작을 나타내는 1비트가 추가되므로 실제로 각 프레임은 193비트들로 구성된다. 프레임률은 표본화율과 같기 때문에 초당 8000프레임이 존재한다. 이때 전송되어야 할 총 펄스율은 193(8000) = 1.544 Mb/s가 된다. 이전에 결정했던 것처럼, 이 정도의 적당한 전송률은 오히려 광파이버를 사용하여 쉽게 전송될 수 있다. 사실 TDM 광파이버 전화선들은 일반적으로 T3(44.7 Mb/s), T3C(91 Mb/s), 그리고 그 이상(10 Gb/s 이상)의 더 높은 전송률로 동작되고 있다.

또한, TDM은 단일 광파이버를 통해 동시에 전송할 수 있는 메시지의 총 수를 더 증가시키기 위해 WDM(9.6절에서 논의된 대로)과 결합되어 사용될 수 있다.

10.4.4 광학적 시분할 다중화

시분할 다중화는 광학적 범위에서도 직접 이루어질 수 있다. 왜 그렇게 해야 하는가? 그 이유는 10 Gb/s 이상의 전송률에서 전기적으로 다중화하기는 어렵기 때문이다. 전자 회로는 아주 고속으로 응답하기는 어렵다. 각각 10 Gb/s 또는 그 이상으로 동작하는 여러 개의 고속 채널을 다중화하기 위해서는 그들이 모두 광학적 범위에서 이루어질 필요가 있다.

광 시분할 다중화(optical time-division multiplexing: OTDM)의 한 방법이 그림 10.19와 10.20에 나타나 있다[5]. 그림 10.17의 TDM 구성도가 여전히 적용되지만, 그 실행은 전기적 TDM과는 아주 다르다. 그림 10.19에서 레이저는 일련의 연속적인 짧은 펄스를 방출한다. 그 펄스열이 그림 10.20(a)에 나타나 있다. 분광기는 OTDM 시스템의 n채널로 전력을 배분한다. n개의 외부 변조기(그림 10.19에서 M)로 들어가는 각 신호는 반복성 펄스열이고, 채널 중 하나에서 보면 전기적 디지털 정보 신호이다. 전기 신호는 펄스열을 변조하며, 이진수 1로 표현되는 펄스는 통과되고, 이진수 0로 표현되는 펄스는 차단된다. n 변조기로 들어가는 각 신호는 변조된 광 빔(그림 10.20에서 (c), (d), 그리고 (e) 부분)이다. 지연선로(D)로 들어간 빔은 각 채널의 펄스열이 다른 시간 천이(그림 10.20에서 (f), (g), 그리고 (h) 부분)를 가지

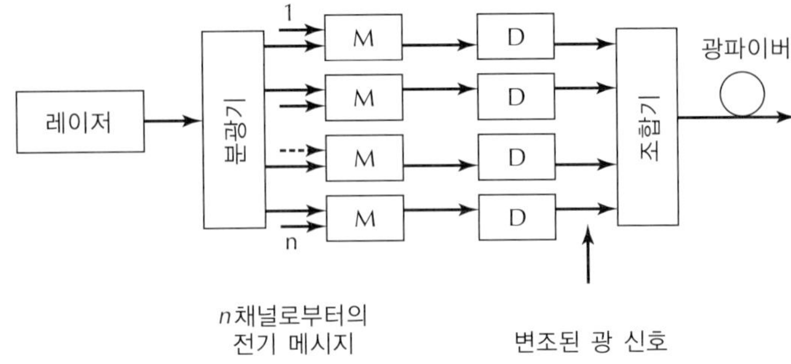

그림 10.19
광학적 시분할 다중화. M: 외부 변조기; D: 지연선로. 전기적 형태의 디지털 메시지는 n개의 각 정보 채널을 위해 외부 변조기를 구동시킨다.

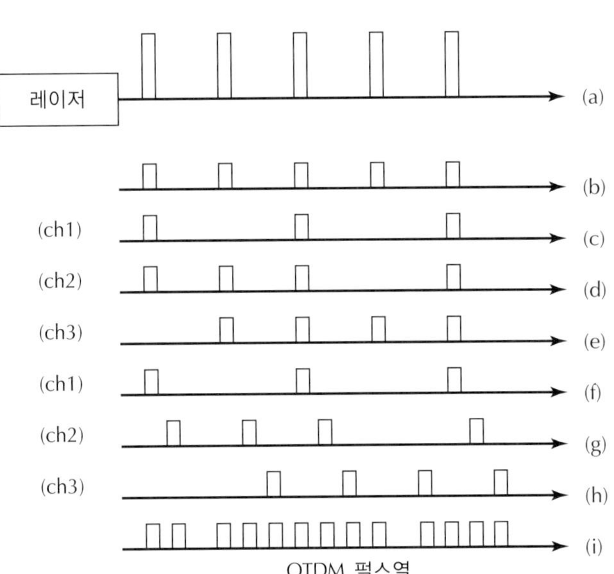

그림 10.20
OTDM 펄스 발생, 변조, 그리고 다중화 (a) 높은 반복율과 좁은 펄스 발생 (b) 각 변조기로 들어가는 감쇠된 빔 (c)~(e) 채널 1, 2, 3에서의 변조기 출력 (f)~(h) 채널 1, 2, 3으로부터 지연된 신호 (i) 채널 1, 2, 3으로부터 조합된 신호

고 나오도록 한다. 빔은 광 조합기에서 다시 합쳐진다. 조합기의 출력은 3-채널 OTDM 시스템인 경우, 그림 10.20(i)에 설명된 대로 n채널로부터의 데이터를 시간상 차례로 나열한 것이다. 그러므로, 여러 개의 채널로부터 정보가 단일 파이버를 통해 광학적으로 전송되기 위해 어떻게 다중화될 수 있는지를 알 수 있다.

그림 10.20으로부터 명백히 레이저 출력 펄스는 어떤 필요조건에 직면하게 된다. 펄스율은 각 채널에서의 펄스율과 같아야만 한다. 그 때 펄스폭은 조합된 신호의 주기보다 좁아야만 된다. 한 예로서, 각 채널이 10 Gb/s로 동작하고 20채널이 다중화된다면, 시스템 비트율은 200 Gb/s가 되고 OTDM 신호의 주기는 다음과 같이 된다.

$$T = \frac{1}{200 \times 10^9} = 5 \times 10^{-12}\ s$$

그러므로, 레이저는 10 Gb/s의 펄스율로 동작해야만 하고 약간의 전송 펄스 퍼짐을 허용하기 위해 5 ps보다 약간 짧은 펄스를 발생해야만 한다. 시스템 전송률은 200 Gb/s(0.2 Tb/s)이다. 그림 10.20으로부터 명백히 RZ 변조는 부호 간 간섭 없이 OTDM 펄스열 내로 인접 채널로부터의 펄스 삽입을 허용할 수 있어야만 한다.

OTDM 신호의 역다중화 역시 광학적으로 이루어질 수 있다. 그 과정은 약간 복잡하고, 정상적으로 전기광 변조기들과 지연선로들을 필요로 한다[6].

10.5 전기흡수 변조기

앞 절에 광 반송파의 여러 가지 변조방법에 대해 논의하였다. 이 장의 앞부분에서는 LED와 레이저 다이오드 두 광원에 대한 직접(내부) 변조 회로에 대해 검토하였고, 4장에서는 외부 변조기, 집적광학 마하-젠더(mach-Zehnder) 간섭계에 대해 설명하였다. 광파이버 시스템에서 외부 변조기는 고정된 출력 레벨로 동작하는 레이저 다이오드의 다음에 위치한다. 내부 변조기는 외부 변조기에 비해 간단하고 덜 비싸지만, 외부 변조기는 더 고속으로 동작되고 신호 찌그러짐도 덜하다. 예를 들면, 레이저 다이오드의 직접 변조는 출력 반송파에 주파수 첩(chirp)이 일어나게 한다. 즉, 디지털 펄스의 처음부터 끝까지 광 주파수의 변화를 일으킨다. 이것은 분산이 증가되도록 반송파 선폭을 퍼지게 한다. 이미 아는 바와 같이 분산은 시스템의 전송 능력을 제한한다. 고속 전송시스템(2.5 Gb/s에서 10 Gb/s, 그리고 그 이상에서 동작하는)과 중-장거리 전송은 외부 변조기를 사용하는 것이 타당하다. 부가적으로, 레이저 다이오드의 최대 직접 변조주파수는 구동 회로의 대역폭과 레이저 그 자체의 자연 응답에 의해 제한된다. 초고속 전송 용량-길이 시스템에서는 외부 변조가 필요하다.

전기흡수 변조기(electroabsorption modulator: EAM)는 고속 전송시스템에 효과적이다[7]. 이는 반도체 접합의 또 다른 사용을 나타낸다. 앞 장에서, 반도체 접합이 LED들, 레이저 다이오드들, 광 증폭기들, 그리고 광 검출기들에 어떻게 소용되는지를 설명하였다. 전기흡수 변조기는 정상적으로 그림 10.21에 그려진 대로 반도체 접합 디바이스 형태를 취한다. 역바이어스가 인가될 때, 그로 인한 공핍층에서의 전계는 실효 대역 갭 에너지(W)를 감소시키며, 이것을 프란츠-켈디쉬 효과(Franz-Keldysh effect)라 한다. 이는 벌크 물질에서보다 접합 반도체에서 더 뚜렷하다.

7장의 광다이오드에 대한 설명에서 알려진 대로, 대역 갭 에너지보다 작은 에너지를 가진 광자들은 반도체를 통해 전송될 것이다. 대역 갭 에너지보다 큰 에너지를 가진 광자들은 흡수되어 자유 전자-정공 쌍을 생성할 것이다. 이러한 상황이 그림 10.22에 도식적으로 나타나 있다. 레이저 다이오드(LD) 광원의 대역 갭은 왼쪽에 그려져 있다. 전기흡수 변조기

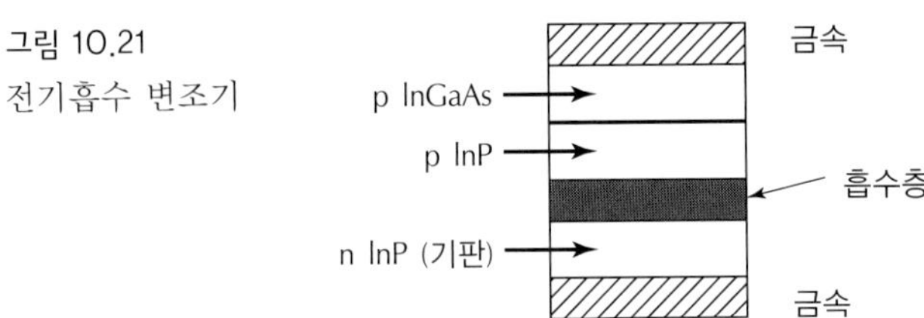

그림 10.21
전기흡수 변조기

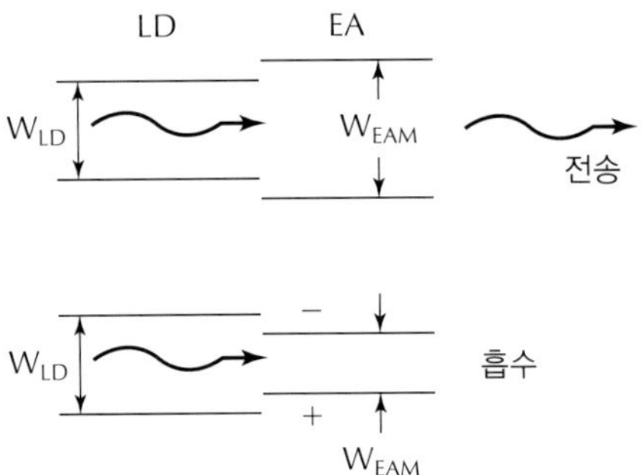

그림 10.22
집적 레이저 다이오드와 전기흡수 변조기에서의 대역 갭. 위 그림: $W_{LD} = hf < W_{EAM}$, 전송. 아래 그림: $W_{LD} = hf > W_{EAM}$, 흡수.

(EAM)의 대역 갭은 오른쪽에 그려져 있다. 위쪽 그림에서는 전압이 인가되지 않아($W_{LD} < W_{EAM}$), 방출된 광자들이 전송된다. 아래쪽 그림에서는 역바이어스가 인가되어 전기흡수 접합의 대역 갭 에너지를 감소시키므로, 이제 $W_{LD} > W_{EAM}$로 되고 광자들은 흡수된다.

7.4절에서, 반도체 광다이오드에서 광자들의 검출을 위한 차단주파수는 다음 식과 같이 대역 갭 에너지에 의존함을 알았다.

$$\lambda_c = \frac{1.24}{W}$$

여기서 λ는 μm이고, W는 eV이다. EAM에서 역바이어스 인가는 대역 갭 에너지를 감소시켜 전송되는 파장들이 이제는 흡수되도록 차단 파장을 증가시킨다.

예제 10.3

반송파 파장은 1550 nm로 가정한다. 전계가 인가되지 않았을 때, 전기흡수 변조기의 대역 갭 에너지는 0.805 eV이지만, 역바이어스가 인가된 후에는 0.795 eV이다. 두 상태에 대한 차단 파장을 계산하라. 각 상태에서 반송파는 전송되는가, 흡수되는가?

풀이: 전압이 인가되지 않았을 때 $W = 0.805$ eV이므로, 차단 파장은

$$\lambda_c = \frac{1.24}{0.805} = 1.54\ \mu\text{m}$$

이고, 이 경우 반송파 파장이 차단 파장보다 크므로 1.55 μm 반송파는 전송된다. 역바이어스가 인가되었을 때 $W = 0.795$ eV 이므로, 차단 파장은

$$\lambda_c = \frac{1.24}{0.795} = 1.56\ \mu\text{m}$$

이고, 이 경우 반송파 파장이 차단 파장보다 작으므로 1.55 μm 반송파는 흡수된다.

전기흡수 변조기는 개별 디바이스로 구성될 수 있고, 여러 가지 방법(예를 들면, 파이버에 의해 연결되거나 통째로 결합)으로 레이저 다이오드와 연결될 수 있다. 보다 적은 내부 결합 손실을 가지는 더 간결한 패키지에서는 레이저 다이오드(일반적으로 DFB LD)와 변조기는 동일 기판 위에 단일 칩으로 집적된다. LD 양단에 고정된 순방향 전압은 전기흡수 변조기를 동작시켜 일정한 전력을 전달하게 한다. EAM 양단에 인가된 독립된 전압은 두 가지 상태가 있다: 전송을 위한 영 전압과 흡수를 위한 작은 역바이어스 전압(1.5볼트 정도)이다.

변조기의 중요한 특성은 삽입 손실과 소광비(extinction ratio)에 있다. 만약 전송 상태에서 변조기의 감쇠상수가 α(3.1절에서 정의된 대로)라고 한다면, 전송되는 미소 전력은 $\exp(-2\alpha L)$로 주어지며, 여기서 L은 변조기 길이이다. 그 때, 삽입 손실은 다음 식으로 된다.

$$L_{\text{IL}} = -10 \log_{10} e^{-2\alpha L}$$

만약 흡수 상태에서 변조기의 감쇠상수가 $\alpha + \Delta\alpha$이면, 전송되는 미소 전력은 이제 $\exp(-2(\alpha + \Delta\alpha)L]$로 주어진다; 이 상태에서 전송 손실은 다음 식으로 된다.

$$L_{\text{TL}} = -10 \log_{10} e^{-2(\alpha+\Delta\alpha)L}$$

이들 둘 사이의 차이가 소광비(흡수 상태에 대한 전송 상태에서의 미소 전송 전력의 비)이다. dB로 표시하면,

$$L_{\text{ER}} = 10 \log_{10} e^{2\Delta\alpha L}$$

예제 10.4

EAM의 길이는 $L = 200\ \mu$m, 전송 상태에서의 감쇠상수는 $\alpha = 50\ \text{cm}^{-1}$, 그리고 흡수 상태에서의 감쇠상수는 200 cm^{-1}로 증가한다고 가정할 때, 삽입 손실과 흡수 상태에서의 전송 손실 및 소광비를 계산하라.

풀이: $2\alpha L = 2(50)0.02 = 2$이므로, 삽입 손실은

$$L_{\mathrm{IL}} = -10 \log_{10} e^{-2} = 8.68 \text{ dB}$$

이다. 흡수 상태에서는 $2(\alpha + \Delta\alpha)L = 2(200)0.02 = 8$이므로

$$L_{\mathrm{TL}} = -10 \log_{10} e^{-8} = 34.7 \text{ dB}$$

이다. 소광비는 이들 둘 사이의 차이이다.

$$L_{\mathrm{ER}} = 34.7 - 8.68 = 26.02 \text{ dB}$$

전송과 흡수 상태 사이, 즉 변조기의 온과 오프 간에는 약 26 dB의 전력 레벨 차이가 존재한다. 정상적으로 10에서 15 dB 이상의 소광비가 적당하다.

고속, 저전압, 그리고 집적화된 광원이 EA 변조기의 장점이다. 수 볼트 정도의 전압이면 변조기를 10 Gb/s로 동작하기에 충분하다. 레이저 다이오드(DFB 레이저 다이오드와 같은)와 전기흡수 변조기는 동일 기판 위에 제작할 수 있다. 앞 예제에서 설명한 대로 EAM은 10 dB 근처의 삽입 손실을 가진다. 이러한 손실은 변조기처럼 동일 기판 위에 반도체 광 증폭기를 집적화시킴으로써 보상될 수 있다.

10.6 광 헤테로다인 수신기

7장에서의 논의에서 알 수 있었듯이 광 검출기들은 입사 광 전력에 비례하는 전류를 발생시킨다. 광 검출기들은 광의 위상 또는 주파수 특성에 상관 없이 광 세기의 변동에 따라 반응한다. 그러므로 광 검출기들은 발진 광파의 위상 또는 주파수의 변화를 재생하지 못한다. 이러한 이유로 광원의 주파수 변조는 지금까지 설명한 직접 검파 방식에 의한 통신시스템에는 효율적이지 못하다. 그러나, 광 주파수-변조 시스템들은 헤테로다인 검파를 사용함으로써 사용가능해진다[8–11].

10.6.1 헤테로다인 검파

헤테로다인 검파(heterodyne detection)[코히런트 검파(coherent detection)라고도 함]에서는 광 빔[국부 발진기(local oscillator)로 발생된]이 그림 10.23에 나타나 있는 것처럼 광 검출기의 입력단에서 변조된 파와 혼합된다. 헤테로다인 검파기는 광 반송파에서의 위상 변화를 광 세기에서의 위상 변화로 변환하며, 이러한 광 세기의 위상 변화들이 검출된 전류 파형으로 재

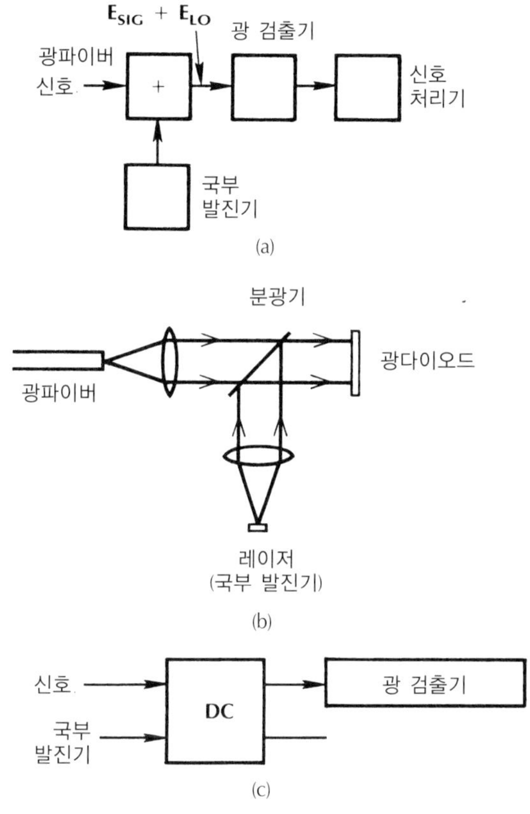

그림 10.23
광 헤테로다인 검파 (a) 수신기 블록선도 (b) 분광기와 (c) 단일모드 광파이버 방향성 결합기로 신호와 국부 발진기의 빔을 결합한다.

생되어 주파수-변조된 광 반송파의 수신과 복조를 가능하도록 한다. 헤테로다인 수신기들은 세기-변조된 디지털 신호를 검출하는 데도 역시 효과적이다.

헤테로다인 구조가 어떻게 변조된 신호를 검출하는가를 간단한 해석으로 알 수 있다. 전송된 신호의 전기장과 국부 발진기의 빔은 각각 다음 식으로 표현된다.

$$E_{\mathrm{SIG}} = E_S \cos\left[\omega_o t + \theta(t)\right] \tag{10.30}$$

$$E_{\mathrm{LO}} = E_L \cos\left[(\omega_o + \omega_{\mathrm{IF}})t\right] \tag{10.31}$$

여기서 ω_o는 광 반송파 주파수이며, $\theta(t)$는 주파수-변조된 메시지를 포함한다. 단일 정현파에 의한 변조일 경우 $\theta(t) = \beta \sin \omega_m t$이며, β는 변조도이다. 식 (10.30)은 OOK 신호를 나타낼 수 있다. 이 경우 θ는 상수이며, 신호 진폭 E_S는 각 비트 간격 동안 0 또는 1을 전송하기 위해 두 값들 중 하나를 갖는다. FSK 변조인 경우 $\theta(t)$는 $\omega_1 t$ 또는 $\omega_2 t$가 된다. 국부 발진주파수 $\omega_{\mathrm{LO}} = \omega_c + \omega_{\mathrm{IF}}$는 **중간주파수**(intermediate frequency: IF) ω_{IF}에 의한 반송파 주파수의 오프셋이며, IF 주파수는 일반적으로 무선주파수 범위에 있으며 수십 ~ 수백 MHz가 될 수 있다. 오프셋이 없는 경우, 즉 $\omega_{IF} = 0$인 경우 호모다인(homodyne) 검파시스템이 된다.

검출된 전류는 입사광의 세기 I(총 전기장의 제곱)에 비례하므로

$$I = (E_{SIG} + E_{LO})^2 \tag{10.32}$$

가 되며, 식 (10.30)과 식 (10.31)을 위 식에 대입하고 간소화시키면 다음 식이 얻어진다.

$$\begin{aligned} I = {} & 0.5E_S^2\{1 + \cos[2\omega_c t + 2\theta(t)]\} \\ & + 0.5E_L^2\{1 + \cos[2(\omega_c + \omega_{IF})t]\} \\ & + E_L E_S\{\cos[\omega_{IF}t - \theta(t)] \\ & + \cos[2\,\omega_c t + \theta(t) + \omega_{IF}t]\} \end{aligned} \tag{10.33}$$

위의 식에서 세 가지 항들은 $2\omega_c$ 주파수 근처에서 발진하며, 이 주파수(광 반송파 주파수의 2배)는 검파기의 주파수 응답보다 훨씬 크기 때문에 이 주파수 근처의 모든 광 세기 성분들이 수신기에 의해 제거된다. 높은 주파수 항들의 제거는 검출된 전류가 광 세기의 평균에 비례한다는 사실에 주목함으로써 좀더 구체적으로 설명된다. 여기서, 평균은 광 주기와 비교해서는 길고 IF 주파수의 주기와 비교해서는 짧은 시간 구간 동안에 걸쳐 취해진다. 그 때, 평균 광 세기는 다음과 같다.

$$I = 0.5(E_L^2 + E_S^2) + E_S E_L \cos[\omega_{IF}t - \theta(t)] \tag{10.34}$$

이에 해당하는 광 전력(광 세기에 비례)은

$$P = P_L + P_S + 2\sqrt{P_L P_S}\cos[\omega_{IF}t - \theta(t)] \tag{10.35}$$

로 된다. 여기서, P_L과 P_S는 각각 국부 발진기와 신호 빔의 전력을 나타낸다. 이 결과에서 비례인자가 정확한지를 알려면, 신호 빔이 없는 특별한 경우($E_S = P_S = 0$)를 적용함으로써 알 수 있다. 이 경우, 식 (10.35)는 $P = P_L$로 되어야 한다. IF 항에서 광 위상 변화의 보존에 주의해야 한다.

전류 $i = \eta eP/hf$는 다음 식과 같이

$$i_{dc} = \frac{\eta e}{hf}(P_L + P_S) \tag{10.36}$$

dc 항을 포함하며, IF 주파수에서는

$$i_{IF} = \frac{2\eta e}{hf}\sqrt{P_S P_L}\cos[\omega_{IF}t - \theta(t)] \tag{10.37}$$

로 된다. dc 전류는 일반적으로 제거되며, IF 전류는 증폭된다. 상용 FM 전자 복조기는 $\theta(t)$

에 포함된 정보를 추출한다. 시스템이 온-오프 키잉된 경우(주파수 변조가 아닌), 위상 θ는 고정되고, 정보는 P_S에 포함되어 있다. 정보를 갖고 있는 IF 전류는 국부 발진기 전력에 따라 증가된다는 사실에 주의해야 한다. 사실 국부 발진기는 신호 증폭기로서 동작하여 수신기의 감도를 증가시킨다.

지금까지의 해석은 완전히 단색 광 방출기인 경우에 대해 수식들이 유도되었으며, 실제로는 선형편광되고, 단일 종모드, 그리고 단일 횡모드 레이저 다이오드면 충분하다.

헤테로다인 검파는 국부 발진기와 신호 광 빔 사이의 간섭에 의존한다. 전계들은 그들이 똑같이 편광되지 않는 한 서로 간섭을 하지 않으므로 광원의 선형편광 필요조건을 설명한다. 불행히도 대부분의 광파이버는 편광된 전자파 상태를 유지하지 않기 때문에 진행되는 동안 편광의 방향은 회전될 수도 있고 선형 상태는 약간 다른 편광 상태로 변화될 수도 있다. 또한, 환경적 요소(미세한 온도 변화 및 진동 등과 같은)가 불규칙한 편광 상태를 야기시킬 수도 있다. 특별하게 제작된 편광-유지 단일모드 광파이버가 실제 헤테로다인 시스템에서 필요하다.

그림 10.23은 신호와 국부 발진기 빔을 결합하는 두 가지 방식을 나타내고 있다: 분광기 및 단일모드 광파이버 방향성 결합기. 사용된 조합기의 형태에 상관 없이 둘 다 빔의 편광 상태를 유지해야 하며, 특수하게 설계된 광파이버 결합기들만이 이러한 조건을 만족한다.

국부 발진기와 송신기 사이의 주파수 오프셋은 온도에 의존하는 레이저 다이오드의 파장 특성을 사용함으로써 미세하게 조정될 수 있다. 약간 다른 온도에서 동작하는 두 개의 똑같은 다이오드들은 서로 다른 주파수에서 발진을 할 것이며, 한 번 고정되면 레이저 온도는 IF 주파수가 너무 많이 변화하지 않도록 매우 적은 범위의 섭씨 온도 내에서 유지되어야만 한다.

예제 10.5

레이저 다이오드가 20 GHz/°C의 파장 변화를 갖는다고 가정할 때, 주파수 오프셋의 변화를 100 MHz 이하가 되게 하려면 허용가능한 온도 변동은 얼마인가?

풀이: 허용 가능한 변화는 (0.1 GHz)/(20 GHz/°C) = 0.005°C이다. 명목상 1 GHz IF 주파수를 갖는 시스템은 100 MHz 변화에도 문제가 되지 않는다.

10.6.2 레이저 다이오드 주파수 변조

단일모드 레이저 다이오드의 발진주파수는 주입된 전류의 순간 진폭에 의존하며, 이 결과는 다음과 같이 설명할 수 있다: 전류는 반송파 밀도와 반도체 활성층에서의 온도를 결

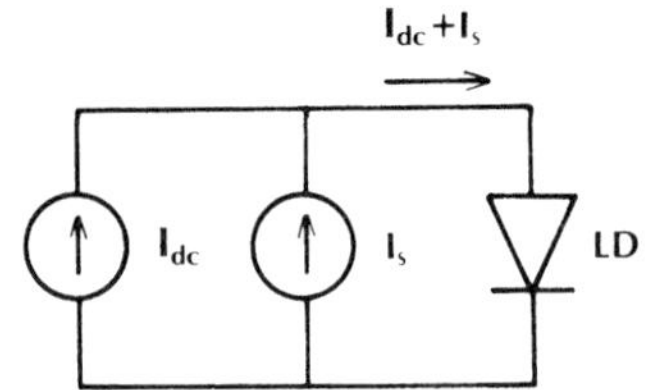

그림 10.24
레이저 다이오드의 주파수 변조. I_s는 변조 신호를 나타낸다.

정하며, 이들 두 가지 요인이 활성층의 굴절률을 결정한다. 식 (3.24)에 의해 이전에 본 것처럼 공진기의 공진주파수는 그것의 굴절률에 의존하므로 공진주파수(출력주파수도 역시)는 전류가 변하면 변한다. 이런 방법으로 구동 전류의 변조가 발광 다이오드의 주파수 변조를 발생시키므로 **굴절률**(refractive index) 변조라고 볼 수 있다.

그림 10.24에 나타나 있는 레이저 다이오드 주파수 변조 회로는 광 세기 변조 회로와 매우 유사하다. dc 전류는 레이저 다이오드 전력-전류 특성의 선형 영역의 중앙으로 다이오드를 바이어스한다. ac 변조 전류는 원하지 않는 광 세기 변조의 발생을 최소화하도록 작아야만(수 밀리암페어 정도) 한다. 수신기에서의 전자 리미터는 신호를 복조하기 전에 진폭의 변화를 더욱 감소시킨다. ac 전류는 광 반송파의 주파수 변조를 발생시킨다. 주파수 f_m인 단일 정현파 변조의 경우 FM 주파수 편이 $\Delta f = \beta f_m$이며, 주파수 편이(또는 등가적으로 변조도 β)는 ac 전류의 피크 진폭에 따라 선형적으로 변화한다. AlGaAs 레이저 다이오드의 표준 주파수 편이는 300 MHz의 변조주파수에서 200 MHz/mA이다. 이 점을 명백히 하기 위하여, 만약 ac 구동 전류가 300 MHz에서 발진한다면, 그 때 주파수 편이는 ac 전류의 피크치가 1 mA 증가함에 따라 200 MHz씩 증가한다.

예제 10.6

ac 피크전류치가 1 mA 및 5 mA인 경우, 300 MHz의 변조주파수에서 200 MHz/mA 주파수 편이값을 사용하여 변조도를 구하라.

풀이: 1 mA에서 주파수 편이 $\Delta f = 200$ MHz이며, 5 mA에서 $\Delta f = 1000$ MHz이다. $\beta = \Delta f / f_m$을 사용하면 다음과 같이 된다.

$$1\text{ mA에서는 } \beta = 200/300 = 0.67$$
$$5\text{ mA에서는 } \beta = 1000/300 = 3.33$$

광원의 구동 전류 변화에 의한 내부(직접) 변조에 대한 대안으로서 정보를 외부적으로 반송파에 적용할 수 있다. 외부 전기-광 및 음향-광 변조기들은 디지털 시스템에서 광 빔을

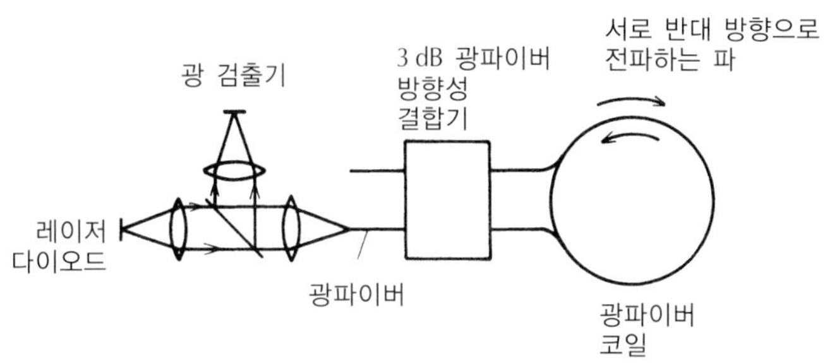

그림 10.25
광파이버 광학 자이로스코프

온-오프할 수 있으며, FM 시스템에서 광 반송파를 주파수 변조할 수 있다. 또한, 빔을 광세기- 및 편광-변조할 수도 있다. 이렇게 변조된 신호들은 모두 헤테로다인 수신기에 의해서 검파되고 복조될 수 있다. 전기-광 및 음향-광 변조기들은 벌크 소자 또는 집적광학 소자(4.6절에 간단히 논의된 것처럼)로서 구성될 수 있다.

몇 가지 광파이버 응용분야에서는(주로 센서) 환경적 변화가 광 반송파를 직접 위상 변조시킨다. 그림 10.25에 나타낸 광파이버 광학 자이로스코프가 좋은 예이다[12, 13]. 단일 LD로부터 방출된 동일한 광선이 다중으로 감긴 단일모드 광파이버 코일을 양방향으로 전파한다. 만약 코일이 고정되면 두 빔은 똑같이 유지되며, 코일이 축을 중심으로 회전하는 경우 회전하는 방향으로 진행하는 빔은 반대 방향으로 회전하는 빔에 비해 상대적으로 편이된 위상을 갖는다. 이동된 위상은 $\theta = (8\pi AN/\lambda c)\Omega$이며, 여기서 Ω은 회전율(단위는 rad/s), N은 코일의 감은 횟수, A는 코일의 면적이다. 편이는 호모다인 검파에 의해서 측정될 수 있다. 식 (10.35)는 자이로스코프의 광 검출기에 입사된 전력을 나타낸다. 만약 $\omega_{IF} = 0$이고, $P_L = P_S = P_o/2$(여기서 P_o는 서로 반대 방향으로 회전하는 빔의 전력)라고 하면, 그 때

$$P = P_o(1 + \cos\theta) \tag{10.38}$$

로 되며, 여기서 θ는 회전으로 인해 유도된 위상차이다. 검출된 전류는

$$i = \frac{\eta e P_o}{hf}(1 + \cos\theta) \tag{10.39}$$

이므로 광 전류의 진폭은 위상 이동값, 결과적으로 회전율을 나타낸다.

이 절에서 설명한 기본 광파이버 자이로스코프 이외에 많은 변형이 있다.

10.6.3 광 주파수 분할 다중화

헤테로다인 검파와 결합된 광 주파수 분할 다중화(optical frequency-division multiplexing: OFDM) 방식에 의해 여러 개의 메시지가 동시에 전송될 수 있다. 이러한 구조가 그림 10.26에 나타나 있다. N개의 동일한 레이저 다이오드가 온도를 조정하여 약간 다른 주파수 ω_1,

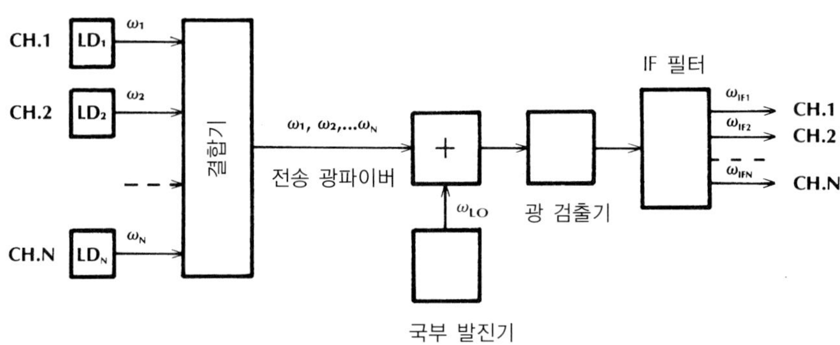

그림 10.26
광 주파수 분할 다중화

$\omega 2, \ldots, \omega_N$을 방출한다. 다이오드는 원하는 메시지로 변조된다. 각 다이오드의 출력은 하나의 광파이버와 결합되고, 다중의 광파이버가 전송 광파이버와 결합된다(예를 들면 융합에 의해서). 수신기에서 단일 국부 발진기로부터 발생된 광선은 전송된 빔과 혼합하여 각각의 채널에 대해 서로 다른 IF 주파수를 만들어 낸다. IF 주파수 $\omega_{\mathrm{IF1}}, \omega_{\mathrm{IF2}}, \ldots, \omega_{\mathrm{IF}_N}$은 필터에 의해 전자적으로 분리된다. 광 검출기와 수신 회로의 속도가 최대 허용가능한 IF 주파수를 결정한다.

OFDM 방식의 대안은 그림 10.26에서와 같이 고정된 국부 발진기를 조절가능한 것으로 대치하는 것이다. 덧붙여, 이러한 방식에서는 단지 한 개의 IF 필터만이 필요하다. 광 반송파 주파수가 IF 주파수만큼 국부 발진기의 주파수와 다를 때 주어진 채널이 검출될 수 있다. 이러한 경우, 모든 다른 채널들은 IF 필터의 통과대역 밖에 위치한 IF 주파수들을 발생시킨다. 다른 채널을 수신하려면 국부 발진주파수가 변화되어야 한다. 이러한 시스템에서 기지국은 전송된 채널 중 어느 것에도 맞춰질 수 있다.

광 주파수 분할 다중화와 파장 분할 다중화는 서로 유사하다. 두 가지 방식 모두 각각의 채널에 분리된 광원을 사용하지만 중요한 차이점이 있다. OFDM은 헤테로다인 검파를 필요로 하는 반면에, WDM은 직접 검파 방식을 사용한다. 또한, WDM 시스템은 광 영역(광 검출 이전)에서 채널을 분류하는 반면에, OFDM 시스템은 전자적으로(광 검출 후에) 채널을 분리한다. 무선주파수에서 전기적 분리는 광 분리보다 훨씬 더 선택적이기 때문에, 인접한 채널들이 WDM 시스템에서보다 OFDM 시스템에서 서로 더 가깝게 존재할 수 있다. 이렇게 근접한 간격은 광파이버 손실이 적은 파장 영역에서 보다 많은 채널의 정보를 전송할 수 있다.

예제 10.7

만약 OFDM과 WDM 시스템에서 필터가 1%의 부분적인 대역폭을 갖는 경우 허용가능한 채널 분리를 계산하라. 850 nm, 1 GHz 정도의 IF 주파수에서 광학적으로 동작한다고 가정한다.

풀이: 우선 광 필터링을 고려해 보자. 850 nm에서 1% 통과대역은 8.5 nm를 나타낸다. 광원의 스펙트럼 폭이 매우 적다면, 인접한 채널은 8.5 nm만큼 분리될 수 있다. 식 (3.26)으로부터 얻어진 관계식 $\Delta f = c\Delta\lambda/\lambda^2$를 사용함으로써, 인접한 WDM 채널들 간의 분리는 3.5×10^{12} Hz가 된다. 반면에, 1 GHz에서의 1% 통과대역은 10^7 Hz의 최소 OFDM 채널 분리가 된다. 적어도, 원리상으로는 OFDM 방식이 WDM보다 훨씬 더 근접한 채널 간격을 허용한다. 실제로는 송신기와 국부 발진기의 온도로 인한 주파수 변화 때문에 10^7 Hz보다 더 큰 간격으로 유지되어야 한다.

10.6.4 헤테로다인 검파기의 장점과 문제점

헤테로다인 검파는 몇 가지 장점이 있다. 주파수 변조된 광 링크를 구성할 수 있으며, 헤테로다인 수신기가 직접-검파 수신기보다 감도가 뛰어나다. 11.2절에서 이러한 특성이 설명될 것이다. 감도가 뛰어난 수신기는 중계기 없이 장거리 전송 능력과 양질의 수신을 제공한다. 중계기가 필요한 경우에는 직접-검파 수신기보다는 감도가 좋은 헤테로다인 수신기가 더 긴 중계 간격을 갖는다.

복잡성과 경비의 증가는 헤테로다인 수신기가 갖는 장점을 위해 지불해야 할 대가이다. 레이저 다이오드는 단일모드 소자여야만 한다. 송신 광원과 국부 발진기 레이저 다이오드는 IF 주파수가 이동하지 않도록 주파수가 안정되어야만 한다. 신호와 국부 발진기의 빔 정렬(혼합기 내에서)이 매우 중요하다. 두 개의 파두면이 똑같이 일치하여야 하고 두 빔의 스폿 크기, 편광, 그리고 전파 방향이 똑같아야 한다.

10.7 요약 및 고찰

이 장의 앞부분에서 몇 가지 간단한 변조 회로들을 설명하였으며, 이러한 회로들에 의해 기본 변조 방식들을 설명하였다. 좀더 복잡한 회로를 구성하거나 설명하는 데 이들 기본 회로를 사용할 수 있다. 그 다음, 고속-전송 시스템을 위해 적당한 외부 변조기인 전기흡수 변조기에 대해 소개하였다.

앞 장들에서 언급한 여러 가지 가능한 변조 형태를 발전시켜 표 10.1과 10.2에 이들 방식을 요약해 놓았다. 비록 모두 수록하지는 못했지만, 이 리스트들은 대부분의 시스템들을 개발하고 분석하는 데 도움이 될 것이다.

이 책에서 설명된 여러 가지 형태의 다중화 방식을 다음에 요약하였다.

1. 시분할 다중화(time-division multiplexing: TDM) 서로 다른 메시지에 해당하는 데이터 비트들이 광파이버 채널을 시분할하도록 삽입된다. 만약 신호가 전기적인 형태(광학적인 형태이기보다는)일 경우 메시지 삽입과 분리가 수행되면, 단일 광원과 단일 광 검출기가 필요하다. 광 시분할 다중화는 더욱 복잡하나, 전기적 TDM보다 고속으로 데이터를 전송할 수 있는 장점을 제공한다. TDM은 디지털 통신에 적합한 방식이며, 광파이버의 정보용량을 변화하지 않고 여러 메시지들 사이에 허용가능한 비트들을 단

표 10.1 아날로그 변조 방식

명칭	방식	참조
기저대역 변조		
광세기 변조	광 전력이 기저대역 메시지에 비례해서 변한다.	가장 간단한 아날로그 구조.
광 주파수 변조	광 반송파의 주파수 직접 변조.	헤테로다인 검파 필요.
부반송파 변조		
AM/IM	보다 낮은 주파수로 진폭 변조된 신호에 의한 광 세기 변조.	부반송파 주파수 분할 다중화 가능.
FM/IM	주파수 변조된 신호에 의한 광 세기 변조	부반송파 주파수 분할 다중화 가능.

표 10.2 디지털 변조 방식

명칭	참조
펄스 부호 변조	
NRZ(non-retrun-to-zero)	디지털 전송을 위한 최소한의 대역폭 필요.
RZ(return-to-zero)	NRZ 시스템의 2배 대역폭이 필요.
맨체스터	클록 복구가 가능.
양극성	일정한 dc 레벨이 존재.
펄스 위치 변조	
펄스폭 변조	
부반송파 변조	
온-오프 키잉(OOK)	부 반송파 FDM 가능.
주파수 천이 키잉(FSK)	부 반송파 FDM 가능.
위상 천이 키잉(PSK)	부 반송파 FDM 가능.

순히 분산시킨다.

2. **파장 분할 다중화(wavelength-division multiplexing: WDM)** 다수의 메시지가 동시에 광파이버를 따라 전송되며, 각 메시지는 서로 다른 광 파장으로 전송되므로 서로 다른 주파수들로 발진하는 다수의 광원이 필요하다. 메시지의 분리는 검출 전에 광학적 차원에서 수행되기 때문에, 각각의 메시지에 대해 서로 다른 광 검출기가 필요하다. WDM은 아날로그와 디지털 모두에 사용되며, 광파이버의 정보용량은 대략 WDM으로 다중화된 메시지의 수와 같은 인자로 증가한다. 본질적으로 각각의 광원과 광 검출기 조합은 독립된 채널을 구성한다.
3. **부반송파 주파수 분할 다중화(subcarrier frequency-division multiplexing: SFDM)** 메시지들이 전자적으로 서로 다른 부반송파로 변조되고 결합된다. 이렇게 결합된 신호는 한 개의 광원을 변조한다. 한 개의 광 검출기로 신호를 전기적인 형태로 변환하며, 이러한 과정에서 메시지를 분리하기 위해 전자 필터가 사용된다. 부반송파 FDM 역시 아날로그와 디지털 모두에 사용될 수 있으며, TDM과 마찬가지로 광파이버 용량을 증가시키지는 않는다. 부반송파 최대 주파수는 광파이버의 대역폭을 초과할 수 없다. 이 방식은 단순히 여러 메시지들에 사용가능한 대역폭을 분할하는 것이다.
4. **광 주파수 분할 다중화(optic-frequency-division multiplexing: OFDM)** 메시지는 서로 약간 다른 파장을 갖는 광원을 변조한다. 단일 광 검출기를 사용하는 헤테로다인 검파로 모든 메시지를 포함하는 신호 전류를 발생시킨다. 각 메시지의 스펙트럼은 서로 다른 중간주파수 근처에 위치하며, 전기적 필터에 의해서 이들 메시지가 분리된다. 광 FDM은 광파이버의 용량을 증가시키나, 실제로는 광 검출기의 속도에 의해서 최대 중간주파수가 제한되므로, 통신될 수 있는 메시지의 수는 제한된다.

흔히 디지털 변조가 아날로그 변조보다 광통신에 더 적합하다고들 한다. 이러한 주장들은 디지털 시스템의 일반적인 장점(향상된 신호의 질, 긴 전송 경로, 간단한 중계기), 비교적 쉬운 디지털 변조 방식(광원의 단순한 온, 오프)과 광원의 비선형성(아날로그 신호를 저하시킴) 등에 의해서 뒷받침될 수 있다. 그럼에도 불구하고 아날로그 형태(예를 들면, 음성 및 영상)로 표시되거나, 그로부터 변환된 메시지를 디지털 전송하는 경우에는 문제점이 있다. 가장 중요한 단점은 송신기에서 메시지를 아날로그에서 디지털로 변환하며, 수신기에서는 디지털을 아날로그로 재변환해야 한다는 점이다. 이러한 변환에 필요한 비용 때문에, 특히 단거리 전송에서는 철저히 아날로그 시스템을 사용하는 것이 유리할지도 모른다. 변조 방식이 미리 결정되지 않는 경우에는 시스템 설계자가 두 가지 방식 모두를 비교하여 결정해야 한다.

특히, 외부 변조기는 고속 전송시스템에서 중요하다. 전기흡수 변조기는 그러한 응용에 효과적이다. 광 헤테로다인 수신기는 주파수 또는 위상 변조된 광의 검출을 가능케 한다. 또한, 직접 검파 방식보다 더 뛰어나며, 그 복잡성으로 인해 그 응용을 특별한 상황 내로 제한한다.

문제

10.1 LED는 80 MHz의 3 dB 대역폭을 가지며, 출력 광 전력 대 입력 전류 곡선이 0.1 mW/mA의 기울기를 갖는다. 입력 전류는 50 mA의 dc 성분과 60 mA의 피크 대 피크전류를 갖는 40 MHz 정현파로 구성될 때,

(a) 입력 전류의 몇 주기를 그려라.

(b) 입력 전류의 변조도를 계산하라.

(c) 광 전력을 계산하고 그려라.

(d) 광 변조도를 계산하라.

10.2 만약 변조주파수가 (a) 80 MHz 및 (b) 120 MHz로 변할 경우, 문제 10.1을 반복하라.

10.3 실리콘 트랜지스터를 사용하여 그림 10.2에 나타낸 것과 같은 아날로그 변조기를 설계하라. 이 트랜지스터의 경우, $\beta = 60$이고, dc 바이어스는 50 mA이다. $R_{\text{in}} = 50\ \Omega$, $R_a = 3\ \text{k}\Omega$, $R_b = 6\ \text{k}\Omega$이며, 바이어스 공급 전압은 10 V이다. 광원이 온 상태로 되면, 전압강하는 1.8 V이다.

(a) 이미터 저항 R_e를 계산하라.

(b) Q점에서 콜렉터-이미터 전압을 계산하라.

(c) 이 회로가 제공할 수 있는 최대 변조도를 구하라.

10.4 LED가 2 mA의 피크값을 갖는 정현파 전류에 의해 구동될 때 50 dB의 전체 고조파 찌그러짐을 발생시키고, dc 바이어스 점에서 LED 전력 대 전류 곡선의 기울기는 0.05 mV/mA일 때, 비선형계수[식 (10.9)에서 a_2] 값을 구하라.

10.5 직렬 스위치된 디지털 변조기(그림 10.5)에서 광원이 완전히 온 상태로 될 때 LED 전류를 구하고, 이러한 조건이 되기 위해 필요한 베이스 전류를 계산하라. 그림 10.6에 나타낸 트랜지스터 특성을 사용하고, 공급 전압은 8 V, $R = 60\ \Omega$이다. 완전히 온 상태로 될 때, LED 순방향 전압은 1.8 V이다.

10.6 한 가닥의 광파이버로 전체 상업용 AM 방송 대역을 전송한다고 가정하자. 이것을 수행하기 위한 블록선도를 그려라. 필요한 시스템 대역폭은 얼마인가? (1장에서 설명한 바와 같이) AM/IM 부반송파 변조를 사용하고 AM 대역은 540 ~ 1600 kHz 범위

의 반송파로 107채널을 가지며, 각 채널에 허용된 대역폭은 10 kHz이다.

10.7 RZ 부호화된 디지털 변조를 사용하는 광파이버 링크로 10개의 5 kHz 무선 방송을 전송하는 데 필요한 대역폭을 구하라.

10.8 AM 무선 대역 대신에 전체 상업용 FM 방송 대역을 전송하는 경우, 문제 10.6을 반복하라. FM/IM 부반송파 변조를 사용하고, FM 대역은 88.1부터 107.9 MHz이다. 반송파 사이는 200 kHz로 분리되며, 100개의 채널이 존재한다.

10.9 한 가닥의 광파이버로 모든 VHF TV 채널을 전송하기 위한 블록선도를 그려라. 아날로그 변조를 사용하고 필요한 시스템 대역폭을 구하라.

10.10 디지털 변조의 경우, 문제 10.9를 반복하라.

10.11 그림 6.5에 나타낸 것과 같은 출력 특성을 갖는 LED가 2-채널 주파수 분할 다중화 시스템에서 사용된다. 50 mA의 피크값을 갖는 정현파 전류가 인가될 때, LED의 전체 고조파 찌그러짐은 25 dB이다. 바이어스 전류는 50 mA로 고정되어 있다. 각 부반송파는 50% AM 변조되며, 광 세기 변조는 100%이다. 부반송파는 동일한 피크전류를 가지며, 주파수는 1 MHz와 2 MHz이다. 정보는 각 채널에서 1000 Hz의 음성이다. 찌그러짐이 무시되는 경우와 무시되지 않는 경우에 대해 입력 전류와 방출 전력에 대한 식을 써라. 방출된 모든 전력은 응답도가 0.5 V/W인 광다이오드에 의해 검출된다. 이때, 수신기 전류를 계산하고 스펙트럼을 그려라. 이 시스템에 누화가 발생하는가? 만약 이러한 누화가 발생한다면 누화를 제거하기 위해 어떻게 시스템을 재설계해야 되는가?

10.12 신호 1001110001010인 펄스열을 NRZ, RZ, 맨체스터, 그리고 양극성 부호로 그려라.

10.13 3-레벨 송신기[그림 10.14(b)와 같은]를 설계하라. 그림 10.6에서 사용한 트랜지스터를 이용하라. 사용된 소자들의 값을 계산하라. 3-레벨 LED 전류 구동 레벨은 0, 73, 그리고 146 mA이다. 순방향 바이어스되었을 때, LED 전압강하는 약 1.4 V이다.

10.14 LED 광원을 사용한 2-채널 주파수 분할 다중화된 AM/IM 부반송파 변조된 광 신호에 대해 고려해 보자. 2개의 부반송파 주파수들은 ω_{sc1}, ω_{sc2}이다. 변조 신호는 채널 1과 채널 2에 대해서 각각 단일 주파수 ω_{m1}, ω_{m2}를 갖는다. 변조계수들과 피크 진폭들은 양 채널에서 동일하다.

(a) 모델로 식 (10.9)를 사용하여, 광 전력 결과식을 구하라.

(b) 주파수 성분들의 진폭을 나타내는 검출된 신호의 스펙트럼을 그려라.

(c) 양 채널 간의 누화 가능성을 설명하고, 누화를 최소화하기 위해 취할 수 있는 방법에 대하여 설명하라.

10.15 10-Gb/s RZ 디지털 시스템이 1550 nm 파장에서 동작할 때, 각 펄스에서 얼마나 많은 반송파 발진이 발생하는가?

10.16 8개의 10-Gb/s 채널이 동일한 단일모드 광파이버로(WDM을 이용하여) 다중화되어 있다. 이 광파이버를 통해 얼마나 많은 TDM 디지털화된 음성 메시지들을 동시에 전송할 수 있는가?

10.17 전체 광파이버 정보용량을 증가시키기 위해 데이터율을 증가시킴으로써 TDM과 결합된 WDM 방식이 갖는 장점을 앞 문제와 비교하여 설명하라.

10.18 8개의 10-Gb/s 채널이 동일한 단일모드 광파이버로(WDM을 이용하여) 다중화되어 있다. 이 광파이버를 통해 얼마나 많은 TDM 디지털화된 영상 메시지들을 동시에 전송할 수 있는가? 각 영상 채널에서 영상 신호는 5 Mb/s로 압축된 것으로 가정한다.

10.19 한 OTDM 시스템이 10개의 40 Gb/s 채널들을 조합할 때, 이 시스템에서 허용가능한 펄스폭을 계산하라. 이 시스템의 총 정보 전송 용량은 얼마인가?

10.20 OTDM과 DWDM을 조합할 수 있는가? 이들 개념에 대해 설명하라. 만약 가능하고, 35개의 반송파 파장이 파장 분할 다중화(각각은 앞 문제에서 명세된 총 정보 전송 용량을 가진다)되고 각각은 C-대역에서 1 nm로 분리될 때, 전송 파이버의 총 정보 전송 용량을 계산하라.

10.21 OTDM 시스템이 각 채널을 다중화시키기 위해 외부 변조기를 필요로 할 때, 사용될지도 모르는 변조기 형태의 이름을 작성하라.

10.22 전기흡수 변조기가 상태 1(전압이 인가되지 않은 경우)에서 0.9473 eV, 상태 2(2 V의 전압이 인가된 경우)에서 0.9458 eV의 대역 갭 에너지를 가지며, 반송파 파장이 1310 nm이다. 각 상태에서 반송파는 전송되는가, 또는 흡수되는가? 답을 정량적으로 나타내라.

10.23 전기흡수 변조기의 활성층 길이가 150 μm이고, 전송 상태에서 감쇠상수가 $\alpha = 75\ \text{cm}^{-1}$이다. 이 변조기의 소광비는 30 dB일 때, 흡수 상태에서의 감쇠상수를 계산하라.

10.24 전기흡수 변조기에서 소광비는 흡수 상태에서의 삽입 손실에서 전송 상태의 삽입 손실을 뺀 것과 같음을 증명하라(단, 모두 dB로 표시되었다).

참고문헌

[1] P. W. Shumate and M. DiDomenico, Jr. "Lightwave Transmitters." In *Semiconductor Devices for Optical Communication*, H. Kressel, ed. Berlin: Springer-Verlag, 1980, pp. 161–200.

[2] R. Adair. "CW Lasers and LEDs." Application Note A/N 101. New Brunswick, NJ: Laser Diode Laboratories, Inc.

[3] Ibid.

[4] Shumate. "Lightwave Transmitters," pp. 182–188.

[5] Govind P. Agrawal. *Fiber-Optic Communications Systems*. NY: John Wiley & Sons, 2002, pp. 375–381.

[6] Ibid.

[7] Elsa Garmire. "Sources, Modulators, and Detectors for Fiber-Optic Communications Systems." In *Fiber Optics Handbook*, M. Bass, ed. NY: McGraw-Hill, 2002, pp. 4.57–4.63.

[8] Francois Favre, Luc Jeunhomme, Irene Joindot, Michel Monerie, and Jean Claude Simon. "Progress towards Heterodyne-Type Single-Mode Fiber Communications Systems." *IEEE J. Quantum Electron*. 17, no. 6 (June 1981): 897–906.

[9] Soichi Kobayashi, Yoshihisa Yamamoto, Minoru Ito, and Tatsuya Kimura. "Direct Frequency Modulation in AlGaAs Semiconductor Lasers." *IEEE J. Quantum Electron*. 18, no. 4 (April 1982): 582–595.

[10] Shigeru Saito, Yoshihisa Yamamoto, and Tatsuya Kimura. "Optical FSK Heterodyne Detection Experiments Using Semiconductor Laser Transmitter and Local Oscillator." *IEEE J. Quantum Electron*. 17, no. 6 (June 1981): 935–941.

[11] Yoshihisa Yamamoto and Tatsuya Kimura. "Coherent Optical Fiber Transmission Systems." *IEEE J. Quantum Electron*. 17, no. 6 (June 1981): 919–935.

[12] Thomas G. Giallorenzi, Joseph A. Bucaro, Anthony Dandridge, G. H. Sigel, Jr., James H. Cole, Scott C. Rashleigh, and Richard G. Priest. "Optical Fiber Sensor Technology." *IEEE J. Quantum Electron*. 18, no. 4 (April 1982): 626–665.

[13] H. C. Lefevre. *The Fiber-Optic Gyroscope*. Norwood, MA: Artech House, 1993.

Chapter 11

잡음과 검출

신호가 광통신 링크를 통하여 전송될 때, 여러 가지 현상들이 신호의 질을 저하시킨다. 광파이버 내에서 어떻게 파형의 찌그러짐이 발생되며, 경로의 정보 전송용량(그리고 길이)을 제한하는지를 이미 논의하였다. 덧붙여, 신호가 광파이버, 결합, 그리고 분포 손실에 의해 어떻게 감쇠되는지를 알았다. 직감적으로, 수신기에 도달하는 전력은 너무나 많은 감쇠로 인해 정확하게 신호를 검출하기에는 너무 약하다고 생각된다. 한편, 증폭기들은 항상 신호들을 원하는 레벨까지 증폭할 수 있도록 해야 한다. 이러한 결론은 신호를 저해하는 또 다른 현상, 즉 **잡음**(noise)이 없다면 정당화될 수 있다. 잡음은(11.1절에 설명된 대로) 항상 존재하며, 신호의 질을 저하시킨다. 신호의 증폭은 항상 신호와 동일한 양만큼 잡음도 증폭시키며, 증폭기 자체에서 부수적인 잡음이 발생한다. 이러한 이유로 증폭은 신호 전력 대 잡음 전력의 비를 향상시킬 수는 없다. 수신된 신호 전력이 잡음 전력에 가깝게 감소함에 따라 신호는 점점 인식하기가 어려워지며, 궁극적으로 감쇠는 광파이버 전송시스템의 거리를 제한한다.

이 장에서는 중요한 잡음원들을 조사하고, 어떻게 잡음 전력을 계산하는지를 알아본다. 그 다음 신호 대 잡음비로 측정되는 신호의 질을 계산할 수 있다. 디지털 통신에서 잡음은 오류 확률을 증가시킨다. 또한, 이러한 시스템에서 오류율을 계산한다.

이 장의 마지막 부분에서는 몇 가지 기본 수신기 회로 설계들을 설명한다.

11.1 열잡음과 산탄잡음

수신과정에서 신호 저하를 야기시키는 두 가지 중요한 원인은 열잡음과 산탄잡음이다.

11.1.1 열잡음

열잡음[thermal noise, 존슨 잡음(Johnson noise), 나이퀴스트 잡음(Nyquist noise)이라고도 함)]은 광 검출기의 부하 저항 R_L에서 발생한다. 저항 내의 전자들은 정적인 상태로 존재하지 못하며, 이들은 열 에너지 때문에 전압이 인가되지 않은 상태에서조차도 연속적으로 움직인다. 이러한 불규칙한 전자의 운동 때문에 전체 전하는 어떤 순간에도 서로 다른 전극을 향하여 흐를 수 있다. 그러므로, 그림 11.1에 나타낸 바와 같이 저항 내에는 불규칙하게 변화하는 전류가 존재한다. 이것이 열전류 i_{NT}이며, 평균값은 0이고 저항 내에서 발생하는 평균 잡음 전력은 $R_L\overline{i^2_{\mathrm{NT}}}$가 된다. 여기서, $\overline{i^2_{\mathrm{NT}}}$은 열잡음 전류의 자승 평균값이다(직선은 평균값을 나타낸다). 그림 11.1은 잡음 전류의 자승값과 그의 평균값을 나타낸다. 이러한 잡음 전류가 광 검출기에 의해서 검출된 신호 전류에 더해진다.

그림 11.2는 일정한 광 전력 P가 광 검출기에 입사될 때, 발생하는 결과를 나타낸다. $i = \eta eP/hf$로 일정한 반면에, 부하 전류는 이 값의 근처에서 불규칙하게 변한다. 입사 전력이 매우 적어서 신호 전류와 잡음 전류의 진폭이 서로 비슷한 경우, 신호의 존재가 불분명해진다. 적당한 광 전력으로도 원하는 만큼 명확한 수신을 얻기에 신호 전류(잡음에 비해)가 충분히 크지 못할 수도 있다.

열잡음의 존재는 그림 11.3에 그려진 등가회로로 나타낼 수 있다[1]. 회로에서 R_L은 이상적인 무잡음 저항이며, 잡음은 다음 식과 같은 평균 자승 전류를 발생시키는 전류원에 의

그림 11.1
열잡음 전류

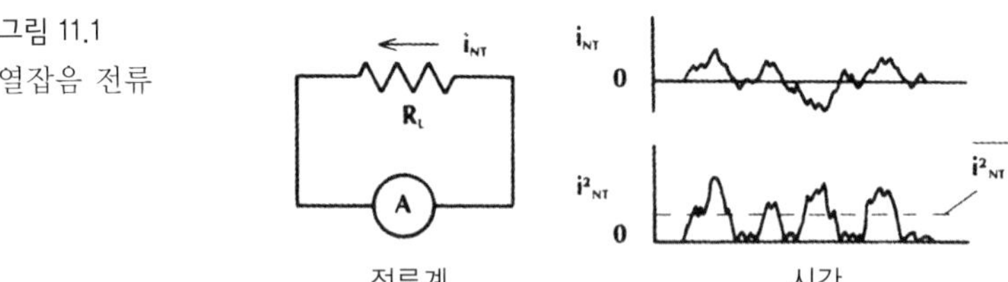

그림 11.2
광 전력이 일정한 경우의 수신기 전류(열잡음에 의해 야기되는 신호 저하를 보여줌)

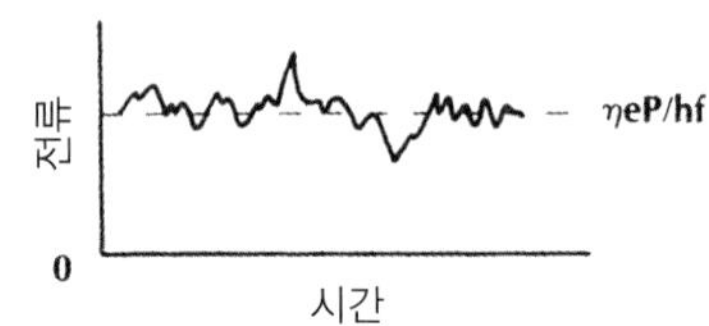

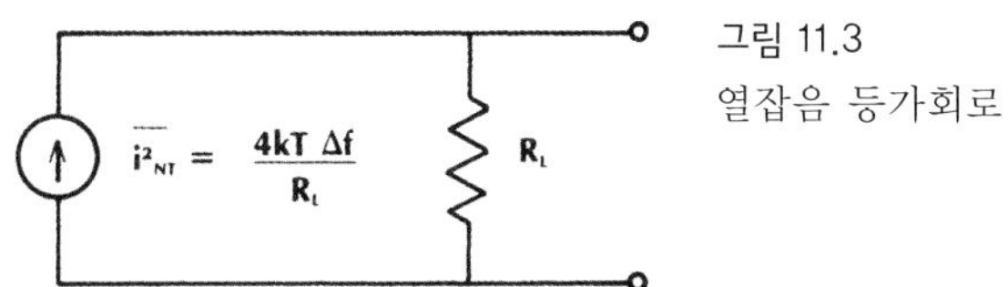

그림 11.3
열잡음 등가회로

해서 발생된다.

$$\overline{i^2_{\mathrm{NT}}} = \frac{4kT\Delta f}{R_L} \tag{11.1}$$

여기서, k는 볼츠만(Boltzmann) 상수이며(표 1.2에 주어진), T는 절대온도(K), Δf는 수신기의 전기대역폭을 나타낸다. 수신기의 회로소자들은 수신기의 대역폭을 제한한다. 고주파수에서 증폭기는 차단되며, 커패시터는 회로의 신호를 단락시킨다. 원하는 모든 메시지를 처리하기 위하여 수신기의 대역폭은 적어도 정보의 대역폭보다는 커야 하지만, 수신기의 대역폭은 잡음을 최소화하기 위하여 제한되어야만 한다. 저잡음 수신기들은 정보대역폭의 2배보다 약간 큰 범위의 대역폭을 갖는다. 때때로 큰 대역폭이 송신기와 광파이버에 의한 신호의 대역 제한을 위해 필요하게 된다. 수신기의 대역폭에 관해서는 시스템 설계를 설명하는 12장에서 자세히 설명된다.

절대온도(T_K), 섭씨온도(T_C), 그리고 화씨온도(T_F) 사이의 변환은 다음 식으로 주어진다.

$$T_K = T_C + 273.15$$

$$T_K = \frac{T_F + 459.67}{1.8}$$

$$T_C = \frac{T_F - 32}{1.8}$$

식 (11.1)은 열잡음 스펙트럼이 모든 주파수에서 일정하다고 가정한 것이다. 이것은 10 GHz 근처까지는 사실이므로, 여기서 사용된 모델은 대부분의 시스템을 해석하기에 충분하다.

11.1.2 산탄잡음

전자의 불연속적인 성질이 **산탄잡음**(shot noise)이라고 하는 신호 교란을 야기시킨다. 광 방출관이나 반도체 접합소자와 같은 광 검출기에 도달하는 광 신호들은 불연속적인 전하 캐리어들을 발생시킨다. 진공 광 다이오드의 경우에 대해 이들을 그림 11.4에 나타내었다. 펄스는 전자가 음극으로부터 방출되는 순간부터 시작하여 전자가 양극에 도달하는 순간에 끝난다(전자는 정전하와의 재결합함으로써 사라진다). 그러므로 펄스 지속시간은 전자의 천이

그림 11.4
(a) 단일 광전자의 방출
(b) 그 결과로 발생한 전류 펄스

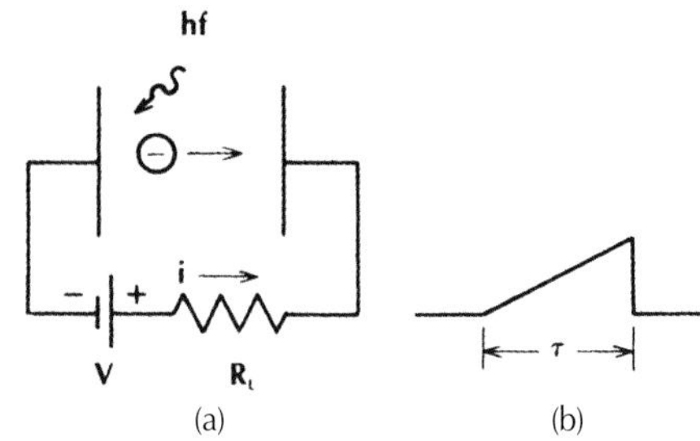

시간 τ(전자가 음극에서부터 양극까지 도달하는 데 걸리는 시간)와 같다. 펄스의 정확한 형태는 상대적으로 중요치 않다. 천이과정 동안 전류 진폭의 증가는 전극들 사이에 존재하는 전기장의 세기로 인한 전자의 가속 때문에 발생하므로 전자가 빠를수록 많은 전류가 발생한다.

이제, 일정한 광 전력 P를 가진 입사파가 음극에 조사될 때 어떤 현상이 발생하는가를 고찰해 보자. 그림 11.5에 나타난 대로 일정한 광 전류를 예측할 수 있다. 그러나, 이 일정한 전류는 그림 11.4에서와 같이 수많은 펄스들에 의해 형성된다. 비록 모든 펄스가 동일하다고 하더라도 불규칙한 시간에서 발생된다(그림 11.5에 나타낸 것처럼). 동일한 형태라는 것에 덧붙여 불규칙하게 지연된 펄스들은 일정한 레벨의 전류를 발생하기보다는 일정치 않은 전류를 발생하게 되며, 무잡음의 경우 예상된 평균 전류값($\eta eP/hf$)을 갖는다. 이상적인 전류로부터의 편이(불연속 전하 캐리어들의 불규칙한 발생에 의하여 발생한)가 산탄잡음이며, 반도체 광 다이오드들에서 산탄잡음은 자유전자들과 정공들의 불규칙한 생성과 재결합으로부터 발생한다.

산탄잡음은 그림 11.6에 나타난 대로 단일 전류원으로 구성된 등가회로로 나타낼 수 있으며, 자승 평균 산탄잡음 전류는

$$\overline{i_{\text{NS}}^2} = 2eI\Delta f \tag{11.2}$$

그림 11.5
산탄잡음 (a) 일정한 광 전력 P에 의한 예상된(이상적인) 광전류 (b) 방출된 전자들에 의해 발생된 불규칙한 전류 펄스 (c) 전류 펄스들의 합(즉, 전체 전류)

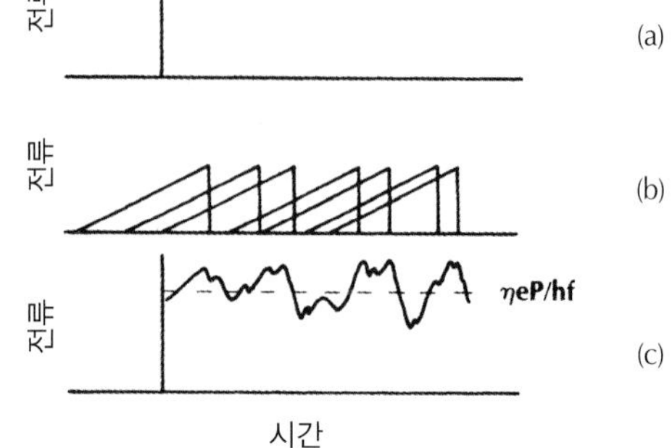

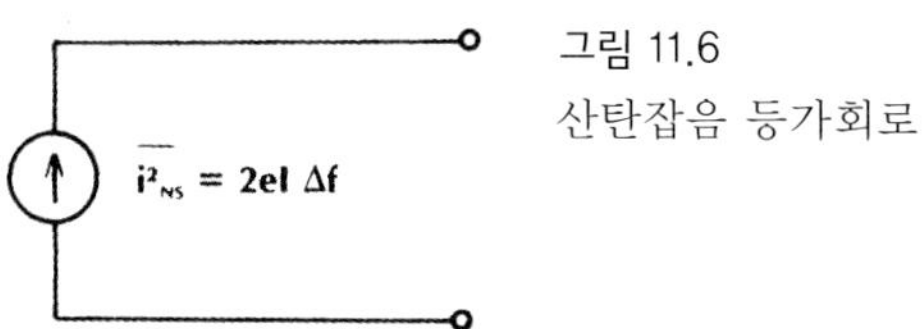

그림 11.6
산탄잡음 등가회로

이며, 여기서 e는 전자 전하량, I는 평균 검출기 전류이고 Δf는 수신기의 대역폭을 나타낸다[2]. 산탄잡음 스펙트럼은 관련된 모든 변조주파수에서 일정하다. 열잡음과 마찬가지로 산탄잡음 전류는 시스템 대역폭에 의존하며, 대역의 위치와는 무관하다. 식 (11.2)에 의하면 산탄잡음은 전류와 더불어 증가하므로, 산탄잡음은 입사 광 전력의 증가와 더불어 증가한다. 이러한 점이 광 전력 레벨과는 무관한 열잡음과의 차이점이다. 다음 절에서 신호 대 잡음비를 계산함으로써 이러한 동작이 신호의 질에 어떻게 영향을 미치는가를 배우게 될 것이다. 또한, 식 (11.1)과 식 (11.2)로부터 결정된 잡음 전력을 수치적으로 구할 것이다.

식 (11.2)의 전류는 입사 광파에 의해 발생된 평균 전류와 암전류 I_D(7.4절에서 소개된)를 포함하므로

$$\overline{i^2_{NS}} = 2e(\bar{i}_s + I_D)\ \Delta f \tag{11.3}$$

로 된다. 여기서 i_s는 광 전류이며, 직선은 평균값을 나타낸다.

11.2 신호 대 잡음비

그림 7.10에 접합 광 다이오드의 등가회로가 나타나 있으며, 좀더 완전한 회로가 그림 11.7에 나타나 있다. 간략화를 위해, 다이오드의 커패시턴스 C_d와 천이시간은 신호를 제한하지 않는다고 가정하면, C_d는 잡음-등가회로에서 제거될 수 있다. 잡음에 대한 커패시턴스의 효과는 수신기의 대역폭 Δf의 계산으로 설명된다. 반도체 다이오드들은 p와 n 영역에서의 전도로 인해 발생되는 적은 양의 직렬 저항 R_s(수 ohm 정도)를 갖고 있으나, 이 저항은 무시될 수 있다. 마찬가지로 다이오드는 등가 전류원과 병렬로 저항 R_d를 갖는다. 이것이 바로 접합의 공핍층 저항이며, R_d는 일반적으로 부하 저항 R_L보다 대단히 크므로 무시

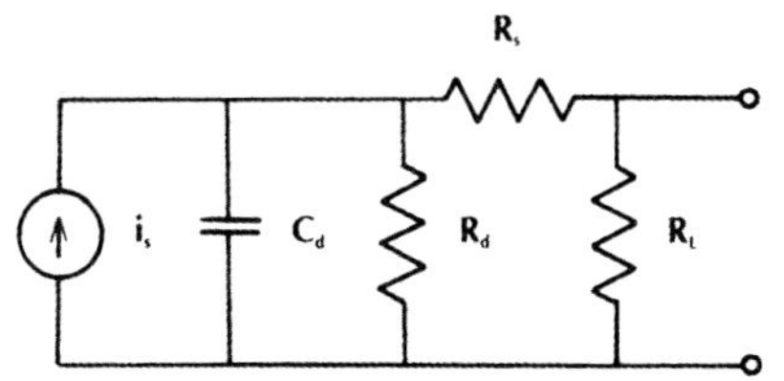

그림 11.7
접합 광다이오드 등가회로

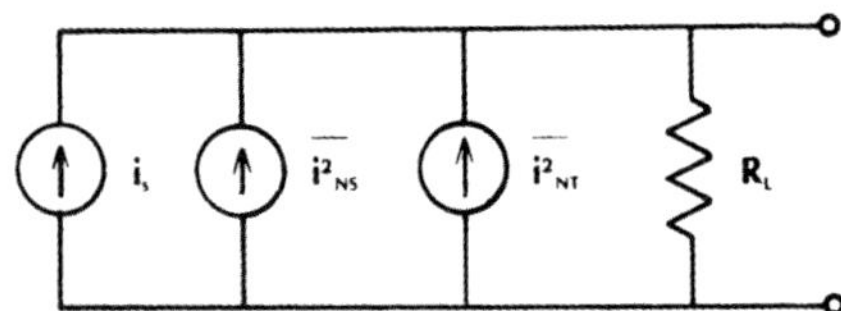

그림 11.8
등가 열잡음원 및 산탄잡음원을 포함하는 광 검출기 수신 회로

될 수 있다.

지금까지의 가정으로 이제 다이오드와 열잡음 그리고 산탄잡음원들에 대한 등가회로를 구성할 수 있으며, 그 결과가 그림 11.8에 나타나 있다. 신호 대 잡음비는 여러 가지 환경에 대한 회로로부터 구할 수 있으며, 여기서는 다음의 상황하에서 SNR을 구한다.

1. 일정한 입사 광 전력(constant incident optic power) 이것은 2진 PCM 시스템에서 1을 수신하는 것에 해당한다. 우선 내부 이득이 없는 검출기(*pn* 또는 PIN 다이오드와 같은)의 사용을 고려하고, 그 다음 내부 이득이 있는 검출기(에벌런치 광다이오드와 같은) 또는 헤테로다인 검파를 사용할 경우 개선점을 보여준다.
2. 정현적으로 변하는 광 전력(sinusoidally varying optic power) 이것은 광 세기 변조된 아날로그 신호에 해당한다.

11.2.1 일정한 전력

이 경우, 신호 광 전류는 다음과 같이 일정한 값을 갖는다.

$$i_s = \frac{\eta e P}{hf} \tag{11.4}$$

여기서, P는 입사 광 전력이다. 다이오드는 다음 식의 평균 전기 신호 전력을 부하 저항에 전달한다.

$$\overline{P}_{\mathrm{ES}} = i_s^2 R_L = \left(\frac{\eta e P}{hf}\right)^2 R_L \tag{11.5}$$

부하에 전달된 평균 산탄잡음 전력은 $\overline{i^2_{\mathrm{NS}}}R_L$이며, 식 (11.3)과 식 (11.4)를 사용하면 다음 식으로 된다.

$$\overline{P}_{\mathrm{NS}} = 2e\,\Delta f\left(\frac{\eta e P}{hf} + I_D\right)R_L \tag{11.6}$$

광 전력이 일정한 경우에는 전류의 순시값과 평균값이 같기 때문에, $\bar{i}_s = \eta eP/hf$를 대입하였다.

부하에 전달된 열잡음 전력은 $\overline{i^2_{NT}}R_L$이며, 전류에 대한 식 (11.1)을 사용하면 다음 식으로 나타낼 수 있다.

$$\overline{P}_{NT} = 4kT\Delta f \tag{11.7}$$

이제 신호 대 잡음비를 전에 정의한 것보다 더 분명하게 정의할 수 있다. 신호 대 잡음비(signal-to-noise ratio: SNR)는 평균 신호 전력을 모든 잡음원의 평균 전력으로 나눈 것이다. 식 (11.5), (11.6), (11.7)을 결합하면 다음의 신호 대 잡음비를 얻는다.

$$\frac{S}{N} = \frac{(\eta eP/hf)^2 R_L}{2eR_L\,\Delta f(I_D + \eta eP/hf) + 4kT\,\Delta f} \tag{11.8}$$

좀더 특별한 경우를 살펴보자. 평균 신호 전류($\eta eP/hf$)가 암전류보다 훨씬 크다고 가정하면, I_D는 식 (11.8)에서 삭제될 수 있다. 이러한 상황은 암전류가 작고 광 전력이 매우 낮지 않을 때 발생한다. 또한, 산탄잡음 전력이 열잡음 전력을 훨씬 초과한다고 가정하면, $4kT\Delta f$ 항은 무시될 수 있다. 이러한 현상이 일어나려면 광 전력은 상대적으로 높아야 하며, 그 때 신호 대 잡음비는 다음 식으로 간소화된다.

$$\frac{S}{N} = \frac{\eta P}{2hf\Delta f} \tag{11.9}$$

이 경우 SNR은 **산탄잡음 제한**[shot-noise limited, 또는 **양자 제한**(quantum limited)]되었다고 하며, 이것이 얻을 수 있는 가장 좋은 결과이다. 본질적으로, 광 전력을 증가시킴으로써 암전류와 열잡음의 영향을 제거하였다. 양자 제한된 신호 대 잡음비는 식 (11.4)와 식 (11.9)를 결합함으로써 신호 광 전류의 항으로 다시 나타낼 수 있으며, 그 결과 다음 식이 얻어진다.

$$\frac{S}{N} = \frac{i_s}{2e\Delta f} \tag{11.10}$$

유감스럽게도 항상 무한한 전력을 갖지 못하기 때문에, 전력이 낮을 경우 열잡음은 일반적으로 산탄잡음을 능가한다. 이 경우, 식 (11.8)은 다음 식으로 간소화된다.

$$\frac{S}{N} = \frac{R_L(\eta eP/hf)^2}{4kT\Delta f} \tag{11.11}$$

이것이 **열잡음 제한**(thermal-noise-limited)된 결과이며, 일반적으로 양자 제한된 SNR보다 훨씬 작다. 이 경우 SNR은 부하 저항을 증가시킴으로써 향상될 수 있음에 주목해야 된다. 그러나 표 7.3에 나타낸 것처럼, 이 경우는 수신기의 대역폭과 동적 범위를 감소시킬지도 모른다. 식 (11.11)로부터 SNR은 입사된 광 전력의 자승으로 증가됨을 알 수 있다. 결론적으로, 시스템 효율에서의 미세한 상대적 변화는 열잡음 제한된 시스템에서 수신된 신호의 질에 상당한 변화를 초래한다.

예제 11.1

0.85 μm에서 10 mW를 방출하는 LED, 20 dB의 손실을 갖는 광파이버, 0.5 A/W의 응답도를 갖는 PIN 광 검출기로 구성된 시스템이 있다고 가정하자. 검출기의 암전류는 2 nA이며, 부하 저항은 50 Ω, 수신기의 대역폭은 10 MHz, 온도는 300 K(27 °C)이다. 시스템 손실은 파이버 감쇠와 더불어 광원과의 결합시 14 dB 전력 감소, 여러 가지 커넥터 및 접속기에 의한 10 dB 손실을 포함한다. 이 경우 수신된 광 전력, 검출된 신호 전류 및 전력, 산탄잡음 및 열잡음 전력, 그리고 신호 대 잡음비를 구하라.

풀이: 전체 시스템 손실은 $14 + 20 + 10 = 44$ dB이다. 식 (1.1)을 사용하면, 이 손실은 $10^{-4.4} = 4 \times 10^{-5}$의 전송 효율로 변환된다. 따라서, 수신기에 도달하는 광 전력은

$$
\begin{aligned}
P_R &= 4 \times 10^{-5}(10) \\
&= 4 \times 10^{-4}\ \text{mW} = 0.4\ \mu\text{W}
\end{aligned}
$$

이다. 응답도가 주어졌기 때문에 식 (7.1)로부터 광 전류를 계산할 수 있다. 따라서,

$$
\begin{aligned}
i_s &= \rho P_R = 0.5(0.4) \\
&= 0.2\ \mu\text{A} = 200\ \text{nA}
\end{aligned}
$$

이다. 암전류(단지 2 nA)는 신호 전류에 비해 적기 때문에, 이 예제에서는 무시될 수 있다. 전기 신호 전력은

$$
\begin{aligned}
\overline{P}_{\text{ES}} &= i_s^2 R_L = (0.2 \times 10^{-6})^2(50) \\
&= 2 \times 10^{-12}\ \text{W}
\end{aligned}
$$

이며, 산탄잡음 전력은 식 (11.6)으로부터

$$
\begin{aligned}
\overline{P}_{\text{NS}} &= 2ei_s\,\Delta f R_L \\
&= 2(1.6 \times 10^{-19})(0.2 \times 10^{-6})(10^7)(50) \\
&= 3.2 \times 10^{-17}\ \text{W}
\end{aligned}
$$

이 된다. 열잡음 전력은 식 (11.7)로부터

$$
\begin{aligned}
\overline{P}_{\text{NT}} &= 4(1.38 \times 10^{-23})(300)(10^7) \\
&= 1.66 \times 10^{-13}\ \text{W}
\end{aligned}
$$

이 된다. 이 시스템에서, 열잡음은 산탄잡음보다 거의 10^4 정도 크다. 열잡음 제한된 결과를 적용하여[식 (11.11)] 이 식으로부터 SNR을 구하거나 또는 다음 식과 같이 직접 구할 수 있다.

$$\frac{S}{N} = \frac{\overline{P}_{ES}}{\overline{P}_{NT}} = \frac{2 \times 10^{-12}}{1.66 \times 10^{-13}} = 12$$

데시벨로 표시하면, SNR은 $10 \log_{10} 12 = 10.8$ dB이 된다. 비교를 위해 양자 제한된 경우의 SNR을 구하면, 식 (11.10)으로부터

$$\frac{S}{N} = \frac{0.2 \times 10^{-6}}{2(1.6 \times 10^{-19})(10^7)} = 62{,}500$$

또는 48 dB이 된다.

예제 11.2

예제 11.1에서 시스템 손실이 6 dB 감소한 경우(좀더 나은 광파이버가 사용되고, 광원 결합이 향상되어), 새로운 SNR 값을 구하라.

풀이: 해를 구하는 과정은 예제 11.1과 같기 때문에 결과를 매우 간략하게 구할 수 있다. 6 dB의 향상은 수신된 광 전력이 4배로 향상된 것에 해당한다. 신호 광 전류와 산탄잡음 전력도 동일한 양만큼 증가하므로 $i_s = 0.8\ \mu$A이고, $\overline{P}_{NS} = 12.8 \times 10^{-17}$ W가 된다. R_L을 통해 흐르는 신호 전력은 $\overline{P}_{ES} = 32 \times 10^{-12}$로 16배 증가된다. 열잡음 전력은 $\overline{P}_{NT} = 1.66 \times 10^{-13}$ W로 변함 없이 유지되지만, 여전히 산탄잡음 전력보다 훨씬 더 크다. 따라서, $S/N = \overline{P}_{ES}/\overline{P}_{NT} = 192$이며, 손실이 많은 시스템의 SNR보다 16배나 크다. 데시벨로 표시하면, $S/N = 22.8$ dB이 된다. 이전의 문제와 비교해 보면, 광 전력이 6 dB 증가하면 SNR은 12 dB 향상됨을 알 수 있다.

예제 11.2는 열잡음 제한된 시스템에 대한 일반적인 결과들을 나타내고 있다. 만약 광 전력이 ΔP 데시벨만큼 증가하면, 신호 대 잡음비는 증가분의 2배(2 ΔP 데시벨)만큼 증가할 것이며, 이것은 SNR이 광 전력의 자승에 비례함을 보여주는 식 (11.11)의 결과에 따른 것이다. 산탄잡음 제한된 시스템에서는 광 전력이 ΔP 데시벨만큼 증가하면, 식 (11.9)에서처럼 SNR은 광 전력(자승이 아님)에 비례하기 때문에 단지 ΔP 데시벨만큼 SNR이 증가한다.

예제 11.1과 11.2는 허용가능 전력이 요구되는 응용분야에 충분한지를 결정할 경우 시스

템 설계자들이 실행하는 계산 형태를 보여준다. 다음 절에서는, 디지털 오류율과 계산된 신호 대 잡음비와의 관계를 설명한다.

내부 이득이 있는 광 검출기들이 포함된 경우, SNR 방정식을 쉽게 변형시킬 수 있다. 만약 이득이 M이라면, 신호 전류는 이 값만큼 증가되며, 신호 전력은 M^2만큼 증가한다. 산탄-잡음 전류 역시 M만큼 증폭되므로, 산탄잡음 전류의 자승 평균값은 M^2만큼 증가하며, 이로 인한 산탄잡음 전력도 M^2만큼 증가한다. 열잡음 전류는 광 검출기 내에서 발생하지 않기 때문에 증폭되지 않는다. 이러한 결과로 식 (11.8)은 다음 식과 같이 된다.

$$\frac{S}{N} = \frac{(M\eta eP/hf)^2 R_L}{M^2 2eR_L\Delta f(I_D + \eta eP/hf) + 4kT\Delta f} \tag{11.12}$$

만약 이득이 충분히 크면, 산탄잡음은 적당히 낮은 광 전력 레벨들에서조차도 열잡음을 훨씬 초과할 수 있으며, 이 경우(암전류도 무시될 수 있다고 가정하면) 다음 식으로 된다.

$$\frac{S}{N} = \frac{\eta P}{2hf\Delta f} \tag{11.13}$$

이 식은 맨 처음 식 (11.9)로 얻어진 이상적인 양자 제한된 결과식이다.

예제 11.3

예제 11.1의 PIN 검출기가 160배($M = 160$)나 큰 응답도를 갖는 검출기로 대치되고 다른 모든 조건은 변화되지 않을 때, 0.4 μW의 광 전력이 검출기에 입사되는 경우 SNR을 구하라.

풀이: 산탄잡음 전력은 3.2×10^{-17} W에서

$$\begin{aligned}\overline{P}_{\text{NS}} &= (160)^2(3.2 \times 10^{-17}) \\ &= 8.19 \times 10^{-13}\ \text{W}\end{aligned}$$

로 증가하고, 열잡음 전력은 $\overline{P}_{\text{NT}} = 1.66\times 10^{-13}$ W로 유지된다. 이제 산탄잡음은 열잡음보다 약 5배 정도 크며, 시스템은 거의 산탄잡음 제한된다. 신호 전력은 증폭 없이 얻어진 값보다 M^2만큼 증가한다. 따라서,

$$\begin{aligned}\overline{P}_{\text{ES}} &= (160)^2(2 \times 10^{-12}) \\ &= 5.12 \times 10^{-8}\ \text{W}\end{aligned}$$

로 된다. 만약 열잡음을 포함하면,

$$\frac{S}{N} = \frac{\overline{P}_{\text{ES}}}{\overline{P}_{\text{NS}} + \overline{P}_{\text{NT}}}$$

$$= \frac{5.12 \times 10^{-8}}{8.19 \times 10^{-13} + 1.66 \times 10^{-13}}$$

$$= 52{,}000$$

또는 47.2 dB이 된다. 열잡음을 무시하면, 양자 제한된 결과 $S/N = 62{,}500$ 또는 48 dB로 된다. 열잡음 제한된 시스템($S/N = 10.8$ dB)보다 향상됨을 알 수 있다. 이 예제에서의 시스템은 1 dB의 이상적인 양자 제한 내에 존재한다.

예제 11.3은 다음의 두 가지 사실을 설명한다: 양자 제한된 동작은 열잡음 제한된 시스템의 신호보다 양질의 신호를 발생시키며, 이상적으로 양자 제한된 동작은 고이득 광 검출기들을 사용함으로써 수행될 수 있다.

기본적으로 광 검출기의 이득은 수신기의 감도를 증가시킨다. 향상된 감도는 긴 광파이버 경로의 끝단에서 얻어지는 것과 같이 낮은 레벨 신호의 검출을 가능하게 한다. 중계기들의 간격을 넓게 설치할 수 있기 때문에, 중계기들을 사용하는 경우 장거리 경로에 특히 유용하다.

11.2.2 애벌런치 광 다이오드 초과잡음

식 (11.12)는 광증배기(photomultiplier)들에 잘 적용되지만, APD들에 대해서는 수정되어야만 한다[3]. M^2만큼 증가하기보다는 APD에서의 산탄잡음 전력은 M^n만큼 증가하며, 여기서 n은 2와 3 사이의 값을 갖는다[4]. 산탄잡음 전력은 APD에서 **초과잡음지수**(excess noise factor) $M^n/M^2 = M^{n-2}$만큼(신호 전력에 비해) 증가하게 된다[5]. 이제,

$$\frac{S}{N} = \frac{(M\eta eP/hf)^2 R_L}{M^n 2eR_L \Delta f(I_D + \eta eP/hf) + 4kT\Delta f} \tag{11.14}$$

로 된다.

이전처럼 1 이상으로 이득이 증가하면, 낮은 잡음 레벨에서 열잡음이 덜 지배적이므로 SNR을 향상시킨다. 그러나, 만약 이득이 너무 커서 산탄잡음이 지배적이면(암전류는 무시될 수 있다고 가정할 경우), 다음 식이 얻어진다.

$$\frac{S}{N} = \frac{1}{M^{n-2}} \frac{\eta P}{2hf\Delta f} = \frac{\text{양자 제한된 SNR}}{\text{초과잡음지수}}$$

이 식은 양자 제한된 신호 대 잡음비가 초과잡음지수에 의해 얼마나 감소되는지를 보여주며, 만약 M이 너무 커지면 신호의 질이 명백히 저하되게 될 것이다. 식 (11.14)에서 SNR의 최대값을 제공하는 M의 최적값(대략 1과 ∞ 사이)이 존재한다고 결론지을 수 있다. 다행히, APD 이득은 전에 식 (7.17)에 나타낸 것처럼 역바이어스 전압을 변화시킴으로써 조절될 수 있다.

실리콘 APDs는 게르마늄이나 InGaAs으로 만들어진 APD보다 초과잡음이 적다. 초과잡음지수 계산시, n의 값은 실리콘인 경우 거의 2.3, InGaAs인 경우 2.7, 게르마늄인 경우 3이다. 예를 들어, 일반적인 실리콘 APDs는 약 100 정도의 전류 이득에서 5 정도의 초과잡음지수를 발생하며, 단지 10 정도의 이득을 갖는 게르마늄 APDs는 7 정도의 초과잡음지수를 가지며, 20 정도의 이득을 갖는 InGaAs APDs는 10 정도의 초과잡음지수를 갖는다[6]. Ge와 InGaAs APDs들은 약간의 잡음이 있기 때문에, 몇몇의 장파장 광파이버 수신기들은 APD 대신 다음 단에 저잡음 전치증폭기를 갖는 양질(낮은 암전류)의 PIN 광다이오드를 사용한다.

11.2.3 잡음-등가 전력

수신기 감도에 대한 또 다른 척도인 **잡음-등가 전력**(noise-equivalent power: NEP)은 신호 대 잡음비가 1이 되도록 하는 광 전력량에 관계된다. 이들 정의와 계산에 대한 간단한 예로, 열제한된 PIN 검출기를 고찰해 보자. 식 (11.11)에서 $S/N = 1$로 놓고, 전력에 대하여 풀면 다음 식이 얻어진다.

$$P_{\min} = \frac{hf}{\eta e}\sqrt{\frac{4kT\Delta f}{R_L}} \tag{11.15}$$

수신 평가기준으로 S/N을 1로 놓을 경우, 이것이 **최소 검출가능 전력**(minimum detectable power)이다. 잡음-등가 전력은 시스템 대역폭의 제곱근으로 나눈 정규화된 최소 검출가능 전력이며, 열 제한된 경우

$$\text{NEP} = \frac{P_{\min}}{\sqrt{\Delta f}} = \frac{hf}{\eta e}\sqrt{\frac{4kT}{R_L}} \tag{11.16}$$

이다. NEP의 단위는 $\text{W/Hz}^{1/2}$이다.

이득을 갖는 검출기들과 암전류를 무시할 수 없는 경우에 대한 NEP는 유사한 방법으로 계산될 수 있다. 이를 위해, 최소 전력이 매우 낮게 되므로 $I_D \gg \eta eP/hf$라고 가정하고 식 (11.14)의 일반식에서 S/N을 1로 놓으면, 결과식은 다음과 같이 된다.

$$\text{NEP} = \frac{hf}{M\eta e}\sqrt{M^n 2eI_D + \frac{4kT}{R_L}} \tag{11.17}$$

식 (11.17)은 다음의 형태로 표시될 수 있다.

$$\text{NEP} = \frac{\sqrt{\overline{i^2_{\text{NSD}}} + \overline{i^2_{\text{NT}}}}}{\rho\sqrt{\Delta f}} \tag{11.18}$$

검출기 응답도는 $\rho = M\eta e/hf$이며, $\overline{i^2_{\text{NSD}}}$는 단지 암전류로 인해 증폭된 산탄잡음이고 $\overline{i^2_{\text{NT}}}$는 열잡음이다. 식 (11.18)로부터 NEP는 잡음 전류 실효값(root-mean-square: rms)을 응답도와 대역폭의 제곱근으로 나눈 것과 같음을 알 수 있다.

식 (11.17)을 살펴보면, 적은 부하 저항과 낮은 검출기 이득을 갖는 경우 열잡음이 지배적임을 알 수 있다. 비록 낮은 출력 전압을 발생하더라도, 높은 주파수 시스템에서 요구되는 넓은 대역폭을 갖도록 하기 위해 낮은 저항이 필요하다(표 7.3에 이러한 결론이 요약되어 있다). 따라서, 높은 주파수 동작에서는 열잡음이 NEP의 값에 큰 영향을 미치며, 암전류는 무시될 수 있음을 예상할 수 있다. 상대적으로 성능이 떨어지는 다이오드(큰 암전류)가 사용될 수 있는 반면에, 큰 저항과 큰 이득을 갖는 경우 암전류 잡음은 열잡음을 초과한다. 이 경우, 성능이 좋은 다이오드(낮은 암전류를 갖는 다이오드)를 선택해야 최대 수신기 감도를 얻을 수 있다.

예제 11.4

0.85 μm에서 0.5 A/W의 응답도와 2 nA의 암전류를 갖는 PIN 다이오드가 있다. 300 K 온도에서 부하 저항의 함수로 NEP를 구하고, $R_L = 100\ \Omega$이고 대역폭이 1 MHz일 때 최소 검출가능한 전력을 구하라.

풀이: 실효 열잡음 전류는

$$\sqrt{\overline{i^2_{\text{NT}}}} = \sqrt{\frac{4kT\Delta f}{R_L}}$$

$$= \sqrt{\frac{4(1.38 \times 10^{-23})(300)\,\Delta f}{R_L}}$$

$$= 129 \times 10^{-10}\sqrt{\frac{\Delta f}{R_L}}$$

이고, 실효 산탄잡음 전류는

$$\sqrt{\overline{i^2_{\text{NSD}}}} = \sqrt{2eI_D\Delta f}$$

$$= \sqrt{2(1.6 \times 10^{-19})(2 \times 10^{-9})\,\Delta f}$$

$$= 2.53 \times 10^{-14}\sqrt{\Delta f}$$

이다. 식 (11.18)에 0.5의 응답도와 위의 결과들을 대입하면

$$\text{NEP} = \sqrt{2.56 \times 10^{-27} + \frac{6.62 \times 10^{-20}}{R_L}}$$

로 된다. 암전류로 인한 첫 번째 항은 부하 저항이 $10^6\,\Omega$을 초과할 때까지 두 번째 항(열 때문에 발생된)에 비해 무시될 수 있다. 부하 저항의 변화에 대한 NEP 변화가 그림 11.9에 나타나 있으며, 산탄잡음 또는 열잡음이 지배적인 영역을 분명히 보여준다. $R_L = 100\,\Omega$에서는 NEP $= 2.57 \times 10^{-11}$ W/Hz$^{1/2}$이며, 1-MHz의 대역폭을 가지면

$$P_{\min} = \text{NEP}\sqrt{\Delta f}$$
$$= 2.57 \times 10^{-11}(10^3) = 25.7\text{ nW}$$

가 된다.

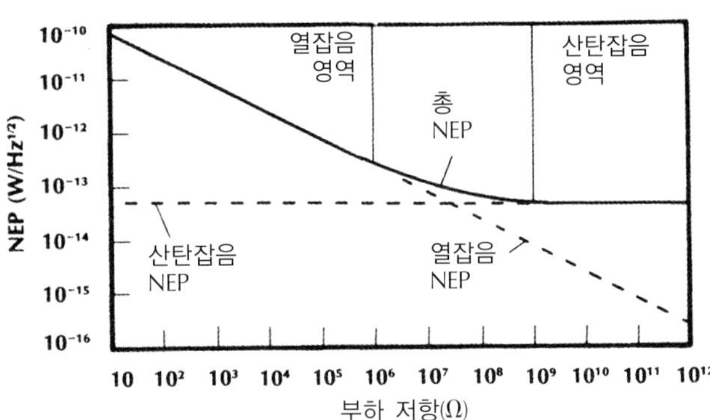

그림 11.9
300 K에서 0.5 A/W의 응답도와 2 nA의 암전류를 갖는 PIN 다이오드에 대한 잡음 등가 전력

몇몇 문헌에서는, 단지 검출기가 하나뿐인 경우에 대한 NEP가 주어져 있으며, 주어진 숫자가 다이오드의 암전류로 인한 NEP 성분이다. 식 (11.17)과 (11.18)로부터 NEP의 값은 다음 식과 같이 될 수 있음을 알 수 있다.

$$\begin{aligned}\text{NEP} &= \frac{hf}{M\eta e}\sqrt{M^n 2eI_D} \\ &= \frac{\sqrt{i_{\text{NSD}}^2/\Delta f}}{\rho}\end{aligned} \tag{11.19}$$

11.2.4 아날로그 변조시 SNR

광 신호가(일정하기보다는) 정현파적으로 변조된 경우, 식 (11.14)의 일반적인 SNR 결과식을 단지 약간 수정할 필요가 있다. 정현파의 경우, 광 검출기에 입사한 광 전력은 다음 식과 같이 나타낼 수 있다.

$$P_i = P(1 + m\cos\omega t) \tag{11.20}$$

여기서, m은 광 변조도이고 ω는 변조주파수를 나타내며, 평균 입사 전력은 P이다.

전력 P_i는 내부 증폭되기 전에 다음 식과 같은 광 전류를 발생시킨다.

$$i_s = \frac{\eta eP}{hf}(1 + m\cos\omega t) \tag{11.21}$$

첫 번째 항은 평균 전류($i_s = \eta eP/hf$)이며, 두 번째 항이 원하는 정보 신호이다. 증폭이 된 후, 신호 전류는 다음 식과 같이 증가된다.

$$i = \frac{M\eta eP}{hf}m\cos\omega t \tag{11.22}$$

이 전류가 평균 전기 신호 전력 $\overline{P}_{\mathrm{ES}} = 0.5R_L i_p^2$를 전달함으로써 부하 저항을 통해 흐르게 된다. 여기서, i_p는 신호 전류의 피크값이다. 따라서,

$$\overline{P}_{\mathrm{ES}} = 0.5R_L\left(\frac{mM\eta eP}{hf}\right)^2 \tag{11.23}$$

로 되고, P는 정확하게 일정한 경우와 정현파인 두 경우에 대한 광 전력을 나타내기 때문에, 식 (11.14)의 분모에 있는 잡음 전력은 변화되지 않는다. 그러므로,

$$\frac{S}{N} = \frac{(m^2/2)(M\eta eP/hf)^2 R_L}{M^n 2eR_L\Delta f(I_D + \eta eP/hf) + 4kT\Delta f} \tag{11.24}$$

가 된다. 이 결과는 일정한 전력인 경우에 비해 단지 $m^2/2$만큼 차이가 난다. 열잡음 제한된 경우와 산탄잡음 제한된 경우의 신호 대 잡음비는 각각 다음 식으로 된다.

$$\frac{S}{N} = \frac{m^2}{2}\frac{R_L(\eta eP/hf)^2}{4kT\Delta f}M^2$$

$$\frac{S}{N} = \frac{m^2/2}{M^{n-2}}\frac{\eta P}{2hf\Delta f}$$

이득이 없는 경우, 이 식들에서 $M = 1$로 놓으면 SNR이 구해진다. 초과잡음이 없는 경우에는 $n = 2$로 놓으면 된다.

100% 변조인 경우, $m = 1$이고 SNR은 최대가 된다. SNR은 변조도의 제곱에 따라 변화하기 때문에, 가능한 한 m을 크게 함으로써 아날로그 신호의 수신을 향상시킨다. 그러나, m이 증가함에 따라 광원은 전력-전류 특성의 넓은 영역에 걸쳐 동작한다. 이러한 특성에서 비선형성(신호 찌그러짐을 야기시킴)은 최대 허용가능한 변조도를 제한함으로써 사용가능한 영역을 제한할 수 있다.

광대역 아날로그 전송(영상의 경우에서 필요한 것처럼)은 40 ~ 60 dB의 신호 대 잡음비를 필요로 할 수 있다.

11.2.5 헤테로다인시 SNR

10.6절에서 헤테로다인 검파기는 다음 식으로 표현되는 평균 전류[식 (10.36)]를 발생시킴을 알았다.

$$i_{\text{dc}} = \frac{\eta e}{hf}(P_L + P_S)$$

그리고, 중간주파수 전류[식 (10.37)]는

$$i_{\text{IF}} = \frac{2\eta e}{hf}\sqrt{P_S P_L}\cos[\omega_{IF}t - \theta(t)]$$

이며, 여기서 P_L과 P_S는 국부 발진기 및 신호 빔에 대한 광 전력이다. 국부 발진기 전력 P_L은 항상 일정하다. 신호 전력 P_S도 역시 일정한 경우, SNR을 계산해 보자.

부하 저항에 전달된 평균 신호 전력은 $\overline{P}_{\text{ES}} = 0.5R_L(i_{\text{IF},P})^2$이며, 여기서 $i_{\text{IF},P}$는 중간 주파수 피크전류값이다. 이때, 신호 전력은

$$\overline{P}_{\text{ES}} = 2R_L P_S P_L\left(\frac{\eta e}{hf}\right)^2 \tag{11.25}$$

가 된다. 가장 놀랄만한 결과는 국부 발진기 전력에 의해 신호 증폭이 발생한다는 것이다. P_L의 값이 커질수록 전기 신호 전력이 증가된다.

이전과 같이 산탄잡음 전력은 $\overline{P}_{\text{NS}} = 2eR_L I\Delta f$이며, 여기서 I는 전체 평균 전류이고 Δf는 IF 수신기의 대역폭이다(변조는 중간주파수 근처의 상측대파와 하측대파를 발생시키므로 중간주파수 대역폭은 일반적으로 기저대역 수신기 대역폭의 2배가 필요하다. 다시 말하면, 중간주파수 신호의 스펙트럼은 기저대역 정보 대역폭의 2배이다. 이는 10.3절에서 논의한 변조에서 알려

진 것과 같은 효과이다). 헤테로다인 수신기에서 I는 암전류와 dc 광 전류의 합이 되므로,

$$\overline{P}_{\text{NS}} = 2eR_L\Delta f\left[I_D + \frac{\eta eP_L}{hf}\left(1 + \frac{P_S}{P_L}\right)\right] \tag{11.26}$$

이 된다. 열잡음은 검출 방식에 무관하게 $\overline{P}_{\text{NT}} = 4kT\Delta f$로 고정된다. 이제,

$$\begin{aligned}\frac{S}{N} &= \frac{\overline{P}_{\text{ES}}}{\overline{P}_{\text{NS}} + \overline{P}_{\text{NT}}} \\ &= \frac{2(\eta e/hf)^2R_LP_SP_L}{2eR_L\Delta f[I_D + (\eta eP_L/hf)(1 + P_S/P_L)] + 4kT\Delta f}\end{aligned} \tag{11.27}$$

만약 P_L이 큰 경우, 산탄잡음이 지배적으로 됨에 주목하라. 이는 국부 발진기가 수신기에 위치하기 때문에 발생하는 일반적인 현상이다. P_L은 전송되는 빔과는 달리 전파 손실, 분포 손실 및 결합 손실에 의한 영향을 받지 않는다. 만약 P_L이 큰 경우, 식 (11.27)은 다음 식과 같이 간소화된다.

$$\frac{S}{N} = \frac{\eta P_S}{hf\Delta f} \tag{11.28}$$

이것이 양자 제한된 신호 대 잡음비이다. 중간주파수 대역폭이 기저대역 대역폭의 2배와 같다고 가정하면, 직접 검파에 적용된 식 (11.9)와 같은 SNR이 얻어진다. 헤테로다인 수신기들은 이상적인 SNR에 근접하기 때문에(낮은 신호 레벨에서조차도) 매우 감도가 뛰어나며, 초과잡음(APD에서처럼)이 개입되지 않으므로 양자 제한된 SNR에 거의 근접한다.

11.3 오류율

아날로그 시스템들에서는 전송되는 파형이 매우 중요하다. 적은 양의 잡음조차도 파형을 다소 손상시키기 때문에, 시스템 설계자들은 얼마나 많은 찌그러짐이 허용될 수 있는가를 산출해야만 하며, 요구되는 재생 충실도를 충분히 만족할 수 있도록 신호 대 잡음비를 정해야 한다. 반면에, 디지털 펄스의 정확한 형태는 유지될 필요가 없으며, 디지털 수신기들은 단지 특정한 간격 동안 펄스들의 유무만을 결정한다. 이 절에서는, 이러한 검출에 잡음이 어떻게 오류를 발생시키는지를 설명한다.

비트오류율(bit-error rate: BER)(검출 오류들의 부분적 횟수)이 디지털 시스템 성능의 척도가 된다. 만약 100개의 결정들 중에서 매번 하나의 오류가 발생하면 BER = 0.01이며, 임

의의 단일 비트 간격 동안 오류 발생 기회는 BER과 같다; 그러므로, **오류 확률**(probability of error) P_e는 0.01이 된다. **비트오류율**과 **오류 확률** 두 가지 용어는 서로 바꾸어 사용할 수 있다.

또 다르게 오류율을 해석할 수 있다. 각각의 비트 또는 각각의 오류를 구분할 수는 없지만, P_e는 여전히 비트당 오류의 수로 간주될 수 있다. R b/s의 데이터율에 대해 초당 오류의 수는 RP_e(초당 비트 수와 비트당 오류의 곱)와 같다. 만약 $P_e = 0.01$이고 $R = 1$ Mb/s인 경우, 매 초당 10,000번의 오류들이 발생한다. 이것은 당연히 허용될 수 없다. P_e를 10^{-9}로 바꾸면, 오류율은 매 초당 0.001 또는 매 1000초(16.7분)당 한 개의 오류로 줄어든다. 10^{-9}의 오류율은 대부분의 응용분야에 적합하다.

11.3.1 열잡음 제한된 경우의 오류율

그림 11.10은 열잡음이 어떻게 검출 오류를 발생하는가를 나타낸다. 이상적으로(잡음 없이) 수신된 전류가 그림 11.10(a)에 나타나 있으며, 그림 11.10(b)에서는 부가된 잡음의 영향과 필터를 거친 실제의 전류를 나타낸다. 이 전류는 각 비트 간격의 마지막 부분(펄스들이 최대 진폭에 가장 도달할 가능성이 있는 지점)에서 표본화되며, 그림 11.10(c)에 그 결과가 나타나 있다. 이 지점에서 각 표본의 진폭이 기준값(또는 임계값)과 비교된다. 임계전류는 1이 도달할 때 기대되는 이상적인 전류(그림에서 i_s)와 0 사이의 임의의 지점에 위치한다. 만약 표본이 임계치를 초과하는 경우 1로 처리되며, 임계치보다 적은 경우 0으로 결정된다. 그림 11.10(d)는 이러한 데이터 패턴 결과를 나타낸다.

그림 11.10(b)의 찌그러진 펄스열이 발생하는 이유에 대하여 좀더 관찰해 보면, 0이 수신되는 경우 이상적인 수신기는 전류를 발생시키지 않지만 실제로는 열잡음과 암전류 산탄

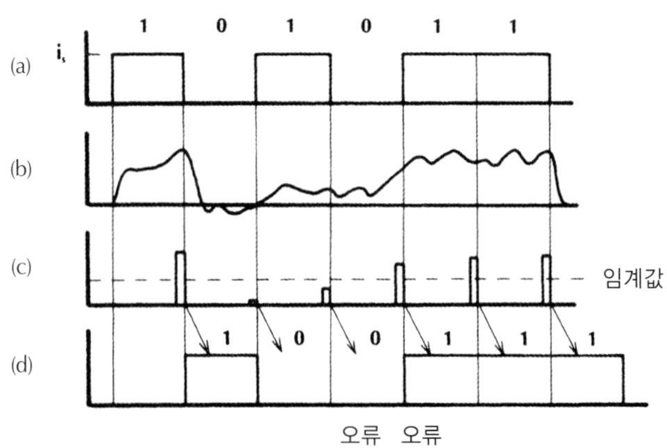

그림 11.10
검출 오류들 (a) 이상적인 수신 전류 (b) 실제 전류 (c) 표본화된 전류 (d) 데이터 패턴 결과

잡음이 불규칙한 전류를 발생시킨다. 잡음 전류는 평균적으로는 적을 수 있지만, 여전히 임의의 비트 간격들 동안 임계값을 초과하기에 충분히 클 수도 있기 때문에 오류가 발생한다. 1이 수신된 경우 이상적인 전류는 일정하다[그림 11.10(a)에서 레벨 i_s 참조]. 실제의 수신기에서는 잡음이 원하는 전류와 다른 위상으로 더해질 수 있어 전체 전류는 때때로 임계레벨 이하로 내려갈 수가 있기 때문에, 이 경우에도 오류가 발생한다. 그림은 1과 0을 검출하는 데 발생하는 오류를 나타낸다. 이것은 0들을 검출할 때 오류의 수를 증가시킬 수 있기 때문에 명백히 임계점은 0에 너무 가까워서는 안 되며, 마찬가지로 1들을 검출할 때 오류들은 너무 자주 발생할 수 있으므로 이 또한 이상적인 레벨 i_s에 너무 가깝게 되어서는 안 된다. 예상되는 대로, 가장 적은 오류를 발생시키는 임계레벨은 1이 수신되는 경우에는 이상적인 전류의 1/2이며(임계전류를 $0.5i_s$로 놓는다), 대부분의 메시지의 경우에 존재하는 상황인 1과 0들이 동등하게 발생한다면 이것이 최적의 임계치가 된다. 만약 수신 전력이 변한다면(예를 들면 광원의 노화의 결과로), 임계치는 재설정되어야만 한다.

열잡음 제한된 시스템에서의 결정은 미리 정해진 임계레벨을 신호-전류 진폭과 비교함으로써 이루어진다는 것은 요약될 가치가 있다.

$0.5i_s$의 임계를 사용하면, 오류 확률의 결과식은

$$P_e = \frac{1}{2} - \frac{1}{2}\,\mathrm{erf}\left(0.354\sqrt{\frac{S}{N}}\right) \tag{11.29}$$

로 되며[7], 여기서, erf는 (잘 알려지고 도표로 표시된 양인[8]) 오류 함수(error function)를 나타낸다. 표 11.1에 0부터 3까지의 독립 변수에 대한 오류 함수의 값을 나타내었다. 3보다 큰 값에 대해서는 근사값을 구할 수 있는 식을 표에 함께 표시하였다. 오류 확률에 대한 그래프는 그림 11.11에 나타나 있다. P_e를 결정하기 위해 사용된 신호 대 잡음비는 PIN 검출기에 의한 직접 검출에 대한 식 (11.11)에 의하여 주어진 열잡음 제한된 값이다. 식 (11.29)는 산탄잡음 제한된 시스템에서는 적용되지 못한다. 이 절의 끝부분에서 이러한 시스템에 대한 P_e를 고찰할 것이다.

11.2절에서, 두 가지 열잡음 제한된 시스템에 대해 10.8과 22.8 dB의 신호 대 잡음비를 구하였다. 식 (11.29)를 사용하여 직접 계산하거나 또는 그림 11.11로부터 이에 해당하는 오류율들은 각각 4.2×10^{-2}와 2.6×10^{-12}이 된다.

표 11.1 오류 함수

x	erf x	x	erf x
0.00	0.00000	1.05	0.86244
0.05	0.05637	1.10	0.88021
0.10	0.11246	1.15	0.89612
0.15	0.16800	1.20	0.91031
0.20	0.22270	1.25	0.92290
0.25	0.27633	1.30	0.93401
0.30	0.32863	1.35	0.94376
0.35	0.37938	1.40	0.95229
0.40	0.42839	1.45	0.95970
0.45	0.47548	1.50	0.96611
0.50	0.52050	1.55	0.97162
0.55	0.56332	1.60	0.97635
0.60	0.60386	1.65	0.98038
0.65	0.64203	1.70	0.98379
0.70	0.67780	1.75	0.98667
0.75	0.71116	1.80	0.98909
0.80	0.74210	1.85	0.99111
0.85	0.77067	1.90	0.99279
0.90	0.79691	1.95	0.99418
0.95	0.82089	2.00	0.99532
1.00	0.84270	2.50	0.99959
		3.00	0.99998

$x \geq 3$ 인 경우, $1 - \text{erf}\, x \cong e^{-x^2}/x\sqrt{\pi}$.

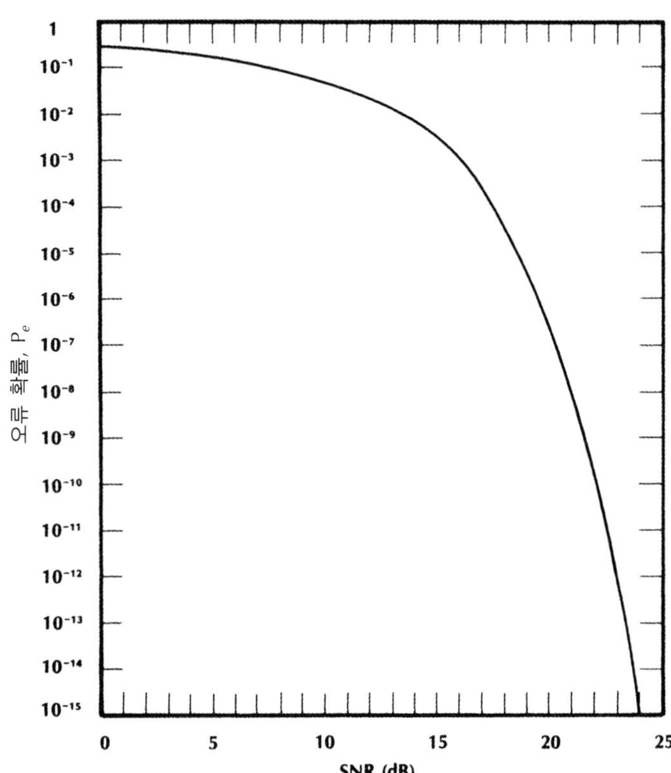

그림 11.11
열잡음 제한된 시스템에서의 오류 확률

■ 예제 11.5 ■

1 Mb/s NRZ 링크가 300 K에서 100 Ω의 부하를 사용하며, 파장은 0.82 μm이고 원하는 오류율은 10^{-4}이다. PIN 검출기 양자 효율이 1일 경우, 광 검출기에 입사된 광 전력, 광 전류, 그리고 비트당 입사한 광자의 수를 구하라.

풀이: 그림 11.11로부터, 10^{-4}의 오류율은 $S/N = 17.5$ dB을 필요로 함을 알 수 있으며, 이것은 $S/N = 56.2$와 같다. 식 (11.11)을 입사 전력에 대하여 풀면,

$$P = \frac{hf}{\eta e}\sqrt{\frac{4kT\Delta f}{R_L}}\sqrt{\frac{S}{N}}$$

가 된다. 광 주파수 f는 $c/\lambda = 3.66 \times 10^{14}$ Hz이며, 펄스 지속시간 $\tau = 10^{-6}$ s가 된다. 수신기의 대역폭 $\Delta f = 1/\tau = 10^{9}$ Hz이므로

$$\begin{aligned} P &= \frac{6.63 \times 10^{-34}(3.66 \times 10^{14})}{1.6 \times 10^{-19}} \\ &\quad \times \sqrt{\frac{4(1.38 \times 10^{-23})(300)(10^{6})}{100}}\sqrt{(56.2)} \\ &= 1.46 \times 10^{-7}\ \mathrm{W} = 146\ \mathrm{nW} \end{aligned}$$

가 된다. 이것이 10^{-4} BER일 때 요구되는 광 전력이며, 검출된 전류 $i = \eta eP/hf =$ 96.4 nA가 된다. 7.2절에서 구해진 것처럼, 초당 입사된 광자의 수는 P/hf이므로, 비트 간격 τ 동안 입사된 광자의 수는 $n_p = (P/hf)\tau$가 된다. 이 예제에서는,

$$\begin{aligned} n_p &= \frac{146 \times 10^{-9}(10^{-6})}{6.63 \times 10^{-34}(3.66 \times 10^{14})} \\ &= 6 \times 10^{5}\ \text{photons/bit} \end{aligned}$$

가 된다. 열잡음 제한된 시스템에서 10^{-4}의 오류율을 얻기 위해서는 많은 수의 광자가 필요하게 됨을 알 수 있다.

15 dB 또는 그 이상의 신호 대 잡음비에 대해, 그림 11.11은 신호 전력을 조금만 증가하면 오류율이 상당히 향상됨을 보여준다. 결과적으로, 적은 양일지라도 시스템 손실을 줄이면 전송의 질을 상당히 향상시킬 수 있다.

11.3.2 산탄잡음 제한된 경우의 오류율

산탄잡음 제한된 시스템에서는 전치검출 처리기가 각 비트 간격 동안 발생되는 전자의 수를 계산하고, 이 전자 수와 임계치를 비교한다. 만약 전자의 수가 임계치를 초과하는 경우 수신기는 1이 전송된 것으로, 임계치보다 작은 경우에는 0이 전송된 것으로 가정한다.

0을 수신할 때, 암전류가 가끔 단일 비트 간격 동안 충분한 전자를 포함하는 경우 임계치를 초과하기 때문에 오류가 발생한다. 검출기 제작자의 참고문헌에 나타나 있는 암전류는 평균값이며, 이 순시 암전류는 대략 그 값에서 불규칙하게 변한다. 짧은 주기의 시간 동안 비교적 높은 값에 도달할 수 있다.

1이 수신되고 있는 중에, 만약 신호와 잡음 전류의 합에 의해 발생되는 전자의 수가 임계값을 초과하지 않는다면 오류가 발생한다. 이러한 경우는 잡음 전류가 충분히 크고 대부분의 단일 비트 간격 동안 신호 전류가 다른 위상으로 더해질 때 발생한다. 이렇게 하여 전체 전류는 종종 임계계수에 도달하기에 필요한 값 아래로 떨어진다. 이런 형태의 오류는 암전류가 없는 경우에서도 발생할 수 있다. 신호가 발생한 산탄잡음만으로도 전체의 전자 수를 감소시킬 수 있다. 입사 전력이 일정한 경우 수신된 전류를 보여주는 그림 11.12에 의해서 방금 설명한 것을 나타낼 수 있다(이것은 NRZ 시스템에서 연속적인 1들이 수신되는 경우의 전류로 생각할 수 있다). 평균적으로 일정한 전류가 검출기 회로를 통해 흐르지만, 전하 캐리어의 불규칙한 발생과 재결합에 의해 영향을 받게 되므로 순시 전류는 불규칙하게 평균값으로부터 벗어난다(이것이 신호의 산탄잡음임). 발생된 전자들의 수가 임의의 한 비트 간격 동안 임계값보다 낮게 될 유한한 확률이 존재한다. 그림에서 구간 E는 한 비트 간격 동안 작은 전류 때문에 오류가 발생하는 예이다.

1들과 0들이 똑같이 나타나는 경우, 산탄잡음 제한된 오류율이 그림 11.13에 나타나 있으며, 이 그림을 이해하기 전에 몇 가지 설명이 필요하다. 오류 확률은 1이 수신되는 경우 비트 간격 τ 동안 신호에 의해 발생되는 평균 광전자 수 n_s에 의존하며, 입사 광 전력의 항으로 표시하면 n_s는 다음 식으로 주어진다.

$$n_s = \frac{\eta P\tau}{hf} = \frac{i_s\tau}{e} \tag{11.30}$$

여기서, η는 양자효율, hf는 광자 에너지이고, i_s는 신호 전류이다. 오류율은 암전류 I_D에 의

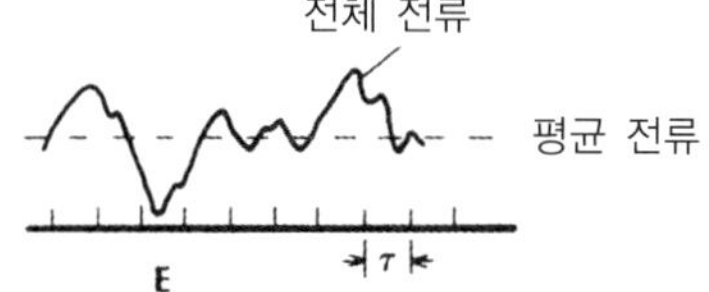

그림 11.12
연속적인 NRZ 1들로 인해 광 전력이 일정할 때, 산탄잡음이 더해진 신호 전류

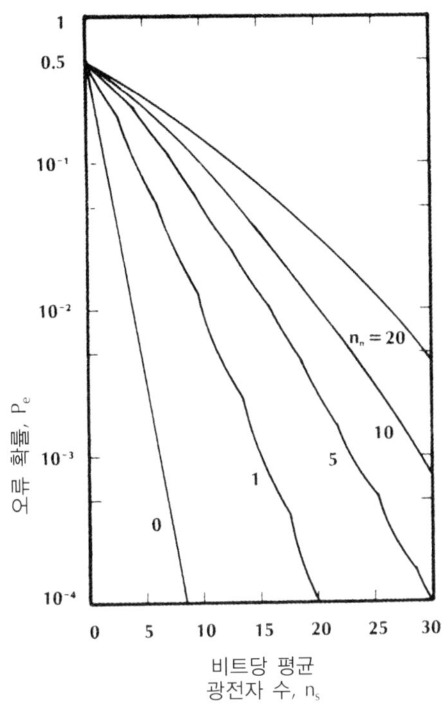

그림 11.13
PCM 산탄잡음 제한된 시스템에서의 오류 확률. 1들이 수신될 때, n_s는 발생된 평균 광전자 수이다. 암전류에 의해 발생된 평균 전자수는 n_n이다. (William K. Pratt, *Laser Communication Systems*, John Wiley, New York, 1969, pp. 169–99 참조.)

해 발생되는 전자 수 n_n에도 역시 의존한다. 즉,

$$n_n = \frac{I_D \tau}{e} \tag{11.31}$$

이다. 그림에 나타난 곡선은 검출 임계치가 최적 상태로 될 때 적용된다. 1과 0들이 동일하게 똑같이 발생될 때, P_e를 최소화시키는 임계치는 다음 식으로 된다.

$$k_T = \frac{n_s}{ln(1 + n_s/n_n)} \tag{11.32}$$

실제 임계계수 k_D는 k_T 그 자체가 정수라면 k_T와 똑같은 정수인 반면, k_T가 정수가 아닌 경우 k_D는 k_T보다 큰 값에 가장 가까운 정수로 놓는다. 오류 곡선상에서의 갑작스러운 변화는 P_e를 최소화시키기 위해 k_D의 변화를 야기시킨다.

임계 최적화를 설명하는 몇 가지 예를 들어 보자. 거의 암전류가 없다($n_n \cong 0$)고 가정하면, 식 (11.32)는 0 값 바로 위의 임계값을 발생한다. 실제 임계계수를 한 개의 전자로 놓으면($k_D = 1$), 사실상 암전류가 없기 때문에 검출된 계수값은 항상 0이 될 것이고, 시스템이 0들을 전송할 때 오류는 없을 것이다. 1의 도달은 한 개 또는 그 이상의 전자들을 검출한

것으로 가정한다. 이러한 상황에서 발생하는 모든 오류에 대한 유일한 원인은 입사 광자열이 특정 비트 간격 동안 어떠한 광전자도 발생하지 않을지도 모르기 때문이다. 입사 전력이 일정할 때 비트당 평균 광자수를 계산할 수 있지만, 임의의 한 비트 간격 동안 도달하는 실제 수는 대략 이 값에서 불규칙하게 변한다. 평균수가 낮을 때(즉, 수 광자수/비트)는 어떤 비트 간격 동안에도 검출기에 도달하는 실제 광자가 있을 가능성이 전반적으로 없다. 덧붙여, 검출기 양자효율은 단지 평균값이다. 예를 들어 $\eta = 0.8$이면, 광자들은 그 즉시 단지 80%의 전자들을 발생시킨다. 또 다른 관점에서 보면, 광자는 자유전자 발생 확률이 80%이다. 때때로, 여러 입사 광자들이 비트 간격 동안 내내 어떤 전자들도 허용할 수 없을 가능성이 있다. 물론 입사 광자의 (평균)수가 커질수록 1들이 도달할 때 전자들을 발생하지 않을 가능성이 덜하며 오류율도 낮아진다. 이러한 논의는 그림 11.13에서 암전류가 0인 곡선의 일반적인 특성을 설명한다.

전에 언급된 대로, 전하 캐리어의 불규칙한 여기는 산탄잡음 전류원이 된다. 이러한 가능성 있는 동작과 직접 관련이 있는 오류에 대한 설명이나 또는 그 결과로 인해 발생하는 불규칙한 전류와 직접 관련이 있는 오류에 대한 설명은 동일하다.

또 다른 예로서, 암전류가 평균적으로 비트당 $n_n = 20$개의 전자들을 발생시키고 각 비트당 평균적으로 $n_s = 10$개의 광전자가 존재한다고 가정하면, 식 (11.32)로부터 임계값은 $k_T = 24.7$이므로 임계계수는 $k_D = 25$로 된다. 임계값은 평균 잡음계수 이상으로 놓아야만 된다는 사실에 주의하라. 오류는 시스템이 1 또는 0들을 전송할 때 발생할 수 있다. 이 절의 앞에서 설명한 대로, 발생될 수 있는 암전류의 평균 전자 수(이 예제에서는 20)보다 더 높은 유한 확률이 존재한다. 만약 0이 수신될 때, 25 또는 그 이상의 전자들이 발생한다면 오류가 발생한다. 1이 수신될 때는 평균적으로 비트당 $n_s + n_n = 30$개의 전자들이 존재한다. 이러한 계수는 때때로 25 이하로 떨어질 것이며 오류를 야기시킨다. 30 가까이로 임계값이 증가하면 입사된 1들은 아마도 임계값과 같거나 또는 그 이상으로 전자를 충분히 발생시킬 수 없도록 만든다. 1에서의 더 많은 오류 결과와 0들은 새로운 임계값에 도달하지 못하게 한다. 일반적으로 임계값의 증가는 1에서의 오류를 증가시키고, 0에서의 오류를 감소시킨다. 임계값의 감소는 0에서의 오류를 감수하고서라도 1에서의 오류를 감소시킨다. 어떤 경우에는 최적의 임계값이 최소의 오류를 제공한다.

이제 산탄잡음 제한된 PCM의 단점이 분명해진다. 광 전력과 잡음은 임계값을 최적화하기 위해 미리 알려져야만 된다. 오류율은 임계값이 최적으로부터 멀어질수록 빠르게 증가하므로, 최적 임계값의 정확한 눈금 측정이 중요하다.

그림 11.13에서 암전류가 0인 곡선은 $n_s > 2$일 때, 거의

$$P_e = 2^{-n_s}$$

표 11.2 지시된 수만큼의 광전자가 비트당 발생될 때(암전류 없음), PCM 근사 오류율

P_e	n_s
10^{-1}	2.3
10^{-2}	4.6
10^{-3}	6.9
10^{-4}	9.2
10^{-5}	11.5
10^{-6}	13.8
10^{-7}	16.1
10^{-8}	18.4
10^{-9}	20.7
10^{-10}	23.0
10^{-11}	25.3
10^{-12}	27.6
10^{-13}	29.9
10^{-14}	32.2
10^{-15}	34.5

로 근사화될 수 있다. 표 11.2는 위 식으로부터 얻어진 몇 가지 값들을 나타낸다. 이 결과들은 실제 시스템의 질을 측정하기 위한 기준점으로 이용될 수 있다.

예제 11.6

1 Mb/s NRZ 펄스열이 $\lambda = 0.82\ \mu\text{m}$로 산탄잡음 제한된 시스템을 통해 전송되고, 수신기에서 암전류는 무시된다. 요구되는 오류율이 10^{-4}인 경우, 비트당 얼마나 많은 광자가 광 검출기에 입사되어야만 하는가? 또 양자효율을 1로 가정했을 때, 입사 광 전력을 구하라. 그리고, 이미 예제 11.5에서 논의된 열잡음 제한된 시스템의 결과들과 비교하라.

풀이: 표 11.2로부터 $P_e = 10^{-4}$일 때 비트당 광전자 수는 $n_s = 9.2 \cong 10$임을 알 수 있고, 양자효율이 1이기 때문에 비트당 10개의 광자가 요구된다. 이는 열잡음 제한된 시스템에서 필요로 하는 600,000과 비교해 보면 매우 작다. 비트주기는 $\tau = 10^{-6}$ s이다. 식 (11.30)으로부터 광 전력은 $P = hfn_s/\eta\tau = hcn_s/\eta\lambda\tau$이므로

$$P = \frac{6.63 \times 10^{-34}(3 \times 10^{8})(10)}{0.82 \times 10^{-6}(10^{-6})}$$

$$= 2.4 \times 10^{-12}\ \text{W} = 2.4\ \text{pW}$$

이다. 열잡음 시스템에서는 해당 전력이 146 nW이므로 산탄잡음 제한된 시스템이 $10 \log_{10} (146 \times 10^{-9}/2.4 \times 10^{-12}) = 48$ dB만큼 더 감도가 좋다.

그림 11.13에서 오류 곡선의 급격한 기울기에 주의를 기울여야 한다. 수신기에서 허용가능한 전력의 작은 변화는 오류 확률에서 커다란 변화를 발생시킨다. 이러한 결과는 효율적인 전력 전달을 얻는 데 유리하다.

그림 11.13에 의하면 평균 광전자 수가 영(어쩌면 광파이버 파손으로 인해)일 때조차도 오류 확률은 1이 아니고 실제 오류율은 1/2이다. 왜 이렇게 되는가? 그 해답은 1과 0들이 (일반적으로) 거의 동일하게 전송되기 때문에, 수신 단자에서 관측자는 1 또는 0이 전송되든지 간에 그 당시 정확히 50%가 된다고 단순히 추측할 수 있다.

11.4 모드잡음, 모드 분할 잡음, 증폭기 잡음, 레이저 잡음 및 지터

잡음에는 아직 설명하지 않은 몇 가지 중요한 형태가 있다: 모드잡음, 모드 분할 잡음, 증폭기 잡음 및 레이저 잡음들이며, 이들이 어떻게 발생하며 또 이들의 영향이 어떻게 최소화될 수 있는가를 알아보기로 한다. 잡음과 더불어 디지털 링크에서 나타나는 지터(jitter)는 오류율을 증가시킬 수 있기 때문에, 지터와 그 측정방법을 논할 것이다.

11.4.1 모드잡음

모드잡음(modal noise)은 다중모드 광파이버에서 발생하는 광 전력의 불규칙한 변화이다 [9]. 만약 광원이 잘 코히런트(즉, 좋은 레이저 다이오드)하면, 광파이버 모드들은 상호 간섭이 발생하고 흑백 스폿으로 구성되는 스패클 패턴이 형성된다. 그림 11.4는 스패클을 나타내었다. 총 모드 간섭이 더해지면(모드 필드가 동상인 경우) 스폿이 밝아지고, 총 간섭이 빼지면(모드 필드의 위상이 서로 다른 경우) 어둡게 된다.

인코히런트 광원(LED와 같은)은 넓은 선폭 때문에 스패클 패턴을 형성하지 않는다. 이것을 설명하기 위해 간격이 근접한 일련의 파장으로 구성된 인코히런트 스펙트럼을 고찰해 보자. 이들 각 파장들은 약간씩 다른 스패클 패턴을 발생시킨다. 어떤 패턴은 어두운 곳에 또 다른 것은 밝은 곳에 위치한다. 서로 다른 파장들은 서로서로 간섭을 일으키지 않기 때문에, 전체 패턴은 개별 스패클 세기들의 합으로 된다. 그러므로, 결과적으로 발생하는 패턴은 광파이버의 횡단면상에서 일정하거나 약간 변한다.

그림 11.14
스패클 패턴

그림 11.15
잘못 정렬된 광파이버 코어

단일모드 광파이버는 스패클을 갖지 않는다. 그 이유는 스패클은 2개 또는 그 이상의 필드 사이의 간섭을 나타내기 때문에, 한 개 이상의 모드가 존재해야만 한다.

스패클 그 자체는 문제될 것이 없지만, 광원이 그 출력 파장을 이동시킬 때(예를 들면, 10.5절에서 언급한 바와 같이 온도 변화 또는 변조의 결과로서) 무슨 일이 발생되는가를 고려해야 한다. 모양이 전적으로 파장에 의존하는 간섭 패턴은 변화하며, 밝고 어두운 스폿은 새로운 위치로 이동할 것이다. 만일 광파이버에 물리적인 변동이 있다면, 이는 대부분 모드들의 경로(상대적 경로)를 변경시키기 때문에 유사한 변화가 발생한다. 연속적으로 불규칙한 온도 변화 또는 물리적인 변동들(진동)은 연속적으로 불규칙한 스패클 변화를 발생시킨다. 이러한 영향조차도 완전한 광학 시스템에서는 해로운 것은 아니다. 광파이버 끝단에 위치한 광 검출기는 빛을 발산하는 광선의 특정한 패턴에 상관 없이 광파이버 내의 모든 전력을 쉽게 모을 수 있으나, 불완전한 광파이버 링크에는 손실이 더 선택적인 소자들이 존재한다. 즉, 이들 손실은 빛을 방출하는 광선의 패턴에 의존하며 대부분의 커넥터들은 이러한 특성을 갖고 있다. 예를 들면, 코어(core)가 약간 잘못 정렬된 커넥터(그림 11.15에 나타낸 것처럼)에서는 모드-선택적 손실이 발생하여 두 개의 코어가 중복된 부분에 하나의 패턴이 또 다른 패턴보다 더 많은 광선을 집중시키기 때문에, 서로 다른 패턴들이 단순히 손실이 있는 접합면에서 서로 다른 양의 광선을 결합시킨다. 패턴이 변함에 따라 약간의 스패클이 중복된 영역 밖으로(또는 안으로) 이동할 것이다. 불규칙하게 변하는 패턴은 불규칙한 시변 커넥터 손실로 나타나며, 그 결과로 발생하는 수신 전력에서의 불규칙 변화가 모드잡음이다.

모드잡음을 최소화하는 것은 이론상으로는 간단하다. 즉, 단일모드 광파이버를 사용하거나 저손실 커넥터 또는 낮은 코히런트 광원을 사용하면 되지만, 단일모드 광파이버와 저손실 커넥터는 둘 다 시스템 비용을 증가시키며 낮은 코히런트 광원은 재료-분산성 펄스 퍼짐(3.2절)을 증가시켜 광파이버의 데이터 처리 능력을 저하시킨다.

모드잡음은 다중모드 시스템 설계에서만 고려되어야 하지만, 모드잡음량은 이론적으로 예측하기 어렵다. 그 이유는 통상 커넥터의 잘못 정렬된 정도와 광원의 파장 변화 정도를 모르기 때문이다. 그러므로, 모드잡음은 실험적으로 평가되어야만 한다.

11.4.2 모드 분할 잡음

일반적인 레이저 다이오드들은 레이저 공진기의 다중공진으로 인해 다중모드 스펙트럼을 방출함을 6.5절에서 언급하였다. 총 레이저 전력은 여러 가지 종모드들에 존재하는 전력들의 합이다. 총 전력은 일정하게 유지되는 반면에, 각 모드들에 관련된 전력은 불규칙하게 변한다. 사실상 임의의 한 모드에서 전력 변동은 매우 커질 수 있다. 높은 분산을 갖는 단일모드 광파이버에서 각 모드는 다른 모드와는 다른 전파 속도를 갖는다. 각 모드의 불규칙하게 변하는 진폭이 결합된 모드 지연은 임의의 순간, 즉 항상 일정하지 않은 순간에서 펄스의 총 전력을 야기시킨다. 분산 때문에, 각 개개의 모드들은 각각 서로 관련된 수신기에서 지연된다. 펄스 내 각 지점에서의 총 전력은 개별 모드 전력들의 합이다. 개별 전력들은 불규칙하게 변하므로 각 순간에서 측정된 총 전력은 어떤 다른 순간에서의 총 전력과는 다를 것이다. 펄스는 평균값에 불규칙하게 변하는 성분(잡음)이 더해져서 나타난다. 이 잡음이 **모드 분할 잡음**(mode-partition noise: mpn)이다. 모드 분할 잡음은 시스템 데이터율이 증가할수록(각 펄스 간격이 감소할수록) 더 분명해진다.

모드 분할 잡음은 일반 광파이버인 경우 1.3 μm 근처, 분산 천이 광파이버인 경우 1.55 μm의 저분산 영역에서 동작하는 광파이버에서 최소화된다. 이 효과 역시 가능한 한 종모드가 거의 없는 레이저 다이오드를 사용함으로써 감소된다. 이러한 이유로 단일 종모드 레이저 다이오드(단일 주파수 광원)가 준비되어야 한다.

11.4.3 전자식 증폭기 잡음

전자식 증폭기는 보통 수신기 신호를 사용가능한 레벨로 높이기 위해 광 검출기 다음 단에 위치한다. 이상적인 상태에서는, 신호 전력과 잡음 전력 둘 다 증폭기의 **전력 이득**(power gain) G에 의해 증폭되며, 그러면 증폭기 출력단에서의 신호 대 잡음비는 입력단에서의 신호 대 잡음비와 동일하다. 불행히도, 실제 증폭기는 입력 잡음을 증폭시킬 뿐만 아니라 또 그 자체 잡음도 발생시키므로 SNR이 감소한다.

부가된 잡음을 P_{out}으로 나타내 보자. 만약 이 전력을 SNR 계산에 포함시키려면, 이상적인(잡음이 없는) 증폭기로 가정하고 증폭기 입력단에 잡음 전력 $P_{in} = P_{out}/G$를 발생시키는 열잡음원을 더함으로써 계산할 수 있다. 이제 이러한 전력을 발생시키기 위한 방법으로 **증폭기 잡음 온도**(amplifier-noise temperature) T_A를 정의해 보기로 한다. 즉, 식 (11.7)을 사용하면, 그림 11.16에서 설명한 대로

$$P_{in} = \frac{P_{out}}{G} = 4kT_A\Delta f \tag{11.33}$$

이다. 이 식과 부하 저항의 열잡음을 결합시키면 등가 입력 열잡음 전력은

$$\overline{P}_N = 4k(T + T_A)\ \Delta f\ = 4kT_e\Delta f \tag{11.34}$$

(a)

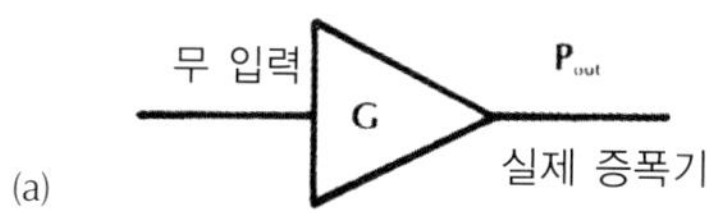

(b)

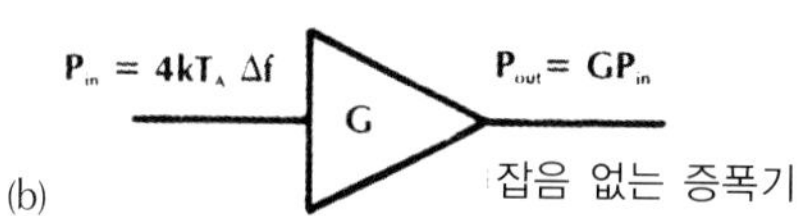

(c)

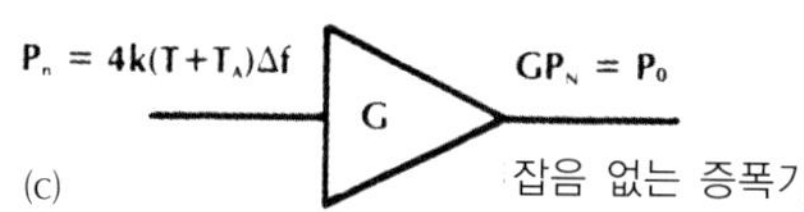

그림 11.16
증폭기 잡음 (a) 증폭기만에 의한 잡음 출력 (b) T_A로 정의한 등가 잡음 회로 (c) 부하 저항에 의한 잡음을 포함한 잡음 회로

로 되고, 여기서 T는 저항의 온도이고

$$T_e = T + T_A \tag{11.35}$$

는 등가 시스템 잡음 온도(equivalent system-noise temperature)이다. 실제 열잡음은 온도 T_e에서 동작하는 저항으로부터 발생된 것처럼 보인다.

이제, 실제 시스템 온도 T를 유효 시스템 잡음 온도 T_e로 간단히 대치함으로써 신호 대 잡음비(앞에서 유도한 모든 식을 이용하여)를 계산할 수 있다. 바꾸어 말하면, 증폭기는 완전하고 부하 저항의 피상(apparent) 온도가 증가함에 따라 증폭기에 잡음이 부가된다고 가정한다.

예제 11.7

예제 11.1에서 열 제한된 일정-전력 시스템에 대한 $S/N = 12$ (10.8 dB)를 구했다. 대역폭은 10 MHz, 검출된 신호 전력은 2×10^{-12} W이고, 열잡음 전력은 300 K에서 1.66×10^{-13} W였다. 만약 광 검출기 다음 단에 10 dB의 전력 이득과 잡음 온도 454 K를 갖는 증폭기가 위치한다고 가정하는 경우, SNR을 구하라.

풀이: 증폭기 입력 단자에서의 잡음은 식 (11.34)로 주어지며, $T_e = T + T_A = 754$ K이다. $P_N = 4\,kT_e\,\Delta f = 4(1.38) \times 10^{-23}(754)(10^7) = 4.2 \times 10^{-13}$ W이므로,

$$\begin{aligned} S/N &= 2 \times 10^{-12}/4.2 \times 10^{-13} \\ &= 4.8\ (6.8\ \text{dB}) \end{aligned}$$

이다. 증폭기 잡음은 T_e에 포함되어 있기 때문에, 이것이 출력 신호 대 잡음비가 된다. 10-dB 이득은 실제 신호 전력과 피상 입력 열잡음 전력 둘 다를 10만큼 증가시킨다. 증폭기 잡음은 SNR을 10.8 dB에서 6.8 dB로 감소시킨다.

때로 증폭기의 잡음 온도 T_A보다는 증폭기 **잡음지수**(noise figure) F로 주어지며, F는 다음 식으로 정의되는 특성이다.

$$F = 1 + \frac{T_A}{T_s} \tag{11.36}$$

여기서, T_s는 임의의 기준 온도이다. 대부분의 응용에서 290 K의 값이 사용된다; T_A는 선택된 기준과는 무관하므로, 잡음지수값에 좌우될 것이다. 잡음지수는 쉽게 설명될 수 있다. 등가 시스템-잡음 온도는 다음 식과 같이 된다.

$$T_e = T + T_A = T + (F - 1)T_s \tag{11.37}$$

여기서, 식 (11.36)을 사용하여 T_A를 제거했다. 기준 온도가 시스템 온도와 같이 되도록 $T_s = T$를 선택한다. 그러면 $T_e = FT$이고, 총 출력 잡음 전력은 다음과 같다.

$$\begin{aligned} \overline{P}_O &= G\overline{P}_N = G4kT_e\Delta f \\ &= G4kFT\Delta f \end{aligned} \tag{11.38}$$

이 식을 잡음지수에 대해 풀면 다음 식이 얻어진다.

$$F = \frac{\overline{P}_O}{G4kT\Delta f} = \frac{\overline{P}_O}{G\overline{P}_{\mathrm{NT}}} \tag{11.39}$$

여기서, 부하 저항의 열잡음 전력은 식 (11.7)의 $\overline{P}_{\mathrm{NT}}$로 간주하였다. 이 결과식으로부터 잡음지수는 출력단에서의 열잡음 전력을 전력 이득과 입력 열잡음의 곱으로 나눈 것으로 정의할 수가 있다. 이 정의를 사용하기 위하여, F는 부하 저항의 온도에서 측정해야만 한다. 이상적인 증폭기의 경우, $\overline{P}_O = G\overline{P}_{\mathrm{NT}}$이고 잡음지수는 1이 되나, 실제 모든 증폭기는 잡음이 첨가되므로 $\overline{P}_O > G\overline{P}_{\mathrm{NT}}$이고 $F > 1$이 된다.

예제 11.8

앞의 예제에서 사용된 증폭기의 잡음지수를 구하라.

풀이: 300 K인 실제 시스템 온도에서 F를 구한다고 가정하면, 식 (11.36)으로부터 $F = 1 + 454/300 = 2.51$이 된다. 잡음지수는 흔히 데시벨로 표시하므로, 이 예제에서는 $F_{\mathrm{dB}} = 10 \log_{10} 2.51 = 4$ dB이다.

마지막 두 예제를 비교해 보면, 4-dB 잡음지수를 갖는 증폭기는 동일한 양만큼 신호 대 잡음비를 줄인다는 것을 알 수 있다. 사실 열잡음 제한된 시스템의 경우, 만약 잡음지수가 실제 시스템 온도로 계산된다면 SNR(데시벨로 표시된)은 증폭기의 잡음지수에 의해 항상 감소되며, 이를 식으로 나타내면 다음과 같다.

$$\left(\frac{S}{N}\right)_{\text{out}} = \frac{1}{F}\left(\frac{S}{N}\right)_{\text{in}} \tag{11.40}$$

이 결과식은 증폭기 출력 신호 전력이 입력 신호 전력의 이득 G배라는 것과 출력 잡음 전력이 식 (11.39)에 의해 입력 열잡음 전력 항으로 주어진다는 것에 주목함으로써 얻어질 수 있다. 이 마지막 식을 재정리하면

$$F = \frac{(S/N)_{\text{in}}}{(S/N)_{\text{out}}} \tag{11.41}$$

이 된다. 이 식으로부터 열잡음 제한된 시스템의 경우, 잡음지수는 증폭기의 출력단에서의 신호 대 잡음비와 입력단에서의 신호 대 잡음비의 비가 됨을 알 수 있다.

열잡음 제한되지 않은 시스템의 경우, SNR에 미치는 증폭기 잡음의 영향은 개별적으로 계산되어야만 한다.

증폭기 잡음의 영향은 낮은 잡음지수를 갖는 증폭기를 설계함으로써 최소화될 수 있다. 만약 산탄잡음이 열잡음보다 매우 크다면, 산탄잡음 제한된 시스템은 증폭기 잡음에 의해 최소로 영향을 받게 된다는 것 역시 사실이다(증폭기의 잡음 온도가 열잡음 전력의 계산에 포함될 경우).

산탄잡음 제한된 광파이버 시스템은 통상 둘 다 잡음이 없는 신호 증폭기(애벌런치 초과 잡음을 무시하는)로 간주될 수 있는 APD 또는 헤테로다인 수신기를 필요로 한다. 연속적으로 연결된 증폭기들로 구성된 시스템의 신호 대 잡음비는 주로 첫 번째 증폭기의 잡음 특성에 의해 결정되므로, 이득을 갖는 수신기(APD 또는 헤테로다인)가 이득 없는 수신기보다 첫 번째 전자식 증폭기로 인해 신호 악화를 덜 받게 된다는 결론에 도달한다. 또한, PIN 다이오드 수신기에서 첫 번째 증폭기(전치증폭기라 함)는 시스템 SNR을 결정하는 데 대단히 중요한 장치가 된다는 결론을 얻을 수 있다.

11.4.4 광 증폭기 잡음

6.7절에서 설명한 에르븀 첨가(erbium-doped) 증폭기와 같은 광 증폭기는 전송 경로가 길거나 또는 광 전력이 많은 수신 단자들로 분산되는 통신망에 사용된다는 것은 이제 명백하지만, 이러한 응용에서는 연속적으로 종속연결된 증폭기들이 필요하게 될 수도 있다.

광 증폭기에 대해서는, 식 (11.41)에 주어진 것처럼 잡음지수의 정의부터 시작할 수 있다.

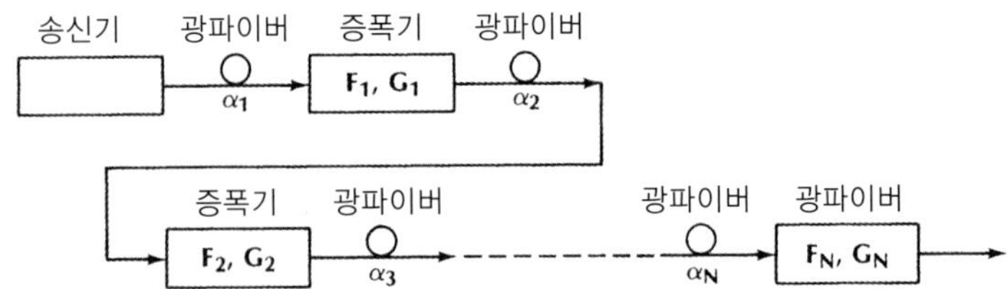

그림 11.17
연속적으로 종속연결된 광 증폭기

그림 11.17에 나타낸 연속적으로 연결된 증폭기들은 각각 G_k의 전력 이득과 F_k의 잡음지수를 갖는 N개의 증폭기들로 구성되어 있으므로, k번째 증폭기에 대한 잡음지수는 다음 식과 같이 표현된다.

$$F = \frac{(S/N)_{k,\ \mathrm{in}}}{(S/N)_{k,\ \mathrm{out}}} \tag{11.42}$$

연속적인 증폭기 사이에서는 부분적인 전송 손실 인자 α_k로 인한 신호 전력 손실이 있으며, 그 결과 중계기 사이의 신호 대 잡음비 감소가 야기된다. 연속적으로 연결된 증폭기에 대한 전체 잡음지수는 다음 식으로 된다[10].

$$F = \frac{F_1}{\alpha_1} + \frac{F_2}{\alpha_1 G_1 \alpha_2} + \frac{F_3}{\alpha_1 G_1 \alpha_2 G_2 \alpha_3} + \cdots + \frac{F_N}{\alpha_N \prod_{i=1}^{N-1} (\alpha_i G_i)} \tag{11.43}$$

예제 11.9

이상적으로 각 증폭기의 이득이 광파이버의 감쇠로 인한 손실과 같고(즉, $\alpha_i G_i = 1$), 각각 3-dB의 잡음지수를 갖는 10개의 증폭기가 존재하고, 송신기에서의 신호 대 잡음비가 10^8이고, 광파이버를 따라 증폭기들 사이에 30 dB의 손실이 있다고 가정할 때, 출력 SNR을 구하라.

풀이: 가정된 조건하에서, 식 (11.43)은 $F = NF_iG_i$로 간단히 되며, 30 dB 손실은 $\alpha_i = 10^{-3}$ 전송 손실에 해당하므로 $G_i = 10^3$이 된다. 또한 $N = 10$, $F_i = 2$이므로 $F = 10(2)10^3 = 20{,}000$이 되며, 결국 $(S/N)_{\mathrm{out}} = (S/N)_{\mathrm{in}}/F = 10^8/20{,}000 = 5{,}000$ 또는 30 dB이 된다.

또한, 데시벨을 사용하여 이 문제를 풀 수 있으며, 이 경우 입력 SNR은 80 dB이고, 시스템 잡음지수는 $10 \log_{10} 20{,}000 = 43$ dB로 되므로 출력 SNR은 $80 - 43 = 37$ dB이다.

11.4.5 레이저 잡음

레이저 잡음(laser noise)은 구동 전류가 일정할 때조차도 발생하는 레이저 다이오드 출력에서의 원치 않는 불규칙한 변동을 말한다[11]. 이것은 종종 좋지 않은 레이저와 관련된 특성이지만 모든 레이저에서 약간씩은 존재한다. 레이저 잡음은 공진주파수(전형적으로 수 GHz)에서 다이오드를 변조시키는 동안 피크값에 도달한다. 이러한 이유 때문에, 레이저 잡음은 낮은 주파수 링크에서보다는 높은 주파수 링크에서 매우 중요하다. 잘 만들어진 레이저 다이오드는 다이오드의 공진주파수보다 낮은 주파수에서 동작하는 시스템에서는 단지 적은 양의 잡음이 영향을 미친다.

몇몇 레이저들에서는 상대적인 잡음이 발진 임계값에서 피크값에 도달하며, 구동 전류가 이러한 임계값 이상으로 증가되면 출력 전력이 급격히 증가하는 반면, 레이저 잡음은 고정된 값을 유지하므로 상대적인 잡음은 감소하게 되고 그 결과 신호의 질은 향상된다. 이러한 잡음의 영향은 다이오드를 임계값 이상(임계값의 40% 이상의 전류를 말함)에서 동작시킴으로써 최소화할 수 있다.

상대적 세기 잡음(relative-intensity noise: RIN)은 레이저에서 방출되는 잡음의 양을 나타내며, 다음과 같은 방법으로 설명될 수 있다: 레이저는 평균 전력 P를 방출하며, 응답도 ρ인 광 검출기가 Δf의 대역폭을 갖는 수신기에 연결되어 있다면 평균 검출 전류는 ρP이지만, 잡음 전류 제곱의 평균값(즉, 잡음의 변동)은 다음 식으로 된다[12].

$$\overline{i_{\mathrm{NL}}^2} = \mathrm{RIN}(\rho P)^2 \Delta f \tag{11.44}$$

레이저에 의해 발생된 평균 잡음 전력은

$$\sqrt{\overline{P_{\mathrm{NL}}^2}} = \sqrt{\overline{i_{\mathrm{NL}}^2}}/\rho \tag{11.45}$$

가 되어야 한다. 마지막 두 식을 결합하면, 다음 식과 같은 RIN이 얻어진다.

$$\mathrm{RIN} = \frac{\overline{P_{\mathrm{NL}}^2}}{P^2 \Delta f} \tag{11.46}$$

위 식은 RIN이 대역폭으로 정규화된 평균 잡음 전력의 측정임에 주목하며, 그 단위는 $(\mathrm{Hz})^{-1}$이다. RIN은 종종 dB/Hz로 표현되며, 그 경우는 다음 식과 같이 표현된다.

$$(\mathrm{RIN})_{\mathrm{dB/Hz}} = 10 \log_{10}\left(\frac{\overline{\mathrm{P}_{\mathrm{NL}}^2}}{P^2 \Delta f}\right) \tag{11.47}$$

이전에 유도된 신호 대 잡음비 식에 레이저 잡음의 영향을 포함시키려면, 식 (11.44)의 레이저 잡음 전류에 다른 잡음 전류들(열 및 산탄잡음 전류)을 더하기만 하면 된다. 예를 들어, 식 (11.8)은

$$\frac{S}{N} = \frac{(\rho P)^2 R_L}{2eR_L\Delta f(I_D + \rho P) + 4kT\Delta f + \mathrm{RIN}(\rho P)^2 \Delta f R_L} \tag{11.48}$$

로 되며, 여기서 $\eta e/\eta f$ 항 대신에 검출기 응답도 ρ가 사용되었다.

예제 11.10

양질의 레이저 다이오드는 −140 dB/Hz의 RIN을 갖는다. 만약 평균 입사 전력이 10 μW일 경우, 100-MHz 대역폭을 갖는 수신기에 의해 검출되는 레이저 잡음 전력과 평균 잡음 전류를 구하라. 검출기 응답도는 0.5 μA/μW이다.

풀이: $(\mathrm{RIN})_{\mathrm{dB/Hz}} = 10 \log_{10} \mathrm{RIN} = -140$이므로, $\mathrm{RIN} = 10^{-14}\,(\mathrm{Hz})^{-1}$이 되며, 식 (11.46)으로부터 레이저 잡음 전력의 자승은

$$\begin{aligned}\overline{P_{\mathrm{NL}}^2} &= \mathrm{RIN}\, P^2\, \Delta f \\ &= 10^{-14}(10^{-5})^2\, 10^8 = 10^{-16}\end{aligned}$$

이 되므로, 평균 잡음 전력은 0.01 μW가 된다. 응답도가 0.5이므로 평균 잡음 전류는 0.005 μA 또는 5 nA가 된다.

식 (11.48)의 신호 대 잡음비에 나타나 있는 것처럼, 열잡음은 신호 전력에 무관하고, 산탄잡음은 수신된 신호 전력에 비례하여 증가하고, RIN은 수신된 신호 전력의 자승으로 증가한다. 결론적으로, 낮은 신호-전력 레벨에서는 열잡음이 지배적이며; 적당히 높은 전력에서는 신호 산탄잡음이 지배적이며; 더 높은 전력 레벨에서는 RIN이 지배적이다. 아날로그 시스템(특히 영상을 전송하는 경우)은 높은 신호 대 잡음비가 필요하기 때문에, 아날로그 시스템은 아날로그 영상 *S/N* 계산에 RIN이 중요하므로 높은 신호 전력을 필요로 한다. 보다 낮은 전력으로도 요구되는(보다 낮은) 신호 대 잡음비를 충분히 얻을 수 있는 디지털 전송 링크에서는 RIN이 별로 중요하지 않다.

11.4.6 지터와 아이 선도

지금까지 설명된 바와 같이 디지털 광 펄스들은 여러 가지 원인으로 찌그러지며 이들은 잡음에 의한 찌그러짐과 펄스 퍼짐에 의한 찌그러짐을 포함한다. 펄스 퍼짐은 근본적으로

송신기, 광파이버, 수신기 등을 포함하는 시스템의 제한된 대역폭 때문에 발생된다. 이와 더불어 시스템은 지터(jitter)라고 하는 타이밍 오류 현상이 개입되며, 이러한 모든 찌그러짐은 수신기가 이진수 1과 0들의 존재를 정확하게 검출하는 능력을 저하시킨다.

이러한 찌그러짐을 측정하는 간편한 방식이 아이 선도(eye diagram)이며, 오실로스코프상에 디지털 파형을 중첩하여 나타낸 것이다. 아이 선도의 중요성을 평가하기 위해, 그림 11.18을 고찰해 보자. 그림 11.18(a)는 $1/T$ b/s 데이터율에 해당하는 비트주기 T초인 이진 NRZ 신호를 나타낸 것이다. 그림 11.18(b)는 이러한 NRZ 파형이 광파이버를 통해 전송된 후 수신기에 의해 수신됨으로써 찌그러진 파형(약간의 펄스 퍼짐과 펄스 상승 및 하강시간이 증가됨)을 나타낸 것이다. 그림 11.18(c)는 시간 축이 매 T초마다 한 번씩 수신기에서 트리거(trigger)되는 연속적인 펄스의 중첩을 오실로스코프상에서 관측되는 대로 나타낸 것이다. 패턴상에 분명한 열림(eye)이 존재한다. 이 그림은 잡음과 지터가 아직 개입되기 전이므로 이상적인 상태를 나타낸다.

그림 11.18(c)에서 중앙의 십자 표시는 수신된 신호를 표본화하기 위한 최적 시간과 0과 1을 구별하기 위한 최적 레벨[임계레벨(threshold level)]을 나타낸다. 눈(eye)의 높이가 최대값이 되는 시간이 최적 표본화시간이다.

그림 11.19는 아이 선도상에서 지터의 영향을 나타낸 것이다. 지터는 수신기가 최적시간에서 펄스를 표본화하는 것을 더 어렵게 만든다. 즉, 지터($\Delta\tau$)의 양이 증가함에 따라 표

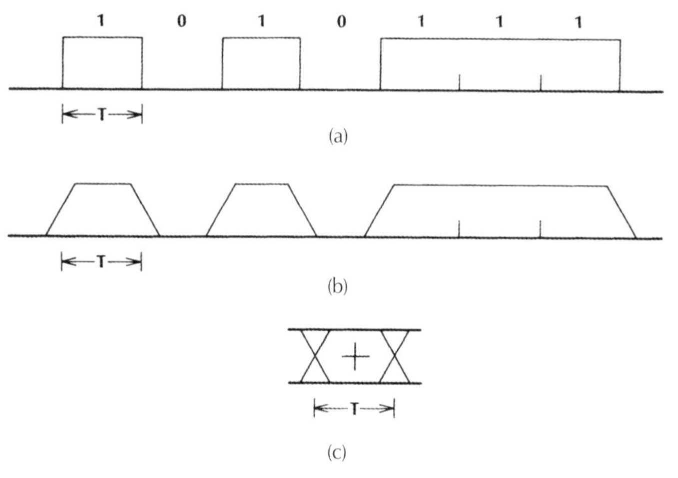

그림 11.18
NRZ인 경우 이상적인 아이 패턴 (a) 2진 신호 (b) 대역폭 제한된 후의 신호 (c) 연속적인 펄스들의 중첩에 의해 형성된 아이 패턴

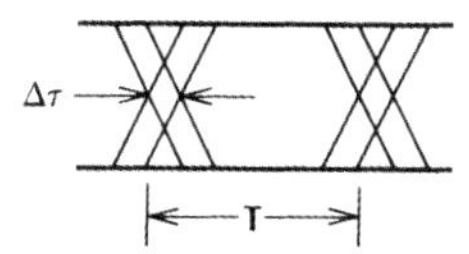

그림 11.19
최적 시간에 펄스를 표본화하기 어렵게 만드는 지터로 인해 닫힌 눈

그림 11.20
잡음과 지터로 인해 닫힌 눈

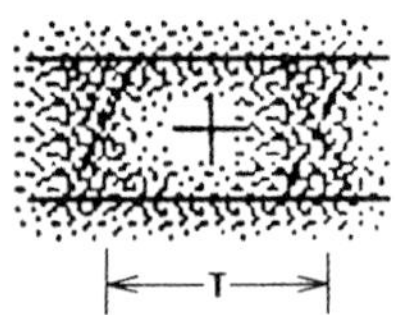

본화시간의 허용오차가 줄어들게 된다. 그림 11.20은 지터와 함께 잡음의 영향을 아이 선도에 나타내고 있으며, 잡음은 눈의 높이를 줄이는 경향이 있고, 지터는 눈의 폭을 좁히는 경향이 있다. 이들 두 가지 조건은 수신기가 각 펄스들을 정확하게 구별하는 능력을 저하시킨다. 그림에 나타낸 조건하에서, 임계레벨 설정 그리고/또는 표본시간 설정상 약간의 오차가 오류를 발생시킬 것이다. 일반적으로, 눈이 닫힘에 따라 오류율은 증가하게 된다.

11.5 다른 잡음원

전류 잡음과 배경 잡음 역시 시스템 성능 저하에 기여할 수도 있다.

11.5.1 전류잡음

반도체 소자는 **전류잡음**(current noise) 또는 $1/f$ **잡음**이라고 하는 서서히 변동하는 전류를 발생시키며, 1 Hz 이하에서 $1/f$로 변화함으로써 낮은 주파수를 제한한다. 전류잡음은 증폭된 신호가 대략 10 Hz 이하의 주파수 성분을 심각하게 감쇠시키는 필터를 통과함으로써 최소화될 수 있다.

11.5.2 배경잡음

대기 광통신시스템에서는 원하는 광원보다는 원치 않는 광원으로부터 빛이 광 검출기에 입사될 수 있다. 태양광선이나 가로등 또는 자동차 불빛 등으로부터의 에너지가 검출될 수 있으며, 이로 인해 수신기의 dc 전류가 증가되고 결과적으로 산탄잡음을 증가시킨다. 이러한 **배경잡음**(background noise)은 정상적이고 완전하게 폐쇄되어 있는 광파이버 링크에 의해 보통 쉽게 제거된다.

11.6 수신기 회로 설계

이 절에서는 수신기의 전단(front-end) 회로(광 검출기와 첫 번째 증폭기)에 대해 전에 설명한 것보다 더 자세히 설명하고자 한다[14, 15]. 한 가지 성공적인 방법은 검출기의 부하 저항에 연결된 전계-효과 트랜지스터(FET)나 바이폴라 트랜지스터를 이용한 전압 증폭기 회로를 사용하는 것이며, 두 가지 다른 회로망은 몇 가지 응용분야에서 장점이 있는 고임피던스 증폭기(high-impedance amplifier)와 전달 임피던스 증폭기(transimpedance amplifier)를 사용하는 것이다. 다음에 서로 다른 이들 회로에 관해 설명하고 비교하기로 한다.

11.6.1 바이폴라 트랜지스터와 FET 증폭기

가장 간단한 전단(front-end) 구조는 그림 11.21에 나타낸 것처럼 일반 증폭기가 연결되고 부하 저항에 의해 종단된 역바이어스된 광다이오드로 구성된다. 그림 11.21(a)는 바이폴라 트랜지스터 증폭기를 나타낸 것이며, 11.21(b)는 전계-효과 트랜지스터 증폭기를 나타낸 것이다. 회로의 간소화를 위해 트랜지스터의 바이어스 회로는 나타내지 않았다.

부하 저항의 최적값을 선택하기 위한 기준은 7.4절에서 설명하였으며, 표 7.3에 요약해 놓았다. 간단히 말하면, 열잡음을 감소시키고 높은 전압을 얻기 위해서는 큰 값의 R_L이 필요하지만, 넓은 대역폭과 넓은 동적 범위를 위해서는 작은 R_L이 필요하다. 이미 식 (7.16)으로 주어진 3-dB 대역폭은 이제 증폭기와 관련된 저항과 커패시턴스를 포함해야만 하므로, 대역폭에 대한 식은

$$f_{3\text{-dB}} = \frac{1}{2\pi R_T C_T} \tag{11.49}$$

로 되며, 여기서 R_T는 트랜지스터의 입력 저항과 바이어스 회로 저항에 병렬로 연결된 부하 저항 R_L과의 병렬 합성 저항이며, C_T는 다이오드의 커패시턴스 C_d와 트랜지스터의 입

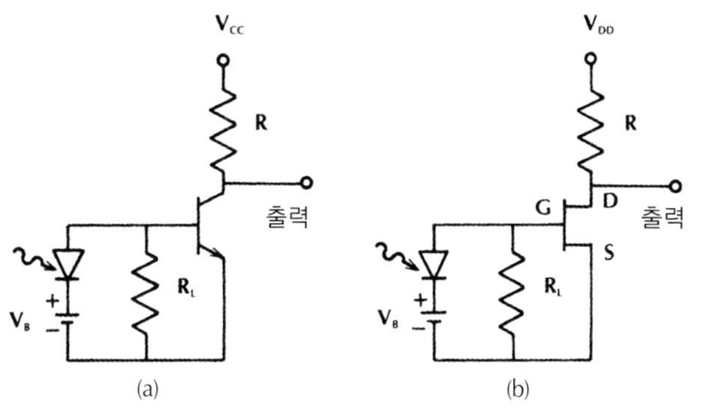

그림 11.21
간단한 수신기 전단 회로 (a) 바이폴라 트랜지스터 증폭기 (b) FET 증폭기

력 커패시턴스(일반적으로 수 pF)의 병렬 합성 커패시턴스이다. 바이어스 저항은 매우 커질 수 있으며, R_L과 병렬로 연결되어 있으므로 바이어스 저항은 전체 저항 R_T에 많은 영향을 주지 않을 것이다. FET의 입력 저항이 매우 크기(일반적으로 1 ~ 100 MΩ) 때문에, R_T를 계산하는 데 무시될 수 있다. 그러므로 FET 전단에서는 $R_T = R_L$로 가정할 수 있다. 바이폴라 트랜지스터의 입력 저항은 중간 정도(수 kΩ)이며, R_T 값과 식 (11.49)로부터 계산된 대역폭에 상당한 영향을 미칠 수 있기 때문에, 전체 저항값을 계산하는 데 바이폴라 트랜지스터의 입력 저항값을 포함시켜야만 한다.

앞 절에서 소개된 잡음지수는 트랜지스터(그리고 트랜지스터의 바이어스 회로망)에 의해서 발생된 잡음을 나타낸다. FET의 잡음지수는 드레인-소스 채널 컨덕턴스와 바이어스 저항에 의해서 발생된 열잡음을 포함하며, FET 산탄잡음은 게이트 G와 소스 S 사이의 미세한 누설 전류에 의해서 발생된다. 바이폴라 증폭기에서의 열잡음은 트랜지스터의 베이스 저항과 바이어스 저항으로부터 발생하며, 산탄잡음은 바이폴라 트랜지스터의 베이스와 컬렉터 전류에 수반하여 발생한다.

전계-효과 트랜지스터에 의해서 발생된 잡음 전력은 시스템 대역폭의 3승으로 증가하며, 바이폴라 트랜지스터에 의해 발생된 잡음은 단지 시스템 대역폭의 자승으로 증가(베이스 저항이 작다면, 종종 해당하는 경우)한다. 그러므로, 높은 주파수(디지털 시스템에서는 높은 데이터율에 해당)에서는 FET보다는 바이폴라 트랜지스터가 잡음을 적게 발생시키며, 이러한 관점에서는 바이폴라 트랜지스터가 FET보다 더 우수하다. 저주파수에서는 FET가 잡음을 적게 발생하므로 오히려 더 좋다. 더구나 전계-효과 트랜지스터의 이득은 높은 주파수에서 상당히 감소되므로 전송용량이 높은 시스템에서는 사용이 매우 제한된다. 일반적으로, 25 ~ 50 MHz 이하에서는 FET가 좋은 결과를 제공하며, 그 영역 이상의 주파수에서는 바이폴라 트랜지스터가 더 좋다.

11.6.2 고임피던스 증폭기

만약 FET나 바이폴라 증폭기 전단에서 부하 저항 R_L을 크게 하면, 증폭기의 입력 임피던스(C_T와 병렬인 R_T)가 높아지므로 고임피던스(high-impedance) 증폭기라고 한다. 잘 아는 바와 같이 고저항 R_L은 열잡음을 최소화하므로 고임피던스 전단을 사용하지만, 고저항 R_L은 수신기의 대역폭을 감소시킨다. 식 (11.49)로 주어진 3-dB 이상의 주파수에서 커패시턴스 C_T가 주로 입력 임피던스를 결정하며, C_T는 입력 파형을 적분하는 경향이 있다. 고임피던스 증폭기는 증폭기의 3-dB 대역폭 이상에서 동작을 하지만, 낮은 주파수보다 높은 주파수를 덜 증폭한다. 수신기에서 전치증폭기의 약간 뒤에 위치하는 등화기(equalizer)는 높은 주파수보다 낮은 주파수를 더 감쇠시킴으로써 이러한 효과를 반전시킨다. 미분 회로를 이러한 목적으로 사용할 수 있다. 등화기는 이상적으로 신호 파형을 복원하지만 등화기에서의 전력 손실은 고임피던스 앞단의 잡음 특성을 향상시키기 위한 대가이다.

높은 부하 저항 때문에 고임피던스 앞단은 넓은 동적 범위를 갖지 못한다는 점이 강조되며, 이러한 문제는 다음에 설명되는 전달 임피던스 증폭기에 의해 해결된다. 감도가 좋은(저잡음) 수신기와 좁은 동적 범위를 필요로 하는 응용분야에서는 고임피던스 전단 증폭기가 적절하다.

11.6.3 전달 임피던스 증폭기

7.4절에서 설명되고 그림 7.11에 도시된 전류 대 전압 변환기가 **전달 임피던스 증폭기**(transimpedence amplifier)이며, 편의상 그림 11.22에 다시 한 번 나타내었다. 입사 전력이 높은 광 전류를 발생하기에 충분히 큰 경우조차도 다이오드 양단에 거의 대부분의 바이어스 전압이 나타나기 때문에, 전달 임피던스 증폭기는 수십 배 정도 차이가 나는 전력 레벨을 갖는 광 신호를 광범위한 동적 범위에 걸쳐 선형적으로 처리한다. 이러한 동작이 그림 7.12에 나타나 있으며, 이는 선형 검출기에 필요한 최대 광 전력이 $V_B/\rho R_L$로 제한되고 최대 광 전류가 V_B/R_L인 경우를 나타낸 그림 7.8과 식 (7.13)에 의해 설명된 상황과는 다르다.

귀환 저항은 열잡음을 결정하며, 전달 임피던스 전단의 SNR을 계산하기 위해 이전의 열잡음 계산에 사용된 R_L을 모두 R_F로 대치하여야 한다. 귀환 저항은 잡음을 최소화하고 출력 전압(iR_F)을 최대화하기 위해 큰 값이 되어야만 한다. 귀환 회로망은 다음 식에 의해 대역폭을 제한하는 병렬 커패시턴스(shunt capacitance)를 포함한다.

$$f_{3\text{-dB}} = \frac{1}{2\pi R_F C_F} \tag{11.50}$$

이 식은 귀환이 없는 회로에 대한 식 (11.49)와 유사하다. 그러나, 귀환 커패시턴스는 귀환을 포함하지 않는 회로의 입력 커패시턴스 C_T보다 훨씬 적으므로, R_F는 수신기의 감도를 증가시키고 잡음을 감소시키기 위해 주어진 대역폭에서 R_L보다 크게 될 수 있다. 마찬가지로, R_F가 R_L과 같을 때 전달 임피던스 전단은 비귀환 증폭기보다 넓은 대역폭을 가질 것이다.

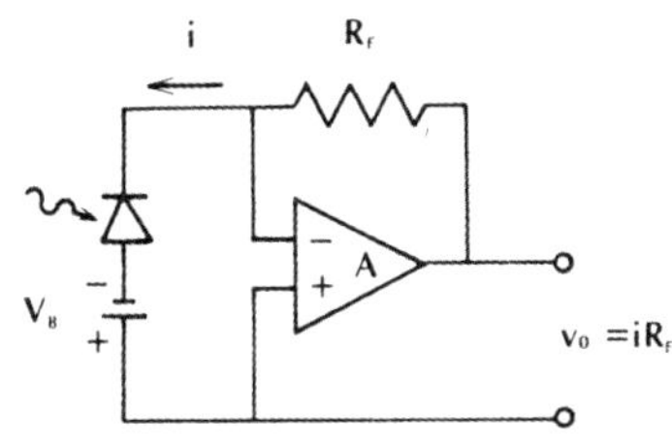

그림 11.22
전달 임피던스 증폭기. A는 OP 증폭기, i는 검출기 광 전류와 암전류의 합.

표 11.3 수신기 전단 회로 비교

	바이폴라	FET	고임피던스	전달 임피던스
회로 복잡성	간단	간단	복잡	중간
등화기 필요성	무	무	유	무
상대 잡음	중간	중간	매우 낮음	낮음
대역폭	넓음	좁음	중간	넓음
동적 범위	중간	중간	좁음	넓음

전달 임피던스 전단은 저잡음, 고임피던스 증폭기의 잡음 특성에 가까운 잡음 특성을 가지며, 고임피던스 회로망보다 넓은 대역폭과 넓은 동적 범위를 갖는다. 전달 임피던스 증폭기에서는 일반적으로 등화기 회로가 필요치 않으므로 광파이버 수신기에서 널리 사용된다.

표 11.3에 주요한 수신기 전단 회로 간의 차이점을 요약하였다. APD가 사용될 때, SNR은 PIN 검출기가 사용될 때보다 열잡음에 덜 의존한다는 사실을 상기하라. 다시 말해, 전치증폭기가 아니라 APD가 SNR을 결정한다. 이러한 경우, 시스템 설계자는 가장 간단한 전단 회로의 사용을 고려해야만 한다.

11.6.4 집적 검출기 전치증폭기

집적 검출기 전치증폭기(integrated detector preamplifer, 7.3절에서 간략히 설명된)는 일반적으로 *pn* 광 검출기, 전달 임피던스 또는 고임피던스 증폭기, 그리고 추가 이득과 임피던스 정합을 위해 하나 또는 그 이상의 증폭기를 포함한다. IDP는 편이성을 제공하고, 완벽한 설계와 검사에 의해서 만들어진 전단을 시스템 설계자가 사용할 수 있도록 하지만, 더욱 중요한 점은 IDP들은 검출기와 증폭기 사이를 연결하는 접속선에 의해 외부 신호들의 전기적 검출 가능성을 감소시키며, 접속선들은 IDP에서 짧고 차폐가 용이하다. 다이오드-증폭기 연결에서 발생되는 잡음은 광원으로부터 광파이버 입력 결합기, 여러 개의 커넥터와 분산망을 통해 수 km의 광파이버를 지나 감도가 좋은 검출기와 저잡음 수신기에 도달하는 전송과정에서 매우 잘 보존되고 유지된 약한 신호를 검출하지 못하도록 할 수도 있다. 매우 강한 신호가 수신되는 수신기에서의 검출에 의해 신호 대 잡음비는 영향을 덜 받는다.

전형적인 모노리딕 실리콘 IDP(monolithic silicon IDP)는 30 mV/μW의 응답도와 35 ns의 상승시간을 갖는다[16]. IDP의 응답도는 출력 전압이 입력 광 전력에 비례한다는 점에 주목해야 하며, 35 ns의 상승시간은 식 (7.2)로부터 계산된 10 MHz의 3-dB 대역폭과 일치한다.

11.6.5 하이브리드 수신기 모듈

하이브리드 수신기 모듈(hybrid receiver modules)은 모노리딕 IDP와 동일한 장점을 제공한다. 이들 모듈은 따로따로 생산된 다음 좁은 공간 내에서 연결된 광다이오드와 증폭기 회로를 포함한다. 하이브리드 PIN-FET 수신기는 후막(thick-film) 회로소자들과 세라믹 기판을 사용하여 전달 임피던스 또는 고임피던스 FET(또는 MESFET) 증폭기가 연결된 PIN 검출기로 구성될 수 있으며, 이렇게 만들어진 장치는 인쇄 회로 기판에서 널리 사용되는 DIP (dual in-line package)와 같은 간편한 구조 내에 위치한다. 광다이오드와의 광 접속은 커넥터 또는 패키지에 부착된 광파이버 도선을 통하여 연결될 수 있다.

11.7 요약 및 고찰

산탄잡음에 의한 불규칙한 변동이 항상 수신된 신호에 포함되며, 검출기의 부하 저항에 의한 열잡음과 증폭기에 의한 잡음(산탄잡음 및 열잡음)이 변동에 첨가된다. 이러한 잡음 문제를 해결하기 위하여 수신기에 단순히 강한 신호를 공급하면 되지만, 단거리 점 대 점 링크에서 사용되는 이 방법은 신호를 장거리 전송해야 하는 경우나 여러 개의 단말기로 분배되는 경우에는 잡음이 발생하는 지점에서 신호 레벨의 손실을 초래한다.

신호의 질을 측정하는 일반적인 방법은 신호 대 잡음비와 오류 확률이다. 이 장에서는 특정한 수치적 예를 사용하여 광 전력이 극히 작은 경우조차도 신호가 수신될 수 있음을 보여주고 있다. 필요한 전력 레벨과 허용된 링크 손실을 알 수 있도록 이 결과들을 일부 일반화하였다. 몇몇 열잡음 제한된 시스템은 수신기에 도달하는 광 전력이 약 μW(-30 dBm)일 때도 만족스럽게 동작할 수가 있으며, 마찬가지로 산탄잡음 제한된 시스템은 nW(-60 dBm) 레벨에서도 동작할 수가 있다. 만약 광원이 10 mW(10 dBm)를 방출한다면, 열잡음 제한된 시스템에서는 40 dB(10 + 30)의 전체 시스템 손실이 허용되며, 산탄잡음 제한된 시스템에서는 70 dB(10 + 60)의 전체 시스템 손실이 허용될 수 있다. 그러나, 실제적으로는 이상적인 산탄잡음 제한된 결과들을 얻기가 어렵다는 것을 강조해 둔다. APD들은 이상적인 경우의 약 10 dB 정도 이내로 시스템이 근접하도록 허용한다. 10 dB 이내의 이상적인 수신기도 여전히 열잡음 제한된 수신기보다 20 dB 또는 그 이상으로 감도가 더 우수하게 될 것임을 주목하라.

잡음이 문제가 되는 경우, 수신기 설계에 세밀한 주의를 기울여야 한다. 설계는 광 검출기를 선택하는 것으로부터 시작되며, 열잡음 제한된 동작이 충분히 양질의 신호를 발생시키는 경우 PIN 다이오드가 선택되고, 신호의 질을 더 향상시켜야 하는 경우에는 APD를 선택한다. APD를 선택할 경우 비용과 회로의 복잡성으로 인하여 APD를 사용하기 전에 가능한 한 많이 시스템 손실을 낮추어야(광원 결합 및 커넥터 효율을 향상시킴으로써) 한다. 비용, 복잡성, 또는 성능에 따라 수신기의 동작을 최적화할 수 있도록 설계자에게 융통성을 줄 수 있는 다양한 전치증폭기 회로들(예를 들면, 증폭기와 연결된 종단 검출기 그리고 고임피던스와 전달 임피던스 전단들)이 있다.

수신기의 중요한 성능은 감도, 대역폭, 동적 범위 등이며, 매우 약한 신호를 수신할 수 있는 감도가 뛰어난 수신기는 허용가능한 중계기 간격과 경로길이를 증가시키고, 신호를 잘 수신할 수 있게 한다. 또한, 분산망에서 여러 단말기 사이에 전력을 분할하여 공급하도록 한다. 넓은 대역폭 수신기들은 시스템 전송용량을 증가시키며, 보다 많은 정보를 수신할 수 있게 한다. 넓은 동적 범위를 갖는 수신기는 수신된 광 전력이 심하게 변화하는 경우조차도 만족스럽게 동작하며, 이것이 분산통신망의 필요조건이다. 이러한 분산통신망에서는 근접한 송신기로부터의 신호들은 더 멀리 떨어진 송신기로부터 도달한 신호보다 매우 강하다.

수신기 전단 다음에 위치하는 신호처리 회로망은 적분기, 미분기, 등화기, 비교기, 피크 검출기와 전력 증폭기의 기능을 수행하는 회로들을 포함한다. 이들은 광파이버 통신 링크라고 해서 특별한 장치가 아니라 일반적인 전자 장치이므로 이 책에서 자세히 다루지 않는다.

문제

11.1 수신기의 온도가 35°C, 대역폭이 6 MHz, 부하 저항은 50 Ω이다.

(a) rms(root-mean-square) 열잡음 전류를 구하라.

(b) 저항 양단에서의 rms 열잡음 전압과 발생된 열잡음 전력을 구하라.

(c) 저항이 50,000 Ω으로 변할 경우, 이 문제를 반복하라.

11.2 수신기의 대역폭이 6 MHz이며, 평균 광 전류는 1 nA이다; $T = 300$ K, 암전류는 0이며, 부하 저항은 50 Ω이다.

(a) rms 산탄잡음 전류를 구하라.

(b) rms 신호 전압과 저항 양단에서의 rms 산탄잡음 전압을 구하라.

(c) 열잡음을 무시하지 않고 이 문제를 반복하라.

11.3 광 검출기의 암전류는 5 nA이며, 응답도는 0.5 A/W이다. 신호에 의해 발생된 산탄잡음과 암전류에 의해 발생된 산탄잡음이 같아지는 광 전력값을 구하라.

11.4 PIN 광 검출기는 0.5 A/W의 응답도와 2 nA의 암전류를 갖는다. 부하 저항은 2000 Ω,

시스템 대역폭은 50 MHz이며, 온도는 40°C이다. 다음을 구하라.

(a) 열잡음과 산탄잡음이 같아지는 수신 광 전력값

(b) 이 전력 레벨에서의 신호 대 잡음비

(c) 이 수신 광 전력값에서의 산탄잡음 전력값

11.5 광 검출기의 이득이 100이고 증폭되지 않은 암전류가 2 nA인 APD인 경우, 문제 11.4를 반복하라.

11.6 수신기에 도달하는 광 전력이 1 μW, 검출기의 응답도는 0.5 A/W, 암전류는 4 nA, 온도는 27°C, 수신기의 대역폭은 500 MHz이며, 부하 저항은 50 Ω이다.

(a) 신호 대 잡음비를 구하라.

(b) 열잡음 제한된 경우의 SNR을 구하라.

(c) 산탄잡음 제한된 경우의 SNR을 구하라.

(d) 실제 SNR이 양자 제한된 경우보다 5 dB 적게 되는 데 필요한 광 검출기 이득은 얼마인가? 광 검출기의 초과잡음은 무시한다고 가정한다.

11.7 PIN 광다이오드는 0.3 A/W의 응답도와 10 nA의 암전류를 갖는다. 온도는 300 K이며, 대역폭은 100 MHz이다.

(a) 그림 11.9와 같은 NEP 대 부하 저항 곡선을 그려라.

(b) 부하 저항이 50 Ω인 경우, 최소 검출가능한 전력을 구하라.

(c) 부하 저항이 5000 Ω인 경우에 대해 반복하라.

(d) 부하 저항이 50,000 Ω인 경우에 대해 반복하라.

11.8 아날로그 시스템은 10 MHz의 대역폭을 갖고, 응답도가 0.5 A/W(이득을 갖지 않음), 1 nA의 암전류, 광 변조도가 0.4일 때 50 dB의 SNR을 갖는 광 검출기가 있다. 수신 온도는 27°C이고, 부하 저항은 50 Ω이다. 얼마만큼의 광 전력(평균적으로)이 수신기에 도달해야 하는가?

11.9 디지털 시스템에서 헤테로다인 수신기에 대해 고려해 보자. 광 검출기는 2 nA의 암전류와 0.5 A/W의 응답도를 갖는다. 온도는 27°C, 부하 저항은 100 Ω, IF 대역폭은 500 MHz, 수신된 광 신호 전력은 이진 1이 수신될 때 5 nW로 일정하다.

(a) 양자 제한된 경우보다 1 dB 적은 SNR을 얻기 위해 얼마만큼의 국부 발진기 전력이 필요한가?

(b) 헤테로다인 수신기가 아닐 경우에는 수신기의 대역폭은 250 MHz만큼 작아질 수 있다. 이 경우, (a)에서 구한 것과 동일한 SNR을 얻기 위해 필요한 신호 전력을 구하라.

11.10 오류 함수표(표 11.1)를 $x = 3$에서 $x = 6$까지 0.5 간격으로 확장하라.

11.11 열잡음 제한된 PCM 시스템은 10^{-9}보다 낮은 오류 확률로 동작해야만 한다. 부하 저항이 50 Ω이고, 온도는 300 K이다. 데이터율은 500 Mb/s(NRZ), 파장은 1.3 μm이며, 광 검출기의 양자효율은 0.9이다.

(a) 필요한 최소 SNR은 얼마인가?

(b) 얼마만큼의 광 전력이 수신기에 도달해야 하는가?

(c) 이 전력 레벨에서 비트당 입사한 광자 수(즉, 이진 1이 수신될 때의 광자 수)를 구하라.

11.12 산탄잡음 제한된 500-Mb/s PCM 시스템이 10^{-9}보다 낮은 오류 확률로 동작한다. 파장은 1.3 μm, 광 검출기의 양자효율은 0.9이고, 암전류는 무시할 수 있다.

(a) 얼마만큼의 광 전력이 수신기에 도달해야 하는가?

(b) 이 전력 레벨에서 비트당 입사한 광자 수를 구하라.

(c) 문제 11.11의 결과와 이 문제의 결과를 비교하라.

(d) 양자 제한된 시스템은 열 제한된 시스템보다 훨씬 적은 전력을 필요로 한다는 것을 알 수 있다. 양자 제한된 결과에 근접하도록 하기 위해 시스템이 어떻게 설계되어야 하는가?

11.13 증폭기는 8의 전력 이득과 3 dB의 잡음지수를 갖는다. 이 증폭기 앞에 0.5 A/W의 응답도를 갖는 광 검출기가 있으며, 부하 저항은 100 Ω, 수신된 광 전력은 0.5 μW, 온도는 300 K이고, 수신기의 대역폭은 1 MHz이다.

(a) 부하 저항을 통해 흐르는 신호 전력을 구하라.

(b) 증폭기에서 출력되는 신호 전력을 구하라.

(c) 부하 저항에 의해 발생된 열잡음 전력을 구하라.

(d) 증폭기에서 출력되는 열잡음 전력을 구하라.

(e) 증폭기의 잡음 온도를 구하라.

(f) 등가 입력 잡음 전력을 구하라.

(g) 증폭기 입력단에서의 신호 대 잡음비를 구하라.

(h) 증폭기 출력단에서의 SNR을 구하라.

11.14 광 수신기가 그림 11.21에서처럼 PIN 광다이오드와 FET 증폭기로 구성되어 있다. 부하 저항은 2000 Ω, 다이오드의 커패시턴스는 3 pF이고, 트랜지스터의 커패시턴스는 6 pF이다.

(a) 이 수신기의 3-dB 대역폭을 구하라.

(b) 이 수신기의 상승시간을 근사적으로 구하라.

11.15 만약 FET의 입력 커패시턴스가 6 pF이고, 입력 저항이 2000 Ω인 바이폴라 트랜지스터로 대치되는 경우, 문제 11.14를 반복하라. 그리고, 이 결과들과 문제 11.14의 결과들을 비교하라.

11.16 그림 11.21(a)에 있는 것처럼 바이폴라 트랜지스터 수신기 회로를 그리고, 바이어스 회로망을 포함시켜라. 그리고, 회로가 어떻게 동작하는지를 설명하라.

11.17 그림 11.21(b)에 있는 FET 수신기에 대해서도 문제 11.16을 반복하라.

11.18 그림 11.22에 나타나 있는 전달 임피던스 증폭기를 갖는 광수신기를 고려해 보자. 귀환 저항과 귀환 커패시턴스는 각각 10 KΩ, 0.2 pF이다. 다이오드의 커패시턴스는 5 pF, 응답도는 0.5 A/W이며, 입사 광 전력은 0.5 μW이다.

(a) 수신기의 출력 전압을 구하라.

(b) 수신기의 3-dB 대역폭을 구하라.

(c) 온도를 300 K라고 가정할 경우, 귀환 저항에서 발생되는 rms 열잡음 전류를 구하라.

(d) 신호 전류를 구하라.

(e) 암전류가 없고 증폭기 잡음지수가 4 dB이라고 가정할 경우, 출력 SNR을 구하라.

11.19 식 (11.40)을 증명하라.

11.20 식 (11.40)을 사용하여 열잡음 제한된 시스템에서 신호 대 잡음비(데시벨로 표시됨)가 증폭기의 잡음지수(데시벨로 표시됨)에 의해 감소됨을 보여라.

11.21 중계기들 간의 손실이 32 dB로 증가되고, 시스템의 모든 다른 변수들은 변하지 않을 경우, 예제 11.9를 반복하라. 증폭기 이득은 예제 11.9와 동일하다.

11.22 레이저 다이오드에서, RIN = −135 dB/Hz; 수신기 대역폭은 1 GHz이고, 평균 수신 전력은 20 μW이다.

(a) 수신기에서 레이저 잡음 전력을 구하라.

(b) 만약 검출기의 응답도가 0.3 μA/μW일 때, 평균 레이저 잡음 전류를 구하라.

11.23 아날로그 변조된 시스템에 대한 식 (11.24)를 레이저 잡음 효과를 포함(즉, RIN을 포함)하여 다시 써라.

11.24 애벌런치 광다이오드는 이득이 100일 때, 초과잡음지수가 5이다. 애벌런치 광다이오드 초과잡음지수에 대한 표현식에서 n값을 구하라.

11.25 문제 11.6의 수신기는 초과잡음지수에서 n값이 2.35인 APD를 사용한다.

표 11.4 문제 11.26을 위한 데이터

0	$T/8$	$T/4$	$3T/8$	$T/2$	$5T/8$	$3T/4$	$7T/8$
5	3	2	3	2	5	3	3
3	5	5	2	3	2	5	2
2	2	3	5	5	3	2	5

(a) 0부터 1000까지의 이득에 대해, APD 이득의 함수로 SNR을 구하고 그려라.

(b) 최적 이득값은 얼마인가?

11.26 모드 분할 잡음이 어떻게 발생하는지를 설명하기 위해 펄스 간격 T로 전파하는 세 가지 종모드(파장이 λ_1, λ_2, λ_3인)가 존재하는 모델을 고려해 보자. 송신기에서 세 모드에 대한 상대 광 세기가 불규칙하게 변하지만 그들의 합은 일정하다. 매 T/8초마다 변하는 진폭의 양이 표 11.4에 나타나 있다. 각 열은 차례로 세 파장 λ_1, λ_2, λ_3에 대한 광 세기를 나타낸다.

각각의 연속적인 파장이 T/8초로 추가 지연되는 만큼 수신기에서 분산이 있는 것으로 가정한다.

(a) 송신기에 나타나는 펄스를 그려라(전 펄스 간격 T 동안 일정해야 한다).

(b) 수신기에 나타나는 펄스를 그려라. 펄스 변형(잡음)에 주목하라.

11.27 10 dB의 이득을 갖는 에르븀 첨가 파이버 증폭기가 검출기 바로 앞에 위치할 때, 문제 11.6을 반복하라. EDFA의 잡음지수는 0 dB로 가정하라.

11.28 EDFA 잡음지수가 5 dB일 때, 앞 문제의 (a)와 (b)를 반복하라.

참고문헌

[1] Amnon Yariv. *Optical Electronics in Modern Communications*, 5th ed. NY: Oxford University Press, 1997, pp. 383–388.

[2] Ibid., pp. 381–383.

[3] Tien Pei Lee and Tingye Li. "Photodetectors." In *Optical Fiber Telecommunications*, Stewart E. Miller and Alan G. Chynoweth, eds. New York: Academic Press, 1979, pp. 608–621.

[4] R. J. McIntyre. "Multiplication Noise in Uniform Avalanche Diodes." *IEEE Trans. Electron De ices* 13, no. 1 (Jan. 1966): 164–168.

[5] Gerd Keiser. *Optical Fiber Communications*, 2d ed. NY: McGraw-Hill, 1991, pp. 253–255.

[6] Peter K. Cheo. *Fiber Optics.* Englewood Cliffs, NJ: Prentice-Hall, 1985, p. 253.

[7] Yariv. *Optical Electronics in Modern Communications*, pp. 407–409.

[8] Milton Abramovitz and Irene A. Stegun, eds. *Handbook of Mathematical Functions*. Washington, DC: United States Department of Commerce, 1964, pp. 295–329.

[9] M. Chown, A. W. Davis, R. E. Epworth, and J. G. Farrington. "System Design." In *Optical Fibre Communication Systems*, C. P. Sandbank, ed. NY: John Wiley, 1980, pp. 249–265.

[10] Keiser. *Optical Fiber Communications*, pp. 423–424.

[11] P. A. Kirkby. "Semiconductor Laser Sources for Optical Communication." *Inst. Electron. Radio Eng.* 51, no. 7/8 (July/Aug. 1981): 362–376.

[12] Keiser. *Optical Fiber Communications*, p. 361.

[13] William K. Pratt. *Laser Communication Systems*. NY: John Wiley, 1969, pp. 152–153.

[14] R. G. Smith and S. D. Personick. "Receiver Design for Optical Fiber Communication Systems." In *Semiconductor De ices for Optical Communication*, H. Kressel, ed. NY: Springer-Verlag, 1980, pp. 89–160.

[15] Stewart D. Personick. *Optical Fiber Transmission Systems*. NY: Plenum, 1981, pp. 57–98.

[16] *Motorola Optoelectronics De ice Data*. Phoenix, AZ: Motorola, 1989.

Chapter 12

시스템 설계

11장까지는 시스템 관점에서 광파이버에 관해 광범위하게 논의하였다 그림 1.3의 블록 선도는 시스템을 구성하는 중요한 장치들과 이들 구성 장치들의 위치를 나타내고 있으며, 이들 각 구성 장치들의 일반적인 기능을 설명하고 있다. 그 다음 장들에서는 시스템을 구성하는 각 장치들에 관한 이론, 설계, 동작, 및 특성들에 관하여 설명하였다. 이제, 이 장에서는 이들 구성 장치들로 어떻게 시스템이 구성되며, 각각의 동작이 전체 시스템에 어떠한 영향을 미치는가에 대해 알아봄으로써 전체적인 광파이버 시스템을 설명하기로 한다.

12.1 아날로그 시스템 설계

광파이버 시스템에서는 수신기에 충분한 전력이 도달될 수 있도록 여러 구성 장치들의 결합 손실이 적어야 한다. 아날로그 시스템에서 충분한 전력은 정해된 신호 대 잡음비를 얻는 데 필요한 전력량을 의미하며, 부수적인 필요조건으로서는 결합된 구성 장치들이 광신호에 포함된 가장 높은 변조주파수를 통과시키기에 충분한 대역폭을 가져야 한다. 지금까지 각각의 소자 손실과 대역폭에 관하여 논의하였으나, 이 장에서는 전력과 대역폭 예산 계산을 설명함으로써 어떻게 전체 시스템 손실과 대역폭에 이들 구성 장치들이 함께 작용하는지에 관하여 논의한다.

12.1.1 시스템 사양

비교적 간단한 점 대 점 영상시스템을 설계하려고 할 경우, 이 시스템 링크는 TV 스튜디오로부터 멀리 떨어진 송신기로 신호를 전송할 수도 있고, 캠퍼스 또는 빌딩의 폐쇄회로 보안 모니터의 일부로서 사용될 수도 있으며 1/2 km 정도 또는 그 이상의 경로길이가 필요하다.

간단한 경우, 광원을 세기 변조하기 위해 TV 카메라에서 발생된 신호를 사용한다. 신호는 거의 6 MHz의 대역폭에 걸쳐 존재하며, 명확한 영상을 얻기 위해 50 dB($S/N = 10^5$)의 신호 대 잡음비가 필요하다.

가장 간단한 시스템은 0.8 ~ 0.9 μm 영역에서 발광하는 LED들과 실리콘 PIN 광 검출기들을 다중모드 광파이버(SI 또는 GRIN)와 함께 사용한다. 이러한 소자들이 충분한 대역폭을 갖지 않거나 충분한 전력을 공급하지 않을 경우에는 레이저 다이오드, 애벌런치 광 다이오드, 단일모드 광파이버, 그리고 좀더 장파장인 1.3 μm 대의 사용을 고려해야 한다.

변조도를 100%로 가정하여 식 (11.24)에 의해서 주어진 SNR 식에 적용하여 SNR을 계산하려면, 검출기의 부하 저항 R_L 값을 알아야 한다. PIN 다이오드는 5 pF의 커패시턴스와 0.85 μm에서 0.5 A/W의 응답도를 갖는다고 가정한다. 차단주파수를 6 MHz로 가정할 경우, R_L의 최대값은 식 (7.16)에 의해 다음과 같이 계산된다.

$$\begin{aligned} R_L &= (2\pi C_d f_{3\text{-dB}})^{-1} \\ &= [2\pi(5 \times 10^{-12})(6 \times 10^6)]^{-1} = 5305\ \Omega \end{aligned}$$

$R_L = 5305\ \Omega$으로 할 경우, 광 검출기는 전체 대역폭 예산을 전부 다 사용하게 되어 이는 현명치 못한 선택이므로, 앞으로의 계산에서는 $R_L = 5100\ \Omega$을 사용한다; 광원과 광파이버로 인해 발생하는 약간의 신호-대역폭 감쇠를 허용해야 한다. 이러한 것들이 결합된 대역폭 효과를 간략하게 계산할 것이다.

식 (7.16)에서 5100 Ω의 부하 저항을 사용함으로써 얻어진 수신기의 대역폭은 6.24 MHz이며, 이 값은 다음의 계산들에서 사용해야 하는 값이다.

12.1.2 전력 예산

PIN 다이오드를 사용하므로 열잡음 제한된 시스템이 예상되며, 이러한 가정하에서 수신 전력을 계산한 후 검토할 것이다. 이러한 가정하에서, 식 (11.24)는 다음 식으로 간소화된다.

$$\frac{S}{N} = \frac{0.5R_L(\rho P)^2}{4kT_e\,\Delta f} \tag{12.1}$$

여기서, $\rho = \eta e/hf$는 PIN 다이오드의 응답도이며, 증폭기 잡음을 고려하여 실제의 온도를 등가-시스템 잡음 온도로 대치하였다. 주위 온도는 300 K로 전치증폭기 잡음지수는 2(3 dB)로 가정한다. 등가 온도 T_e = FT = 600 K를 식 (12.1)에 사용하고, 수신기에서 필요한 평균 광 전력을 구하면 다음 식으로 된다.

$$P = \sqrt{\frac{4(1.38 \times 10^{-23})(600)(6.24 \times 10^{6})(10^{5})}{0.5(0.5)^{2}(5100)}}$$
$$= 5.7\ \mu\text{W}$$

간소화를 위해 6 μW로 반올림을 하였다. 이 전력 레벨에서 PIN 다이오드는 평균 전류 $I = \rho P = 3\ \mu\text{A}$를 발생시키며, 이 전류값은 전형적으로 수 nA인 PIN 다이오드의 암전류보다 훨씬 크기 때문에 이 시스템에서 암전류는 무시될 수 있다. 초기에 열잡음 제한된 시스템임을 확신함으로써 식 (11.1)과 식 (11.2)의 계산으로 열잡음 전력이 산탄잡음 전력보다 거의 7배나 크다는 사실을 알 수 있다.

3 μA의 예상 전류로 검출기가 비선형 동작을 하지 않도록 체크해야 한다. 그림 7.8에 나타낸 것과 같이 포화 전의 최대 전류는 바이어스 전압 대 부하 저항의 비와 같다. 바이어스 전압을 5 V로 사용하면, 3 μA의 동작값보다 훨씬 큰 $5/5100 = 9.8 \times 10^{-4}$ A (또는 980 μA)의 최대 허용전류를 얻게 되며, 이 시스템에서 포화는 문제되지 않는다.

구성 장치들이 다음과 같은 특성을 갖는다고 가정함으로써 설계를 진행할 것이다.

1. 광원(light source) 0.85 μm에서 1 mW의 평균 전력(그림 6.7에서 P_{dc}로 표시됨)으로 동작하는 표면방출 LED를 사용한다. LED의 상승시간은 12 ns이고, 스펙트럼 폭은 35 nm이며, 방출 표면의 직경은 50 μm보다 적다.
2. 다중모드 SI 광파이버(multimode SI fiber) NA = 0.24, 광 대역폭 $f_{3\text{-dB}} \times L = 33$ MHz × km, 손실은 5 dB/km, 코어 직경은 50 μm이다.
3. 다중모드 GRIN 광파이버(multimode GRIN fiber) 축상의 NA = 0.24, 광대역폭은 $f_{3\text{-dB}} \times L = 500$ MHz × km(광원이 레이저 다이오드인 경우). 코어 직경은 50 μm이다.

전력 예산은 전력 레벨을 dBm으로 나타내면 쉽게 계산된다. 광원은 0 dBm(1 mW)를 방출하며 수신기는 −22.2 dBm(6 μW)을 필요로 하므로 결합된 구성 장치들의 손실은 22.2 dB보다 적어야 되며, SI 광파이버와 광원 간 결합 손실은 $\eta = \text{NA}^2 = 0.0576$(12.4 dB)이 된다. 식 (8.12)에 의하면 GRIN 광파이버와의 결합 손실은 3 dB 더 나쁘므로, 이 경우 손실은 15.4 dB이 된다. 광파이버 입력단과 출력단에서 0.2 dB의 반사 손실이 발생한다. 각각 1 dB의 손실을 갖는 두 개(송신기와 수신기에 각각 하나씩)의 결합기만이 사용된다고 가정하면 2 dB의 손실이 더 발생하므로, SI 광파이버인 경우 허용가능 손실이 22.2 − 12.4 − 0.4 −

2 = 7.4 dB이고 GRIN 광파이버인 경우 허용가능 손실이 4.4 dB이다. 5 dB/km의 감쇠는 SI 광파이버의 길이를 7.45/5 = 1.48 km보다 적게 되도록 제한된다. 1 km SI 링크는 2.4 dB의 마진을 갖으며, GRIN 광파이버인 경우 최대 링크 길이는 4.4/5 = 0.88 km = 880 m이다.

12.1.3 대역폭 예산

다음은 광원, 광파이버, 광 검출기의 결합으로 인한 결과로 야기되는 대역폭 제한에 대해 조사해야 한다. 이러한 관점에서, 몇몇 응답 데이터가 상승시간(예를 들면 12 ns의 LED 상승시간) 항과 대역폭(예를 들면 6 MHz 시스템 대역폭) 항으로 주어진다는 것을 알게 될 것이다. 이러한 데이터들은 모두 등가 상승시간으로 변환되며, 이러한 상승시간이나 또는 대역폭에 의해서도 소자들의 특성을 완전하게 나타낼 수 없으므로 근사치를 구해야 할 것이다(임펄스 응답은 정확하게 소자들의 특성을 나타내기는 하지만, 일반적으로 임펄스 응답을 알 수가 없으며, 실험적으로 구하기가 어렵고, 구해진 경우에도 사용하기가 어렵다). 상승시간과 대역폭은 초기 시스템 설계를 위한 충분한 정보를 준다. 일반적으로 하나 또는 그 이상이 데이터 시트에 나타나 있으며, 사용이 용이하다.

시스템, 광원, 광파이버 및 광 검출기의 상승시간 t_S, t_{LS}, t_F 및 t_{PD}의 관계는 근사적으로 다음 식으로 표현된다.

$$t_S^2 = t_{\mathrm{LS}}^2 + t_F^2 + t_{\mathrm{PD}}^2 \tag{12.2}$$

식 (7.2)는 시스템과 광파이버에 대한 대역폭을 상승시간으로 정확하게 변환한다고 가정하지만, 이 식을 적용할 경우 다음과 같은 주의가 필요하다. 시스템 상승시간은 $t_s = 0.35/6 \times 10^6 = 58.3$ ns이며, 식 (7.15)로부터 $t_{\mathrm{PD}} = 2.19R_LC_D = 2.19(5100)(5 \times 10^{-12}) = 55.8$ ns가 된다. 이것은 약 1 ns의 전형적인 천이시간 제한값보다 훨씬 크기 때문에, 광 검출기는 회로 제한된다. 이 예제에서 수신기는 대부분의 상승시간 예산을 사용하며, 이러한 할당은 R_L값을 낮춤으로써 변화될 수 있다(그러나, 그렇게 하는 것은 수신기 감도를 더 낮추게 되어 더 많은 전력을 필요로 하게 된다). LED의 상승시간은 12 ns이므로, 식 (12.2)에 의해 광파이버의 상승시간(ns)은 다음 계산에서 주어진 값보다 더 커서는 안 된다.

$$\begin{aligned} t_F^2 &= t_S^2 - t_{\mathrm{LS}}^2 - t_{\mathrm{PD}}^2 = 58.3^2 - 12^2 - 55.8^2 \\ &= 141 \end{aligned}$$

그러므로 $t_F \le 11.9$ ns가 필요하다.

대역폭에 근거를 둔 허용가능한 광파이버 길이를 계산하기 전에 본론에서 벗어나 다음을 고려해 보자. 식 (7.2)에서 사용된 3 dB 대역폭은 주로 회로상의 전기 전력이 최대값의 반으로 감소하는 주파수이다. 그러나, 광파이버의 대역폭을 계산할 때, 광 전력의 감소를 사용한다. 예를 들면, 광파이버의 3 dB 대역폭은 변조된 광 전력의 1/2 감소에 해당한다. 3 dB 광 대역폭의 측정에 관해 고려해 보면, 변조주파수는 낮게 시작되며, 광 검출기는 수신된 정현파 전류의 진폭을 측정하여 기록하고 기준으로 사용한다. 이제 변조주파수는 전류가 검출되는 동안 증가된다. 전류는 광 전력에 비례하기 때문에 전류가 기준값의 1/2로 감소할 때 3 dB 주파수에 도달하게 된다는 것을 알 수 있지만, 검출기 부하 저항에서의 전력은 전류의 자승에 비례하기 때문에 전류에서의 1/2 감소는 전력에서 1/4 감소에 해당하며, 이것은 6 dB 전기 전력 손실이 된다. 지금까지의 설명으로 3 dB 광 대역폭은 6 dB 전기 대역폭과 일치한다는 것을 알 수 있다. 일반적으로, 둘 다 데시벨로 측정될 때 전기적 손실은 광학적 손실의 두 배가 된다. 표 12.1은 이러한 점을 강조하고 있다.

이제, 식 (7.2)를 광파이버에 사용하기 위해 광파이버의 3 dB **전기적(electircal)** 대역폭을 구해야 하며, 표 12.1에 나타낸 것처럼 이것은 광 전력이 단지 1.5 dB만큼 감소된 주파수에 해당한다. 식 (3.17)로 주어진 손실 특성으로부터 $f_{1.5\text{-dB}} = 0.71 f_{3\text{-dB}}$이므로, 3-dB 전기적 대역폭과 광학적 대역폭의 관계는 다음 식으로 표현된다.

$$f_{3\text{-dB}}\,(\text{전기}) = 0.71 f_{3\text{-dB}}\,(\text{광}) \tag{12.3}$$

TV 시스템에서 SI 광파이버에 대한 전기적 대역폭-길이의 곱은 (0.71)(33) = 23.4 MHz × km가 되며, 이에 해당하는 상승시간은 0.35/23.4 × 10^6 = 15 ns/km가 된다. 광파이버에 대한 상승시간 예산이 11.9 ns라는 점을 상기해 보면, 허용되는 SI 광파이버 길이는 11.9/15 = 0.793 km = 793 m이다. 이러한 경우 비록 전력 예산이 거의 1.5 km까지 허용하더라도, 상승시간 예산(또는 대역폭 예산)이 800 m 이하로 링크를 제한하므로 이 시스템은 **전력 제한(power limited)**되었다기보다는 **대역폭 제한(bandwidth limited)**된 시스템이 된다. 만약 요구되는 길이가 800 m보다 작은 경우 설계가 가능하다. 경로를 증가시키기 위한 다양한 조정이 가능하며, 가장 간단한 방법은 부하 저항을 감소시키는 것이나 이것은 수신기의 상승시간을 감소시키고, 보다 많은 예산을 광파이버 상승시간에 충당해야 할 것이다.

이제 동일한 LED 광원을 사용하면서 SI 광파이버를 GRIN 광파이버로 대치해 보자. 광파이버의 3 dB 전기적 대역폭-길이의 곱은 0.71(500 × 10^6) = 355 MHz × km이므로, 상승시간은 t_{mod}/L = 0.35/355 × 10^6 = 1 ns/km가 된다. 이 결과는 단지 모드 찌그러짐(modal distortion)만을 나타내므로 재료 분산도 계산되어야 한다. LED를 사용함으로 인한 분산적 펄스 퍼짐은 $M\,\Delta\lambda$ = 90(35) = 3150 ps/km ≅ 3.2 ns/km이며, 여기서 그림 3.8로부터 0.85 μm에서

표 12.1 전기적 손실 대 광학적 손실

광학적 손실 (dB)	0	0.5	1.0	1.5	2.0	2.5	3.0
전기적 손실 (dB)	0	1	2	3	4	5	6

$M = 90$ ps/(nm × km)로 된다. 펄스 퍼짐을 대역폭으로 변환[식 (3.19)를 사용함에 의해]하고, 그러면 등가 상승시간[식 (7.2)에 의해]으로의 변환은 펄스 퍼짐과 상승시간이 거의 같음을 보여준다. 재료 분산에 의해 계산되는 상승시간은 $t_{\text{dis}}/L = 3.2$ ns/km로 되며, 전체 광파이버 상승시간은 다음 식으로부터 구해진다.

$$t_F^2 = t_{\text{dis}}^2 + t_{\text{mod}}^2 \tag{12.4}$$

이 경우, $t_F/L = 3.4$ ns/km로 된다. 그러면 허용되는 길이는 11.9/3.4 = 3.5 km로 되어, 전력 예산에 의해 허용된 880 m보다 훨씬 길어진다. 이 예제에서 GRIN 시스템은 880 m보다 적은 길이로 전력 제한되지만, 좀더 효율적인 광원-광파이버 결합에 의해 이 시스템의 성능을 상당히 향상시킬 수 있다.

이 절에서 취급한 예는 일반적인 아날로그 설계 절차의 개요와 몇 가지 가능한 절충안과 소자 선택을 설명하고 있지만, 상승시간, 대역폭 및 펄스 퍼짐과 같은 특성들이 구성 소자들의 완전한 특성이 아니기 때문에 얻어진 결과들은 근사값들임에 유의해야 한다. 이들 변수들은 단순히 구성요소의 응답을 측정하기 위한 좋은(편리한) 기준이 되지만, 상승시간과 전력 예산 계산에서 제한적이었으므로 계산된 값들은 실행가능한 결과를 제공할 수 있어야 한다.

이 절에서 사용된 시스템 사양은 다소 완화되었기 때문에 상대적으로 간단한 장치들의 사용으로 충분하다. 좀더 많은 정보를 전송하는 장거리 링크(예를 들면, 여러 개의 다중화 영상 채널을 수 km까지 전송하는 경우)는 더욱 복잡하고 정교한 구성소자들이 필요한 반면에 적은 정보를 전송하는 단거리 링크(예를 들면, 단거리, 단일 채널의 전화 접속)는 값싸고, 질이 낮은 요소들로 구성할 수 있다.

12.2 디지털 시스템 설계

12.1절에서 특정한 예를 통하여 아날로그 시스템의 일반적인 설계과정에 대해 설명하였다. 이와 유사하게, 이 절에서는 디지털 링크에 대한 사양에 대해 설명하고 어떻게 필요조건이 만족될 것인지를 보여준다. 사용된 방법은 일반적인 광파이버 디지털 설계에 잘 적용될 수 있다.

12.2.1 시스템 사양

12.1절에서 설명된 아날로그 시스템은 다소 완화된 필요조건이 이용되었다. 이제 이 절

에서는 상당히 까다로운 사양을 만족해야 되는 디지털 시스템에 대해 고찰하고자 한다. 링크는 10^{-9} 또는 그 이상의 오류율로 100 km 경로를 400 Mb/s NRZ 펄스열이 중계기 없이 전송되어야 한다. 시작부터 매우 높은 데이터율-길이 곱과 매우 낮은 감쇠를 갖는 광파이버가 필요하다는 것이 명백하다. 또한, 400 Mb/s 데이터율을 수용할 수 있는 매우 빠른 발광기와 광 검출기가 필요하며, 수신기에 도달하는 신호 레벨이 매우 낮으므로 매우 감도가 뛰어난 수신기가 필요하게 됨을 예견할 수 있다. 다음의 해석들은 이러한 예상이 어느 정도까지 정확한가를 나타내며, 해석의 대부분은 상승시간(즉, 대역폭)의 계산과 전력 예산의 계산이다.

12.2.2 상승시간 예산

그림 12.1에 표본 펄스를 나타내었다. NRZ 부호인 경우 펄스 지속시간(τ)와 반복주기(T)는 둘 다 $1/R$과 같으며, 여기서 R은 데이터율이다. 요구되는 전체 시스템 상승시간 t_S의 적절한 예상값은 그림에 나타나 있는 것처럼 펄스 지속시간의 70%를 넘지 않아야 된다. 즉, 상승시간은 다음 식으로 제한되어야 한다.

$$t_S = 0.7\tau = \frac{0.7}{R_{\text{NRZ}}} \tag{12.5}$$

펄스 지속시간이 반복주기 T의 1/2인 RZ 신호에 대해서도 유사한 방법에 의해서

$$t_S = 0.7\tau = \frac{0.7T}{2} = \frac{0.35}{R_{\text{RZ}}} \tag{12.6}$$

이 된다. 따라서, 400 Mb/s-NRZ 신호에 대해 허용가능한 상승시간은 $t_S = 0.7/4 \times 10^8 =$ 1.75 ms이며, 이 시간은 식 (12.2)에 나타낸 방식으로 광원, 광파이버 및 광 검출기(부하 회로를 포함하여) 사이에서 일정한 비율로 배분되어야 한다. 즉, 다음과 같다.

$$t_S^2 = t_{\text{LS}}^2 + t_F^2 + t_{\text{PD}}^2$$

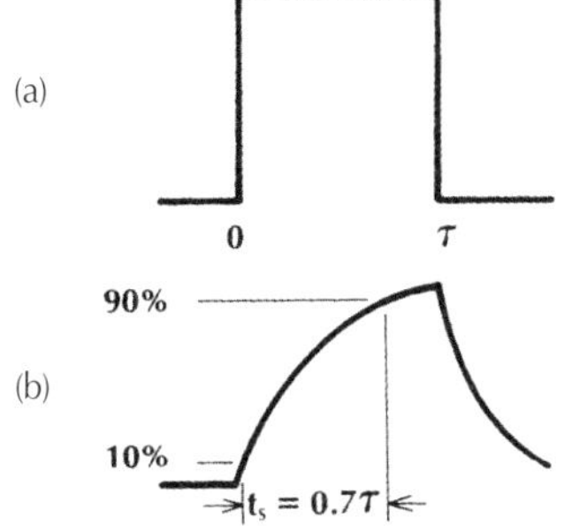

그림 12.1
시스템의 상승시간 필요조건 (a) 이상적인 입력 펄스 (b) 시스템 최소 펄스 응답

광파이버 선택시 1.75 ns의 상승시간이 갖는 효과를 조사하기 전에, 먼저 광파이버의 상승시간과 펄스 퍼짐 사이의 관계를 알아보아야 한다. 광파이버에 대한 식 (7.2)가 유효하다고 가정하고 식 (3.19)로부터 $f_{3\text{-dB}}$ (전기) $= 0.35/\Delta\tau$를 사용하면, 광파이버의 상승시간은 다음 식을 만족한다고 결론지을 수 있다.

$$t_F = \frac{0.35}{f_{3\text{-dB}}\ (\text{전기})} = \Delta\tau \tag{12.7}$$

광파이버의 전기적 상승시간과 최대 펄스 퍼짐의 1/2이 되는 지속시간은 같게 된다. 비록 정확하지는 않지만, 이러한 관계는 초기의 설계 계산과정에 유용할 수가 있다.

이 결과로부터 선택된 광파이버는 100 km에 대해서 1.75 ns보다 적은 펄스 퍼짐(단위길이당 17.5 ps/km보다 적은 퍼짐)을 가져야 하며, 이것은 전형적인 펄스 퍼짐이 각각 15 ns/km와 1 ns/km에 가까운 다중모드 SI 또는 GRIN 광파이버로는 얻을 수가 없다(표 5.2 참조). 단일모드 광파이버조차도 0.8 μm 근처의 파장에서 동작될 때, 거의 500 ps/km 펄스 퍼짐을 갖는다. 이제, 이러한 선택은 단일모드 광파이버가 1.3 또는 1.55 μm에서 동작되도록 제한한다. 최대한의 광파이버 길이를 위해 km당 손실은 매우 적어야 하며, 0.5 dB/km(100 km 링크상에서 전체 손실이 50 dB) 정도로 적은 손실조차도 허용될 수 없다. 이 절의 마지막 부분에서 모든 결합기들과 커넥터들을 포함하는 전체 시스템 손실은 대략 37 dB보다 적어야 함을 보여준다. 그러므로 최소 감쇠 영역인 1.55 μm에서 동작하는 단일모드 광파이버를 사용할 것이며, 이 예제의 나머지 부분에서는 손실을 1.55 μm에서 이룰 수 있는 0.25 dB/km로 가정한다.

단일모드 광파이버의 펄스 퍼짐은 재료 분산 및 도파관 분산 때문이다. 그림 3.8과 그림 5.25로부터 분산값들은 1.55 μm에서 재료 및 도파관 효과로 인해 각각 $M = -20$ ps/(nm × km) 및 $M_g = 4.5$ ps/(nm × km)임을 알 수 있으며, 반대 부호로 인해 분산값은 서로 상쇄되어 총 분산값은 $M_t = 20 - 4.5 = 15.5$ ps/(nm × *km*)로 된다.

단일모드(종모드와 횡모드 둘 다) 1.55 μm InGaAsP 레이저 다이오드의 복사 패턴이 광파이버의 단일 전파 모드 패턴과 거의 유사하기 때문에 이 레이저 다이오드가 필요하게 되며, 덧붙여 펄스 퍼짐을 최소화시키기 위해 선폭은 충분히 좁아야 한다. 여기서 사용될 레이저 다이오드는 0.15 nm 스펙트럼 폭과 1 ns의 상승시간을 갖기 때문에, 광파이버의 총 펄스 퍼짐은 $\Delta\tau = LM_t\,\Delta\lambda = 100(15.5)(0.15) = 233$ ps $= 0.23$ ns로 되며, 더구나 식 (12.7)에 의하면 이것이 광파이버의 상승시간에 해당한다. 다행히, $t_F = 0.23$ ns는 1.75 ns 상승시간 예산의 적은 부분이다.

LED는 다음의 몇 가지 이유 때문에 사용하는 데 문제점이 있을 수도 있다. 첫째로 1.3 ~ 1.55 μm 영역에서 방출하는 좋은 LED들은 50 nm 정도의 스펙트럼 폭을 갖기 때문에 광파이버 펄스 퍼짐은 100(15.5)(50) = 77.5×10^3 ps = 77.5 ns로 되므로 제안된 시스템에 너무 클 수가 있다. 둘째로 LED들은 넓은 각으로 복사하기 때문에 결합이 작고 개구수가 낮아 단일모드 광파이버는 매우 비효율적이다. 장거리 시스템에서는 가능한 한 많은 전력이 광파이버 내로 공급되어야 한다.

이제 광 검출기의 상승시간 할당을 계산하면, 식 (12.2)로부터

$$t_{\mathrm{PD}}^2 = t_S^2 - t_{\mathrm{LS}}^2 - t_F^2 = 1.75^2 - 1 - 0.23^2$$
$$= 2, \quad 또는 \quad t_{\mathrm{PD}} = 1.4 \text{ ns}$$

이 된다. 열잡음이 문제가 될 때는 언제나 수신기의 감도를 증가시키기 위해 큰 부하 저항의 사용이 가능하도록 고주파수에서 광다이오드의 커패시턴스는 가능한 한 작아야 한다. 광 검출기의 표면에 광파이버의 끝으로부터 방출되는 빛이 모인다. 단일모드 광파이버는 작기 때문에, 검출기의 커패시턴스 C_d가 최소화될 수 있도록 유효 표면을 작게 할 수 있다. C_d = 1 pF, t_{TR} = 0.5 ns로 천이시간이 제한된 상승시간을 갖는 광 검출기가 있다고 가정하자. 식 (7.15)로부터 회로 제한된 상승시간은 $t_{\mathrm{RC}} = 2.19\, R_L C_d$로 나타낼 수 있으며, 광다이오드의 전체 상승시간은 다음 식으로부터 계산된다.

$$t_{\mathrm{PD}}^2 = t_{\mathrm{TR}}^2 + t_{\mathrm{RC}}^2 \tag{12.8}$$

t_{TR} = 0.5 ns와 t_{PD} = 1.4 ns를 사용하면 t_{RC} = 1.3 ns가 된다. 이 결과로 부하 저항의 최대값은 $R_L = t_{\mathrm{RC}}/2.19C_d = 1.3 \times 10^{-9}/2.19 \times 10^{-12} = 594\,\Omega$이 된다. 만약 고임피던스 또는 전달 임피던스 수신기 전단이 사용되면, 부하 저항은 증가될 수 있다. 표 12.2에 상승시간 계산을 요약하였다.

이 절에서 계산된 대역폭 제한 범위를 벗어난 동작은 비트오류율을 증가시키는 효과가 있다. 이 절의 다음 부분에서는 수신기에서 BER 사양을 만족하기 위해 필요한 수신 광 전력을 계산할 것이다. 요구되는 최소 전력을 수신기 감도(receiver sensitivity)라 한다. 만약 대

표 12.2 상승시간 예산 계산

구성 장치	상승시간(ns)		
시스템 예산, $t_s = 0.7/R_{\mathrm{NRZ}}$			1.75
광원, t_{LS}		1.0	
광파이버, $t_F = \Delta\tau$		0.23	
광 검출기			
천이시간, t_{TR}	0.5		
회로, $t_{RC} = 2.19R_LC_d$	1.3		
전체, $t_{\mathrm{PD}} = (t_{\mathrm{TR}}^2 + t_{\mathrm{RC}}^2)^{1/2}$		1.4	
		—	—
시스템 상승시간, $(t_{\mathrm{LS}}^2 + t_F^2 + t_{\mathrm{PD}}^2)^{1/2}$		1.75	1.75

역폭 제한을 초과한다면, 수신기에 전달되는 광 전력을 증가시킴으로써 BER은 회복될 수 있다. 요구되는 증가량은 때때로 **전력 패널티(power penalty)**로 언급된다. 이 절에서 설명된 대역폭 계산은 1 dB 이하의 전력 패널티에 해당한다[1]. 제한된 대역폭보다 매우 낮은 동작은 전력 패널티를 무시할 수 있다.

이제까지 상승시간 예산에 대한 완벽한 계산을 설명하였다. 1.55 μm에서 동작하는 좁은 선폭의 LD를 사용함으로써 대역폭 제한에 매우 적은 영향을 미치는 광파이버시스템을 설계할 수 있었으며, 다음에는 전력 예산에 대해 조사하기로 한다.

12.2.3 전력 예산

이제, 구성 장치들과 시스템에 사용될 수 있는 기술들에 대한 몇 가지 사항을 가정할 수 있으며, 이러한 가정은 비록 일반적인 것이라기보다는 매우 고품질 특성들을 나타내기는 하지만 모두 타당한 가정으로 5 dBm(약 3.2 mW)의 광원 출력 전력, 3-dB 광원-광파이버 결합 손실, 각각 손실이 1 dB인 두 개의 커넥터, 그리고 각각 0.1 dB 손실을 갖는 50개의 결합기가 사용된다고 가정한다. 광파이버 케이블의 설치와 구성을 간단히 하기 위해 이들 결합기들은 100 km 경로를 따라 평균적으로 2 km마다 위치하여 광파이버가 (예기치 않게) 단절되거나 결합될 필요가 있을 경우에 발생하는 손실에 대비해야 한다.

전력 예산 계산을 표 12.3에 요약하였다. 이 표에서 보면, 광파이버 자체의 25 dB 감쇠를 포함함으로써 전체 시스템 손실은 35 dB로 되며, +5 dBm의 전력 레벨을 가지고 있었으므로 수신기에서 광 전력 레벨은 5 − 35 = −30 dBm로 된다. 이 절의 마지막에 나타낸 대로 APD 광 검출기를 사용하는 수신기는 400 Mb/s의 데이터 전송률에서 10^{-9}의 오류율을 얻기 위해 대략 −40 dBm이 필요하게 되므로, 전달된 신호는 10 dB만큼 더 높게 된다. 허용

표 12.3 전력 예산 계산

레이저 다이오드 출력		5 dBm
광원 결합 손실	3 dB	
커넥터 손실(2개)	2 dB	
접속기 손실(50개)	5 dB	
광파이버 감쇠(100 km)	25 dB	
총 손실	35 dB	
수신가능한 전력(5 − 35)		−30 dBm
APD 수신기		
감도	−40 dBm	
손실 마진(40 − 30)		10 dB
하이브리드 PINFET 고임피던스 수신기		
감도	−32 dBm	
손실 마진(32 − 30)		2 dB

가능한 전력에서 수신기 감도를 제외한 **전력 마진**(power margin)은 APD 수신기의 경우 $-30-(-40)=10$ dB이 된다. 레이저 다이오드의 노화와 시스템 설계 전에 미리 쉽게 예견할 수 없는 부수적인 손실로 인해 야기되는 전력 감소량을 보상하기 위하여 6 dB 또는 그 이상의 마진이 필요하다. 표 12.3에 고임피던스 PIN-FET 수신기를 사용한 경우에 얻어진 결과들도 역시 나타나 있으며, 이 수신기는 단지 2 dB의 전력 마진만을 제공하므로 애벌런치 소자를 사용한 경우보다 감도가 8 dB만큼 떨어진다.

이제 특정한 링크에 대한 설계를 완성시킬 수 있으며, 선택된 구성 장치들의 결합은 시스템의 상승시간과 전력 예산 범위 내에서 동작을 한다. 이 예제에서, 수신기의 감도를 미리 안다고 가정하였으며, 특히 수신기가 사전에 구성되고 검사된 경우는 대부분 이 경우에 해당될 것이다. 이러한 경우가 아니라면, 먼저 수신기 감도가 계산되어야 한다. 다음 절에서 이러한 사항이 어떻게 이루어지는지를 알게 될 것이다.

12.2.4 양자잡음 제한된 수신기 감도

양자 제한된 수신기는 최고의 검출을 제공한다. 다른 수신기를 측정하기 위한 표준으로 양자 제한된 수신기의 감도를 계산한다. 11.3절에서 설명한 바와 같이 암전류가 무시될 수 있는 양자 제한된 시스템의 오류율은 $P_e = \exp(-n_s)$로 주어지며, 여기서 n_s는 이진수 1이 수신될 때 발생되는 신호 광전자의 평균수를 나타낸다. 표 11.2에 나타낸 것처럼, $n_s = 20.7$은 10^{-9}의 오류율에 해당한다(약간의 전자는 의미가 없기 때문에, 이 절에서 설명되는 시스템의 경우 $n_s = 21$로 한다).

n_s개의 전자를 발생시키기 위해 필요한 입사 광자 수는 n_s/η이며, 여기서 η은 양자효율을 나타낸다. 예제 11.6에서 계산된 것처럼, 구형파에서 피크 광 전력은 n_s에 비례하며 다음 식으로 주어진다.

$$P = \frac{hfn_s}{\eta\tau} = \frac{hcn_s}{\eta\lambda\tau} \tag{12.9}$$

여기서, τ는 펄스폭이다. NRZ 신호의 경우에는 $\tau = 1/R$이고, RZ 신호의 경우에는 $\tau = 1/2R$이다. NRZ 시스템의 경우,

$$P = \frac{hcn_sR}{\eta\lambda} \tag{12.10}$$

로 되는 반면에, RZ 펄스의 경우에는 피크 전력이 이 값의 2배가 된다. 근본적으로 펄스의 에너지(구형파의 경우 피크 전력에 펄스폭을 곱함)는 부호화 방식에 상관 없이 $hcn_s/\eta\lambda$ 레벨을 초과해야 한다.

식 (12.10)에 $n_s = 21$, $\eta = 1$, $\lambda = 1.55\ \mu$m, $R = 400$ Mb/s의 값들을 사용하면 $P = 1.08$ nW

의 감도를 얻게 되며, 이 값은 1.08×10^{-6} mW 또는 −59.7 dBm과 같은 값이다. 이상적으로 양자 제한된 조건하에서, 10^{-9} BER을 만족하기 위해 광 검출기에 적어도 −59.7 dBm의 광 전력이 전달되어야 하며, 양자효율이 70%라고 가정하면, 요구되는 전력 레벨은 −58.1 dBm로 증가한다. 표 12.3에 언급된 APD 수신기는 이상적인 양자 제한보다 약 20 dB 정도 낮은 감도(−40 dBm)를 가지며, InGaAs 애벌런치 광다이오드의 높은 초과잡음 때문에 1.3∼1.6 μm 영역에서 동작하는 동안 이러한 경우가 발생한다. 잡음이 너무나 높기 때문에 최적 이득이 매우 낮으며(10 또는 그 이상), 이 낮은 이득은 단지 열잡음을 조금밖에 극복하지 못 한다. 이 절의 마지막 부분에서 열잡음 제한된 경우에 대한 감도를 계산하며, 이 예제에서 저이득 APD는 위에서 설명한 경우와 비교하여 약 12 dB 정도를 향상시킴을 보여준다.

그림 12.2는 식 (12.10)을 양자효율이 100%라고 가정하고 전력 레벨을 dBm로 변환하여 나타낸 그림이며, 실제로는 7.4절에서 언급한 대로 효율은 55%와 80% 사이의 범위가 된다.

검출기의 실제 감도는 식 (12.10)에 의해 직접 계산될 수 있으며, 또한 곡선으로부터 얻어진 전력을 실제 양자효율로 나눔으로써 그림 12.2로부터도 구해질 수 있다. 검출기 제작자는 종종 양자효율 η보다 응답도 ρ를 제시한다. 이들 두 변수는 식 (7.7)에서처럼 서로 관련이 있으며, 식 (12.10)에 의해 다음 식으로 표현된다.

$$P = en_s R / \rho \tag{12.11}$$

검출기의 응답도를 안다면 양자 제한된 감도에 대한 이 식은 식 (12.10)보다 사용하기가 더 용이하다.

모든 파장에서 양자효율이 같다고 가정하면, 식 (12.10)으로부터 동작 파장이 증가함에

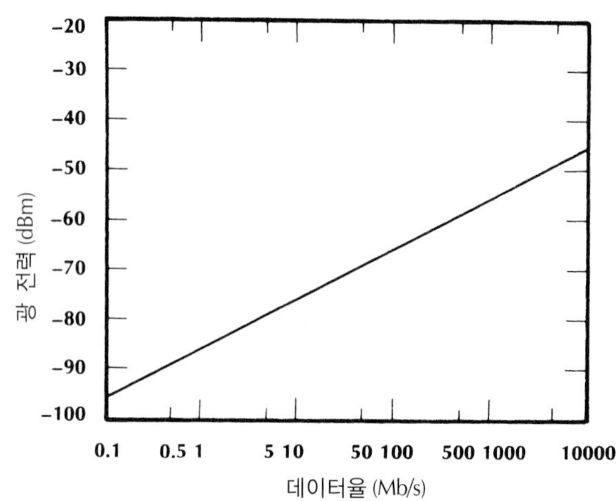

그림 12.2
NRZ 시스템에서 10^{-9}의 BER을 얻기 위해 1.55 μm에서의 양자잡음-제한된 수신기 감도

따라 감도가 향상됨을 예측할 수 있으며, 주요 관심 파장인 1.55 μm의 가장 긴 파장 대 0.8 μm의 가장 짧은 파장의 비율은 거의 두 배가 됨을 알 수 있다. 그러므로 보다 짧은 파장은 보다 긴 파장에 비하여 거의 두 배 이상의 전력을 필요로 함을 알 수 있으며, 이는 긴 파장 시스템이 거의 3 dB 이득이 있음을 나타낸다.

감도 계산에 관해 언급해야 할 또 다른 지적은 식 (12.10), (12.11), 그리고 그림 12.2에서 기호 P는 피크 광 전력을 나타내며, 이는 1이 수신될 때 전달된 피크 전력을 나타낸다는 것이다. 전형적인 메시지에는 동일한 수의 1과 0들이 포함되므로, NRZ 펄스열에서의 평균 전력은 피크값의 1/2이 되며 다음 식으로 나타낼 수 있다.

$$P_{\mathrm{AVE}} = \frac{hcn_s R}{2\eta\lambda} \tag{12.12}$$

평균 전력 감도를 나타내는 그림은 그림 12.2의 곡선보다 3 dB 정도 낮게 될 것이다.

12.2.5 열잡음 제한된 수신기 감도

식 (11.11)에 의해 주어진 열잡음 제한된 SNR을 검출기의 응답도 항으로 다시 나타낼 수 있으며, 이와 더불어 등가 시스템 잡음 온도를 사용하여 증폭기 잡음을 설명하면, 그 결과는 다음 식과 같이 된다.

$$\frac{S}{N} = \frac{R_L(\rho P)^2}{4kT_e\,\Delta f} \tag{12.13}$$

주어진 오류율에 해당하는 열 제한된 SNR은 식 (11.29) 또는 이 식을 나타낸 그림 11.11로부터 결정되며, 이들 데이터로부터 10^{-9} BER은 21.5 dB SNR을 필요로 함을 알 수 있다(즉, $S/N = 142$). 식 (12.13)을 필요한 전력에 대해 풀면 다음 식이 얻어진다.

$$P = \frac{\sqrt{4kT_e(\Delta f/R_L)(S/N)}}{\rho} \tag{12.14}$$

이 절의 앞부분에서 상승시간 제한에 따라 $R_L = 594\,\Omega$으로 선택하였다. 이 저항값은 간단히 종단된-광다이오드(terminated-photodiode) 수신기 전단을 사용할 때 허용되는 최대 저항값이며, 식 (7.16)에 이 저항값과 1 pF 광다이오드 커패시턴스 값을 사용하면 수신기의 대역폭은 268 MHz가 된다. 대역폭이 큰 수신기를 선택할 수 있으나, 이 경우 식 (12.14)에서 예상된 대로 수신기의 감도가 떨어질 수도 있다. 온도를 300 K, 잡음지수를 2, 검출기 응답도를 1 A/W로 가정하면, 수신기 감도는

$$P = \sqrt{\frac{4(1.38 \times 10^{-23})(2)(300)(2.68 \times 10^{8})(142)}{594}}$$
$$= 1.46\ \mu\text{W}$$

또는 −28.4 dBm이 된다. 이 예제에서 이상적으로 양자 제한된 감도가 −59.7 dBm이었으므로 열 제한된 결과보다 31.3 dB 높음을 알 수 있다. 표 12.3에 나타낸 것을 참고하면, 수신기에서의 전력 레벨은 열 제한된 수신기에서 필요한 것보다 단지 1.6 dB 더 낮은 −30 dBm임을 알 수 있다. 이러한 시스템에서는, 감도가 충분치 않기 때문에 저항-종단된 PIN 다이오드를 사용할 수 없다.

이러한 관점에서 감도를 향상시키기 위한 다양한 방법이 있으며, 그들 중에서 종단된 다이오드보다 낮은 레벨에서 동작하는 고임피던스 또는 전달 임피던스 전단을 갖는 수신기를 사용할 수 있으며 이러한 수신기에는 등화기가 포함되어야 한다. 400 Mb/s에서 동작하기 위해 −32 dBm 정도의 감도를 갖는 하이브리드 InGaAs 고임피던스 및 전달 임피던스 PIN-FET 수신기들을 구성하였으며[3], 이 수신기는 저항-종단된 회로보다 3 dB 정도 성능이 향상되며 시스템에 2 dB의 마진을 제공한다.

장파장 영역에서 InGaAs 애벌런치 광다이오드는 고임피던스 PIN-FET 수신기보다 감도가 뛰어나며[4], 8 dB이 향상된다고 가정하면 −40 dBm의 감도를 갖게 되고, 시스템에 10 dB의 전력 마진을 제공한다. 표 12.3에 전력 예산 결과들이 요약되어 있다.

12.2.6 일반적으로 열잡음 제한된 수신기 감도

이제, 일정한 영역의 데이터 전송률에 적용할 수 있는 열잡음 제한된 수신기에 대한 몇 가지 일반적인 결과들을 구하기로 하자. 먼저 NRZ 펄스열에 국한하여 논의하기로 한다. 이 절의 마지막에서, 이 결과들이 RZ 시스템에 어떻게 적용되는지를 보여준다. 해석을 하기 위해 수신기 대역폭을 위한 몇 가지 값들을 가정해야 하며, 여기서는 대역폭을 데이터율의 반으로 선택하였다. 이 대역폭이 그림 3.12에 나타낸 대로 NRZ 펄스들을 전송하기 위해 필요한 최소 대역폭이다. 대역폭의 이러한 선택은 송신기와 광파이버에서 대역 제한을 허용하지 않는다. 다시 말해서, 수신기는 전 시스템 대역폭 예산까지를 사용하게 된다. 비록 이것은 항상 허용되는 경우는 아니지만(예를 들면, 이 절의 앞부분에서 취급된 시스템에서), 이러한 선택은 가장 감도가 뛰어난 열 제한된 수신기를 제공한다. 이러한 의미에서, 얻어진 결과들은 이상적인 결과가 된다. 다른 대역폭을 갖는 수신기의 감도는 이 예제에서 개략적으로 설명된 절차에 따라 구해질 수 있다. 얻어진 결과들을 가능한 한 일반화하기 위해, 결과들이 임의의 광 검출기 응답도와 증폭기 잡음지수값들에 대해서도 사용될 수 있도록 정규화하고, 덧붙여 수신기의 대역폭은 전적으로 부하 저항과 광다이오드의 커패시턴스에 의해 결정되어야 한다. 이러한 가정들은 간단히 종단된 전단 수신기에 의해 얻어질 수 있는 가장 좋은 감도를 제공할 것이다.

이제 식 (12.5)와 식 (7.15)로부터 $t_{RC} = 0.7/R = 2.19\, R_L C_d$, 또는

$$R_L = \frac{1}{\pi R C_d} \tag{12.15}$$

를 얻을 수 있으며, 식 (12.14)는 다음 식으로 된다.

$$\frac{\rho P}{F^{1/2}} = R\sqrt{2kT\pi C_d(S/N)} \tag{12.16}$$

위 식의 우변에 $T = 300$ K, $C_d = 1$ pF, $S/N = 142$(오류율 10^{-9}에 적합한)의 값들을 대입하면 $\rho P/F^{1/2} = 1.92 \times 10^{-15} R$로 된다. R은 Mb/s, P는 nW 단위를 가지면, 위의 식은 다음 식으로 간소화된다.

$$\frac{\rho P}{F^{1/2}} = 1.92R \tag{12.17}$$

그 결과가 그림 12.3에 나타나 있다. 만약 $\rho = 1$ A/W, $F = 1$이면, 감도는 dBm로 나타내어지며, 그렇지 않은 경우 수직 좌표축는 잡음지수의 제곱근으로 곱하고 응답도로 나누어 mW로 변환되어야 한다. 7.4절에서 언급한 바와 같이, 응답도는 0.8 ~ 0.9 μm 영역에서 실리콘은 0.5, 1.0 ~ 1.8 μm 영역에서 게르마늄은 0.7, 1.0 ~ 1.7 μm 영역에서 InGaAs는 0.7 ~ 1.1이 된다.

만약 오류율이 단지 10^{-4}이면, 그림 11.11로부터 SNR은 17.5 dB 또는 그 이상이 된다. 이러한 경우, 식 (12.16)에서 $S/N = 56$으로 되어 다음 식이 얻어진다.

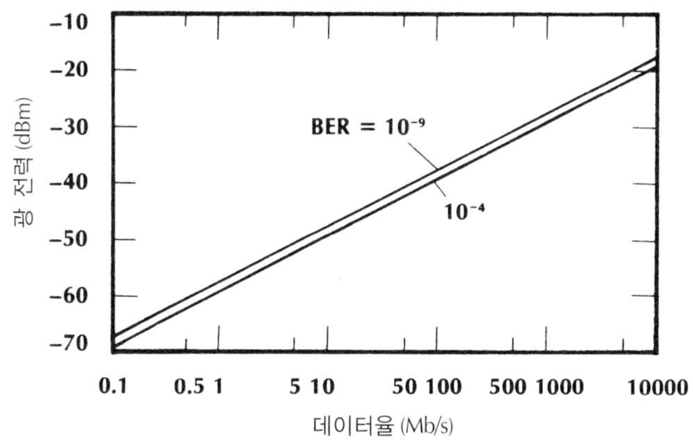

그림 12.3
NRZ 시스템에서 열잡음 제한된 수신기의 감도

$$\frac{\rho P}{F^{1/2}} = 1.21R \tag{12.18}$$

여기서도 여전히 $C_d = 1$ pF, $T = 300$ K, R은 Mb/s, P는 nW이다. 이 결과 역시 그림 12.3에 나타나 있다. 이 그림에서 알 수 있듯이 10^{-4}와 10^{-9} 오류율에 필요한 전력 레벨은 단지 2 dB 정도만의 차이가 있다. 오류율이 광 전력 레벨에 얼마나 민감한가를 다시 한 번 알 수 있다.

응답도의 파장 의존도에 의해 그림 12.3에 나타낸 곡선은 동작 파장에 의존하며, $\rho = 1$인 1.55 μm InGaAs 광다이오드는 $\rho = 0.5$인 0.8 μm 실리콘 광다이오드에서 필요한 전력의 1/2만이 필요하다. 이러한 비교를 통해 장파장 검출기는 3 dB만큼 더 감도가 뛰어나다.

그림 12.4와 그림 12.5는 여러 가지 다른 수신기들의 감도를 비교한 것이며, 그림 12.4는 0.8 ~ 0.9 μm 영역에서 적용되며, 그림 12.5는 1.3 ~ 1.6 μm 영역에서 적용된다.

단파장 영역에서, APD를 사용하는 최적 수신기는 약 10 ~ 13 dB 이내로 양자 제한된 경우에 근접하며[5], 초과잡음과 암전류는 APD 수신기를 이상적인 양자잡음 제한된 감도에 실제로 도달하지 못하도록 한다. 그림 12.4로부터 알 수 있듯이, 열잡음 제한되고 저항-종단된 PIN 다이오드 수신기는 이상적인 양자 수신기보다 약 25 ~ 30 dB 정도 더 높은 전력을 필요로 한다. 마지막 비교로서 APD 수신기는 PIN 수신기보다 약 15 dB 정도 향상된 성능을 갖고 있으며, 이러한 점이 상당한 장점이 된다. 예를 들어, 광파이버 감쇠가 3 dB/km 이면 APD 링크는 PIN 다이오드를 사용하는 링크보다 5 km 정도 더 길게 될 수 있다.

보다 장파장에서, InGaAs APD 수신기는 이상적인 수신기보다 약 20 dB 정도의 전력을

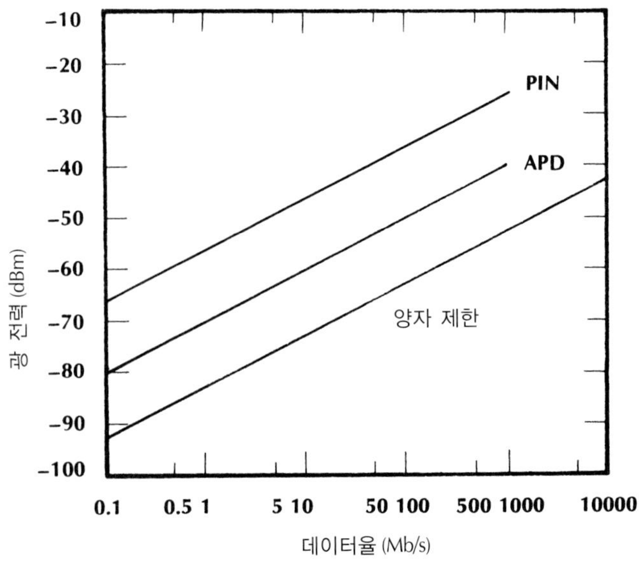

그림 12.4
BER $= 10^{-9}$, $\lambda = 0.82$ μm인 경우 수신기 감도. 광다이오드는 실리콘 소자들이다.

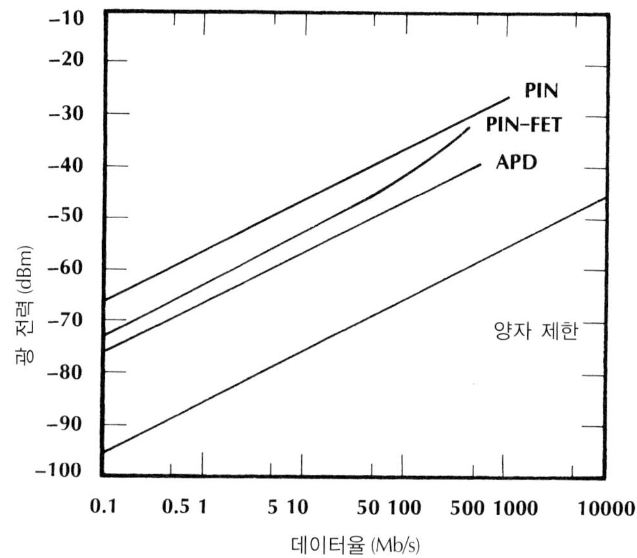

그림 12.5
BER = 10^{-9}, λ = 1.55 μm인 경우 수신기 감도. 광다이오드는 InGaAs 소자이며, PIN-FET 수신기는 고임피던스(또는 전달 임피던스) 전치증폭기를 포함한다.

더 필요로 하며[6], 저항-종단된 PIN 다이오드 수신기는 10 ~ 12 dB 정도 전력이 더 부족하다. 종단된 PIN 광다이오드와 APD 수신기 사이의 중간 정도의 감도를 갖는 고임피던스(및 전달 임피던스) PIN-FET 전단이 장거리 전송 링크에 많이 사용된다[7]. 하이브리드 PIN-FET 수신기는 InGaAs 광다이오드와 그 뒷단에 GaAs MESFET 전치증폭기로 구성된다[8]. 그림 12.5에 나타난 것처럼, 이러한 수신기의 감도는 MESFET 증폭기의 제한된 주파수 응답으로 인해 100 Mb/s 이상에서 저하되기 시작한다.

그림 12.4와 그림 12.5를 사용할 경우, 적용한 가정을 잘 기억해야 하며 실제의 전치증폭기 잡음지수와 광 검출기의 응답도 및 커패시턴스가 정확히 적용되어야 한다. 지금까지 설명된 이러한 인자들은 특정한 상황에서 유사한 특성 곡선을 구하기에 충분히 상세하게 설명되었지만, 그림 12.4와 그림 12.5에 적용된 변수들은 실제의 소자를 나타내도록 선택되었다. 이러한 인자들은 시스템 개발을 위한 초기 지침서로 직접 사용될 수 있다.

특히 NRZ 펄스열에 대해 유도된 그림 12.2 ~ 12.5까지의 그림들은 RZ 시스템의 감도 계산에도 쉽게 적용된다. RZ 펄스폭은 NRZ 펄스폭의 반이므로 동일한 데이터 전송률을 위해 RZ 펄스는 NRZ 펄스의 경우보다 두 배의 피크 전력을 필요로 하며, 이러한 상태는 열잡음 또는 산탄잡음 제한된 수신기에 관계 없이 적용된다. 그러므로 RZ 펄스열의 경우, 그림 12.2 ~ 12.5에서 얻어진 전력을 단순히 두 배 하면 된다. 즉, 그림에서 얻어진 전력 레벨에 3 dB을 더하는 것과 같다.

예제 12.1

10^{-9} 오류율로 동작하는 100-Mb/s RZ 시스템에 대한 열잡음 제한된 감도와 양자잡음 제한된 감도를 구하라. 시스템은 0.82 μm 에서 동작한다.

풀이: 그림 12.4로부터 필요한 NRZ 전력 레벨은 각각 양자 제한된 경우에는 −63, 열 제한된 경우에는 −36 dBm이다. 각각에 3 dB을 더하면, RZ 피크 전력 레벨은 양자 제한된 경우에는 −60이며 열 제한된 경우에는 −33 dBm이 된다.

지금까지는 피크 전력에 대해서만 주로 설명하였으나, 실제 시스템에서 데이터가 적용될 때 펄스열의 평균 전력이 피크 전력보다 측정하기가 용이하다. 전형적인 메시지에는 같은 수의 1과 0들이 포함되므로, 1과 0이 서로 번갈아가면서 발생되는 일련의 펄스열을 사용하여 피크 전력과 평균 전력 사이의 관계를 쉽게 유도할 수 있다. 그림 12.6에 설명한 것처럼 평균 NRZ 전력은 피크 전력의 1/2이 된다. 이러한 시스템에서, 전력은 1/2주기 동안 온되고 1/2주기 동안에는 오프된다. 그러나, 1과 0이 교대로 반복되는 일련의 RZ 펄스열에서는 단지 한 주기의 1/4 동안은 전력이 온되고 3/4 동안은 오프되므로, 평균 전력은 피크 전력의 1/4이 된다. 그림으로부터 동일한 오류율을 얻기 위해, 필요한 피크 전력 레벨은 NRZ 펄스인 경우가 RZ 펄스인 경우의 2배가 됨을 알 수 있다. 이 절의 앞부분에서 이러한 필요조건을 식 (12.10) 바로 뒤에 설명하였으며, 그림에 나타난 바와 같이 평균 전력은 이들 두 가지 코딩 구조에서 똑같다고 결론지을 수 있다.

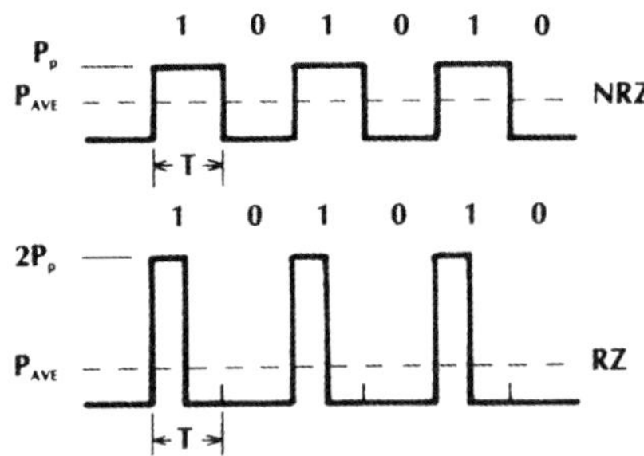

그림 12.6
1과 0이 교대로 발생하는 일련의 펄스열에 대한 피크 전력과 평균 전력의 비교. NRZ와 RZ 부호 모두 각각의 펄스 에너지는 같으며($P\rho T$), 평균 전력도 같다($P_{AVE} = P_\rho/2$).

■ **예제 12.2** ■

예제 12.1에 대한 평균 전력 레벨을 구하라.

풀이: NRZ 시스템인 경우, 양자 제한된 경우에는 −63, 열 제한된 경우에는 −36 dBm 이므로 평균 전력은 1/2배, 즉 3 dB 낮게 되므로 각각 −66 dBm과 −39 dBm이 된다. 예제 12.1에서 구한 −60, −33 dBm의 RZ 감도로부터 시작해도 동일한 결과를 얻을 수 있다. 평균 전력은 1/4배, 즉 6 dB 낮으므로 −66, −39 dBm이 된다.

12.3 요약 및 고찰

이 장에서, 여러 가지 아날로그와 디지털 시스템의 설계를 단계적으로 거쳐 왔다. 예제들은 대역폭과 경로길이 항으로 표현했으며, 이러한 표현이 오히려 가장 적당한 방법이다. 실제 디지털 광파이버 시스템은 단일 광 채널을 고려할 때, 매우 낮은 전송률(수십 kb/s)에서 매우 높은 전송률(40 Gb/s가 사용 중이다[9])로 동작한다. 다중화는 대체로 광파이버의 총 용량을 증가시킨다. 경로길이는 1 m 이하로부터 수천 km까지가 될 수 있으며, 장거리 시스템은 광 증폭기(중계기 역시 가능)를 필요로 한다.

경험이 많은 엔지니어라면 이론적 설계와 실제 구현 사이에 차이가 존재할 수 있다는 사실을 깨달을 것이다. 이러한 사실은 해석적인 모델이 시스템의 실제 동작과 구성 장치에 근접할 때 발생한다. 그럼에도 불구하고, 상세한 이론적인 해석은 궁극적으로 단순한 실험적인 접근으로보다는 더 신속하게 그리고 더 경제적으로 원하는 결과에 도달할 수 있는 장점이 있으며, 근사적 개발은 적절한 설계 변화를 제시할 수 있음을 명확하게 보여준다. 한 예로서, 비트오류율이 전력 레벨에서 발생하는 작은 변화에 얼마나 민감한가를 알 수 있었다. 현재 BER을 안다면, 필요한 BER을 얻기 위해서 필요한 부가 전력을 이 정보로부터 구할 수 있다. 훌륭한 설계 전략은 시스템의 하드웨어의 구입과 구성을 하기 전에 실제보다는 이론적인 해석을 더 많이 하는 것이다.

대부분의 경우, 설계란 반복되는 과정이며, 여러 가지 다른 접근방법이 자주 고려되고, 비교되고, 유지되며, 또한 무시되기도 한다. 그 다음 이러한 반복적인 과정을 통하여 동작되는 모델이 만들어지고 테스트된다. 테스트는 이론적인 예측과 실제로 얻어진 결과 사이에서 생긴 차이점을 나타낸다. 만약 원래의 설계가 유지되면 시스템은 계속해서 만족스럽게 동작되지만, 만약 사양이 만족되지 않는다면 그 때는 수정과 개발에 대한 방향이 이론에 의해서 다시 결정될 수 있다. 일반적으로, 마지막 설계는 이론적인 작업과 실험적인 방식의 조화에 근거를 두고 수행된다.

대부분의 제작자들은 자유롭게 유통되는 광범위한 응용자료를 제공한다. 이러한 자료들은 실제 제작자들에 의해 생산되고 판매된 장치에 근거를 두고, 아주 명확하고 간결하게 쓰여져 있기 때문에 상당히 도움이 될 수가 있다. 소자와 부시스템 제작자 역시 도움을 줄 수가 있으므로 그들의 서비스를 이용하는 것 또한 많은 도움을 준다.

많은 양의 문헌들이 광파이버에 대한 이해를 증진시키기 위해 도움이 될 수 있다. 이 책에서 설명된 특정한 주제들에 관한 자세한 부분은 각 장의 끝부분에 있는 참고문헌에서 찾아볼 수 있다. 참고문헌은 유용한 책에 관심을 갖도록 하며, 이러한 책들은 기초적인 부분으로부터 상당히 발전된 부분까지 범위가 넓다. 몇몇 책들은 실질적인 문제를 다루고 있고, 또 다른 책들은 이론적인 문제까지도 다루고 있다.

현재 당면한 주제들에 뒤떨어지지 않도록 참고문헌에 적혀 있는 정기 간행물들 중 한 편 또는 그 이상을 정기적으로 구독해야 한다.

문제

이 장의 문제들은 특정한 광파이버시스템을 설계하는 것으로, 누구나 자유로이 생각대로 대답할 수 있는 문제들이다. 유일한 해답이 없으며, 실생활 상황에 따른다. 적절한 특성들(이 책이나 제시되었거나 또는 다른 믿을 만한 문헌에서 제시된 것과 같은)을 갖고 있는 소자들에 따라 해답이 구해진다. 어떤 경우에는 적절하고, 명확하게 제시된 가정을 하면 된다. 이 장에서 주어진 예제에서 암시한 대로, 설계는 소자의 선택(광원, 검출기, 광파이버, 결합기, 커넥터 등등), 동작 특성의 명시, 전력과 대역폭 예산의 결정, 시스템 성능의 평가 등을 포함한다. 또한, 네트워크의 형태(필요하다면 중계기 또는 광 증폭기의 사용도 포함)와 변조 방식 등의 선택도 포함한다. 직접 검파와 헤테로다인 검파 방식 둘 다를 고려해야 한다.

다음 문제들에서 제시된 필요조건들을 만족하는 시스템을 설계하라.

12.1 10 km의 경로에 4.5 MHz 대역폭을 갖는 영상 신호를 전송하려고 할 때, 수신기에서의 SNR은 48 dB 또는 그 이상이 되어야 한다. 아날로그 변조 방식을 사용하여 시스템을 설계하라.

12.2 오류율이 10^{-9} 또는 그 이상인 경우, 디지털 변조를 사용하여 문제 12.1을 반복하라.

12.3 중계기 없이 100 km 경로에 2-Gb/s NRZ 신호를 전송할 수 있는 시스템을 설계하라. 단, 오류율은 10^{-9} 또는 그 이상이 되어야 한다.

12.4 문제 12.3의 시스템이 구성되었으나 오류율이 10^{-4}으로 완화되었다고 가정한다. 단지 전력만을 고려할 경우, 신호는 100 km일 때 보다 얼마나 멀리 전송될 수 있는가? 이러한 장거리 경로로 전송이 가능하도록 시스템을 바꿔라.

12.5 4 kHz의 대역폭을 갖는 음성 신호를 SNR = 30 dB로 100 m 전송하려고 할 때, 시스템을 설계하라.

12.6 디지털 변조를 사용하여 문제 12.5를 반복하라. 단, 오류율이 10^{-5} 또는 그 이상으로 되어야 한다.

12.7 2-Gb/s 맨체스터-부호화된 신호를 중계기 없이 100 km 전송할 수 있는 시스템을 설계하라. 단, 오류율은 10^{-9} 또는 그 이상이 되어야 한다.

12.8 5개의 단말기로 구성된 시스템을 통해 10 Mb/s의 데이터율로 전송할 수 있는 시스템을 설계하라. 단, 단말기들은 직선거리로 배치되며, 단말기 간의 거리는 200 m이고, 오류율은 10^{-9} 또는 그 이상이 되어야 한다.

12.9 25개의 단말기로 구성된 시스템을 통해 250 Mb/s 데이터율로 전송할 수 있는 시스템을 설계하라. 단, 단말기들은 직경 1 km인 원 주변에 균일하게 배치되고, 오류율은 10^{-9} 또는 그 이상이 되어야 한다.

12.10 3개의 채널로 음성, 영상, 데이터를 동시에 전송하려고 한다. 경로의 길이는 10 km이며, 음성 대역폭은 4 kHz, 영상 대역폭은 4.5 MHz, 데이터율은 10 Mb/s(NRZ)이다. 음성 채널에 대한 SNR은 25 dB, 영상 채널은 40 dB이고, 데이터 채널의 오류율은 10^{-9} 또는 그 이상일 때, 시스템을 설계하라.

12.11 5000 km 경로에 2 Gb/s(RZ)의 데이터율로 전송할 수 있는 시스템을 설계하라. 단, 오류율은 10^{-9} 또는 그 이상이 되어야 한다.

12.12 동일한 광파이버로 3개의 채널을 동시에 전송하려고 한다. 채널들은 200 GHz의 간격으로 분리된 1550 nm 근처의 광 반송파를 갖는다. 데이터율은 100 Mb/s(NRZ), 경로의 길이는 100 km이며, 데이터 오류율은 10^{-9} 이상일 때, 시스템을 설계하라.

12.13 중계기 없이 10,000 km의 경로에서 동작하는 20 Gb/s 디지털 시스템을 설계하라. 단, 10^{-9} 오류율이 요구된다(힌트: 솔리톤과 광 증폭기가 사용되어야 한다).

12.14 단일 전송 광파이버로 총 용량 10 Tb/s의 시스템을 설계하라. 시스템의 길이는 10 km이다(힌트: OTDM 그리고/또는 DWDM과 40 Gb/s까지의 고속 전자 채널을 사용할 수도 있다).

참고문헌

[1] Gerd Keiser. *Optical Fiber Communications*. NY: McGraw-Hill, 2000, p. 328.

[2] H. A. Carnes, R. F. Kearns, and E. E. Basch. "Digital Optical System Design." In *Optical Fiber Transmission,* E. E. Basch, ed. Indianapolis, IN: Howard W. Sams & Co., 1987, pp. 473–477.

[3] Manufacturer's literature. Burlington, MA: Lasertron.

[4] S. R. Forrest. "Photodiodes for Long-Wavelength Communication Systems." *Laser Focus* 18, no. 12 (Dec. 1982): 81–90.

[5] Tien Pei Lee and Tingye Li. "Photodetectors." In *Optical Fiber Telecommunications,* Stewart E. Miller and Alan G. Chynoweth, eds. NY: Academic Press, 1979, pp. 622–623.

[6] Forrest. "Photodiodes for Long-Wavelength Communication Systems," pp. 84–85.

[7] Michael Ettenberg and Gregory H. Olsen. "Diode Lasers for the 1.2 to 1.7 Micrometer Region." *Laser Focus* 18, no. 3 (March 1982): 61–66.

[8] Manufacturer's literature. Burlington, MA: Lasertron.

[9] *Journal of Lightwa e Technology* 20, no. 12 (December 2002). Special issue on 40 Gb/s lightwave systems.

해답

제1장

1.1 dB $= 10 \log_{10}(P_2/P_1)$.
1.2 $P = 0.001 \times 10^{\text{dB}/10}$.
1.3 0.16 mW.
1.4 1 mW.
1.5 3920 lb.
1.6 coax(동축 케이블), fiber(파이버)
1.7 698.
1.8 초당 2 또는 3개의 펄스
1.9 동 케이블의 4.5는 파이버 케이블 당 672 채널에 해당하고, 27개의 동 케이블은 단일 DS-4 파이버 케이블과 같다.
1.10 30.
1.11 파장 = c/f를 이용하라.
1.12 4.28×10^{14} Hz, 7.5×10^{14} Hz, 대역폭 = 3.2×10^{14} Hz.
1.13 3.3×10^{-19} J, 2.4×10^{-19} J, 1.5×10^{-19} J. 가시광선 영역의 광자들이 적외선 영역의 광자들보다 더 많은 에너지를 가진다.
1.14 $P = 2.48 \times 10^{-9}$ W, $I = 1.6$ nA.
1.15 6.54×10^{9} photons/s.
1.16 0.1 kb/s, 10 kb/s, 1 Mb/s, 100 Mb/s, 3×10^{12} b/s.
1.17 반송파 발진이 이루어질 충분한 시간을 갖지 못한다.
1.18 7×10^{8} channels.
1.19 (a) 로켓 발사의 모니터링. (b) 동일 빌딩 내의 다른 교실로 수업내용의 비디오 실황 분배.
1.20 100억 가정을 위해 필요한 대역폭은 4×10^{13} Hz이다. 주파수가 3×10^{14} Hz인 광 반송파는 중심 주파수의 약 1%로 변조될 때의 통화량의 1/10로 전송할지도 모른다. 아마도 10개의 파이버 또는 10개의 다른 주파수가 필요될 것이다.
1.21 $R = 6.4 \times 10^{14}$ b/s. 광 반송파는 충분히 빨리 온, 오프될 수 없다.
1.22 (a) 4×10^{11} photons/s. (b) 7.8×10^{11} photons/s. (c) 더 긴 파장이 더 많은 광자들을 필요로 한다.
1.23 0.5 mW.
1.24 2.7 errors/min.
1.25 5.175 million.
1.26 42 dB.
1.27 1000 watts.
1.28 35 dB.
1.29 약 967개의 비디오 채널.
1.30 다이어그램이 필요함.
1.31 622,080
1.32 $W_p = 1242.3/\lambda$, 여기서 W_p는 eV이고 λ는 nm이다. 그림이 요구됨.
1.33 1.55 μm, 1.55×10^{-3} mm, 1.55×10^{-6} m, 1.55×10^{-9} km. 1.935×10^{14} Hz, 1.935×10^{11} kHz, 1.935×10^{8} MHz, 1.935×10^{5} GHz, 193.5 THz.

제2장

2.1 $\alpha_i = 8°$.
2.2 NA = sin (수광각).
2.3 그림.
2.4 그림.
2.5 $d = 3.9\ \mu$m.

2.6 $w_o = 5.09\ \mu m$.

2.7 $I/I_o = e^{-2r^2}$

2.8 발산각 = 5.09 × 10^{-4} rad, 달까지 w_0 = 96.5 km(60 miles), 1 km 지점에서 0.255 m 이고 10 km 지점에서는 2.55 m이다.

2.9 (a) 30 ms. (b) 236 ms. (c) 단지 위성 감쇠만이 주목할 만하다.

2.10 입사 매질이 가장 높은 굴절률을 갖는다.

2.11 그림.

2.12 그림. 80.6° 이상에서는 투과각이 존재하지 않는다.

2.13

공기에서의 파장 (nm)	실리카에서의 파장 (nm)	실리콘에서의 파장 (nm)
800	548	229
1300	890	371
1550	1062	443

광 빔이 자유공간에서 어떤 매질로 들어갈 때, 파장은 감소하고, 주파수는 변하지 않으며 광자 에너지도 변하지 않는다.

2.14 2×10^8 m.

2.15 $D = 1.777w$

제3장

3.1 1.3 μm 이하에서는 장파장일수록 가장 먼저 수신기에 도달할 것이고, 1.3 μm 이상에서는 단파장일수록 가장 먼저 수신기에 도달할 것이다.

3.2 2.7 ns/km, 0.18 ns/km.

3.3 0.6 ns/km, 0.04 ns/km.

3.4 간단한 결과(0.85 μm, 30 nm 스펙트럼 폭, 경로길이 1 km):
광 대역폭 = 185 MHz,
전기 대역폭 = 130 MHz,
데이터 율(RZ) = 130 Mb/s,
데이터 율(NRZ) = 260 Mb/s.

3.5 $k = 7.77 \times 10^6$ rad/m (공기), $k = 1.149 \times 10^7$ rad/m (유리),

3.6 0.12%, 2.4%, 4.39×10^{11} Hz, 8.78×10^2 Hz.

3.7 $R = 0.319$, 손실 = 1.67 dB.

3.8 그림.

3.9 증명.

3.10 그림.

3.11 증명.

3.12 총 광 전력은 $P = 4 + 2\cos(d/2)\cos(\omega_m t + \phi_1 + d/2)$이고, 여기서 $d = \phi_2 - \phi_1$.

3.13 (a) 크기 = 1, 크기 = 74.9°. (b) 2.87 μm.

3.14 증명.

3.15 0.0183, −17.4 dB.

3.16 0.023 km^{-1}.

3.17 1 GHz.

3.18 0.967 ps/(nm × km).

3.19 (a) $-0.095 \times 10^3\ s/m^3$. (b) $-0.095 \times 10^{-3}\ ns/(nm^2 \times km)$.

3.20 5 nm

3.21 (a) 50 Gb/s. (b) 시스템 손실

3.22 증명.

3.23 증명.

3.24 89%, 31.6%, 그리고 0.001%.

3.25 95.5%, 63.1%, 1%.

3.26 이 값은 문제 3.2에서의 값보다 매우 작다.

3.27

	100 m	1 km	10 km
R_{RZ} (Gb/s)	583	58.3	5.83
R_{NRZ} (Gb/s)	1167	116	11.6
$f_{3\text{-dB, optical}}$ (GHz)	833	83.3	8.33
$f_{3\text{-dB, electrical}}$ (GHz)	583	58.3	5.83

문제 3.4에서의 전송률보다 더 높다.

제4장

4.1 $d = 0.847\ \mu m$, $n_{eff} = 3.586$.

4.2 그래프 작성.

4.3 $d = 1.689\ \mu m$.

4.4 모드의 수: 6, 12, 120.

4.5 TE_0, $d = 0$; TE_1, $d = 1.69\ \mu m$; TE_2, $d = 3.38\ \mu m$, TE_3, $d = 5.06\ \mu m$.

4.6 $1.69 < d < 2.68\ \mu m$.

4.7 증명.

4.8 증명.

4.9 $\theta > 80.6°$ 그리고 $\theta < 42.5°$.

4.10 초점거리가 다음과 같은 렌즈를 사용한다: $0.67\text{ mm} < f < 7.85\text{ mm}$.

4.11 증명.

4.12 증명.

4.13 (a) 3.2 μm. (b) 13 μm.

4.14 그래프 작성.

4.15 증명.

4.16 1.175 cm.

4.17 0.614 cm.

4.18 $P_{out} = 0.5[1 + \sin(0.6\pi \cos \omega t)]$ mW. 첨두 전압이 반파장 전압에 비하여 작지 않기 때문에 신호 왜곡이 존재한다.

4.19 $P_{out} = 0.5[1 + \sin(0.01\pi \cos \omega t)]$ mW. 첨두 전압이 반파장 전압에 비하여 작기 때문에 신호 왜곡이 존재하지 않는다.

4.20 $\Delta(\tau/L) = 16.72$ ns/km, $f \times L = 29.9$ MHz × km
$R_{RZ} \times L = 20.93$ Mb/s × km,
$R_{NRZ} \times L = 41.86$ Mb/s × km.
모드 분산이 우세하다.

4.21 $\Delta\lambda = 2$ nm이면 $\Delta(\tau/L) = 8$ ps/km
$\Delta\lambda = 100$ nm이면 $\Delta(\tau/L) = 0.4$ ns/km
이들 값은 둘 다 모드 분산보다 충분히 낮다.

4.22 $\Delta(\tau/L) = 45.5$ ns/km, $\theta = 11.54°$.

제5장

5.1 $V = 12.227\text{ cm}^3$, $D = 20.06$ cm.

5.2 $D = 23$ cm.

5.3 미터당 2321회의 반사가 존재한다.

5.4 그래프 작성.

5.5 증명.

5.6 그래프 작성.

5.7 스케치. 광선은 $r/a = 0.7$ 직전에 되돌아온다.

5.8 $\theta = 8.11°$.

5.9 $R = 1$ cm.

5.10 3286 모드, 1531 모드

5.11 증명.

5.12 그래프 작성.

5.13 $a/\lambda = 2.48/[n_1(n_1 - n_2)]^{1/2}$, $N = 132$ 모드, $N = 121$ 모드.

5.14 $a/\lambda = (p + q + 1)/\{3.14[2n_1(n_1 - n_2)]^{1/2}\}$.

5.15 (a) 단일 모드, $f \times L = 0.227$ GHz × km;
다중 모드, $f \times L = 0.222$ GHz × km.
(b) 단일 모드, $f \times L = 4.55$ GHz × km;
다중 모드, $f \times L = 1.08$ GHz × km.
(c) 단일 모드, $f \times L = 0.667$ GHz × km;
다중 모드, $f \times L = 0.574$ GHz × km.
(d) 단일 모드, $f \times L = 33.3$ GHz × km;
다중 모드, $f \times L = 1.11$ GHz × km.

5.16 $a = 4.43$ μm, $N = 14, 12, 8$, 모드.

5.17 그래프 작성.

5.18 그래프 작성.

5.19 92.2 Mb/s × km.

5.20 고찰.

5.21 고찰.

5.22 14.

5.23 그래프 작성, $r = 6.287$ μm.

5.24 5.95 MHz.

5.25 50% (3 dB).

5.26 15.7 mm.

5.27 유도.

5.28 그래프 작성.

5.29 증명.

5.30 $a = 3.96$ μm, $w = 5.16$ μm.

5.31 그래프 작성. 손실은 각각 4.4 dB, 1.96 dB, 0.3 dB 그리고 0.15 dB이다.

5.32 문제의 손실은 1300 nm에 인접한 제2대역의 특성이다.

5.33 S-밴드, 9.39 THz. C-밴드, 4.39 THz. L-밴드, 7.09 THz.

5.34 2 km에는 1.67분, 10 km에는 8.33분, 그리고 20 km에는 16.67분이 걸린다.

5.35 그래프 작성. 샘플 포인트:
1280 nm에서 57 km, 1560 nm에서 96 km,
1640 nm에서 82.7 km.

5.36 480 m. 플라스틱 광파이버 시스템의 길이는 유리 광파이버 시스템의 길이보다 훨씬 짧다.

제6장

6.1 $v(t) = 1 - \exp(-t/RC)$,
상승시간 = 2.19RC.

6.2 V(크기) $= 1/[1 + (\omega RC)^2]^{1/2}$.
6.3 증명.
6.4 증명.
6.5 (a) 스케치 (b) $I_{peak} = 500$ mA, $I_{dc} = 400$ mA, $P_{ave} = 8$ mW, $m = 0.25$. (c) $I_{peak} = 500$ mA, $I_{dc} = 250$ mA, $P_{AVE} = 5$ mW, $m = 1$. (d) 신호 클리핑을 유념하라.
6.6 1%.
6.7 캐리어 수명 = 1.6 ns.
6.8 금지대역 에너지 = 2.24×10^{-19} J.
(a) $P = 20 + 2 \sin \omega t$ (mW).
(b) 스케치.
6.10 고찰.
6.11 151°.
6.12 스케치. 6개의 모드가 900 nm에서 집중된다.
6.13 0 dBm, 22.2 dB.
6.14 253.
6.15 0.06 mW.
6.16 0.8 mA/°C.
6.17 120 GHz × km.
6.18 150 GHz/°C.
6.19 0.185 μm, 0.37 μm.
6.20 그래프 작성.
6.21 0.042 (4.2% 효율).
6.22 그래프 작성.
6.23 177.5 GHz.
6.24 3개의 레이저 다이오드.
6.25 700 채널.
6.26 63.2%.
6.27 스케치.
6.28 스케치.
6.29 입력 주파수, 2.06896×10^{14} Hz. 하양천이 주파수, 1.9369×10^{14} Hz.
6.30 펌프 레이저 파장: 1480 nm, 1520 nm, 1560 nm, 1600 nm.
6.31 12.5 dB 이득. 그래프 작성.
6.32 표 작성.

제7장

7.1 $i = 25$ nA.
7.2 $t_r = 700$ ps.
7.3 차단파장 = 0.99 μm, $f = 3 \times 10^{14}$ Hz.
7.4 파장 = 1.98×10^{-25}/일함수
7.5 0.5 μm, 1.3 μm, 그리고 1.7 μm에서의 반응도는 각각 0.4, 1.05, 그리고 1.37이다.
7.6 $i = 188$ nA, $v = 9.4$ μV, 188 μV, 그리고 188 mV.
7.7 $i = 48$ μA, $v = 2.4$ mV, 48 mV, 그리고 48 V.
7.8 파장 = 1.98×10^{-25}/금지대역 에너지.
7.9 (a) $W_g = 1.76 \times 10^{-19}$ J. (b) $W_g = 1.07 \times 10^{-19}$ J.
7.10 T = 25°, 45°, 65°, 그리고 85°에서 I_D는 각각 0.06 nA, 0.24 nA, 0.96 nA, 그리고 3.84 nA이다.
7.11 $P = 286$ nW 또는 -35.4 dBm.
7.12 (a) 그래프 작성. (b) 부하선 방정식: $10 + v_d + 2 \times 10^6 i_d = 0$. (C) $v = 0.5 \times 10^6 P$. (d) $P_{sat} = 20$ μW.
7.13 (a) $f = 583$ MHz. (b) $R_L = 11.4\ \Omega$. (c) $f = 2.7$ MHz.
7.14 반응도 = 53 A/W, P = 0.38 nW = -64 dBm.
7.15 반응도 = 8.7 A/W, P = 2.3 nW = -56 dBm.
7.16 고찰.
7.17 고찰.
7.18 0.25 μA/μW.
7.19 159 kHz.
7.20 그래프 작성.
7.21 (a) 19.9 mV, (b) 80 MHz.
7.22 14.14 μW.

제8장

8.1 유도.
8.2 답은 그림 8.3에 주어진다.
8.3 $d/2a = 0.8054$.
8.4 $d/w = 1.52$, $d/2a = 0.836$.
8.5 $d = 1.7$ μm.
8.6 $I/I_o = 0.19$.
8.7 그래프 작성. 샘플 결과[각(도), 손실(dB)]: [1, 0.248], [5, 1.41], [10, 3.52]
8.8 두 개의 파장에 대하여 같은 그래프 작성. 샘플 결과[각(도), 손실(dB)]: [1, 0.845], [2, 3.38], [4, 13.53].

8.9 유도.

8.10 그래프 작성.
1.4 μm에서, $w = 5.74$ μm,
손실 = 0.13 dB; 1.6 μm에서, $w = 6.46$ μm,
손실 = 0.1 dB;

8.11 그래프 작성. 샘플 결과
[간격(μm), 손실(dB)]:
0.8 μm, [50, 0.215], [200, 2.59], [500, 7.84];
1.3 μm, [50, 0.083], [200, 1.17], [500, 4.66].

8.12 초점거리 5.1 mm; $d = 398$ μm

8.13 NA = 0.2, P = 0.2 mW, 0.08 mW, 0.00002 mW; NA = 0.5, P = 1.1 mW, 1.25×10^{-50} mW, 1.25×10^{-500} mW.

8.14 $(m - 1)\,\text{NA}^2 \leq 0.4$.

8.15 9.7% (10.1 dB).

8.16 5.94% (12.3 dB).

8.17 그래프 작성.

8.18 28.12 dB.

8.19 (a) 50, (b) 130.

8.20 520.

8.21 (a) 2시간 24분,
(b) 12시간.

제9장

9.1 (a) 4/5, 1/5, 0. (b) $L_{\text{THP}} = 0.97$ dB, $L_{\text{TAP}} = 6.99$ dB, $L_E = 0$, L_D = 무한대.

9.2 (a) 0.504, 0.126, 0.0001. (b) L_{THP} = 2.97 dB, L_{TAP} = 8.99 dB. (c) L_E = 2 dB.

9.3 6 dB.

9.4 17.8 dB.

9.5 (a) 스케치. (b) L = 9 dB, 12 dB, 15 dB, 15 dB.

9.6 L = 10.9 dB, 11.38 dB, 11.84 dB, 11.84 dB. “가장 좋은” 결합기는 그 응용 분야에 의존한다.

9.7 커넥터와 접속의 조합을 이용한 어떤 해답은 다음 손실을 가져온다: L = 19.2 dB, 27.6 dB, 36 dB, 39.7 dB.

9.8 (a) 스케치. (b) L = 6.99 dB

9.9 단말기 2, 3, 그리고 4에 대하여 L = 17.99 dB.
단말기 5에 대하여 L = 15.2 dB.

9.10 그래프 작성. [단말기 수, 손실(dB)]의 샘플 결과:
[3, 9.37], [10, 14.6], [15, 16.4],
[20, 17.6].

9.11 d = 23.1 μm.

9.12 d = 231 μm.

9.13 스케치.

9.14 L = 9 dB; 12 dB, 15 dB, 15 dB.

9.15 L = 30 dB, 20.92 dB, 21.38 dB, 21.38 dB.

9.16 (a) 30. (b) 6.

9.17 22 dB.

9.18 17 dB.

9.19 −10.97 dB.

9.20 (a) 1.687×10^3 A/m. (b) 1.687×10^5 A/m.

9.21 증명.

9.22 (a) 0.785 mm. (b) 0.306 mm.

9.23 (a) 2.355 mm. (b) 1.33 rad/mm. (c) 1.18 mm.

9.24 스케치.

9.25 스케치.

9.26 스케치.

9.27 스케치.

9.28 스케치.

9.29 스케치.

9.30 검증.

9.31 1.75 Tb/s.

9.32 $\Delta\lambda$ = 0.375 nm, 186 채널

9.33 길이 = 16.67 km, 최대 전송률 = 210 Mb/s. R × L = 3.5 Gb/s × km.

9.34 반송파 파장: 1599.8933 nm,
1600 nm, 1600.1067 nm.
채널 1과 3에서 채널 2로 들어갈 때만 누화가 존재한다.

9.35 (a) 516.7 nm, (b) 0.775 nm/°C, (c) 96.77 GHz/°C.

9.36 작도.

9.37 ΔL = 64.583 nm. 각각 1548 nm, 1549 nm, 1550 nm, 1551 nm, 그리고 1552 nm에서 라디안으로 표현된 위상천이는 다음과 같다:
0.12516π, 0.12508π, 0.125π, 0.124918π, 0.124838π.

9.38 광파이버 x에서는, 40 dB. 광파이버 y에서는, 20 dB.

9.39 스케치.

9.40 작도.

9.41 2D 스위치, M = N^2.
3D 스위치, M = 2N

9.42 작도.

제10장

10.1 (a) 스케치. (b) $m' = 0.6$. (c) $P = 5 + 2.68 \cos \omega t$ (mW). (d) $m = 0.54$.

10.2 (a) 스케치, $m' = 0.6$, $P = 5 + 2.12 \cos \omega t$ (mW), $m = 0.42$. (b) 스케치, $m' = 0.6$, $P = 5 + 1.66 \cos \omega t$ (mW), m = 0.33.

10.3 (a) $R_e = 87\ \Omega$. (b) $v_{CE} = 3.9$ V. (c) $m' = 0.84$.

10.4 $a_2 = 0.000158$ mW/(mA)^2.

10.5 $I_C = 96.7$ mA, $I_B = 1.93$ mA.

10.6 대역폭 = 1.07 MHz.

10.7 8-비트 코드에 대한
대역폭 = 0.8 MHz.

10.8 대역폭 = 20 MHz.

10.9 대역폭 = 72 MHz.

10.10 RZ 8-비트 코드에 대한
대역폭 = 1152 MHz.

10.11 입력 전류 $i = 50 + 16.7\,[(1 + 0.5 \cos \omega_m t) \cos \omega_{sc1} t + (1 + 0.5 \cos \omega_m t) \cos \omega_{sc2} t]$, ω_m = 변조 주차수, ω_{sc1}과 ω_{sc2} = 부반송파 주파수.

10.12 작도.

10.13 만약 공급전압이 5 V이면,
적절한 회로는 부하저항 45 Ω을 갖으며,
트랜지스터 구동 전류는
1.6 mA보다 크다.

10.14 (a) 식 (10.9)에서 $i_s = I_s(1 + m \cos \omega_{m1} t) \cos \omega_{sc1} t + I_s(1 + m \cos \omega_{m2} \mathrm{t}) \cos \omega_{sc2} t$로 두고
각 항에 곱한다. (b) 스케치. (c) 비선형 계수 a_2를 줄이고 두 부반송파를 분리하면
스펙트럼의 겹침은 발생하지
않을 것이다.

10.15 9677.

10.16 1.25 million.

10.17 전송률을 80 Gb/s까지 증가시키는 것은
훨씬 복잡한 전자회로가 요구된다.

10.18 16,000.

10.19 $\Delta\tau = 2.5$ ps, R = 400 Gb/s.

10.20 $R = 14$ Tb/s.

10.21 전기광학과 전기흡수.

10.22 상태 1, 전송.
상태 2, 흡수.

10.23 305.25 cm^{-1}.

10.24 증명.

제11장

11.1 (a) $i_{\mathrm{NT}}(rms) = 45.2$ nA. (b) $v_{\mathrm{NT}}(rms) = 2.26\ \mu$V, $P_{\mathrm{NT}} = 0.1$ pW.
(c) $i_{\mathrm{NT}}(\mathrm{rms}) = 1.43$ nA, $v_{\mathrm{NT}}(rms) = 71.4\ \mu$V, $P_{\mathrm{NT}} = 0.1$ pW.

11.2 (a) $i_{\mathrm{NS}}(rms) = 43.8$ pA.
(b) $v_s = 50$ nV, $v_{\mathrm{NS}}(\mathrm{rms}) = 2.19$ nV.
(c)SNR = 520 = 27 dB.
(d) SNR = 5×10^{-4} = −33 dB.

11.3 $P = 10$ nW.

11.4 (a) 54 μW. (b) SNR = 8.43×10^5 = 59.3 dB. (c) $P_{\mathrm{NS}} = 864$ fW.

11.5 (a) $P = 1.4$ nW. (b) SNR = 5.67 = 7.5 dB. (c) $P_{\mathrm{NS}} = 864$ fW.

11.6 (a) SNR = 1.51 = 1.79 dB.
(b) SNR = 1.79 dB.
(c) SNR = 3101 = 34.9 dB.
(d) $M = 31$.

11.7 (a) 그래프 작성. (b) $P = 607$ nW. (c) $P = 60.7$ nW. (d) $P = 19.3$ nW.

11.8 $P = 132.7\ \mu$W.

11.9 (a) $P_{\mathrm{LO}} = 4$ mW. (b) $P = 2\ \mu$W.

11.10 표 작성.

11.11 (a) SNR = 21.6 dB. (b) $P = 5.2\ \mu$W.
(c) 67,800 광자/비트.

11.12 (a) 1.8 nW. (b) 비트당 23개의 광자.
(c) 산탄잡음 제한 시스템은
훨씬 적은 전력을 요구한다.
(d) APD를 사용한다.

11.13 (a) $P = 6.25$ pW. (b) $P = 50$ pW.
(c) $P_{\mathrm{NT}} = 16.6$ fW.
(d) $P_{\mathrm{NT}} = 264$ fW. (e) $T_A = 300$ K.
(f) $P = 33.2$ fW.
(g) SNR = 376 = 25.8 dB.
(h) SNR = 188 = 22.8 dB.

11.14 (a) $f = 8.84$ MHz. (b) $t_r = 39.6$ ns.

11.15 (a) $f = 17.7$ MHz. (b) $t_r = 19.8$ ns.

11.16 스케치.
11.17 스케치.
11.18 (a) 2.5 mV. (b) $f = 79.6$ MHz. (c) i_{NT} $(rms) = 11.5\ nA$. (d) $i = 0.25\ \mu$A (e) SNR = 185 = 22.7 dB.
11.19 증명.
11.20 증명.
11.21 22.7 dB.
11.22 (a) 0.112 μW. (b) 0.034 μA.

11.23

$$\frac{S}{N} = \frac{(m^2/2)(M\rho P)^2 R_L}{M^n 2eR_L\,\Delta f(I_D + \rho P) + 4kT\,\Delta f + M^n\,\mathrm{RIN}(\rho P)^2\,\Delta f R_L}$$

11.24 $n = 2.35$.
11.25 (a) 그래프 작성. (b) M = 55.
11.26 스케치.
11.27 (a) 21.77 dB. (b) 21.79 dB. (c) 44.9 dB. (d) 9.87.
11.28 (a) 16.8 dB. (b) 16.8 dB.

제12장

본 장의 설계문제는 유일한 해답이 없다.

참고문헌

도서

Adams, M.J. *An Introduction to Optical Waveguides*, John Wiley and Sons, NY, 1981.

Adams, M.J., and I.D. Henning, *Optical Fibres and Sources for Communications*, Plenum Publishing Corp., NY, 1990.

Agrawal, G.P., and N.K. Dutta, *Long-wavelength Semiconductor Lasers*, Van Nostrand Reinhold Company, NY, 1986.

Agrawal, G.P., *Nonlinear Fiber Optics*, Academic Press, Inc., NY, 3rd ed., 2001.

Agrawal, G.P., *Applications of Nonlinear Fiber Optics*, Academic Press, Inc., NY, 2001.

Agrawal, G.P., *Fiber-Optic Communication Systems*, John Wiley and Sons, NY, 3rd ed., 2002.

Agrawal, I.D., and G. Lu, eds., *Fluoride Glass Fiber Optics*, Academic Press, Inc., NY, 1991.

Allard, F.C., Fiber Optics Handbook, McGraw-Hill, Inc., NY, 1990.

Arnaud, J.A., *Beam and Fiber Optics*, Academic Press, Inc., NY, 1976.

Baack, C., *Optical Wideband Transmission Systems*, CRC Press, Inc., Boca Raton, FL, 1986.

Baker, D.G., *Local-Area Networks with Fiber Optic Applications*, Prentice-Hall, Inc., NY, 1986.

Barnoski, M.K., ed., *Fundamentals of Optical Fiber Communications*, Academic Press, Inc., NY, 1976, 1981.

Basch, E.E., ed., *Optical-Fiber Transmission*, Howard Sams & Co., Inc., Indianapolis, IN, 1986.

Bass, M., ed., *Fiber Optics Handbook*, McGraw-Hill, NY, 2002.

Becker. P., A. Olsson, and J. Simpson, *Erbium-Doped Fiber Amplifiers: Fundamentals and Technology*, Academic Press, Inc., NY, 1999.

Bendow, B., and S. Mitra, eds., *Fiber Optics, Advances in Research and Development*, Plenum Press, NY, 1979.

Betti, S., G. De Marchis, and E. Iannone, *Coherent Optical Communications Systems*, John Wiley and Sons, NY, 1995.

Bjarklev, A., *Optical Fiber Amplifiers: Design and System Applications*, Artech House, Norwood, MA, 1993.

Borella, A., G. Cancellieri, and F. Chiaraluce, *Wavelength Division Multiple Access Optical Networks*, Artech House, Boston, 1998.

Buckman, A.B., *Guided-Wave Photonics*, Holt, Rinehart and Winston, NY, 1992.

Buck, J.A., *Fundamentals of Optical Fibers*, John Wiley and Sons, NY, 1995.

Burns, W.K., *Optical Fiber Rotation Sensing*, Academic Press, Inc., NY, 1993.

Cancellieri, G., and U. Ravaioli, *Measurement of Optical Fibers and Devices: Theory and Experiments*, Artech House, Norwood, MA, 1984.

Cancellieri, G., *Single-Mode Optical Fibres*, Pergamon Press, NY, 1991.

Cancellieri, G., *Single-Mode Optical Fiber Measurement: Characterization and Sensing*, Artech House, Norwood, MA, 1993.

Chaffee, C.D., *The Rewiring of America. The Fiber Optics Revolution*, Academic Press, Inc., NY, 1987.

Chaimowicz, J.C.A., *Lightwave Technology: An Introduction*, Butterworth Publishers, Stoneham, MA, 1989.

Chamberlain, G.E., G.W. Day, D.L. Franzen, R.L. Gallawa, E.M. Kim, and M. Young, *Optical Fiber Characterization*, Government Printing Office, Washington, DC, 1983.

Chang, K., ed., *Handbook of Microwave and Optical Components*, John Wiley and Sons, NY. Volume 3: *Optical Components*, 1990. Volume 4: *Fiber and Electro-Optical Components*, 1991.

Cheo, P.K., *Fiber Optics and Optoelectronics*, Prentice-Hall, Inc., Englewood Cliffs, NJ, 2nd ed., 1990.

Cherin, A.H., *An Introduction to Optical Fibers*, McGraw-Hill, Inc., NY, 1983.

Chesnoy, J., *Undersea Fiber Communications Systems*, Academic Press, NY, 2002.

Clarricoats, P.J.B., ed., *Optical Fibre Waveguides*, Peter Peregrinus Ltds., Stevenage, Herts SG1 1HQ, England, 1975.

Clarricoats, P.J.B., "Optical Fibre Waveguides—A Review," in *Progress in Optics* XIV, North-Holland, 1976.

Coldren, L.A., and S.W. Corzine, *Diode Lasers and Photonic Integrated Circuits*, John Wiley and Sons, NY, 1995.

Comyns, A.E., ed., *Fluoride Glasses*, John Wiley and Sons, NY, 1989.

Crisp, J., Introduction to Fiber Optics, Butterworth–Heinman, 1997.

CSELT, *Optical Fibre Communication*, McGraw-Hill, NY, 1980.

CSELT, *Fiber Optic Communications Handbook.*, 2nd ed., McGraw-Hill, NY, 1991.

Culshaw, B., *Optical Fiber Sensing and Signal Processing*, Peter Peregrinus Ltd., London, 1984.

Cvijetic, M., *Coherent and Nonlinear Lightwave Communications*, Artech House, Inc., Norwood, MA, 1996.

Dakin, J.P., and B. Culshaw, eds., *Optical Fiber Sensors, Volume 1: Principles and Components*, Artech House, Inc., Norwood, MA, 1988.

Daly, J.C., ed., *Fiber Optics*, CRC Press, Boca Raton, FL, 1984.

Diament, P., *Wave Transmission and Fiber Optics*, Macmillan Publishing Company, NY, 1990.

Digonnet, M.J.F., *Rare Earth Doped Fiber Lasers and Amplifiers*, 2nd ed., Marcel Dekker, Inc., NY, 2001.

DeCusatis, C.D., *Handbook of Fiber Optic Data Communication*, 2nd ed., Academic Press, Inc., NY, 2002.

DeCusatis, C., *Fiber Optic Data Communication*, Academic Press, Inc., NY, 2nd ed., 2002.

Derickson, D., *Fiber Optic Test and Measurement*, Prentice-Hall, Upper Saddle River, NJ, 1998.

Desurvire, E., *Erbium-Doped Fiber Amplifiers*, John Wiley & Sons, 2002.

Dorf, R. C., *The Electrical Engineering Handbook*, CRC Press, Boca Raton, FL, 1997.

Drazin, P.G., and R.S. Johnson, *Solitons: An Introduction*, Cambridge University Press, NY, 1989.

Dyott, R., *Elliptical Fiber Waveguides*, Artech House, Norwood, MA, 1995.

Ebeling, K.J., *Integrated Optoelectronics*, Springer-Verlag Publishing Co., NY, 1993.

Einarsson, G., *Principles of Lightwave Communication*, Wiley, NY, 1996.

Elion, G.R., and H.A. Elion, *Fiber Optics in Communications Systems*, Marcel Dekker, NY, 1978.

Ezekiel, S., and H.J. Arditty, eds., *Fiber-Optic Rotation Sensors and Related Technologies*, Springer-Verlag Publishing Co., NY, 1982.

France, P.W., ed., *Fluoride Glass Optical Fibres*, CRC Press, Boca Raton, FL, 1990.

France, P.W., Ed., *Fiber Lasers and Amplifiers*, CRC Press, Boca Raton, FL, 1991.

Franz, H.F., and V.K. Jain, *Optical Communications, Components and Systems*, CRC Press, Boca Raton, FL, 2000.

Freeman, R.L., *Fiber-Optic Systems for Telecommunications*, John Wiley & Sons, 2002.

Fukuda, M., *Reliability and Degradation of Semiconductor Lasers and LEDs*, Artech House, Inc., Norwood, MA, 1991.

Gallawa, R.L., *A User's Manual for Optical Waveguide Communications*, National Technical Information Service, U.S. Department of Commerce, Springfield, VI, 1976.

Geckeler, S., *Optical Fiber Transmission Systems*, Artech House, Inc., Norwood, MA, 1987.

Ghatak, A.K., and K. Thyagarajan, *Contemporary Optics*, Plenum Press, NY, 1978.

Ghatak, A.K., and K. Thyagarajan, *Optical Electronics*, Cambridge University Press, NY, 1989.

Ghatak, A.K., and K. Thyagarajan, *Introduction to Fiber Optics*, Cambridge University Press, NY, 1998.

Gibson, J. D., ed., *The Communications Handbook*, CRC Press, Boca Raton, FL, 2003.

Gloge, D., ed., *Optical Fiber Technology*, IEEE Press, NY, 1976.

Goff, D.R., *Fiber Optic Reference Guide*, Focal Press, Boston, 1996.

Goure, J-P, and I. Verrier, *Optical Fibre Devices*, Institute of Physics Publishing, 2002.

Gowar, J., *Optical Communications Systems*, Prentice-Hall, Inc., Englewood Cliffs, NJ, 2nd ed., 1993.

Green, L.D., *Fiber Optic Communications*, CRC Press, Boca Raton, FL, 1992.

Green, P.E., *Fiber Optic Networks*, Prentice-Hall, Inc., Englewood Cliffs, NJ, 1993.

Goure, J.P., *Optical Fibre Devices*, Institute of Physics Publishing, UK, 2001.

Halley, P., *Fiber Optic Systems*, John Wiley and Sons, Inc., NY, 1987.

Hanson, A.G., L.R. Bloom, A.H. Cherin, G.W. Day, R.L. Gallawa, E.M. Gray, C. Kao, F.P. Kapron, B.S. Kawasaki, P. Reitz, and M. Young, *Optical Waveguide Communications Glossary*, NBS Handbook 140, National Telecommunications and Information Administration, Washington, DC, 1982.

Hecht, *Understanding Fiber Optics*, Prentice-Hall, Upper Saddle River, NJ, 1999.

Hornak, L.A., *Polymers for Lightwave and Integrated Optics*, Marcel Dekker, NY, 1992.

Hoss, R., *Fiber Optic Communications Design Handbook*, Prentice-Hall, Englewood Cliffs, NJ, 1990.

Hoss, R.J., and Lacy, E.A., *Fiber Optics*, Prentice-Hall, Englewood Cliffs, NJ, 2nd ed., 1993.

Howes, M.J. and D.V. Morgan, eds., *Optical Fibre Communications*, John Wiley and Sons, NY, 1980.

Hunsberger, R.G., *Integrated Optics: Theory and Technology*, Springer-Verlag, NY, 4th ed., 1995.

Hutcheson, L.D., ed., *Integrated Optical Circuits and Components: Design and Applications*, Marcel Dekker, Inc., NY, 1987.

Iannone, *Nonlinear Optical Communication Networks*, John Wiley and Sons, NY, 1998.

Ilyas, M., and H.T. Mouftah, *Handbook of Optical Communications*, CRC Press, Boca Raton, FL, 2003.

Islam, M., *Ultrafast Fiber Switching Devices and Systems*, Cambridge University Press, NY, 1992.

Iizuka, K., ed., *Elements of Photonics*, volume II, *For Fiber and Integrated Optics*, John Wiley and Sons, NY, 2002.

Jacobsen, G., *Noise in Digital Optical Transmission Systems*, Artech House, Norwood, MA, 1994.

Jeunhomme, L.B., *Single-Mode Fiber Optics*, Marcel Dekker, NY, 1983, 2nd ed., 1990.

Jones, W.B., *Introduction to Optical Fiber Communication Systems*, Holt, Rinehart and Winston, NY, 1988.

Kaminow, I.P., ed., *Optical Fiber Telecommunications*, Academic Press, NY, 1997, Vol. IVA and IVB, 2002.

Kao, C.K., *Optical Fiber Technology*, II, McGraw-Hill, Inc., NY, 1981.

Kao, C.K., *Optical Fiber Systems: Technology, Design and Applications*, McGraw-Hill, Inc., NY, 1982.

Karim, Mohammed, *Electro-Optical Devices and Systems*, PWS–Kent Publishing Company, Boston, 1990.

Kartalopoulos, S.V., *Introduction to DWDM Technology*, IEEE Press, 2000.

Kartalopoulos, S.V., *DWDM: Networks, Devices and Technology*, John Wiley & Sons, 2002.

Kasap, S.O., *Optoelectronics and Photonics*, Prentice-Hall, 2001.

Kashima, N., *Passive Optical Components for Optical Fiber Transmission*, Artech House, Norwood, MA, 1995.

Kashima, N., *Optical Transmission for the Subscriber Loop*, Artech House, Norwood, MA, 1993.

Kashyap, R., *Fiber Bragg Gratings*, Academic Press, IN., NY, 1999.

Katsuytama, T., and H. Matsumura, *Infrared Optical Fibers*, Taylor and Francis, NY, 1989.

Kazovsky, L., S. Benedetto, and A.E. Willner, *Optical Fiber Communication Systems*, Artech House, Norwood, MA, 1996.

Keiser, G.E., *Optical Fiber Communications*, McGraw-Hill, NY, 3rd ed., 2000.

Killen, H.B., *Digital Communications with Fiber Optics and Satellite Applications*, Prentice-Hall, Englewood Cliffs, NJ, 1988.

Killen, H.B., *Fiber Optic Communications*, Prentice-Hall, Englewood Cliffs, NJ, 1991.

Kingston, R.H., *Optical Sources, Detectors and Systems*, Academic Press, NY, 1995.

Kleekamp, C., and B. Metcalf, *Designer's Guide to Fiber Optics*, Cahners, Boston, 1978.

Kraus, O., *DWDM and Optical Networks*, John Wiley & Sons, 2002.

Kressel, H., and J.K. Butler, eds., *Semiconductor Lasers and Heterojunction LEDs*, Academic Press, NY, 1977.

Kressel, H., ed., *Semiconductor Devices for Optical Communications*, Springer-Verlag, 1980.

Kuecken, J.A., *Fiberoptics—A Revolution in Communications*, TAB Books, Inc., Blue Ridge Summit, PA, 1987.

Kumar, A., *Antenna Design with Fiber Optics*, Artech House, Norwood, MA, 1996.

Lachs, G., *Fiber Optic Communications: systems, analysis and enhancements*, McGraw-Hill, NY, 1998.

Lasky, R.C., U. Osterberg, and D. Stigliani, eds., *Optoelectronics for Data Communication*, Academic Press, NY, 1995.

Laude, J-P., *DWDM Fundamentals, Components, and Applications*, Artech House, Norwood, MA, 2002.

Lee, D.L., *Electromagnetic Principles of Integrated Optics*, John Wiley & Sons, 1986.

Lefevre, H.C., *The Fiber-Optic Gyroscope*, Artech House, Norwood, MA, 1993.

Li, T., ed., *Optical Fiber Communications*, Academic Press, NY, 1985.

Li, T., ed., *Topics in Lightwave Transmission Systems*, Academic Press, NY, 1991.

Lin, C., *Optoelectronic Technology and Lightwave Communications Systems*, Van Nostrand Reinhold, 1989.

Madsen, C.K., *Optical Filter Design and Analysis*, John Wiley and Sons, NY, 1999.

Mahlke, G., and P. Gossing, *Fiber Optic Cables*, John Wiley and Sons, NY, 1987.

Mahlke, G., and P. Gossing, *Fiber Optic Cables*, John Wiley and Sons, NY, 2001.

Marcraft Corporation, *Fiber Optic Cable Installer*, Prentice-Hall, Upper Saddle River, NJ, 2003.

Marcuse, D., *Light Transmission Optics*, Van Nostrand Reinhold Company, NY, 1972.

Marcuse, D., *Principles of Optical Fiber Measurements*, Academic Press, NY, 1974.

Marcuse, D., *Theory of Dielectric Optical Waveguides*, 2nd ed., Academic Press, NY, 1981, 1991.

Marrakchi, A., *Photonic Switching and Interconnects*, Marcel Dekker, NY, 1993.

Martellucci, S., A.N. Chester, and M. Bertolotti, *Advances in Integrated Optics*, Plenum Publishing Corp., NY, 1995.

März, R., *Integrated Optics: Design and Modeling*, Artech House, Norwood, MA, 1995.

Meardon, S.L.W., *The Elements of Fiber Optics*, Prentice-Hall, Englewood Cliffs, NJ, 1992.

Mestdagh, D.J.G., *Fundamentals of Multiaccess Optical Fiber Networks*, Artech House, Norwood, MA, 1995.

Midwinter, J.E., *Optical Fibers for Transmission*, John Wiley and Sons, NY, 1979.

Midwinter, J.E., and Y.L. Guo, *Optoelectronics and Lightwave Technology*, John Wiley and Sons, Inc., Chichester, England, 1992.

Miller, C., S. Mettler, and I. White, *Optical Fiber Splices and Connectors: Theory and Methods*, Marcel Dekker, NY, 1986.

Miller, S.E., and A.G. Chynoweth, eds., *Optical Fiber Telecommunications*, Academic Press, NY, 1979.

Miller, S.E., and I.P. Kaminow, eds., *Optical Fiber Telecommunications II*, Academic Press, NY, 1988.

Morris, D.J., *Pulse Code Formats for Fiber Optical Data Communications*, Marcel Dekker, NY, 1983.

Morthier, G., and P. Vankwikelberge, *Handbook of Distributed Feedback Laser Diodes*, Artech House, Norwood, MA, 1997.

Murata, H., *Handbook of Optical Fibers and Cables*, Marcel Dekker, NY, 2nd ed., 1996.

Murphy, E.J., *Integrated Optical Circuits and Components, Design and Applications*, Marcel Dekker, NY, 1999.

Mynbaev, D.K., and L.L. Scheiner, *Fiber-Optic Communications Technology*, Prentice-Hall, 2001.

Najafi, S. I., *Introduction to Glass Integrated Optics*, Artech House, Boston, 1992.

Neumann, E.G., *Single-Mode Fibers*, Springer-Verlag, NY, 1988.

Nishihara, H., M. Haruna, and T. Suhara, *Optical Integrated Circuits*, McGraw-Hill, Inc., NY, 1988.

Noda, K., ed., *Optical Fiber Transmission*, North-Holland Physics Publishing, Amsterdam, 1986.

Nosu, K., *Optical FDM Network Technologies*, Artech House, Norwood, MA, 1997.

Ohtsu, M., *Highly Coherent Semiconductor Lasers*, Artech House, Norwood, MA, 1992.

Okamoto, K., *Fundamentals of Optical Waveguides*, Academic Press, Inc., NY, 2000.

Okoshi, T., *Optical Fibers*, Academic Press, NY, 1982.

O'Shea, D.C., W.R. Callen, and W.T. Rhodes, *Introduction to Lasers and Their Applications*, Addison–Wesley Publishing Co., Reading, MA, 1977.

Ostrowsky, D.B., ed., *Fiber and Integrated Optics*, Plenum Press, NY, 1979.

Othonos, A., and K. Kalli, *Fiber Bragg Gratings*, Artech House, Norwood, MA, 1999.

Pal, B.P., M.M. Butusov, S.I. Galkin, and S.P. Orobinsky, *Fiber Optics and Instrumentation*, IOPP–Adam Hilger, Bristol, 1991.

Pal, B.P., ed., *Fundamentals of Fiber Optics in Telecommunication and Sensor Systems*, Wiley Eastern, New Delhi, 1991.

Petersen, J.K., *Fiber Optics Illustrated Dictionary*, CRC Press, Boca Raton, FL, 2002.

Papannareddy, R., *Introduction to Lightwave Communication Systems*, Artech House, Norwood, MA, 1997.

Paulson, C.R., *Fiber Optic Technology and Applications in Image Transmission*, CRC Press, Boca Raton, FL, 1991.

Pearson, E.R., *The Complete Guide to Fiber Optic Cable System Installation*, Delmar Publishers, 1996.

Personick, S.D., *Optical Fiber Transmission Systems*, Plenum Press, NY, 1981.

Personick, S.D., *Fiber Optics: Technology and Applications*, Plenum Press, NY, 1985.

Powers, J., *An Introduction to Fiber Optic Systems*, McGraw-Hill, 2nd ed., 1997.

Pratt, W.K., *Laser Communications Systems*, John Wiley and Sons, NY, 1969.

Ramaswami, R., and K. N. Sivarajan, *Optical Networks: A Practical Perspective*, 2nd ed., Morgan Kaufmann, NY, 2002.

Runge, P.K., and P.R. Trischitta, eds., *Undersea Lightwave Communications*, IEEE Press, NY, 1986.

Ryu, S., *Coherent Lightwave Communication Systems*, Artech House, Norwood, MA, 1995.

Sadiku, N.O., *Optical and Wireless Communications*, CRC Press, Boca Raton, FL, 2002.

SAE International, *Fiberoptics for Automotive Lighting*, 1995.

SAE International, *Multiplexing and Fiberoptics*, 1995.

Saleh, B.E.A., and M.C. Teich, *Fundamentals of Photonics*, John Wiley and Sons, NY, 1991.

Sanghera, J.S., and I.D. Aggarwal, *Infrared Fiber Optics*, CRC Press, Boca Raton, FL, 1997.

Sandbank, C.P., ed., *Optical Fibre Communication*, John Wiley and Sons, NY, 1980.

Senior, J., *Optical Fiber Communications: Principles and Practice*, Prentice-Hall, Englewood Cliffs, NJ, 2nd ed., 1992.

Shimada, S., *Coherent Lightwave Communications Technology*, Chapman and Hall, NY, 1994.

Sharma, A.B., S.J. Halme, and M.M. Butusov, *Optical Fiber Systems and Their Components*, Springer-Verlag, NY, 1981.

Shotwell, R.A., *An Introduction to Fiber Optics*, Prentice-Hall, Upper Saddle River, NJ, 1997.

Simons, R., *Optical Control of Microwave Devices*, Artech House, Boston, 1990.

Snyder, A.W., and J.D. Love, *Optical Waveguide Theory*, Chapman and Hall, NY, 1983.

Sodha, M.S., and A.K. Ghatak, *Inhomogeneous Optical Waveguides*, Plenum Press, NY, 1977.

Spirit, D.M., and M.J. O'Mahony, *High Capacity Optical Transmission Explained*, John Wiley and Sons, NY, 1995.

Sterling, D.J., *Technician's Guide to Fiber Optics*, Delmar Publishers, Albany, NY, 1987.

Suematsu, Y., ed., *Optical Devices & Fibers*, (Several volumes in a continuing series), North-Holland Publishing Co., Amsterdam, 1982, 1983, 1984.

Sudo, S., *Optical Fiber Amplifiers: Materials, Devices, and Application Technologies*, Artech House, Norwood, MA, 1997.

Suematsu, Y., and K. Iga, *Introduction to Optical Fiber Communications*, John Wiley and Sons, NY, 1982.

Syms, R., and J. Cozens, *Optical Guided Waves and Devices*, McGraw-Hill, Inc., NY, 1983, 1993.

Tamir, T., ed., *Integrated Optics*, Springer-Verlag, NY, 2d ed., 1982.

Tamir, T., ed., *Guided-Wave Optoelectronics*, Springer-Verlag, NY, 1988.

Taylor, H.F., ed., *Fiber Optics Communications*, Artech House, Norwood, MA, 1983.

Taylor, H.F., ed., *Advances in Fiber Optics Communications*, Artech House, Norwood, MA, 1988.

Taylor, H.F., ed., *Optical Solitons*, Cambridge University Press, NY, 1992.

Thorsen, N., *Fiber Optics and the Telecommunications Explosion*, Prentice-Hall, Upper Saddle River, NJ, 1998.

Tsang, W.T., ed., *Lightwave Communications Technology*, Part A: *Material Growth Technologies*, Academic Press, NY, 1985.

Tsang, W.T., ed., *Lightwave Communications Technology*, Part B: *Semiconductor Injection Laser I*, Academic Press, NY, 1985.

Tsang, W.T., ed., *Lightwave Communications Technology*, Part C: *Semiconductor Lasers II*, Academic Press, NY, 1985.

Tsang, W.T., ed., *Lightwave Communications Technology*, Part D: *Photodetectors*, Academic Press, NY, 1985.

Tsang, W.T., ed., *Lightwave Communications Technology*, Part E: *Integrated Optoelectronics*, Academic Press, NY, 1985.

Ungar, S., *Fiber Optics Theory and Applications*, John Wiley and Sons, NY, 1991.

Udd, E., ed., *Fiber Optic Sensors: an Introduction for Engineers*, John Wiley and Sons, NY, 1991.

Udd, E., ed., *Fiber Optic Smart Structures*, John Wiley and Sons, NY, 1995.

Van Etten, W. and J. van der Plaats, *Principles of Optical Fiber Communications*, Prentice-Hall, Inc., Englewood Cliffs, NJ, 1991.

Vasil'ev, P., *Ultrafast Diode Lasers: Fundamentals and Applications*, Artech House, Norwood, MA, 1995.

Verdeyen, J.T., *Laser Electronics*, Prentice-Hall, Englewood Cliffs, NJ, 1981.

Weik, M.H., *Fiber Optics Standard Dictionary*, Chapman & Hall, NY, 3rd ed., 1997.

Wickersham, A., *Microwave and Fiber Optics Communications*, Prentice-Hall, Englewood Cliffs, NJ, 1988.

Willardson, R.K., and A.C. Beer, eds., *Lightwave Communications Technology (Semiconductors and Semimetals)* (5 volumes), Academic Press, NY, 1985.

Wolf, H.F., ed., *Handbook of Fiber Optics*, Garland STPM Press, NY, 1979.

Wolfbeis, O.S., ed., *Fiber Optic Chemical Sensors and Biosensors*, CRC Press, Boca Raton, FL, 1991.

Wong, T.T.Y., *Fundamentals of Distributed Amplifications*, Artech House, Norwood, MA, 1993.

Yariv, A., *Optical Electronics in modern Communications*, 5th ed., Oxford University Press, NY, 1997.

Yeh, C., *Handbook of Fiber Optics*, Academic Press, NY, 1990.

Yeh, C., *Applied Photonics*, Academic Press, NY, 1994.

Young, M., *Optics and Lasers*, Springer-Verlag, NY, 1992.

Yu, F.T.S., and S. Yin, *Fiber Optic Sensors*, Marcel Dekker, NY, 2002.

Zanger, H., and C. Zanger, *Fiber Optics: Communications and Other Applications*, Macmillan Publishing Co., NY, 1990.

Zappe, H.P., *Introduction to Semiconductor Integrated Optics*, Artech House, Norwood, MA, 1995.

Zervas, M.N., *Fibre Bragg Gratings for Optical Fibre Communications*, John Wiley & Sons, 2002.

정기 간행물

Applied Optics. NY: Optical Society of America.
Bell System Technical Journal. NY: American Telephone and Telegraph.
Electronics Letters. Stevenage, Herts., England: The Institution of Electrical Engineers.
Fiber and Integrated Optics. NY: Taylor and Francis.
Fiberoptic Product News. Morris Plains, N.J.: Gordon Publications.
IEEE Proceedings Part J: Optoelectronics. Stevenage, Herts., England: The Institution of Electrical Engineers.
International Journal of Optoelectronics. Philadelphia, Penn.: Taylor and Francis.
Journal of Quantum Electronics. NY: The Institute of Electrical and Electronics Engineers.
Journal of Lightwave Technology. NY: The Institute of Electrical and Electronics Engineers.
Journal of Optical Communications. Berlin: Fachverlag Schiele and Schon.
Journal of the Optical Society of America. NY: Optical Society of America.
Journal of Optics (formerly *Nouvelle Revue D'Optique*). Paris: Masson.
Lasers and Optronics. Torrance, Calif.: High Tech Publications.
Laser Focus World. Tulsa, Okla.: PennWell Publishing Company.
Lightwave. Tulsa, Okla.: PennWell Publishing Company.
Microwave and Optical Technology Letters. NY: John Wiley.
Optica Acta. London: Taylor and Francis.
Optical Engineering. Bellingham, Wash.: Society of Photo-Optical Instrumentation Engineers.
Optical Fiber Technology: Materials, Devices, and Systems. San Diego, Calif.: Academic Press.
Optical and Quantum Electronics (formerly *Opto-Electronics*). London: Chapman and Hall.
Optical Review. Tokyo: The Optical Society of Japan.
Optics and Laser Technology. Guildford, Surrey, England: Butterworth.
Optics and Lasers in Engineering. Oxford, UK: Elsevier Science.
Optics and Photonics News. NY: Optical Society of America.
Optics Communications. Amsterdam: North-Holland.
Optics Letters. NY: Optical Society of America.
Optik. Stuttgart: Wissenchaftliche Verlags-gesellschaft.
Photonics and Optoelectronics. NY: Allerton Press.
Photonics Spectra. Pittsfield, MA.: Laurin Publishing.
Photonics Technology Letters. NY: The Institute of Electrical and Electronics Engineers.
Pure and Applied Optics, A Journal of the European Optical Society, Part A. Bristol, UK: IOP Publishing Ltd.
Soviet Journal of Optical Technology (English translation). NY: American Institute of Physics.
Soviet Lightwave Communications. Bristol, UK: IOP Publishing Ltd.

찾아보기

[ㅂ]

[ㅈ]

[ㅎ]

[숫자]

[A ~ E]